내연기관 및 미래형자동차

정구섭 · 정용욱 지음

GJ인터비전

머리말

우리나라 자동차 산업은 2019년 현재 세계 자동차 생산량에서 다섯 번째로 세계에서 가장 발전된 자동차 생산국 중의 하나가 되었다. 자동차 생산 제조 관련 디자인, 퍼포먼스, 기술 측면에서 그 능력을 입증할 뿐만 아니라, 그 완숙함을 나타내는 모델을 생산해 내고 있다. 그 중 자동차에서 심장부라 할 수 있는 엔진부분에서도 비약적인 발전을 거듭하여 오늘날에 이르렀고, 출력과 성능면에 있어서도 자동차용 엔진으로서 부여된 요구를 그 나름대로 충족시키고 있다.

하지만, 우리나라를 비롯하여 전 세계적으로 자동차의 대수가 폭발적으로 증가되고 있는 현실을 감안할 때 석유자원의 부족과 자동차 대 당의 지구환경에 끼치는 영향을 최소로 줄이지 않으면 안 된다는 명제에 놓이게 되었다. 그 동안 새로운 기술의 발전으로 종래의 기계적 기능에 전자제어기술과 엔진 신기술을 접목시켜 기계식의 제어로는 불가능했던 공연비나 점화시기 제어가 가능하게 되었고, 이의 최적 값의 설정도 가능할 수 있게 되어 출력성능, 연비성능, 배기성능 향상에 크게 기여하게 되었다.

본서의 전반부에서는 자동차용 내연기관을 중심으로 엔진전반에 대한 이해와 엔진 신기술 등 새로운 기술에 관해서 순서에 맞도록 저자 개인의 대학에서의 강의 내용과 여러 문헌을 참조하여 내연기관의 기초와 실제를 이해하기 쉽도록 엮는데 노력하였다.

본서의 후반부에서는 현재 출시 단계에 있고, 머지않을 미래에 대중화 될 친환경자동차인 하이브리드자동차, 플러그 인 하이브리드 전기자동차, 배터리 전기자동차, 연료전지자동차에 대한 개요, 구조, 원리, 개발동향, 전망 등에 대하여 알기 쉽게 기술하였다.

제1장에서는 내연기관 총론에 관에서 알기 쉽게 설명하였고, 2장에서는 엔진의 사이클과 성능에 대하여 기술하였다. 3장에서는 연료와 연소부분을, 4장~7장에서는 엔진주요부의 구조에 대하여 설명하였다. 8장~9장에서는 가솔린엔진의 원리에서부터 신기술 적용에 이르기까지 기술하였고, 10장~11장에서는 디젤기관과 CRDI엔진에 대해서 자세히 다루었다. 12장에서는 요즘 문제가 되고 있는 자동차 배출가스에 대한 저감방법, 후처리 신기술 등을 설명하였다. 또한 13장~15장에서는 친환경자동차인 하이브리드자동차에서부터 연료전지자동차, 연료전지의 개념까지 설명하였다.

따라서, 본서는 처음 자동차를 접하는 공학도에서부터 자동차관련 기술자까지 이해하기 쉬운 교재나 참고서로 적당하리라 사료된다.

필자는 독자여러분에게 보다 쉽고 알찬 내용으로 엮고자 노력하였으나 미비한 점이나 오류가 다수 있을 것으로 생각되므로 서슴없는 지도와 편달을 바라며, 계속적인 보충과 보완을 해 나갈 것임을 약속하는 바이다.

끝으로 본서를 엮음에 있어서 많은 인용문헌 저자 제현에게 많은 관용 있으시기를 바라며 또한 애심으로 감사를 드립니다. 또한 교재출판에 도움을 주신 도서출판 GS인터비전 임직원여러분, 집필기간 중 조언과 격려를 해주신 여러 선생님과 산업체 인사께 깊은 감사를 드립니다.

2020년 1월

저자 씀

차례

내연기관 총론

01

1.1 내연기관의 정의와 발달

1.1.1 내연기관의 정의

자연계에 존재하는 천연에너지를 동력으로 바꾸는 기계장치를 원동기(原動機 prime mover)라 한다. 여기서 천연에너지란 지구상의 자연계에 존재하는 유수, 풍력, 연료, 원자력 및 태양 등과 같이 비인위적으로 발생되는 에너지를 말한다. 또한 동력이라 함은 기계적인 구속운동의 형태를 통하여 연속적으로 발생되는 일을 말한다. 오늘날 이 동력은 전기를 생산하기 위한 발전 에너지원으로, 교통기관의 추진용으로, 또한 산업기계 및 공장의 작업기계 운전 등에 널리 이용되고 있다. 이와 같이 자연계에 존재하는 여러 가지 형태의 에너지를 기계적인 에너지로 변환시켜주는 장치를 원동기라고 한다.

원동기는 수력, 풍력, 원자력, 열에너지 등을 주로 이용하는데, 이 가운데서 열에너지를 이용하여 동력을 발생시키는 장치를 열원동기 또는 열기관(heat engine)이라고 하며, 열기관은 자동차엔진 등에 가장 많이 사용되고 있다. 열에너지는 보통 석유나 석탄 등의 연료를 연소시켜 얻지만, 또 다른 어떤 물질의 화학적 변화에 의한 열이나 태양열, 지열 등과 같이 자연계에 존재하는 열을 이용하기도 하며 원자력 등의 핵분열을 응용한 열도 이용하고 있다. 열기관은 다른 원동기와 비교할 때 기계의 크기나 출력을 임의로 조절할 수가 있고, 운전 중에도 이동이 자유로우며 취급이 비교적 간단하여 수송기계 등에 주로 이용된다. 열기관은 다음과 같이 분류할 수 있다.

1) 열기관의 분류

(1) 외연기관(External combustion engine)

공기와 연료가 혼합된 혼합기를 연소실 외에서 연소하여 에너지원을 얻는 것을 말한다. 즉, 외연기관(外燃機關)은 연료를 보일러(boiler)내에서 연소시키고 그 때에 발생하는 연소가스의 열을 보일러 물에 전하여 증기(steam)를 만들고 이 증기에 의하여 왕복기관이나 증기터빈을 움직인다. 즉, 연소라는 화학반응에 의하여 발생한 연소가스가 직접 기관을 움직이는 것이 아니고, 증기가 기관에서 일을 행한다. 이와 같이 연소가 기관 이외의 장소(증기기관의 경우 보일러)에서 행하여지고 연소가스와 작동물질(증기기관의 경우 증기)이 전혀 별개로 되어 있는 열기관을 외연기관이라 한다. 대표적으로 증기기관, 증기터빈 등이 이에 속한다. 이와 반대로 내연기관은 연료를 기관내부에서 연소시켜 열에너지를 발생시킨 후 발생된 열에너지를 운동에너지로 변환하는 기관을 말한다.

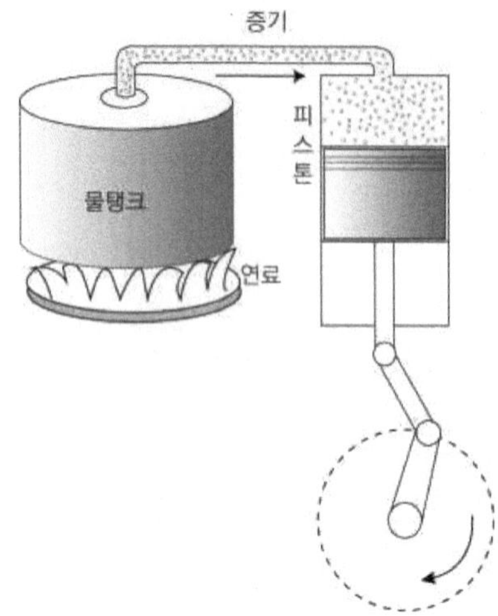

그림 1-1 외연기관

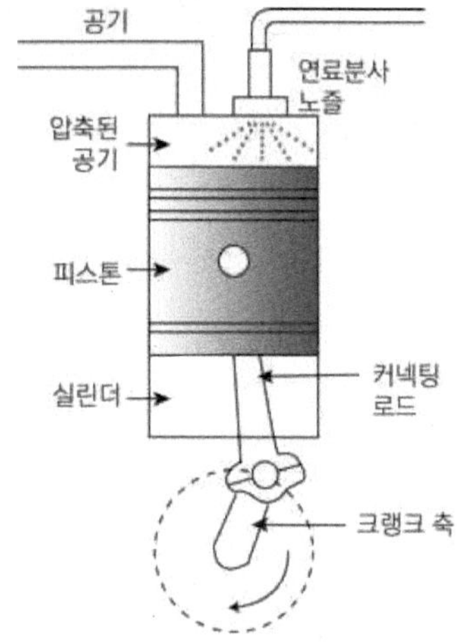

그림 1-2 내연기관

여기서 연소생성물 그 자체가 작동유체이다. 그림 1-1과 그림 1-2는 외연기관과 내연기관의 작동원리를 나타내고 있다. 그림 1-3은 1770년 프랑스의 공병 대위였던 군사 기술자 니콜라스 죠셉 퀴뇨(Nicholas Joseph Cugnot)가 포차(砲車)를 견인할 목적으로 증기기관을 동력으로 한 세계 최초의 3륜 증기 자동차(시속 5 km) 2종(대형, 소형)을 제작했다. 무거운 보일러와 2개의 실린더가 앞바퀴에 얹혀져 구동되어 조향하기 어려웠고 보일러도 15분마다 물을 보충해야 했으며, 브레이크 장치도 갖추지 않아 결국 대형의 것은 파리 교외의 언덕길에서 세우지 못하고 벽에 부딪혀 화재를 일으킴으로써 제1호 교통사고를 내고 말았다. 퀴뇨의 시도는 프랑스 혁명에 의해 중지 되었으나 전륜구동의 이 차가 오늘날 자동차의 시조인 셈이다.

그림 1-3 퀴뇨의 증기자동차(세계최초의 증기자동차)

(2) 내연기관(Internal Combustion Engine)

공기와 연료를 혼합하여 실린더헤드에 설치된 연소실내에서 연소하여 기계적인 에너지를 얻는 것으로 가솔린기관, 디젤기관, 가스터빈 등이 여기에 속한다.

현재 사용되고 있는 주된 열기관은 다음과 같이 분류된다.

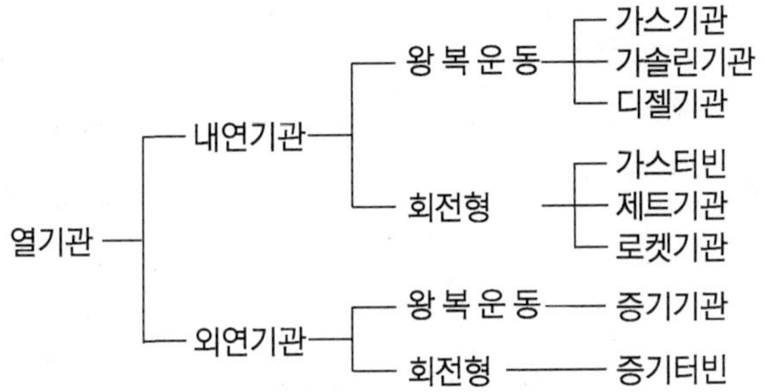

위에서 알 수 있는 것과 같이 내연기관은 왕복 운동형과 회전형으로 나누어진다. 왕복운동형은 피스톤의 왕복운동에 의해 동력을 발생시키는 피스톤형 기관이고, 가스터빈은 증기터빈과 같이 원판의 주위에 붙인 날개(blade 또는 vane)에 연소가스의 고속 분류를 불어 이것에 의해 원판을 회전시켜 직접 회전운동을 일으키게 하는 것이다. 제트기관과 로켓기관은 가스 분출 속도의 반동으로 가스 분출 방향의 반대의 직진 운동을 직접 얻게 된 것이다. 여기서는 현재 자동차 등에 가장 많이 사용되는 왕복운동형 내연기관인 가솔린기관과 디젤 기관에 대해 학습하여 보기로 한다.

왕복운동형 내연기관은 다음과 같이 정리할 수 있다. “왕복운동형 내연기관은 실린더 및 피스톤 기구를 가지고 실린더 내에서 연료를 직접 연소시켜 그 발생 열에너지를 피스톤에 주어서 그 열에너지를 기계적 일로 변환시키는 열기관이다.” 이와 같이 얻어진 기계적인 일을 사용하기에 편리한 동력으로 이용하기 위해서는 피스톤은 다시 커넥팅로드 및 크랭크 기구에 의해 회전시킨다.

다음은 가솔린기관과 디젤기관의 작동원리 대하여 살펴보기로 한다.

- 가솔린기관은 기화기나 EGI 시스템에 의해서 연료와 공기로 된 혼합기를 흡입하고 피스톤으로 압축시킨 다음 점화플러그의 스파크에 의하여 점화 연소시켜서 유효일을 하는 기관으로서, 스파크 점화기관(Spark Ignition Engine or SI엔진) 또는 오토엔진(Otto Engine)이라고 한다.

- 디젤 기관은 압축착화기관(Compression Ignition Engine or CI엔진) 혹은 직접분사기관(Direct Injection Engine or DI엔진)이라 하며 흡기행정에서 흡입된 공기가 고

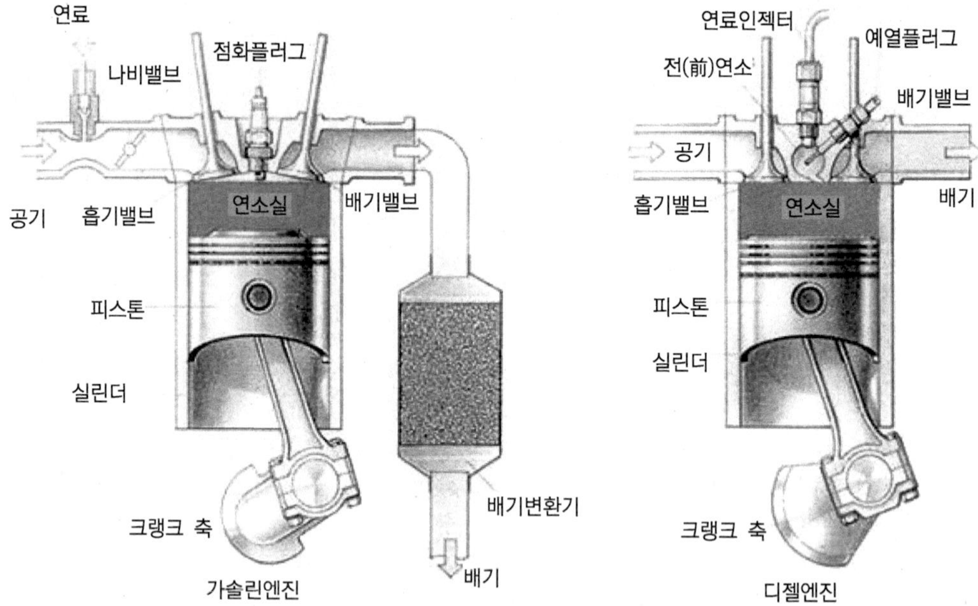

그림 1-4 가솔린기관과 디젤기관의 작동원리

도로 압축되어 압축행정 말기의 공기 온도는 연료의 자연발화 온도 이상에 도달한다. 그 고온, 고압의 공기를 향하여 연료를 무상(霧狀)으로 분사함으로써 자기착화(自己着火, self-ignition)하여 연소하게 되고, 발생된 연소가스의 압력에 의하여 유효 일을 하는 기관이다. 따라서 디젤 기관은 흡기행정에서 공기만을 흡입하여 압축행정 말기 무렵에 연료를 분사하여 착화시키는 외에는 기관의 작동요령은 가솔린기관과 같다

1.1.2 내연기관의 발달

실용적인 내연기관의 기원은 1680년경 네덜란드 화학자 호이겐스(Huygens)가 화약의 폭발에 의해 양수용 동력을 얻고자 하였다. 이 구상은 화약식 부압을 이용한 기관이었는데 실린더 하부에서 화약을 폭발시켜 그 힘으로 실린더내의 가스를 배출시키는 동력을 얻고자 하였으나 만족할 만한 성과는 얻지 못하였다. 그 이후 1712년 영국의 토마스 뉴코만이 증기기관을 발명하여 실용화에 성공하였으나 열효율이 0.5%정도로 대단히 낮은 수준에 불가하였다. 이러한 효율을 개선하여 증기기관의 시대를 만든 것은 영국의 제임스 와트(Jame Watt)이다. 와트의 증기

기관은 팽창 후의 증기를 응축기를 사용하여 복수하는 방법으로 개량하여 열효율을 향상시켰다. 그 후 1807년 미국의 풀튼(Fulton)은 증기기관을 배에 장착한 증기선을 만들었으며, 1814년에는 영국의 스테판손(Stephenson)에 의해 증기기관차가 만들어졌고, 1829년 Goldworthy Gurney에 의해 증기자동차로 런던에서 베시까지 주행하기도 하였다. 이와 같은 증기기관의 발전 속에 내연기관의 실용화를 위한 노력도 계속되었다.

1794년 영국의 Robert Street은 연료의 연소에 의한 동력을 얻고자 시도하였다. 기통 밑에 가열판을 두고 열을 가하여 피스톤이 상승함에 따라 공기가 흡입되고 그것에 의해 연료증기가 혼합되어 피스톤이 점화공을 지날 때 가스가 점화되어 피스톤은 그때 폭발압력을 받아 펌프 피스톤을 움직이게 하는 원리였다. 하지만 이 또한 만족할만한 성과는 얻지 못했다.

그 후 Lebon(1799년, 佛), Cecil(1820년, 英)등에 의해 연구되어지다가 1823년경에 이르러 Samuel Brown(英)이 석탄가스를 매개체로 하는 2기통 4마력의 가스기관을 완성해 최초의 실용기관을 제작하였지만 열효율이 낮아 상업적으로는 성공하지 못하였다. 연소압력을 직접 이용하여 운전할 수 있는 기관을 최초로 고안한 사람은 Wright(1838년, 英)이며, 현재의 내연기관의 원형이라 일컬어지는 것은 1867년 Pierre Lenoir(佛)가 최초로 실용적인 가스기관을 제작하여 발표하였다. 이 기관은 유도코일을 사용하여 전기점화방식을 사용하였는데 현재의 전기점화기관의 원형이라고 할 수 있겠다. 열효율은 5%미만이었다.

내연기관에 대한 연구는 발전을 거듭하여 Otto(1876년,英)에 의해 오늘날 왕복기관의 원형인 4행정엔진이 발명되었고, 그의 조수 Daimler(1883년)에 의해 기화기를 사용하여 가솔린기관이 제작되었고 2륜차에 적용하여 실용화 기여하였다. 또한 Daimler는 라디에이터, 팬 및 압송펌프를 조합한 냉각장치 등을 완성하여 내연기관의 성능을 더 높였다.

한편, 1878년 독일의 Karl Benz도 Dugald Clerk 이론을 기초로 하여 2행정 사이클 기관을 만들었고, 더 나가 1884년에는 3륜차용 4행정사이클 기관을 제작하게 되었다. 1908년 Ford는 T형 승용차용의 4행정사이클, 4기통, 2900 cc, 20 PS, 마그네토점화식의 기관을 제작하여 1914년 1차 세계대전과 더불어 대량생산체제를 갖추게 되었다.

위와 같이 내연기관은 발전을 거듭하여 자동차산업의 기초가 되었고, 이후 자동차의 소형화, 경량화, 저연비화, 대출력화 및 저공해차량 개발 등을 목표로 하여 모든 면에서 비약적인 발전이 이루어졌다. 최근에는 전자제어장치에 의한 하이브리드 엔진 시대가 열리어 화석연료의 고갈에 대비한 천연가스, 수소, 태양열, 연료전지차 및 전기자동차에 대한 연구도 활발히 진행되고 있으며 상용화가 진행되고 있다.

표 1-1는 내연기관 발달사로서 중요한 것만 연도별로 간추려 정리하였다.

표 1-1 내연기관 발달사

년도	발명자	업적	기타
1670	크리스찬 호이겐스(네덜란드) Christian Huyghens	화학자로 화약의 폭발에 의한 화약식 부압이용 기관개발	
1712	토마스뉴코만(영국)	증기기관 발명, 열효율이 0.5%정도로 극히 낮음	
1765	Jame Watt(영국)	증기기관 실용화, 팽창후 증기를 응축기를 사용하여 복수하는 방식으로 개량, 열효율 향상	
1803	Richard Trevithick	3륜차 발명, 13 km/h의 속도롤 주행성공	
1804	Olive Evans	스팀엔진 특허, 스팀엔진 자동차를 시운전	
1805	Jevat(스위스)	볼타의 전지를 이용한 스파크점화식 기관 발표	
1807	Fulton	증기선 발명	
1814	Stephenson	증기기관차의 발명	
1794	Robert street	연료의 연소에 의한 동력의 시도	외연기관
1807	Issac Rivaz	가스엔진으로 움직이는 손수레의 고안	
1820	Samuel Brown(영국)	최초의 실용기관 제작, 증기기관보다 효율이 좋아 선박용기관을 이용	
1824	Samuel Brown	2기통 가스기관을 차에 설치(상업적 실패)	
1826~1836	W.Hangmok	최초의 실용화된 증기자동차 발명	
1827	O. 페쿠르	차동기어장치고안	
1829	W.H.James	증기자동차를 만들어 도심을 활보	
1829	Goldworthy Gurney	증기자동차로 런던에서 베시까지 활보	
1832	W.H.James	3단 변속기어를 개발	
1837	Thomas Davenport	전기모터에 대한 특허를 냄	
1838	Wright	연소압력을 이용하여 운전할수 있는 기관의 최초 고안	
1843	앨버트 A.포드	자동차산업을 조직화하여 자동차생산으로 전환	
1845	R.W.Tompson	공기타이어의 발명	
1853	Eugenio Barsanti	최초의 가스엔진의 특허	
1853	Felice Matteucci	석탄가스를 이용한 내연기관 제작에 성공	
1862	A.B로사	사이클 기관의 원리를 발견	
1862	Beau de Rochas	4행정 기관의 작동이론을 발표	
1867	Pierre.Lenoir(프)	내연기간의 원형, 전기점화기관의 원형제작, 2행정엔진의 제작(석탄가스+공기의 혼합기체 불꽃점화)	
1872	Brayton	가스기관의 특허 액체연료를 사용하는 기관의 특허	내연기관
1874	Stolze	가스터빈의 시작품을 제작	
1876	Otto	오늘날 왕복기관의 원형인 4행정엔진의 발명	
1881	Duglad	2행정 가스기관의 발명	
1883	G.Daimler	Otto의 조수, 기화기를 사용하여 가솔린기관의 제작, 2륜차 적용	
1885	Priesman	등유를 연료로 하는 석유기관의 개발	
1886	Stuart Akroyd	소구기관을 개발	
1890	Karl Benz	전기점화식 고속 가솔린기관을 제작, 980 cc, 0.9 PS/400 RPM 수평단기통 엔진제작	

년 도	발 명 자	업 적	기타
1893	Rudolf Diesel	압축착화의 디젤기관을 고안, 1897년에 실용화	
1903	Wright	가솔린기관을 개량하여 비행에 성공	
1909	Ford	자동차 기관의 대량생산, T형 승용차용 4행정 사이클. 4기통 2900 cc,20 PS, 마그네토 점화식 엔진제작	
1914	1차세계대전을 계기로 항공기관 대형,경량, 안정화, 항공기관실용화		
1930	Hesselman	분사점화기관을 제작	
1939	Messer Schmidit	Jet기관을 발명	
1941	F.Whittle	터보제트기관을 발명하여 비행에 성공, 제트엔진의 실용화 초음속기의 성공	내연기관
1954	Felix Wankel	로터리기관(회전피스톤기관)을 제작	
1957	러시아에서 인공위성 Sputmik 1호 발사에 성공하여 지구를 회전		
1960년대	자동차기관의 대발전		
1970년대	2차석유파동후 자동차의 소형화, 소형, 저연비 추구, 대체에너지차량 개발		
1975	현대자동차 포니 개발		
1980년대	자동차의 저연비, 저에미션, 고출력을 위해 신소재개발, 전자화		
1990년대	자동차의 성숙기, 포화기시대, 자동차의 안정성을 위하여 ABS, 에어백, 위성통신을 통한 내비게이션적용, 규격화된 기존형태에서 동물형상을 본뜬 감성적디자인.		
2000년대	전자정보기술의 발달로 자동차의 모든분야에 전자제어시스템장착, 특히 자동차의 지능화, 고안전, 친환경성 인텔리전트 시스템 발전		

1.2 왕복형 내연기관

1.2.1 왕복형 내연기관의 작동원리

왕복형 내연기관은 그림 1-5에 나타낸 것과 같이 실린더 내에서 피스톤이 왕복운동하고 출력은 커넥팅로더에 의해 크랭크축에 전달된다. 실린더 내에서 피스톤은 흡입, 압축, 폭발, 배기 행정 순으로 왕복운동을 반복한다.

피스톤이 왕복운동 중 실린더체적이 최소가 되는 피스톤의 위치 즉, 최상위점을 상사점(top dead center)이라 하며, 최대가 되는 피스톤의 위치 즉, 최하위점을 하사점(bottom dead center)이라 한다. 상사점과 하사점 사이의 거리를 행정(stroke)이라고 하고, 행정은 크랭크 핀의 회전원의 지름과 같다.

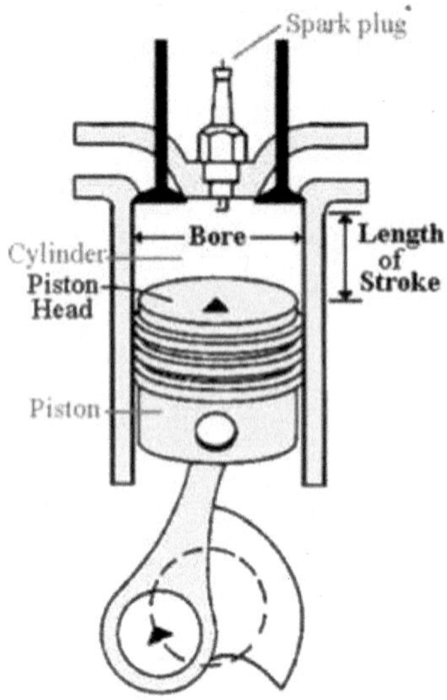

(a) 실린더 내부 구조

(b) 엔진 내부 구조

그림 1-5 왕복형 내연기관의 내부 구조

그리고, 피스톤이 상사점에 있을 때의 실린더 상부에 남겨진 체적을 연소실체적 또는 간극체적(clearance volume), 극간체적, 통극체적이라고도 한다. 행정체적(stroke volume)은 상사점과 하사점사이의 체적인데 우리가 흔히 이야기하는 배기량은 이 체적의 합을 말한다. 총배기량은 총행정체적의 합과 같다.

왕복형기관에 있어서 하나의 사이클을 4행정, 즉 크랭크축의 2회전으로 완료하는 것을 4행정 사이클 기관이라고 하며 흡입, 압축, 폭발, 배기행정의 4행정으로 되어 있다. 이 행정 중 폭발행정만이 크랭크축의 회전방향의 토크가 가해지는 정(正)의 일을 하고, 나머지 행정은 부(負)의 일을 하고 있으며 플라이휠의 관성력으로 기관은 회전을 계속한다.

2행정 사이클기관은 크랭크축 1회전으로 완료하는 것으로 흡입과 압축, 폭발과 배기의 작용이 각각 피스톤의 1왕복으로 완료되도록 되어 있다. 2행정 사이클 엔진은 소기작용(scavenging)이 있는데 새로운 공기(신기)로 연소가스를 배출하고 동시에 신기가 실린더내로 충전된다. 따라서 이러한 소기작용에 의해 엔진의 성능이 크게 좌우된다.

1.3 가솔린기관

가솔린기관은 가솔린을 연소시켜 열에너지를 얻고 이로부터 기계적인 일을 하여 출력을 내는 기관이다. 가솔린기관에는 4행정 사이클과 2행정 사이클 기관이 있는데 자동차에서는 주로 4행정 사이클 기관이 사용되고 있다.

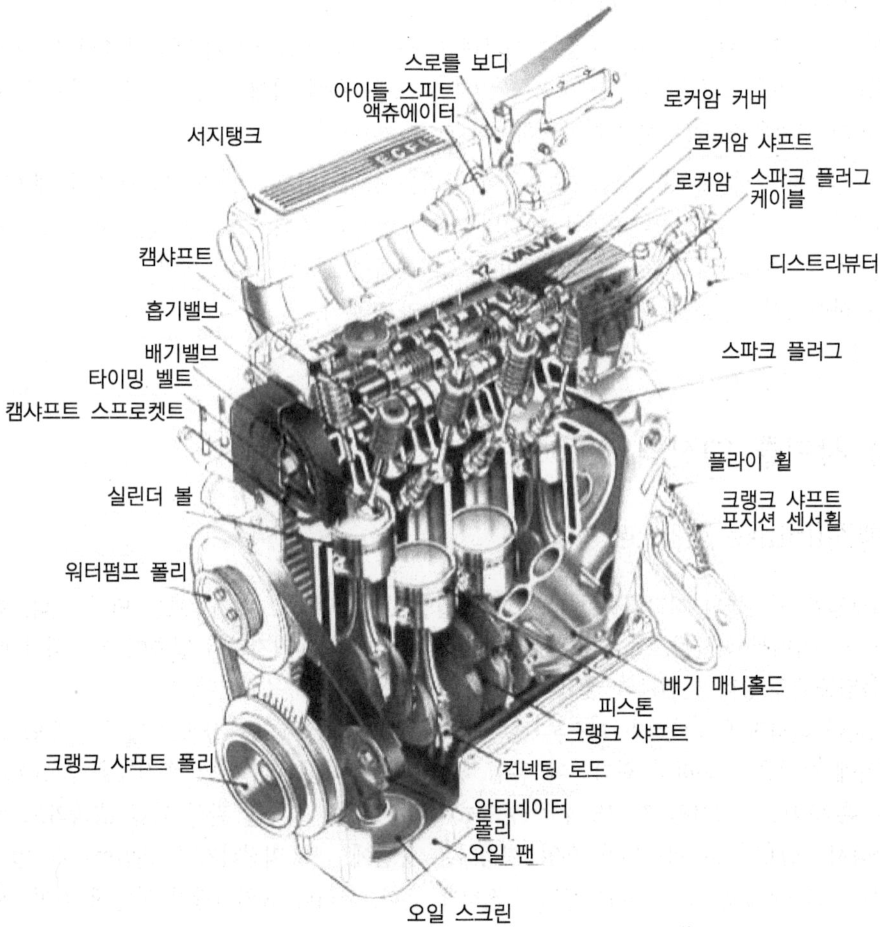

그림1-6 가솔린기관의 구조

1.3.1 가솔린기관의 작동원리

가솔린기관은 실린더 내에서 피스톤이 하강하면서 생긴 부압을 이용하여 공기와 연료의 혼합기를 흡입한 후 피스톤이 상승하면서 혼합기를 압축한 다음, 전기점화에 의하여 혼합기를 연소시키면, 열에너지가 발생되어 연소가스는 고온 고압이 된다. 이 고온·고압의 가스가 피스톤 헤드에 작용하여 피스톤을 움직이게 되며, 이에 따라 열에너지가 기계적인 에너지로 바뀌게 된다. 이때 피스톤은 실린더 내에서 직선 왕복운동만 하게 되므로 이것을 회전운동으로 바꾸기 위하여 커넥팅로드와 크랭크축을 사용한다.

피스톤이 주기적인 운동을 하여 일을 계속하려면 연소되어 일을 한 가스는 배출하고, 새로운 혼합기를 실린더에 공급하여야 한다. 이를 위하여 크랭크축에 의해 구동되는 밸브장치를 사용하여 흡·배기 구멍을 알맞은 시기에 개폐하여야 한다.

혼합기가 실린더 내에 흡입한 다음, 연소하여 동력을 발생시키고 연소가스가 배출될 때까지 실린더 내에서 가스의 주기적인 변화를 기관의 사이클이라고 한다. 가솔린기관에서 피스톤이 흡입, 압축, 폭발, 배기의 4행정을 하여 1사이클을 완성하면 4행정 사이클이라고 하고, 피스톤이 2행정을 하여 1사이클을 완성하면 2행정 사이클이라고 한다.

1.3.2 4행정 사이클 엔진의 작동

1) 흡입행정(Intake stroke)

흡입행정은 사이클의 시작행정이다. 이때 흡입밸브는 열려있고 배기밸브는 닫혀 있다. 피스톤이 상사점에서 하사점으로 내려감에 따라 실린더 체적이 커지면서 압력이 저하되기 때문에 흡입통로를 통하여 연료와 공기의 혼합기가 실린더 내로 유입된다.

피스톤이 하사점에 도달하면 피스톤 운동상 흡입행정이 끝나지만 실제 혼합기는 흡입 관성 때문에 운동을 계속하려 한다. 이 흡입 관성을 이용하여 실린더의 충전효율을 높이기 위하여 흡입밸브를 하사점 후 35~45° 정도까지 열어준다. 이것을 관성 과급 효과라고 한다. 따라서 크랭크각은 피스톤이 흡입 행정하는 동안에 180°회전하지만 흡입밸브가 열려 있는 동안 회전각도는 225~230° 정도 회전하게 된다. 그러나 흡입기간이 이렇게 길어져도 실제 충전효율을 약 80% 정도이다.

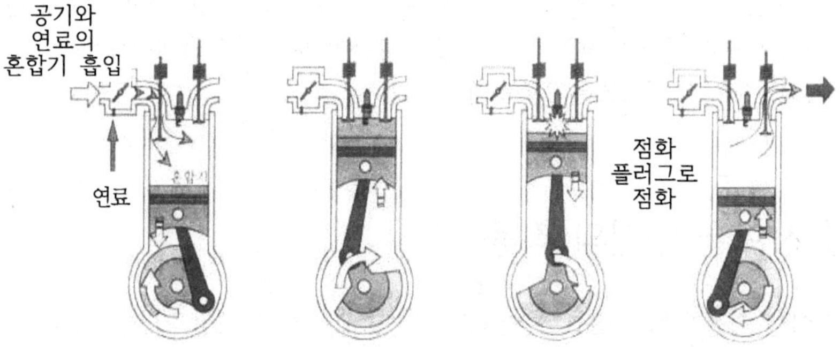

그림 1-7　4사이클엔진의 행정(가솔린)

2) 압축행정(Compression stroke)

압축행정은 흡·배기밸브가 모두 닫힌 상태에서 피스톤은 하사점에서 상사점으로 이동하면서 연료와 공기의 혼합기를 압축하여 상사점 부근에서는 체적비로 1/8또는 그 이상으로 되면 압축압력은 8~11 ㎏/㎠ 정도가 된다. 이때 혼합기의 온도는 압축열에 의하여 약 400~500℃정도가 되어 연소에 아주 적합한 상태가 되어있게 된다.

3) 동력행정(Power stroke 혹은 팽창행정)

압축된 혼합기를 연소 팽창시켜 동력을 발생시키는 행정이다. 이 행정에서는 흡·배기밸브는 모두 닫혀 있는 상태에서 압축행정 끝 부근에서 점화플러그에 의하여 점화되면 혼합기의 연소속도는 20 m/s로 급격히 연소하고, 연소 온도는 2000~2500℃ 정도가 되어 실린더 내의 압력은 35~45 ㎏/㎠ 로 상승시켜 피스톤에 힘을 가하게 된다. 이 힘이 커넥팅 로드를 거쳐 크랭크축에 전달되어 동력을 발생하게 된다. 피스톤이 하사점에 이르기 조금 전에 배기밸브를 열어 연소가스를 배출시킨다. 이 행정은 4개의 행정 중 유일하게 동력을 발생시키며, 다른 3개의 행정은 동력을 소모한다. 이에 따라 회전력을 불균형하게 되어 플라이휠의 관성에 의하여 균형을 유지하게 된다.

4) 배기행정(Exhaust stroke)

동력행정에서 연소하여 일을 마친 가스를 실린더 밖으로 배출하는 행정이며, 이때 연소가스의 온도는 약 800℃정도이다. 동력행정에서 피스톤이 하사점에 도달하기 조금 전에 배기밸브가 열리고, 피스톤이 상승하여 연소가스를 배기다기관을 통하여 대기중으로 밀어낸다. 이때 배기밸브는 상사점 조금 후에 닫히고, 이미 흡입밸브는 열린 상태이다. 이것은 배기가스의 배출 관성력에 의하여 연소실에 생기는 진공을 흡입행정에 적극적으로 이용하여 충진율을 향상시켜 출력증가에 목적이 있기 때문이다. 이것은 4행정사이클의 완성이며, 크랭크축 2회전 720° 피스톤은 2왕복 운동한다.

1.3.3 2행정 사이클 엔진의 작동

2행정 사이클 디젤기관은 1881년 영국의 클라크에 의해 발명된 것으로 주로 2륜 자동차나 저출력의 디젤 기관에서 주로 사용되고 있다. 구조상 4사이클 기관과의 큰 차이점은 가스교환 장치를 들 수 있는데, 4사이클 기관에 있는 흡입밸브, 배기밸브 장치가 없고 대신에 실린더 벽에 흡입구, 소기구, 배기구를 두어 피스톤의 상하 왕복운동에 의해 이들 구멍을 개폐하여 혼합기를 흡입, 배출을 하고 있는 것이 특징이다.

2행정 사이클은 흡입, 압축 팽창, 배기의 각 행정이 피스톤의 상승과 하강의 2행정 즉, 크랭크축의 1회전으로 완료하게 되며, 따라서 흡입과 압축, 팽창과 배기의 작용이 각각 피스톤의 1왕복으로 완료되도록 되어 있다. 2행정 사이클 엔진은 소기작용(scavenging)이 있는데 새로운 공기(신기)로 연소가스를 배출하고 동시에 신기가 실린더내로 충전된다. 따라서 이러한 소기작용에 의해 엔진의 성능이 크게 좌우된다.

1) 상승행정

이 행정은 흡입행정과 압축행정의 결합으로서 먼저 피스톤이 하사점에서 상사점으로 이동하면서 소기공(scavenging port)을 막고, 다음 배기공을 닫은 후 압축행정을 시작하여 상사점 부근에서 점화가 가능하도록 하고, 한편으로는 크랭크 케이스실은 피스톤

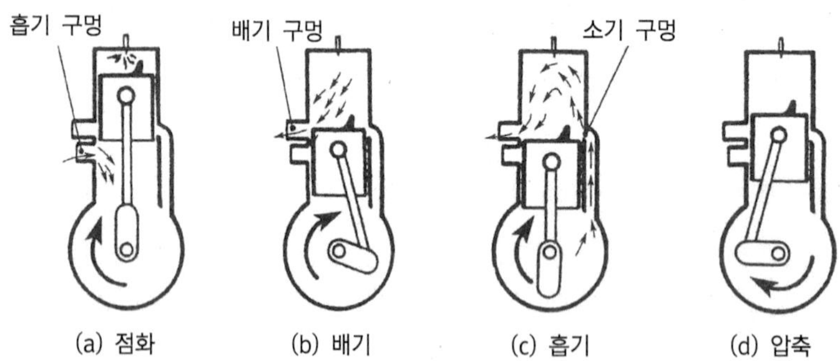

그림 1-8 2행정 사이클의 작동

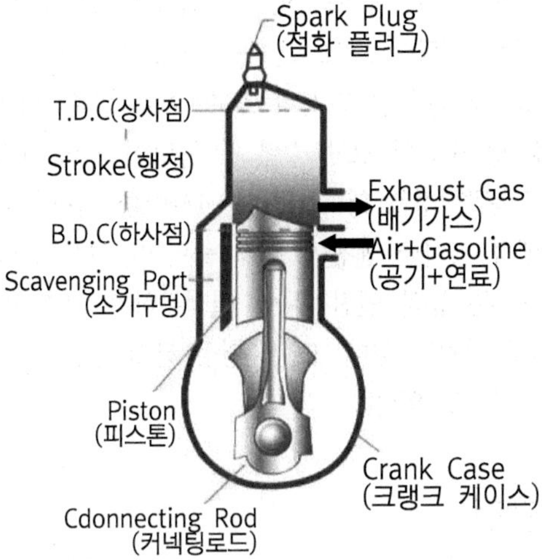

그림 1-9
크랭크케이스 소기식
2행정엔진의
작동원리

이 상승한 만큼 체적이 커지므로 부압이 발생하게 되어 혼합기는 흡입공(intake port)을 통하여 크랭크 케이스실로 유입하게 된다.

2) 하강행정

이 행정은 동력행정과 배기행정, 소기행정의 결합으로서, 압축된 혼합기는 점화플러그에 의하여 점화되어 폭발, 팽창하여 피스톤이 상사점에서 하사점으로 하강하면서 배기공을 열어서 연소가스를 배출시키고 이어서 소기공이 열려, 크랭크실에 예압된 혼합기는 소기공을 통하여 잔류가스를 밖으로 밀어낸다. 소기작용이란 새 혼합기에 의하여 실린더내에 남아 있는 잔류 배출가스를 몰아내는 작용을 말한다. 이러한 소기작용은 2행정 사이클 엔진의 특징이라 할 수 있다. 일반적으로 소기구멍의 위치는 배기구멍보다 아래에 설치되어 있다.

1.3.4 4행정과 2행정 사이클 엔진의 비교

4행정 사이클과 2행정 사이클의 특징으로는 4행정 사이클에서는 피스톤이 하강할 때 흡입행정이지만 2행정 사이클에서는 피스톤이 상승할 때 흡입행정을 한다. 또한 2행정 사이클에서는 기화기에 의해 가솔린과 공기를 혼합시킬 때 그 혼합기는 연소실에 바로 들어가지 않고 피스톤의 상승으로 인하여 크랭크 케이스로 먼저 흡입된다. 4행정 사이클에서는 일반적으로 혼합기가 흡·배기 밸브를 통하여 위로 들어가서 위로 나오지만 2행정 사이클에서는 흡입구를 통하여 아래로 들어가서 배기구, 소기구를 통하여 위로 배출된다.

4사이클 엔진은 2사이클 엔진에 비해 흡기와 배기의 행정이 독립적으로 구분되어 있어서 신기의 흡입이 충분하고 배기량 당에 대한 일량이 크고 연비도 좋다. 하지만 4행정기간 동안 1회의 동력행정을 행하기 때문에 토크의 변동이 큰 단점이 있다. 이에 반해 2행정 사이클 엔진은 4행정 사이클 엔진에 비해 배기량 당 출력이 크고 출력 당 중량이 가벼운 장점이 있다. 이것은 2사이클 엔진은 2행정당 1회의 폭발행정을 행하는 반면 4사이클 엔진은 4행정엔진 동안 1회의 폭발행정을 행하기 때문에 4행정 사이클 엔진에 비해 출력이 크다. 그러나 소기장치를 비롯한 실린더헤드, 실린더라이너, 피스톤 등의 엔진각부에 열적부하가 크며 이로 인한 변형, 소결, 긁힘 등의 열적변형을 큰 단점도 가지고 있다. 또한, 행정 간의 구분이 모호하고 유효행정 기간이 짧아 흡입효율이 저하되는 단점도 있다.

1) 4행정 사이클 엔진의 장단점

(1) 장점

① 각 행정이 완전히 구분되어 있어 불확실한 곳이 없다.

② 흡입행정 기간이 길어 냉각 효과가 양호하여 열적부하가 적다.

③ 저속에서 고속까지 회전속도 범위가 넓다.

④ 흡입행정 기간이 길어 체적효율이 좋다.

⑤ 기동이 쉽고 실화가 일어나지 않는다.

여기서 체적효율이란 실제로 흡입되는 대기 중량을 엔진 1사이클당의 행정 용적에서 계산된 흡입 가능한 대기 중량으로 나누어 흡입 효율을 나타낸다. 일반적으로 엔진의 체적효율이 좋은 경우라도 85~90% 정도이다. 체적 효율은 밸브의 지름에 정비례한다.

(2) 단점

① 밸브기구가 복잡하며 충격이나 기계적 소음이 크다.

② 실린더 수가 적을 경우 사용이 곤란하며 1마력당 중량이 무겁다.

2) 2행정 사이클 엔진의 장단점

(1) 장점

① 2행정 중에 1회 폭발행정으로 출력향상이 용이하고, 크랭크축이 매 회전할 때마다 폭발행정을 하므로 토크 변동이 작다.

② 연소횟수가 4사이클엔진의 2배이므로 배기량당 출력이 크다. 4사이클 엔진에 비해 1.6~1.7배의 출력이 있다.

③ 회전력의 변동이 적으며 실린더 수가 적어도 회전이 원활하다.

④ 밸브장치가 간단하여 소음이 적으며 마력 당 중량이 가볍다.

(2) 단점

① 흡배기가 불안정하여 연비가 좋지 않고, 열 손실이 크며 HC의 배출이 많다.

② 폭발횟수가 4사이클에 비해 2배이므로 각부의 열부하가 커지고, 따라서 비교적 냉각이 어렵다.

③ 유효행정이 짧아 흡입효율이 저하되고, 배기행정이 4사이클 엔진에 비해 1/2 밖에 되지 않기 때문에 배기가 불안정하다.

④ 소기 및 배기공이 열려있는 시긴이 길이 평균유효압력 및 효율이 저하된다.

⑤ 실린더 벽에 구멍이 있기 때문에 피스톤 링의 소손 및 마멸이 쉽다.

1.4 디젤기관

디젤엔진은 1892년 독일의 루돌프 디젤(Rudolf Diesel)에 의해 디젤엔진에 대한 이론적 바탕을 마련한 '합리적 열기관의 이론과 구조'를 발표하였으며, 1893년 특허권 취득 및 1894년 열효율 16%의 최초의 시제품이 만들어진 것이 오늘날 디젤엔진의 시초라고 할 수 있다.

디젤엔진도 주요부분(실린더, 피스톤, 커넥팅 로드 어셈블리, 크랭크축 등)의 구조에 있어서 본질적으로 가솔린기관과 다를 바 없다. 다만 연료의 연소과정에 있어서 가솔린기관이 공기 연료의 혼합기를 압축한 다음 전기적 불꽃으로 점화하는데 비해, 디젤 기관은 공기만을 흡입하고, 높은 압축비(15~22:1)로 압축하여 500℃ 이상이 되게 한 다음, 연료를 분사시켜 자기 착화하는 것이 다르다. 따라서 디젤 기관은 전기 점화 장치를 필요로 하지 않고, 대신 연료 분사 장치(연료펌프와 분사노즐)를 필요로 한다. 또 연료는 자기착화가 잘되는 경유를 사용한다.

디젤엔진은 연비가 좋은 반면에 엔진자체의 구조가 무겁고 투박하여 고속화가 어렵고, 이에 따른 진동이나 소음이 크고 비출력이 낮을 뿐만 아니라, 많은 양의 배기스모크를 배출하는 단점이 있다. 하지만, 연료의 경제적인 측면과 대토크, 대출력을 얻을 수 있는 장점 등으로 국내

(a)디젤엔진 연소과정

(b) 자동차 디젤엔진의 외형

그림 1-10 자동차디젤엔진

외적으로 중대형 상용차 트럭, 버스, 선박용 엔진에서부터 승합차, RV차 및 승용차에 이르기까지 그 사용분야가 대단히 넓혀지고 있는 현실이다.

1.4.1 디젤기관의 작동원리

디젤엔진은 자기착화 엔진으로 공기만을 흡입하여 이를 고압축비로 압축한다. 실린더내의 공기는 압축되어 수백도의 고온으로 된다. 압축행정종료 가까이에 경유를 수백 기압인 고압으로 분사하면 고온의 공기에 의해 연료가 자기착화 연소한다. 반면, 가솔린엔진은 불꽃점화엔진으로 혼합기를 흡입하여 압축한 다음 압축말기에 점화플러그를 이용하여 점화한다. 결과적으로 디젤엔진은 공기만을 압축하므로 혼합기를 압축하는 가솔린엔진에 비해 높은 압축비로 압축할 수 있다.

자동차용 디젤엔진은 4행정의 가솔린엔진과 마찬가지로 흡입, 압축, 폭발, 배기의 4행정을 크랭크축이 2회전하는 동안에 완성한다.

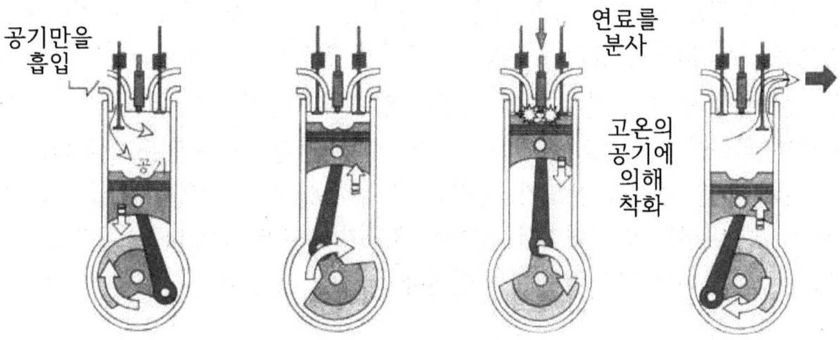

그림 1-11 4사이클엔진의 행정(디젤)

1) 흡입행정

흡기밸브는 상사점 전(BTDC) 45°~10°에서 열리기 시작하고 하사점 후(ABDC) 40°부근에서 닫힌다. 배기밸브는 닫혀있고 피스톤은 상사점에서 하사점으로 하강한다.

피스톤이 상사점으로부터 하사점으로 이동함에 따라 연소실체적이 증가하면서 흡기밸브를 통해 여과된 공기를 흡입한다. 가솔린엔진은 흡입행정을 할 때에는 실린더 내부로 유입되는 동작유체가 연료와 공기인 혼합기인 반면에 디젤엔진은 공기만이 유입되는 것이 가솔린엔진과의 차이라 볼 수 있다. 즉, 가솔린엔진은 흡입행정에서 연료가 실린더내부로 들어오지만 디젤엔진은 연료 공급시기가 압축 말에서 폭발행정 과정 중에 연료가 분사되면서 착화가 이루어지게 된다.

무과급 디젤엔진 경우 흡기압력이 대기압보다 낮지만 과급기관에서는 흡기압력이 대기압보다 높다. 디젤엔진은 공기가 흡입되면서 밸브, 피스톤 그리고 실린더 벽으로부터 열을 흡수한다. 디젤엔진은 항상 공기과잉상태로 운전한다. 따라서 짧은 분사기간에 공기와 연료가 충분히 혼합되지 않아도 완전연소가 가능하게 된다.

2) 압축행정

흡기, 배기밸브의 위치는 닫혀 있는 상태에서 피스톤은 하사점에서 상사점으로 이동함에 따라 연소실체적이 감소되면서 흡입된 공기는 압축하게 된다. 이때 압축비는 약 16~24:1, 압축압력은 30~45 kgf/cm^2, 압축온도는 약 500~900℃ 정도에 이른다. 이에 반해 가솔린에서는 압축비는 7~13:1(혼합기), 압축압력은 5~10 kgf/cm^2 부근으로 공기만을 압축하는 디젤엔진이 압축비와 압축압력이 훨씬 높다. 연료 분사개시는 압축행정 종료 직전, 대략 BTDC 30°~15°에서 분사노즐을 통해 실린더 내의 압축된 고온, 고압의 공기 중에 고압으로 분사된다. 그런데 연료로 사용되고 있는 경유나 중유의 자기 발화온도는 200

~300℃ 정도이므로 이러한 고온, 고압의 공기 중에 연료를 고압으로 분사하면 연료입자는 안개모양으로 무화되면서 공기와 혼합, 혼합기가 형성되고 이어서 자기착화에 이르게 된다.

한편, 압축행정 중에 실린더 내의 공기는 압축압력의 증가와 함께 온도가 상승하지만 그 열의 일부는 실린더 벽, 연소실 벽 등을 거쳐 실린더블록으로 전도가 된다. 즉, 압축행정의 초기에는 흡입되는 공기의 온도가 실린더 벽의 온도보다 낮으므로 실린더 쪽에서 흡수한다. 하지만 말기에서는 압축되면서 공기의 온도가 실린더 벽보다 높아지게 되므로 고온 공기로부터 실린더블록으로의 열전도가 일어나게 된다.

3) 폭발행정

피스톤은 일을 하게 되는 행정으로 동력행정이라고도 하며, 이때의 일은 크랭크축을 통해 회전일로 변환된다. 일반 상용차용 엔진의 경우 플런저펌프에 의해 100~400 kgf/cm^2 정도로 가압된 연료를 고압으로 분사노즐을 통해 연소실내에 분사한다. 이때 분사된 연료의 평균입경은 10~100 μm이고 이것이 분무의 형태로 분무된다. 분무된 연료는 실린더 내의 고온에 의해 기화되면서 고온공기와 혼합하고 곧바로 자기착화, 연소된다. 연소시 최대 폭발압력은 65~80 kgf/cm^2이다. 폭발행정 기간 동안 흡,배기 밸브의 위치는 닫혀 있고 피스톤은 폭발압력에 의해 상사점을 지나 하사점으로 밀려 내려간다.

분사종료시기는 ATDC 2~10° 정도가 된다. 연료가 폭발적으로 연소됨에 따라 연소실내의 가스압력은 급격히 상승하고, 이 가스압력에 의해 피스톤은 하향 구동된다. 연소는 대략 ATDC 60° 정도에서 종료된다.

4) 배기행정

배기행정은 흡기밸브가 닫혀 있고 배기밸브가 열린 상태에서 피스톤이 하사점에서 상사점으로 이동하며 연소가스를 배출하는 행정이다.

디젤엔진에서 배기밸브는 하사점전(BBDC) 20~80°에서 열리면서 폭발행정에서 일을 한 연소가스를 연소실 밖으로 내보내면서 상사점 후(ATDC) 10~45°에서 닫힌다. 배기행정 말기에서 흡기행정초기 사이에 흡, 배기밸브가 동시에 열려있는 시간이 존재하는데 이를 밸브 오브랩(Valve overlap)이라고 한다. 밸브 오브랩을 두는 목적은 상사점 부근에서 피스톤의 운동 속도는 느린 반면에 배기가스의 유출속도는 상당히 크기 때문에 연소실내에 일시적으로 부분 진공이 생기게 된다. 이때에 흡입밸브를 열어 주면 새로운 혼합기가 유입되면서 배기가스를 밀어내는 효과를 얻을 수 있어서 체적효율을 증대시키게 된다. 이것이 밸브 오버랩을 두는 이유이다. 전부하 운전시 배기가스의 온도는 약 600~700℃이고 평균압력은 약 1.1~1.2 bar정도인데 배기가스 중에는 기체상태의 유해물질인 다량의 NO_x와 입자상 유해물질인 PM등이 포함되어 있다.

이것으로 4행정 디젤엔진은 피스톤이 흡입, 압축, 폭발 및 배기의 4행정을 완료하고 크랭크축은 2회전(720°)하는 동안에 1사이클 완성하고, 다시 흡기 행정을 반복하게 된다.

자동차용 고속디젤기관과 가솔린기관의주요 다른점은 다음과 같다.

표 1-2 고속디젤엔진과 가솔린엔진의 비교

항목	고속디젤엔진	가솔린엔진(오토기관)
발명자	Rudolph Diesel(1853~1913)	Nikolaus Otto(1832~1891)
연료	비등점이 높은 연료: 경유(180~370℃),중유 인화점이 높다	비등점이 낮은 연료:가솔린(25~215℃), LPG 인화점이 낮다
연료성상척도	세탄가(자기착화성이 높은 것) 세탄가(CN)-CN 45이상	옥탄가(자기착화성이 낮을 것) 옥탄가(ON)-RON90이상
연소방식	압축열에 의한 자기착화	점화장치에 의한 불꽃점화
연소사이클	정적사이틀(저속디젤) 사바테사이클(고속디젤)	오토사이클
압축비	16~24(공기)	7~13(혼합기)
열효율	32~38%	25~32%
엔진회전속도	1000~4000 rpm	1200~6500 rpm
압축압력	30~45 kgf/cm^2	5~10 kgf/cm^2
최대폭발압력	65~80 kgf/cm^2	30~40 kgf/cm^2
연소실형상	복잡	간단
연료공급방식	분사펌프, 노즐 고압 80~28 MPa(고압분사예외) (80~280 kgf/cm^2)	기화기 또는 인젝터 저압 0.1~0.5 MPa (1~5 kgf/cm^2)
혼합기생성	공기만을 압축 후, 압축행정 종료시점에 실린더 내에 연료를 안개모양으로 분사-불균질 혼합기	먼저 혼합기를 형성하여 흡입 후 압축말기에 점화플러그로 점화-균질혼합기 (GDI엔진 예외)
출력제어방식	연료분사량의 증감을 통해 제어	스로틀밸브 개도를 제어하여 공기량을 제어 한다.(GDI엔진 예외)
회전토크	광범위한 속도영역에 걸쳐 비교적 일정, 가솔린엔진에 비해 회전 토크가 크다	저속과 고속영역에서는 디젤엔진보다 작다.
연료소비율	150~240 g/PS-h	230~300 g/PS-h
시동성	나쁘다(보조 장치가 필요)	양호
응답성	나쁘다(각부가 무겁다)	양호

항목	고속디젤엔진	가솔린엔진(오토기관)
작동중 진동소음	크다	작다
유해배출가스	PM, NO_x, CO, HC중에서 특히 PM, NO_x가 문제	CO, HC, NO_x
용도	버스,트럭,승용차	승용차

1.4.2 디젤기관의 장·단점

1) 자동차용 고속 디젤엔진의 장점

(1) 열효율이 높고 연비가 좋다.

디젤엔진은 고압축비로 작동시킬 수 있으므로 이에 상응하는 만큼의 열효율을 증가 시킬 수 있고, 동일한 출력을 얻기 위해 소비되는 연료의 양이 가솔린엔진보다 적다. 자동차 가솔린엔진은 약 270~345 g/kWh , 디젤엔진은 약 190~285 g/kWh의 제동연료소비율을 나타내고 있고, 제동열효율은 가솔린엔진은 약 25~32%, 디젤엔진은 약 30~453%이다.

(2) 저속운전에서 회전토크가 크다.

디젤엔진은 흡기를 스로틀링 하지 않기 때문에 흡기 충전효율이 높고, 실린더의 압축압력이 저하되지 않으며, 연료의 분사량을 제어하며 부하에 순응하기 때문에 저속영역에서도 큰 회전력을 발생한다.

(3) CO, HC 배기가스가 작다

공기과잉의 상태에서 연소가 진행되므로 CO, HC 배출물이 작다.

(4) 대형엔진의 제작이 가능하다

가솔린엔진의 실린더 내경은 노킹현상 때문에 최대 160 mm 정도로 제한하지만, 디젤엔진은 실린더내경에 제한이 없다.

(5) 배기가스의 온도가 낮다

가솔린엔진과 비교할 때 최고연소온도가 같아도 팽창비가 크기 때문에 배기가스온도는 낮아진다.

(6) 연료의 가격이 경제적이고, 수명이 길다

디젤엔진은 세탄가가 낮은 중질유 사용이 가능하기 때문에 연료의 경제성이 높은 연료를 사용 가능하고, 전기점화장치와 같은 고장빈도가 높은 장치가 없고 피스톤평균속도가 낮기 때문에 내구성이 상대적으로 우수하다.

(7) 화재의 위험이 적다

인화점이 높은 경유 등의 연료를 사용하기 때문에 취급이나 위험이 적다.

2) 디젤엔진의 단점

(1) 중량이 무겁고 소음과 진동이 크다.

디젤엔진은 가솔린엔진에 비하여 압축비가 높고, 실린더 최대압력이 높기 때문에 엔진 각 부위를 단단하고 견고하게 만들어야 한다. 결과적으로 엔진 각 부위가 무거우며 운전 중 소음과 진동이 커진다.

(2) 가솔린엔진 보다 최고 압력은 높으나 평균유효압력이 낮다.

따라서 동일 체적의 실린더로서는 가솔린엔진 보다 출력이 감소된다.

(3) 제작비가 비싸다

디젤엔진은 단단한 구조와 고압연료분사장치 등으로 제작비가 비싸다.

(4) 시동에 요구되는 동력이 크다

압축비가 높기 때문에 소요되는 동력이 커야 하므로 기동전동기(스타터)의 출력이 커야 한다. 즉, 동일 배기량의 가솔린엔진보다 2~3배의 동력이 필요하므로 비교적 큰 용량의 기동전동기가 필요하다.

(5) 동일한 출력시 배기량이 크다.

고속회전에 제약을 받는 일과 연소상의 문제로 인하여 최대분사량이 제한되기 때문에 동일한 출력을 요구할 경우에는 배기량이 커진다.

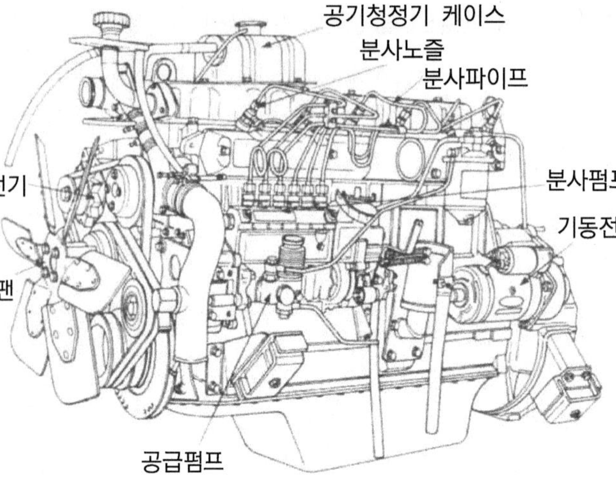

그림 1-12 디젤엔진의 외형도

(6) 회전속도범위가 좁고 리터 출력이 낮다.

승용차용 가솔린엔진은 최대 8000 rpm, 디젤엔진은 최대 6000 rpm이다.

(7) HC 및 NOx에 의한 광화학 스모그의 발생비율이 높다.

인화점이 높은 경유 등의 연료를 사용하기 때문에 취급이나 위험이 적다.

1.5 기관의 분류

기관은 실린더 수와 밸브의 배열, 냉각 방식, 사이클, 사용 연료의 종류 등에 의해 분류할 수 있다.

1.5.1 실린더 수와 배열에 분류

단기통 및 2기통 기관은 주로 2륜차, 트랙터, 경운기 등에 사용되고, 보통 승용차의 것은 최저 2기통 또는 4기통이다. 현재 많이 사용되는 것은 4, 6, 8기통 엔진이다.

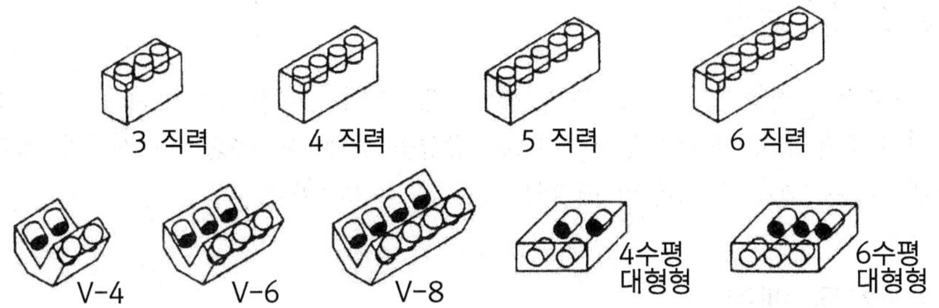

그림 1-13　각종의 실린더 배열

(a) 수평대향형 엔진의 구조

(b)스바루(日) 터보디젤엔진

그림 1-14　수평대향형 엔진

1) 4기통 직렬형 엔진

4개의 실린더를 일렬 수직으로 배열한 기관으로 크랭크축 위상차는 180°이며, 점화순서는 1-3-4-2 또는 1-2-4-3이다. 실린더는 실린더 블록과 일체로 주조되어 있으며, 크랭크축은 보통 5개의 베어링으로 어퍼(upper) 크랭크 케이스에 지지되어 있다.

2) 6기통 직렬형 엔진

실린더가 6개이며 배열은 4기통 직렬형과 같다. 크랭크축의 위상차는 120°이며 승합자동차 및 화물자동차에 많이 사용되고 있다. 점화순서는 우수식일 경우 1-5-3-6-2-4이며, 좌수식일 경우는 1-4-2-6-3-5 이다.

3) V-6기통 엔진

3기통 직렬형 실린더를 2조 V형으로 배열하여 1개의 크랭크 핀에 2개의 피스톤을 연결하여 작동하며, 엔진의 전장이 짧고, 강성을 증대하며 운전자의 시야가 넓다. 크랭크축의 위상차는 120°이고 실린더 배열의 V의 각도는 90°이다.

4) V-8기통 엔진

4기통 직렬형을 2조 V형으로 배열하여 1개의 크랭크 핀에 2개의 피스톤을 연결하여 작동한다. 장점은 V-6기통과 같으며 크랭크축의 위상차는 90°, 실린더의 배열 V각도는 90°이다.

5) 수평 대향형 엔진

이 기관은 V형 기관의 V를 편평하게 눌러 양 뱅크가 수평면상에 있게 한 것과 같다. 기관의 높이가 상당히 작아지므로 높이가 제한된 곳에 설치하기 쉬운 장점이 있다. 펜 케이크 엔진(pancake engine)이라고도 하며, 버스 등 바닥밑 기관으로 사용되기도 한다.

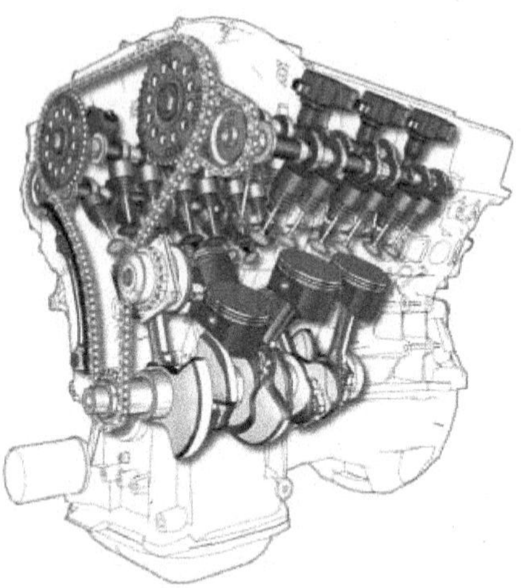

그림 1-15 V-6기통 엔진

그림 1-16 성형엔진

6) 성형엔진(星型, Radial engine)

주로 항공기나 2륜자동차에 사용되고 있고 실린더를 방사형으로 배열한 엔진이다. 냉각 방식은 실린더가 전면에 노출되기 때문에 냉각풍을 받아들이기 쉬워 대부분 공랭만으로 충분한 냉각 성능을 얻을 수 있다. 또 추진용 프로펠러와 별도로 소형 강제 냉각팬을 이용하는 방법도 있다. 사점 발생을 막기 위해 거의 모든 성형 엔진이 홀수 기통이며, 7, 9기통 엔진도 있다. 그 이상으로 다기통화할 경우 그것들을 직렬로 연결하여 이중, 삼중, 사중 성형이라 부른다.

모든 방위에 대해 대칭인 형상이므로 이론상 관성에 대해서는 실용상 거의 완전한 균형을 얻을 수 있다. 동시에, 크랭크축에 대한 부담도 줄어든다. 다만 중력 관계상 기화기 방식에서는 모든 실린더에 균등하게 혼합기를 나눠주기가 비교적 어렵다.

1.5.2 밸브의 배열에 의한 분류

기관의 흡기밸브나 배기밸브의 위치는 설계에 따라 다르며, 실린더 헤드 또는 실린더 블록에 설치되어 있다. 밸브의 배열 방법에는 I, L, F 및 T의 형식이 있다. 이 가운데에서 T형식은 이미 사용되지 않으며, I, L, F형식이 주로 사용되었으나 최근에는 I형식이 압도적으로 많아졌고, F 및 L 형식은 점차 사용되지 않고 있다.

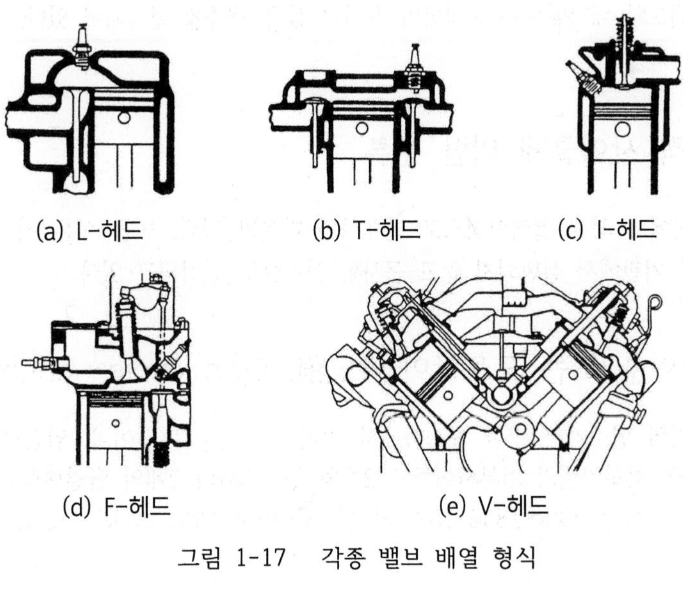

(a) L-헤드 (b) T-헤드 (c) I-헤드 (d) F-헤드 (e) V-헤드

그림 1-17 각종 밸브 배열 형식

1) I 헤드 엔진

흡입밸브와 배기밸브가 모두 실린더 헤드에 설치되어 작동하는 엔진으로 현재 가장 많이 사용되고 있다. 이 형식은 연소실 체적을 작게 할 수 있기 때문에 고압축비로 하여 열효율을 증대시킬 수 있기 때문에 최근에는 거의 이 형식만을 사용하고 있다.

2) L헤드 엔진

흡입밸브와 배기밸브가 실린더 블록에 나란히 설치된다. 이 형식은 밸브기구 전부가 실린더 블록에 설치되기 때문에 실린더 헤드의 분해와 조립이 비교적 용이하고, 연소실이 리카도(ricardo)형식이므로 혼합기에 강한 와류가 생겨 연소의 효율이 좋은 장점이 있다. 그러나 고압축비로 하는데 제한이 있고, I헤드 형식에 비하여 열효율이 낮기 때문에 현재는 거의 사용되지 않는다.

3) F헤드 엔진

흡입밸브는 실린더 헤드에 설치되어 있고, 배기밸브는 실린더 블록에 설치되어 있으며 현재에는 별로 사용되지 않는다.

4) T헤드 엔진

흡입밸브와 배기밸브를 분리하여 실린더 블록 양쪽에 설치되어 있다.

1.5.3 열역학적 사이클에 의한 분류

연소 과정에서 의해 열역학적으로 분류하면 다음과 같다. 이들 이론 사이클은 엄밀한 의미에서 실제의 기관에서 실현되지 않고 근사한 사이클로 인정되고 있다.

1) 정적사이클 또는 오토사이클(定積, Otto cycle engine)

혼합기의 연소가 일정한 체적하에서 일어나는 경우의 것이며, 일반적으로 가솔린기관과 같은 불꽃 점화기관의 기본사이클로 2개의 정적변화와 2개의 단열변화로 구성된다. 발명자인 Nicholas. A. Otto(1832~1891)의 이름을 따서 Otto cycle engine 이라고도 한다. 이

기관은 혼합기를 흡입한 후 압축하면 연소실내에 모여 있는 혼합기는 고온고압의 상태 하에서 점화플러그로 점화시킨다. 점화순간 연소실내 연료가 한 번에 연소하게 되므로 연료가 연소하는 순간 그 체적이 변화지 않고 일정한 체적 하에서 연소하게 된다. 이러한 사이클은 가솔린기관이나 LPG기관 등의 가스기관에 주로 적용된다.

2) 정압사이클 또는 디젤사이클 기관(定壓, Disel cycle engine)

정압사이클은 연소가 일정한 압력하에서 일어나는 경우의 것인데, 저속디젤엔진의 기본 사이클이다. 정압사이클은 독일의 디젤(Rudolf Diesel:1833~1895)에 의해서 고안된 사이클로 디젤연료가 분사되는 동안 계속적으로 연소가 이루어지며 피스톤이 하강으로 인하여 연소실 체적이 증가하여도 연소에 의한 압력상승 때문에 실린더내의 압력은 낮아지지 않고 거의 일정하게 유지되면서 연소하는 기관이다. 주로 중유를 연료로 사용하는 중유기관이 이에 해당된다.

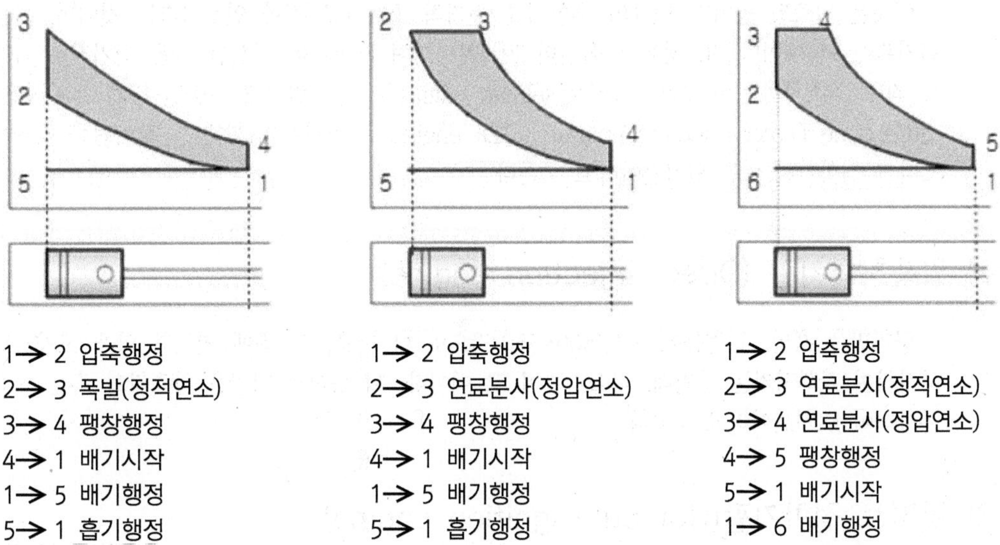

1→ 2 압축행정
2→ 3 폭발(정적연소)
3→ 4 팽창행정
4→ 1 배기시작
1→ 5 배기행정
5→ 1 흡기행정

오토 사이클

1→ 2 압축행정
2→ 3 연료분사(정압연소)
3→ 4 팽창행정
4→ 1 배기시작
1→ 5 배기행정
5→ 1 흡기행정

디젤 사이클

1→ 2 압축행정
2→ 3 연료분사(정적연소)
3→ 4 연료분사(정압연소)
4→ 5 팽창행정
5→ 1 배기시작
1→ 6 배기행정
6→ 1 흡기행정

합성 사이클

그림 1-18 각종 사이클의 도시압력선도

3) 복합사이클 또는 사바테 사이클 기관(Sabathe cycle engine)

복합사이클은 정적 사이클과 정압 사이클을 조합한 사이클로서, 고속디젤 기관의 기본사이클이다. 연료의 연소는 일부는 정적과정에, 나머지는 정압하에서 연소가 이루어진다. 연료로 경유를 사용하는 고속디젤에서는 실린더내에서 압축된 공기에 연료를 분사할 때 피스톤이 상사점에 도달하기 조금 전에 분사하면 초기에 분사된 연료는 착화지연기간 동안 누적되고 이것이 착화와 동시에 급격한 폭발을 일으켜 정적연소현상이 일어나고, 상사점이 지나서 분사된 연료는 연료분사가 끝날 때까지 일정한 압력하에서 연소하므로 연소과정이 정적·정압의 합성사이클이 된다. 디젤기관은 고속이 될수록 정압연소 부분이 감소하여 정적사이클에 가까워진다.

1.5.4 점화방식 의한 분류

1) 전기점화기관(Electrical spark ignition engine : SI engine)

이것은 압축된 공기와 연료의 혼합기를 전기적 스파크로 점화 연소시키는 것이며, 가솔린기관이 그 예이다. 또 경유를 실린더내에 분사하여 혼합기를 형성한 다음 전기적 스파크로 착화 연소시키는 허실먼 기관(Hesselman engine)이나 실린더내 가솔린 직접 분사식 엔진(Gasoline Direct Injection engine : GDI engine)도 여기에 포함된다. 전기점화 기관은 스파크 점화기관 또는 SI기관이라고 부른다.

2) 압축착화기관 (Direct injection engine)

공기만을 흡입, 압축하여 고온(500~550℃)으로 한 다음, 그 속에 연료를 안개 모양으로 분사하여 착화시키는 것인데, 디젤기관이 그 예이다. 이 형식의 기관을 압축착화 혹은 직접 분사하여 DI기관이라고 부른다.

3) 핫벌브 점화기관(Hot bulb ignition engine)

실린더 헤드에 핫 벌브(시동할 때는 미리 가열하고, 시동 후에는 연소열에 의해 가열된다)를 두고, 이것에 연료를 분사하여 연소시키는 것이다. 이 기관은 과거에 소형 선박용으로 부분적으로 사용되었으나, 오늘날에는 거의 볼 수 없다.

1.5.5 작동사이클에 의한 분류

1) 4행정사이클

크랭크축 2회전에 흡입, 압축, 팽창, 배기의 네 가지 행정을 완성하는 엔진을 말한다.

2) 2행정사이클

크랭크축 1회전에 흡입, 소기, 압축, 팽창, 배기의 행정을 완성하는 엔진을 말한다.

1 연습문제

1. 자동차용 가솔린기관과 디젤기관의 작동원리를 비교하여 설명하라.

2. 2행정 사이클 기관의 작동원리를 설명하라.

3. 2행정 사이클 기관의 장·단점을 설명하라

4. 고속디젤엔진과 가솔린엔진의 특징을 비교 분석하라

5. 기관의 밸브 배열에 의한 분류로 I 헤드엔진, L 헤드엔진, F 헤드엔진, T 헤드엔진을 설명하라.

6. 기관의 열역학적 사이클에 분류를 $p-V$선도를 그리고 설명하라.

엔진의 사이클과 성능

02

2.1 열기관의 이론사이클

내연기관의 사이클을 열역학적으로 분류하면 가솔린엔진에 적용되는 오토사이클, 저속디젤엔진에 적용되는 디젤사이클, 고속 디젤엔진에 적용되는 복합사이클을 들 수 있다. 이 사이클들은 실제 기관의 기본이 되는 사이클이며, 열역학적으로 도달 가능한 온도, 압력 및 열효율을 부여한다. 공기사이클(air standard cycle)의 주된 가정은 다음과 같다.

1. 작동유체는 이상기체이고, 그 물성치는 표준 상태의 공기의 값과 같다.
2. 밀폐계로 하고 작동유체의 유입 및 유출은 없다.
3. 압축과정과 폭발과정은 단열과정이다.
4. 연소에 의한 발열 및 연소가스의 배출에 의한 방열은 작동유체의 가열 및 냉각으로 치환된다.
5. 모든 과정은 내부적으로 가역적이다.

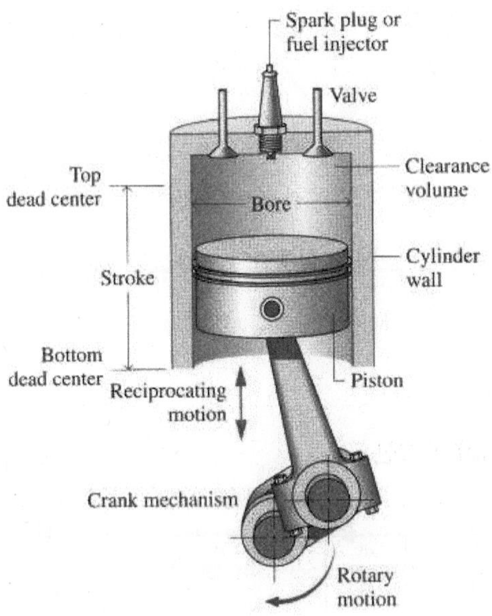

그림 2-1 왕복형 피스톤-실린더 엔진에 대한 개요도

2.1.1 오토사이클(정적사이클)-전기점화기관의 이상 사이클

오토사이클(otto cycle)은 전기점화식 왕복기관의 이상 사이클이다. 이는 독일의 Nikolaus A. Otto의 이름을 딴 것인데 이 사이클을 이용하여 1876년 4행정기관을 성공적으로 제작하였다. 대부분의 전기점화기관에서는 피스톤이 실린더 내부에서 흡입, 압축, 폭발 및 배기의 4개의 행정을 실행하고, 각각의 열역학적 사이클마다 크랭크축은 2번 회전을 하게 된다. 이러한 기관을 4행정 내연기관이라 한다. 실제 4행정 전기점화기관에 대한 P-v 선도는 그림 2-3과 같다.

1) 사이클 과정의 상태변화

4행정 사이클을 열역학적으로 해석하기란 쉬운 일은 아니다. 하지만 공기-표준 가정을 이용하게 되면 이러한 해석은 매우 간단하게 할 수 있다. 실제 작동조건과 매우 유사하며 단순화된 결과적 사이클이 바로 이상적 오토사이클이다. 이는 4개의 내부 가역과정으로 구성된다.

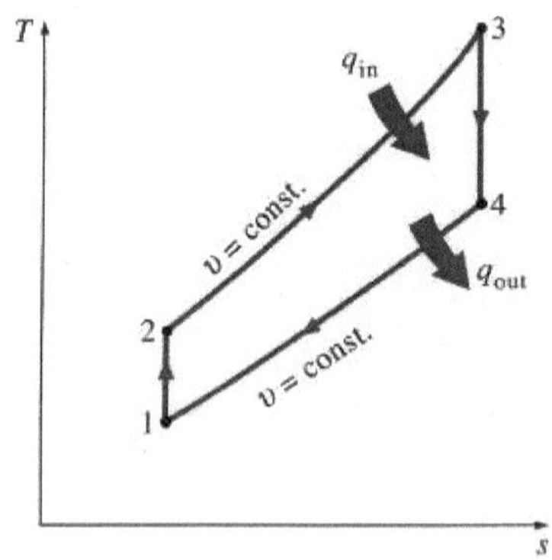

(a) T-S선도

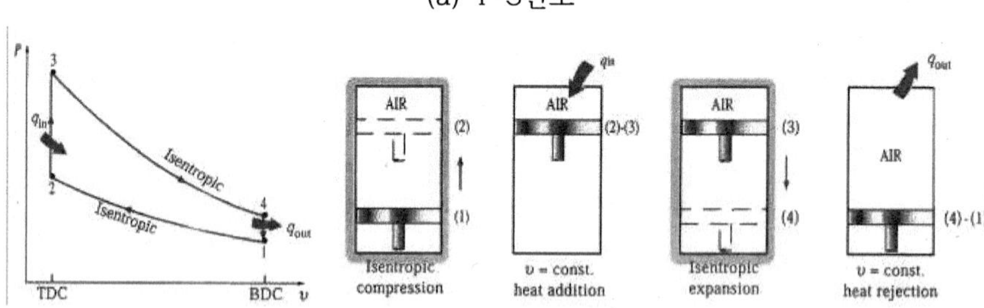

(b) P-v선도

그림 2-2 전기점화기관의 이상적 사이클 P-v선도, T-S선도

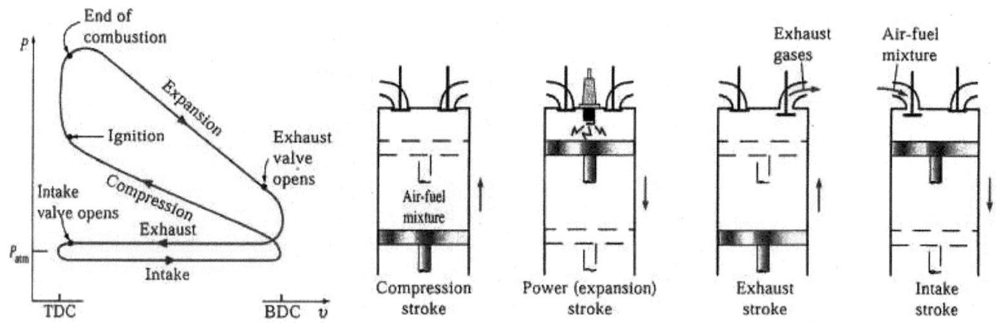

그림 2-3　전기점화기관의 실제 P-v선도

1 → 2 등 엔트로피 압축

2 → 3 등적가열 - 정적연소

3 → 4 등 엔트로피 팽창

4 → 1 등적 방열

2) 오토사이클의 이론열효율($\eta_{th,otto}$)

$$\eta_{th,otto} = 1-\frac{T_1}{T_2} = 1-\frac{T_4}{T_3} = 1-\left(\frac{V_2}{V_1}\right)^{k-1} = 1-\left(\frac{1}{\epsilon}\right)^{k-1} \quad (2.1)$$

여기서, ϵ : 압축비

k : 비열비 = $\dfrac{C_P}{C_V}$

식 (2.1)과 그림 2-4, 그림 2-5에서 보듯이 압축비와 비열비가 증가함에 따라 이상적 오토사이클의 열효율은 증가한다. 이러한 결과는 실제 전기점화식 내연기관에도 적용된다. 하나의 주어진 압축비에 대해서, 실제 전기점화기관의 열효율은 이상적 오토사이클의 열효율보다 다소 낮은데, 이는 마찰과 같은 비가역성이나 또는 불완전연소와 같은 기타 요인에 의한 것이다.

그림 2-4에서 주목할 점은 낮은 압축비 구간에서의 열효율 곡선은 상당히 가파른 반면에, 압축비가 대략 8정도부터 평탄해져 감을 볼 수 있다. 이는 고압축비가 사용될 때, 압축과정에서 공기-연료 혼합물의 온도가 연료의 자동 착화온도 이상으로 상승하게 되는데 이는 화염전파면의 전방 두세 지점 또는 다수의 지점에서 조기점화를 야기 시키고,

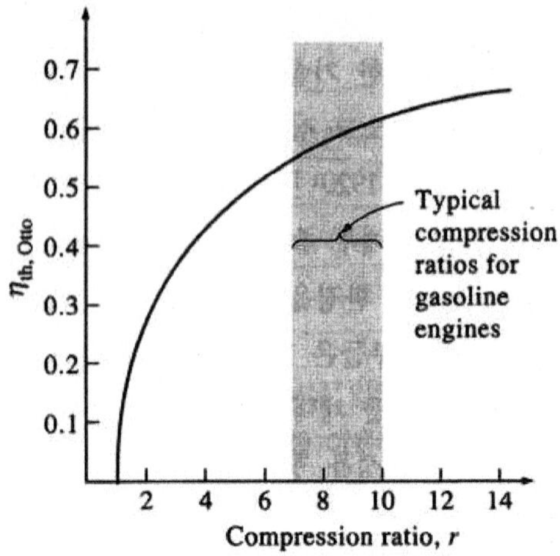

그림 2-4　압축비에 따른 오토사이클의 열효율 변화(k=1.4)

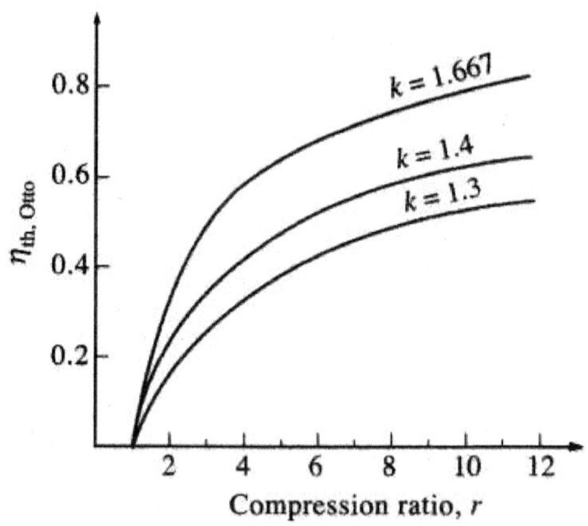

그림 2-5　오토사이클의 이론열효율과 압축비의 관계

소음이 발생하게 엔진노크(knock)현상을 유발할 수 있다. 전기점화기관에서는 노킹이 일어나서는 안 될 현상으로 이는 엔진의 성능을 저해하며 손상을 초래한다. 노킹, 즉 자동착화가 발생되지 않은 조건은 전기점화 내연기관에 사용될 수 있는 압축비의 상한가를 제한하게 된다. 이 때문에 압축비의 제한이 있어 너무 크게 할 수 없다.

만일 노킹(자동착화) 문제에 제한되지 않고 보다 높은 압축비를 사용할 수 있다면 가솔린엔진의 열효율을 보다 더 향상시킬 수 있다. 이는 반노크성제인 테트라에칠-납(tetraethyl lead)과 같은 물질을 가솔린에 첨가하여 사용함으로써 열효율 향상이 가능하였다. 테트라에칠-납은 안티노크성의 척도인 옥탄가를 올리는 가장 저렴한 방법으로 1920년대부터 가솔린에 첨가되어져 왔다. 하지만 유연가솔린(leaded gasoline)은 연소과정에서 인체에 매우 해롭고 환경을 오염시키는 화합물을 형성하게 된다. 따라서 각 정부에서는 대기오염을 줄이려는 노력으로 1970년대 중반부터 유연가솔린을 점진적으로 사라지게 한다는 정책을 채택하였다. 따라서 1975년 이후에 생산된 대부분의 자동차는 무연가솔린(unleaded gasoline)을 사용하도록 설계되었고 엔진노크를 피하기 위해 압축비가 낮추어졌다. 압축비의 저감으로 자동차엔진의 열효율은 다소 감소되었으나, 차체 총중량의 감소, 개선된 공기역학적 설계 등에서의 기술개발을 통해 오늘날의 자동차는 보다 좋은 연료경제성을 갖고 있으며, 이에 따른 연비(km/l)가 향상되었다.

오토사이클의 열효율에 영향을 주는 두 번째 인자로서는 비열비(k)를 들 수 있다. 하나의 주어진 압축비에서 아르곤이나 헬륨과 같은 단원자 기체($k = 1.667$)를 작동유체로 사용하는 이상 오토사이클이 최고의 열효율을 갖게 된다. 작동유체의 분자가 커짐에 따라 비열비(k)와 오토사이클의 열효율은 감소한다(그림 2-5). 실온에서 공기의 비열비는 1.4이고 이산화탄소 1.3, 그리고 에탄은 1.2이다. 실제 엔진의 작동유체는 이산화탄소와 같이 큰분자를 포함하고 있고, 그 비열비는 온도의 증가에 따라 감소하게 되는데, 이것이 실제 사이클이 이상 오토사이클보다 낮은 열효율을 갖게 되는 이유 중의 하나이다. 실제 전기점화 내연기관의 압축비ε는 5~10이고, 열효율은 25~30% 정도이다.

2.1.2 디젤사이클(정압사이클) - 압축착화기관의 이상 사이클

디젤사이클은 공기분사식 저속디젤기관의 이상 사이클이다. 1890년대 Rudolph Diesel 에 의해 제안된 디젤엔진 (CI엔진, Compression Injection)은 동작유체(공기)를 실린더 내에 밀폐하여 단열압축시키면 공기가 연료의 자동 착화온도 이상까지 압축되어 고온, 고압의 상태가 된다. 이때 연료를 분사하면 다른 에너지를 이용하여 점화하지 않아도 자연 착화된다. 그리고 피스톤의 하강으로 인해 체적이 증가 되면서 일정 압력하에 연소가 된다.

가솔린엔진에서는 공기와 연료 혼합물은 압축행정 동안 압축되며, 압축비는 자동착화 또는 엔진노크에 의해 제한되지만, 디젤엔진에서는 공기만을 압축함으로 자동착화의 가능성은 무시된다. 따라서 디젤엔진은 통상 12~24 사이의 휠씬 더 높은 압축비에서 작동하도록 설계되어 있다. 따라서 이러한 점 때문에 디젤엔진은 가솔린엔진에 비하여 열효율이 높게 나타난다.

1) 사이클 과정의 상태변화

사이클 과정의 상태변화는 다음과 같다.

1 → 2 등 엔트로피 압축
2 → 3 정압 상태에서 열 공급 - 정압연소
3 → 4 등 엔트로피 팽창
4 → 1 등적 방열
1 → 0 배기과정으로 구성

2) 디젤사이클의 이론열효율($\eta_{th,Diesel}$)

$$\eta_{th,Diesel} = 1 - \frac{1}{\epsilon^{k-1}}\left[\frac{\gamma_c^{\ k}-1}{k(\gamma_c-1)}\right] \qquad (2\text{-}2)$$

여기서, ε : 압축비
k : 비열비(Cp/Cv)
γ_c : 차단비(cutoff ratio, 단절비, 체절비) = $\frac{V_3}{V_2}$

차단비 γ_c는 연소과정 전,후의 실린더 체적비를 말한다. 식 (2-2)에서와 같이 디젤사이클의 이론 열효율은 동작유체의 비열비 k, 압축비 ε, 차단비 γ_c의 영향을 받는다.

식(2-2)에서 공기-표준 가정 하에서 디젤 사이클의 효율은 오토사이클의 효율에 각괄호 [ ] 안에 있는 값을 곱한 만큼 상이함을 알 수 있다. 이 각괄호 안의 값은 항상 1보다 크다.

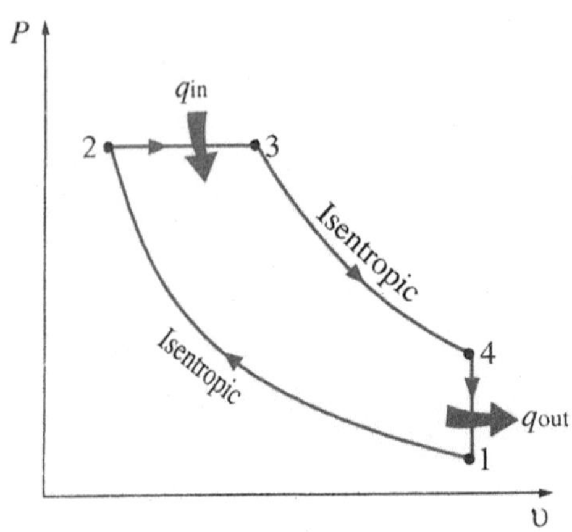

(a) $P-v$ 선도

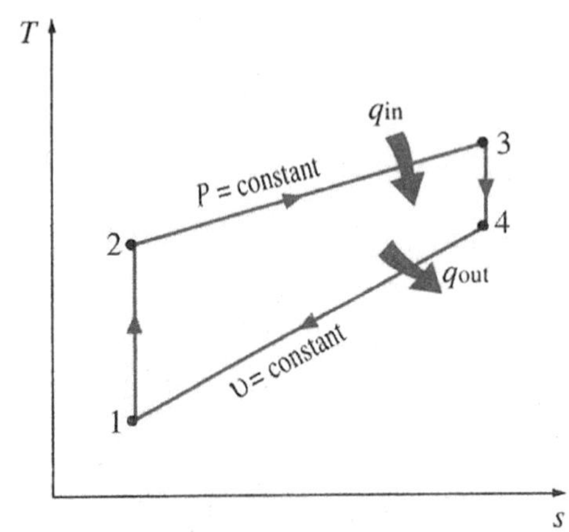

(b) $T-s$ 선도

그림 2-6 디젤사이클의 P-v 선도 및 T-S 선도

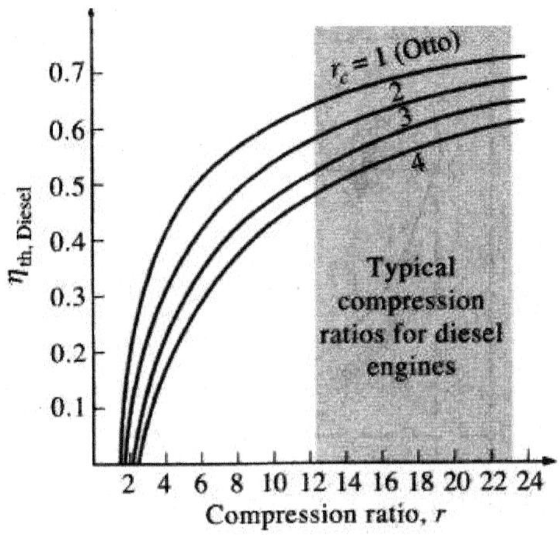

그림 2-7
압축비 및 차단비에 따른 이상 디젤엔진의 열효율 (K=1.4)

따라서

$$\eta_{th,오토} > \eta_{th,디젤} \tag{2-3}$$

또한, 디젤엔진이 가솔린엔진에 비해 훨씬 높은 압축비에서 작동하기 때문에 일반적으로 전기점화엔진보다 더 열효율이 높다고 할 수 있다. 또한 디젤엔진은 전기점화기관보다 낮은 rpm에서 작동하기 때문에 연료를 보다 완전히 태운다. 대형 디젤엔진의 열효율은 약 35~40% 범위에 높은 이유도 이러한 이유 중의 하나로 볼 수 있다.

차단비 γ_c가 감소함에 따라 디젤사이클의 효율은 증가함을 그림 2-7에서 볼 수 있다.

디젤사이클에서 동작유체의 비열비가 일정할 때 디젤사이클의 이론 열효율을 높이기 위해서는 압축비ε는 높이고 차단비 γ_c는 낮추어야 한다. 실제 디젤엔진의 압축비는 12~24이고, 정미 열효율은 25~40%이다.

2.1.3 복합 사이클(사바테사아클, 정적·정압사이클)

내연기관에 있어 연소과정을 정적 또는 정압하의 가열과정으로 가정하는 것은 지나치게 간단하고 사실상 실제적이지 못하다. 아마도 더 나은 접근은 가솔린엔진과 디젤엔진 두 가지 모두 연소과정을 정적 하에서 일어나는 것과 정압 하에서 일어나는 두 가지 열전달 과정의 조합으로 설계하는 것이다. 이러한 개념의 근거의 이상 사이클을 복합사이클이라고 한다. 현재의 고속디젤엔진에서는 그림 2-8과 같은 정적연소와 정압연소를 조합한 복합사이클로 일어난다. 오늘날 사용되고 있는 왕복피스톤형 고속 내연기관의 사이클은 모두 이 사이클에 속한다.

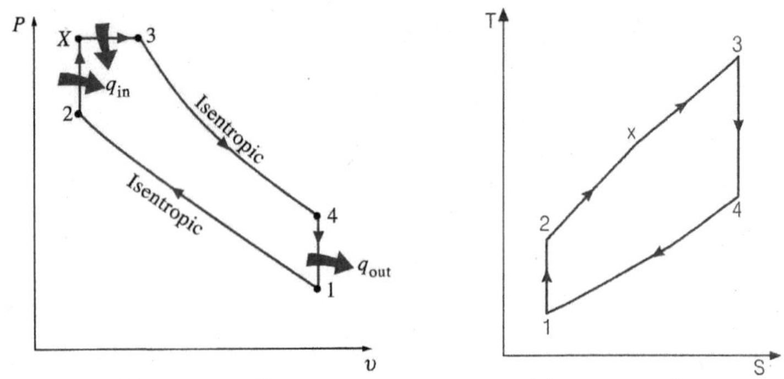

(a) $P-v$ 선도　　(b) $T-s$ 선도

그림 2-8　공기표준 복합사이클의 P-v 선도 및 T-S 선도

이 사이클에서 연료의 일부는 처음 급격히 연소(정적연소)되고, 나머지는 정압 하에서 연소(정압연소)된다.

1) 사이클 과정의 상태변화

사이클 과정의 상태변화는 다음과 같다.

1 → 2 등 엔트로피 압축
2 → X 정적 상태에서 열 공급-정적연소
X → 3 정압 상태에서 열 공급-정압연소
3 → 4 등 엔트로피 팽창
4 → 1 정적 상태에서 열 방출

2) 복합사이클의 이론 열효율(η_{ths})

$$\eta_{the} = 1 - \frac{1}{\epsilon^{k-1}}\left[\frac{\alpha\gamma_c{}^k - 1}{(\alpha-1)+k\alpha(\gamma_c-1)}\right] \tag{2-4}$$

여기서 α는 폭발비 또는 압력상승비로서

$$\alpha = \frac{P_x}{P_2} = \frac{T_x}{T_2} \text{ (정적과정)}$$

2.1.4 이론사이클의 열효율의 비교

이론 사이클은 어느 것이나 압축비를 크게 함으로써 정적, 정압, 복합사이클의 이론열효율은 모두 증가한다. 오토(정적)사이클은 공급 열량에는 관계없이 압축비의 증가만으로 $\eta_{th,otto}$는 높아진다.

$$\eta_{th,otto} = 1-(\frac{1}{\epsilon})^{k-1}$$

$$\eta_{th,Diesel} = 1 - \frac{1}{\epsilon^{k-1}}[\frac{{\gamma_c}^k-1}{k(\gamma_c-1)}]$$

$$\eta_{the} = 1 - \frac{1}{\epsilon^{k-1}}[\frac{\alpha{\gamma_c}^k-1}{(\alpha-1)+k\alpha(\gamma_c-1)}]$$

디젤사이클은 압축비 증가와 더불어 $\eta_{\mathrm{th,Diesel}}$l은 높아지지만 차단비($\gamma_c$)의 증가와 더불어 $\eta_{\mathrm{th,Diesel}}$은 감소하므로 공급열량에 관계된다.

복합사이클은 압축비와 압력비(α)의 증가와 더불어 η_{the}은 높아지고 또한 차단비(γ_c)의 증가와 더불어 η_{the}가 감소하므로 역시 디젤사이클과 마찬가지로 공급열량에 관계된다.

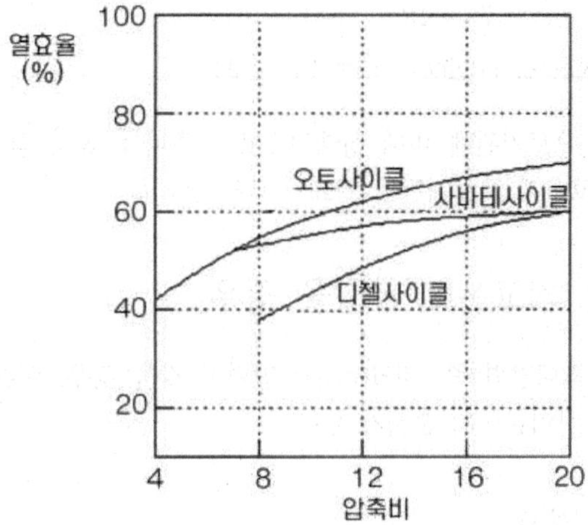

그림 2-9 압축비에 따른 사이클의 열효율 비교

1) 압축비가 같을 경우

이론적으로 압축비를 높일수록 열효율은 증대하지만 그중에서도 공급열량과 무관한 오토 사이클의 열효율이 최대임을 알 수 있다. 이론열효율은 "정적 사이클 〉 복합 사이클 〉 정압 사이클"의 순서가 된다. 그 이유는 식(2-4)의 제2항 중 다음의 값이 1보다 크기 때문이다.

$$\frac{\alpha{\gamma_c}^{k}-1}{(\alpha-1)+k\alpha(\gamma_c-1)} > 1$$

조건 : $P_1 = 1kg_f/cm^2$, $T = 27℃$, $Q = 710\ kcal/kg_f$

압축비가 증가하면 효율이 증가하지만, 압축비를 무한정 높게 할 수는 없다. 실제의 경우에는 오토사이클에 있어서 압축비를 높인다는 것은 최고압력을 높이게 되는 것이고, 그에 따른 기관 각부의 구조를 튼튼하게 하여야 하므로 중량이 증가하고, 또 제작비도 비싸지게 된다. 또한 각 구조부분의 강도, 윤활 및 냉각문제 등에도 제약을 받게 되고 가솔린 기관에서는 노킹현상을 발생할 수 있게 되기 때문에 디젤기관과 같은 정도의 압축비를 높이지 못한다.

일반적으로 실제 자동차기관에 적용되는 압축비는 다음과 같다.

오토기관 $\epsilon = 7 \sim 13$
디젤기관(Diesel engine) $\epsilon = 16 \sim 24$

즉, 디젤기관은 오토기관에 비해 상대적으로 압축비를 높게 할 수 있다. 따라서 실제로는 디젤기관의 열효율이 오토기관의 열효율보다 높다.

2) 최대압력 또는 최고온도가 같을 경우

최고온도 또는 최대압력 즉, 피크(peak) 압력이 같을 경우, 이론열효율은 "정압 사이클〉복합 사이클〉정적 사이클" 의 순서가 된다.

3) 실제사이클의 경우

실제 사이클의 경우 "복합사이클 〉 정압사이클 〉정적사이클" 이라 할 수 있다.

디젤기관은 오토사이클의 압축비보다는 훨씬 높은 것을 취할 수 있으나 역시 차단비(γ_c)

를 작게 하여 그 비율을 1에 접근시키면 연소기간이 짧아지고 압력비가 높아지지 않으므로 결국 디젤 사이클 특유의 정압부분이 단축되므로 급격한 연소인 폭발에 가까운 정적사이클에 접근하므로 연소속도의 제어도 곤란하게 된다. 또한 최고압력 및 압력상승률도 과대하게 되므로 기계적 응력도 증가하게 된다. 그러므로 이론적으로나 실제적으로 정적연소와 정압연소를 나누어서 하는 복합사이클의 열효율이 좋아지게 된다.

그리고 실제상의 문제에 있어서도 열량의 공급, 기관의 수명 및 강도에 관계되는 최고압력을 억제하여 비교하더라도 "복합사이클 〉 정압사이클 〉 정적사이클"로 된다.

$\eta_{th,otto}$ = 20 ~ 25%, $\eta_{th,Diesel}$ = 28~32%, η_{the} = 29~37%, 정도로 된다.

2.1.5 열역학적 사이클과 실제기관의 사이클

내연기관은 실제로 열역학적 사이클이 아니라 기계적 사이클(실제 사이클)로 작동한다. 사이클을 이루는 않는 실제 엔진의 성능을 가상적 사이클의 열효율과 비교하는 것이 아주 편리하다. 그림 2-10은 실제 내연기관의 사이클 선도로 흡입행정과 배기행정 사이의 압력차를 명확하게 하기 위해 약간 과장되게 그린 고속 4행정 엔진의 양식화한 도시선도이다. 이러한 선도는 전기점화기관과 압축착화기관 모두 정압상태나 정적상태에서 연소가 되지 않기 때문에 두 엔진 모두 해당될 수 있다. 간단하게 하기 위하여 이 선도는 그림 2-11과 같이 정적상태의 연소로 이상화될 수 있다.

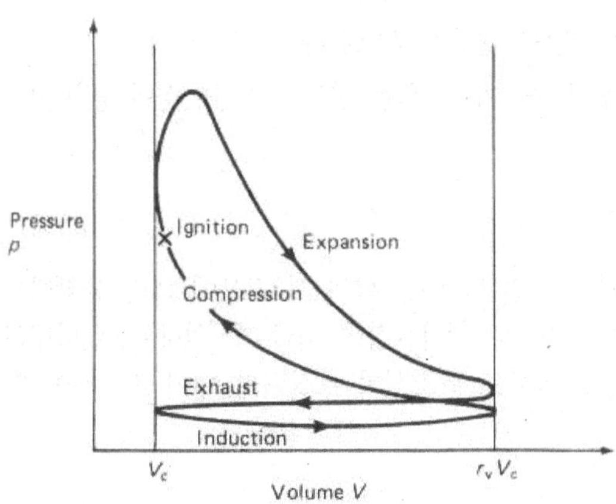

그림 2-10 4행정엔진의 양식화된 압선도 (실제사이클)

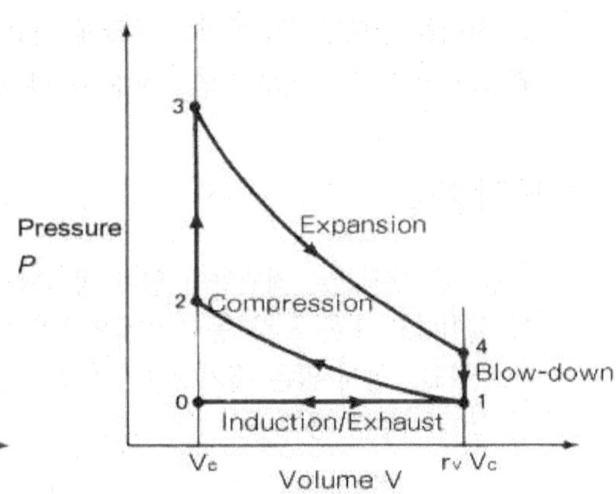

그림 2-11 4행정엔진의 이상 도시선도 (정적사이클 선도)

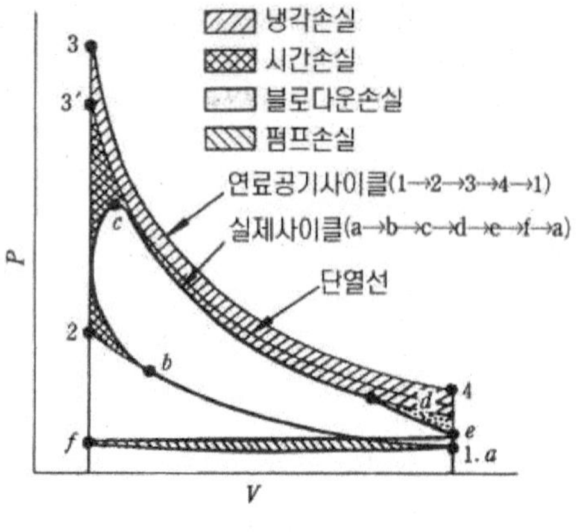

그림 2-12
실제기관의 PV 선도와
제손실의 발생

실제기관의 열효율은 이론 사이클의 값보다 더 저하된다. 그림 2-12는 실제 전기점화 기관의 연소실 내 압력 선도와 연료공기 사이클을 나타낸 것인데 연료공기 사이클(1-2-3-4-1)과 실제 사이클(a-b-c-d-e-f-a)의 pV선도를 비교한 것이다.

그림에서와 같이 실제기관의 사이클에서 얻어지는 일은 연료 공기 사이클의 비하여 작은 것을 볼 수 있다. 그것은 다음과 같은 이유에서 발생된다.

① 연소는 실제로는 반드시 정적이나 정압 하에서 이루어지지 않는다.
② 실린더에는 신기로만 충전(充塡)되는 것이 아니라, 선행 사이클의 잔류가스도 들어있다.
③ 연료는 완전 연소되지 않는다.
④ 연소가스의 열의 일부가 연소실벽을 통하여 냉각매질로 방열된다.
⑤ 사이클 선도의 각점에서는 둥글게 되고 그만큼 일량이 감소된다.
⑥ 매 사이클마다 이루어지는 연소가스와 신기와의 가스교환은 반드시 유동손실이 동반된다.

1) 냉각손실

엔진은 냉각계로 적당량의 열이 방열되지 않으면 각 운동부분에서 고온에 의한 융착현상이 일어나고 또한 노킹 등의 이상연소가 일으키므로 냉각손실은 피할 수 없다. 실린더내의 가스온도가 높지 않은 흡기행정이나 압축행정 때에도 연소실이나 실린더 내에 저장되어 있던 열이 대부분 냉각계로 방열되고 이것도 모두 냉각손실로서 표시된다.

2) 시간손실

그림 2-12에서 보면 연료 공기 사이클에 비해 실제 공기 사이클은 연소시간이 빠름을 볼

수 있다. 이론적인 연료 공기 사이클에서는 상사점(TDC)에서 연료 전부가 연소하여 발열하는 것으로 되어 있다. 그러나 실제 전기점화기관의 연소실에서는 상사점 보다 조금 앞의 a에서 점화하여, 상사점 후 적당한 시기 c에 연소가 종료되도록 설정하고 있다. 이 때문에 최고 압력은 연료 공기 사이클보다 저하되고 팽창행정 중에도 발열이 있다. 이와 같은 손실은 그림의 면적 b-2-3'-c-b에 상당한다.

3) 블로다운(Blow down) 손실

배기밸브가 열려도 순간적으로 실린더내의 가스압력은 낮아지지 않는다. 그러므로 하사점(BDC)보다 앞서 d에서 배기밸브를 열기 때문에 일로 변환될 수 있는 높은 압력의 가스를 외부로 배출하게 되며 이것이 블로다운 손실이다.

4) 펌프손실

신기를 흡입하고 흡기계보다 압력이 높은 배기계로 배기가스를 밀어내는 펌프손실이 있고, 그 밖에 불완전연소나 열해리가 있으므로 연료가 지닌 에너지를 완전히 유용하게 이용할 수 없다. 연소실 벽 근방에서는 냉각효과에 의해 생기는 소염영역이 언제나 존재한다. 실화(misfire)나 소염(quenching) 등에 의한 불완전소가 생긴다.

2.2 엔진의 제 특성

2.2.1 엔진의 제원

1) 배기량(실린더체적, Displacement)

엔진의 배기량은 피스톤이 실린더 내에서 1행정 했을 때 흡입한(또는 배출한) 공기 또는 혼합기의 체적을 뜻하는데, 배기량은 피스톤이 상사점에서 하사점까지 이동하는 동안의 행정체적을 말한다.

실린더 안지름을 D(cm), 피스톤의 상사점에서 하사점까지 운동하는 행정(stroke)을 L (cm), 실린더수를 N라 하면 , 총배기량 Vs는 다음과 같다.

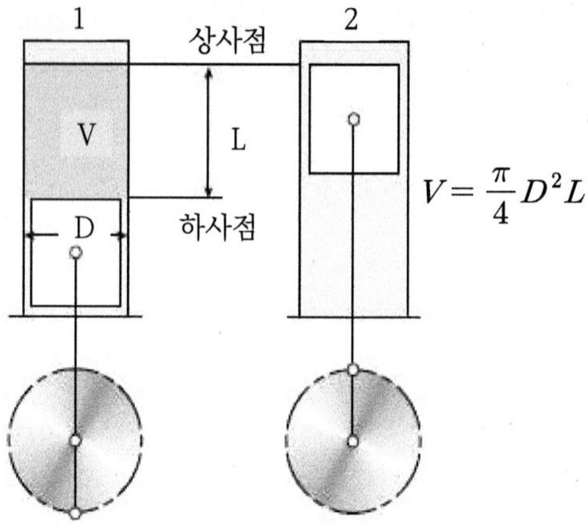

그림 2-13 배기량

$$V_s = \frac{\pi}{4} D^2 LN(cc) \quad (2\text{-}5)$$

여기서, V_S : 배기량, 실린더체적 (cc)

D : 실린더 안지름(cm)

L : 행정(cm)

N : 실린더 갯수(EA)

총배기량은 실린더단면적 × 행정 × 실린더수를 곱한 것과 같으므로 실린더는 원통모양이므로 계산상에는 정확하게 끝자리가 떨어지지 않지만 일반적으로 1800 cc 자동차라면 자동차등록증을 보면 1798 cc로 되어 있고 2000 cc 자동차라면 1998 cc로 되어 있다.

예제 1

어떤 기관의 실린더 치수가 82 mm × 80 mm 이고 4기통엔진이다. 총배기량을 구하여라.

【 답 】 $V_S = \frac{\pi}{4} D^2 LN = \frac{1}{4}\pi \times (8.2)^2 \times 8 \times 4 = 1689.9\ cm^3 = 1689.9\ cc$

2) 압축비

압축비란 엔진의 압축행정에서 연소실의 압축 전 최대용적과 압축후의 최소 용적비를 말한다.

압축비는 피스톤의 상사점과 하사점사이의 체적인 행정체적(V_h)과 피스톤이 상사점에 있을 때 연소실의 체적인 (V_c)과의 비를 말한다.

$$\epsilon = \frac{V_c + V_h}{V_c} \tag{2-6}$$

여기서, ϵ : 압축비

V_c : 연소실체적(cm^3)

V_h : 행정체적(cm^3)

압축비를 높게 하면 열효율의 향상으로 당연히 연료소비율은 낮아진다. 또한 출력도 높아진다. 압축비를 높이면 출력이 상승되는 이유는 고압축을 위하여 큰 힘을 필요로 하지만 폭발 시에 얻어지는 팽창력은 그 이상으로 크기 때문이다. 자동차엔진에서 압축비를 높이는 방법은 주로 연소실 체적을 작게 만들거나(Vc값을 작게), 실린더헤드와 블록사이에 가스켓의 두께를 얇은 것으로 교환하거나 피스톤의 형상을 볼록하게 만들기도 한다. 그러나 압축비를 너무 높게 하면 가솔린엔진에서는 노킹이 발생하며 디젤엔진에서는 기계적 손실이 커진다. 현재 가솔린엔진의 압축비는 (7~13) : 1 정도이고 디젤엔진의 압축비는 (16~24) : 1 정도이다. 디젤엔진이 가솔린엔진보다 연비가 좋은 이유도 압축비가 크기 때문이다.

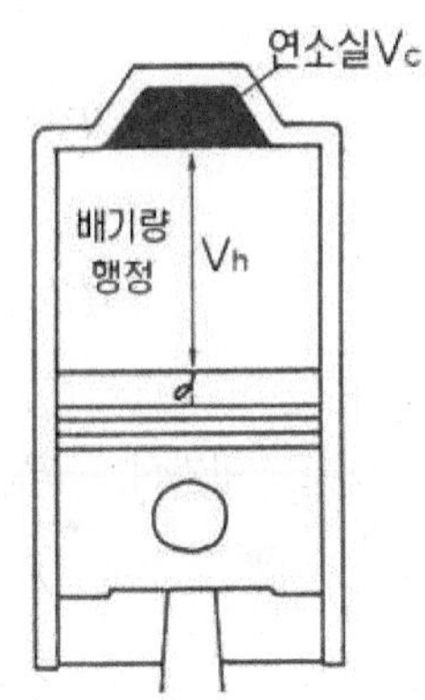

그림 2-14 압축비

3) 출력(Power)

출력은 엔진의 단위시간당의 일을 의미하는데, 일반적으로 엔진의 크랭크축에서 얻을 수 있는 힘을 말한다. 단위로는 마력을 사용하는데 1마력(1 PS)은 말 한마리가 75 kg의 무게를 1초 동안 1 m 옮기는데 필요한 일의 양이며 1PS = 75 kgm/sec 이고 735.5 w이다. 예를 들어 어떤 자동차의 출력이 153 ps / 6000 rpm이라고 할 때 엔진이 매분마다

6000번 회전할 때 11.4톤(153×75 $kgm/\sec$)의 무게를 1 m 높이로 끌어올리는 힘이라 할 수 있다. 마력은 엔진이 단위시간당 할 수 있는 일의 양을 말한다.

출력은 엔진의 회전속도(rpm)×토크(Torque)로 나타낼 수 있는데 동일한 배기량을 가진 가솔린엔진과 디젤엔진을 탑재한 차를 비교해보면 일반적으로 최고출력은 가솔린차가 크고, 최대토크는 디젤차가 크다.

엔진의 출력은 사용하는 목적에 따라서 여러 가지 명칭이 정해져 있으며 그 주요한 것은 다음과 같다.

(1) 도시출력(IPS : Indicated power)

도시출력(도시마력 혹은 지시마력)이란 연소실 내의 동작가스로부터 단위시간 당 피스톤에 전달된 일(도시일 또는 지시일)을 의미한다. 다시 말해 실린더 내부에서 실제로 발생한 동력을 말하며, 실린더내의 지압계(indicator)를 설치하여 내부의 압력을 측정하여 구한다. 방법은 계측하여 나온 지압선도를 가지고 도시평균유효압력을 산출하고, 이를 이용하여 도시출력을 계산한다.

$$IPS = \frac{P_{mi} \times A \times S \times N \times Z}{75 \times 60 \times 2} = \frac{P_{mi} \times A \times S \times N \times Z}{9000} \quad \text{(4행정 엔진)}$$

$$IPS = \frac{P_{mi} \times A \times S \times N \times Z}{75 \times 60 \times 2} = \frac{P_{mi} \times A \times S \times N \times Z}{4500} \quad \text{(2행정 엔진)}$$

여기서, P_{mi} : 도시 평균 유효압력(kg/cm^2)

A : 피스톤 단면적$= \frac{\pi}{4} D^2$ (cm^2)

S : 피스톤 행정(m)

Z : 기통수

N : 크랭크축 매분 회전수(rpm)

(N : 2사이클, N/S : 4사이클)

(2) 제동출력(BPS : Brake power)

제동출력(제동마력)을 축출력 또는 정미마력(正味馬力)이라고도 한다. 제동마력(brake power)이란 실린더 내에서 발생한 도시마력에서 기계적 손실을 뺀 것이다. 연소과정에서 발생한 힘은 피스톤에 직접적으로 전달되지만 이것이 모두 유효하게 동력으로 이용되는 것은 아니다. 엔진을 운전시키는데 필요한 부속장치인 연료펌프, 물펌프, 발전기 등을 구동시키는데 소요되기도 하고, 다른 구동부에서의 마찰력으로 손실되기도 한다. 제동출력은 실제로 유효하게 이용되는 동력을 말하며 기관의 크랭크축에서 측정한 출력이다. 따라서 축 출력이라고도 한다. 즉, 도시출력에서 마찰출력을 빼면 제동출력이 된다. 참고로 기관의 공전상태에서의 제동출력은 "0"이다.

마찰출력에는 다음과 같은 요소들이 포함된다.

① 피스톤, 피스톤 링, 베어링, 그리고 다른 구동부에서의 마찰력

① 엔진을 운전시키는데 필요한 부속장치 예를 들어, 연료펌프, 물펌프, 오일펌프, 냉각팬, 분사펌프, 발전기 등을 구동시키는데 소요되는 동력

$$BPS = \frac{P_{me} \times A \times S \times N \times Z}{75 \times 60 \times 2} = \frac{P_{me} \times A \times S \times N \times Z}{9000} \quad \text{(4행정 엔진)}$$

$$BPS = \frac{P_{me} \times A \times S \times N \times Z}{75 \times 60 \times 2} = \frac{P_{me} \times A \times S \times N \times Z}{4500} \quad \text{(2행정 엔진)}$$

여기서, P_{me} : 제동평균유효압력(kg/cm^2)

$BPS = IPS - FPS$

FPS : 마찰마력

N : 회전수(rpm) (N : 2사이클, $N/2$: 4사이클)

기계효율은 도시출력에 대한 제동출력의 비로 나타낼 수 있다.,

$$\eta_m = \frac{BPS}{IPS} \tag{2-7}$$

여기서, η_m : 기계효율

BPS : 제동출력

FPS : 도시출력

(3) 리터 출력(Liter power) (N_L)

리터출력(N_L)이란 단위 행정체적 당 출력(kW/l)을 말한다. 리터출력은 기관부하와 체적(배기량)의 특성값이다. 소형기관에서 리터출력이 크다는 것은 기관에 걸리는 부하가 크다는 것을 의미한다. 기관의 수명 연장을 위해서는 리터출력이 작아야 한다.

$$N_L = \frac{BPS}{V_H} \tag{2-8}$$

여기서, N_L : 리터출력 $[kW/l]$

BPS : 제동출력$[kW]$

V_H : 총배기량$[l]$

- **리터 출력 비교**

① 승용자동차용 디젤기관의 리터출력

(무과급-NA) : 20~30 kW/l

(과급-터보) : 30~40 kW/l

② 승용자동차용 가솔린기관의 리터출력

(무과급-NA) : 35~65 kW/l

(과급-터보) : 50~100 kW/l

4) 토크(Torque)

토크는 엔진의 회전력 즉, 크랭크축 회전력이다. 쉽게 말해 바퀴를 돌리는 힘이다. 사람이 역기를 들어올리기 위해서는 순간적으로 에너지를 모아 끌어 쓴다. 자동차도 마찬가지로 순간적으로 낼 수 있는 최대 힘이 바로 토크이다. 토크 값이 높을수록 힘이 좋다는 애기이다. 예를 들면 엔진의 최대 토크값이 12 $kg_f \cdot m/5000\ rpm$이라면 이것은 엔진이 분당 5000회 회전할 때 12 kg의 힘을 낸다는 뜻이다.

토크의 단위는 1 $kg_f \cdot m$ 또는 $N \cdot m$(1 $kg_f \cdot m$ = 9.8 $N \cdot m$)로 나타낸다. 엔진이 바퀴로 연결되는 크랭크축을 회전시키는 힘이라 할 수 있다. 이 토크가 크면 오르막 등판능력이 좋아지고 가속능력이 향상된다.

그리고 회전력(T)은 크랭크암의 직각방향의 힘 F와 길이 r과의 곱이다. P_0는 피스톤에 가해지는 연소압력을 나타낸다.

$$T = Fr \tag{2-9}$$

여기서, T : 회전력 $(kg_f \cdot m)$

F : 크랭크 암과 직각방향의 힘 (kg_f)

r : 크랭크암의 길이 (m)

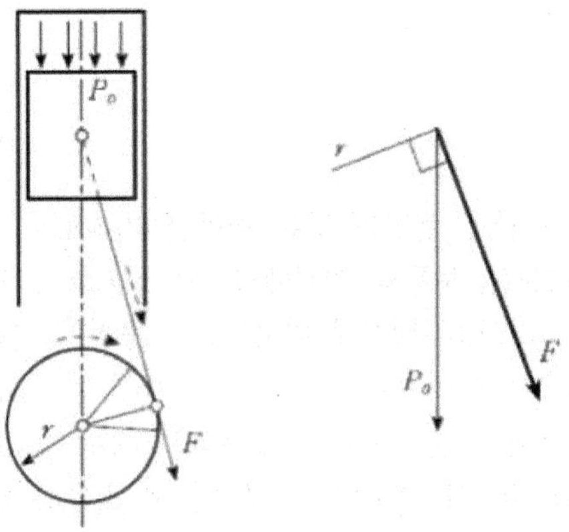

그림 2-15 회전력

5) 마력과 회전력의 관계

토크에 시간 개념인 분당 회전수를 적용한 것이 마력이며, 고속회전에 높은 토크값을 발생시키는 엔진일수록 마력은 높아진다. 예전에 트럭과 같은 차가 없을 때는 말이 짐마차를 끌며 일은했는데, '이 말이 1분 동안 얼마만큼의 일을 할 수 있나' 를 수치화해 표현했던 것이 1마력(horse power)이다. 지금은 말을 더 이상 이용하지 않게 되면서 요즘에는 자동차에 이 용어를 사용하고 있다. 하지만 토크가 높다고 해서 마력이 항상 높은 것은 아니다. 마력은 토크에 회전수를 곱한 값이기 때문에 토크가 낮더라도 회전수가 많으면 더 큰 마력을 얻을 수 있다. 현대 소나타엔진은 최대 172마력, 산타페는 200마력정도이고 람보르기니 같은 수퍼카는 600~700마력까지 올라간다.

토크는 엔진을 돌리는 힘(가속도)이고, 마력은 물체를 움직이는 힘(속도)인데, 그 관계는 토크에 회전수를 곱한 것이 마력(출력)이 된다. 즉, 고회전에 토크가 클수록 엔진의 마력(출력)은 커진다. 토크와 마력의 관계를 또 다른 관점에서 보면, 토크는 '힘(力)'이고 마력은 '일'이라고 말할 수 있으며 이 힘이 휠과 타이어에 크게 전달되면 자동차는 가속력이 좋아져 앞으로 달려 나가게 된다. 자동차는 출발할 때와 급가속 시에 가장 큰 힘을 필요로 하기 때문에 회전수를 높이 올려야 발휘되는 최고 마력보다는 토크가 더 중요하다 할 수 있을 것이다. 제동마력(축출력)은 크랭크축의 회전력에 의해 단위시간에 한 일이므로 제동마력과 회전력 사이에는 다음 관계식이 성립한다.

$$BPS = \frac{2\pi TN}{75 \times 60} = \frac{TN}{716.2} \tag{2-10}$$

여기서, T : 회전력($kg_f \cdot m$)

N : 크랭크축 매분 회전수(rpm)

2.2.2 엔진의 제 특성

1) 평균 피스톤 속도

평균 피스톤 속도는 피스톤이 시간당 행정을 왕복 이동한 거리로서 보통 엔진의 경우 12~13 m/sec이다. 최대 평균속도는 보통의 기관에서 20 m/sec. 경주용 기관은 25 m/sec이며, 피스톤 평균속도는 피스톤의 행정에 비례하므로 동일한 기관의 회전수에서는 행정이 짧을수록 피스톤의 평균속도는 늦어진다.

엔진이 회전하고 있을 때 피스톤의 속도는 상사점 및 하사점에서 0이 되며 중간 부근에서 최대가 된다. 따라서 피스톤의 속도를 평균한 것을 피스톤 속도라 한다. 평균 피스톤 속도를 S 라고하면, 다음과 같은 식이 성립한다.

$$V = \frac{2 \times S \times N}{60} = \frac{S \times N}{30} \qquad (2\text{-}11)$$

여기서, V : 평균 피스톤속도(m/s)
S : 행정(m)
N : 엔진 회전속도(rpm)

2) 연료소비율

연료소비율이란 내연기관의 연료 소비 성능을 나타내는 것으로 엔진이 일정한 일을 했을 때 어느 정도의 연료를 소비하는가를 표시한 것이다. 단위는 1마력이 1시간당 소비한 연료량을 g으로 표시($g/PS\cdot h$)하거나, 축 출력 1 kW(또는 PS)당 1시간에 소비하는 연료의 양($G/kW \cdot h$)으로 나타낸다. 연료소비율은 열효율과 반비례하므로, 이 값이 작을수록 열효율은 높아져 경제력이 좋고 성능이 좋은 엔진이라고 할 수 있다.
연료소비율은 축 출력 1 kW(또는 PS)당 1시간에 소비하는 연료의 양으로 나타낸다.

$$f_e = \frac{B \times 10^3 \times 3600}{N_e} \qquad (2\text{-}12)$$

f_e : 연료소비율
Ne : 축 출력 (kW 또는 PS)
B : 연료의 소비량(kg/s)
단위 : $G/kW \cdot h$ 또는 $g/PS \cdot h$

3) 열효율

열효율이란 기관에 공급한 총열량에 대한 일로 전환된 열량과의 비를 말한다. 일에 따라 열효율은 이론열효율, 도시열효율, 제동열효율의 세 가지로 나눌 수 있다.

$$\text{열효율} = \frac{\text{일로 전환된 열량}}{\text{기관에 공급된 총열량(저위발열량)}} \tag{2-13}$$

(1) 이론열효율

사이클 중 열손실이 없는 것으로 가정하여, 이론적 사이클에 의해 일로 변하여 얻은 열량과 그 사이클에 공급된 열량과의 비를 이론열효율(η_{th})이라 한다. 열역학 제1법칙에서 일로 변환된 열량은 그 사이클에 공급된 열량 Q_1과 배출열량 Q_2와의 차이를 말한다.

$$\eta_{th} = \frac{W_{th}}{Q_1} = \frac{Q_1 - Q_2}{Q_1} = 1 - \frac{Q_2}{Q_1} \tag{2-14}$$

여기서, W_{th} : 1사이클 중 이론적 일($kg \cdot m$)

(2) 도시열효율

실린더 내에 동작유체가 피스톤에 한 일(열량)과 공급열량과의 비를 도시열효율(η_i)이라 하며, 작동가스가 피스톤에 한 일을 도시일(Wi)이라 한다. 이때 동력을 도시마력 또는 지시마력이라 한다. 즉, 연소실 내의 압력(지압선도)에서 구해진 열효율로 엔진에 공급된 열량과 연소실 내의 압력에 따라 피스톤이 한 일의 차이를 공급된 열량으로 나눈 것이다. 여기서 지압선도란 지압계를 이용하여 실제 기관의 운전 상태로부터 얻은 압력(P)-체적(V)선도를 말한다. 또한 실린더 내의 가스 상태 변화를 압력, 체적 즉 압력과 피스톤 행정과의 관계로 표시한 것을 말한다.

도시열효율은 냉각손실, 흡·배기에 필요한 일, 펌핑손실 등 때문에 이론적 열량 보다 작다. 이 때문에 도시열효율(η_i)은 이론적 열효율(η_{th})보다 항상 작다. 도시열효율은 다음과 같이 표시한다.

$$\eta_i = \frac{\text{도시일}}{\text{총공급열량}} = \frac{W_i}{Q_1} \tag{2-15}$$

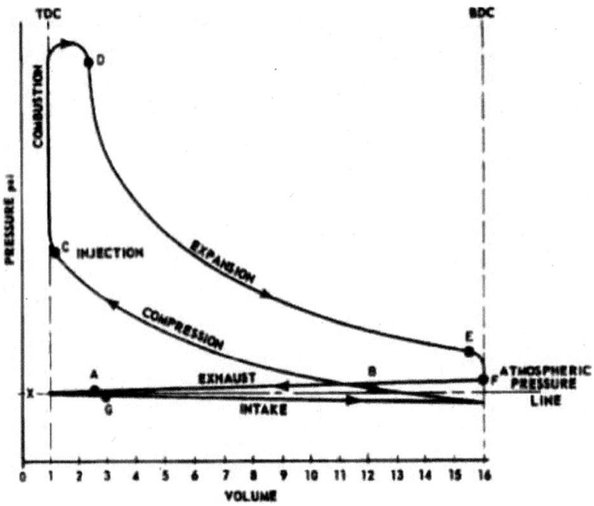

그림 2-16
4행정 디젤기관의
지압선도

(3) 제동(정미正味)열효율

엔진 크랭크축이 하는 일, 즉 제동일(W_b)로 변환된 열량과 총공급된 열량의 비를 제동열효율(η_b)이라 한다.

$$\eta_b = \frac{\text{제동일}}{\text{총공급열량}} = \frac{W_b}{Q_1} \tag{2-16}$$

제동열효율(η_b)은 엔진 축 출력에서 계산된 열효율로서, 출력축에서 얻어지는 일(정미일)을 엔진에 공급된 열량으로 나눈 것으로, 정미 일은 도시(圖示) 일보다 엔진 운동 부분의 마찰에 의해 잃어버리는 일과 보조 기계류(밸브, 냉각팬, 동력계, 물 펌프)를 구동하는 데 필요한 일(마찰 일)을 뺀 것을 말한다.

엔진에 공급된 총 열량은 실린더 내에서 연료의 연소에 의하여 발생되는 것이므로 연료의 저위발열량을 $H_L(kcal/kg)$, 연료의 소비량을 $B(kg/h)$로 하면 1시간에 열공급은 $H_L \times B(kcal)$가 된다. 여기에 따라 발생하는 제동마력을 BPS라고 하고, 1마력이 1시간 동안에 한 일을 열량의 단위로 환산하면 632.5 BPS($kcal/h$)가 된다. 따라서 제동열효율은 다음과 같이 나타낼 수 있다.

$$\eta_b = \frac{632.5BPS}{H_L \times B} \tag{2-17}$$

(4) 기계효율

도시마력이 제동마력을 변환된 양으로 나타낸 것이다.

$$\eta_b = \frac{\text{제동마력}}{\text{도시마력}} = \frac{\eta_b}{\eta_i}$$

$$\therefore \eta_b = \eta_m \times \eta_i \qquad (2\text{-}18)$$

한편, 제동일은 도시일보다 작게 된다. 즉 $\eta_m < 1$ 로 되는 이유로서는

- 피스톤과 실린더 사이의 마찰손실
- 크랭크기구에 있어서의 각 저널수의 마찰손실
- 점화장치, 오일펌프, 워터펌프 및 연료공급장치 등의 보조기구의 구동 손실

그리고 도시마력에서 제동마력을 뺀 것을 마찰손실마력이라 하고, 엔진의 내부마찰 및 보조장치의 구동에 소비된 것을 말한다. 디젤기관의 기계효율은 이들 요소의 손실비율을 알 수 있는 값으로 대략 80%~90%정도이다

마찰손실마력 = 도시마력 - 제동마력

4) 평균 유효압력(P_{me})

평균유효압력(P_{me})은 1사이클의 일량을 그 기관의 행정체적으로 나눈 값이며, 배기량과 회전속도가 서로 다른 기관의 성능 비교시에 사용한다. 일반적으로 엔진의 배기량을 증가시키면 공급 가능한 연료량이 증가하여 출력이 증가하기 때문에 출력만으로 엔진의 능력을 나타내는 지표로서는 충분하지 않다. 이 때문에 배기량에 관계없이 엔진 성능을 나타낸 것으로서 평균유효압력(Pme)을 사용한다.

평균유효압력은 모두 4가지로 분류한다.

- **이론평균유효압력(P_{mth})**
  - 이론사이클에서 항상 일정한 압력으로 작동하여 일을 했을 시의 평균유효압력(P_{mth})

$$P_{mth} = \frac{W_{th}}{V_s}$$ 여기서, V_s는 행정체적(배기량)

◆ **도시평균유효압력(P_{mi})**

- 실제 엔진에서 측정한 압력으로부터 얻어진 압력으로 구하는데, 지압선도에서 이론 평균유효압력과 동일한 방법으로 결정한다.

$$P_{mi} = \frac{W_i}{V_s}$$

◆ **제동평균유효압력(P_{mb})**

- 도시일에서 마찰일을 뺀 나머지 일(제동일)이 크랭크축의 유효일로 작용할때의 유효 압력을 말한다.

$$P_{mb} = \frac{W_b}{V_s}$$

◆ **마찰평균유효압력(P_{mf})**

- 도시일과 제동일의 차이로 없어진 마찰일의 압력을 말한다.

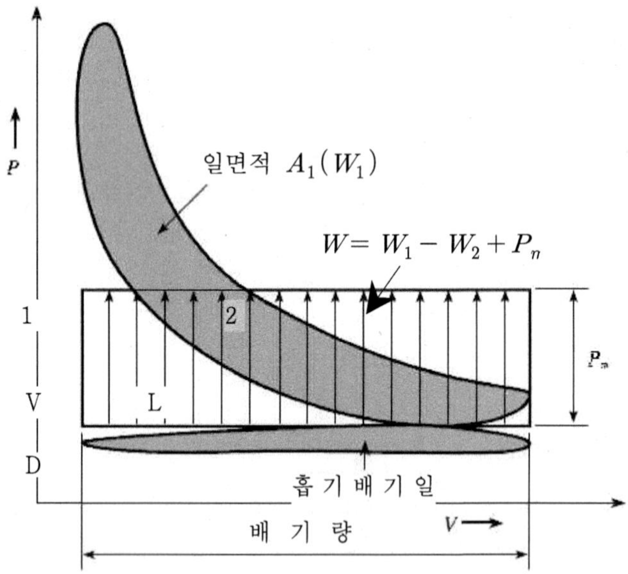

그림 2-17 평균유효압력

또한 이들 사이에는 다음 관계가 성립된다.

도시평균유효압력(P_{mi}) = 이론적 평균유효압력(P_{mth}) × 선도계수(η_d)

제동평균유효압력(P_{mb}) = 도시평균유효압력(P_{mi}) × 기계효율(η_m)

마찰평균유효압력(P_{mf}) = 도시평균유효압력(P_{mi}) - 제동평균유효압력(P_{mb})

앞에서 설명한 바와 같이 $P-V$ 선도에 나타낸 사이클의 내부면적은 일을 나타내며, 이 면적이 크면 클수록 일이 큰 것을 의미한다. 그림 3-1에서 일면적 A_1으로부터 흡배기의 펌프손실(pumping loss) A_2를 뺀 면적이 유효일 면적 $A(A_1-A_2)$로 된다. 이 유효일을 배기량 V_s로 나눈 값, 즉 A와 동일한 면적에서 행정체적은 같게 하여 직사각형을 만들 때 그의 높이가 P_m으로 평균유효압력이라고 한다.

따라서, 한 사이클의 일은 평균유효압력과 행정체적의 곱으로 나타냄으로써, 평균유효압력에 따라 행정체적이 다른 기관과도 기관의 성능을 비교할 수 있다.

5) 열정산(Heat balance)

내연기관 등에서 공급된 열량 중 얼마만큼이 유효하게 작업에 이용되고, 또 각종 손실의 비율이 어떻게 되는가의 열소비 내역을 열정산(熱精算), 열분배(熱分配), 또는 열평형(熱平衡)이라고 한다. 기관에 공급된 연료는 모두 크랭크축에서 유효한 일로 변환되는 것은 아니고 냉각손실, 배기손실, 기계손실 등의 각종 손실이 발생한다. 기관의 종류나 회전수, 부하상태 등에 따라 다르지만 전부하시의 최적상태에서의 가솔린기관 및 디젤기관의 일반적인 값은 아래와 같다. 대략 열효율 30%, 배기손실 30%, 냉각손실 30%, 기타손실 10% 정도이다.

6) 선도개수(線圖係數)

이론일에 대한 도시일의 비율을 선도계수(diagram factor, η_d)라고 한다.

여기서, 선도계수

표 2-1 내연기관의 열정산(%)

	유효일	배기손실	냉각손실	기계손실	복사손실
가솔린기관	28~33	32~35	23~30	9~10	1~5
고속디젤기관	30~47	34~40	11~25	4~11	1~5

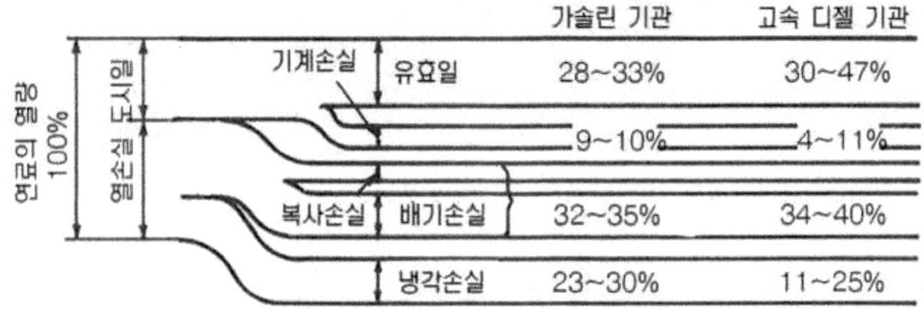

그림 2-18 자동차용 기관의 열정산 선도

$$\eta_d = \frac{\text{도시일의 양}}{\text{이론적 일의 양}} = \frac{W_i}{W_{th}} = \frac{\eta_i}{\eta_{th}} \tag{2-19}$$

도시일은 피스톤운동에 의한 실린더의 체적변화와 이에 따른 압력변화를 측정하는 지압계(indicator)에 의하여 측정되며, 이것으로 작성된 지압선도(indicated diagram), 즉 $P-V$선도에 그려진 사이클의 면적을 구함으로써 산출된다. 즉, 도시일은 실린더 내에서 가스가 실제로 한 일이다.

도시일은 여러 가지 손실 때문에 이론적 일보다 항상 작다. 즉, η_d 〈 1로 되는 이유는 도시일은 여러 가지 손실 때문에 이론적 일보다 항상 작다. 도시일은 이론일보다 작다.

즉 η_d 〈 1로 되는 이유는

- 연소열의 실린더 벽에의 열 방출
- 동작가스의 누출
- 연료와 공기의 불완전 혼합에 의한 불완전연소
- 흡·배기의 가스교환에는 부(-)의 일이 필요
- 연소는 피스톤속도에 의하여 정확한 정적, 정압연소가 이루어지지 않는다.

선도계수는 위의 상황과 같이 기술적으로 개량의 요소를 가지고 있으므로 성능향상의 가능성을 나타내는 값이라고 말할 수 있으며, 대략 70~80% 정도이다.

2 연습문제

1. 전기점화기관의 실제 $p-V$선도와 이론적인 $p-V$선도를 그리고 설명하라.

2. 오토, 디젤, 사바테사이클의 열효율을 나타내고, 압축비가 동일할 때의 열효율 크기와 실제 사이클의 경우 열효율의 크기를 비교하라.

3. 가솔린기관에 있어서 이론상의 $p-V$선도보다 실제기관의 $p-V$선도에서 제 손실이 나타나는 이유를 4가지로 나누어 설명하라

4. 다음 용어를 설명하라
   1) 배기량 2) 압축비 3) 제동출력 4) 평균유효압력 5) 열효율

5. 내연기관의 열정산에 대하여 설명하라

연료 및 연소

03

3.1 개요

연료는 기관의 동력을 얻는 열에너지 원(原)이며 자동차 기관용 연료로는 고체 연료, 액체 연료, 기체 연료 등이 있으나 현재 사용하고 있는 연료로는 액체와 기체 연료이고 고체 연료는 거의 사용하고 있지 않다. 기관에서 요구되는 성능은 출력성능, 연비성능 그리고 배기가스의 청정화를 나타내는 배기가스 성능으로 크게 나타낼 수 있다. 이들 성능의 우열은 기관본체의 구조, 연소실 설계, 연료 공급계통의 적합성 및 사용되는 연료 성상의 양부에 따라 크게 달라진다. 따라서 각 기관에 적합한 연료를 선택하여야 하며 사용되는 연료의 성상에 적합한 연소장치를 장착하여 연소효율을 높이고 그것에 의해 발생되는 연소 열에너지를 보다 유효한 기계적 일에너지로 변환시켜야 한다.

기관의 연소실내에서 이루어지는 연소는 단지 기관의 성능을 좌우할 뿐만 아니라 배출가스 중에 함유하는 유해성분이나 카본, 및 연소 소음의 발생에 따른 환경공해와도 밀접한 관련이 있기 때문에 적절한 연료의 선택이나 완전 연소방법의 개발은 이러한 문제에 중요한 해결책이 될 것이다.

3.2 공기

연료의 연소는 공기중의 산소에 의해 지배되므로 기관의 실린더내에 흡입되는 공기중의 산소농도는 연소의 양부를 결정하는 중요한 성분이다. 더구나 자동차 가솔린기관의 출력은 흡입공기량에 의하여 결정되며, 연소에 직접적으로 간여하지 않는 질소(N_2)나 그밖의 불활성가스도 작동유체로서 중요한 역할을 하는 동시에 금속이나 오일의 산화를 억제하고 또한 연소최고온도를 적정한 값으로 제어하는 역할을 한다.

3.2.1. 공기의 조성

건공기의 조성은 표 3-1에 나타난 것과 같이 질소와 산소가 대부분을 차지하고 있고, 그 중 산소의 중량비는 23.2%에 지나지 않는다. 일반적으로 공기는 수증기를 포함하고 있으나 대단히 불안정한 상태에 있으며 그 상한은 온도에 의하여 결정되는 포화증기압에 지배된다.

표 3-1 건조공기의 조성

성 분	체 적(%)	중 량(%)
질 소 (N2)	78.03	75.47
산 소 (O2)	20.99	23.20
아르곤(Ar)	0.9333	1.280
이산화탄소(CO2)	0.030	0.046
수 소 (H)	0.010	0.001
네 온 (Ne)	0.0018	0.0012
헬 륨 (He)	0.0005	0.00007
크립톤 (Kr)	0.0001	0.0003
크세논 (Xe)	0.000009	0.00004

표 3-2 고도의 변화에 따른 대기의압력, 온도 및 공기밀도의 변화

고 도(m)	압력(kgf/cm2)	온도(C°)	밀도(kgf/cm3)
-200	1.0580	16.30	1.2492
-100	1.0455	15.65	1.2373
0	1.0332	15.00	1.2255
10	1.0211	14.35	1.2138
200	1.0090	13.70	1.2021
500	0.9734	11.75	1.1677
1,000	0.9164	8.05	1.1121
1,500	0.8625	5.25	1.0582
2,000	0.8106	2.04	1.0068
3,000	0.7148	-4.50	0.9094
4,000	0.6284	-11.00	0.8194
6,000	0.4810	-24.00	0.6598
8,000	0.3629	-37.00	0.5252
10,000	0.2694	-50.00	0.4124

해발 0 m. 압력 760 mmHg, 1.0332[kgf/cm^2], 온도 15℃를 표준대기로 삼음.

대기의 압력이나 온도는 지상고도 등의 장소에 따라 달라지며, 하루가운데서도 시각에 따라서도 달라진다. 이로 인하여 표 3-2에서와 같이 공기의 밀도도 바뀌므로 동일한 스로틀 조건에서 고도가 변화될 경우 흡입되는 공기의 밀도도 변화되므로 공연비가 맞지 않아 기관의 부조나 매연 등이 증가되기도 한다.

이와 같이 대기의 상태가 달라질 경우 기관의 출력성능을 다른 기관과 동일하게 비교하는

것이 맞지 않기 때문에 이를 위하여 국제표준대기(INA, International Normal Atmosphere Standard)로써 표준값이 결정되어있다. 표 3-2는 국제표준대기로써 고도변화에 따른 대기의 압력, 온도, 밀도의 변화를 나타낸다.

3.3 연료의 종류 및 성질

3.3.1 연료의 종류

내연기관에 사용되는 연료는 액체 연료와 기체 연료로 대별되며, 취급과 저장 및 운반이 용이한 액체 연료가 주류를 이루고 있다. 그러나 장래 원유의 고갈 및 가격의 상승, 기체 연료의 취급 및 취급 운반기술의 발달 등에 의하여 기체 연료의 비율이 높아질 것으로 전망된다.

내연기관의 연료는 대부분이 원유(crude oil)에서 정제된 탄화수소(hydrocarbon)로서 파라핀계(지방족, $C_nH_{2n}+2$), 오레핀계(C_nH_{2n}), 나프텐계($C_nH_{2n}-2$) 및 방향족계($C_nH_{2n}-6$)의 4가지로 분류된다. 땅속에서 채취되는 석유원유(crude petroleum)와 천연가스(natural gas)는 이들 분자로 이루어지며 그 산지에 따라 석유에 함유되는 각분자의 비율이 다르며 연료는 그 성상에 따라서 액체 연료(liquid fuel)와 기체 연료(gaseous fuel)의 2가지로 나누어진다. 표3-3은 탄화수소의 종류와 저발열량을 나타내고, 표3-4는 원유를 구성하는 원소를 나타내고 있는데 탄소(C)와 수소(H)가 대부분 차지하고 있음을 알 수 있다.

원유를 증류하여 각종의 석유제품으로 하는 것을 정제라 한다. 각 연료는 비점의 차이에 따라 얻어지는데 가솔린(gasoline), 등유(kerosene), 액화석유가스(LPG, liquified petroleum gas), 압축천연가스(CNG, compressed natural gas)등은 불꽃점화 기관의 연료로 주로 사용되고, 경유(diesel light oil), 중유(diesel heavy oil)는 압축착화 기관의 연료로 사용한다.

3.3.2 석유계 연료의 특징

1) 가솔린(Gasoline)

가솔린은 석유 원유를 직접 분류하여 얻어진 직유가솔린, 경유 또는 중유를 고온도로 가열하여 이것을 분해하여 얻는 분해가솔린, 천연가스를 압축·냉각하여 얻는 천연가솔린 등이 있다.

파라핀계 가솔린은 C_6H_{14}, C_7H_{16}, C_8H_{19}, C_9H_{20}을 주성분으로, 또 나프텐계 가솔린은 C_6H_{12}, C_7H_{14}, C_8H_{16}, C_9H_{18}이 주성분이다. 시판되고 있는

표 3-3 탄화수소의 종류와 저발열량

계 별	주된 종류			저발열량 (kcal/kg)
파라핀계 (Paraffin Series) 〈포화쇄상구조〉) 지방족 $C_nH_{2n}+2$	가스체 (대기 온도 에서)	메 탄(methane)	CH_4	11910
		에 탄(ethane)	C_2H_6	11300
		프로판(propane)	C_3H_8	11050
		부 탄(butane)	C_4H_{10}	10900
	액체	펜 탄(pentane)	C_5H_{12}	10890
		헥 산(hexane)	C_6H_{14}	10690
		헵 탄(heptane)	C_7H_{16}	10720
		옥 탄(octane)	C_8H_{18}	10670
오레핀계 (Oreffin Series) 〈직쇄구조〉 C_nH_{2n}		에텐(ethene)	C_2H_4	–
		프로펜(propene)	C_3H_6	–
나프텐계 (Naphthene Series) 〈포화 환상구조〉 C_nH_{2n}		사이클로헥산 (cyclohexane)	C_6H_{12}	10430
		헥사하이드로톨루엔 (hexahydrotoluene)	C_7H_{14}	10405
		헥사하이드로크실렌 (hexahydroxylene)	C_8H_{16}	10410
벤졸계 (Benzol Series) 〈불포화 환상구조〉 방향족 $C_nH_{2n}-6$		벤젠 (benzene)	C_6H_6	9640
		톨루엔(toluene)	C_7H_8	9750
		크실렌 (xylene)	C_8H_{10}	9890

표 3-4 원유를 구성하는 원소

원 소	기 호	비 율(Wt %)
탄소	C	84~87
수소	H	11~14
황	S	0~80
질소	N	0~1
산소	O	0~2

가솔린은 각 가솔린을 조합한 것으로 평균조성은 거의 C_7H_{13}이고 비중이 0.65~0.75, 저발열량 46,000~ 47,000 kJ/kg, 인화점은 -10~-15℃이다.

2) 등유(Kerosene)

등유는 소형석유기관등에 사용되는 데 비중이 0.78~0.84, 저발열량 45,000~47,000 kJ/kg, 인화점은 40~70℃이다.

3) 경유(Diesel light oil)

경유는 디젤유라고도 하며 소형 고속디젤엔진의 연료로 사용된다. 비중이 0.84~0.99, 저발열량 44,000~46,000 kJ/kg, 인화점은 40~85℃이고 발화점은 300℃정도 이다. 그 종류는 1~3호로 정해진다.

4) 중유(Diesel heavy oil)

경유를 유출한 후의 잔유에서 아스팔트나 피치를 제거시킨 것으로 디젤 기관이나 소구기관에서 쓰인다. 비중이 0.91~0.94, 저발열량 42,000~44,000 kJ/kg, 인화점은 50~90℃이고 발화점은 300℃이하이다.

5) 벤졸

벤졸은 석유에 그 한 성분으로 함유되어 있으며, 또한 석탄 건유시에 부산물로 얻어진다. 벤졸은 안티노크성이 크므로 가솔린에 혼합하여 사용하기도 한다. 발열량은 가솔린보다 7~8% 정도 적다. 순수한 것은 응고점이 높으며(5.4℃), 단독으로 사용할 경우 저온도 일 때에는 응고될 염려가 있다.

3.3.3 자동차 가솔린엔진으로서 요구되는 조건

가솔린기관에서는 가솔린 증기와 공기를 일정한 비율로 혼합한 혼합기를 실린더로 공급한 후 점화플러그를 이용하여 연소시킨다. 따라서 자동차용 가솔린은 이러한 연소를 잘 되게 하고 기관 각 구성 요소에 영향을 주지 않기 위해서 다음과 같은 사항이 요구된다.

① 발열량이 클 것
② 시동성과 가속성이 좋을 것
③ 적당한 휘발성을 가질 것
④ 충분한 내노크성이 있을 것
⑤ 흡기계, 연소실, 배기계에 연소퇴적물에 의한 오염이 적을 것
⑥ 베이퍼 로크(vapor lock) 및 퍼콜레이션(percolation)이 잘 일어나지 않을 것
⑦ 배기가스 중 유해한 성분의 증가 원인이 되지 않을 것
⑧ 저장 안정성이 양호하고 부식성이 없을 것
⑨ 연료소비량이 적고 가격이 저렴할 것

3.3.4 대체 연료

석유계 이외의 에너지원으로부터 자동차용 연료를 얻기 위한 노력은 오래 전부터 세계 각국에서 시작되고 있다. 그 결과 대체 연료로서 사용 가능한 것이 표 3-5 에 나타낸다.

1) 에틸 알코올(C_2H_5OH)

에타놀(ethanol)이라 하기도 하며 사탕수수나 감자 등 농업 부산물을 발효시켜서 얻는다. 미국에서 가솔린에 최고 20%정도 혼합한 가스올(gashol)이 사용되었고, 브라질에서는 100% 에타놀이 시판되고 있다. 표 3-5에 나타내는 것과 같이 옥탄가는 가솔린보다 높지만 경질증류분(저온에서 증류되어 나오는 분자량이 작은 증류분)이 증가하고, 증기폐쇄(vapor lock)를 일으키기 쉬우며 운전성이 악화되는 결점이 있다.

2) 메틸 알코올(CH_3OH)

메타놀(methanol)이라고도 하며, 천연가스의 개질화, 석탄의 가스화에 의하여 생성된 수소와 일산화탄소를 합성해서 얻는다. 에타놀과 마찬가지로 가솔린과 혼합 또는 단독으로 사용하기도 하지만 경질 증류분이 많아 베이퍼로크 현상을 발생시킬 수 있다. 가솔린과 혼합하여 사용할 때에 지온에서 알고올의 흡습특성에 의하여 수분을 흡수하여 싱분리 현싱을 일으키기 쉬운 것과, 가솔린에 비하여 옥탄가는 높지만 착화점이 높기 때문에 시동성이 좋지 않고, 금속 부식성이 크고, 고무나 플라스틱을 팽윤, 열화시키는 결점이 있다.

표 3-5 대체연료의 특성

연료및 혼합재	분자식	분자량	원료 제조법	비중	비점 (℃)	인화점 (℃)	착화점 (℃)	저발열량 (MJ/kg)	기화잠열 (KJ/kg)	이론공기 연료비 (KG/kg)	옥탄가 (RON)
에틸 알코올	C_2H_5OH	46	식물의 발효 사탕수수, 옥수수 등	0.794	78	13	423	26.8	854.1	9.0	111
메틸 알코올	CH_3OH	32	천연가스 석 탄	0.796	65	11	470	20.1	1101	6.45	112
TBA	CH_3 I CH_3-C-OH I CH_3	74	이소부틸렌 + 수증기	0.791	84	11	478	35.6	536	11.2	113
MTBE	CH_3 I $CH_3-C-O-CH_3$ I CH_3	88	메타놀 + 이소부틸렌	0.744	55	-28	460	34.8	320	11.2	117
가솔린	C_4~C_{12}의 탄화수소 혼합물	약 100	원유정제	0.72~ 0.78	27~ 225	-43	257	44.0	335	14.7	83~ 102
이소 옥탄	C_8H_{18}	114	이소부틸렌 +이소부탄	0.70	125	-12	418	44.8	297	15.1	100

3) TBA(Tert-buthyl alcohol)

석유 정제의 부산물인 이소부탄을 산화시키고, 이것을 프로필렌과 반응시켜 만든다. 옥탄가는 높지만 저온시의 기화가 나쁘기 때문에 시동성이 떨어진다. 따라서 일부에서는 가솔린에 10%정도 혼합하여 사용하기도 한다.

4) MTBE(Methyl tert-buthyl ether)

메타놀과 이소부틸렌을 합성시켜 만들며, 옥탄가가 높아 무연가솔린(unleaded gasoline)의 반노크제(anti-knock agent)로 사용되기도 하다. 또한 발열량이 높고 가솔린과 혼합하여도 상분리 현상이 생기지 않는 이점이 있다.

3.3.5 기체 연료

현재 사용되고 있는 기체 연료는 액화석유가스(LPG: liquified petroleum gas),액화천연가스(LNG: liquified natural gas), 압축천연가스(CNG:compressed natural gas), 액화수소가스(LHG: liquified hydrogen gas), 도시가스, 프로판, 부탄 등이 있으나 자동차용 기관에 시용되는 것은 LPG, LNG, CNG, LHG 등이다. 기체 연료를 자동차용 기관에 사용하는 경우는 용이하게 액화될 수 있어야 주행거리를 연장시킬 수 있다. 그 반면에 고압용기의 내압과 용기의 중량을 증가되는 문제가 따르고 충격이나 충돌에 있어서 폭발의 위험성이 있다는 것과 저장상의 문제점 등이 단점이 있다.

◆ **옥탄가(ON: Octane number)**

가솔린기관은 점화 후 화염이 연소실에 확산되고 혼합기가 연소할 때 혼합기가 가장 늦게 연소하게 되는 곳인 엔드 가스존(end gas zone)에서 미연가스가 순간적으로 자연발화하는 현상을 노킹(knocking)이라고 한다. 노킹은 이상연소의 하나로서 압축비가 지나치게 높으면 발생하기 쉬워진다. 따라서 자동차용 가솔린엔진의 연료인 경우는 되도록 노킹을 잘 일으키지 않는 것이 바람직하며, 노킹을 잘 일으키지 않는 성질을 내노크성(anti-knock)이라고 한다.

이 내노크성의 크기를 나타내는 것이 옥탄가이고 옥탄가를 측정하는 방법에는 다음과 같은 것들이 있다.

표 3-6 주요기체 연료의 성분

기체 연료	분자식	분자량	비중	비점(℃)	착화점 (℃)	저발열량 (MJ/kg)	기화잠열 (KJ/kg)	이론공기 연료비 (Kg/kg)	옥탄가 (RON)
메 탄	CH_4	16	0.35	−161.5	632	50.2	510.8	17.2	
에 탄	C_2H_6	30	1.05	−88.6	427	47.7	489.9	16.1	101
에틸렌	C_2H_4	28	0.97	−103.7	490	47.3	481.5	14.8	
프로판	C_3H_9	44	1.56	−42.1	481	46.5	427.1	15.7	96
프로필렌	C_3H_6	42	1.48	−47.7	458	45.6	439.6	14.8	85
n-부탄	C_4H_{10}	58	2.01	−0.5	441	45.6	385.2	15.5	90
이소부탄	C_4H_{10}	58	2.01	−11.7	544	45.6	368.4	15.5	97
이소부틸렌	C_4H_8	56	1.94	−6.3	433	45.2	389.4	14.8	81

① 실험실 옥탄가(laboratory octane number)

- 리서치법(research method)
- 모터법(motor method)

② 주행 옥탄가(road octane number)

- 수정 유니온타운법(modified uniontown method)
- 수정 보더라인법(modified borderline method)

◆ 실험실 옥탄가(Laboratory octane number)

이 측정방법은 노킹을 일으키기 쉬운 노멀헵탄(normal heptane: C_7H_{16}, 옥탄가=0)과 노킹을 잘 일으키지 않는 이소옥탄(isooctane: C_8H_{18},옥탄가=100)과의 혼합물을 만들어 피측정 가솔린의 안티노크성을 비교하여 옥탄가를 구한다.

$$\text{옥탄가} = \frac{\text{이소옥탄}}{\text{이소옥탄} + \text{노멀헵탄}} \times 100(\%)$$

따라서 옥탄가란 이소옥탄과 노멀헵탄의 혼합액 중 이소옥탄의 체적비로 나타낸다. 예를 들어 이소옥탄이 95[%]-노멀헵탄 5[%]이면 옥탄가는 95가 된다. 일반적으로 무연 가솔린 옥탄가는 91, 고급 가솔린 옥탄가 95, LPG 옥탄가는 90~120정도이다.

리서치법과 모터법은 어느것이나 CFR(cooperative fuel research)엔진을 사용하여 정해진 운전조건을 측정한다. 리서치법 옥탄가(RON)는 비교적 저속회전(약 600 rpm)조건에서 측정하는 방법이고, 모터법 옥탄가(MON)는 고속회전(약 900 rpm) 조건에서 측정하는 방법이다. 주로 가솔린 옥탄가라 하면 리서치법을 가르킨다.

◆ 주행 옥탄가(Road octane number)

가솔린을 실제로 차의 연료로 사용하였을 때의 옥탄가이다. 이 경우는 같은 가솔린일지라도 반드시 실험실옥탄가와 같을 수는 없다.

수정 유니언타운법(modified uniontown method)은 가속중에 점화시기를 앞세워서 주행중 노킹이 유발되도록 하여 가솔린의 옥탄가를 구하는 방법이다.

수정 보더라인법(modified borderline method)은 시험하는 동안 가속하여 끊임없이 트레이스 노크가 유발되도록 점화시기를 제어하여 옥탄가를 구하는 방법이다.

★ 세탄가(CN: Detane number)

고속 디젤 기관에서는 출력 및 연비성능을 좌우하는 중요한 성질은 경유의 착화성(ignitability)성에 있다. 착화성이 양호하면 연료의 착화지연(ignition delay)이 짧아져 연소가 잘 이루어지며 연소압력의 급상승이 없고 원활한 기관의 운전이 가능해진다. 착화성이 좋지 않으면 연료가 분사되어도 곧바로 착화되지 못하고 그동안 다량의 연료가 분사되어 한꺼번에 연소됨으로써 디젤노크(diesel knock)를 발생하기도 하며 소음의 원인이 된다. 디젤연료(경유)의 착화성을 표시하는데는 세탄가(CN: detane number)가 쓰여진다. 세탄가의 측정에는 가솔린기관의 옥탄가 측정과 같이 CFR기관이 사용된다. 어떤 연료의 세탄가란 착화성이 나쁜 α메틸나프탈렌($C_{10}H_7CH_3$)과 매우 착화성이 좋은 세탄($C_{16}H_{34}$)을 혼합하여 시험연료와 동등한 착화성을 가지는 표준연료를 만들어 세탄의 체적비율(%)로 나타낸다.

$$세탄가 = \frac{노멀세탄}{노멀세탄 + \alpha 메틸나프탈렌} \times 100(\%)$$

연료의 착화성을 세탄가 대신에 디젤지수(DI, diesel index)로 나타내는 경우도 있다.

$$디젤지수 = \frac{API비중 \times 아닐린점}{100}$$

여기서, API비중 = 141.5/16℃의 비중 - 131.5이고 아닐린점은 동일한 체적의 시료와 새로 증류한 순수아닐린(aniline:$C_6H_5NH_2$)이 용해되어 완전히 혼합할 때의 최저온도를 나타낸다.

따라서 디젤지수가 클수록 착화성이 좋다. 착화성 향상제로는 초산에틸, 초산부틸등 소산알킬(alkyl nitrate)이나 니트로글리세린 등 니트로화합물(nitro com_ pounds) 등이 쓰여진다. 일반적으로 옥탄가가 좋은 연료는 세탄가가 낮고 세탄가가 낮은 연료는 옥탄가가 높으며 이들 사이에는 서로 상반되는 관계가 있다. 따라서 가솔린엔진에는 적합하지 못한 연료가 디젤엔진에는 적합하다고 할 수 있다.

3.4 연소의 기초

3.4.1 연소반응

연소는 가연성 물질이 공기 중의 산소와 결합하여 열과 빛을 발생하는 현상을 말하며, 연소에는 완전연소(complete combustion)와 불완전연소(incomplete combustion)로 대별된다. 완전연소는 가연성 물질 속의 탄소(C)와 수소(H)가 공기중의 산소(O)와 완전히 화합하여 이산화탄소(CO_2)와 물(H_20)이 생성된다. 불완전연소는 탄소(C)가 완전히 연소하지 못하고 일부가 일산화탄소(CO)로 되고, 또 수소의 일부도 산소와 결합하지 못하고 대기 중으로 배출된다. 따라서 완전연소는 연소생성물 중의 CO 등의 가연성분이 남아있지 않은 경우를 말하며, 불완전연소는 CO 등의 가연성분이 아직 남아 있는 경우를 말한다.

불완전연소의 경우는 다시 산소(O)를 공급하여 반응시키면 완전연소되고 CO는 CO_2로 된다. 엔진에 사용되는 연료는 표 3-3과 같이 C와 H의 화합물이다. 연료에 따라서는 미량의 S가 포함되어 있어서 연소의 반응식은 다음과 같이 표시된다.

- **탄소 C의 완전연소**

$$C+O_2 = CO_2 + 97200[kcal],\ \ 407[MJ]$$

- **탄소C의 불완전연소**

$$C+\frac{1}{2}O_2 = CO+29620[kcal],\ 124[MJ]$$

- **일산화탄소 CO의 연소**

$$CO+\frac{1}{2}O_2 = CO_2 + 67580[kcal].\ 283[MJ]$$

- **수소 H_2의 연소(고발열량)**

$$H_2 + \frac{1}{2}O_2 = H_2O(\text{물}) + 68500[kcal].\ 287[MJ]$$

- **수소 H_2의 연소(저발열량)**

$$H_2 + \frac{1}{2}O_2 = H_2O(\text{물}) + 57750[kcal].\ 242[MJ]$$

- **유황(S)의 연소**

$$S + O_2 = SO_2 + 70860[kcal],\ 297[MJ]$$

또 파라핀계의 메탄(n=1) CH_4, 에탄(n=2) C_2H_6 및 오레핀계의 에틸렌(n=2) C_2H_4의 연소 반응식은 다음 식으로 표시된다.

- **메탄**

$$CH_4 + \frac{1}{2}O_2 = CO_2 + 2H_2O(\text{물}) + 212400[kcal],\ 890[MJ]$$

- **에탄**

$$C_2H_6 + 3\frac{1}{2}O_2 = 2CO_2 + 3H_2O(\text{물}) + 372900[kcal],\ 1562[MJ]$$

- **에틸렌**

$$C_2H_4 + 3O_2 = 2CO_2 + 2H_2O(\text{물}) + 346200[kcal],\ 1450[MJ]$$

그리고 탄화수소의 연소에 관한 일반식은 다음과 같다.

$$C_nH_m + \left\{n + \frac{m}{4}\right\}O_2 = nCO_2 + \left\{\frac{m}{2}\right\}H_2O$$

공기의 조성은 체적비로 산소 21[%]와 질소 78[%], 그리고 약 1[%]의 아르곤, 탄산가스와 그 밖의 가스가 함유되어 있어 있다.

$$\text{체적비}\ N_2 = 79[\%],\quad O_2 = 21[\%]$$
$$\text{질량비}\ N_2 = 76.7[\%],\quad O_2 = 23.3[\%]$$

만약 연료 C_6H_{14}(hexane)인 연료를 완전 연소시키는데 필요한 공기량을 구하면 다음과 같다. 연료 C_6H_{14}에서 탄소(C)와 수소(H)의 중량비는 C의 원자량은 12이므로 6×12=72, H의 원자량은 1이므로 14×1=14로 된다. 이것을 백분율로 표시하면, 탄소 83.72%, 수소

16.28%가 된다.

탄소와 산소, 수소와 산소의 연소 반응식은 다음과 같으며, 각 원소의 계수는 중량비율로 표시한 것이다.

$$12\,C + 32\,O = 44\,CO_2$$

$$2\,H + 16\,O = 18\,H_2O$$

1 kg의 C_6H_{14}에는 탄소 0.837 kg과 수소 0.163 kg으로 이루어져 있다. 따라서 이들을 완전 연소시키는데 필요한 공기량은 다음 식에서 구할 수 있다.

$$0.837C + \left(\frac{32}{12}\right)0.837\ \ O = \left(\frac{44}{12}\right)0.837CO_2$$

$$0.163H + \left(\frac{16}{2}\right)0.163\ \ O = \left(\frac{18}{2}\right)0.163H_2O$$

또는

$$0.837\ \ C + 2.216\ \ O = 3.053CO_2$$

$$0.163\ \ H + 1.302\ \ O = 1.465H_2O$$

따라서 윗식에서 탄소와 수소를 완전연소시키는데 필요한 산소량은 3.518 kg이 구하여진다. 공기 중의 산소는 23 : 77의 비율로 질소와 함께 있기 때문에 질소의 양

$$\frac{77}{23} \times 3.518 = 11.774\ kg$$

이 된다. 따라서 소요의 공기량은

$$\frac{100}{23} \times 3.518 = 15.3\ kg$$

이 된다.

3.4.2 연소의 양상

자동차엔진 연소실내에서 일어나는 연소의 양상은 크게 화염전파에 의한 연소, 자기착화 또는 발화 및 확산연소 등이 있다. 가솔린엔진의 연소특성은 정상연소일 경우 대부분이 화염전파에 의한 연소이고, 디젤 엔진의 연소는 혼합가스의 부분적인 자기착화로부터 시작하여 연료유입자 표면으로 연소가 확산되는 확산연소에 의한 것이다. 그림 3-1은 가솔린엔진에서의 연소양상으로 화염면의 전파를 보여주고 있다.

1) 화염전파(Flame propagation)

전기적 스파크에 의하여 점화플러그 근방의 혼합기 일부가 점화로 발화온도(ignition temperature)에 도달하면 산화반응이 급격하게 일어나서 화염핵(flame core)이 만들어진다. 이 화염핵에 의하면 화염면(flame front)이 형성되고 이 화염면이 미연혼합기 속을 화염속도로 진행하면서 연소가 이루어진다. 이때의 화염이 순차적으로 진행되면서 그 속도가 정상이면 정상연소가 되는 것이고 무엇인가의 원인에 의하여 화염의 진행이 정상적으로 이루어지지 않을 때에는 노킹 등의 이상연소(detonation)로 발전된다.

2) 자기발화(Spontaneous ignition)

균일하게 가열된 혼합기가 스스로 불이 붙는 착화온도에 도달하게 되면 급격한 화학반응이 진행되면서 발열되고 이때에는 자기발화에 의하여 연소가 이루어진다. 이와 같은 발열에 의한 착화현상을 열착화(thermal ignition) 또는 열폭발(thermal explosion)이라고 한다.

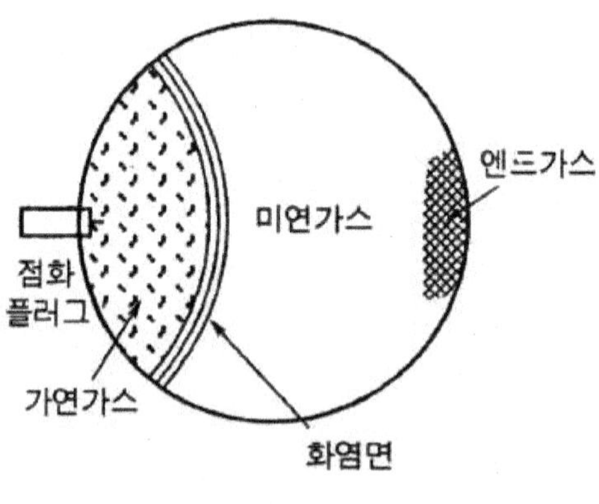

그림 3-1 화염전파에 의한 연소

3) 확산연소(Diffusive combustion)

가연성의 가스나 연료증기가 공기와 혼합되면서 연소할 때에는 혼합속도와 반응속도가 서로 평형을 유지하면서 예혼합층으로부터 확산에 의하여 연소가 이루어지고 그 예혼합연소에 이어서 확산연소가 진행된다.

3.5 가솔린엔진에서의 연소

가솔린엔진에서의 연소는 압축말기의 혼합기가 점화원(점화플러그)으로부터 점화되어 발화온도에 도달하게 되면 화염핵(falme core혹은 kernel)이 만들어지고 화염핵에 의해 화염면(flame front)이 형성되어 이 화염면이 미연혼합기에 진행하면서 연소가 이루어진다. 이때 화염의 전파에는 수[ms]고속~수십[ms]저속 정도의 시간이 소요된다. 여기서 화염면이 전파되어 나가는 빠르기, 즉 연소실벽에 대한 화염면의 이동속도를 화염속도(flame velocity)라고 하고, 이에 대하여 연소속도(burning velocity)는 미연혼합기에 대한 화염면의 진입속도이다. 연소속도는 혼합기의 조성, 농도, 온도, 압력, 습도 외에 연소장에서의 터뷸런스 레벨(turbulence level) 등이 주어지면 획일적으로 결정되는 값이다.

엔진에서 측정이 가능한 화염속도는 이 연소속도에 연소실내에서의 스월이나 스퀴시의 크기 또는 연소가스의 팽창에 의한 가스의 이동속도를 가한 것이다.

화염속도의 시간적 변화는 연소가스의 팽창에 의한 영향이 크며 전파시간의 최초와 최후가 0이고 중간에서 최대가 되는 포물선의 모양을 하는 속도변화 양상이 된다.

3.5.1 연소과정

스파크 점화기관의 연소에는 실린더내에 흡입된 혼합기가 압축말기에 압축열에 의하여 혼합기가 400[℃]정도의 고온고압의 상태로 가열되어 기화한다. 이때 혼합기는 기화에 이어서 완만한 산화반응으로 과산화물이나 알데히드 등이 생성되면서 이 과정에서 약간의 열이 발생된다. 그리고 이들 분해 생성물을 포함하는 혼합기는 점화되기 쉽도록 되어 있으나 스파크에 의해 점화하여도 화염핵의 생성으로부터 스스로 전파될 만큼의 화염이 만들어지기까지는 약간의 지연이 있으며 이것이 점화지연(ignition delay)이다. 그림 3-2는 정상연소일 경우, 점화로부터 압력 상승이 시작될 때까지의 점화지연기간과 압력상승이 시작되어 최고 연소압력에 도달할 때까지의 열발생기간(주연소기간)으로 구별할 수 있다. 이와 같이 스파크 점화기관은 점화지연기간과 열발생기간으로 이루어지는 2단계연소(two stage combustion)임을 알 수 있다.

◆ **제1단계 (점화지연)**

제1단계는 점화되면 극히 작은 부분의 혼합기가 발화하여 자기 스스로 전파될 만큼의 화염핵이 형성되는 기간으로 이 기간의 장단은 연료의 성상, 공연비, 온도, 압력 등에 관계된다. 이 때에는 열의 발생이 극히 미미하여 압력의 상승은 확인할 수 없으며 이 기간을 압력상승지연기 혹은 열발생지연기라고 한다.

◆ **제2단계 (열발생기)**

제2단계에 이르러서 비로소 압력의 상승이 나타난다. 최대압력을 나타낼 무렵에는 압력과 발생되는 열량이 평형을 이루게 되며 아직 연소는 완료되지 않은 상태이고 열의 발생은 팽창행정까지 이어진다.

일반적으로 가솔린엔진에 있어서의 열의 발생 패턴은 그림 3-2에 나타내는 것과 같이 끝이 둥근모양을 한 2등변 3각형의 모양에 가깝다. 열효율이 최대로 되는 점화시기(MBT)에 있어서의 실린더내의 압력은 상사점 후 10~20°CA에서 최대가 되며 이때 열발생의 피크를 이루는 위치는 상사점 후 5~10°CA가 된다.

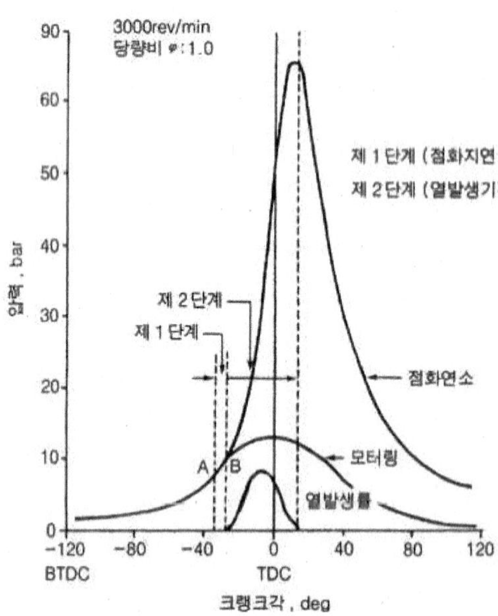

그림 3-2
스파크 점화기관의
2단계연소의 예

3.5.2 가솔린 노킹(Knocking)

노킹이란 말 그대로 두드리는 소리이다. 즉, 엔진에서 두드리는 소리가 나는 현상을 말하며. 엔진의 회전 속도와 비례하여 소음이 나게 되므로 주행중에 따르륵 하는 소음이 나게 된다.

내연기관은 정해진 시점에 연료와 공기의 혼합기가 착화하여 폭발함으로서 피스톤을 아래로 힘차게 미는 힘으로 동력을 발생시킨다. 이때 정해진 시점이 아닌, 다른 시점에서 혼합기가 비정상적으로 착화, 폭발하는 이상적인 연소가 발생하여 비정상적인 높은 압력이 발생하고 그러한 압력파가 피스톤을 때리는 현상을 노크(knock) 또는 노킹이라 한다.

실제 차량에 있어서 노킹은 주로 평탄한 길을 주행하면서 변속기가 차량 속도에 최적화 되어 있을 때 언덕길이나 감속 후 재 가속시 동일 기어로 주행하게 되는 상황에 주로 발생을 한다. 특히 주행 중 차량의 힘이 운전자의 의도대로 따라 오지 않을 때 운전자는 액셀 페달을 깊이 밟게 되며 이때 정상적인 점화 플러그 연소상태를 제외한 비정상적인 연소인 이상연소(Detonation)과 조기점화(Preignition)의 두 가지 형태로 비정상 연소되며 이에 의한 충격파가 엔진 연소실에 발생하여 부딛히며 발생한다. 이것은 엔진의 운전 중 화염파가 연소실벽을 때리는 것을 말하는데 이것이 발생하면 비정상적인 압력파가 생겨 '땅땅'거리는 날카로운 금속음을 내고, 심하면 피스톤의 파손이나 열로 인한 눌러 붙는 현상 등이 발생한다.

엔진에서 이렇게 노킹음이 발생하게 되면 급가속시에 자동차가 무거워지고 주행감각이 둔해지며 출력이 떨어지는 현상이 발생하게 된다. 심한 경우에는 차체에 진동이 발생하거나 시동이 꺼지게 된다. 가솔린기관에서는 주로 압축비가 높거나 기관이 과열되었을 때, 흡기온도나 실린더 벽의 온도가 높을 때 정상온도와 다른 이상연소가 일어나 배기색이 검고, 출력이 저하되고 노킹음이 발생하게 된다. 노킹현상은 가솔린 노킹과 디젤 노크가 나타나는 현상은 유사하지만 발생원인이 서로 상반되기 때문에 대책도 판이하다,

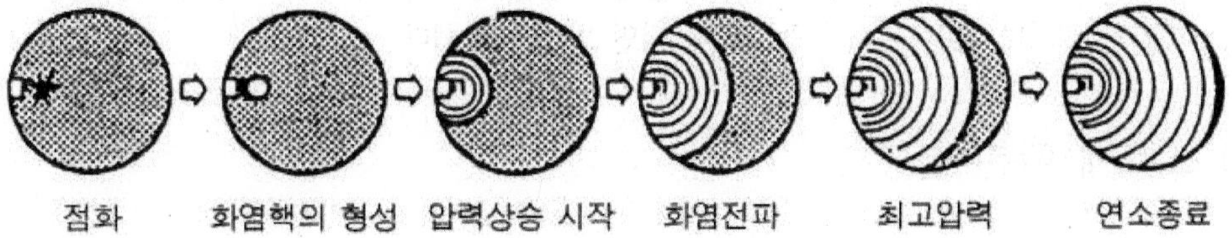

그림 3-3 가솔린기관의 화염전파 과정

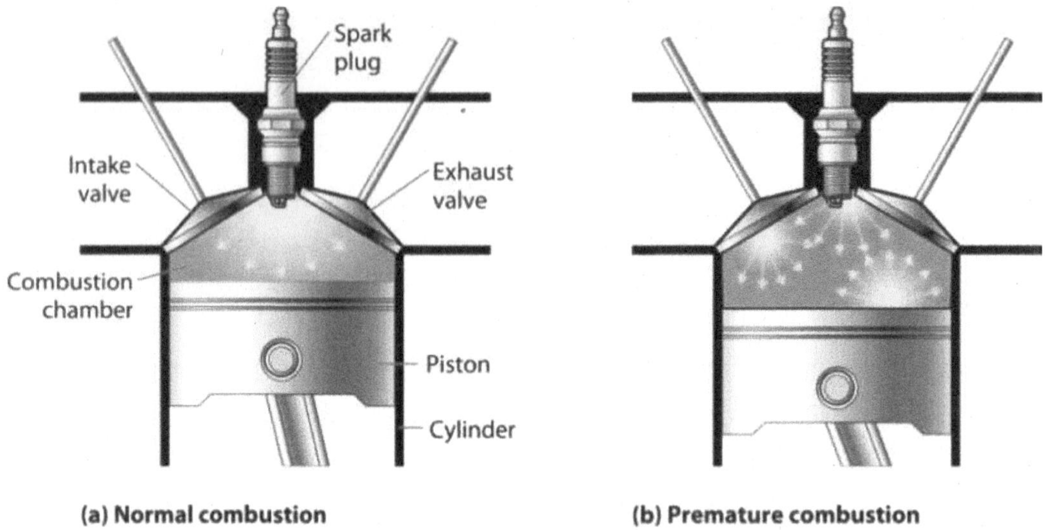

그림 3-4 가솔린기관의 정상연소와 이상연소(노킹현상)

1) 가솔린 노킹 발생 메카니즘

가솔린 노킹은 연소행정의 저속 혹은 고부하시에 연소가 진행되는 사이에 자기착화 가스에 의한 것으로, 연소행정 말기에 발생한다. 노킹은 혼합기가 가장 늦게 연소하게 되는 곳인 엔드 가스 존(end gas zone)에서 미연가스가 순간적으로 연소하는 자발화(自發火)현상으로 충격파를 동반한다. 이 충격파가 연소실 내를 왕복하면서 금속성의 노크음을 내는 것 이외에 피스톤이나 연소실의 표면 덮고 있는 경계층을 파열, 그로 인하여 직접 2000℃정도의 연소가스가 피스톤이나 실린더 헤드에 직접 닿게 되면서 용융되어 버린다. 보통의 연소인 때에는 피스톤헤드가 경계층으로 보호되어 있어 실린더 헤드는 200℃, 피스톤 크라운면은 300℃정도의 온도이다. 따라서 가솔린 노킹은 엔드가스존에서 발생되므로 화염의 전파거리가 길거나 혹은 연소가 늦어지게 되면 발생하기 쉽다.

2) 노크에 따른 현상

- **노킹 음(音)**

노킹을 가장 간단하게 발견하는 방법으로 그 특유의 금속을 두드리는 것과 같은 음을 들을 수 있다.

◆ **배기가스의 색**

혼합비가 적절하고 기관이 원활하게 운전되고 있을 경우에는 배기관에서 나오는 배기의 색은 청색을 띠지만 노킹이 일어날 경우는 그 색이 황색이 되고 더 심하면 흑색이 된다.

◆ **실린더 온도의 상승**

노킹에 수반하여 일어나는 현상 중에 실린더 온도의 상승을 들 수 있다. 실린더 온도가 상승하면 실린더의 과열이 생기며, 이로 인하여 조기점화가 유발하여 기관의 진동이 일어나며, 기관 진동이 심하게 되면 운전성이 악화된다.

◆ **조기점화(早期點火)**

압축행정 도중에 전기점화 이전에 실린더의 과열로 인하여 혼합가스가 자연발화하는 현상을 조기점화라고 한다. 이러한 현상은 기관의 운전을 방해하며, 몇 번 연소하여 일어나면 기관의 운전은 정지된다.

◆ **배기 온도의 강하**

노킹에 의하여 실린더 온도는 상승하나, 반대로 배기의 온도는 강하한다.

◆ **최고 온도의 상승**

노킹은 연소말기에서 급격한 연소, 즉 점화플러그에서부터 멀리 떨어져 있는 미연가스가 이상연소를 일으키는데 기인한다. 노킹현상이 일어나는 부분은 압력이 매우 높아지므로 평균유효 압력은 감소함에도 불구하고 실린더내의 최고압력은 증대하고, 기관 각부분에 충격을 주어 진동을 일으키게 한다.

◆ **엔진 손상**

노킹은 이상연소의 현상으로 정상적인 점화 타이밍에 혼합기가 연소되지 아니하고 좀 더 일찍 연소되면서 피스톤의 상승 과정 중에 오히려 엔진의 출력을 방해 하는 쪽으로 주로 발생한다. 이 이상연소는 곧 바로 심한 충격파와 엔진의 온도 상승으로 이어지며 엔진의 각 기계부위의 심한 기계적 파손, 크랙 충격으로 인한 뒤틀림 등이 발생한다. 또한, 고열로 이어지며 각 부의 열적부하를 가하며 국부적인 열점형성으로 인한 소손과 심하면 엔진 실린더헤드와 밸브, 인젝터, 더나가 피스톤까지 녹여 버려 결국에는 엔진 파손으로 이어진다.

3) 가솔린노킹의 방지법

가솔린노킹은 화염이 순차적으로 전파하여 후미까지 전달되지 않고 혼합기가 가장 늦게 연소하는 곳인 앤드가스존에서 미연가스가 순간적으로 연소해서 발생하므로 연소말기의 혼합기의 온도를 저하시켜 자연발화를 늦추게 한다. 이를 위하여 다음과 같은 방법으로 노킹을 방지한다.

(1) 연료에 의한 방지법

노크가 잘 일어나지 않은 연료, 즉 옥탄가가 높은 연료를 사용한다, 옥탄가가 높은 연료는 착화온도가 높으므로 말단가스의 자발화를 지연시킬 수가 있어 노크가 줄일 수 있다.

(2) 기관의 운전조건에 의한 방지법

① 흡기온도를 낮춘다,

흡기온도가 낮아지면 말단가스의 온도도 낮아지므로 자연발화도 그만큼 늦어지게 된다. 또한, 그림3-5에서와 같이 흡기온도가 낮아지면 화염전파속도가 빨라진다.

② 흡기압력을 낮춘다

흡입공기를 압축하면 말단가스의 온도가 더 올라가는 경향이 있기 때문에 흡기압력을 낮춘다.

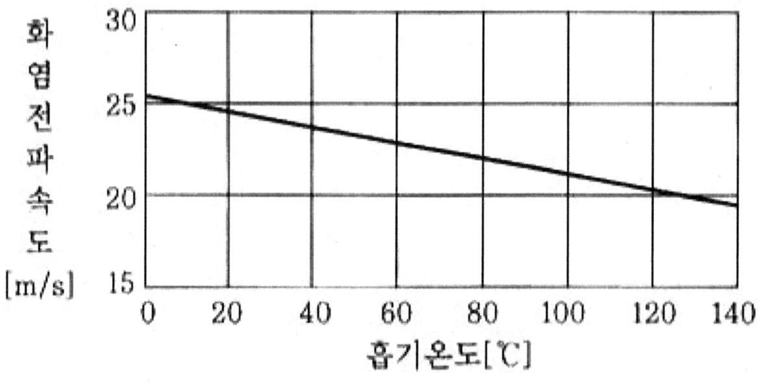

그림 3-5 흡기온도와 화염전파속도와의 관계

③ 제동평균유효압력을 낮춘다

제동평균유효압력은 압축비나 흡기압력이 낮아지면 낮아진다. 노크는 화염속도와 점화지연과의 상관관계에 의해서 결정되기 때문에 점화지연이 최적치 이상으로 단축되면 노크는 발생하기 쉽다.

④ 실린더벽의 온도를 낮춘다.

수냉식기관에서는 냉각수 온도나 물재킷의 온도를 낮추면, 즉 실린더벽의 온도를 낮추면 말단가스의 온도를 저하시키므로 노크를 방지할 수 있다.

⑤ 엔진회전수를 증가시킨다.

회전수가 증가되면 화염전파속도가 빨라지므로 노크를 줄일 수 있다. 그림 3-6은 엔진회진수와 화염전파속도와의 관계를 나타낸다.

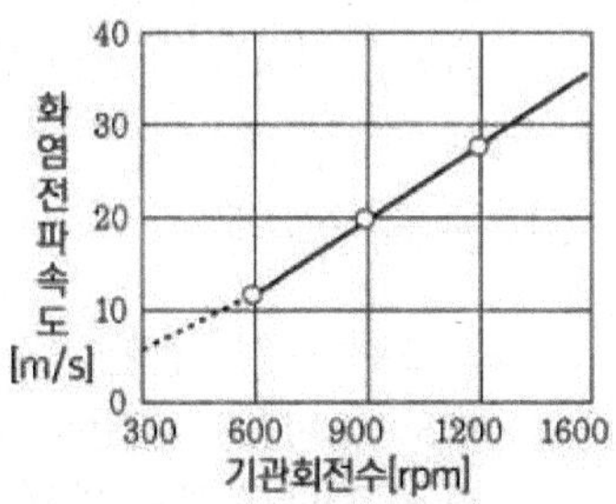

그림 3-6 엔진회진수와 화염전파속도와의 관계

⑥ 점화시기를 지연시킨다.

점화시기를 지연시켜 혼합기의 최종 연소부분이 상사점 가까이로 지연시키면 노크가 일어나기 어려워진다.

⑦ 화염전파거리를 짧게 한다.

화염전파거리란 점화플러그의 끝에서 연소실 끝까지의 거리를 말한다. 화염전파거리를 짧게 하여 점화플러그에서의 화염이 말단가스까지의 가는 시간을 단축하여 노킹을 방지한다. 이를 위하여 연소실 형상을 변경하거나 점화플러그를 2개 설치하거나 실린더의 지름을 작게 하는 방법을 사용하기도 한다.

3.5.3 연소에 영향을 미치는 여러 인자

연소에 영향을 미치는 인자들은 주로 제1단계의 점화지연은 공연비의 영향을 주로 받는다. 공연비가 농후하거나 희박할 때에는 지연기간이 길어진다. 그리고 제2단계인 열발생기간에서는 엔진의 출력이나 연비성능을 지배한다. 일반적으로 연소기간이 짧을수록, 즉 급속연소가 될수록 열효율이 향상되고 연소가 안정적이 된다. 연소에 영향을 미치는 인자들은 다음과 같다.

1) 공연비

연소속도는 공연비에 따라서 달라진다. 일반적으로 최대 출력 공연비(14~15:1)부근에서 연소온도가 최고로 되고 또한 연소속도도 최대가 된다.

2) 난류(turbulence) 유동의 영향

실린더 내에서의 난류현상은 흡기때 생기는 스월(swirl), 텀블(tumble), 압축말 피스톤에 의해 생기는 스퀴시, 그리고 연소가 진행되면서 그 때의 압력파에 의한 미연가스의 터뷸런스현상 등이 있다. 혼합기의 난류현상은 화염속도에 큰 영향을 미치게 되는데 엔진의 회전속도가 커지게 되면 이 난류강도가 커지게 되고 연소에 요하는 시간이 단축된다.

3) 온도, 압력

그림 3-7은 혼합기의 온도가 연소속도에 미치는 영향을 나타낸 것이다. 그림에서 보는 바와 같이 혼합기의 온도가 상승됨에 따라 반응속도가 증가되고 따라서 연소속도도 빨라짐을 알 수 있다.

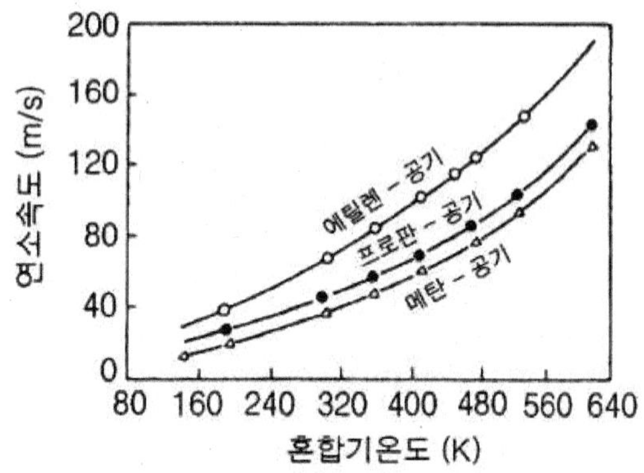

그림3-7 연소속도에 대한 혼합기 온도의 영향

4) 연소실의 형상과 점화위치

화염의 전파거리를 단축시켜서 연소기간을 짧게 하려면 콤펙트한 연소실과 중심점화나 또는 다점점화가 유리하다. 따라서 엔진의 행정을 길게하고 실린더 헤드, 피스톤 헤드부 양쪽을 모두 반구형에 가깝도록 한 다음 그 중심에 점화위치를 설정하게 되면 화염의 전파거리를 최소화 할 수 있다.

실제로는 점화위치로부터 떨어지는 주변을 스퀴시 에어리어로 하여 연소실 체적을 점화플러그의 주위에 모으는 레이아웃이 많이 취해지고 있다.

5) 잔류가스의 비율

저부하 운전때에는 흡기부압이 커서 연소속도가 늦어진다. 이것은 잔류가스의 비율이 커지게 되고 연소온도가 낮아지기 때문이다. 이 연소의 지연을 보정하기 위하여 흡기부압이 커지는 것과 함께 점화시기를 앞세우기도 한다.

3.6 디젤엔진의 연소과정

디젤엔진은 압축행정의 종료부분에서 고온·고압상태의 실린더내의 공기 중에 연료를 고압으로 분사하면 연료입자는 안개모양으로 무화되면서 증발, 공기와 혼합되어 가연성의 혼합기가 만들어 지고 이어서 자연착화에 이르게 됨으로써 연소가 이루어지게 된다. 디젤엔진은 세부적으로 다음과 같은 4단계의 연소과정을 거치면서 연소가 완료된다.

제1단계 착화지연기관(연소준비기간)
제2단계 급격연소기간(정적연소기간)
제3단계 제어연소시간(정압연소기간)
제4단계 후연소기간

3.6.1 착화지연기관(연소준비기간)

디젤엔진은 연료의 분사와 동시에 착화가 이루어지는 것이 아니고 연료액적의 표면으로부터 증발된 연료증기가 공기와 혼합하여 혼합기를 형성되면서 착화할 때까지의 시간적인 지연이 생기게 된다. 이 기간을 착화지연기간(ignition delay period)이라고 한다.

그림 3-8에서의 A-B구간은 착화지연기간으로 A점에서 연료가 분사되어 B점에 이르러 착화, 연소가 실현된다. 이 기간은 연료가 분사되면서 주변으로부터 흡열, 기화에 의해 증기를 발생하고 공기와 혼합되어 고온의 가연혼합기가 형성되는 기간이다. 이 기간은 통상 0.3~1 ms 정

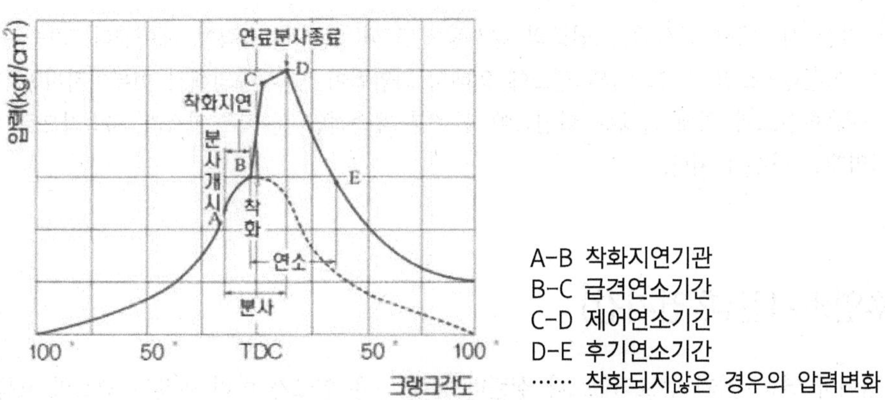

그림 3-8 디젤엔진의 연소과정

도이고, 이 기간이 길고 짧은 것은 연료의 착화성과 밀접한 관계가 있다. 이 기간이 길어지면 착화되기 전에 연료량이 많아져 폭발적인 연소가 이루어지므로 디젤노크를 발생하게 된다.

3.6.2 급격연소기간(화염전파기간, 정적연소기간, 예혼합연소기간)

이 기간은 착화된 뒤 폭발적으로 연소가 이루어져 압력이 급상승하는 기간(B-C구간)으로 급격연소기간(rapid combustion period)이라고 하며, 이때는 착화지연기간 중에 분사된 연료의 양이 많을수록 압력상승률이 커지고 또한 압력이 급상승된다.

이 기간은 미리 연료증기와 공기가 혼합되어 있어서 예혼합연소에 가까운 상황의 연소가 실시된다. 그림의 점선으로 표시되는 부분은 착화되지 않은 경우의 압력변화를 나타내고 있다.

3.6.3 제어연소기간(정압연소기간, 확산연소기간)

이 기간은 분사된 연료가 화염전파기간에서 발생한 화염으로 분사와 거의 동시에 연소하는 기간이며, 이 구간은 C-D사이로 연소기간의 연소압력이 가장 크고, 분사량으로 어느 정도의 연소압력 조정이 가능하므로 제어연소기간(controlled combustion period) 이라고 한다. 또한 공기와의 확산에 의해 혼합되므로 확산연소라고 말할 수 있다. 이 기간은 이미 피스톤이 하강을 시작하고 있어서 체적은 변화되나 압력의 상승이 없고 연료는 분사와 동시에 연소를 계속하게 된다. 이것이 가솔린엔진과 크게 다른 점으로 디젤엔진에서만 실현되는 특이한 연소기간으로서 정압연소를 한다.

이 기간 사이에서 분사되는 연료의 분사량에 의해 엔진의 출력이 제어된다. 가솔린엔진의 경우는 예혼합연소인 단 1회만의 연소에 의해서 화염핵이 한 개에의해서 이루어지지만, 디젤엔진은 예혼합연소에 의해 발생된 화염속에 연료의 계속적인 분사로 연소가 지속적으로 진행되고 화염핵도 다수가 된다.

3.6.4 후연소기간(후연기간)

D점에서 연료분사가 종료되었으나 실린더 내에 남은 연료가 이미 발생된 연소의 흐름에 의해 연소되는 것으로 후연소기간(after combustion peroid)이라고 한다. 이 기간 동안에는 실린

더 내에 연소생성물이 다량으로 존재하지만 산소농도가 낮기 때문에 남은 연료는 산소와 충분히 혼합되지 않는 상태이므로 그을음이 되어 배출되는 수가 많다. 이 후기연소기간에 연소되는 양이 많아지면 연료소비율면에서 좋지 않으며 배출가스의 온도도 높아지고 열효율도 저하되므로 후연소기간을 짧게 하는 것이 엔진의 성능을 향상시키는데 도움이 된다.

이것을 방지하기 위하여 연료의 미립화, 연소실 내의 와류 등을 이용한 공기와의 혼합을 촉진 등으로 이 기간을 단축시키기도 한다.

3.7 디젤엔진의 연소형태

디젤엔진은 앞서 연소과정에서 기술한 바와 같이 예혼합연소와 확산연소로 구분할 수 있다. 그림 3-9은 디젤엔진의 연소형태와 열 발생률을 보여주고 있는데, ① 단계는 착화지연기간으로 연소가 분사되어 증발 및 공기와 혼합하여 가연혼합기를 생성하면서 연소가 지체되는 기간이다. 다음 ② 단계는 예혼합연소기간으로 공기와 연료가 미리 섞인 가연혼합기의 여러 곳에서 거의 동시에 자기착화가 이루어지면서 급격하게 연소를 하게 된다. ③ 단계에서는 확산연소기간으로 연소하는 가스 중에 연료가 분사되므로 연료는 분사와 동시에 착화, 연소가 계속적으로 이어지게 된다. ④ 단계에서는 후연기간으로 연료의 분사가 종료되어도 그때까지 연소가 완료되지 못한 연료가 남아있어서 열의 발생은 잠시동안 지속되지만, 열의 유용성은 거의 없고 연료는 허실될 뿐이다.

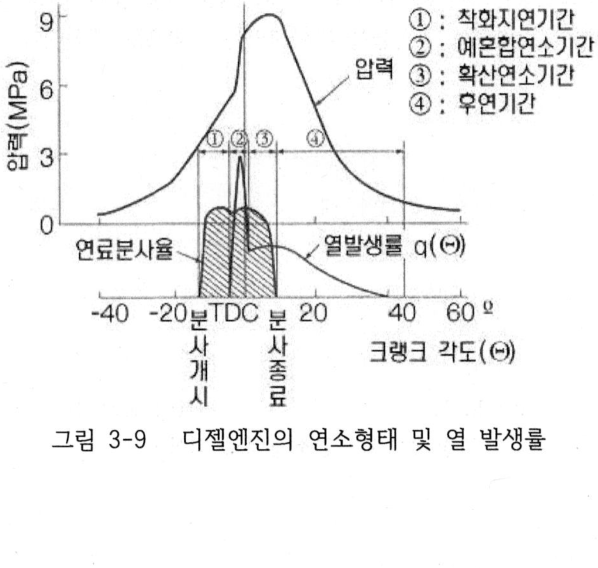

그림 3-9 디젤엔진의 연소형태 및 열 발생률

3.8 디젤노크

3.8.1 디젤노크의 발생 원인

디젤노크는 디젤엔진에서의 착화지연기간 중에 분사된 다량의 연료가 급격연소기간중에 일시적으로 연소하여 실린더내의 압력이 급격히 상승하는데 원인하여 실린더벽이나 피스톤 등에 충격을 가하여 둔탁한 금속음 등의 소음을 내는 현상이다.

즉, 디젤노크의 원인은 착화지연기간이 길어지는 가운데 이 기간 중에 분사된 연료의 양이 많은 상태에서 급격연소를 통한 압력상승률이 높은 것이 주원인이라 할 수 있다. 디젤노크로 인해 차량의 출력이 저하되고 운전이 정숙하지 못하는 현상이 발생한다.

디젤엔진의 노크는 연소에 의한 최대 압력의 크기보다는 압력상승도에 의해 좌우된다. 노크현상을 완화시키려면 압력의 상승도를 가능한 한 낮게 하여야 한다,

그림 3-10은 연소압력과 디젤노크의 크기를 지압선도를 이용, 비교한 것이다. 그림(a)는 피스톤이 상사점에 도달하면서 급격연소기간이 시작하는데 반하여, 그림(b)는 상사점이 상당히 지난 시점에서 급격연소에 의한 압력증대가 이루어지고 있는 것을 볼 수 있다.

이것은 (a)보다는 (b)의 경우가 착화지연기간이 더 길어졌음을 의미하며, 최고의 연소압력이 동일하다고 하면 (b)의 압력이 (a)의 압력보다 압력의 상승도가 크고, 급격한 변화가 이루어지기 때문에 (b)의 상태에서 노크가 더 크게 나타난다고 볼 수 있다.

그림 3-10에서 볼 수 있듯이 압력의 접선 T-T'가 만드는 각 α의 각이 클수록 노크의 발생이 크다. 이것은 착화지연기간이 그만큼 길어진다는 것을 의미한다.

그러므로 디젤노크현상을 줄이기 위해서는 착화지연기간을 짧아지도록 해야 하고, 이를 위하여 디젤노크 방지법에 관련되는 항목들을 완화시키는 방법으로 개선해야 한다.

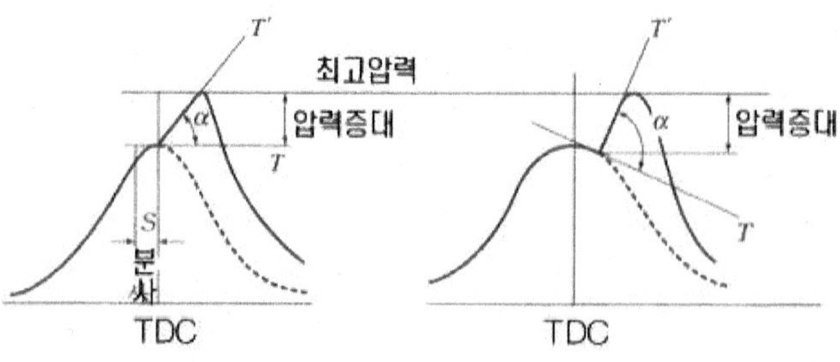

(a) 노크소　　　　(b) 노크대

그림 3-10 연소압력과 디젤노크

3.8.2 디젤노크의 방지법

디젤노크는 착화지연기간 중에 분사된 많은 양의 연료가 급격연소기간 중에 일시적으로 연소하여 실린더내의 압력이 급상승하여 발생하는 것으로, 가능한 초기 가연혼합비를 적게 하고 착화지연기간을 짧게 하는 것이 필요하다. 디젤노크를 방지하는 방법은 다음과 같다.

1. 세탄가가 높고 착화성이 좋은 연료를 사용한다.
2. 압축비를 높여 압축말의 온도와 압력을 높게 한다.
3. 연소의 초기 분사량을 적게 하여 착화지연기간중의 압력의 급격한 상승을 피한다.
4. 실린더벽의 온도를 높인다.
5. 흡입공기의 온도를 높인다.
6. 연료의 분사시기를 알맞게 조정한다. 연료의 분사시기가 지나치게 빠를 경우에는 연소실내에 공기의 온도가 충분히 상승하지 않은 상태에서 연료가 분사되면 착화지연기간이 길어져 디젤노크를 일으키기 쉬워진다.
7. 엔진의 온도와 회전속도를 높인다.

3.8.3 가솔린엔진과 디젤엔진과 노크 비교

가솔린엔진의 정상적인 연소는 점화플러그에서 점화된 화염핵에 의해서 화염면(炎面)이 순차적으로 팽창하여 화염이 전파되면서 종료한다. 이에 반해 이상연소인 가솔린 노킹현상은 순차적으로 팽창하여 화염이 후미까지 전달되지 않고, 혼합기가 가장 늦게 연소하는 곳인 엔드가스존에서 미연가스가 순간적으로 연소하는 자발화(自發火)현상으로 충격파를 동반하여 급격한 압력상승으로 노크를 유발한다.

이에 반해 디젤엔진에서의 노크는 고온의 압축공기 중에 분사된 연료의 자기착화가 늦어지고 있을 때 뒤따라 분사된 연료착화와 동시에 한번에 폭발적으로 연소할 때 발생한다.

따라서, 가솔린 노킹에서는 연소행정 말기에 발생하는 반면, 디젤노크는 연소행정 초기에 발생한다. 가솔린 노킹에서는 자기발화가 빠를 때 발생하기 쉽지만, 디젤에서는 자기착화가 늦을 때 발생한다. 따라서 노크를 경감시켜주기 위해서는 대체적으로 가솔린기관에서는 자발화를 늦추는 방향으로, 디젤기관에서는 자발화를 빨리 해주는 방향으로 노킹을 억제한다.

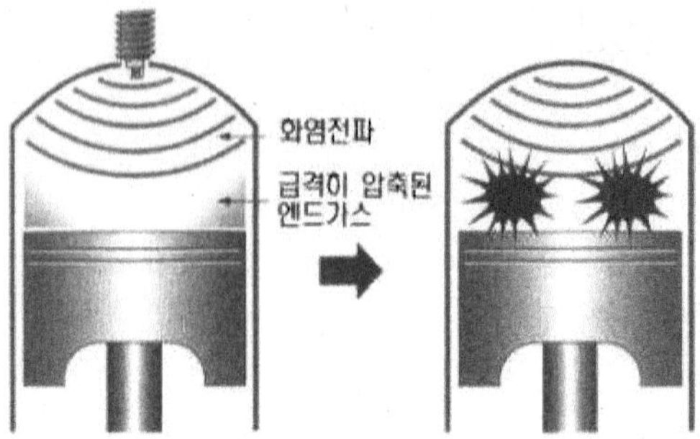

그림 3-11　가솔린엔진의 노크 발생

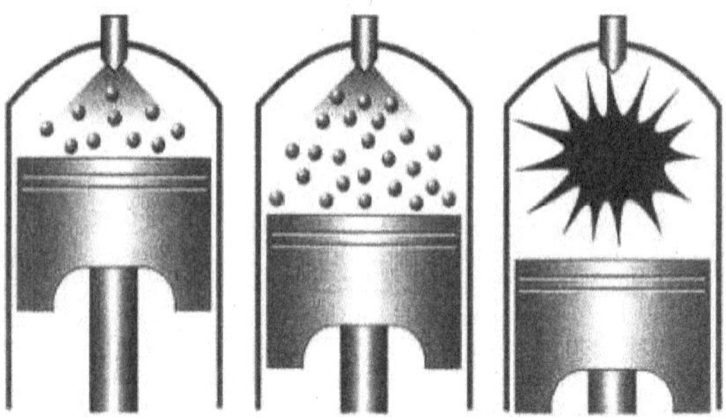

그림 3-12　디젤엔진의 노크 발생

표 3-8　가솔린엔진과 디젤엔진의 노크 방지책

조 건	가솔린엔진	디젤엔진
착화지연	장(長)	단(短)
연료의 착화점	고(高)	저(低)
압축비	저	고
흡기온도	저	고
실린더벽 온도	저	고
흡기압력	저	고
실린더체적	소(小)	대(大)
엔진회전수	고	저
연료와의 관계	옥탄가가 높을때	세탄가가 높을 때

표 3-7　가솔린엔진과 디젤엔진과 노크 발생 원인과 비교

조 건	가솔린엔진	디젤엔진
발생원인	자기착화가 일어나기 쉽기 때문에	자기착화가 일어나기 어렵기 때문에
발생시기	연소과정 말기 발생	연소과정초기 발생
압축압력	높을 때	낮을 때
흡기압력	높을 때	낮을 때
흡기온도	높을 때	낮을 때
실린더벽온도	높을 때	낮을 때
엔진회전속도	낮을 때	높을 때
연료의 착화온도	낮을 때	높을 때
연료의 착화지연	짧을 때	길때
실린더체적	클 때	작을때
압축비	클 때	작을때
부하	고부하시	저부하, 아이들링시
분사(점화시기)와의 관계	앞세우면 일어나기 쉽다	앞세우면 일어나기 쉽다
연료와의 관계	옥탄가가 낮을 때	세탄가가 낮을 때

표 3-7은 가솔린엔진과 디젤엔진의 노크 발생 원인을 비교한 것으로 발생원인은 반대인 경우가 많아 그 방지법도 다름을 알 수 있다. 표 중에서 엔진회전속도는 가솔린기관에서는 엔진회전수를 증대시키면 혼합기의 농후도가 회전수 증대와 더불어 크게 된다. 따라서 화염전파속도가 증대되어 노크가 경감된다. 반면, 디젤기관에서 엔진회전수를 증대시키면 그 연료분사량은 회전수에 의하여 규제되므로 속도 증가와 더불어 착화지연기간에 분사된 연료는 많게 되므로 가솔린기관과는 반대로 착화직후의 압력상승률은 크게 되어 노크가 증대한다. 따라서 디젤기관에서는 엔진회전수를 낮추는 것이 노크를 경감시키는 데 도움이 된다 할 수 있다. 즉, 회전수가 낮으면 피스톤의 속도가 낮아지므로 분사초기에 분사된 연료가 충분히 착화될 수 있는 시간이 확보됨으로 노크가 방지될 수 있다.

표 3-8은 가솔린엔진과 디젤엔진의 노크 방지책을 비교 한 것이다.

3 연습문제

1. 원유를 구성하는 원소에 대하여 기술하라.

2. 원유를 정제할 때 비점에 따라 나오는 각 연료를 설명하고 특징에 대하여 간단히 설명하라.

3. TBA(Tert-buthyl alcohol)와 MTBE(Methyl tert-buthyl ether) 연료에 대하여 설명하라.

4. 연료의 성상을 나타내는 옥탄가와 세탄가에 대하여 비교 설명하라

5. 가솔린노킹과 디젤노크의 발생 메카니즘을 비교 설명하라

6. 가솔린 노킹에 따른 현상에 설명하라

7. 디젤엔진의 연소과정을 4단계로 나누어 압력-크랭크각 선도를 그리고 설명하라

8. 가솔린엔진과 디젤엔진의 노크 방지책에 대하여 세부적으로 설명하라

엔진주요부의 구조

04

4.1 엔진 주요부의 개요

엔진 주요부는 동력 발생에 필요한 부분이며, 실린더 헤드, 실린더 블록, 실린더, 크랭크 케이스, 피스톤, 및 커넥팅 로드 어셈블리, 크랭크축, 플라이 휠, 기관 베어링, 밸브 및 밸브 기구로 구성되어 있다.

그 외, 부속장치의 부품으로는 혼합기를 형성하는 연료장치(인젝터, 연료펌프 등), 혼합기에 점화하는 점화장치(배전기, 점화코일 등), 운동부분에 오일을 공급하는 윤활장치(오일펌프, 오일 필터 등), 엔진의 온도를 제어하는 냉각장치(워터 펌프, 서모스탯 등) 및 유해가스를 제어하는 배기가스 대책장치 등이 있다.

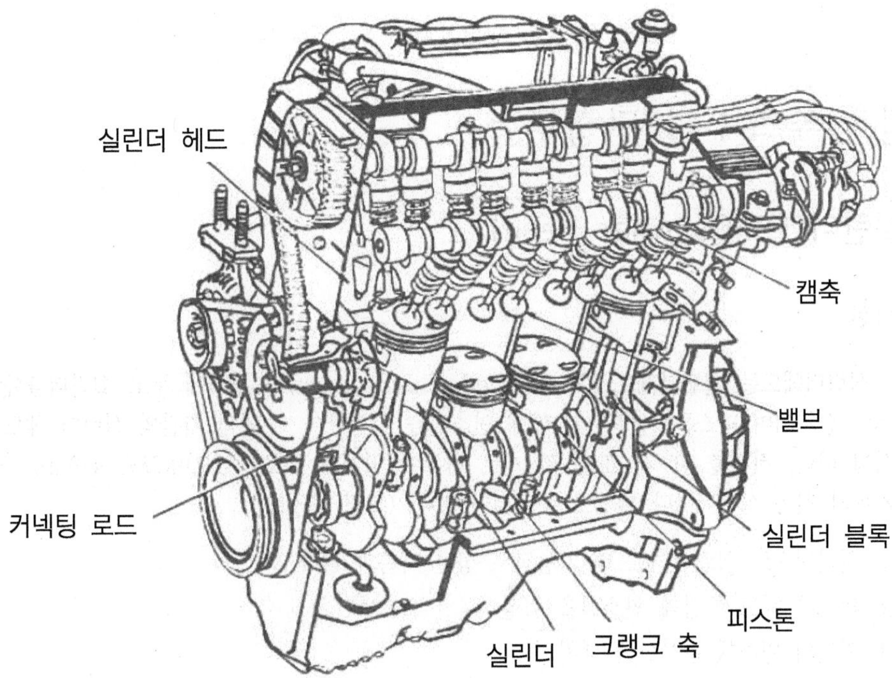

그림 4-1　가솔린엔진 주요부

그림 4-2　가솔린자동차 엔진 룸 구조

4.2 엔진 주요부의 구성부품

4.2.1 실린더헤드(Cylinder head)

1) 기능

실린더헤드는 실린더헤드 가스킷(cylinder head gasket)을 사이에 두고 실린더블록에 볼트로 설치되며 피스톤, 실린더와 함께 연소실을 형성한다. 수냉식 기관의 실린더 헤드는 형식에 따라, 전체를 한 개 또는 몇 개로 나누어 일체로 주조하였으며(그림 4-3(a)), 공랭식 기관의 것은 실린더마다 별개로 주조되어 있다. (그림 4-3(b))

① 일반적으로 실린더 헤드의 기능과 구성은 다음과 같다.
② 피스톤 헤드와 함께 연소실을 형성
③ 최적의 위치에 분사노즐 배치
① 흡배기포트, 밸브시트, 밸브가이드를 형성
② 물재킷 형성
③ 흡배기 매니폴드의 지지·결합
④ 구조부재로서의 강도확보와 실린더 블록과의 결합

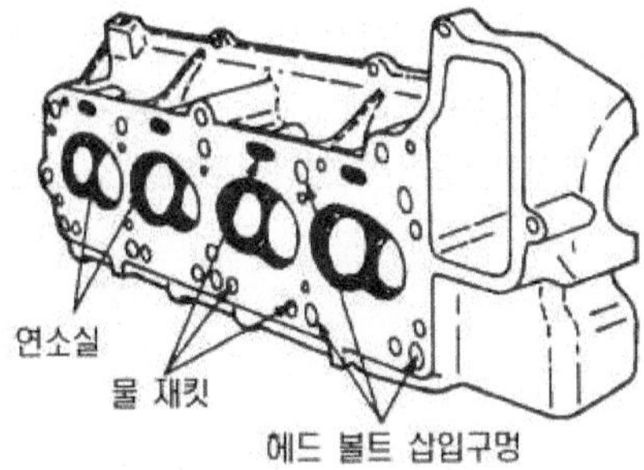

(a)수냉식 기관의 실린더 헤드

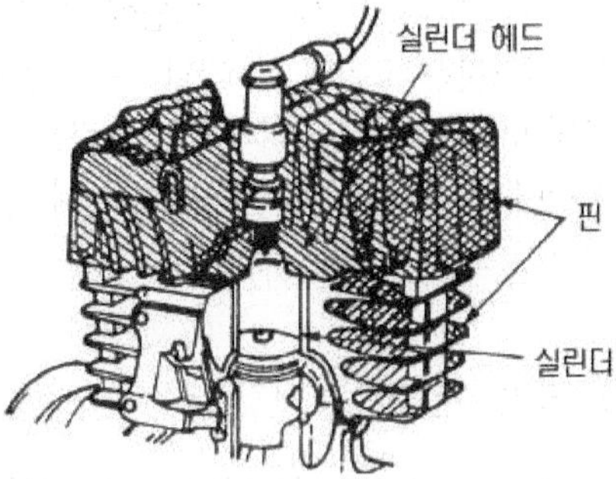

(b) 공랭식 기관의 실린더 헤드

그림 4-3 수냉식 및 공랭식 기관의 실린더 헤드

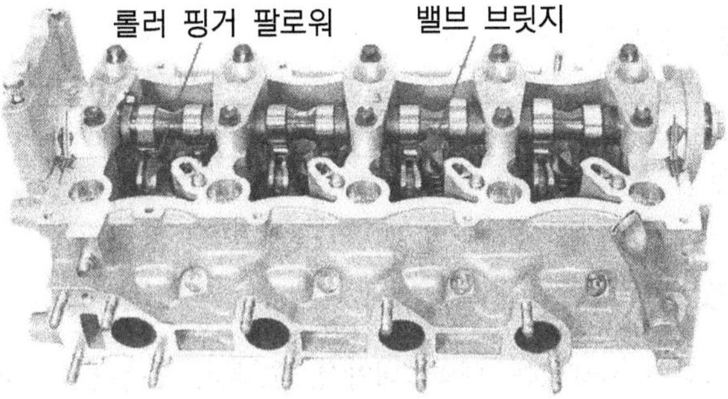

그림 4-4 실린더 헤드

2) 실린더헤드의 재질

실린더헤드의 재질로는 보통주철과 알루미늄 합금으로 제작된다. 알루미늄 합금 실린더 헤드는 보통주철의 실린더 헤드보다 열전도가 좋기 때문에 연소실의 온도를 낮게 유지할 수 있으므로 압축비를 높일 수 있으며, 냉각 성능이 우수하므로 조기 점화의 원인이 되는 열점이 잘 생기지 않고 중량이 가벼운 장점이 있다. 또한, 알루미늄 헤드는 열팽창이 크기 때문에 변형이 쉽고 부식이나 재구성이 적은 단점도 있다. 알루미늄 합금제는 소형 엔진에 주로 사용되고, 중·대형엔진에는 열팽창이 작으면서 강도가 높은 주철제가 많이 사용된다.

3) 실린더헤드 개스킷

실린더헤드 개스킷은 실린더헤드와 실린더 블록 사이의 면을 밀착시켜 압축 및 폭발 행정을 할 때 작동 가스의 누출을 방지하는 기밀 작용 및 냉각수의 누출을 방지한다. 또한 실린더 블록을 통하여 로커암에 순환되는 오일의 누출을 방지하는 역할을 한다. 실린더헤드 개스킷은 고온에 잘 견딜 수 있는 내열성과 고압에 잘 견디는 내압성 및 내마멸성이 만족되어야 한다. 실린더헤드 개스킷은 그 사용조건으로 보아 고온·고압에 견딜 수 있는 재료이어야 하며, 보통 얇은 구리판이나 강철판으로 석면을 싸서 만들어져 있다. 두께는 1.2~2 mm 정도이다.

(1) 보통 개스킷

동판 및 강판을 석면으로 싸서 만든 개스킷으로 제작이 용이하다. 하지만 두께가 두꺼워 고압축비, 고부하, 고출력을 요구하는 기관에서는 불합리하기 때문에 현재는 사용되지 않고 있다

(2) 스틸베스토 개스킷

강판 양면에 흑연 석면을 압착하여 사용하며 고열, 고부하, 고압축에 우수하며 현재 가솔린엔진에 많이 사용되고 있다.

(3) 스틸 개스킷

강판으로 제작하여 사용된다. 내열, 내압성, 고부하, 고출력 기관에서 사용되지만 가스킷의 두께가 얇기 때문에 접촉면에 요철이 발생되어 불순물이 실린더헤드나 블록 면에 부착되어 있으면 가스의 누출이 발생된다.

(4) 스틸라미네이트 개스킷

그림 4-8과 같은 금속판을 적층 구조로 되어 있는 스틸라미네이트 개스킷은 디젤엔진용으로 많이 사용된다. 특히 고온, 고압의 연소가스에 노출되는 연소실 구멍의 실(seal)에는 탄력성이 있는 웨이브형의 비트 형상으로 가공된 스테인레스 강판의 상하 및 중간에 연강판을 넣은 적층구조로 되어 있는데, 또한 그것들은 스테인리스 강판으로 피복한다.

그림4-8(a)는 피복부에 스테인레스 강판을 사용하는 것은 내열성과 내압성을 높이기 위한 것이며, 비트형상으로 하는 것은 압축성을 높이는 효과가 있어서 대형엔진에 많이 채용되고 있다.

그림 4-8(b)는 연소실 구멍 실부의 비트형 연강판 층을 와이어링으로 보강하고 그것들을 스테인리스 강판으로 피복한 것이다. 개스킷의 체결토크를 작게 하여도 실의 효과를 향상시킬 수 있어서 소형의 엔진에 채용되고 있다.

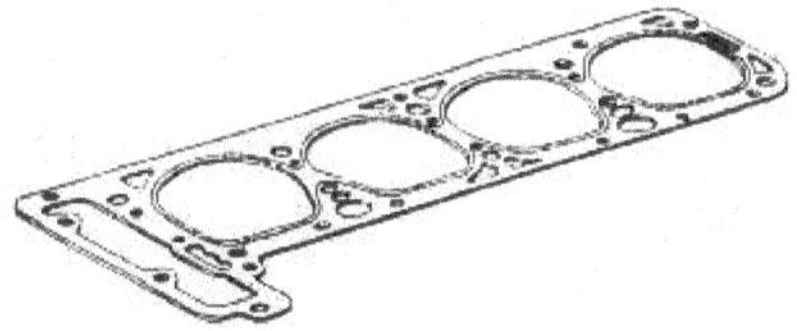

그림 4-5 보통 가스킷

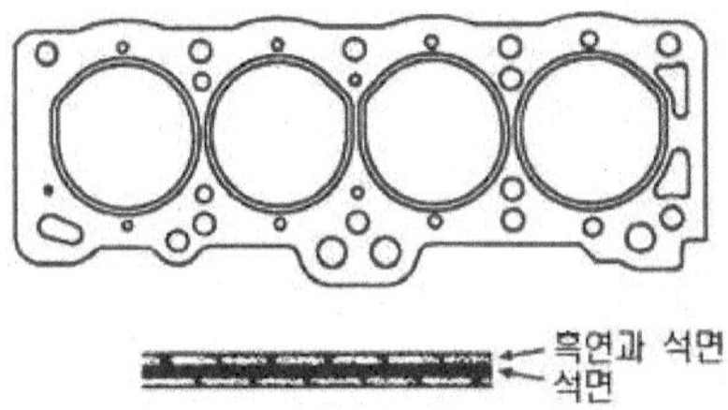

그림 4-6 스틸베스토 가스킷

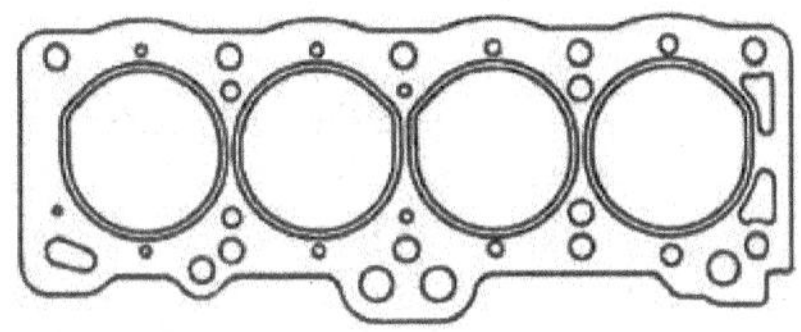

그림 4-7 스틸 가스킷

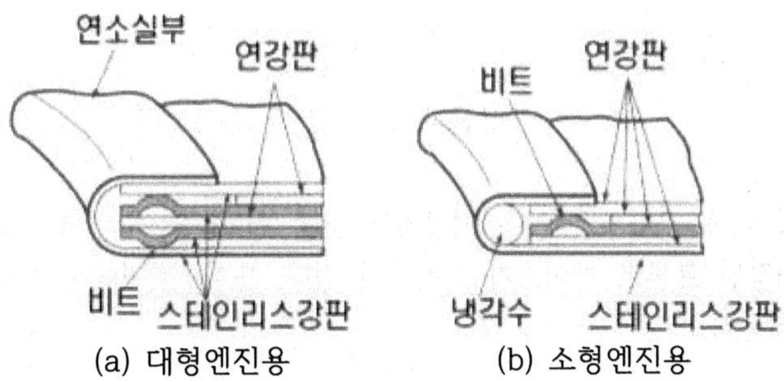

그림 4-8 스틸라미네이트 개스킷

4.2.2 실린더블록과 실린더라이너

1) 실린더블록

실린더블록은 엔진의 기초 구조물로서 내부에는 피스톤이 설치되어 상하 왕복 운동하는 실린더 및 기관에서 발생된 연소열을 냉각시키기 위해 냉각수가 순환하는 물재킷이 설치되어 있고 하부에는 크랭크축과 각 부품을 설치하기 위한 크랭크 케이스로 구성되어 있다.

실린더블록의 윗면에는 실린더헤드가 장착되고 아랫쪽 크랭크 케이스실 중앙 부위에는 크랭크축이 장착되는 크랭크 보어가 정밀하게 가공되어 있다.

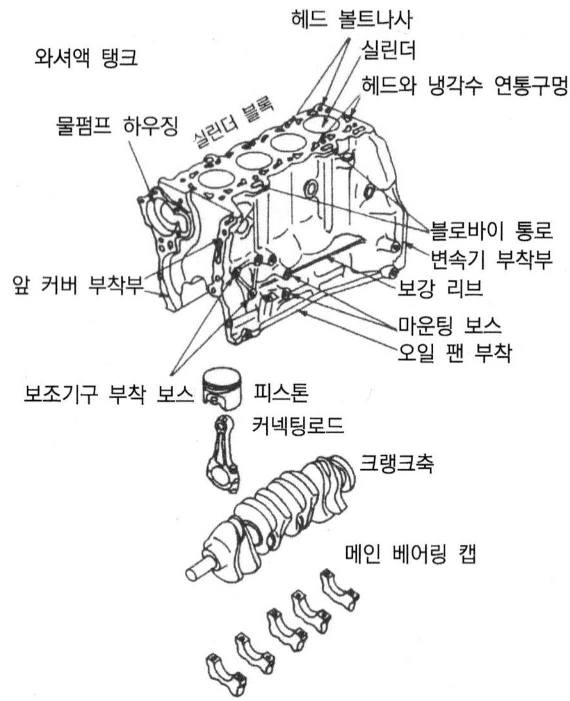

그림 4-9 실린더 블록 및 주 운동부품

실린더블록 아래 끝에는 오일을 저장하는 오일 팬(oil pan)이 장착되고 블록 전면은 오일 펌프가 내장된 프론트 케이스가 장착되어 있다. 또한, 뒷면에는 플라이 휠과 클러치 및 변속기가 장착된다.

2) 실린더블록의 재질

실린더블록은 기관의 기초가 되는 부분이므로 실린더블록의 수명이 기관 전체의 수명을 좌우하게 된다. 실린더블록의 재료로는 내마멸성이나 내식성이 좋고 주조와 기계 가공이 쉬운 알루미늄 합금, 보통주철, 특수주철이 사용된다.

실린더블록의 재질은 일반적으로 특수주철을 주조하여 사용하는 경우가 많으나 일부 엔진에서는 알루미늄 합금의 주물을 상용하는 경우가 많다. 알루미늄 합금은 알루미늄(Al)-규소(Si)계 합금으로 소량의 망간. 마그네슘. 구리 등을 첨가한 것으로 기계적 성질이 우수하고 비중이 적으며 가볍다. 하지만 열팽창이 크고 내마모성, 강도 등이 저하되는 단점도 있다. 최근의 엔진에는 내마멸성이 높은 특수합금주철을 사용, 실린더라이너가 없는 구조로 하여 실린더의 간격을 좁게 함으로써 소형, 경량화를 도모한 것이 있다.

3) 실린더(Cylinder)

실린더는 피스톤이 상하 왕복 운동을 하는데 안내 역할과 피스톤이 기밀을 유지하면서 열에너지를 기계적 에너지로 바꾸어 동력을 발생시키는 역할을 한다.

실린더는 연소시 2000~2500℃의 고온에 노출되기 때문에 실린더 주위에 냉각수를 순환시키고, 기관 냉각을 위하여 냉각장치가 마련되어 있으며, 실린더는 냉각방식에 따라 냉각수로 냉각하는 수냉식과 실린더 바깥 둘레에 냉각 핀을 설치하여 공기로서 냉각시키는 공랭식이 있다. 실린더를 실린더 블록과 동일한 재료로 만든 일체식과 별개의 재료로 제작하여 끼운 라이너식이 있다. 라이너식에는 건식과 습식이 있다.

4) 실린더 라이너

실린더 라이너는 실린더와 실린더 블록을 별개로 만드는 경우에 사용되며, 일반적으로 보통주철의 실린더 블록에 특수주철의 실린더 라이너를 삽입하는 경우와, 경합금 실린더 블록에 주철로 만든 실린더 라이너를 끼우는 경우 등이 있다. 실린더 라이너에는 건식(Dry type)과 습식(Wet type)이 있다.

(1) 습식 라이너

라이너와 냉각수가 직접 접촉되며 두께가 5~8 mm로서 상부에는 플랜지, 하부에는 2~3개의 시일링이 끼워 냉각수의 누출을 방지하며 대형 디젤엔진 등에 사용된다.

습식 라이너는 냉각수와 직접 접촉되기 때문에 냉각성이 양호하고 정비성이 양호하며, 실린더블록과 별개의 재료를 사용하여 제작되므로 내마모성이 우수하다. 또한 실린더블록의 주조가 용이하지만 실린더블록의 강성이 저하되고 냉각수 누출의 염려가 있다.

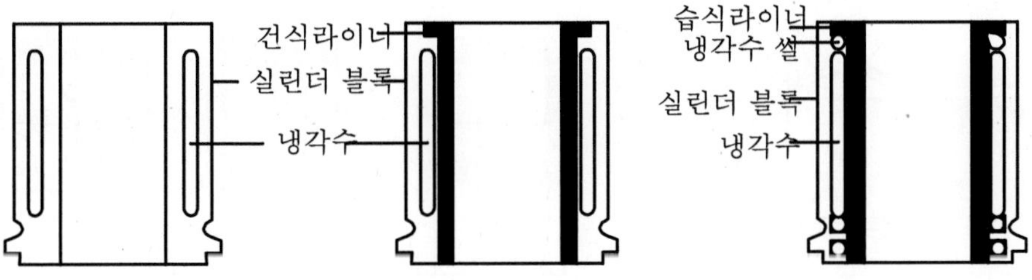

(a) 일체형 (b) 건식라이너 (c) 습식라이너

그림 4-10 실린더라이너

(2) 건식 라이너

건식 라이너는 가솔린기관과 같은 중소형 엔진에 많이 사용되고 있고, 라이너의 두께는 보통 2~3 mm 정도로서 냉각수와 간접적으로 접촉한다. 건식 라이너는 블록 일체형의 실린더가 마모된 경우 사용되며, 실린더블록의 강성 및 강도는 습식 라이너에 비하여 양호하고 냉각수 누출의 염려가 없다.

5) 실린더 행정(Stroke) 및 내경(Bore)

피스톤의 행정(L)과 실린더의 내경(D)은 기관의 배기량이나 기관의 출력이 정해진다. 행정·내경비는 피스톤의 행정과 실린더의 내경과의 비(ratio)로서 기관의 성능은 동일한 배기량이라도 행정·내경비의 크기에 의해서 좌우된다. 또한 행정·내경비에 따라 피스톤의 평균속도가 변화되므로 기관의 성능에 크게 영향을 준다. 피스톤 평균속도(V)는 다음 식에서 구할 수 있다.

$$V = \frac{2NL}{60} \ \text{m/sec}$$

여기서 V : 피스톤 평균속도(m/s)

L : 행정(m)

N : 매분당 회전수(rpm)

행정·내경의 비가 1.0이상인 기관을 장행정 엔진(under square engine), 행정·내경의 비가 1.0인 기관을 정방행정 엔진(square engine), 행정· 내경의 비가 1.0 이하인 기관을 단행정 엔진이라 부른다.

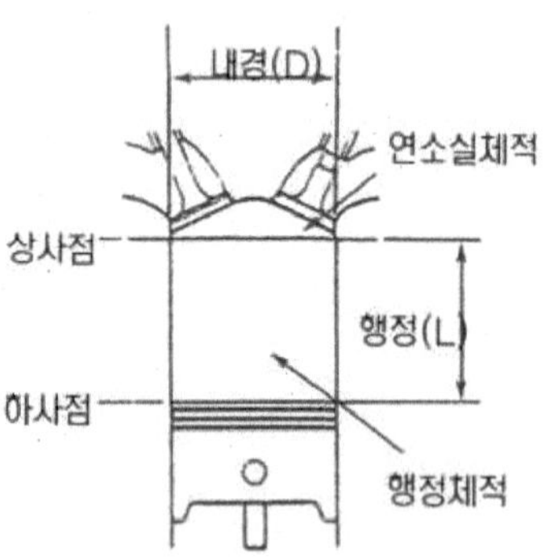

그림 4-11 실린더 행정 내경비

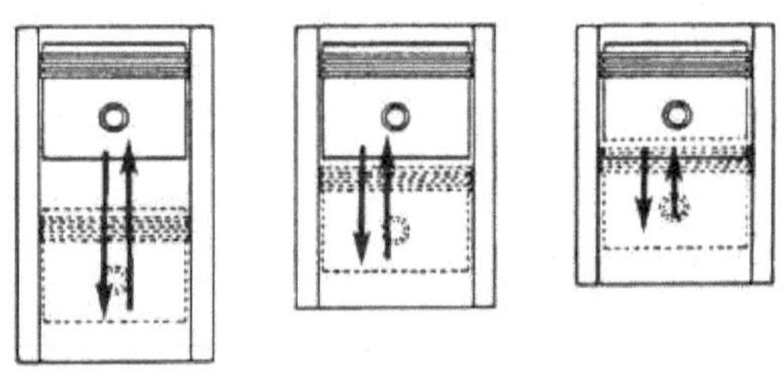

(a) 장행정 (b) 정바앵정 (c) 단행정

그림 4-12 실린더 행정 내경비에 따른 분류

(1) 장행정 기관

장행정 기관은 행정·내경비가 1.0 이상인 기관으로서 피스톤의 행정이 실린더 내경 보다 크다. 기관의 회전 속도가 느리고 회전력이 크며, 실린더에 가해지는 측압이 적다. 또한 피스톤의 행정이 실린더 내경 보다 크기 때문에 내구성 및 유연성이 있으며, 기관의 높이가 높아지는 경향이 있다. 배기가스 중 유해 성분인 탄화수소의 배출량이 적어 배기가스 대책으로 유리한 점이 있다.

여기서, 측압이란 피스톤이 작동할 때 실린더 벽에 가해지는 압력으로서 피스톤 이 압축행정 또는 폭발행정을 할 때 실린더 벽에 압력을 가하면서 작동을 하게 된다.

(2) 정방행정 기관

정방행정 기관은 행정·내경비가 1.0 인 기관으로서 피스톤의 행정과 실린더 내경이 동일하다. 기관의 회전속도 및 회전력이 장행정 기관과 단행정 기관의 중간 정도이다.

(3) 단행정 기관

단행정 기관은 행정·내경비가 1.0 이하인 기관으로서 피스톤의 행정이 실린더 내경보다 작다. 기관의 회전 속도가 빠르고 회전력이 작으며, 실린더에 가해지는 측압이 크다. 피스톤의 행정이 실린더 내경보다 작기 때문에 기관의 높이가 낮아지지만 기관의 길이가 길어지는 경향이 있다. 단행정 엔진의 장,단점은 다음과 같다.

- **단행정 엔진의 장점**

  ① 흡입·배기밸브의 지름을 크게 할 수 있어 효율을 증대할 수 있다.

  ② 단위 체적당 출력을 크게 할 수 있다.

  ③ 피스톤의 평균속도를 높이지 않고 기관의 회전속도를 빠르게 할 수 있다.

  ④ 엔진의 높이를 낮게 할 수 있다.

- **단행정 엔진의 단점**

  ① 피스톤의 과열이 심하다.

  ② 내경이 크기 때문에 폭발압력이 높아 베어링에 가해지는 하중이 크다.

  ③ 표면적이 크게 되어 탄화수소의 배출량이 많아진다.

4.2.3 연소실(Combustion chamfer)

1) 연소실의 정의

기관을 설계함에 있어서는, 실린더 헤드 중에서도 가장 중요한 것은 연소실이다. 연소실이 기관의 성격을 지배한다고 할 수 있기 때문이고 연소실의 형상이 정해지면 밸브 스템의 각이나 밸브의 지름, 점화플러그의 위치, 피스톤 헤드의 형상 등 이곳을 중심으로 한 다른 부분의 제원이나 형상이 필연적으로 정해진다.

여기서 연소실이라는 것은 그림 4-13 나타낸 것과 같이 피스톤이 상사점에 이르렀을 때의 실린더 헤드쪽과 피스톤 헤드부에 의해 싸여지는 공간으로 정의한다. 피스톤이 하강으로 들어가도 연소는 다시 진행되므로 이때에도 넓은 의미로는 연소실이다. 그러나 이것은 본래의 연소실이 조금 넓어졌다고 생각한다. 즉 피스톤이 상사점에 달했을 때의 연소 공간이 연소 특성의 거의 전부를 지배하기 때문이다.

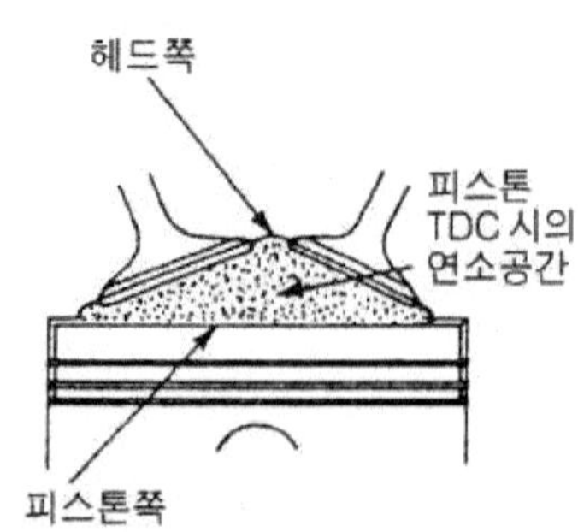

그림 4-13연소실의 정의

연소실은 실린더 헤드쪽과 피스톤 헤드면으로 형성되므로, 피스톤쪽의 형상을 강구하는 것에 의해 복잡한 혼합기의 흐름을 형성시키거나, 압축비를 바꾸거나 할 수 있다.

한편 연소실의 형상은 기관성능을 직접 좌우한다. 그림 4-14서 나타내는 것과 같이 고출력을 얻거나 희박 혼합비에서의 안정된 연소의 확보 등 기관의 사용 목적이나 요구 특성을 구현하는 것이 연소실이다. 그리고 이상적인 연소실 형상은 초희박 연소나 EGR하에서도 안정된 연소를 얻는다는 것이고, 급속연소의 실현을 가능하게 하는 것이다.

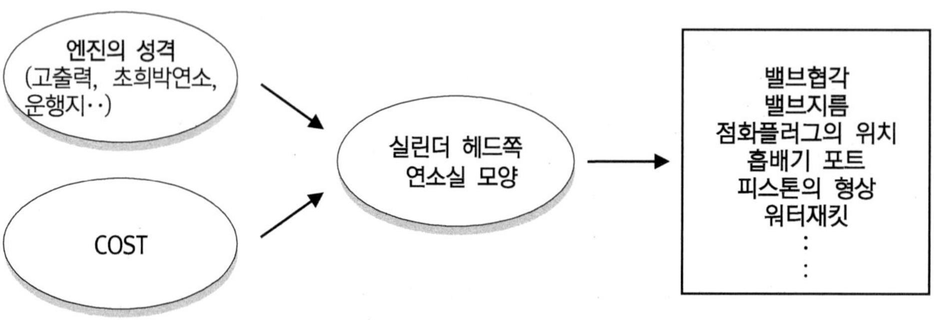

그림 4-14 연소실 형상 결정의 요인과 주변에 대한 영향

2) 연소속도와 실린더내의 가스유동

(1) 연소속도

연소속도에 대해서 설명하면 그림 4-15과 같다. 점화플러그에서 불꽃이 튀어 압축된 혼합기에 점화된다. 이것을 좀 더 자세히 설명하면, 보통의 점화 코일을 가지는 유도 방전형의 점화장치에서는 그림 4-16에서와 같이 먼저 축전기(condenser)에 축전된 용량 성분의 방전이 이루어져 혼합기에 전기로(電氣爐)가 만들어지고 다음에 이온화될 길을 통하여 유도 성분의 전류가 흐른다. 그 시간은 1000분의 2.3초(2.3 ms) 정도의 짧은 것이다. 점화 에너지의 거의 전부는 이 유도 성분에 의해 주입된다. 이 점화 에너지에 의해 혼합기의 극히 일부가 활성화되어 초기 화염핵(initial core)이 형성된다(그림 4-17). 이것을 핵으로 하여 불꽃이 급속히 타며 퍼져간다. 그 속도가 연소속도인데, 이것은 그림 4-15과 같이 3개의 속도의 벡터화가 된다.

3 ms의 속도라는 것은 연소 가스에 체적이 팽창하여 염면(炎面, flame front)을 밖으로 향해서 밀어내려고 하는 속도와 화염(火炎, flame)이 자신을 태워서 퍼져가려고 하는 속도 및 연소실 내의 가스 유동에 의해 화염면이 강제적으로 이동시켜지는 속도이다. 이들 3개 속도의 A방향 성분의 합이 A방향의 연소속도이다. 그런데 이 가스 유동은 미묘한 것이어서 너무 빠르면 모처럼 생긴 화염핵을 불어 꺼지게 하는 일이 있다. 이 가스 유동으로 혼합기를 교반하여 혼합이 잘 되게 하거나, 점화플러그의 점화점 주위에 타기 쉬운 혼합기를 모이게 하거나 할 수 있다.

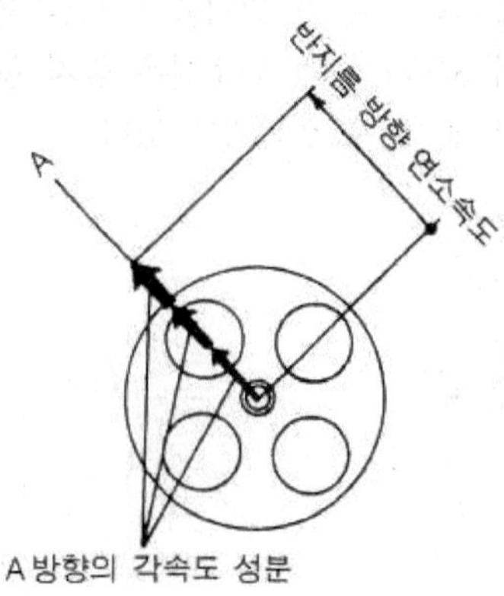

그림 4-15 연소속도는 합성속도이다.

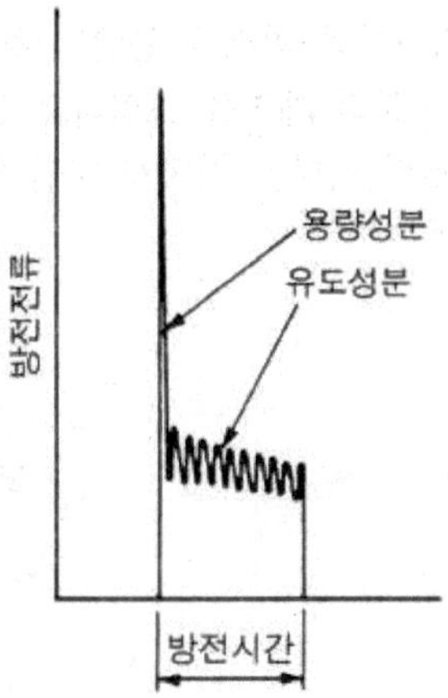

그림 4-16 유도방전형 점화계의 방전특성

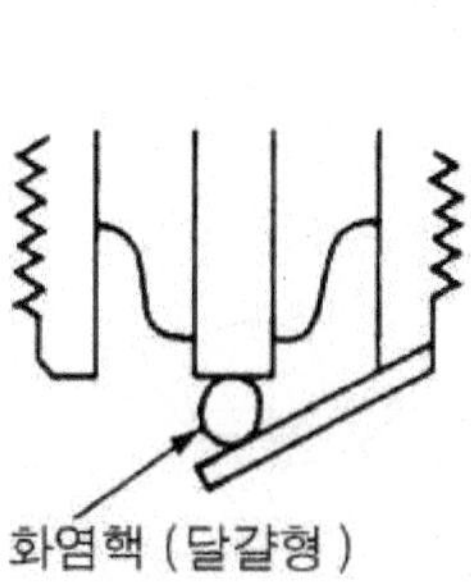

그림 4-17 초기화염핵

(2) 실린더내의 가스유동

흡입행정 및 압축행정에서의 가스 유동의 발생 기구는 그림 4-18에 나타낸 것과 같다.

(a)는 스월이라고 부르는 것인데, 흡기 포트를 오프셋(off-set)시켜 흡입 행정시에 얻어지는 선회류(旋回流, swirl)이다. 2밸브 기관에서는 이것을 적극적으로 발생시킬 수가 있다. 또 4밸브 기관에서도 한쪽의 흡기 포트를 고의로 닫는 것으로 강력한 스월을 얻는 일이 있고 SCV(swirl control valve)와 같은 부가장치를 부착하여 스월을 얻는 방법도 있다. 이 스월은 커피에 설탕을 놓고 스푼으로 저어서 녹게 하는 것과 같은 것으로 연료와 공기의 혼합을 개선할 수 있다. 그림 4-19는 스웰을 일으키기 어려운 흡기 2밸브식을 나타내고 있다. 그림 4-20은 SCV밸브를 부착하여 강제적으로 스월을 발생시키는 것을 보여주고 있다.

(b)는 스퀴시(squish)라고 부르는 것인데, 압축 행정의 후기에 피스톤 헤드면과 연소실의 구석부와의 사이에 압축된 새로운 혼합기가 중앙을 향하여 밀려나가서 생기는 흐름이다.

(c)는 텀블 흐름(tumble flow)인데, 흡입 행정시에 발생되는 실린더 길이 방향의 선회유동이다. 스월의 발생을 기대할 수 없는 경우에는 이 텀블 흐름이 대단히 중요한다.

(d) 난류(亂流, turbulence)는 혼합기가 가지고 있는 운동 에너지가 모양을 바꾸어, 작은 와류(渦流)로 된 것이다. 텀블 흐름을 적극적으로 활용하는 기관에서는 압축 행정의 후기에 이것을 난류로 바꾸고, 또 스퀴시를 활용하여 연소를 개선하기 위한 혼합기의 난류를 얻는다.

연소실의 콤팩트의 정도를 나타내는 지표로서 그림 4-21에 표시하는 것과 같이 연소실 공간을 형성하는 전표면적 S와 연소실 체적 V와의 비 S/V가 있다.

이 표면적(S)에는 톱링까지의 피스톤 톱랜드 둘레와 실린더 부분의 면적을 연소실 체적(V)에는 마찬가지로 이 부분의 체적을 포함하고 있다. 이 S/V가 크면 연소실은 좋지 못하다. 연소실 설계의 포인트의 하나는 어떻게 하면 S/V를 작게 할 수 있는가에 있다.

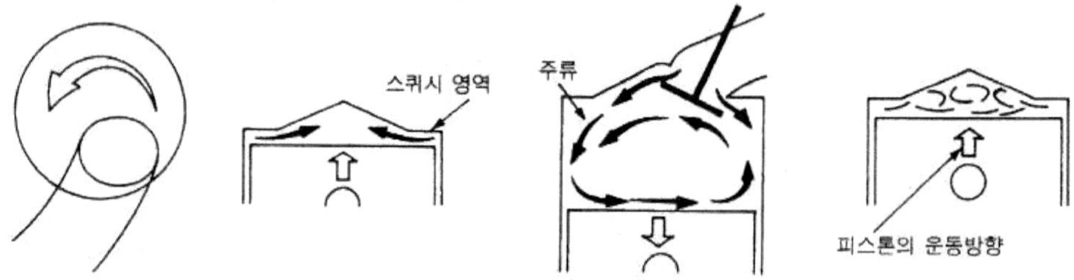

(a) 스월　(b) 스퀴시　(c) 텀블 흐름　(d) 난류

그림 4-18　실린더내의 가스유동

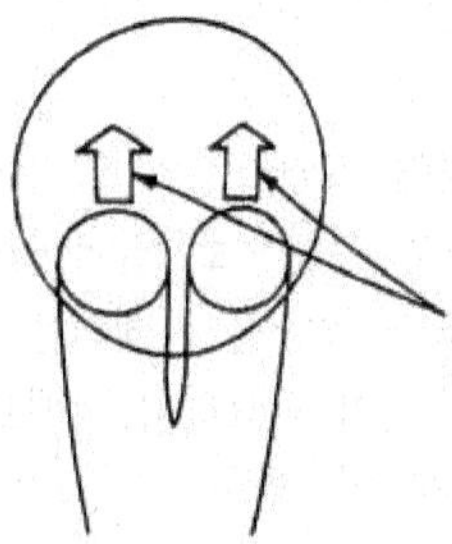

그림 4-19　삽입스월을 일으키기 어려운 흡기 2밸브식

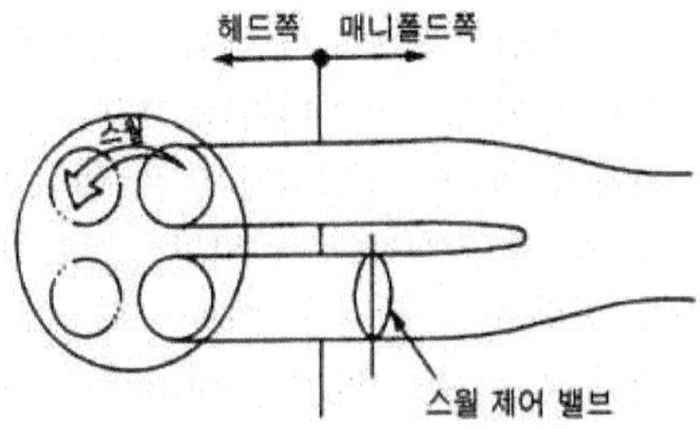

그림 4-20　SCV밸브를 부착하여 스월을 발생시키는 형태

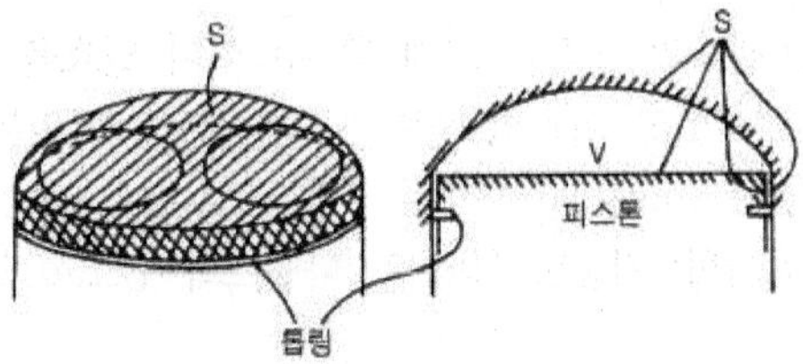

그림 4-21　연소실의 S/V 비

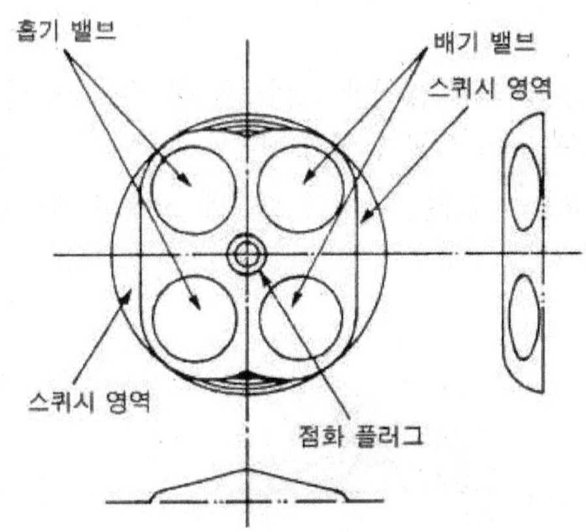

그림 4-22　펜트루프의 연소실

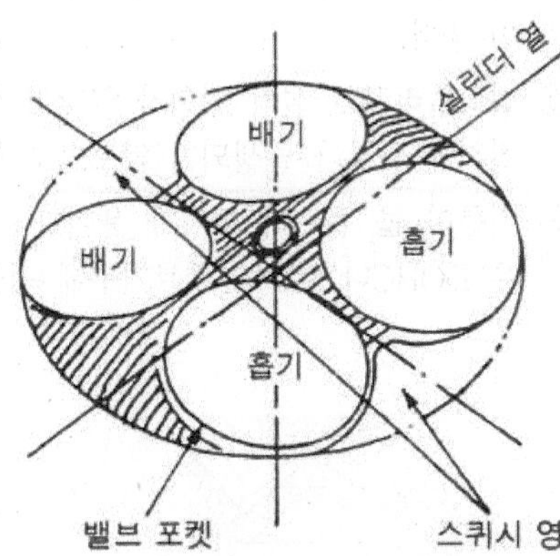

그림 4-23　4밸브 중심 점화의 연소실

그러면 어떤 연소실의 형상이 좋은 것인가, 그림 4-22 및 그림 4-23의 개념의 기본을 표시한다. 콤팩트하게 하기 위하여 가능한 한 연소실의 높이를 억제하면서 밸브 지름을 확보하고 점화 플러그를 중앙에 배치한다. 이렇게 하면 피스톤 헤드부의 형상이 편평하던가 또는 블록을 작게 할 수 있다. 또 점화 플러그로부터 떨어진 부분을 중앙에 비하여 얇게

하고 끝 부분을 가늘게 하는 것이 좋다. 이것은 연소 속도를 높임과 동시에 정해진 시간 내에 혼합기를 되도록 많이 연소시키는 것이 가능하기 때문이다. 중요한 것은 가능한 빨리 연료가 가지는 열에너지를 끄집어내는 것이다. 그런데 연소에 의해 기연소부의 압력이 올라가면 화염이 전달되지 않은 미연부분의 혼합기를 연소실의 구석 부분으로 밀어내게 된다. 즉 점화점으로부터 떨어진 부분의 미연 가스는 압축되어 밀도가 높아져서 체적은 작아도 중량은 크게 된다. 때문에 연소실은 끝이 가는 형상으로 하는 것이 중요하다. 4밸브 기관의 연소실은 지붕형(pentroof)을 기본으로 한 형상이 된다. 현재 이 형상이 DOHC 4밸브의 주류를 이루고 있다.

3) 연소실의 종류

이상적인 연소실은 밸브의 면적을 크게 할 수 있어 열효율 및 체적 효율을 높일 수 있으며, 압축비를 높일 수 있고 기관의 출력을 향상시킬 수 있는 형상이어야 한다. 현재 오버헤드 밸브식(overhead valve type 또는 I head valve type)에 사용되는 연소실은 반구형, 다구형, 욕조형, 쐐기형, 지붕형, 평두형, 다밸브화 연소실 등이 사용된다.

(1) 반구형 연소실

① 연소실 체적당의 표면적이 작아 열손실이 적고 큰 밸브를 설치할 수 있어 흡배기 효율이 좋다.

② 점화플러그의 설치 위치가 알맞아 화염 전파거리가 짧지만 스퀴시를 둘 수 없어 압축행정시에 와류가 발생되지 않으므로 높은 옥탄가의 연료가 필요하다.

③ 지름이 큰 밸브의 설치가 용이하여 체적효율을 높일 수 있기 때문에 고속 안정성이 좋은 DOHC나 SOHC 밸브기구에 적합하다.

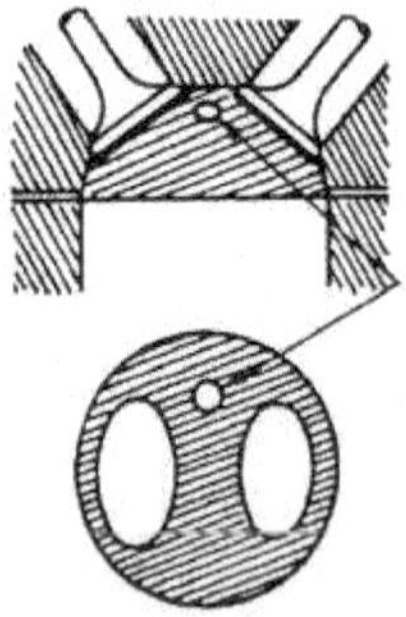

그림 4-24 반구형연소실

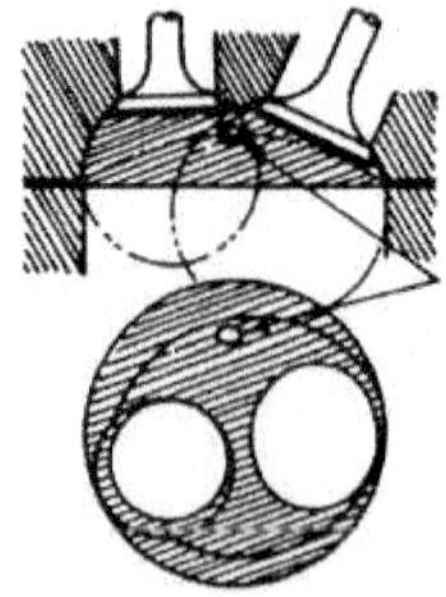

그림 4-25 다구형 연소실

④ 스퀴시부를 설치할 수 없기 때문에 혼합가스의 냉각이 나쁘다.

⑤ 큰 스퀴시(squish area)를 둘 수 없으나 흡기구멍을 오프셋하여 흡입 혼합기에 와류를 주어 단위 실린더 체적당 출력을 높일 수 있는 특성이 있다.

(2) 다구형 연소실(Polysherical type combustion chamfer)

① 연소실을 2개 이상의 구형으로 형성한 것인데, 이것은 압축와류를 얻기 쉽고, 큰 밸브를 설치할 수 있다.

② 결점은 반구형에 비하여 형상이 복잡하게 되고 표면적이 크게 되는 점이다.

(3) 욕조형 연소실(Bath type combustion chamfer)

① 그림 4-26와 같이 욕조형상으로 된 것인데, 압축 와류를 얻기 쉽고 제작이 간단하다.

② 결점은 밸브를 크게 할 수 없고 흡·배기 포트의 굽음이 커지기 때문에 체적효율이 좋지 않은 점이다.

(4) 쐐기형 연소실(Wedge type combustion chamfer)

① 밸브가 수직선에 대해서 20°정도의 각도를 두고 설치되기 때문에 흡·배기 포트의 굽음이 작게 되어 가스의 유동이 원활하게 된다.

② 쐐기형이므로 그 부분의 압출작용에 의해 충분한 와류가 생기기 때문에 고압축비로 하는 것이 가능하게 된다.

③ 스퀴시부에 의하여 와류 작용이 양호하여 혼합기가 완전 연소되며, 혼합기가 스퀴시부에 의해서 냉각되기 때문에 노킹의 발생이 적다.

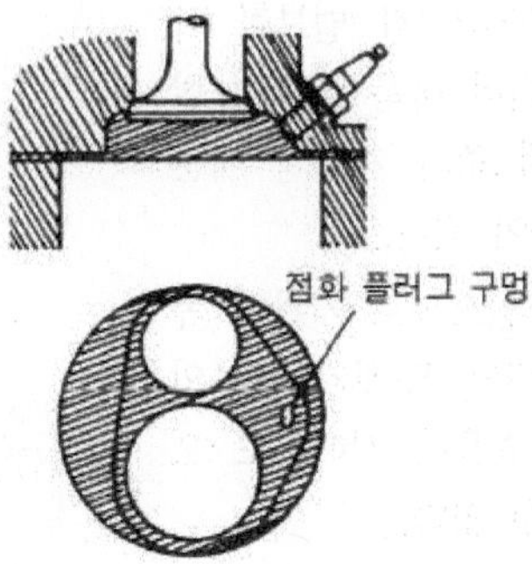

그림 4-26 욕조형 연소실

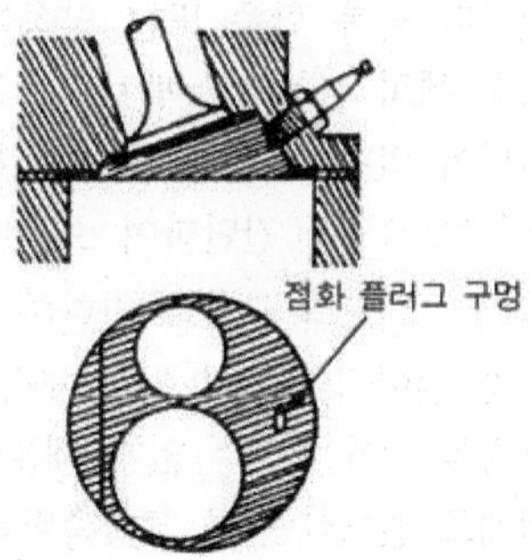

그림 4-27 쐐기형 연소실

④ 연소실 중앙부에 점화플러그가 설치되어 화염 전파거리가 짧다.
⑤ 결점으로서는 연소실 표면적당의 표면적이 커서 열손실이 크다.

(5) 지붕형 연소실(Pentroof type)

① 반구형 연소실과 동일한 특징을 갖는다.
② 밸브가 크랭크축 방향으로 설치되므로 밸브 기구가 간단하다.
③ 흡입 밸브 2개 및 배기 밸브 2개의 4밸브로 설치하는 것이 가능하다.
④ 압축비를 높이기 위해 도움형 피스톤을 사용하기 때문에 열적 부하가 많다.
⑤ 피스톤의 중량이 증대되어 관성력이 커진다.

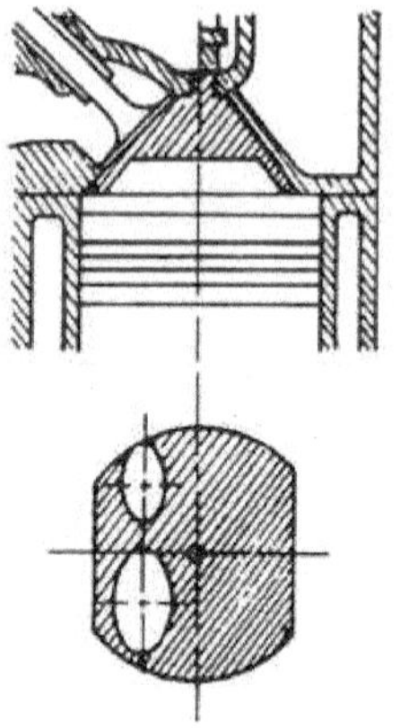

그림 4-28　지붕형 연소실

(6) 평두형 연소실

① 연소실이 편평하게 되므로, 화염전파거리가 길어져 노킹이 일으키기 쉽게 되는 결점이 있다.
② 고회전, 고압축비가 요구되는 기관에는 거의 사용되지 않는다.
③ 밸브면적을 크게 잡을 수가 있어 다밸브화(multi-valve)의 연소실에 이용되기도 한다.

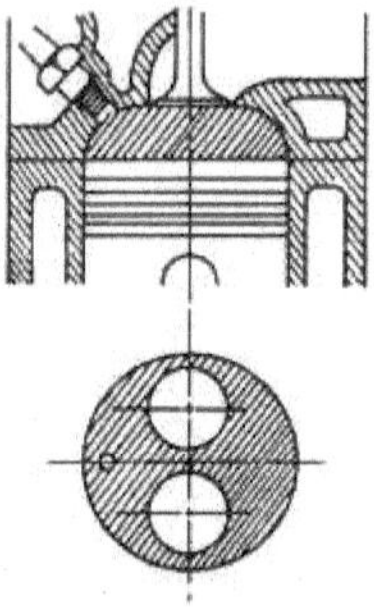

그림 4-29　평두형 연소실

(7) L헤드형 연소실

① 실린더 블록 한쪽 또는 양쪽에 흡기·배기의 각 밸브를 나란히 세워 설치하고 밸브의 시트는 실린더 블록 윗면에 설치되어 있다. 따라서 밸브의 위치가 캠 축과 가깝기 때문에 밸브기구가 간단하여 소음이나 진동이 적다.
② 실린더 헤드의 구조를 간단하게 할 수 있으므로 기관의 높이가 낮아지지만 연소실 체적이 증대되고 흡·배기 밸브의 양정을 크게 할 수 없기 때문에 체적 효율이 저하되고 오버헤드 밸브식 만큼 고압축비를 얻을 수 없다.

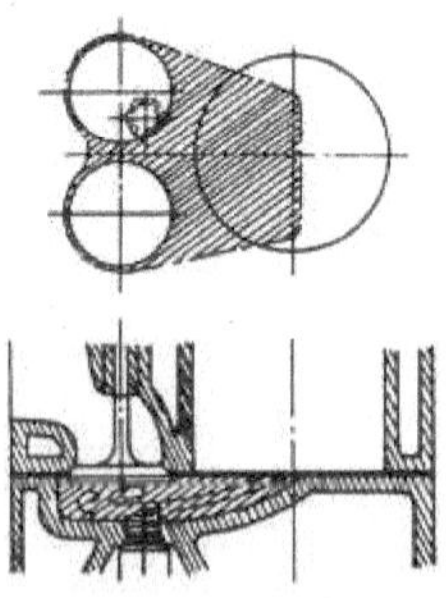

그림 4-30　L형 연소실

③ 또한 흡입 통로에 굴곡이 많아 체적 효율이 낮아지며 열효율 및 기관의 출력이 저하되기 때문에 현재는 사용되지 않고 있다.

④ 연소실의 종류는 리카아도형(recardo type), 와트모우형(whatmough type), 제인웨이형(janeway type), 편평형(flat type)으로 구분되며, 가장 효율이 좋은 연소실은 리카도형으로서 혼합기에 강한 와류를 일으켜 연소가 잘되기 때문에 노킹이 적고 비교적 높은 압축비를 얻을 수 있다.

(8) F헤드형 연소실

① 흡입 밸브는 실린더 헤드에, 배기 밸브는 실린더 블록에 설치한 것으로 오버헤드 밸브식과 사이드 밸브식의 중간 형식이다.

② 연소실 아래에 밸브 한 개씩을 설치하기 때문에 밸브의 면적을 크게 할 수 있어 흡입 효율이 양호하며, 밸브의 주위가 충분히 냉각되기 때문에 흡배기가 원활하게 이루어진다.

③ 연소실의 구조가 간단하게 되어 화염 전파거리가 짧고 노킹의 발생이 적으며, 흡기다기관과 배기다기관을 분리하여 설치하기가 좋다.

④ 결점은 밸브의 기구가 복잡하게 되고 L헤드형 연소실과 같이 고압축비를 얻기에는 적당하지 않다.

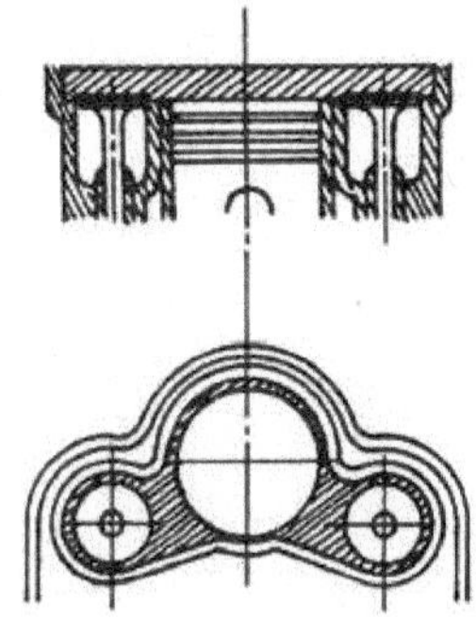

그림 4-31 F형 연소실

4.2.4 피스톤

1) 피스톤의 기능

피스톤(Piston)은 폭발행정에서 고온, 고압의 가스 압력을 받아 실린더 안을 약 10~20 m/s 정도의 고속으로 왕복운동하며, 커넥팅 로드를 통해 크랭크축에 회전력을 발생시키는 일을 한다. 또한 흡기, 압축, 배기 행정에서는 크랭크축에서 동력을 받아서 각각 작용한다. 자동차엔진의 경우 피스톤 헤드는 고온(2000℃이상)의 연소가스에 노출되고, 일반적으로 30~40 kg_f/cm^2의 압력을 충격적으로 받고 250~350℃ 정도의 온도로서 고속으로 실린더 내를 왕복한다.

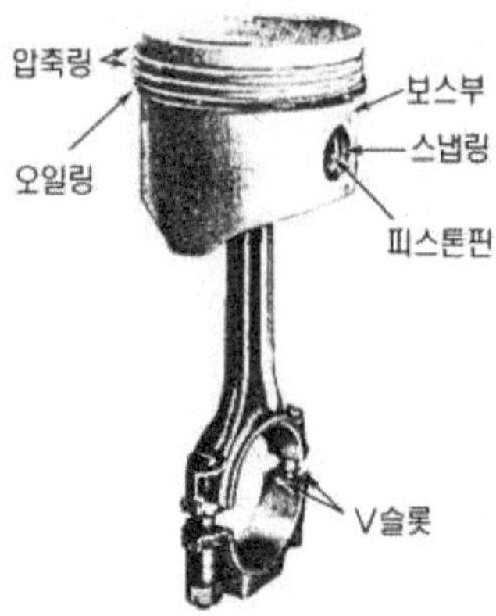

그림 4-32 피스톤 커넥팅 로드 어셈블리

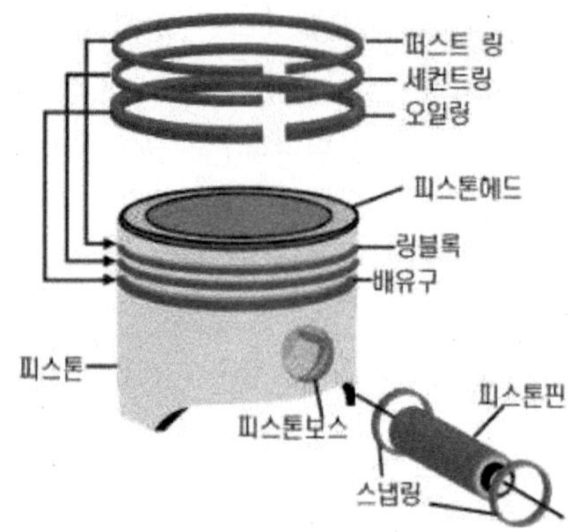

그림 4-33 피스톤링과 피스톤

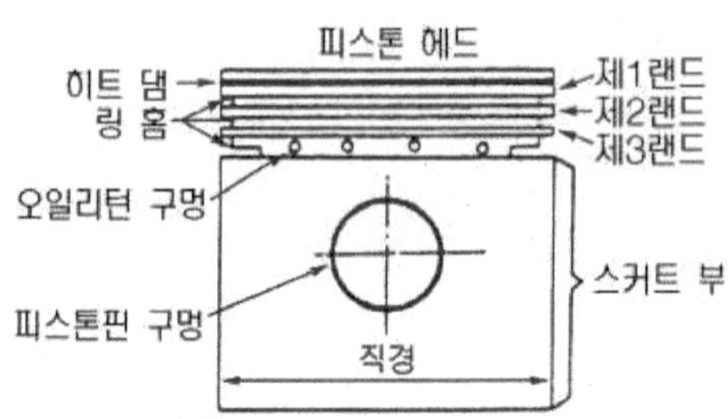

그림 4-34 피스톤의 구조

2) 피스톤의 구조

① 피스톤 헤드 : 연소실의 일부가 되는 부분이 설치되며 내면에 리브를 설치하여 피스톤을 보강한다.

② 링 홈 : 피스톤 링을 설치하기 위한 홈

③ 랜드 : 링홈과 링홈사이

④ 스커트 부 : 피스톤이 왕복운동을 할 때의 측압을 받는 일을 한다.

⑤ 보스부: 피스톤을 커넥팅 로드에 피스톤 핀이 설치되는 부분

① 히이트 댐 : 헤드부의 열이 스커트부에 전달하는 것을 방지하는 홈

3) 피스톤헤드의 형상

피스톤헤드의 형상은 사용되는 기관의 연소실 모양과 밀접한 관계가 있으며 그림 4-35과 같이 여러 가지가 있다.

평편형은 가장 일반적인 형상이며 제작이 용이하고, 도움형(dome type) 및 쐐기형(wedge type)은 피스톤 헤드를 볼록하게 하여 반구형 연소실에 적합하게 되어 있으며, 고압축비를 얻을 수 있지만 가공이 복잡하고 피스톤의 중량이 증가한다.

불규칙형(irregular type)은 2행정 사이클기관에서 연소가스의 배출과 미연 혼합기에 와류를 줄 수 있다. 밸브 노치형(notched type)은 밸브 양정을 크게 할 수 있어 고압축 기관에 적합하고 오목형(concave type)은 연소실 형상을 구형에 가깝게 할 수 있고 연소실 체적을 줄일 수 있어 냉각손실을 줄일 수 있다.

그림 4-36은 변형된 피스톤헤드 형상을 보여주고 있다. 실린더헤드에서 구성된 연소실과 실린더블록이 합체 시에 맞닿는 피스톤의 머리 부분에서 고온, 고압의 압축된 공기 중에 연료가 분사되어 자기착화된다. 이때 고압과 고열을 견뎌야 하기에 피스톤헤드는 강력한 금속으로 제작되며 일반적으로는 평면의 형상을 하고 있지만 연소실에서 난류 형성을 위해 모양이 볼록, 오목한 모양과 같이 변형되어 제작되기도 한다.

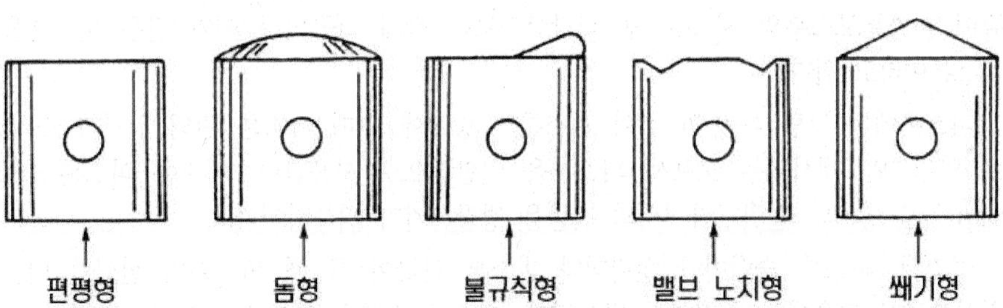

그림 4-35 여러 형태의 피스톤 헤드

그림 4-36 변형된 피스톤헤드 형상

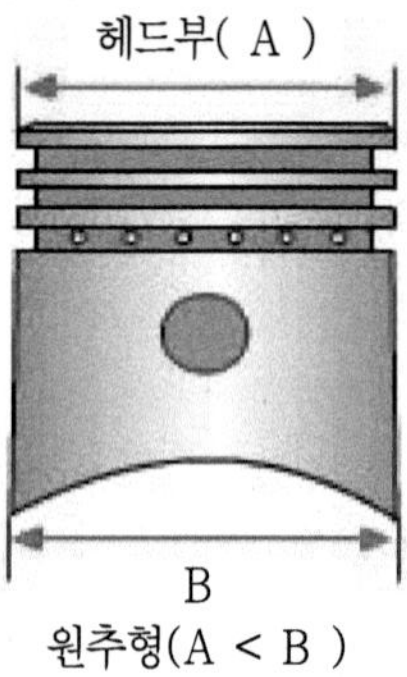

그림 4-37
원추형 피스톤

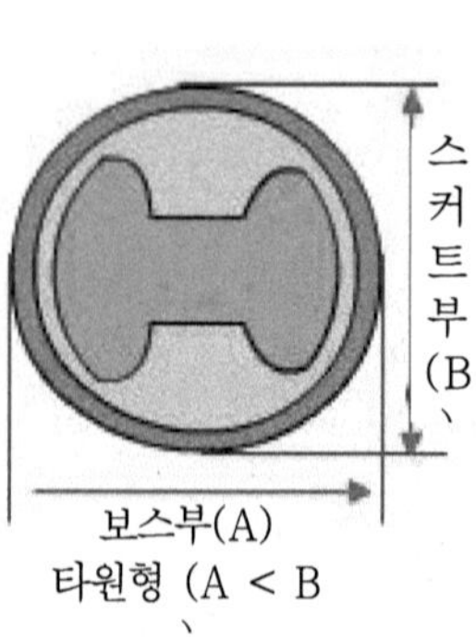

그림 4-38
타원형 피스톤

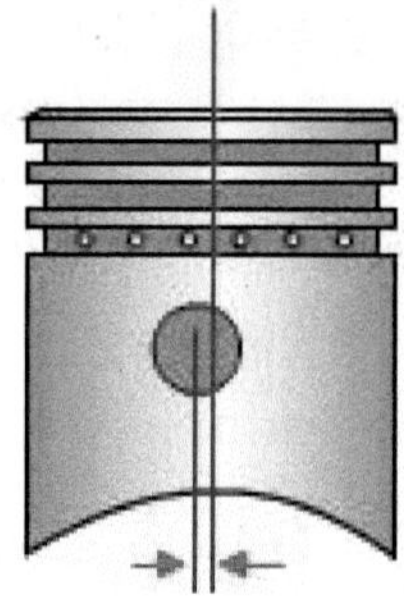

그림 4-39
오프셋 피스톤

피스톤의 헤드부는 고온의 연소가스에 노출되면서 열팽창의 정도가 커서 그림 4-37과 같은 원추형의 피스톤이 사용되며, 피스톤 헤드부는 피스톤 스커트부보다 지름을 작게 만들어진다. 피스톤의 직경은 스커트부의 직경으로 표시하며 측정시에는 스커트부에서 측정한다.

피스톤보스부는 피스톤과 피스톤 핀이 끼워 맞추어지는 부분으로 큰 충격 하중을 받으며 다른 부분에 비해 고온이 된다. 따라서 피스톤핀 방향의 열팽창도가 커지므로 그림 4-38과 같이 피스톤보스부의 지름은 구 직각방향보다 작게 가공되며 이와 같은 피스톤을 타원형 피스톤이라고 한다.

피스톤에는 그림 4-39와 같이 피스톤의 중심에 대해 피스톤 핀의 위치를 스러스트쪽으로 약간 오프셋시키는 오프셋 피스톤을 일반적으로 사용한다. 이것은 피스톤 슬랩(piston slap)음을 방지와 실린더라이너의 진동을 경감시키기 위해서이다.

여기서, 피스톤 슬랩이란 실린더와 피스톤 간극이 클 때 피스톤이 실린더 벽을 때리는 현상으로서 저온에서 현저하게 발생된다. 피스톤 슬랩을 사이드 노크라고도 하며, 피스톤이 행정을 바꿀 때 실린더 벽에 충격을 발생하는 현상을 말한다.

이 밖에도 오프셋 피스톤 대신에 크랭크축 중심에 대해 실린더 중심을 오프셋시키는 방법을 사용하기도 한다.

4) 피스톤의 종류

(1) 솔리드 피스톤(Solid piston)

스커트부를 원통으로 만들어 슬릿(slit)이 없으므로 열팽창에 의한 팽창을 막을 수 없고, 또 운동 조건에 적절한 피스톤 클리어런스(clearance)도 유지할 수 없다. 그러나 기계적 강도가 높으므로 정적인 엔진보다도 가혹한 조건에서 쓰이는 고부하의 디젤엔진에 사용되고 있다.

(2) 스플릿 피스톤

피스톤의 스커트부에 세로 방향으로 약간 경사지게 가는 홈을 가공해 넣어 열에 의한 팽창에 따라 피스톤 치수가 증가하더라도 피스톤이 더 이상 팽창되지 않고 일정한 지름을 유지한다. 스플릿 스커트(split skirt)형은 피스톤 스커트부와 링부 사이에 그림 4-41과 같이 가늘게 가공된 홈인 슬롯(slot)을 만들어 스커트부로 열전도를 제한하고, 열팽창을 최소로 하기 위한 형식이다. 이 형식은 열팽창을 적게 하고 항상 일정한 치수의 피스톤을 유지하기 위하여 스커트부에 마련된 슬롯의 모양에 따라 T-슬롯형(T-slot type), U-슬롯형(U-slot type) 등이 있다.

(3) 슬리퍼 피스톤(Slipper piston)

슬리퍼 피스톤은 측압이 걸리지 않는 쪽의 스커트부를 제거한 형으로서 무게를 높이지 않고 스러스트의 접촉면적을 키워 피스톤 슬랩(piston slap)을 작게 한 것으로서, 고속 기관에 널리 사용된다. 그러나 스커트부를 제거한 부분에 오일이 묻어 있다가 오일이 연소실로 올라가는 원인이 된다.

(4) 인바아스트럿 피스톤

인바강을 넣고 일체 주조한 형식으로 피스톤보스부에 열팽창을 억제하기 위해 강판으로 만들어진 스트럿을 피스톤의 주조시 보스 주변에 주입한 것이다.

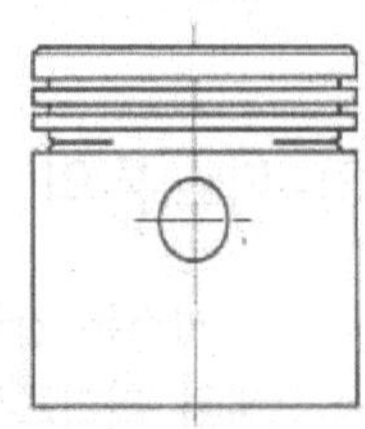

그림 4-40
솔리드형 피스톤

알루미늄 합금제 피스톤의 경우 보통의 강보다 열팽창율이 극히 적은 안바강을 지주(支柱)로 주입(鑄入)하여 열팽창에 따른 변형을 적게 한다. 인바강은 열팽창율이 보통 강의 1/10이고, 니켈을 36% 함유한 강이다. 인바 스트럿형의

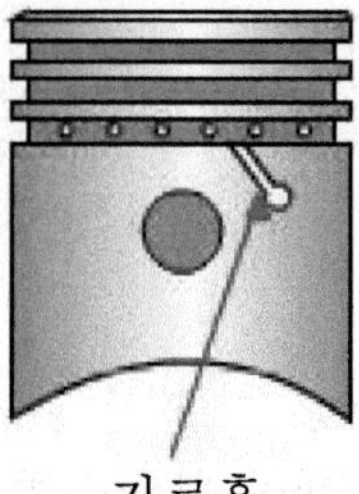

그림 4-41
스플릿형 피스톤

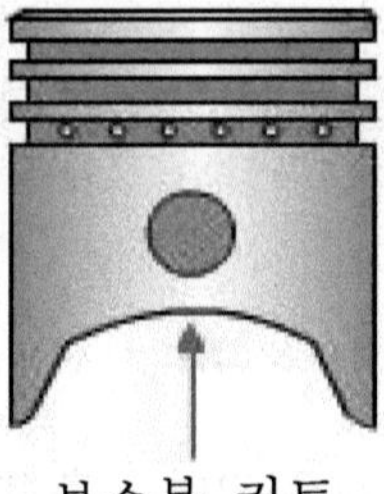

그림 4-42
슬리퍼형 피스톤

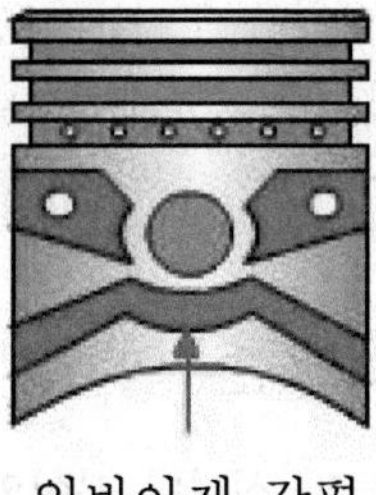

그림 4-43
인바아스트럿 형 피스톤

일종인 오토 서믹 피스톤(auto-thermic piston)도 열팽창이 적은 강철제 작은 링(small ring)을 피스톤 스커트 상부에 주입시켜 피스톤의 열팽창에 따른 변형을 적게 하기 위해 제작된 피스톤이다.

5) 피스톤의 재질

(1) 특수 주철 피스톤

특수 주철 피스톤은 알루미늄 합금 피스톤에 비해 열팽창이 적기 때문에 피스톤 간극을 적게 할 수 있으므로 피스톤의 슬랩 현상이나 블로바이 현상이 적으며, 피스톤의 강도가 크다. 피스톤의 비중이 크기 때문에 관성이 증대되어 고속용 기관에는 적합치 않다.

(2) 알루미늄 합금 피스톤

현재 자동차용 피스톤은 대부분 알루미늄 합금 피스톤을 사용하는데 알루미늄 합금은 주철보다 비중이 낮고 열전도성이 좋아 피스톤 헤드의 온도를 낮출 수 있고 관성력이 적기 때문에 고압축, 고속 운전이 가능하여 기관 출력을 향상시킬 수 있다. 그러나 열팽창계수가 크고 강도가 낮아 이 결점을 보안한 여러 가지 합금이 연구되고 있고, 실용화된 알루미늄 합금피스톤은 구리계 Y합금 피스톤과 규소계 로엑스(Lo-ex)피스톤이 있다.

6) 피스톤의 간극

피스톤 간극은 실린더 내경과 피스톤의 최대 외경과의 차이로서 기관이 작동할 때 피스톤이 연소열에 의해서 팽창하기 때문에 정상적인 작동을 하기 위해서는 기관의 출력에 지장을 초래하지 않는 범위 내에서 최소의 간극을 유지하여야 한다. 피스톤 간극은 냉간 시에 열팽창을 고려하여 경합금의 피스톤일 경우 실린더 내경의 0.05%를 피스톤의 간극으로 설정하며, 피스톤 간극이 클 때와 작을 때의 영향은 다음과 같다.

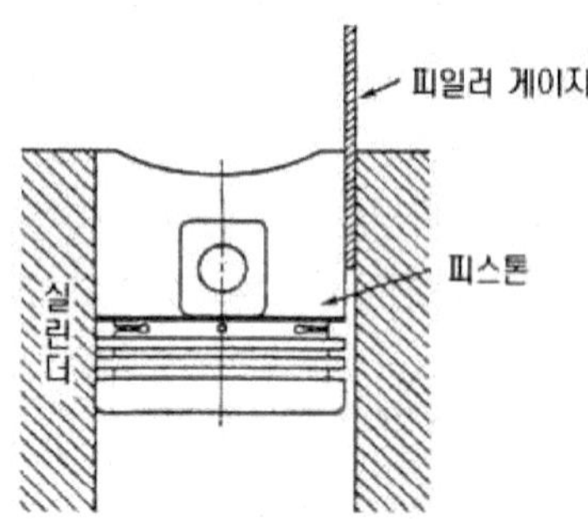

그림 4-44 피스톤의 간극

(1) 피스톤 간극이 클 때의 영향

피스톤과 실린더 사이의 간극이 너무 크면 압축 행정에서 블로바이 현상이 발생되어 압축 압력이 저하되고 폭발 행정에서는 기관의 출력이 저하되며, 블로바이 가스에 의해서 기관의 오일이 희석되거나 카본에 오염된다. 또한 피스톤 링의 기능이 저하되어 기관의 오일이 연소실에 유입되므로 오일의 소비량이 증대된다.

또한, 기관이 작동할 때에 상사점과 하사점에서 행정을 바꾸는 순간 피스톤 슬랩현상이 발생되어 피스톤 링과 링홈의 마멸이 촉진되며, 피스톤 링의 기능이 저하되어 기관의 오일이 연소실에 유입되므로 오일의 소비량이 증대된다.

(2) 피스톤 간극이 적을 때 영향

피스톤과 실린더 사이의 간극이 적으면 실린더 벽에 형성된 오일의 유막이 파괴되어 마찰이 증대되며, 마찰에 의한 소결 현상이 발생된다.

여기서, 블로바이(blow by) 현상이란 바람이 지나가는 간다는 뜻으로 압축 및 폭발 행정에서 가스가 피스톤과 실린더 사이로 누출되는 현상을 말한다. 엔진의 압축 행정과 팽창 행정에서 실린더와 피스톤의 간극으로부터 크랭크 케이스로 빠져 나온 가스. 구성은 압축 행정에서 새어나온 혼합기가 75~90%를 점유하며, 10~25%가 팽창 행정에서 발생하는 연소가스이다. 엔진 오일을 열화시켜 엔진 내부를 녹슬게 하는 원인이 되므로 예전에는 신속히 외부로 나오게 하였으나 대기 오염을 방지하기 위해 흡기 계통으로 되돌려 보내고 있다.

블로백(blow back) 현상은 압축 및 폭발 행정에서 가스가 밸브와 밸브시트 사이로 누출되는 현상을 말한다. 블로다운(blow down) 현상은 배기 밸브가 열려 배기 가스 자체의 압력으로 배출되는 현상을 말한다.

4.2.5 피스톤 링(Piston ring)

1) 기능

피스톤 링은 피스톤과 함께 실린더 내를 상하 왕복운동 하면서 실린더 벽과 접촉하여 피스톤과 실린더사이에서 혼합기와 연소가스가 누출되는 것을 방지하는 기밀작용과 실린더와 피스톤사이의 윤활오일을 긁어내려 연소실에 유입하는 것을 방지하는 오일제거작용 및 피스톤 헤드가 받는 열을 실린더 벽에 전달하는 열전도작용 등 3대작용을 한다.

2) 피스톤 링의 종류

압축링과 오일링으로 구분되며, 대략 압축링은 2~3개가 설치되고 오일링은 1~2개가 설치되어 작용한다.

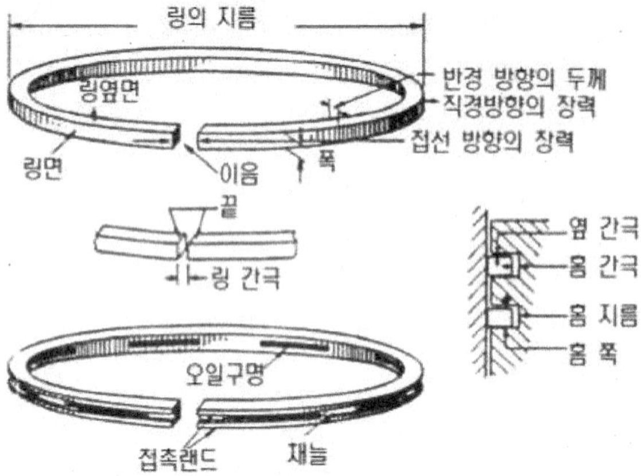

그림 4-45 피스톤 링

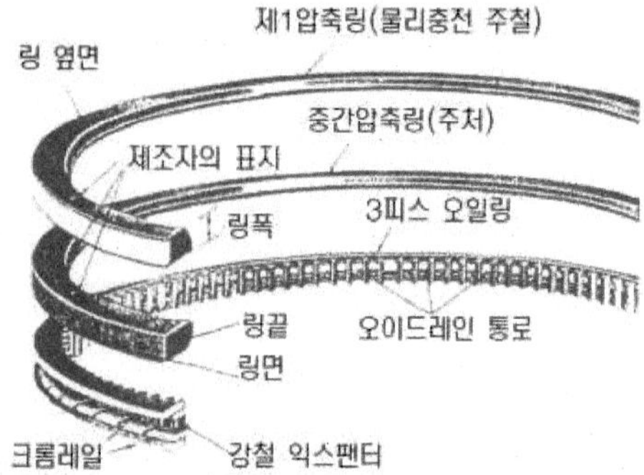

그림 4-46 한 조의 피스톤 링

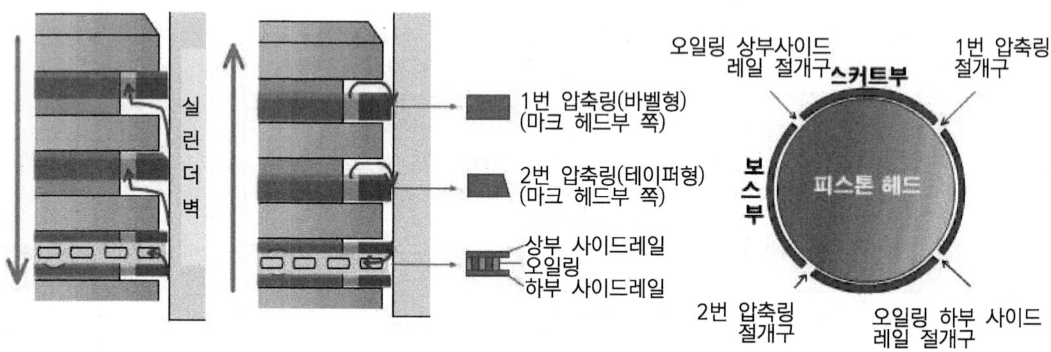

피스톤 하강할 때 오일의 작용 / 피스톤 상승할 때 오일의 작용 / 피스톤 링 단면 모양 / 링 절개구 위치

그림 4-47 피스톤링의 작용

(1) 압축링

실린더와 피스톤사이에의 압축행정시 혼합기의 누출 및 폭발행정에서의 연소가스 누출을 방지하며 피스톤 헤드에 가까운 쪽의 링홈에 설치한다. 압축링의 종류는 다음과 같다.

① 플레인형(Plain type)

가장 기본적인 형식이며 실린더와 면 접촉을 하기 때문에 압축 및 동력 행정시에 링 뒷면에 작용하는 압력에 의하여 링면이 실린더에 압착되기 때문에 기밀성 및 열전도성이 우수하고 제작하기가 쉽기 때문에 많이 사용되고 있다.

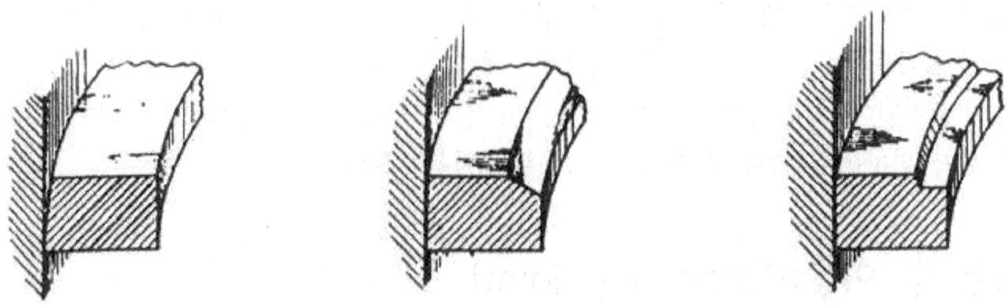

(a) 테이퍼형(tapered) (b) 챔퍼형(chamfered) (c) 카운터보어형(counterbored)

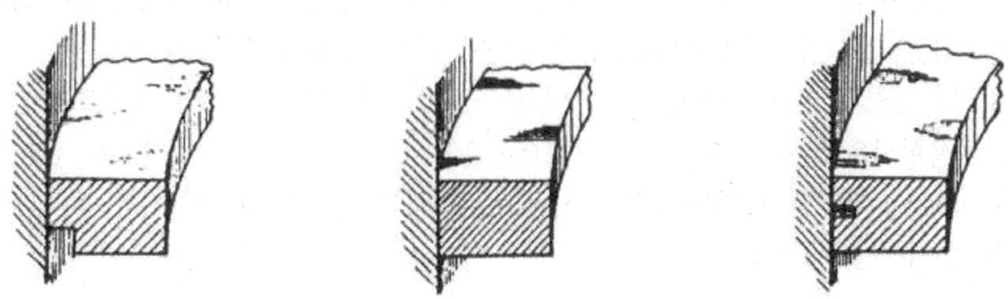

(d) 스크레이퍼형(scraper) (e) 플레인형(plain) (f) 홈형(grooved)

그림 4-48 압축링의 모양

② **챔퍼형**(Chamfer type)

윤활유 제어작용이 우수하기 때문에 제 1링 또는 제 2링으로 사용된다.

③ **테이퍼형**(Taper type)

실린더와 링의 접촉면이 피스톤 하강시는 선접촉, 상승시는 면접촉을 하기 때문에 윤활유 제어작용과 기밀성이 우수하기 때문에 제 2링으로 많이 사용되고 있다.

④ **스크레이퍼형**(Scraper type)

링 아랫부분을 잘라 내어 피스톤의 상하 운동시에 접촉 면압을 높이고 윤활유 제어 작용이 우수하여 제 2링으로 많이 사용되고 있다.

(2) 오일링(Oil ring)

실린더 벽을 윤활하고 과잉 오일을 긁어내리며 실린더 벽의 유막을 조절하여 준다. 링의 전 둘레에 걸쳐 홈이 파져 있어 긁어내린 오일을 피스톤 안쪽으로 보내게 되어 피스톤 핀의 윤활을 하도록 한다. 엔진의 속도가 증대됨에 따라 오일을 긁어 내리기가 어렵게 되므로 링의 유연성을 좋게 하고 장력을 증대시키기 위하여 링 안쪽에 익스팬드 링을 넣기도 한다. 오일링의 종류에는 드릴형, 슬롯형, 레디어스 슬롯형, 웨지 슬롯형이 있으며, 기관의 속도가 증가됨에 따라 오일의 제어 능력이 감소되므로 링의 장력을 증가시키고 유연성을 좋게 하기 위하여 고속형 기관에는 U 플렉스링을 사용한다.

3) 피스톤 링 이음(Piston ring joint)

피스톤 링에는 절개부를 두어 링의 장력을 가지게 하고 이것을 이용하여 피스톤에 조립할 수 있게 하였다. 링이음 간격이 크면 블로바이 현상으로 인해 가스가 누출되어 기관의 출력이 저하되고, 피스톤의 열전도가 불량하게 되어 피스톤의 온도가 상승된다. 또한 간격이 적으면 실린더 벽과의 마찰력이 증대되어 링이 파손되거나 소결을 일으키기 쉽다.

링 이음형식은 그림 4-51과 같이 버트이음(butt joint), 45°로 경사지게 절단한 각이음(angle joint), 계단형인 계단이음(step joint) 형식이 있으며, 제작하기가 용이한 버트이음 형식이 많이 사용되고 있다.

4) 피스톤 링의 작동

엔진 운전 중에 피스톤 링의 작동은 상사점에서 하사점으로 내려올 때 링은 실린더벽의 마찰력으로 링홈의 윗쪽으로 밀려 링 홈의 윗면과 접촉되어 하사점으로 이동하면서 실린더 벽에 비산되어 있는 오일을 긁어내린다.

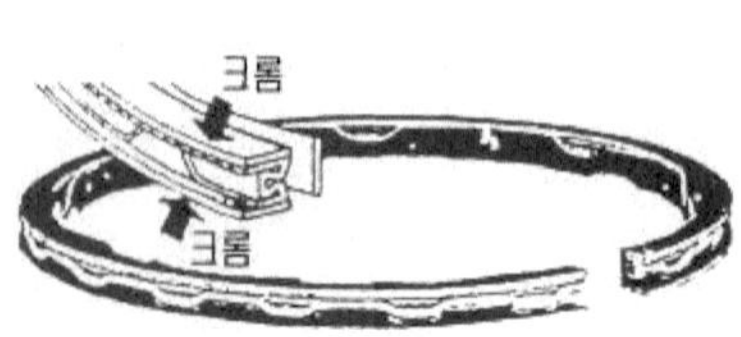

그림 4-49 익스펜더 링

그림 4-50 U플렉스 링

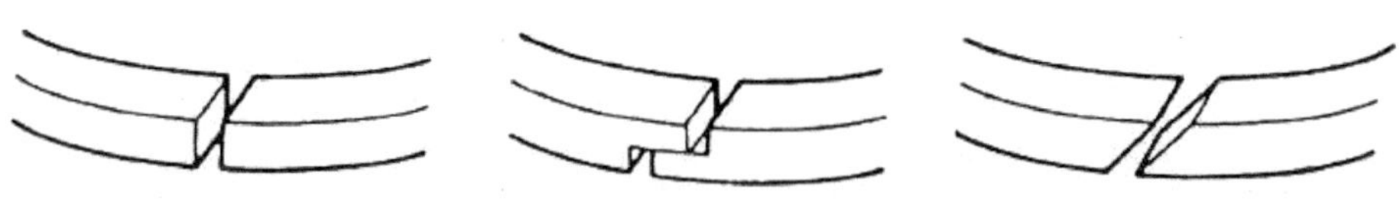

(a) 버트 조인트(butt joint) (b) 스텝 조인트(step joint) (c) 45 º조인트(45 º angle joint)

그림 4-51 링 이음

하사점에서 상승할 때는 링은 실린더 벽과의 마찰로 링홈의 아래 면에 밀착되어 링홈 윗면에 간극이 생겨 긁힌 오일이 고인다. 고인 오일이 실린더 벽에 공급되어 항상 실린더 전면에는 유막을 형성하고 있다. 이때 기관이 고속으로 작동하면 상사점에서 하사점으로, 하사점에서 상사점으로 피스톤의 작동 위치가 변환될 때 피스톤 링의 접촉 부분이 바뀌는 과정에서 순간적으로 떨림 현상이 발생되는데 이 현상을 피스톤 링의 호흡 작용 또는 피스톤 링의 플래터 현상이라 한다.

5) 피스톤 핀(Piston pin)

피스톤 핀은 피스톤 보스에 조립되며 커넥팅 로드의 소단부와 연결되어 피스톤의 힘을 커넥팅 로드에 전달하고 피스톤과 같이 고속 왕복운동을 한다. 피스톤 핀은 커넥팅 로드의 결합방법에 따라 고정식, 반부동식, 전부동식으로 구분된다.

(1) 고정식(Stationary type)

커넥팅 로드 소단부에 동합금의 부시(bush)를 끼우고 피스톤 핀은 피스톤 보스 부에 볼트로 고정한 형식이며 현재는 거의 사용하지 않는다.

(2) 반 부동식(Semi-floating tuype)

반 부동식은 커넥팅 로드의 소단부에 피스톤 핀을 끼우고 클램프 볼트(clamp bolt)를 이용하여 고정하며 핀의 중앙부에 홈을 두어 클램프 볼트로 핀이 축 방향으로 움직이지 못하게 하고 있으며 일반적으로 알루미늄 합금 피스톤인 경우 피스톤 보스는 베어링 역할을 겸하게 하고 있다.

그림 4-52 흡기행정에서의 링의 작용

그림 4-53 압축행정에서의 링의 작용

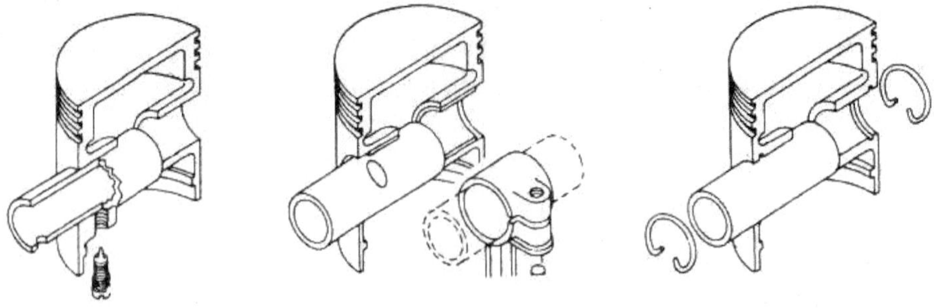

(a) 고정식　　(b) 반 부동식　　(c) 전 부동식

그림 4-54　피스톤핀의 고정방법

(3) 전 부동식(Full floating type)

전 부동식은 피스톤 핀을 피스톤 보스부나 커넥팅 로드 소단부에 고정된 부분이 없이 자유롭게 움직일 수 있도록 되어 있으며, 피스톤 보스부의 양쪽에 스냅 링을 끼워 피스톤 핀이 축방향으로 이동하는 것을 방지한다. 알루미늄 합금 피스톤의 경우 알루미늄 자체가 베어링의 재료이기 때문에 부싱을 사용하지 않지만 커넥팅 로드 소단부에는 부싱을 끼운다. 현재 대부분의 기관은 이 형식을 채용하고 있다.

4.2.6 커넥팅로드

커넥팅로드는 피스톤의 상하 직선 운동을 각운동으로 바꾸어 크랭크축이 회전 운동을 할 수 있도록 한다. 커넥팅 로드는 피스톤 핀과 연결되는 소단부와 크랭크 핀과 연결되어 폭발 행정에서 피스톤 헤드에 받는 압력을 크랭크축에 전달하는 대단부로 되어 있다.

커넥팅 로드의 길이는 소단부의 중심선과 대단부의 중심선 사이의 거리로서 보통 피스톤 행정의 1.5~2.3배 정도이다. 커넥팅 로드의 길이가 길면 실린더 벽에 가해지는 측압이 작기 때문에 실린더의 마멸이 감소되고 정숙하게 작동되는 장점이 있지만 기관의 높이가 높아지고 중량이 무거워지며, 강성이 적어진다. 또한 커넥팅 로드의 길이가 짧으면 강성이 증대되고 중량이 가벼우며, 기관의 높이가 낮기 때문에 고속용 기관에 적합하지만 실린더 벽에 가해지는 측압이 크고 실린더 마멸이 증대된다.

여기서, 측압(thrust)이란 피스톤의 상사점과 하사점에서 행정을 바꿀 때 피스톤의 헤드에 작용하는 압력과 크랭크축이 회전할 때의 저항력에 의해서 실린더 벽에 가해지는 피스톤의 압력을 말한다.

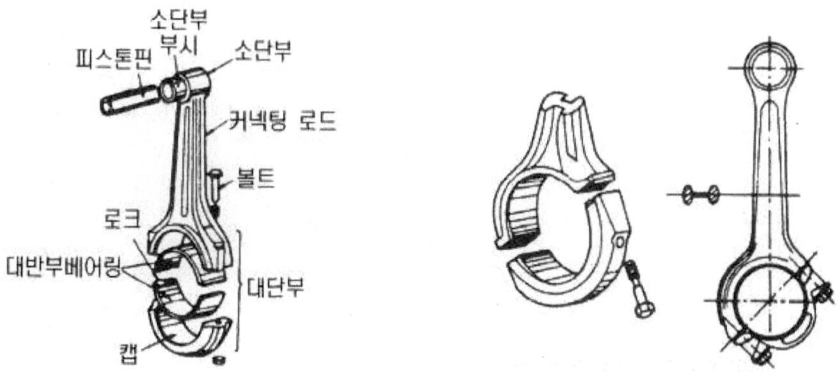

(a) 수평형 (b) 정사형

그림 4-55 커넥팅 로드

4.2.7 크랭크축 및 저널베어링

1) 기능

크랭크축(Crank shaft)은 크랭크 케이스 안에 설치된 메인 베어링과 캡에 의해 지지되어 각 실린더의 동력행정에서 발생한 피스톤의 직선운동을 커넥팅 로드를 통해 회전운동으로 바꾸고 반대로 흡입, 압축, 배기 행정에서는 피스톤에 운동을 가해 연속하여 동력을 발생하는 중요한 기능을 가지고 있다.

디젤엔진의 크랭크축은 가솔린엔진에 비해 강도가 크고 높은 비틀림 진동의 발생이나 굽힘을 방지하기 위해 축의 지름을 크게 하여 강성을 높이고 있다.

2) 크랭크축의 주요부

크랭크축의 주요부로는

- 메인 베어링에 지지되는 메인 저널
- 커넥팅 로드가 연결되는 크랭크 핀
- 메인 저널에서 크랭크 핀을 연결하는 크랭크 암
- 핀의 평형을 유지하기 위해 설치된 평형추(Balance weight)
- 뒤 축 끝에는 플라이 휠을 설치하기 위한 플랜지
- 플렌지 외경에는 오일의 유출을 막는 리어 오일 씰 장착부

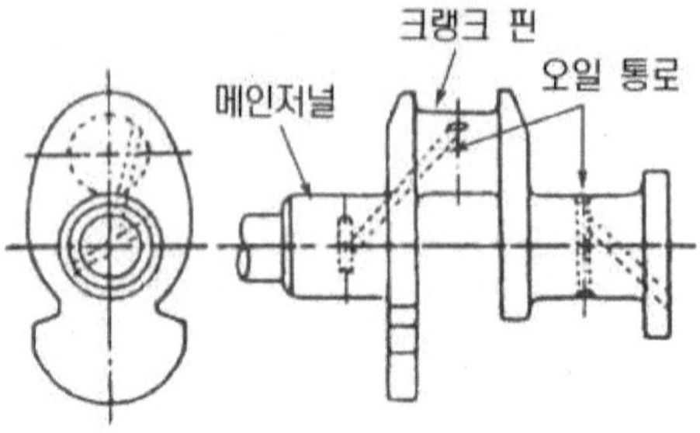

그림 4-57 윤활유의 통로

그림 4-56 크랭크축의 구조

- 앞쪽에는 캠축을 구동하기 위한 크랭크 스프로킷 장착부
- 워터펌프, 발전기를 구동할 수 있는 크랭크 풀리 장착부로 되어 있다.

또한 크랭크축 내부에는 윤활을 위한 오일 구멍이 저널에서 핀까지 가로질러 가공되어 있다.

3) 크랭크축의 형식과 점화순서

4행정 사이클 4실린더 기관은 흡입·압축·폭발·배기의 4개 행정을 각 실린더에서 별개로 이루어지기 때문에 크랭크축이 180°회전할 때마다 1사이클을 완성한다. 그러므로 크랭크축이 2회전 즉, 720°회전하게 되면 4사이클이 완료된다. 점화 순서는 크랭크 핀의 위치, 기관의 내구성, 혼합기의 분배, 기관의 회전이 원활하게 이루어지도록 1번 실린더를 첫 번째로 하여 점화순서를 정하게 된다. 따라서 점화 순서는 다음과 같은 조건이 만족되어야 한다.

(1) 점화시기 고려사항

① 항상 1번 실린더를 착화순서 1번으로 한다.
② 연소가 동일한 간격으로 일어나게 한다.
③ 인접한 실린더에 연이어 점화가 일어나지 않도록 한다.
④ 크랭크축에 가능한 비틀림 진동이 일어나지 않도록 한다.
⑤ 각 실린더에 혼합기 분배가 균일하게 배분되도록 한다.

(2) 가솔린엔진의 점화순서

다실린더 4사이클 가솔린엔진의 점화순서는 직렬형 엔진의 경우는 표 4-1과 같은 것이 일반적이고 실린더의 배치, V형 엔진의 좌, 우뱅크 등의 결정방법은 각 메이커에 따라 다르다.

4.2.8 플라이 휠(Fly wheel)

엔진에서는 동력행정만이 출력행정이고 흡입, 압축, 배기행정은 출력감소가 된다. 따라서 회전력도 동력행정에서 크고, 점차로 작아져서 엔진 회전속도도 변동됨으로 이것을 막기 위하여 플라이 휠을 설치한다. 플라이 휠은 엔진의 맥동적인 회전을 플라이 휠의 관성력을 이용하여 원활한 회전을 바꿔준다.

플라이 휠의 구조는 회전 중에 관성이 크고 중량을 가볍게 하기 위하여 중심부는 얇고 주위는 두꺼운 주철로 만든 원판으로 되어 있다.

표 4-1 다실린더 엔진 점화순서의 예

실린더수	착화순서
직렬 4실린더 엔진	1-3-4-2
직렬 5실린더 엔진	1-2-4-5-3
직렬 6실린더 엔진	1-5-3-6-2-4 또는 1-4-2-6-3-5
V8 실린더 엔진	1-8-4-2-7-3-6-5

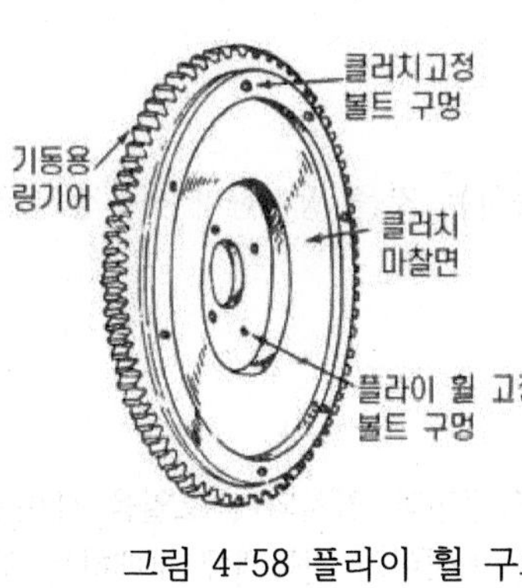

그림 4-58 플라이 휠 구조

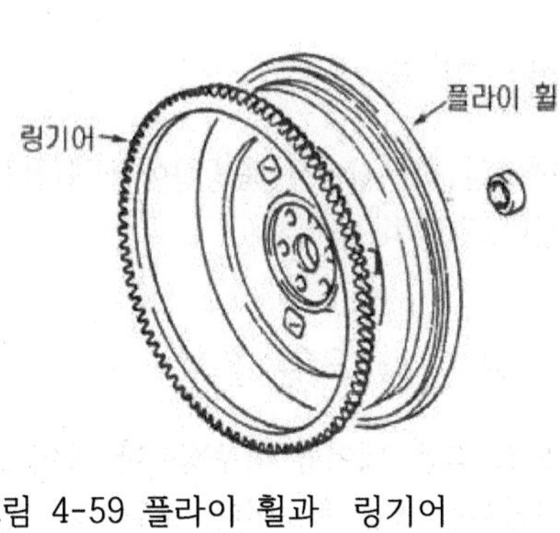

그림 4-59 플라이 휠과 링기어

4.2.9 엔진 베어링(Engine bearing)

1) 기능

피스톤과 커넥팅 로드, 커넥팅 로드와 크랭크 핀 및 크랭크축 메인 저널 사이에는 관계 운동을 하므로 이런 곳에는 베어링을 설치하여 부품을 지지하고 섭동 회전시켜 마찰을 감소하기 위하여 사용된다.

베어링은 그 표면에 적당한 유막을 만들어 동력 행정에서 회전부분이 받는 큰 하중이나 충격을 흡수하고, 또 크랭크축의 회전으로 생기는 고체 마찰을 유체 마찰(유체윤활)로 바꾸어 늘어 붙는 것을 방지하며 접촉면의 마모나 출력의 손실을 적게 한다. 크랭크축의 저널 부분이나 크랭크 핀 부분에 사용하는 베어링은 일반적으로 분할형을 쓰고, 캠축 저널 부분 및 카운터 밸런스 샤프트의 베어링은 원통형의 삽입식 미끄럼형 베어링을 사용한다.

2) 베어링의 재질

베어링의 재질에는 구리, 납, 아연, 은, 카드늄, 알루미늄 등이 사용되며 저어널의 재질보다 융점이 낮고 연질이기 때문에 한계 윤활상태가 되었을 때에는 자체가 소모되어 저어널의 마멸을 방지한다. 그림 4-60은 알루미늄 등의 합금인 배빗 메탈, 포어드 메탈, 알루미늄 합금, 트리 베탈 등을 보여준다.

3) 베어링의 구조

엔진베어링은 강이나 동합금의 셀에 베어링 합금을 녹여 붙인 다음 소정의 치수로 만들었으며 전체 두께는 1~3 mm이고 베어링 돌기와 오일 홀 및 오일홈이 설치되어 있다.

(1) 베어링 돌기

베어링 하우징에서 축방향이나 회전방향으로 요동하는 것을 방지하며 하우징의 홈에 끼워진다.(그림 4-61)

(2) 오일 홈과 오일 홀

오일 홀은 베어링 하우징이나 베어링 저닐에 오일구멍과 일치되어 오일을 베어링 홈에 받아들이는 공급 통로이다. 오일 홈은 공급된 오일을 베어링의 전둘레에 분배하는 곳이다.

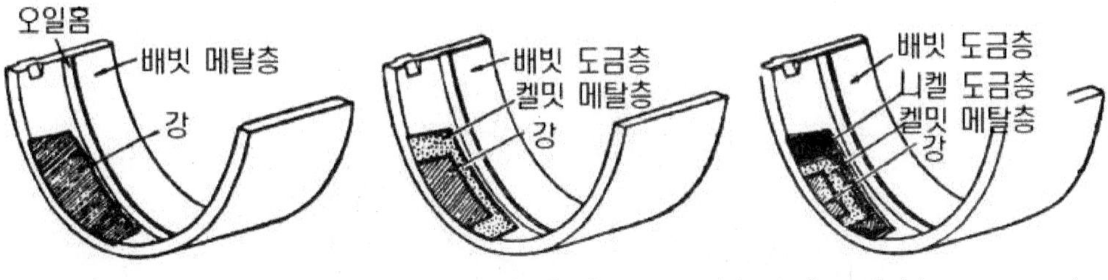

(a) 베빗 메탈 (b) 트리 메 탈 (c) 포어드 메탈(fouth metal)

그림 4-60 베어링의 재질과 종류

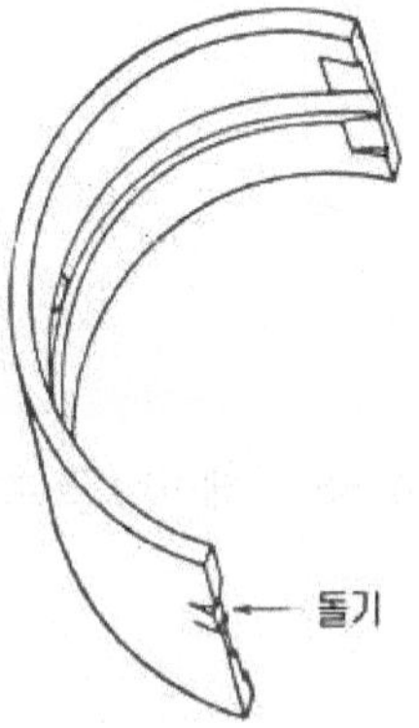

그림 4-61 베어링 돌기

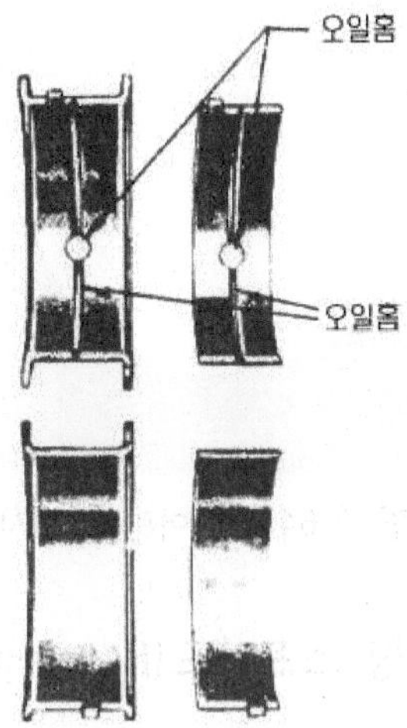

그림 4-62 오일 홀과 홈

(3) 베어링 크러시(Bearing crush)

베어링 조립시 베어링이 밀착이 잘되고 열전도를 좋게 하기 위해서 베어링의 바깥 둘레와의 차이를 베어링 크러시라 한다. 베어링 크러시는 보통 0.025~0.075 ㎜이다. 크러시가 작으면 기관의 작동 온도 변화에 의하여 헐겁게 되므로 베어링이 하우징에서 움직이게 되며, 크러시가 크면 조립시 베어링 안쪽면으로 변형되어 찌그러진다.

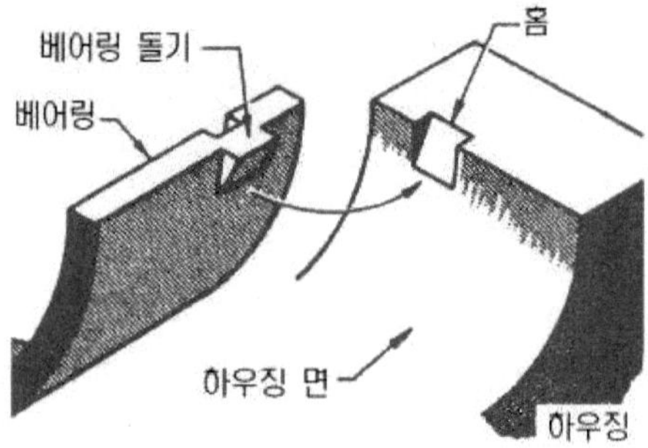

그림 4-63 돌기와 홈

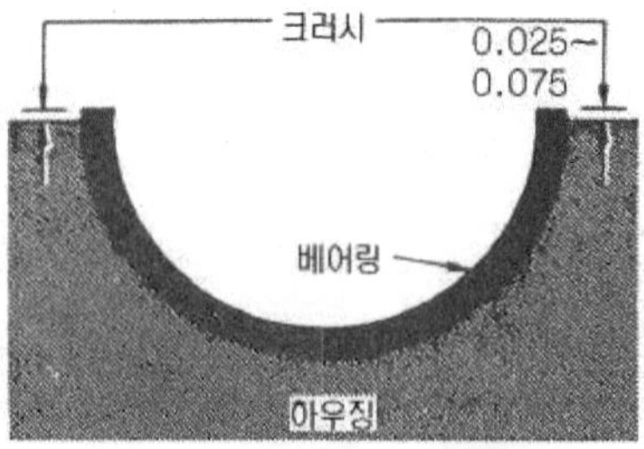

그림 4-64 베어링 크러시

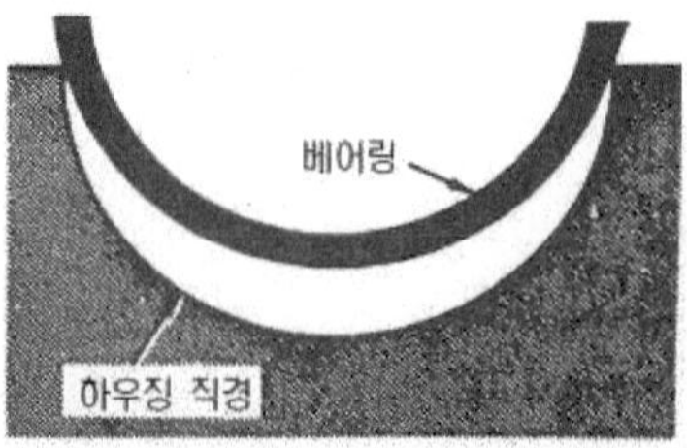

그림 4-65 베어링 스프레드

(4) 베어링 스프레드(Bearing spread)

베어링 조립시에 작은 힘으로 눌러 끼워도 하우징에 밀착되고 크러시에 의해서 압축됨에 따라 안쪽으로 찌그러짐을 방지하기 위해 하우징의 내경보다 베어링의 외경을 크게 한다. 즉 베어링 하우징의 내경과 베어링을 하우징에 끼우지 않았을 때의 베어링

외경과의 차이를 스프레드라 하며 0.125~0.5 mm이다. 스프레드를 두면 하우징을 조립할 때에 베어링을 캡에 끼운 상태로 작업하기가 편리하다.

(5) 베어링 두께

베어링의 두께는 반원의 중앙부 두께로 표시하며 베어링의 양끝 부분의 두께는 중앙부보다 조금 얇게 되어 있다.

① 조립하기 쉽게 한다.

조립시에는 크러시 때문에 양 끝부분이 변형되어 조립하기가 어렵기 때문에 미리 변형량만큼 얇게 하여 변형이 되어도 오일간극에는 영향을 받지 않는다.

② 유막을 갈라지는 것을 방지한다.

운전중 하중이 상하방면으로 집중 작용하면 유막이 일시적으로 갈라지기 때문에 이 부분의 오일간극을 수평방향으로 크게 해두면 변형이 생겨도 오일 간극을 유지할 수 있다.

(6) 메탈층의 두께

메탈층의 두께는 보통 0.1~0.3 mm 정도로 하는데 베어링의 메탈층이 너무 얇으면 이물질을 베어링 자체에 흡수시키는 매입성의 불량으로 오일과 함께 순환되는 먼지, 금속 분말, 카본 등에 의해서 저널이나 베어링 표면에 긁힘이 발생된다.

또한 베어링 메탈층의 두께가 너무 두꺼우면 저널에 의한 베어링의 길들임성 및 이물질을 베어링 자체에 흡수시키는 매입성은 향상되지만 반복되는 하중에 의해서 균열이나 변형을 방지하는 내피로성이 저하된다

(7) 스러스트 베어링 (Thrust bearing)

스러스트 베어링은 크랭크축을 지지하는 중앙 부분의 상하 메인 베어링 또는 뒤쪽 끝상하 메인 베어링 측면에 설치되어 축 방향의 하중을 받는 베어링으로서 축 방향 움직임을 방지하는 역할을 한다.

4) 베어링의 윤활간극

엔진에 사용되는 베어링에는 오일 펌프에서 공급되는 오일이 실린더블록에 설치되어 있는 오일 통로를 통하여 공급되면 베어링 표면에 설치되어 있는 오일 홈에 의해서 둘레 방향으로 이동하여 저널과 베어링 표면에 윤활되어 유막을 형성하고 있으므로 금속간에 마찰을 방지하고 동시에 마찰부에서 발생된 마찰열을 흡수하여 베어링의 냉각 작용도 한다.

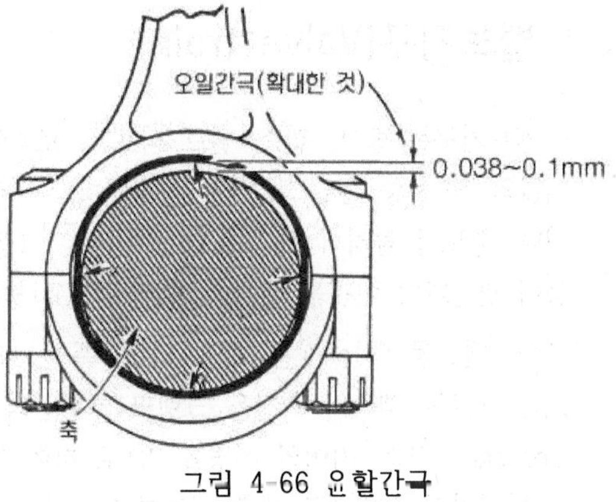

그림 4-66 윤활간극

윤활 작용이 완료된 오일은 베어링 측면으로 흘러나와 오일팬으로 되돌아간다. 따라서 베어링과 저널 사이에는 유막을 항상 형성할 수 있도록 저널의 외경보다 베어링 내경을 조금 크게하여 윤활 간극을 유지할 수 있도록 하여야 한다.

윤활 간극은 보통 0.038~0.1 mm 정도이며, 간극이 크면 오일 유출량이 증가되며 유압이 저하되고 또한 과대한 오일량이 실린더벽에 뿌려져 연소실에 유입되어 연소하기 때문에 윤활유 소비증대의 원인이 되기도 한다. 간극이 적으면 충분한 유막이 형성되지 못하여 금속의 접촉으로 소결 현상이 발생한다.

5) 베어링의 필수조건

① 작동 온도에도 하중 부담 능력이 있을 것
② 반복 하중에 견딜 수 있는 내피로성일 것
③ 이물질을 자체에 흡수하는 매입성일 것
④ 축의 얼라인먼트에 변화될 수 있는 금속적인 추종 유동성일 것 - 베어링 재질에 유동성이 있으면 과부하 부분이 경부하 쪽으로 흘러 균일한 부하상태가 되도록 한다.
⑤ 산화에 대한 저항할 수 있는 내식성일 것
⑥ 열전도성이 우수하고 셀에 융착성이 좋을 것
⑦ 고온에서 강도가 저하되지 않는 내마멸성 일 것

4.3 밸브 및 밸브기구

4.3.1 밸브기구(Valve train)

밸브기구는 밸브, 캠축, 밸브 리프터, 로커암 어셈블리로 구성되어 있다. 밸브의 역할은 4사이클의 작동 중 흡입 및 배기 행정에서만 열려서 연소실과 실린더 내의 가스교환을 행하는 것이다. 밸브를 눌러서 열리게 하는 장치는 크랭크축의 회전을 타이밍체인 또는 벨트와 푸시로드 등에 전달하여 이것을 캠에 의해 움직이고 있다.

단, 밸브를 여는 것은 흡입, 압축, 폭발, 배기의 4행정 중 흡입과 배기의 2행정뿐이므로 밸브를 누르는 캠축의 회전을 크랭크축 회전의 1/2로 하지 않으면 안되고, 그 때문에 스포로킷(sprocket) 또는 기어의 직경을 2:1로 하여 타이밍을 맞춘다. 밸브는 설치위치와 연소실의 형상에 따라서 오버헤드 캠축 밸브기구(OHC : over head cam shaft valve train), 오버헤드 밸브기구(OHV : over head valve train), 사이드 밸브 기구(SV : side valve train)로 구분된다.

크로스 플로(cross flow)와 턴 플로(turn flow)

크로스 플로형은 밸브가 서로 반대편에 서 있는 것으로 흡·배기가스의 흐름을 빨리 하려는 목적으로 고속회전에 유리하다. 주로 반구형 연소실에 많이 사용 된다.
턴 플로형은 밸브가 옆으로 늘어서 있는 것으로 주로 쐐기형 연소실에 사용되 어 와류를 일으키는 것에 유리하고, 가스의 흐름이 나타나므로 이 명칭이 쓰여진다.

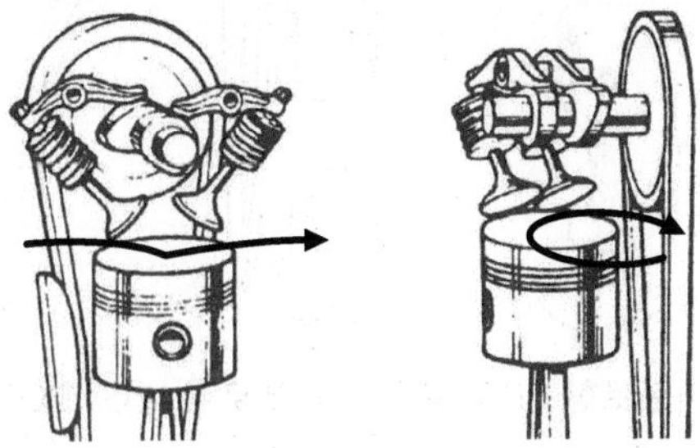

(a) 크로스 폴로 (b) 턴 폴로
그림 4-67 크로스플로와 턴플로

1) 오버헤드 캠축 밸브 기구(OHC : Over Head Cam shaft valve train)

캠축을 실린더헤드 위에 설치하고 캠에 의해 직접 밸브를 개폐하는 직접구동방식과 캠을 통한 로커암이나 스윙암을 통해서 구동하는 간접구동방식이 있다.

2) 오버헤드 밸브기구(OHV : Over Head Valve train)

오버헤드 밸브 기구는 캠축이 실린더블록에 설치되어 있고, 흡입 밸브 및 배기 밸브는 실린더헤드에 설치하여 캠축에 의하여 밸브 리프터, 푸시로드를 왕복운동으로 바꾸어 푸시로드는 로커암의 한쪽 끝을 위로 올려 밸브를 개폐한다. 밸브의 간극은 로커암과 밸브 스템 끝 사이에 설정한다.

이 형식은 흡·배기의 흐름에 저항이 작고, 밸브의 크기와 양정을 크게 할 수 있어 흡·배기 효율이 좋다. 또한 연소실을 간단한 형상으로 할 수 있기 때문에 고압축비가 얻어지며, 열효율을 높일 수 있다. 그러나 밸브 기구가 복잡하고 소음 및 운동 부분의 관성력이 크다.

3) 사이드 밸브 기구(SV : Side Valve train)

사이드 밸브식은 그림 4-70과 같이 흡·배기 밸브가 실린더와 평행하게 늘어서 있는 형식이 이 밸브 시스템으로서는 가장 간단한 구조로써, 엔진 자체의 전고(全高)를 낮게 할 수 있으며. OHV와 같이 밸브의 간극 조정의 문제도 없다. 그러나 근본적인 결함으로써 연소실의 모양이 밸브부분만큼 옆으로 넓어지기 때문에 열효율도 나쁘므로 저속엔진용이다. 현재는 거의 사용하지 않는다.

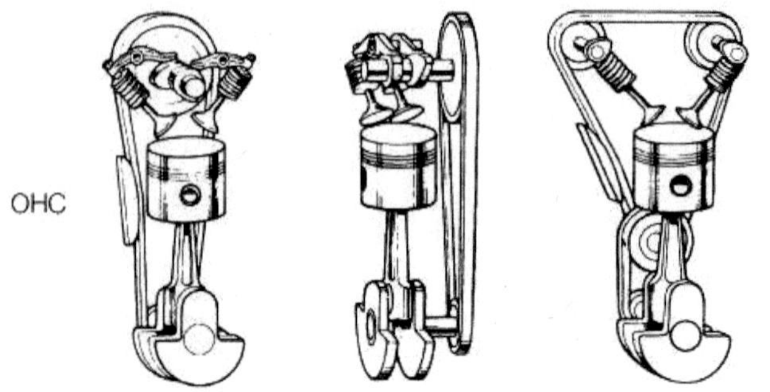

(a) SOHC 크로스 폴로형 (b) SOHC턴 폴로형 (C) DOHC 크로스 폴로형

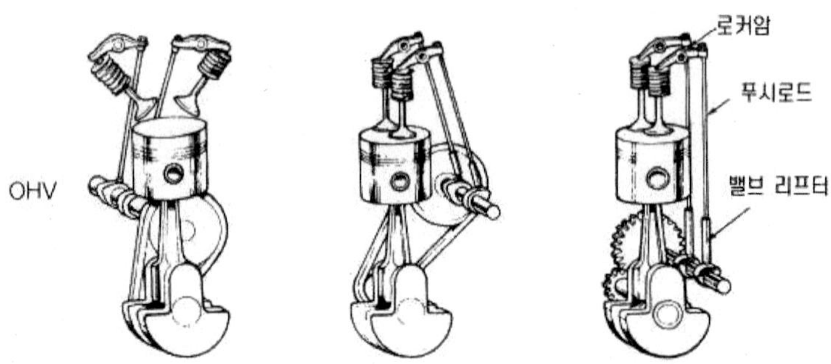

(a) OHV하이 캠 크로스 플로형 (b) OHV하이캠 턴 플로형 (c) OHV

그림 4-68 OHC와 OHV 기구

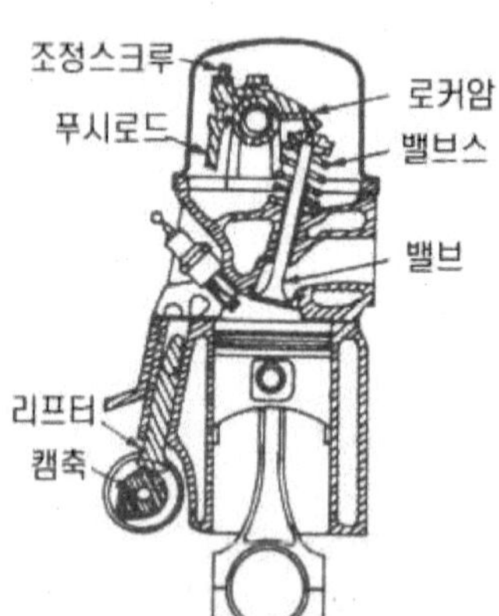

그림 4-69 오브헤드 밸브기관

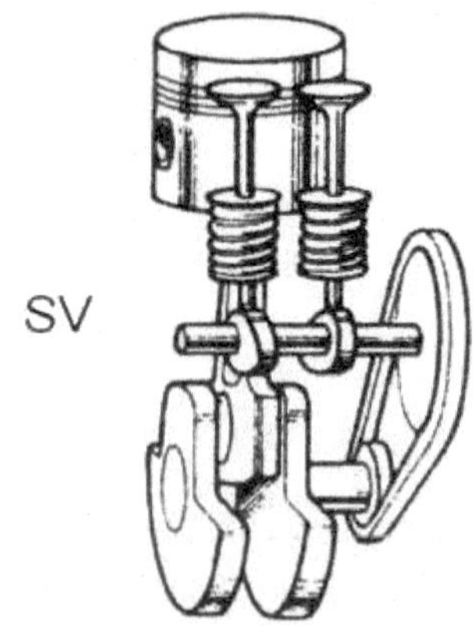

그림 4-70 SV그림

4.3.2 캠축과 캠

1) 캠축(Camshaft)

캠축은 크랭크축에서 전달되는 동력을 이용하여 밸브의 개폐 및 배전기, 연료 펌프, 오일 펌프 등을 구동하는 역할을 한다.

캠축에는 밸브를 개폐시키는 캠이 밸브의 수와 동일하게 설치되어 있고 배전기 및 오일펌프를 구동시키기 위한 헬리컬 기어가 설치되어 있으며 연료 펌프를 구동시키기 위한 편심륜이 설치되어 있다. 또한 캠축은 3~7개의 베어링으로 지지되어 있으며, 앞부분에 크랭크축에서 전달되는 동력을 받기 위한 스프로킷이나. 헬리컬 기어가 설치되어 있다.

캠의 표면 곡선은 극히 조금만 변화되어도 밸브의 개폐시기 및 밸브의 양정이 변화되어 기관의 성능에 크게 영향을 미친다. 따라서 그 재질은 장시간 사용하여도 캠의 표면의 마멸이나 축의 휨이 작은 것이어야 한다. 일반적으로 내마멸성이 큰 주철을 사용하고 캠의 표면만을 경화하고 있다. 또 저 탄소강을 침탄한 것, 중탄소강을 화염 또는 고주파 담금질한 것을 사용하기도 한다.

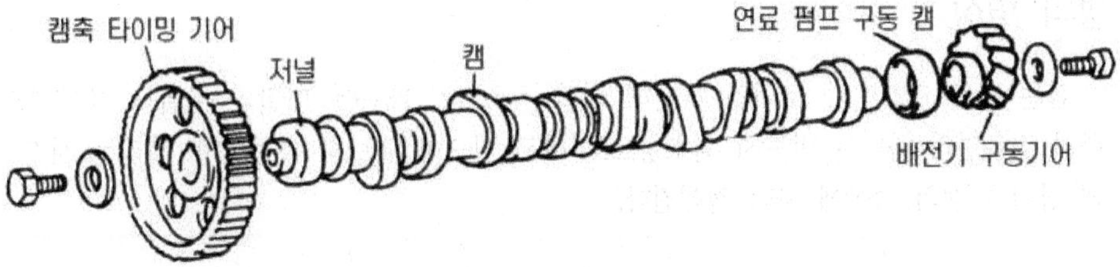

그림 4-71 캠 축

표 4-2 캠의 구성과 기능

캠의 구성	기 능
베이스 서어클(base circle)	기초원
노우스 (nose)	밸브가 완전히 열리는 점
플랭크 (flank)	밸브 리프터 또는 로커암과 접촉되는 부분
로브 (love)	밸브가 열려서 닫힐 때 까지의 거리, 즉 둥근 돌출차
양정 (lift)	기초원과 노스 원과의 거리

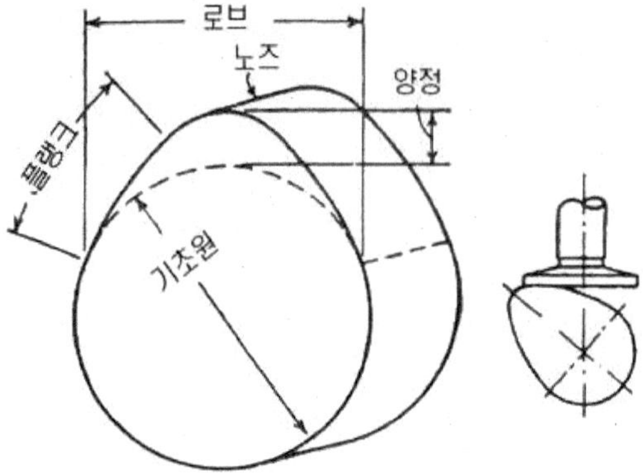

그림 4-72 캠 (볼록캠)

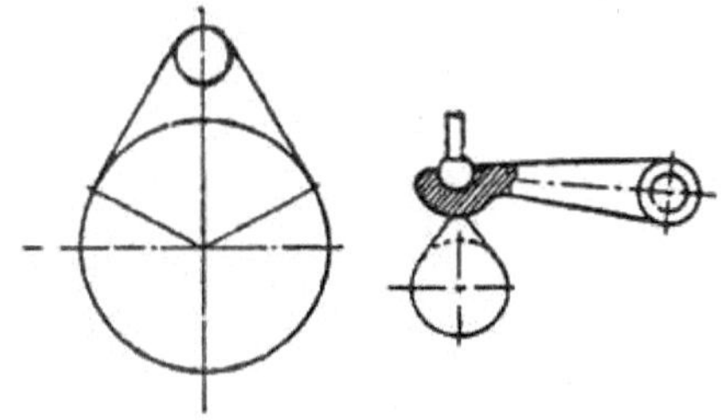
그림 4-73 접선 캠

2) 캠의 구성

캠의 구성은 아래와 같다. 캠의 리프트(양정) 크기는 일반적으로 OHC형인 경우는 6.5~8.5 mm이고 OHV형인 경우는 6.1~6.5 mm이다.

3) 캠의 형상

캠은 밸브 리프터나 로커암에 의해 직접 접촉되기 때문에 마찰과 마멸을 적게 하기 위하여 접촉면의 하나는 반드시 원호형으로 하고 있으며 밸브의 운동상태, 열리는 시간, 밸브의 양정은 캠의 형상에 따라 정해진다.

(1) 접선 캠

플랭크가 기초원과 노스원의 접선으로 된 것이다. 캠의 플랭크 면은 평면이기 때문에 제작이 쉬우나 밸브의 개폐가 급격히 이루어지기 때문에 닫힐 때에는 밸브운동이 캠을 따라가지 못하게 된다. 그러므로 밸브 스프링의 장력이 큰 것을 사용하여야 하며, 스프링의 장력을 크게 하면 밸브 시트에 큰 충격을 준다. 그렇기 때문에 고속 기관용으로서는 부적합하다.

(2) 볼록 캠

볼록 캠은 밸브 리프터나 로커암이 접촉되는 플랭크가 기초원과 노스원이 볼록하게 연결되어 있는 형상으로서 원호 캠이라고도 한다. 일반적인 자동차 및 고속용 엔진에 사용한다.

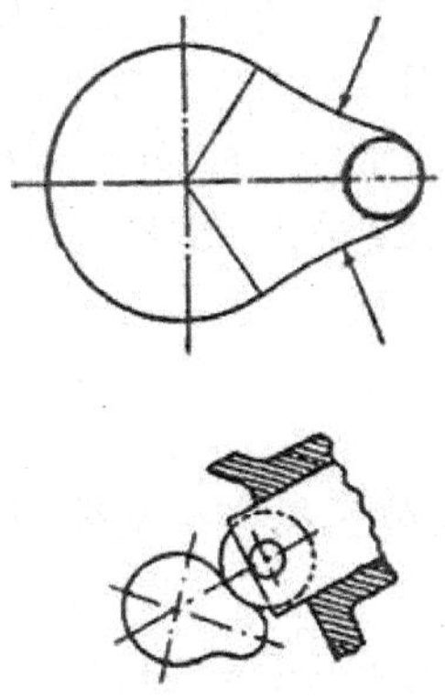

그림 4-74　오목 캠

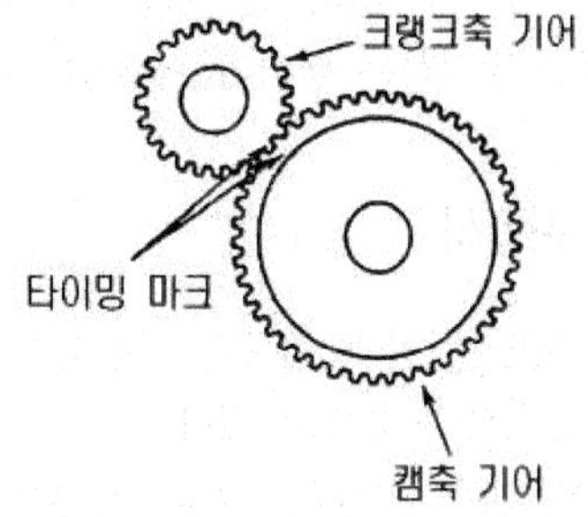

그림 4-75　기어 구동식

(3) 오목 캠

오목 캠은 플랭크가 오목하게 되어 롤러 리프터와 조합 사용하며 밸브의 가속도를 일정하게 할 수 있어 일정속도 캠(constant acceleration cam)이라고도 하며 정치용의 대형기관에 사용된다.

4) 캠축의 구동 방식

캠축의 구동방식에는 기어 구동방식, 체인 구동방식, 벨트 구동방식으로 구분된다.

(1) 기어 구동식

기어 구동식은 캠축이 실린더블록에 설치된 엔진(OHV)에서 사용되는 형식으로서 크랭크축 기어와 캠축 기어의 물림에 의해 구동되는 것이다. 캠축은 크랭크축 회전의 ½로 회전하여야 하므로 캠축 기어와 크랭크축 기어의 잇수비 2:1이다.

크랭크축 기어와 캠축 기어는 피스톤의 운동에 맞추어 밸브 개폐시기와 점화시기를 바르게 유지하기 때문에 타이밍 기어라 하며, 타이밍 기어에는 기관을 분해 조립할 때 밸브 개폐시기를 맞추는 타이밍 마크가 표시되어 있다.

(2) 체인 구동식

캠축 구동을 체인으로 하며 크랭크축과 캠축에는 스포로킷이 설치되어 있다. 체인으로서는 사일런트 체인(silent chain 혹은 tooth chain)이나 롤러 체인(roller chain)이 사용된다.

체인으로 구동하면 소음을 적게 할 수 있고 캠축의 위치도 임의로 정할 수 있다. 또 전달 효율도 높다. 그러나 사용 중 체인이 늘어나서 헐거워지기 때문에 밸브 개폐시기가 바르지 않게 되는 결점이 있다. 최근에는 이 헐거움을 자동적으로 조정하는 텐셔너(tensioner)나 체인 진동을 방지하는 댐퍼(damper)를 두어 결점을 보완하고 있다.

(3) 벨트 구동식

이것은 체인 대신에 벨트를 사용하여 캠축을 구동하는 것이다. 현재 가솔린기관 대부분이 벨트구동식을 사용하고 있다.

합성 고무제의 벨트에는 기어 이 모양의 돌기가 있어 구동될 때 스프로킷 홈에 벨트의 돌기가 맞물려 회전한다. 벨트 구동식에 사용되는 벨트의 장력을 조정하는 텐셔너와 아이들러가 설치되어 밸브 개폐시기가 틀려지지 않도록 한다. 벨트 구동식은 체인식에 비해 정숙하고 경량이나 기름이나 물의 부착에 약하며, 이물질의 끼어들거나 열적 해에 충분히 주의를 한 설계가 필요하다.

- 캠축을 사용하는 체인은 타이밍 기어와 마찬가지로 타이밍 체인이라고도 한다.
- 사일런트 체인은 체인의 마디가 기어의 이 모양으로 되어있기 때문에 투스체 인(toothed chain)이라고도 부르며 이 이가 스포로깃의 이를 물고 돌아가기 때문에 소음이 발생하지 않는다.

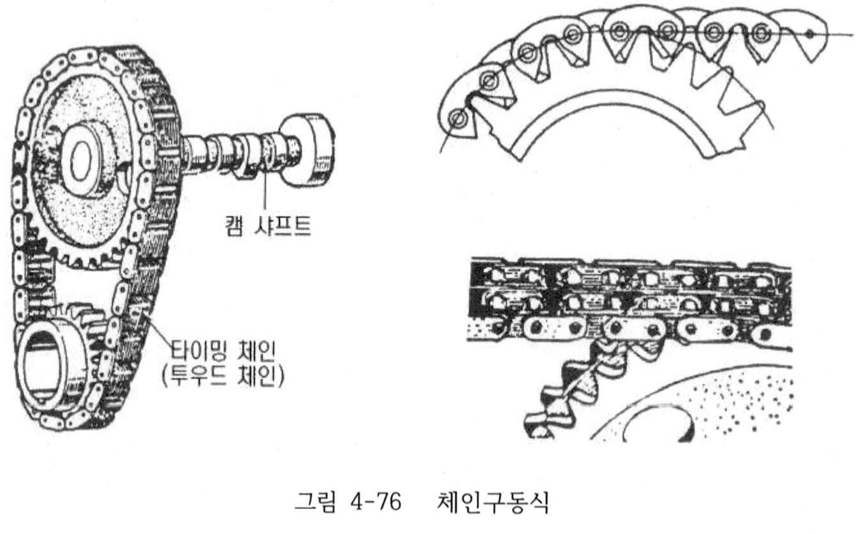

그림 4-76 체인구동식

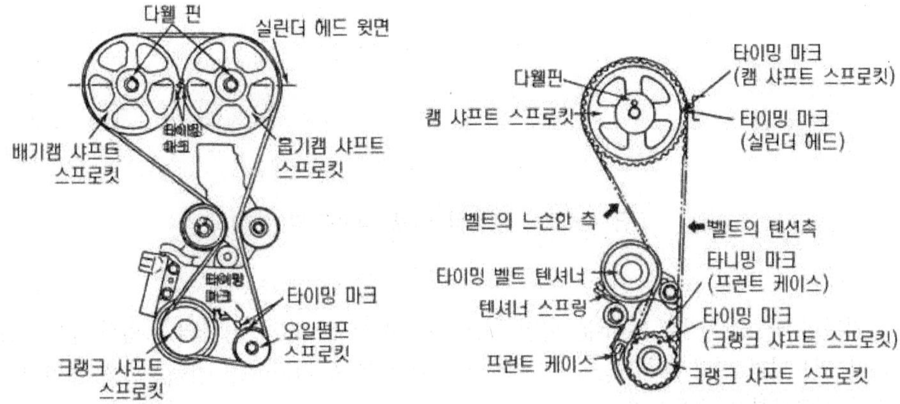

그림 4-77 벨트구동 방식

4.3.3 밸브 리프터(Valve lifter)

밸브 리프터는 OHV식 엔진에서 캠의 회전 운동을 상하 직선 운동으로 변환시켜 밸브 또는 푸시로드에 전달하는 역할을 한다. 밸브 리프터에는 기계식 리프터와 윤활장치의 오일 펌프에서 전달되는 유압에 의하여 작동하는 유압식 리프터가 있다.

1) 기계식 리프터(Mechanical type lifter)

기계식 리프터는 OHV 기관이나 SV 기관에서 사용되며, 밸브 리프터와 캠이 접촉되는 면의 형상에 따라서 볼록면 리프터, 평면 리프터, 롤러 리프터로 구분된다.

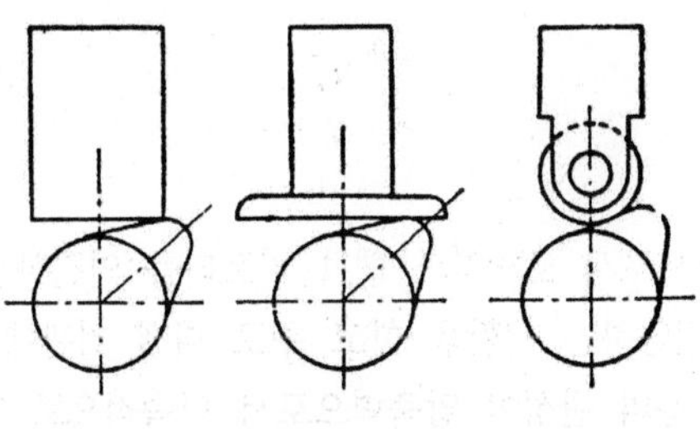

(a) 평면형 (b)플렌지형 (c) 롤러형

그림 4-78 캠과 기계식 리프트 형상

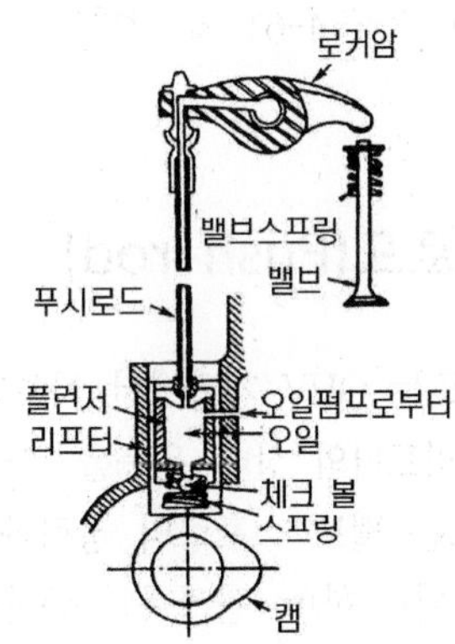

그림 4-79 유압식 밸브 리프터

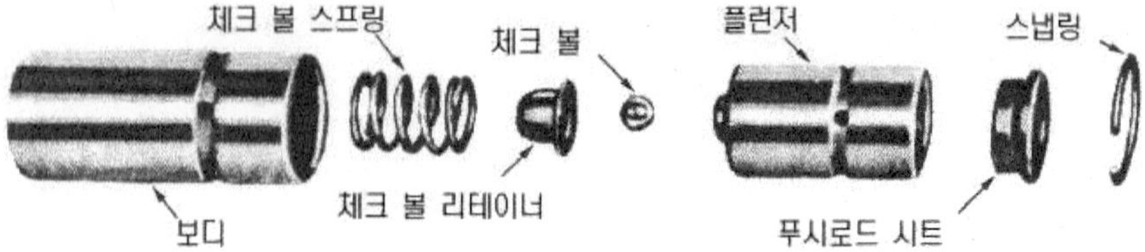

그림 4-80　유압식 밸브 리프터의 분해도

기관의 밸브장치에는 대부분 평면 리프터가 사용되고 디젤 기관의 독립식 분배 펌프에는 롤러 리프터가 사용된다. OHV 기관에 사용되는 밸브 리프터는 원통형으로 내면에 푸시로드와 접촉부분은 오목하다.

기관의 작동 중에 밸브 리프터의 밑면이 편마모 되는 것을 방지하기 위하여 밸브 리프터의 중심과 캠의 중심선을 오프셋시켜 접촉되도록 하고 있으며, 작동 중에 밸브 리프터가 회전하기 때문에 접촉 부분이 계속해서 바꾸어진다. 기계식 리프터를 사용하는 기관에서는 열팽창을 고려하여 밸브 간극을 두어야 한다.

2) 유압식 리프터(Hydraulic type lifter)

유압식 밸브 리프터는 오일의 압력을 이용하여 밸브 간극을 항상 없도록 하여 밸브개폐 시기를 정확하게 유지시키는 역할을 한다.

이것은 보디(body). 체크 볼 리테이너(check ball retainer), 체크 볼(check ball), 체크 볼 스프링(check ball spring), 플런저(plunger), 플런저 스프링(plunger spring), 푸시로드 시트(push rod seat), 스냅 링(snap ring) 등으로 구성되어 보디내에서 플런저의 신축작용으로 냉간시나 온간시 모두 밸브간극을 항상 없도록 자동 조절한다. 유압식 밸브리프터의 구조는 그림 4-61 와 같다.

4.3.4 푸시로드(Push rod)

푸시로드는 OHV 기관에서 사용되는 부품으로서 로커암과 밸브 리프터를 연결하는 긴 막대로 밸브 리프터의 상하 운동을 로커 암에 전달하는 역할을 하고 주로 디젤 기관에 이용된다. 푸시 로드는 밸브 스프링의 장력과 운동 부분의 관성이 압축력으로서 단속적으로 가해지므로 강성이 있어야 하며, 관성력의 증대를 방지하기 위하여 내부는 중공(中空)으로 되어 있다.

4.3.5 로커암 축 어셈블리(Rocker arm shaft assembly)

로커암 축 어셈블리는 로커암, 스프링, 로커암 축, 서포트 등으로 구성되며 실린더헤드에 설치한다. 로커암은 캠의 회전에 따라 벨브 스템 엔드(vale stem end)를 눌러 밸브를 개폐시켜 준다.

4.3.6 밸브(Valve)

밸브는 공기 또는 혼합기를 실린더에 유입하거나 연소 가스를 대기중에 배출하는 동시에 압축 및 동력 행정에서는 밸브 시트에 밀착되어 가스의 누출을 방지하는 역할을 한다.

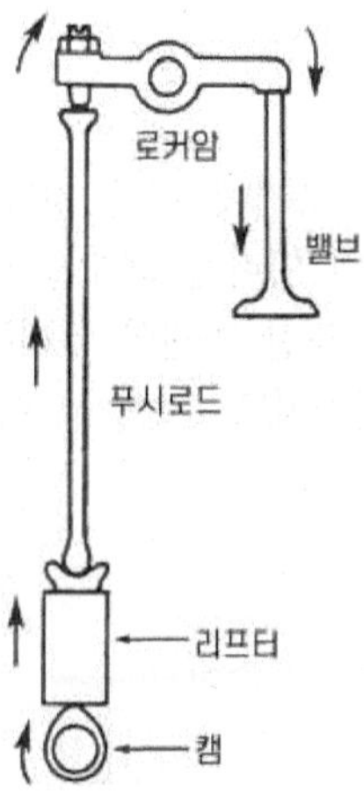

그림 4-62
푸시로드의 작용

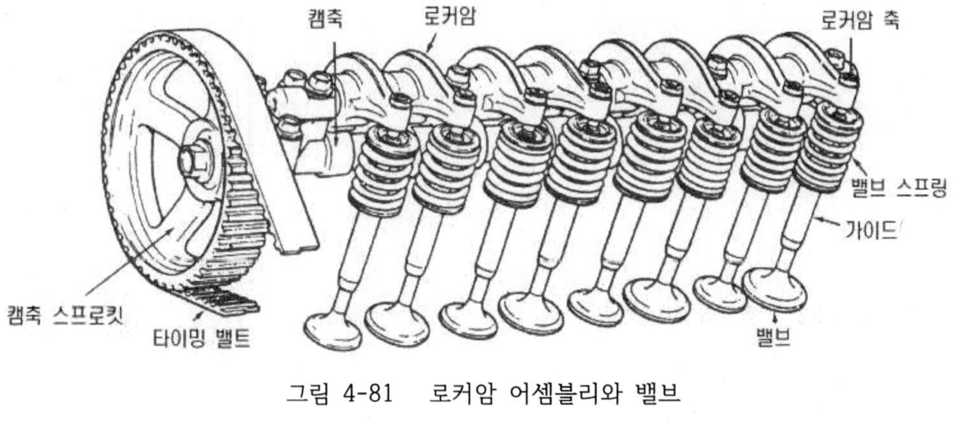

그림 4-81 로커암 어셈블리와 밸브

밸브가 열릴 때에는 캠 등 밸브 기구에 의해서 이루어지고 닫힐 때에는 스프링의 장력에 의해서 이루어진다. 밸브는 밸브 헤드, 마진, 밸브 페이스, 스템, 스템 엔드 등으로 구성되어 있다.

1) 밸브의 주요부

(1) 밸브 헤드(Valve head)

고온 고압 가스에 노출되어 작동 중에 흡입 밸브는 450~500℃, 배기 밸브는 700~800℃이며 흡입밸브는 흡입효율을 높이기 위해 밸브의 지름이 배기밸브보다 크게 하고 배기밸브는 열손실을 줄이기 위해 지름을 작게 한다.

보통 밸브 헤드의 지름은 2밸브식일 때 실린더 지름의 48~50% 정도이고 4밸브식일 때는 실린더 지름의 35~37% 정도이다.

(2) 밸브 마진(Margin)

밸브 마진은 기밀 유지를 위하여 고온과 충격에 대한 지탱력을 가져야 하므로 두께가 보통 1.2 mm 정도이다. 두께가 얇으면 열과 압력에 의하여 시트에 접촉되었을 때 마진이 변형되기 때문에 기밀 유지가 어렵게 된다. 또한 마진의 두께는 밸브 페이스와 시트의 접촉이 불량하면 연마하여 수정하기 때문에 얇아지므로 0.8 ㎜ 이하일 때는 교환한다.

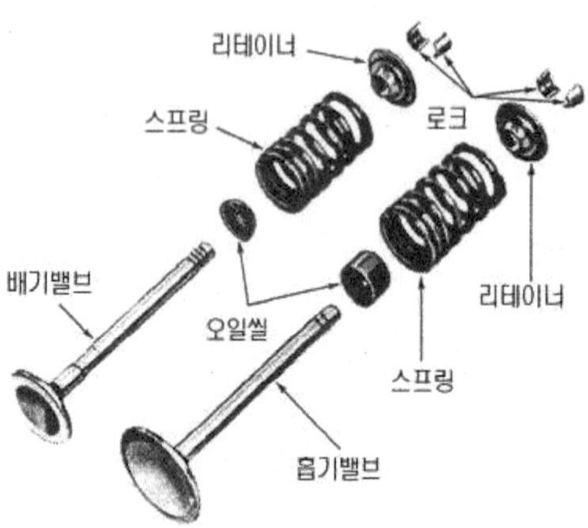

그림 4-82 밸브와 부속기구

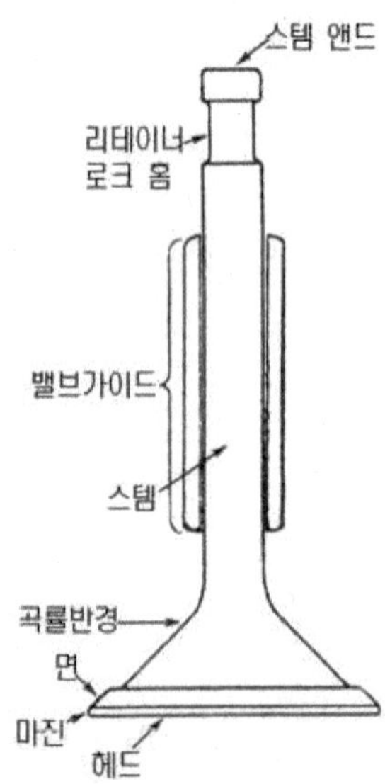

그림 4-83 밸브의 구조

(3) 밸브 페이스(Valve face)

밸브 페이스는 밸브 시트에 밀착되어 혼합가스의 누출을 방지하는 기밀작용과 밸브헤드의 열을 시트에 전달하는 냉각작용을 한다. 따라서 페이스와 시트의 접촉 폭은 1.5~2.0 mm 이며, 접촉 폭이 넓으면 열의 전달 면적이 크기 때문에 냉각작용은 양호하지만 접촉압력이 분산되어 기밀 유지가 불량하다.

접촉 폭이 좁으면 열전달 면적이 적기 때문에 냉각은 불량하나 접촉 압력이 집중되기 때문에 기밀 유지는 양호하다.

밸브 면과 수평선이 이루는 각을 밸브 면각이라 하며 30°, 45°, 60°의 것이 있으나 시트와 밀착이 좋고 열전도가 양호하기 때문에 45°의 면각이 많이 쓰인다. 또한 밸브 헤드의 열을 75% 냉각한다.

(4) 밸브 스템

밸브 가이드에 끼워져 밸브의 상하 운동을 보호 지지하며 헤드부의 열을 가이드를 통해 25% 냉각하므로 밸브 스템의 지름은 밸브 지름의 0.2~0.28정도이다.

배기밸브는 배기가스의 압력 및 온도가 높기 때문에 열의 전달 면적을 크게 하기 위하여 흡입밸브 스템의 지름보다 크다. 흡입밸브 스템은 흡입되는 가스로 냉각되고 가스의 유동저항을 작게 하기 위해 지름이 작은 것이 좋다.

(5) 밸브 스템 엔드

밸브 스템 엔드는 캠이나 로커암과 충격적으로 접촉되는 부분으로서 밸브의 열팽창을 고려하여 밸브 간극이 설정된다.

2) 밸브의 구비 조건

밸브는 실린더헤드의 연소실에 설치되어 높은 연소 열과 폭발 압력을 받기 때문에 다음과 같은 구비 조건을 갖추어야 한다.

① 고온 고압에 충분히 견딜 수 있는 강도가 있어야 한다.

② 혼합기에 이상 연소가 발생되지 않도록 열전도가 양호하여야 한다.

③ 혼합기나 연소 가스에 집촉되어도 부식되지 않아야 한다.

④ 관성력이 증대되는 것을 방지하기 위하여 가능한 가벼워야 한다.

⑤ 충격과 항장력에 잘 견디고 내구력이 있어야 한다.

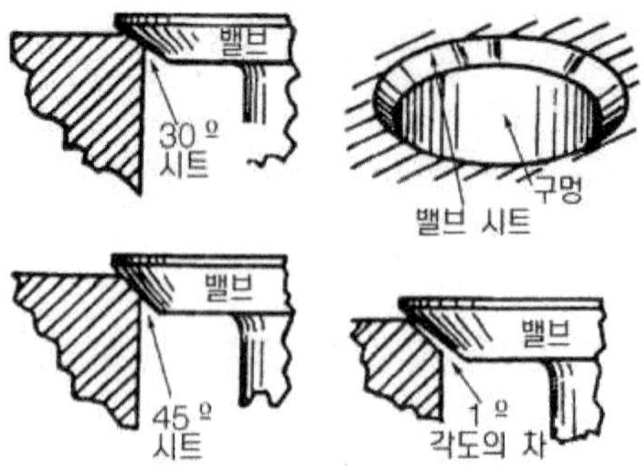

그림 4-84 밸브 시트

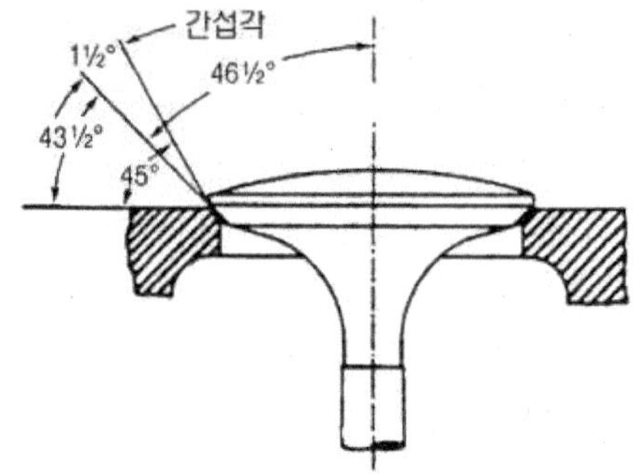

그림 4-85 간섭각

3) 밸브 시트(Valve seat)

밸브 시트는 밸브 페이스와 접촉되어 연소실의 기밀 작용과 연소시에 받는 밸브 헤드의 열을 실린더헤드에 전달하는 작용을 한다.

밸브 시트의 각은 30°, 45° 60°의 것이 있으며 시트의 폭은 1.4~2.0 mm 정도로서 배기밸브의 시트 폭이 밸브 냉각을 위하여 조금 크게 되어 있다. 또, 작동 중에 열팽창을 고려하여 밸브 페이스와 밸브 시트 사이에 ¼~1°정도의 간섭각을 두고 있다. 밸브의 간섭각을 두는 이유는 작동 중에 마진보다 페이스 부분이 열팽창이 크기 때문에 기관이 정상적인 작동 온도에 이르면 밸브 시트와 페이스의 밀착이 원활하게 이루어지도록 하기 위함이다. 시트의 폭은 1.4~2.0 mm정도로서 배기밸브의 시트 폭이 밸브 냉각을 위하여 조금 크게 되어 있다.

4) 밸브 가이드(Valve guide)

밸브 가이드는 밸브의 밀착이 바르게 되도록 밸브 스템을 안내하는 것이다. 밸브 가이드와 스템의 간극은 보통 0.015~0.070 mm정도로서 간극이 크면 윤활유가 연소실에 유입되고 밸브 페이스와 밸브 시트의 접촉이 불량하여 블로 백 현상이 발생된다.

밸브 가이드 끝 부분에는 밸브 스템을 통하여 오일이 연소실에 유입되는 것을 방지하기 위하여 고무제의 실(seal)이 설치되어 있다. 밸브 가이드는 직접식과 교환식이 있다.

5) 밸브 스프링(Valve spring)

밸브가 닫혀 있는 동안 시트에 밀착되어 기밀을 유지하고 캠의 형상대로 확실하게 작동되도록 하며 스프링의 양부는 엔진의 출력과 관계 있다. 밸브 스프링은 고유진동인 서어징

(surging)을 일으키지 않도록 하여야 한다.

밸브 스프링은 스프링 강을 원형으로 감은 코일형을 사용하며, 가혹한 조건에서 사용되기 때문에 탄성이 풍부한 니켈, 규소-크롬강이 사용된다.

6) 밸브 스프링 리테이너(Valve spring retainer) 및 리테이너 로크(retainer lock)

밸브 스프링은 실린더헤드와 리테이너 사이에 끼워지고 리테이너 로크는 밸브 스템과 리테이너 사이에 끼워 밸브 스템에 고정한다. 밸브와 밸브스프링을 고정하여 밸브의 작동을 확실히 하며 말굽형, 원뿔형, 핀형으로 구분한다. 원뿔형이 현재는 가장 많이 사용된다.

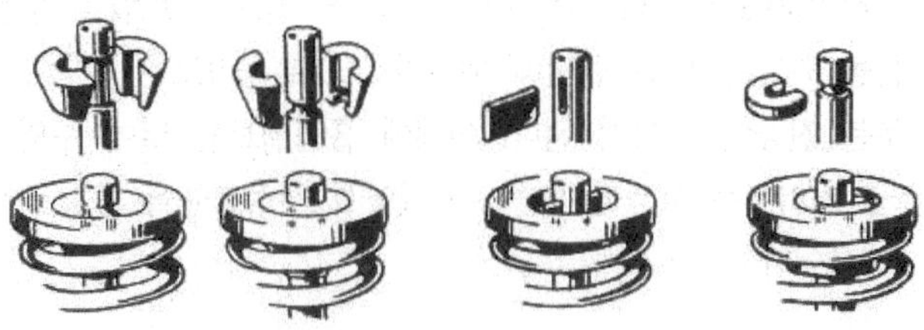

그림 4-86 밸브 리테이너 록의 종류

❖ 참고

서어징(surging)이란?

1) 캠에 의한 밸브의 개폐회수가 밸브 스프링의 고유 진동과 같거나 또는 그 정수배가 되었을 때 밸브 스프링은 캠에 의한 강제 진동과 스프링 자체의 고유 진동이 공진하여 캠에 의한 작동과 관계없이 진동이 발생되는 현상.
2) 서어징이 발생하면 밸브의 개폐가 부정확하고 스프링의 일부에 큰 압축력과 변형이 발생되며, 이로 이하여 스프링이 절손된다.
3) 서어징을 막으려면 부등 피치의 스프링을 사용하던가, 고유 진동수가 다른 스프링을 안쪽 바깥쪽으로 한 2중 스프링을 사용하여 공진을 상쇄하고 동시에 정해진 양정 내에서 충분한 스프링정수를 얻도록 한다.

❖ 참고

밸브 스프링 점검 사항

1) 자유고 : 규정 높이의 3% 이상 감소되었을 때 는 교환한다.
2) 직각도 : 자유고 100 ㎜에 대하여 3 ㎜ 이상 변형되었을 때는 교환한다.
3) 장력 : 규정 장력의 15% 이상 감소되었을 때는 교환한다.

4.3.7 4행정 사이클기관의 밸브 개폐시기(Valve timing)

밸브는 행정 중 정확히 상사점이나 하사점에서 개폐하지 않고 상사점 전후 또는 하사점 전후에서 개폐한다. 이것은 질량이 있는 혼합기가 운동할 때 관성이 생기기 때문에 이 관성을 유용하게 이용하기 위해서이다.

흡·배기밸브의 개폐 시기를 사점(dead center)을 중심으로 하여 크랭크축의 회전 각도 표시한 선도를 밸브 개폐시기 선도(valve timing diagram)라고 한다.

그림 4-87은 어떤 기관의 밸브 개폐시기 선도를 보여주고 있다. 이 기관의 흡입밸브는 상사점전 10°에서 열리고 하사점 후 45°에서 닫히며, 또한 배기밸브는 하사점 전 45°에서 열리고 상사점 후 10°에서 닫히게 된다. 따라서 상사점 부근에서 흡입밸브와 배기밸브가 동시에 열리는데 이것을 밸브 오버랩(valve over lap)이라고 한다. 밸브 오브랩을 두는 목적은 상사점 부근에서 피스톤의 운동 속도는 느린 반면에 배기가스의 유출속도는 상당히 크기 때문에 연소실 내에 일시적으로 부분 진공이 생기게 된다. 이때에 흡입밸브를 열어 주면 새로운 혼합기가 유입되면서 배기가스를 밀어내는 효과를 얻을 수 있어서 체적효율을 증대시키게 된다. 이것이 밸브 오버랩을 두는 이유이다.

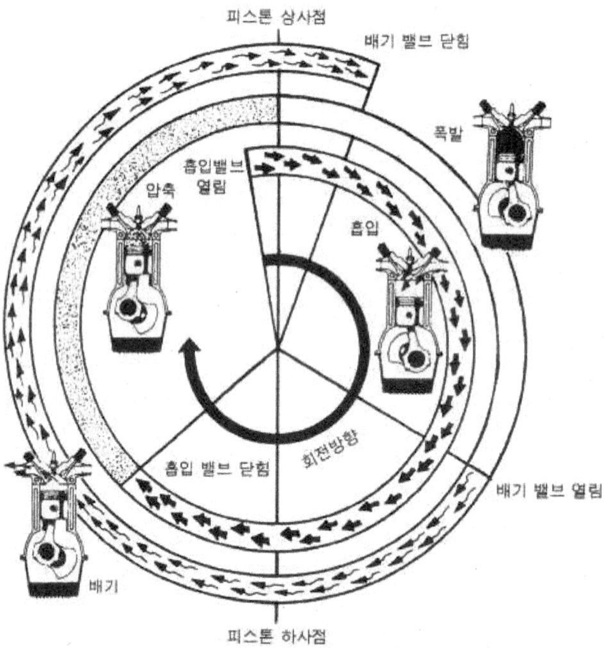

그림 4-87 밸브 타이밍 다이어그램

흡입밸브가 하사점 후 45°에서 닫히게 한 것은 흡입 혼합기의 유입 관성력이 피스톤의 상승에 의하여 생기는 압력보다 클 때는 흡입밸브를 열어둠으로써 체적효율을 더 높일 수 있게 된다. 이것을 관성과급 효과라고 한다.

배기밸브를 하사점전 45°에서 열어주면 3kgf 정도의 압력손실은 생기지만 배기행정에서 피스톤이 잔류압력이 있는 배기가스를 밀어낼 때 생기는 부의 일을 줄일 수 있기 때문에 오히려 출력손실이 적고 연소가스가 실린더에 전달하는 열부하를 줄일 수 있어 기관의 과열방지 효과도 얻을 수 있다.

하지만, 밸브의 개폐시기에 있어서 흡입밸브를 지나치게 조기에 열면 역화가 생길 수 있고 또한, 새로운 혼합기가 배기가스와 함께 배출되어 연료의 소비량과 미연탄화수소 배출물도 증가하게 된다. 따라서 최근에는 기관의 회전속도 변화에 따라 밸브 개폐시기도 함께 변화시키는 연구가 활발히 진행되어 실용화 단계에 있다.

4 연습문제

1. 실린더헤드 개스킷의 역할과 스틸라미네이트 개스킷에 대하여 설명하라.

2. 단행정 엔진의 장단점에 대하여 설명하라.

3. 실린더 내의 가스유동인 스월, 텀블, 스퀴시, 난류유동에 대하여 설명하라.

4. 연소실의 형태 중 반구형 연소실과 펜트루프 연소실에 대하여 특징을 설명하라.

5. 피스톤 슬랩 현상에 대하여 설명하라

6. 피스톤 간극이 클 때와 작을 때의 영향에 대하여 설명하라.

7. 피스톤 링의 3대 작용에 대하여 기술하라.

8. 엔진 베어링 크러시(bearing crush)와 스프레드(bearing spread)에 대하여 설명하라.

9. 밸브 서어징(surging)에 대하여 설명하라.

10. 4행정 기관의 밸브개폐시기에 대하여 밸브타이밍 선도를 그리고, 밸브 오브랩을 두는 이유를 설명하라.

윤활장치

05

5.1 윤활장치의 개요

윤활장치(lubrication system)는 엔진 내부의 각 마찰부분에 윤활유를 공급하여 마찰을 감소시키고 또 마모를 방지시키며, 마찰부분의 열이나 피스톤의 열을 식혀주는 작용을 한다.

윤활의 목적은 엔진의 각 운동부분에 유막(oil film)을 형성하여 마찰이 큰 고체마찰을 마찰이 작은 유체마찰로 바꾸어 금속간의 직접적인 접촉이 이루어지지 않도록 함으로서 마찰의 감소와 마찰손실을 최소화하여 기계효율을 향상시키기 위함이다.

마찰이란 섭동하는 두 물체사이에 작용하는 저항력을 말하며 고체마찰, 경계마찰, 유체마찰 등으로 구분된다. 고체마찰이란 상대하여 운동하는 고체 사이의 마찰이며 섭동면에 하중을 걸고 운동시키면 마찰 때문에 급속히 마멸되어 금속의 입자가 탈락된다. 유체마찰이란 상대하여 운동하는 2개의 고체 사이에 충분한 오일량이 존재할 때 오일층 사이의 점성에 기인하는 저항을 말하며 마찰저항이 가장 적고 마멸도 최소가 된다. 경계마찰이란 얇은 유막으로 씌워진 두 물체간의 마찰이며 자동차 엔진을 기동할 때 피스톤 링과 실린더사이에 일으키는 마찰이 한 예이다.

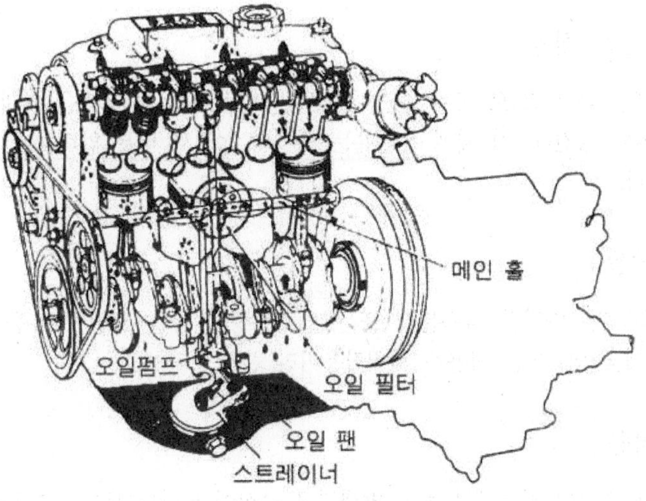

그림 5-1 윤활장치

5.2 윤활유의 작용

윤활은 기본적으로 마멸의 방지, 밀봉작용 및 냉각작용의 3대작용은 물론 세척작용, 응력분산작용, 방청작용 등의 여러 가지 작용을 한다.

① 마찰의 감소 및 마모방지

윤활을 유지하여 마찰이 가장 작은 상태가 되게 하고 또 한계 상태에서 더 강인한 유막을 형성하여 섭동 부분의 표면 마찰과 이에 따르는 마멸을 방지한다.

② 밀봉작용

실린더 윤활에서와 같이 피스톤 링과 함께 고압가스의 누설을 방지한다.

③ 냉각작용

윤활유는 섭동부에서 발생한 열을 흡수하여 오일팬 및 기타 통로를 순환하면서방열하여 냉각시킨다.

④ 응력 분산 작용

윤활부에는 국부적으로 또는 순간적으로 큰 압력이 걸려 유막을 파괴하여 고착을 일으키게 하는 일이 생긴다. 이 때에 윤활유는 액체의 성질로 국부 압력을 액 전체로 분산시키는 작용을 한다.

⑤ 세척작용

공기중의먼지, 마멸된 금속분말 또는 연소생성물 등을 오일이 유동 과정에서 흡수하여 윤활부를 깨끗하게 하는 작용을 세척작용이라 한다.

⑥ 방청작용

윤활면에 수분이 침투하면 녹이 발생되고 부식이 일어나므로 수분 등이 침투하지 못하도록 윤활막을 형성한다.

5.3 윤활 방식

기관의 윤활방식에 따라 소형 2사이클 기관에는 혼기식이 주로 사용되고 4사이클기관에는 비산식, 압력식, 비산압력, 조합식 등이 있지만, 자동차 엔진에서는 주로 오일펌프에 의한 압력식을 사용한다.

5.3.1 압력식

캠축이나 크랭크축에 의하여 구동되는 오일 펌프로 오일팬 속에 저장된 오일을 흡입 약 2~3 kgf/㎠ 로 가압하여 각 윤활부로 보내는 방식이다. 윤활 경로는 오일펌프에 의하여 흡입 가압된 오일은 실린더 블록의 오일 주 통로를 거쳐 크랭크축 메인 베어링 오일 통로를 거쳐 핀 베어링으로 보내어져 실린더 및 피스톤 핀을 윤활한다. 또 일부의 오일은 실린더 헤드 쪽으로 공급되어 로커암축 및 로커암, 캠축을 윤활한다. (그림 5-2)

5.3.2 혼기식

연료와 윤활유를 사전에 일정 비율로 혼합하여 사용하거나 별도의 윤활유 탱크에서 계량펌프를 이용하여 기화기에 공급하여 연료와 혼합시켜 사용하는 방식이며, 공급량은 기관 회전수 및 스로틀 밸브 열림에 의하여 결정한다. 혼합비율은 대략 1:25~1:100 정도이다. (그림5-3).

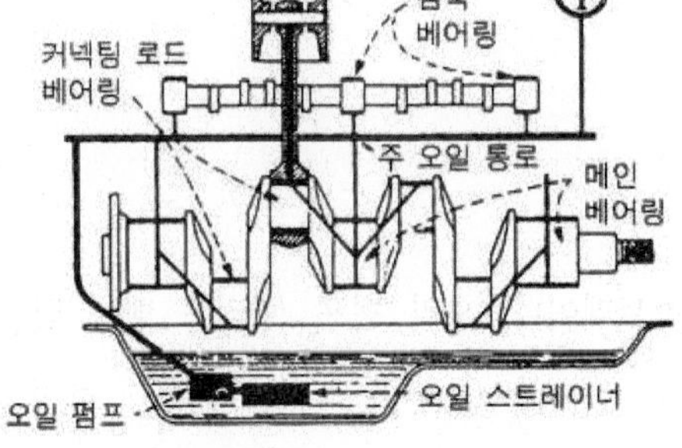

그림 5-2 압력식

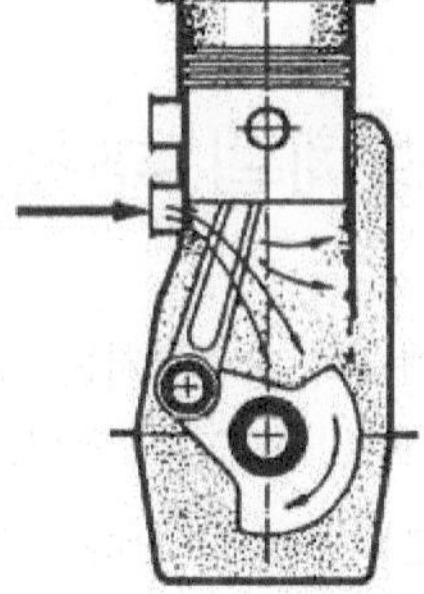
그림 5-3 혼기식

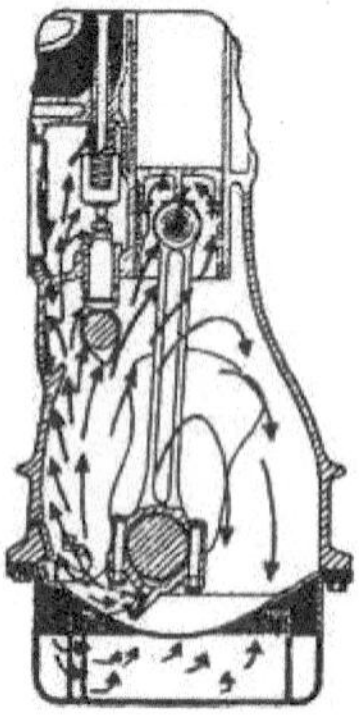

그림 5-4 비산식

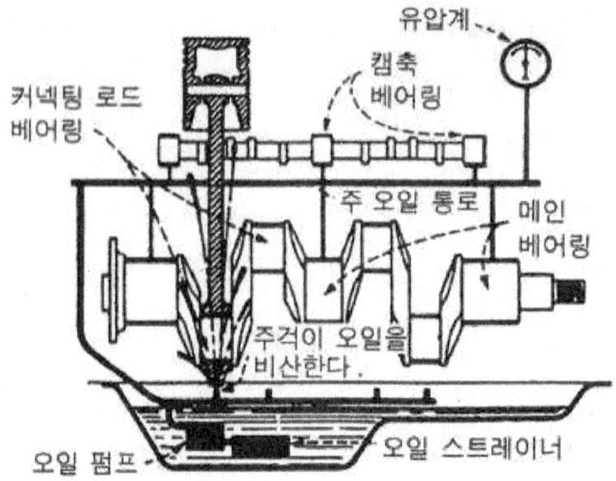

그림 5-5 비산 압력 조합식

5.3.3 비산식

비산식은 그림 5-4와 같이 커넥팅로드 큰 쪽에 설치된 주걱으로 오일팬 안에 있는 윤활유를 각 윤활부에 뿌리게 되어 있으며 2사이클 기관이나 단기통 기관에 주로 사용한다.

5.3.4 비산 압력 조합식

그림 5-5와 같이 비산식과 압력식을 조합한 형식이며 커넥팅 로드 대단부에 비산 주걱을 설치하여 실린더 벽과 피스톤 핀을 윤활하고 다른 부분은 압력식으로 윤활하는 방식이다.

5.4 윤활장치의 구성부품

가솔린엔진의 윤활장치는 오일 팬, 오일스트레이너, 오일 펌프, 릴리프 밸브 및 오일 압력 스위치 등으로 구성되어 있다.

윤활경로는 다음과 같다.

오일 팬→오일 스트레이너→오일 펌프→릴리프 밸브(압력조절)→오일필터→메인 오일통로(오일압력스위치)→크랭크축→커넥팅로드→실린더 및 피스톤→실린더 헤드→로커암 축→로커암→캠 및 밸브→캠축(저널)

5.4.1 오일 팬

오일팬은 실린더 블록 하단부에 가스킷을 두고 조립되어 엔진에 사용하는 오일을 저장 및 냉각을 한다. 자동차가 출발 또는 제동시에 오일의 유동을 방지하기 위하여 칸막이(baffle)가 설치되어 있으며, 자동차가 등판 주행시에 기관의 오일이 충분히 고여 있도록 하기 위하여 섬프(sump)가 설치되어 충분한 오일이 공급되도록 한다.

5.4.2 오일 스트레이너

오일 스트레이너는 오일 팬 내의 오일을 펌프에 유도하고 동시에 오일 가운데 포함된 비교적 큰 입자의 불순물을 제거하기 위해 고운 스크린이 설치되어 있다.

5.4.3 오일 펌프

오일 펌프는 오일 팬 내의 오일을 흡입 및 가압하여 각 윤활부에 보내는 일을 한다. 오일 펌프는 실린더 블록하부에 설치되어 있으며 크랭크축에 의하여 구동된다.펌프의 능력을 송유량(ℓ/min-rpm)과 송유 압력(kgf/㎠-rpm)으로 표시하고, 오일의 과도한 송출이나 높은 압력은 유압조절기(relief valve)로 조절한다. 오일 펌프의 종류에는 기어식, 로터리식, 플런저식, 베인식이 있으나 기어식과 로터리식이 주로 사용된다.

1) 기어 펌프

기어 펌프에는 외접 기어 펌프와 내접 기어 펌프가 있는데 작동 방법은 거의 같다. 2개의 기어는 흡입구와 배출구 외에는 거의 틈새가 없는 관계로 이(齒)가 물리는 용적에 따라 오일을 흡입하고 배출한다.

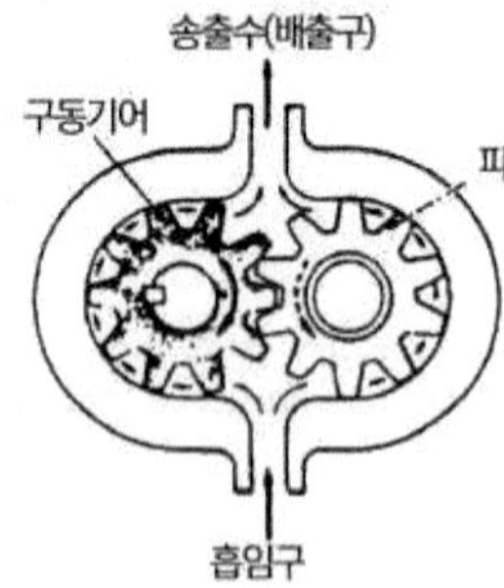

그림 5-6 외접기어식

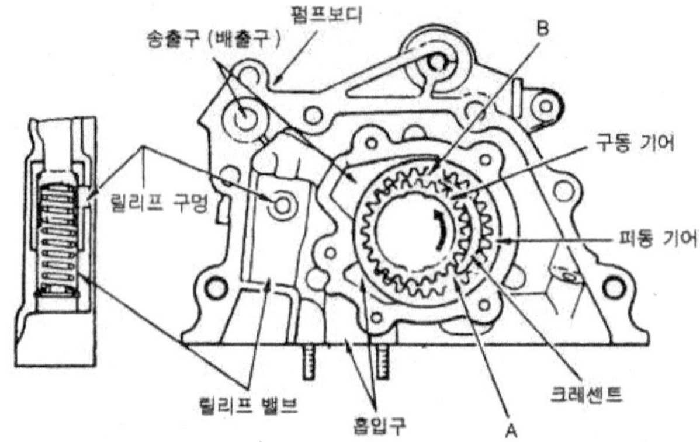

5-7 내접기어식

내접기어형 펌프는 크랭크축에 의해 구동되며 소형이고 중량이 가벼워 현재 가장 많이 사용되고 있고, 외접기어형 펌프는 크랭크축으로부터 벨트로 외접 기어의 구동측이 동력을 받고 피동측 기어는 카운터 밸런스 샤프트와 결합되어 동시에 구동된다. 그림5-6은 외접기어식을 그림5-7은 내접기어식을 보여주고 있다.

2) 로터리 펌프

로터리 펌프는 보디 내에 4개의 돌기가 설치된 인너 로터(inner rotor)와 5개의 홈이 설치된 아웃 로터(outer rotor)가 편심으로 설치되어 크랭크축 또는 캠축에 의해서 구동되는 펌프로서 트로코이드 펌프(trochoide pump)라고도 한다. 크랭크축 또는 캠축이 회전하여 인너 로터가 1회전할 때 아웃 로터는 4/5회전하기 때문에 2개의 로터 사이에는 공간 체적의 변화가 이루어진다. 이때 인너 로터의 돌기부가 아웃 로터의 홈에 맞물릴 때 공간체적이 넓어지는 부분에 서 발생되는 부분진공으로 오일을 흡입하여 반대쪽의 공간체적이 좁아지는 쪽으로 오일을 짜내는 방법으로 송출하는 펌프이다.

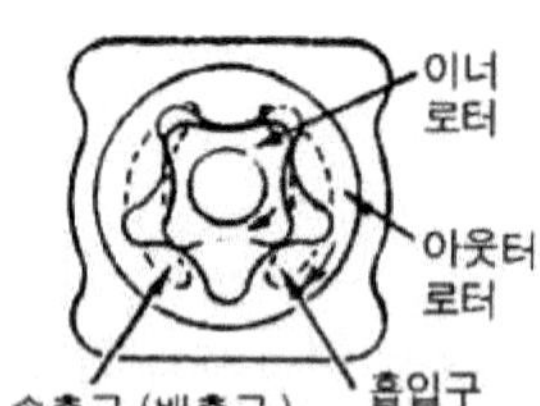

그림 5-8 로터리 펌프

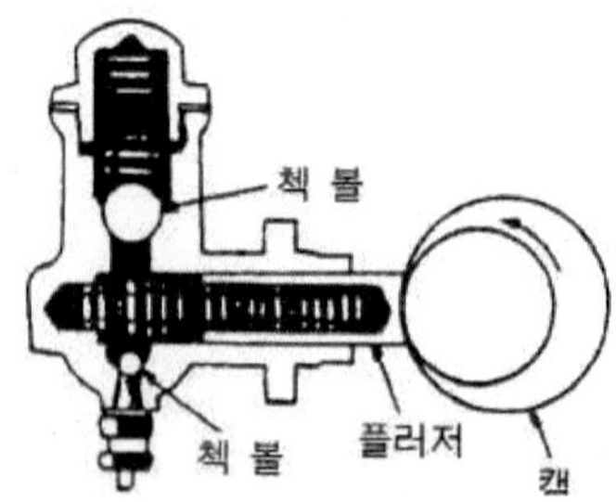

그림 5-9 플런저 펌프

3) 플런저 펌프 및 베인 펌프

플런저 펌프(Plunger pump)의 보디 안에 조립된 플런저는 편심 캠에 의해 작동되고 플런저 내부에는 스프링이 있다. 또한 아래 위에는 2개의 흡입 및 배출용 체크 볼이 설치되어 있다. 스프링에 의해 플런저가 왼쪽으로 밀리면 위쪽의 체크 볼이 열리면서 오일이 압송된다.

베인 펌프(Vane pump)는 둥근 하우징과 그 속에 편심으로 설치되어 있는 로터로 되어 있다. 로터는 두 개의 날개(Vane)가 스프링을 사이에 두고 있어 펌프 축이 회전하면 펌프실 안쪽면과 날개가 접촉되면서 오일을 흡입 및 배출한다.

5.4.4 오일필터

오일 필터는 윤활 회로 내에 설치되어 오일에 혼입된 먼지, 카본, 금속 분말, 산화 생성물 등을 제거하는 역할을 하며 보통 5,000~10,000 km 주행시 마다 엔진 오일과 함께 교환한다.

오일 필터는 보통 프런트 케이스에 부착되며, 일부의 엔진에서는 실린더 블록에 설치되기도 한다. 오일 필터의 구조는 케이스, 엘리먼트, 바이패스 밸브 등으로 구성되어 있으며, 필터 내의 바이패스 밸브는 엘리먼트가 막혔을 때 열리도록 되어 있어 오일이 항상 순환되도록 오일을 공급하는 역할을 한다.

5.4.5 유압 조절 밸브

유압 조절기(relief valve)는 감압밸브라고도 하며 프런트 케이스 측면에 설치되어 있다. 이 밸브는 윤활 회로 내의 유압이 과도하게 올라가는 것을 방지하여 유압을 일정하게 유지시키는 기능을 한다. 밸브의 동작이 원활하지 못하면 윤활회로에 유압이 과도하게 걸리게 되고 심할 경우에는 오일 필터가 파열되어 중대한 결함이 발생되기도 한다.

릴리프 밸브는 윤활통로에 과도한 압력이 걸리게 되면 릴리프 플런저는 스프링 힘을 이기고 그림과 같이 이동하여 과도한 압력만큼의 오일을 오일 팬으로 복귀시킨다. 유압 조절 압력은 자동차에 따라 다소 차이가 있으나 대개 3~5 kgf/㎠로 유지시켜 준다.

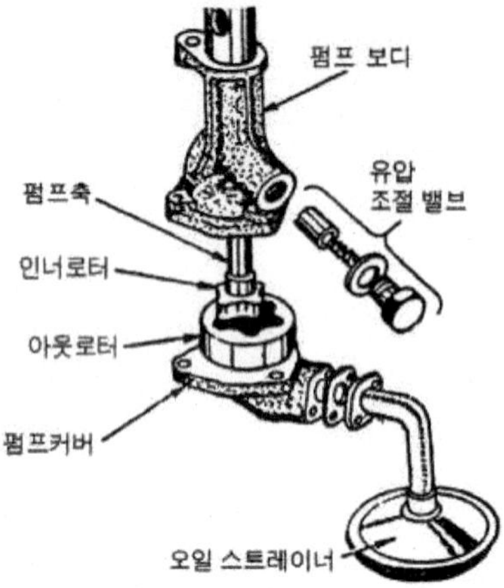

그림 5-10　오일스트레이너

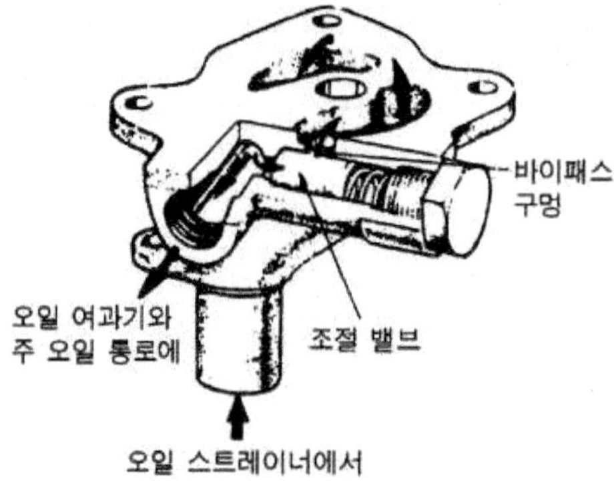

그림 5-11　유압조절밸브

5.4.6 유면 표시기 및 유압 경고등

일반적으로 엔진은 엔진의 오일 양을 확인할 수 있도록 엔진 측면 또는 앞쪽에 오일 레벨게이지가 있으며, 차량의 운행 전에 오일의 양이 정상인가 확인할 수 있도록 되어 있다.

이밖에 차량의 운행중에 엔진 오일 압력의 정상 여부를 확인할 수 있도록 운전석 계기판에 유압계가 있으며, 오일압력 경고등은 오일회로내 오일 압력이 0.2~0.4 kgf/㎠ 정도로 떨어졌을 때 경고등이 켜지도록 되어 있다.

즉, 엔진이 가동중 엔진 오일이 순환되지 않으면 계기판에 점등되는 것으로 오일압력이 유닛에 의해 작동되며, 오일압력 유닛은 오일순환 통로에 설치되어 오일이 순환되면 소등되고, 순환압력이 낮으면 점등되어 운전자에게 경고하여 준다.

5.4.7 오일 냉각기(Oil cooler)

오일 냉각기는 오일의 높은 온도를 낮추어 70~80℃로 유지시키는 역할을 한다. 오일의 온도가 125~130℃ 이상이 되면 오일의 성능이 급격히 저하되어 점도가 낮아져 윤활성이 크게 저하된다. 따라서 오일 냉각기는 오일의 온도를 항상 일정하게 유지한다.

오일 냉각기는 소형 방열기와 같은 모양으로 만들어져 있으며 냉각장치의 라디에이터와 같이 설치되어 있으며, 튜브에 오일을 흐르게 하여 열을 발산하는 동시에 공기에 의해 냉각시키

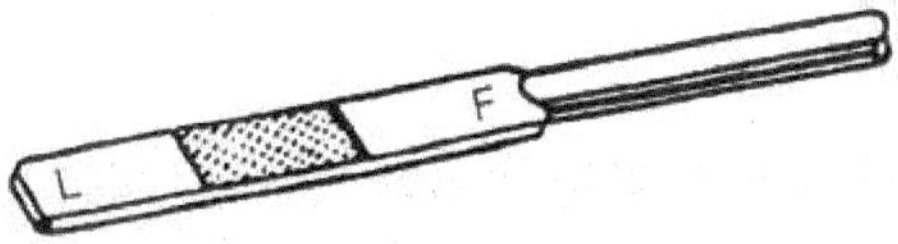

그림 5-12 유면표시기

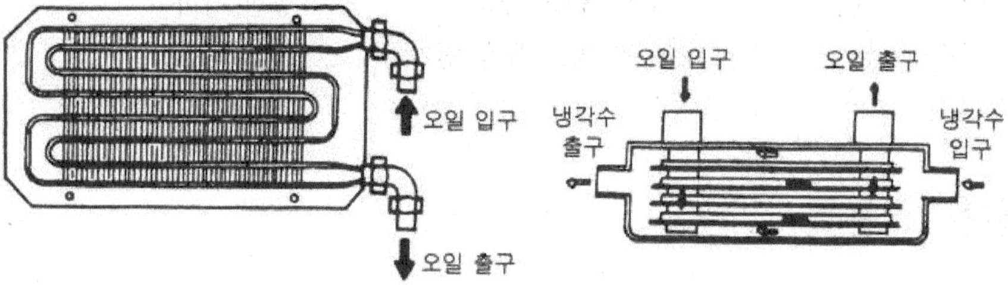

그림 5-13 오일 냉각기

는 공랭식과 냉각장치의 라디에이터 아래 탱크에 오일순환 파이프를 설치하여 파이프로 오일이 순환될 때 냉각수에 의하여 냉각과 동시에 시동후 신속하게 유온을 유지할 수 있도록 하는 수냉식이 있다.

5.5 윤활유

5.5.1 윤활유가 갖추어야 할 조건

윤활유의 성질은 엔진의 성능 발휘나 엔진의 경제적 사용 등에 크게 영향을 준다. 엔진 오일의 성질은 원유나 정제 방법에 따라 달라지며, 대부분 엔진 오일에는 그 성질을 향상시키기 위한 첨가제가 첨가되어 있다.

윤활유의 조건은 다음과 같다

① 점도가 적당할 것
② 청정성이 좋을 것
③ 열과 산에 대해서 안정성이 있을 것
④ 부식 방지성이 좋을 것
⑤ 점도 지수가 높을 것
⑥ 응고점이 낮을 것
⑦ 비중이 적당할 것
⑧ 인화점 및 발화점이 높을 것

5.5.2 윤활유의 첨가제

오일의 성질을 만족시켜 주기 위해서는 다음과 같은 첨가제를 넣는다.

① 청정 분산제　② 산화 방지제　③ 부식 방지제
④ 기포 방지제　⑤ 점도 지수 향상제　⑥ 유동점 강화제
⑦ 유성 향상　⑧ 형광 염료 등을 첨가하여 그 성능을 발휘한다.

5.5.3 윤활유의 분류

엔진 오일의 규격은 보통 오일의 점도를 나타내는 SAE(미국자동차기술협회) 규격과 운전상태의 가혹도에 따라 오일을 분류하는 API(미국석유협회) 규격으로 분류된다. 또한 기관 오일의 품질분류 및 신규격품 보급, 기술적 분류 등으로 분류하는 SAE 신분류가 있다.

오일 점도의 SAE 표시 방법은 5W-20, 10W-20, 20W-40으로 표시되며, 숫자가 높을수록 점도가 높은 것을 나타낸 것으로, 사계절용은 10W-30(다급점도)을 사용하면 된다.

SAE번호에서 문자 W은 겨울철용임을 뜻하고, 이것은 약 -17.7℃ (°F)에서 그 점도를 측정한 것을, 문자가 없는 것은 약 100℃(210 °F)에서 측정한 것임을 표시한다.

1) SAE(Society of Automotive Engineering) 분류

미국자동차기술협회(SAE: Society of Automotive Engineering)에서 점도에 따라 분류한 기관의 오일로 점도를 SAE 번호로 나타내며, SAE 번호가 클수록 오일의 점도가 높다.

① 봄, 가을철용 오일

봄, 가을철에는 주위의 온도가 여름철보다 낮고 겨울철보다는 높기 때문에 기관오일 의 점도가 크게 변하지 않는다. SAE 30을 사용한다.

② 여름철용 오일

여름철에서는 기관에서 발생하는 온도, 복사열 및 주위의 온도가 높아 오일이 묽어지기 때문에 점도가 낮아진다. 따라서 주위의 온도에 의해서 점도가 변화되어도 마찰면에 유막을 유지할 수 있는 SAE 40을 사용한다.

③ 겨울철용 오일

겨울철에는 주위의 온도가 낮아 오일이 진하게 되어 점도가 높아지므로 유동성이 저하된다. 따라서 주위의 온도에 의해서 점도가 변화되어도 유동성을 유지할 수 있도록 SAE 20을 사용한다. 점도가 높은 오일을 사용하면 한냉시에는 크랭크축의 회전 저항이 증가되어 기동이 어렵게 된다.

④ 다급용 오일

SAE 분류에서 여러 등급의 조건만을 만족시키는 윤활유를 말하며, SAE 20W/40이라는 표시는 SAE 20W와 SAE 40의 조건을 동시에 만족시키는 윤활유를 뜻하고 현재 자동차 기관에 사용하는 윤활유는 대부분 다급 윤활유이다.

2) API 분류

API 분류는 미국석유협회에서 윤활유를 사용 조건에 따라 분류한 것으로 가솔린기관용의 ML, MM, MS와 디젤 기관용의 DG, DM, DS로 분류한다.

① 가솔린기관용 오일

용도	운전조건
ML	Motor Light ▪ 가장 좋은 운전조건에서 사용한다 ▪ 기관의 부하를 경부하상태로 운전하는 차량, 정상운전 온도를 유지하는 차량, 오일의 슬러지, 마멸, 부식 등이 없고 유황분이 적은 연료를 사용하는 차량에 사용하는 오일이다.
MM	Motor Moderate ▪ ML과 MS와의 중간에 해당되는, 즉 약간 좋지 않은 사용 조건의 가솔린 기관에 사용한다. 크랭크 케이스의 온도가 높으면 침전물이나 베어링 부식의 문제가 생길 우려가 있으며, 고속고부하에서 특히 양질의 연료를 사용하면 이상의 문제가 비교적 적은 경우이다. 그러나 발차정지를 반복하는 것에서는 이 정도의 오일로는 방지할 수 없다.
MS	Motor Severe ▪ 고온고부하 때문에 유온이 높고, 산화가 격렬하게 일어나는 가장 가혹한 조건에서 운전되든가, 저온 기동정지 운전으로 연료에 의한 희석이 많은 기관에서 사용한다.

② 디젤 기관용 오일

용도	운 전 조 건
DG	Diesel Generall ▪ 유황분이 적은 연료를 사용하고 알맞는 온도와 부하에서 운전되며 마멸이나 침전물의 문제가 없는 상태의 기관에 사용한다. 산화 방지제 · 방청제 · 청정제 등이 첨가되어 있다.
DM	Diesel Moderate ▪ 침전물이나 마멸이 일어날 경향이 많은 보통의 시판 연료를 사용하고, 상당히 가혹한 조건에서 운전되는 경우에 사용한다. 운전 조건·연료의 선택·기관의 설계에 따라 다르기는 하나 DS보다는 윤활상의 요구가 심하지 않은 경우이다.
DS	Diesel Severe ▪ 고온 고부하·발차 및 정차·장시간 연속 사용 등의 가혹 조건이며 또한 유황분이 많은 저질 연료를 사용하거나 과급기가 있는 기관 등 마멸이나 침전물이 많은 상태에서 사용한다.

5.5.4 SAE 신 분류

SAE 신 분류 오일은 미국석유협회(API), 미국재료시험협회(ASTM) 및 미국 자동차기술협회(SAE)가 공동으로 사용 조건에 따른 새로운 윤활유 분류방법을 제정한 것이다. 이 분류방법은 일반적으로 S(Service station oil)등급은 가솔린기관용으로, SA, SB, SC, SD, SE등으로 분류하고, C(Commercial oil)등급은 디젤 기관용으로 CA, CB, CC, CD으로 알파벳순서대로 등급을 정하였다.

① 가솔린기관용 오일

SAE 신분류	API 분류	운 전 조 건
SA	ML	▪ 경하중의 기관에 사용되는 오일이다. 첨가제가 포함되어 있지 않은 광물성 오일로 유온이 너무 높지 않은 차량에 사용되는 오일이다.
SB	MM	▪ 중하중의 기관에 사용되는 오일이다. 마멸의 방지성, 오일의 산화방지, 베어링 부식 방지성이 요구되는 경우에 사용되는 오일이다.
SC	MS	▪ 고하중의 기관에 사용되는 오일이다. 고온 및 저온 침전물과 마모, 방청, 부식 방지성이 요구되는 경우에 사용된다.
SD		▪ 고하중의 기관에 사용되는 오일이다. 블로바이 가스 재순환장치가 설치된 차량에 사용되는 오일이다.
SE		▪ 고하중의 기관에 사용되는 오일이다. 오일의 산화, 고온 침전물, 부식 방지성이 요구되는 경우에 사용되는 오일이다.

② 디젤 기관용 오일

SAE 신 분류	API 분류	운 전 조 건
CA	DG	▪ 경부하의 기관에 사용되는 오일이다. 유황분이 적은 연료를 사용하는 차량, 고온 슬러지의 퇴적 방지제가 첨가되어 있는 오일이다. 경부하 가솔린기관에도 사용된다.
CB	DM	▪ 경·중부하의 기관에 사용되는 오일이다. 유황분이 비교적 많은 연료를 사용하는 차량, 부식 방지제, 청정 분산제가 첨가되어 있는 오일이다. 경중부하의 가솔린기관에도 사용된다.
CC		▪ 중고부하의 기관에 사용되는 오일이다. 터보차저가 설치된 차량, 저온 슬러지 퇴적 방지가 우수하고 부식 방지제, 방청제, 청정 분산제 등이 첨가되어 있는 오일이다. 고부하의 가솔린기관에도 사용된다.
CD	DS	▪ 고부하의 기관에 사용되는 오일이다. 터보차저가 설치된 고속, 고출력의 차량, 부식 방지제, 청정 분산제가 첨가되어 있는 오일이다.

냉각장치

06

6.1 냉각장치의 개요

냉각장치는 작동 중 엔진이 과열되지 않도록 적당한 온도를 유지하는 장치를 말한다. 실린더 안의 연소가스 온도는 2000~2500℃에 이르며, 이 열의 상당한 양이 실린더 벽, 실린더 헤드, 피스톤 밸브 등에 전도된다. 이러한 부분의 온도가 너무 높아지면 부품의 강도가 저하되어 고장이 생기거나 수명이 단축되고 연소상태도 나빠져 노킹이나 조기점화 등으로 엔진의 출력이 저하된다.

또한, 너무 냉각되면 냉각으로 손실되는 열량이 크기 때문에 엔진 효율이 낮아지고, 연료 소비량이 증가하는 등의 문제가 생기므로, 엔진의 온도를 약 80~90℃로 유지시키는 것이 냉각장치의 기능이다. 기관의 작동온도는 실린더헤드 물 자켓부의 냉각수 온도로 표시한다.

냉각장치의 주요부는 라디에이타, 물펌프, 냉각 팬, 시라우드, 수온조절기(thermostat), 수온계, 냉각수, 부동액 등이 있다.

■ **기관이 과열되었을 때 기관에 미치는 영향**

① 열팽창으로 인하여 부품이 변형된다.

② 오일이 연소되어 오일 소비량이 증대된다.

③ 오일의 점도 변화에 의하여 유막이 파괴된다.

④ 부품의 마찰 부분이 소결된다.

⑤ 조기 점화가 발생되어 기관의 출력이 저하된다.

⑥ 연소 상태가 불량하여 노킹이 발생된다.

■ **기관이 과냉되었을 때 기관에 미치는 영향**

① 기관의 출력이 저하되므로 연료 소비량이 증대된다.

② 유막의 형성이 불량하여 블로바이 현상이 발생된다.

③ 압축 압력의 저하로 인하여 기관의 출력이 저하된다.

④ 블로바이 가스에 의하여 오일이 희석된다.

⑤ 오일의 희석에 의하여 점도가 낮아지므로 베어링부가 마멸된다.

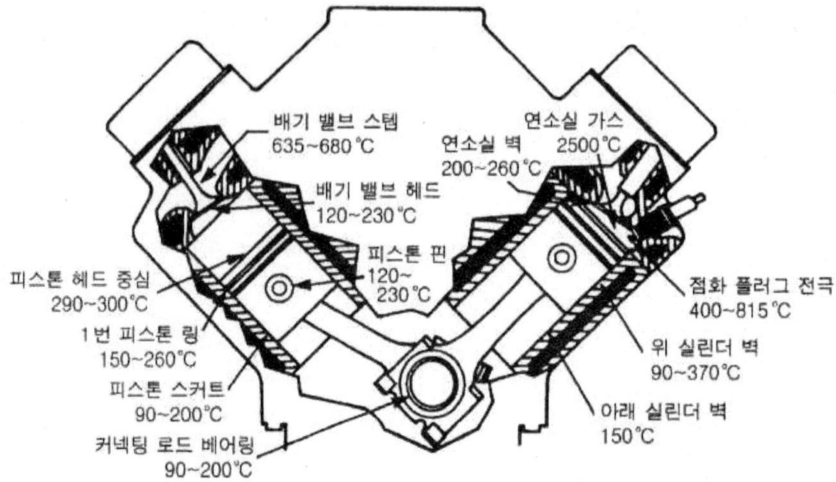

그림 6-1　기관의 각부의 작동온도

6.2 냉각방식

엔진을 냉각시키는 방식에는 주행 중 받는 공기로 냉각시키는 공랭식과 냉각수를 사용하여 엔진내부를 냉각시키는 수냉식이 있다.

6.2.1 공랭식(Air cooling type)

공냉식 냉각장치는 엔진을 직접 대기와 접촉시켜 열을 발산하는 형식으로 구조가 수냉식에 비해 간단하나 운전 상태에 따른 엔진의 온도가 변화되기 쉽고 냉각이 균일하게 되지 않아 과열되기가 쉽다. 이 방식은 자동차용 엔진에는 거의 이용되지 않고 모터 사이클이나 경비행기의 엔진에 이용되고 있다.

공랭식에는 모터사이클과 같이 주행중 받는 공기로만 냉각시키는 자연 통풍식과 냉각팬을 사용하여 강제로 다량의 공기를 보내어 냉각시키는 강제 통풍식으로 분류된다.

특히, 자연 통풍식에는 냉각핀을 두어 공기와의 접촉면적을 크게 하여 열의 발산이 잘되도록 한다.

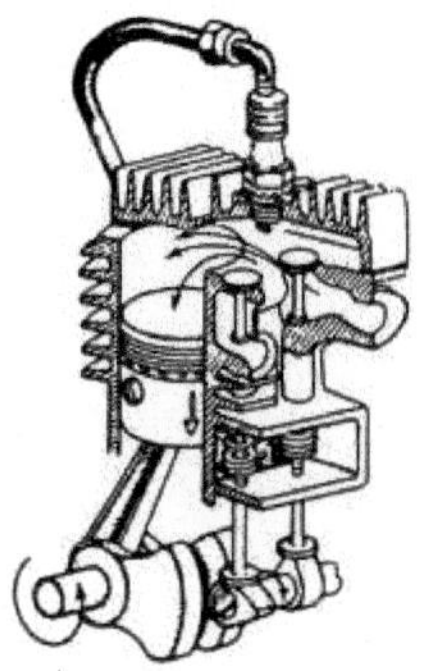

그림 6-2 공랭식엔진의 자연통풍식

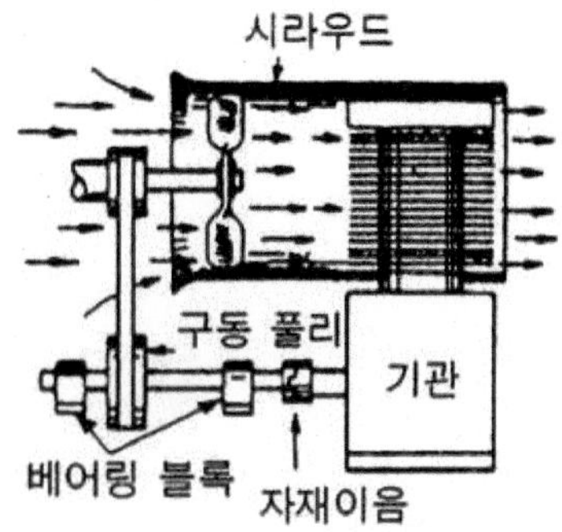

그림 6-3 공랭식엔진의 강제통풍식

6.2.2 수냉식(Water cooling type)

수냉식 냉각장치는 냉각수를 이용하여 엔진을 냉각하는 형식으로 물의 순환 방식에 따라 자연 순환식과 강제 순환식이 있다.

1) 자연 순환식

자연 순환식은 냉각수를 대류에 의해 순환시키기 때문에 현재의 고성능 엔진에는 적합하지 못하며 전혀 사용되지 않고 있다.

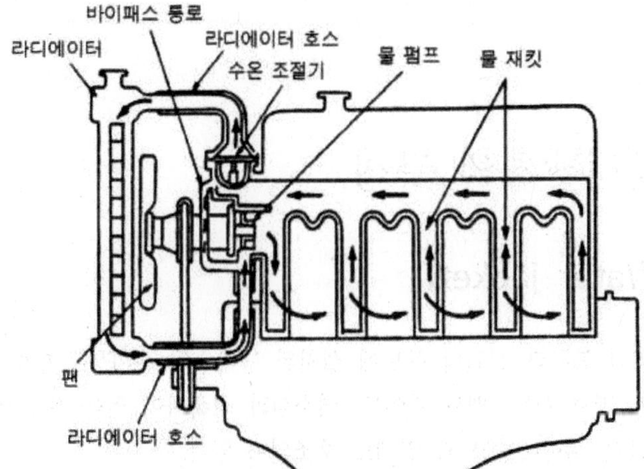

그림 6-4 수냉식 냉각장치

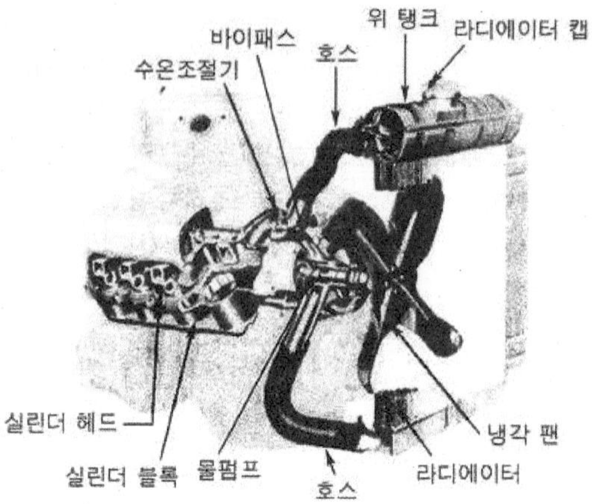

그림 6-5 강제 순환식

2) 강제 순환식

강제 순환식은 자동차 엔진의 대표적인 방식으로 워터 펌프를 이용하여 냉각수를 강제로 순환시켜 냉각하는 방식이다. 이 방식의 주요 구성부품은 라디에이터(radiator), 워터 펌프(water pump), 워터 재킷(water jacket), 수온조절기(thermostat) 등으로 구성된다.

냉각수의 압력조절은 라디에이터의 캡에 있는 밸브로 조절되는데 냉각수를 밀봉하여 가압하였을 때 냉각이 잘되는 이유는 액체의 비등 온도는 액면에 가하는 압력에 따라 변화하며, 일반적으로 가압하면 끓는점의 온도는 올라가고, 감압하면 온도는 내려간다.

6.3 수냉식 냉각장치의 구성

6.3.1 물 재킷(Water jacket)

물 재킷은 실린더 블록과 실린더 헤드에 설치된 냉각수의 순환통로이며 이곳을 통과하는 냉각수가 실린더 벽, 밸브 시트, 밸브 가이드, 연소실과 접촉하여 열을 흡수한다. 워터 재킷은 보통 실린더 블록 또는 실린더 헤드와 일체로 주조되어 있다.

6.3.2 물 펌프(Water pump)

물 펌프는 벨트에 의해서 크랭크축의 동력을 받아 회전하며, 라디에이터에 저장되어 있는 냉각수를 실린더 블록 및 실린더 헤드의 냉각수 통로에 순환시키는 역할을 하며, 원심력 펌프가 사용된다.

1) 원심력 펌프의 원리

밀폐된 용기에 물을 가득 넣고 그 안에서 날개를 회전시키면 물은 원심력에 의하여 용기 주위의 압력은 높아지고 중앙부의 압력은 낮아진다. 이러한 용기의 주위와 중앙부에 파이프를 설치하면 중앙부의 파이프에서는 물이 흡입되고, 주위의 파이프에서는 밀어 내 보내게 된다.

2) 물 펌프의 구조

물 펌프는 펌프 보디, 임펠러(impeller, 베인 또는 로터), 펌프 축, 베어링, 풀리 및 임펠러 실(seal) 등으로 구성되어 있다. 펌프는 임펠러(impeller)의 회전으로 원심력을 이용해서 라디에이터에서 냉각시킨 물을 바깥둘레로 뿜어 실린더 블록의 워터 재킷으로 물을 보내는 작용을 한다. 물펌프는 엔진 회전수의 1.2~1.6배로 회전하며 효율은 냉각수의 온도에 반비례하고 압력에는 비례한다.

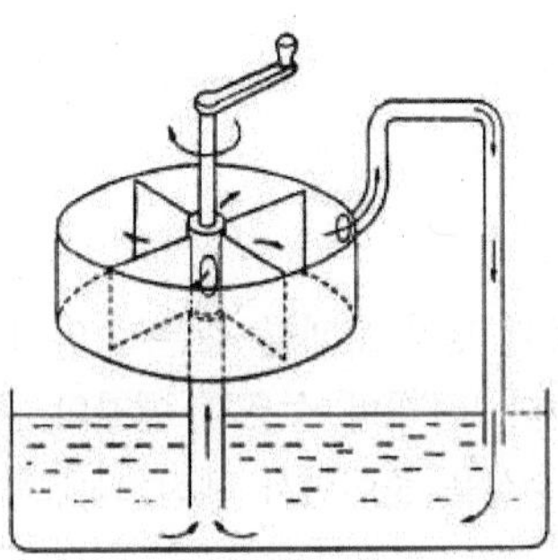

그림 6-6 원심력 펌프의 원리

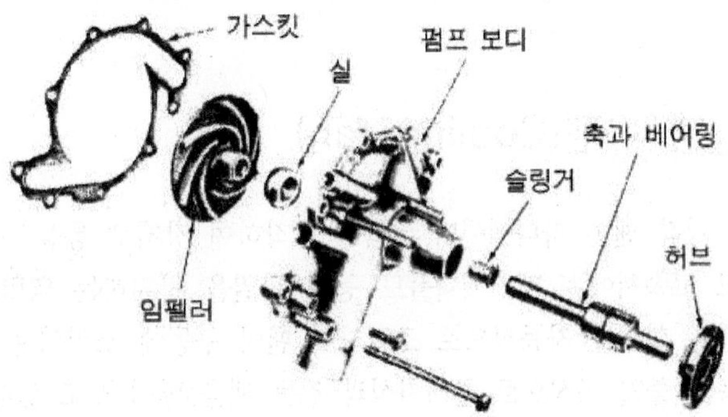

그림 6 7 물펌프 분해도

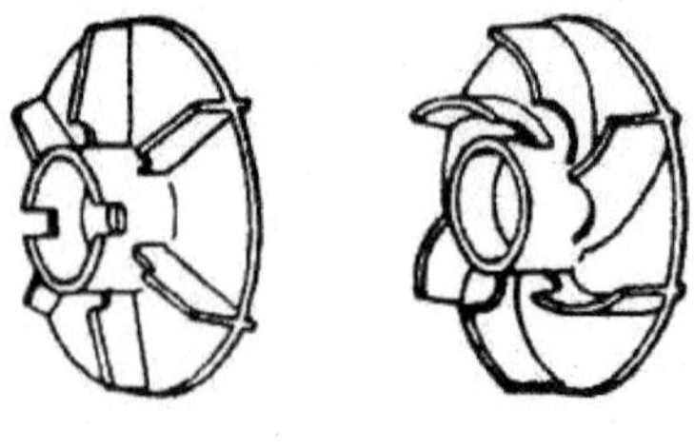

(a) 방사형 (b) 와류형

그림 6-8 임펠러

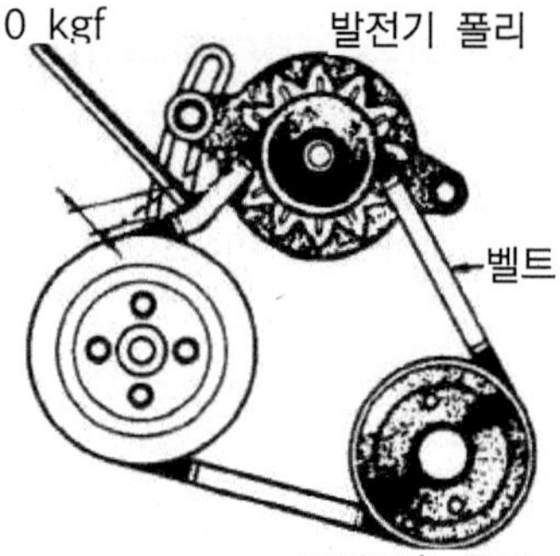

그림 6-9 벨트

6.3.3 구동 벨트(Drive belt)

구동 벨트는 크랭크축의 동력을 이용하여 발전기와 물 펌프에 전달하여 구동시키는 역할을 하며, 이음이 없는 섬유질과 고무를 이용하여 성형한 V벨트를 사용한다.

벨트는 장력이 너무 헐거우면 벨트가 미끄러져 냉각수 송출능력이 저하되어 엔진이 과열하는 원인이 되기도 하고 발전기의 출력 부족으로 충전 불량의 원인이 되기도 한다. 반대로 벨트의 장력이 너무 팽팽하면 워터 펌프와 알터네이터 베어링의 마모를 쉽게하기 때문에 적절한 장력이 필요하다. V벨트는 10 kgf의 힘을 가했을 때 약 13~20 mm 정도의 장력이 유지되어야 한다.

6.3.4 냉각 팬(Cooling fan)

냉각 팬은 라디에이터 뒤쪽에 부착하여 강제로 통풍시킴으로써 냉각 효과를 충분히 얻게 하고 고속시에는 배기매니폴드 등의 과열을 방지하는 역할도 한다. 근래의 승용차 엔진의 냉각 팬은 회전을 자동적으로 조절하여 팬의 구동에 소비되는 동력손실을 줄이면서 엔진 과냉과 소음을 줄일 목적으로 클러치식과 전동 팬을 많이 쓰고 있다.

1) 팬 클러치(Fan clutch)

팬 클러치는 자동팬이라고도 하며 팬의 회전을 엔진의 냉각수 온도에 따라 자동적으로 조절하여 팬의 구동에 소비되는 동력손실을 적게 하고, 엔진의 과냉이나 팬의 소음을 적게 하기 위한 장치이다.

2) 전동 팬 (Motor fan)

전동 팬은 모터로 냉각 팬을 구동하는 형식이며 앞엔진 앞바퀴 구동(FF car) 자동차에서는 이 형식을 많이 이용하고 있다. 라디에이터에 부착된 서모 스위치는 냉각수의 온도를 감지하여 어느 온도에 도달하면 팬을 작동(냉각팬 on)시키고, 어느 온도 이하로 내려가면 팬의 작동을 정지(냉각 팬 off)시킨다.

서모 스위치의 설정온도는 일반적으로 90~100℃ 사이이고, on~off의 온도차는 대략 3~5℃이다. 이러한 전동 팬은 다음과 같은 장점으로 근간의 승용차에서 상당히 많이 사용되고 있다.

① 라디에이터의 설치가 자유롭다.

② 엔진의 워밍업이 빠르다.

③ 냉각수의 일정한 온도에서 작동되므로 불필요한 동력 손실을 줄일 수 있다. 하지만 가격이 비싸고 소비 전력이 35~130 W로 많고 소음이 큰다는 단점이 있다.

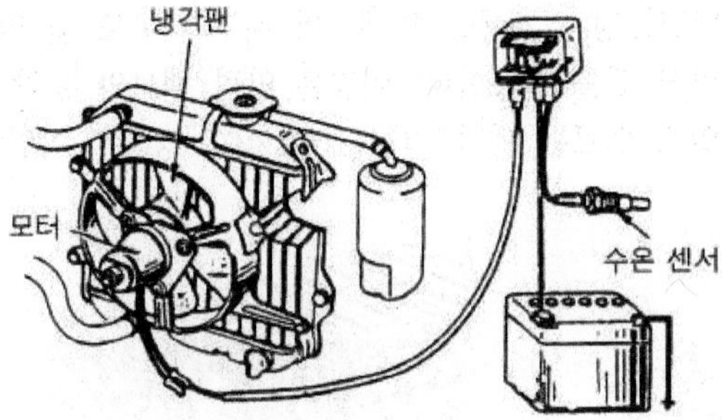

그림 6-10 전동팬

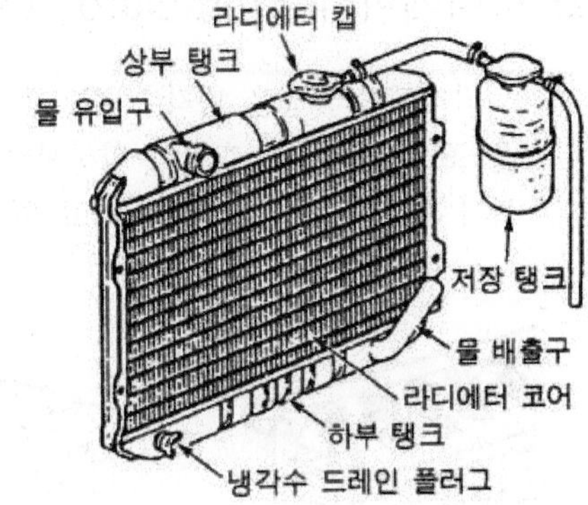

그림 6-11 라디에이터의 구조

6.3.5 라디에이터(방열기, Radiator)

라디에이터는 엔진에서 가열된 냉각수를 냉각하는 장치이며, 큰 방열 면적을 가지고 있고 대량의 물을 받아들이는 일종의 탱크이다.

라디에이터는 상부탱크와 코어 및 하부 탱크로 구성되어 있으며 상부 탱크에는 라디에이터 캡, 오버플로 파이프 및 입구 파이프가 있고 하부 탱크에는 출구 파이프와 드레인 코크(drain cock)가 부착되어 있다.

1) 라디에이터 코어(Radiator core)

냉각수가 흐르는 튜브와 냉각핀으로 구성되어 있으며 냉각핀의 형식에 따라 플레이트 핀, 코루게이트핀, 리본 셀룰러핀 등의 종류가 있다.

① 플레이트 핀(plate fin) : 평면판으로 된 핀을 일정한 간격으로 설치한 것이다. (그림 6-12)

② 코루게이트핀(corrugated fin) : 핀이 파도 모양으로 된 것이며 플레이트 핀보다 방열량이 크고 가볍다. 또 제작하기가 쉬워 현재 널리 사용되고 있다. (그림6-13)

③ 리본 셀룰러핀(ribbon cellular fin) : 튜브가 벌집형태로 된 것이며 제작비가 많이 든다. 주로 고급차에 사용되고 있다. (그림 6-14)

2) 라디에이터 캡(Radiator cap)

라디에이터 캡은 냉각수 주입구 뚜껑으로서 냉각 계통을 밀폐시켜 내부의 온도 및 압력을 조정하여 냉각 효과를 향상시키는 압력식 캡을 사용한다. 이것은 압력 밸브와 부압 밸브가 설치된 가압식을 사용하고 있으며, 압력 밸브는 냉각수가 110~120℃ 정도로 가압(보

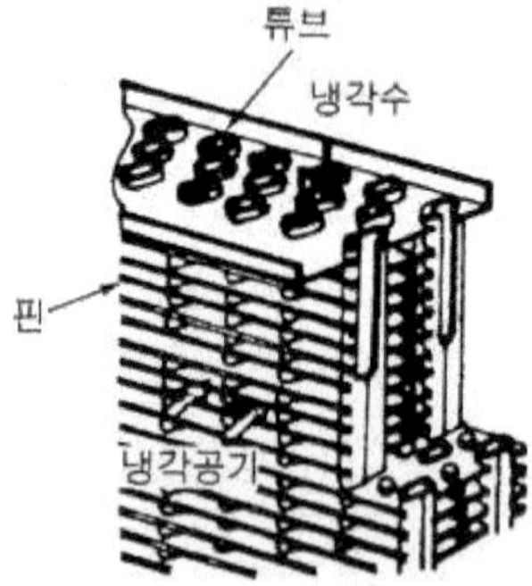

그림6-12 플레이터 핀

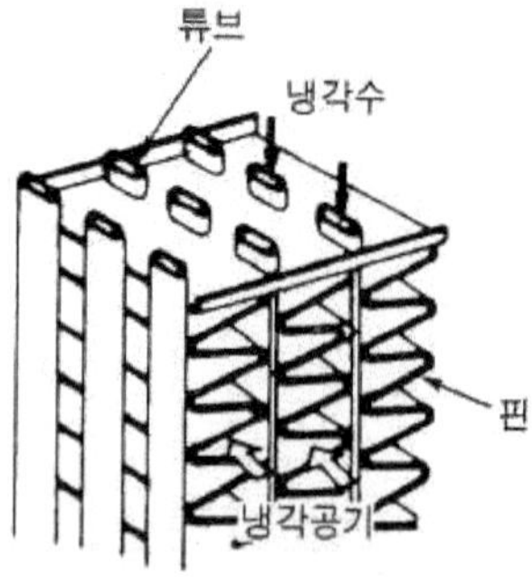

그림 6-13 코루게이트 핀

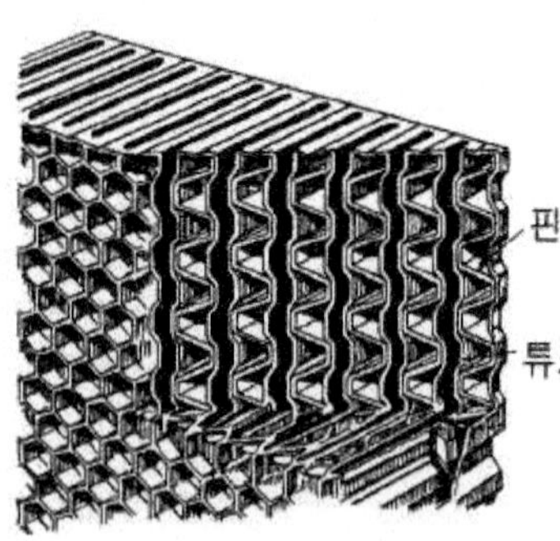

그림 6-14 리번셀룰러핀

통 1.9 kgf/㎠) 되면 열려서 보조탱크로 배출되도록 작동한다. 또한 엔진의 온도가 내려가 라디에이터 내부의 압력이 대기압 보다 낮아지게 되면 부압 밸브가 열려 보조 탱크에 있는 냉각수를 빨아들인다.

3) 라디에이터의 재질

라디에이터의 재질은 일반적으로 황동제를 많이 사용하였으나 최근의 승용차에는 알루미늄제를 많이 사용하고 있다. 황동제는 열전도성이나 강도면에서 우수한 점이 있고, 알루미늄제는 황동제에 비해 강성과 내압성이 좋으며, 특히 판의 두께를 두껍게 하여 전체의 강도를 크게 하여도 무게는 황동제의 반 이하로 줄일 수 있는 장점이 있다.

6.3.6 시라우드(Shroud)

시라우드는 라디에이터와 냉각 팬을 감싸고 있는 판으로서 공기의 흐름을 도와 냉각 효과를 증대시키고 배기다기관의 과열을 방지하는 역할을 한다.

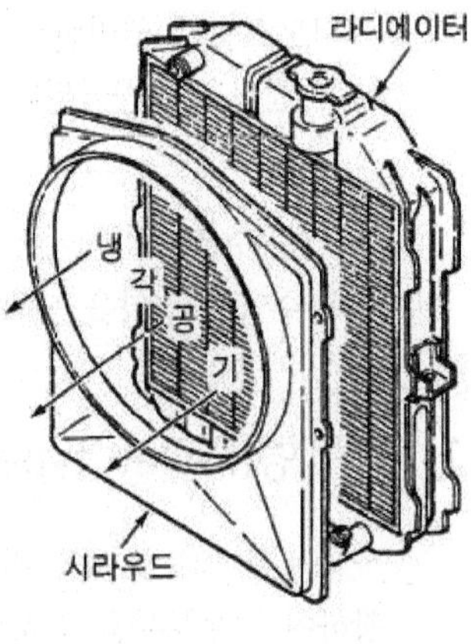

그림 6-15 시라우드

6.3.7 수온 조절기(Thermostat)

수온 조절기는 엔진과 라디에이터 사이에 설치되어 있으며 냉각수 온도 변화에 따라 자동적으로 개폐하여 라디에이터로 흐르는 유량(流量)을 조절함으로써 냉각수의 적정온도를 유지하는 역할을 한다.

수온 조절기는 차종에 따라서 다르지만 보통 75~83℃에서 서서히 열리기 시작하여 95℃가 되면 완전히 열린다. 냉각수의 온도가 낮을 때는 수온 조절기가 닫혀 있으므로 냉각수는 엔진 내부만 순환하고 온도가 어느 정도 올라가면 수온조절기가 열려 라디에이터로 흘러 들어가 냉각된다.

★ 엔진이 시동된 후 냉각수 온도가 낮을 때(워밍 업 전)

냉각수를 라디에이터로 보내지 않고 워터 펌프를 통해 엔진으로 순환시키기 때문에 빠른 워밍업을 유도한다.

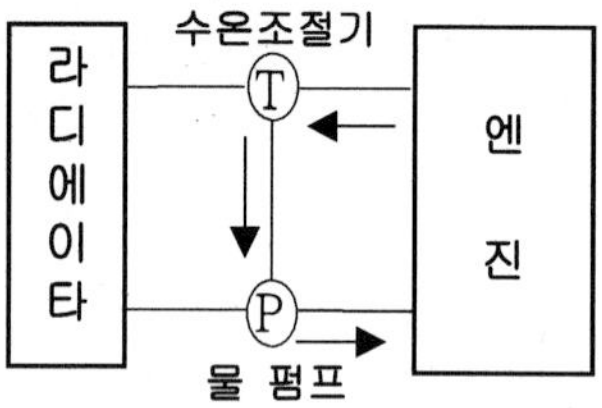

(a) 워밍 업 전의 냉각회로

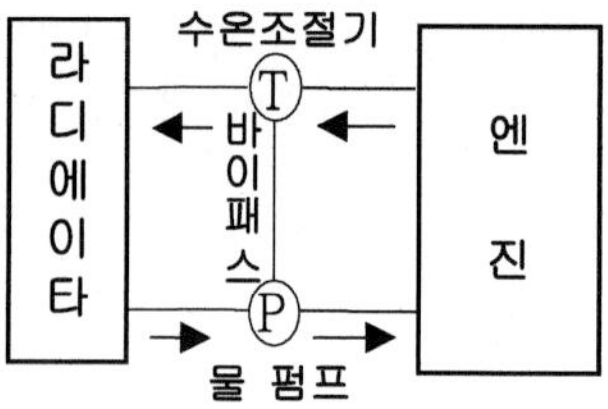

(b) 워밍 업 후의 냉각회로

그림 6-16 냉각장치의 회로구성

★ 엔진의 냉각수 온도가 어느 정도(약 80℃ 가량) 뜨거워지면

서모스탯이 열리면서 라디에이터로 흘러 들어가 냉각되고, 냉각된 물은 워터 펌프를 통하여 엔진으로 공급된다.

서모스탯(수온조절기)에는 펠릿형(pellet type)과 벨로즈형(bellows type)이 있으며 벨로즈형에 비해 수압의 영향을 덜 받아 온도를 정확히 제어할 수 있는 펠릿형을 많이 사용한다.

1) 펠릿형(Pellet type)

펠릿형 서모스탯의 작동은 수온이 규정온도(약 80℃)까지 높아지면 펠릿안의 왁스가 팽창하여 고무부분을 압축함으로써 그 중심부에 있는 스핀들을 밀어 올리려고 하나 스핀들은 케이스에 고정되어 있으므로 펠릿이 밑으로 내려가서 밸브가 열린다. 반대로 수온이 낮아지면 팽창했던 왁스가 수축되고 고무의 압축이 제거되어 펠릿은 스프링에 의해 원위치로 돌아가면서 밸브는 닫힌다.

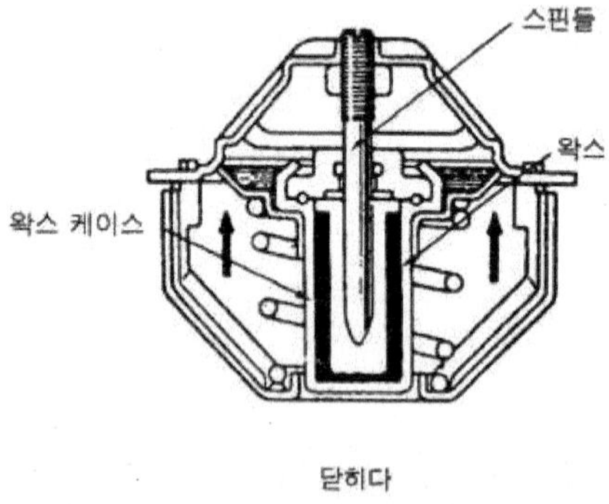

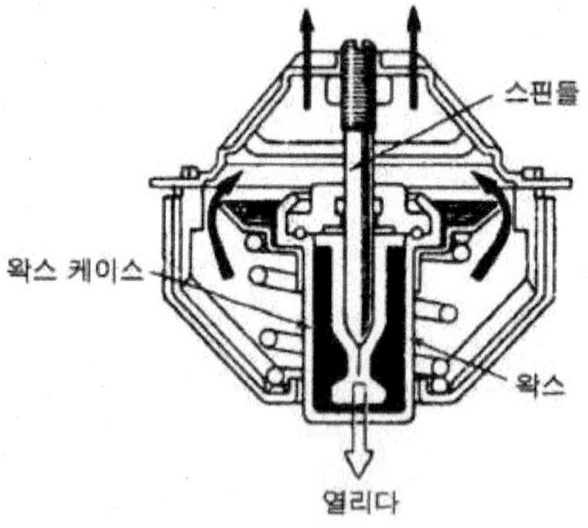

그림 6-17 펠렛형 수온조절기

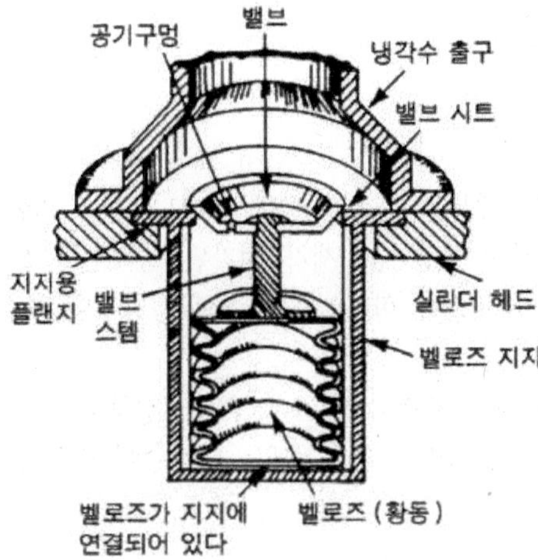

그림 6-18　벨로즈형 수온조절기

2) 벨로즈형(Bellows type)

벨로우즈 내에 에테르나 알콜을 봉입하여 냉각수의 온도에 따라 팽창 및 수축하여 밸브를 개폐한다.(그림6-18)

3) 서머스탯의 주요 역할

① 엔진의 온도를 일정하게 함으로서 엔진의 성능을 최고로 발휘시킨다.
② 과열 및 과냉을 방지한다.
③ 오일의 노화방지 및 엔진 수명을 연장시킨다.
④ 차내 난방효과를 높인다.
⑤ 냉각수의 소모를 방지한다.

6.3.8 수온계(Water temperature gauge)

수온계는 실린더 헤드의 냉각수 온도를 나타내는 것으로서 운전석 계기 패널에 설치되어 있다. 수온계는 부르동 튜브식(bourdon tube type), 밸런싱 코일식, 바이메탈 서미스터식이 있으며, 실린더 헤드에 설치되는 유닛과 계기부로 구성되어 있다.

6.3.9 냉각수와 부동액

1) 냉각수(Coolant)

수냉식 냉각장치에는 대부분 물을 사용해 왔으나 물에 의한 녹 발생 등의 문제를 해결하기 위해 부식 방지제나 동결 방지제가 첨가된 냉각수를 쓰게 되었다. 이러한 냉각수를 롱 쿨런트(long life coolant)라 하며, 특히 동결을 방지할 목적으로 쓰이는 것을 부동액이라 한다.

물은 0℃가 되면 얼어서 체적이 약 10% 정도 팽창하므로 한냉기에 라디에이터나 실린더가 파손될 경우가 있다. 따라서 겨울철에는 냉각수에 빙점이 낮은 부동액을 첨가한다.

2) 부동액(Anti freezer)

부동액에는 보통 에틸렌 글리콜에 청색 물감과 안정제, 부식 방지제 등을 넣어 물과 혼합하여 사용한다. 혼합비율은 그 지역의 최저 온도를 기준으로 하여 물과 약 40~50%로 희석하여 사용한다.

부동액을 선정할 때에는 라디에이터의 재질에 따라 선택해야 하며, 종래의 황동제에서는 일반적인 부동액을 사용했으나 알루미늄 라디에이터에서는 알루미늄 전용의 부동액을 사용해야 한다. 황동제의 라디에이터에서는 알루미늄 전용 부동액을 사용해도 무방하나 알루미늄제인 경우에는 부동액과 혼용하면 냉각계통의 부식 또는 침전물이 생기기 때문에 주의할 필요가 있다.

또한, 여름철이라고 부동액을 빼고 물만 사용하게 되면 쉽게 녹 발생이 되기 때문에 피해야 하며, 냉각수(부동액)는 2년에 1번씩 가을철에 교환하는 것이 좋다.

흡배기장치

07

7.1 흡·배기장치의 구성

기관을 작동시키려면 실린더내에 혼합기를 흡입하고, 연소 후의 가스를 배출하지 않으면 안 된다. 그림 7-1은 이것을 이루기 위한 흡·배기장치를 나타내고 있다.

흡기장치에는 흡기행정에서 공기와 함께 들어오는 먼지 등의 이물질을 제거하기 위해 기관의 흡입구에 설치된 에어클리너와 각 실린더에 혼합기를 분배하는 흡기 매니폴드(intake manifold) 등이 있다.

배기장치에는 각 실린더의 배출가스를 모으는 배기 매니폴드와 배출가스를 대기 중에 배출하는 배기파이프 및 배기 소음을 저하시키는 소음기(muffler) 등이 있다. 또 기관의 압축 및 연소행정에서 대기오염의 원인이 되는 블로바이 가스(blowby gas) 등을 방지하기 위한 배출가스 제어장치를 부착하고 있다.

7.1.1 에어클리너(Air cleaner)

에어클리너는 실린더에 흡입되는 공기 중에 포함되어 있는 불순물을 여과하여 깨끗한 공기를 공급하는 것으로서 공기를 흡입할 때 발생하는 소음을 억제하기도 하고 역화시에 불길을 저지하기도 하다.

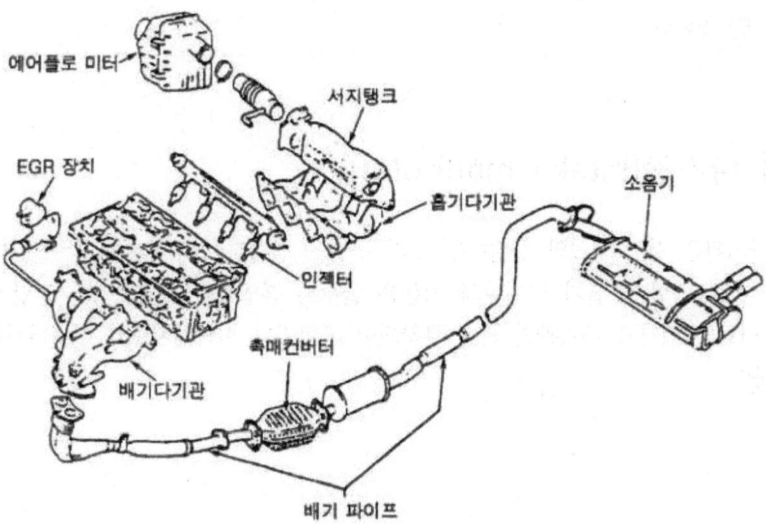

그림 7-1 흡.배기장치

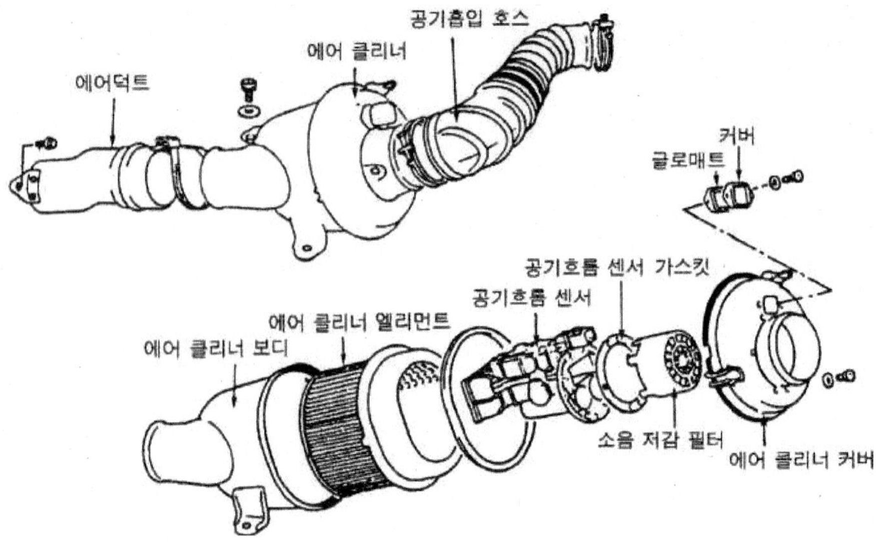

그림 7-2 에어클리너

공기속의 먼지나 모래 등이 실린더에 흡입되면 실린더와 피스톤이 마멸되며, 기관에 사용되는 오일을 오염시켜 베어링 등의 마멸을 촉진시킨다.

에어클리너는 건식과 습식이 있는데 건식은 종이나 천으로 된 엘리먼트를 사용하여 공기가 엘리먼트에 통과했을 때 먼지 등이 제거되어 흡입된다. 이에 반해 습식은 오일이 묻혀 있는 스틸 울(metal wool)이나 천으로 된 엘리먼트를 사용하여 공기가 유입될 때 오일에 접촉하여 여과되도록 한 것이다.

7.1.2 흡기 다기관(Intake manifold)

흡기 다기관은 서지 탱크와 실린더의 흡기 구멍을 연결하여 혼합기를 각 실린더에 균일하게 분배하는 역할을 한다. 흡기 다기관의 지름은 클수록 흡입효율이 양호하나 혼합기의 흐름속도가 느려 연료의 입자가 다기관의 벽에 부착되어 혼합기가 희박해지므로 실린더지름의 25~35%가 적당하다.

7.1.3 배기 다기관(Exhaust manifold)

배기 다기관은 실린더의 배기 구멍과 배기관 사이에 설치되어 각 실린더에 배출되는 가스를 한 곳으로 모으는 역할을 한다. 각 실린더에서 3~4 kgf/㎠의 압력으로 배출되기 때문에 유출 저항이나 배기의 간섭이 적어야 한다.

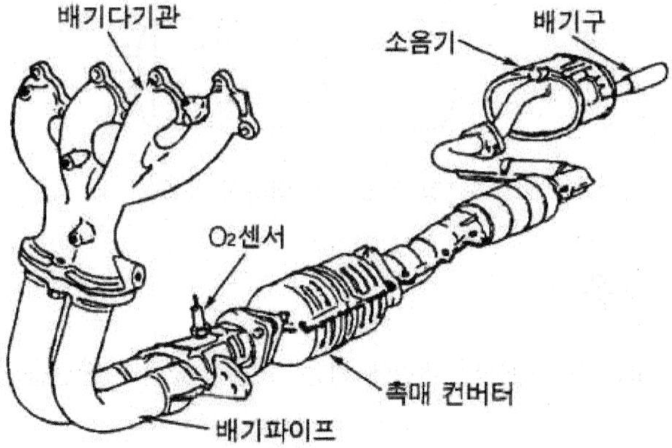

그림 7- 3 배기계통

7.1.4 소음기(Muffler)

소음기는 배기가스를 대기 중으로 배출하기 전에 압력과 온도를 저하시켜 급격한 팽창에 의한 폭음을 억제하는 역할을 한다. 소음기는 보통 1 ㎜의 강판의 원통형으로서 내부에는 작은 구멍이 뚫어진 몇 장의 판으로 칸막이가 되어 배기가스가 소음기 속으로 들어가 칸막이 판의 작은 구멍 및 배기관을 통하여 배출되면서 서서히 팽창되고 압력과 온도가 함께 저하되어 격렬한 폭음을 방지하게 된다.

배기가스의 온도는 600~900℃ 정도이며 음속 340 m/sec에 달한다. 그러므로 소음기 체적은 피스톤 행정체적의 약12~20배 정도가 좋고 그 종류는 칸막이 판의 형식에 따라 원통형, 차단판식, 이젝터식이 있다.

1) 원통형 소음기

이것은 3개의 원통을 동심이 되도록 조합한 것이며 중앙에 들어간 배기가스는 작은 구멍을 통하여 바깥쪽으로 원통으로 나와 다시 외곽에 있는 원통으로 나가며 이때 배기가스의 압력과 온도가 저하되게 한다.

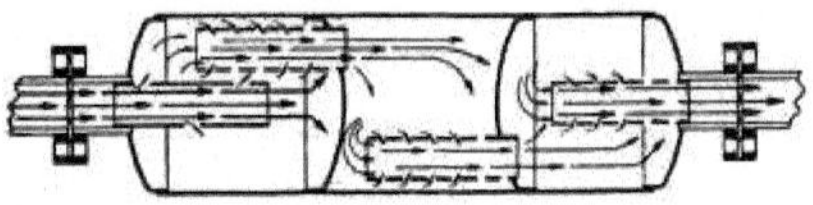

그림 7-4 원통형 소음기

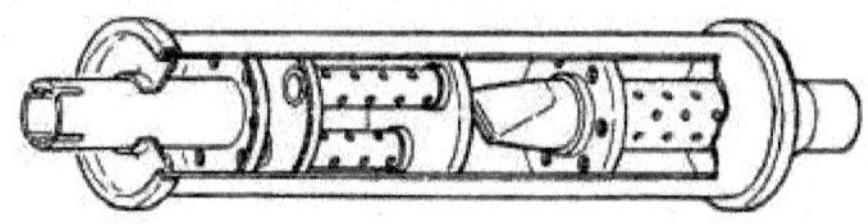

그림 7-5 차단판식 소음기

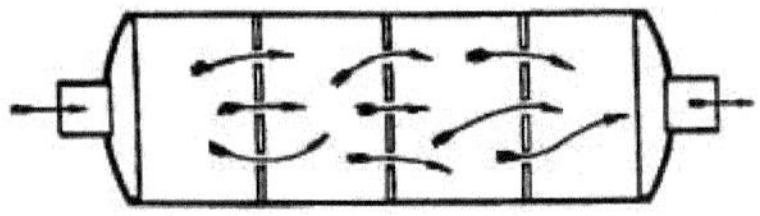

그림 7-6 이젝터식 소음기

2) 차단판식 소음기

차단판식 소음기는 원통의 내면에 작은 구멍이 뚫린 차단판을 설치하여 칸막이를 한 형식이다.

3) 이젝터식 소음기

이 형식은 칸막이 중심에 작은 관을 설치하여 배기가스가 중심관을 통과 할 때 발생되는 부압으로 팽창실의 배기가스를 빨아내기 때문에 팽창 압력이 낮아지도록 하게 한다.

7.2 터보차저와 가변용량제어 터보차저(VGT)

7.2.1 터보차저의 개요

일반적으로 터보차저(trubo charger)는 과급기라고도 하는데, 엔진의 배기가스를 이용하여 터빈을 구동하면 동일한 축상에 있는 압축기(임펠러)에 돌려 공기를 압축하여 보다 많은 공기를 엔진 실린더에 공급하는 것이다.

터보장착 엔진은 엔진의 소형화, 저연비, 경량화 및 배기규제를 출력의 손실 없이 대응할 수 있는 장점 때문에 디젤엔진의 신개발에서는 거의 필수적으로 적용되고 있다. 터보 인터쿨러 엔

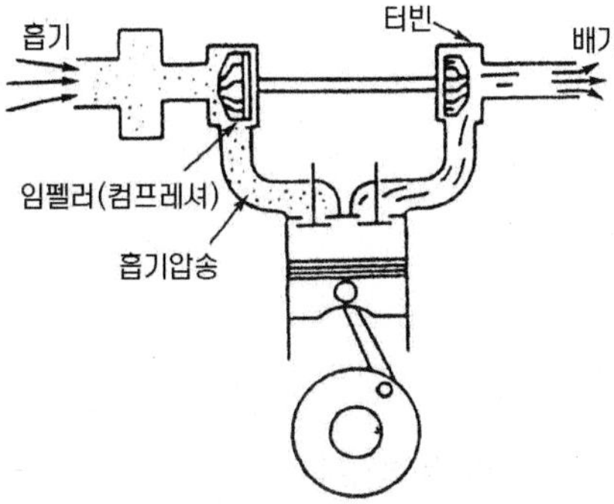

(a) 터보차저 작동원리(1)

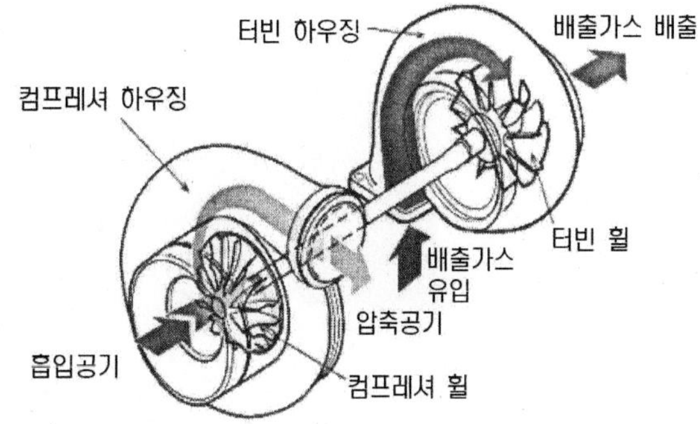

(b) 터보차저 작동원리(2)

그림 7-7 터보차저의 작동

진은 자연 흡기식 엔진에 비하여 약 35~45%의 출력이 향상되기 때문에 열부하와 기계적 부하의 증가에 대한 신뢰성 확보가 요구된다.

터보차저는 인터쿨러(intercooler)와 주로 함께 사용된다. 인터쿨러는 터보차저에 의해서 가압된 흡입공기는 폐쇄된 공간에서 압축되기 때문에 공기의 온도는 상승된다. 상승된 공기온도는 부피를 팽창시켜 실린더에 압축시켜 불어넣을 수 있는 공기의 양을 한 제한시키기 때문에, 인터쿨러는 과급으로 온도가 상승된 압축공기를 냉각시켜 공기의 밀도를 올리는 장치이다.

터보차저의 변천은 일반엔진(NA) → 터보차저(TC) → 터보+인터쿨러(TCI) → 가변용량터보차저(VGT)로 발전하고 있다.

7.2.2 터보차저의 구조

터보차저의 주요 구성품으로서는 압축기, 터빈, 플로팅 베어링, 과급압력 조절장치, 인터쿨러, 노킹 방지장치 등으로 되어 있으며 압축기, 터빈, 플로팅 베어링은 일체 구조로 되어 있다.

1) 압축기(Compressor)

원심식을 사용하며 고속으로 회전하여 공기를 가압하는 임펠러(impeller)의 흐름속도가 빠를 때 감속하여 속도 에너지를 압력 에너지로 바꾸는 디퓨저(diffuse)가 있으며, 이 부품을 넣는 하우징으로 구성된다. 임펠러의 모양에 따라 직선으로 형성된 레디얼형은 디젤기관에, 나선형으로 된 백워드형은 가솔린기관에 적합하다.

(a) 터보차저 형상

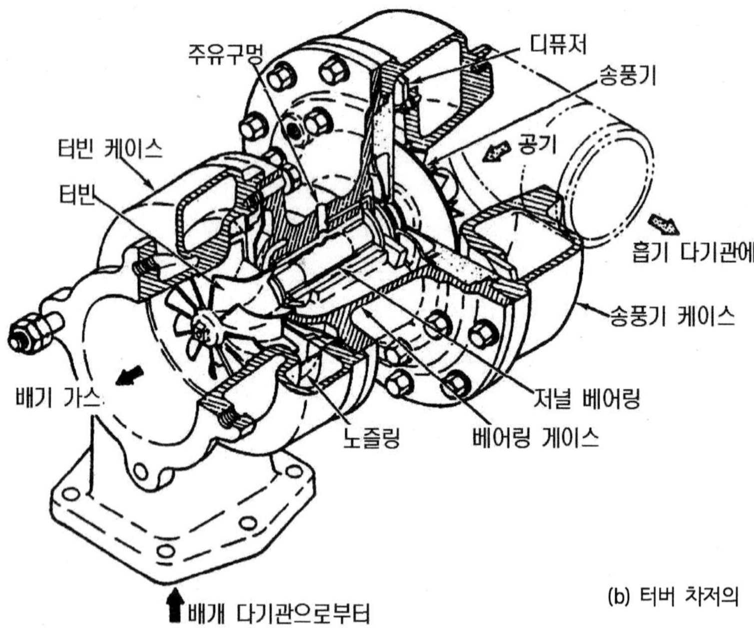

(b) 터버 차저의 구조

그림 7-8 터보차저의 구조와 원리

2) 터빈(Turbine)

터빈은 배기쪽에 설치된 날개로서 배기가스의 압력에 의하여 압축기를 회전시키는 역할을 하며, 배기가스에 노출되고 고속으로 회전하기 때문에 열에 강하고 원심력에 대한 충분한 강도가 있어야 한다.

기관이 작동될 때 각 실린더의 배기 밸브를 통하여 배출되는 배기가스는 터빈의 하우징

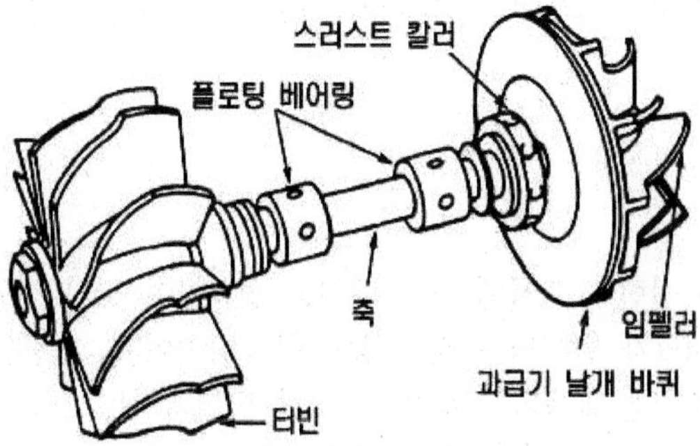

그림 7-9 터빈과 임펠러

안에서 바깥 둘레로부터 터빈의 날개와 접촉되어 회전시키고 배기관을 통하여 배출된다. 이때 흡입쪽에 설치된 임펠러가 동일 축에 설치되어 있기 때문에 회전하게 되어 공기를 과급하게 된다.

3) 플로팅 베어링(Floating bearing)

플로딩 베어링은 고속으로 회전하는 터빈축을 지지하는 베어링으로서, 터빈축의 미세한 언발란스(unbalance)을 흡수하고, 또 엔진오일을 순환시켜 윤활 및 냉각작용을 한다. 플로팅 베어링은 기관으로부터 공급되는 오일로 충분히 윤활되므로 하우징과 축 사이에서 자유롭게 회전할 수 있다.

4) 과급 압력 조절기

이것은 과급 압력이 규정값 이상으로 상승되는 것을 방지하는 역할을 한다. 과급 압력을 조절하지 않게 되면 허용 압력 이상으로 상승되어 기관이 파손되므로 과급압력을 조절하여야 한다. 압력을 조절하는 방법으로는 배기가스를 바이패스 시키는 방법과 흡입되는 공기를 조절하는 방식이 있다.

5) 인터쿨러(Intercooler)

인터쿨러는 인펠러와 흡기 다기관 사이에 설치되어 과급된 공기를 냉각시키는 역할을 한다. 과급된 공기는 온도가 상승하고 공기 밀도의 증대비율이 감소하여 충전효율이 저하되거나 노킹을 일으키기 쉽다. 그래서 과급된 공기의 온도를 낮추려고 한 것이 인터쿨러이다. 인터쿨러는 라디에이터와 비슷한 구조로 설계하여 주행 중 받는 공기로 냉각시키는 공랭식과 냉각수를 이용하여 냉각시키는 수냉식이 있다. 승용차용 터보에서는 공랭식이 주로 사용된다.

6) 노킹 방지장치

노킹 방지장치는 실린더 블록에 노크 센서를 설치하여 노킹 진동이 발생되면 점화시기를 느리게 조절하여 노크가 발생되는 것을 방지하는 장치이다. 노킹은 과급 압력이 높거나 흡기 온도가 높을 경우에 발생되기 쉬우며, 노킹 방지장치는 6~8 Khz의 진동을 감지하는 노크 센서, 노크 조절 장치, 진각 제어부분으로 구성되어있다.

7.2.3 과급기의 장단점

1) 장점

① 엔진을 소형 경량화를 시키면서 엔진출력을 증가(N/A대비 40%증가)시킴
② 고지에서 파워저감을 방지하고 노이즈 절감
③ 연비향상과 운전성 향상
④ 배기가스 저감 및 NO_X 의 감소 효과

2) 단점

① 엔진의 강도 저하
② 구동계의 내구성 저하
③ 노킹발생 우려

7.2.4 가변용량 제어 터보차저(VGT)

1) 개요

일반 터보차저의 경우 배기 가스량이 적고 유속이 느린 저속구간에서는 터보차저의 효과가 발휘할 수 없어 터보래그(Turbo lag) 현상이 발생한다. 터보래그 현상이란 액셀 페달을 밟아 가속할 때 실린더에 흡입되는 공기량이 단숨에 증가하지 않고, 터빈 휠이 하나의 저

향으로 작용해 엔진의 연소과정이 진행되면서 필요한 양의 공기가 실린더에 들어오기까지 시간이 걸리는 지연현상이다. 특히, 급발진 가속 및 천천히 주행하고 있는 상태에서 가속 시에 나타나는 현상이다.

따라서 터보차저는 이 터보래그를 작게 할 목적으로 터빈 휠에 불어넣는 배기가스 속도를 올리는 것이 고려되었다. 배기가스가 지나가는 통로를 작게 하면 동일 배기량으로 가스는 빠르게 분출되므로 터보래그는 작게 된다. 그러나 엔진회전수에 상관없이 배기 통로를 좁히면 최고출력은 작아지는 문제점이 발생한다.

이러한 문제점을 개선하기 위해 개발된 것이 가변용량터보차저(VGT : Variable Geometry Turbo Charger)이다. VGT는 저속구간에서 배출가스의 통로를 좁힘으로써 배출가스 속도를 증가시켜 터빈을 빠르게 구동할 수 있어 기존의 터보차저 작동구간보다 저속영역에서도 터보차저의 효과를 발휘할 수 있도록 한 것이다. 따라서 흡입되는 공기량을 전 운전영역에서 효과적으로 사용할 수 있다. 따라서 VGT는 터빈입구를 면적을 가변시키는 방식으로 동일조건에서 기존 터보차저보다 약 10% 이상 엔진 출력 향상효과가 있다.

그림 7-11에서 보는 바와 같이 일반 터보차저는 111 PS / 4000 rpm 인데 반해 VGT는 125 PS / 4000 rpm 으로 최대 출력이 12.6% 향상되었음을 볼 수 있다. 토크는 2000 rpm 에서 약 14% 정도 향상되었고, 연비는 일반 주행구간인 1000~3000 rpm 사이에서 약 8% 정도 향상됨을 알 수 있다.

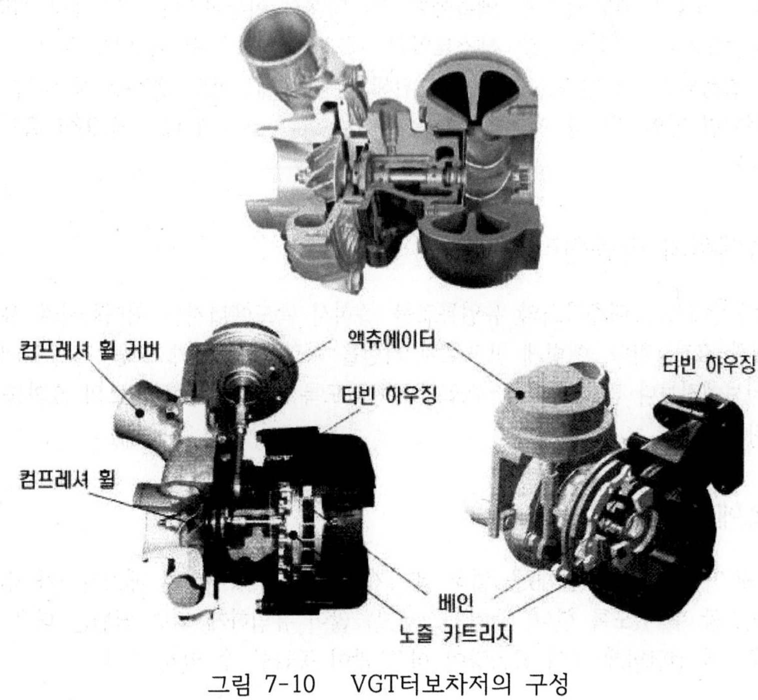

그림 7-10 VGT터보차저의 구성

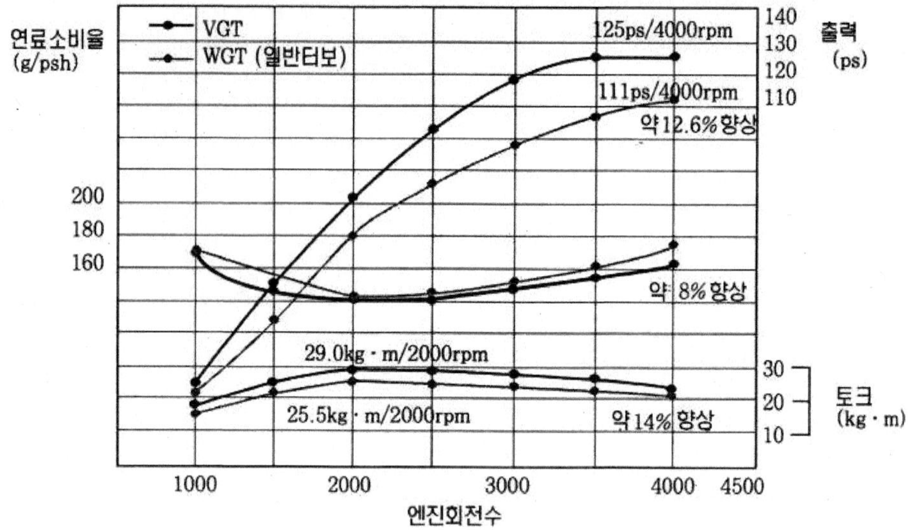

그림 7-11 일반터보엔진과 VGT엔진의 성능곡선

2) VGT 작동원리

VGT의 작동은 베인 컨트롤 엑츄에이터에 의해서 이루어진다. ECU에서 여러 가지 입력 요소(엔진회전수, 액셀 페달값, 부스트압력, 냉각수온, 차속 등)에 의해 목표로 하는 부스트 압력이 결정되고, 이 압력을 형성하기 위해 진공 솔레노이드 밸브를 작동시킨다. 진공압력이 형성되면 베인 컨트롤 엑츄에이터가 당겨져 VGT 내부의 베인(날개)이 움직이고 유로가 변경된다.

(1) 저속에서의 작동원리

저속구간에서는 배출가스의 유입통로를 좁혀서 속도에너지를 최대화시켜 유속을 빠르게(밴튜리관 효과) 한다. 이렇게 함으로써 터빈을 빠르고 힘 있게 구동시킴으로써 저속에서도 일반 터보엔진보다 많은 공기를 흡입할 수 있도록 하여 충분한 터보의 효과를 낼 수 있도록 한다.

(2) 고속에서의 작동원리

고속구간에서는 베인(날개)을 넓혀 배기가스 유로를 확대하여 배기가스가 많은 운동에너지를 전달할 수 있도록 한다. 배기가스 량을 많이 유입하게 되면 터빈은 더욱 커진 에너지로 압축기에 전달하게 되어 공기량이 더욱 많이 공급할 수 있게 된다.

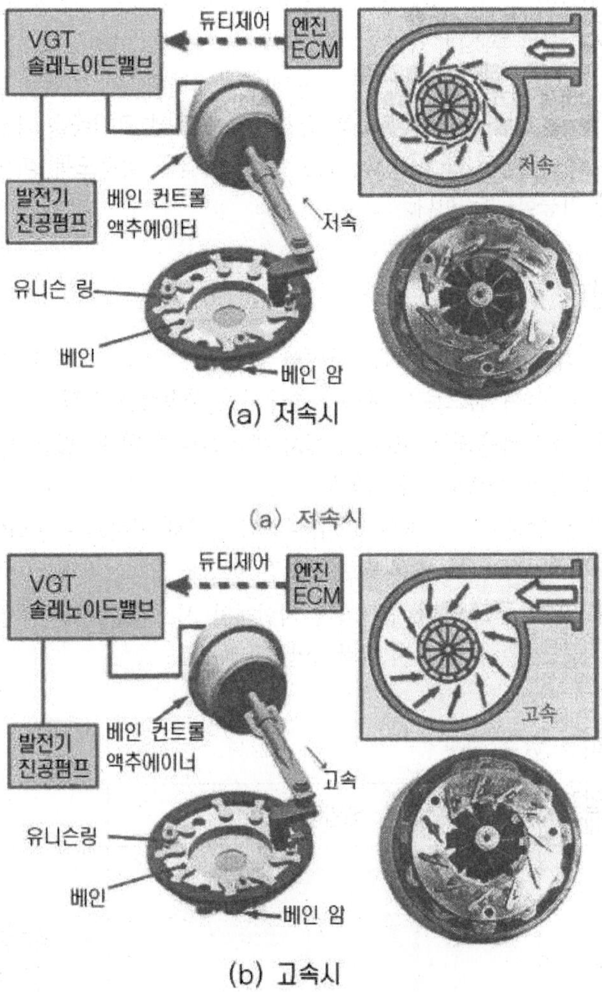

그림 7-12 VGT의 작동

(3) VGT 제어

ECU는 엔진회전수, 액셀 페달값(APS), 대기압센서, 흡기온도센서, 수온센서, 차속센서 등의 값을 참조하여 목표 흡입공기 압축 압력 값을 계산한다. 그리고 터보차저에 의해 압축된 공기의 압력을 부스터센서를 통해서 확인하면서 목표 압력이 되도록 VGT 콘트롤 액츄에이터를 듀티 제어한다. 또한 진공펌프를 통해서 연결된 진공을 VGT 액츄에이터에 적용하여 터보차저의 베인을 조절하여 배기가스의 유로면적을 조절한다.

ECU는 솔레노이드밸브를 300 Hz의 주파수와 듀티값으로 제어함으로써 베인 컨트롤 액추에이터를 구동하여 부스터 압력을 제어한다. 그것으로 인해 엔진의 최대성능을 얻을 수 있다. 특이한 것은 부스터 압력센서가 적용된다는 것인데, 이 센서는 흡입다기관 상부에 장착되어 유입되는 공기의 압력과 온도를 측정하여 ECU에 공기량을 계산하는데 필요한 데이터로 활용한다. 또한 ECU가 목표로 하는 부스트압력을 맞추도록 피드백제어에 의해 보다 정밀한 제어가 가능하도록 한다.

(4) VGT 엔진의 장점

① 배기가스가 적게 배출되는 저속구간에서 배기유로를 축소, 빠른 속도의 배기가스가 터빈의 구동력을 높여 줌으로써 토크가 증대되어 가속성능 향상

② 배기가스가 많이 배출되는 고속구간에서 배기유로를 확대, 많은 양의 배기가스가 터빈의 구동력을 높여 줌으로써 출력향상

③ 배기유로 정밀제어를 통해 저속 및 고속 전구간에서 터빈의 구동력이 증대, 충분한 공기흡입으로 최적 연소가 이루어지므로 불완전 연소를 감소시켜 매연 및 배기가스가 저감

④ VGT에 의해 최적 제어된 흡입공기에 커먼레일 시스템을 통한 고압연료가 분사되어 최적 연소조건을 실현시킴으로써 대폭적인 연비향상

표 7-1 엔진부하에 따른 VGT 작동

엔진상태	부스트 압력 액추에이터	베인통로	비고
저속 영역	당김	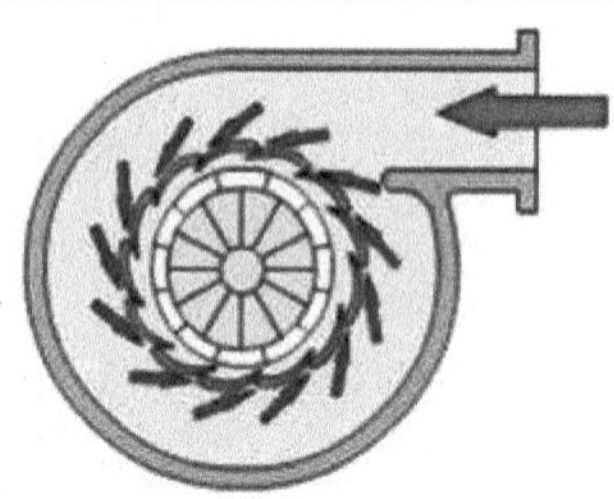	• 배기유로 축소에 의해 속도에너지 최대화 • 최대토크 5~15%향상
고속 영역	풀림	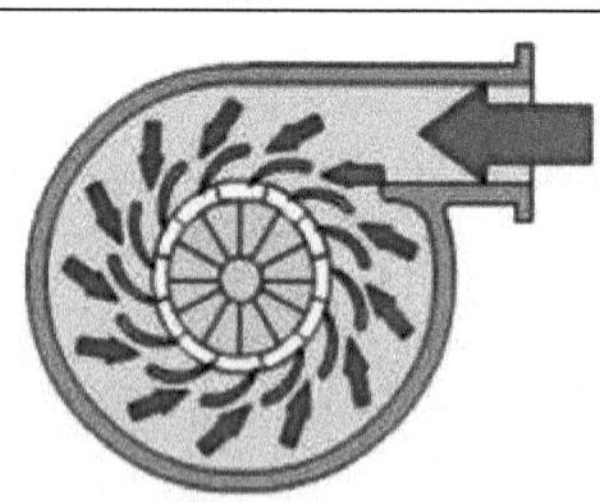	• 배기유로 확대에 의해 배기유량 최대화 • 최고출력 10~15% 향상

7.2.5 슈퍼 차저(Surer charger)

슈퍼 차저는 크랭크축의 동력으로 기계식 펌프를 작동시켜 과급하는 것으로 엔진 출력 일부를 크랭크축에서 얻어 벨트로 슈퍼 차저용 클러치를 통해 누에고치용 로터를 회전시켜 과급하는 것으로 구성 및 구조는 그림 7-14과 같다.

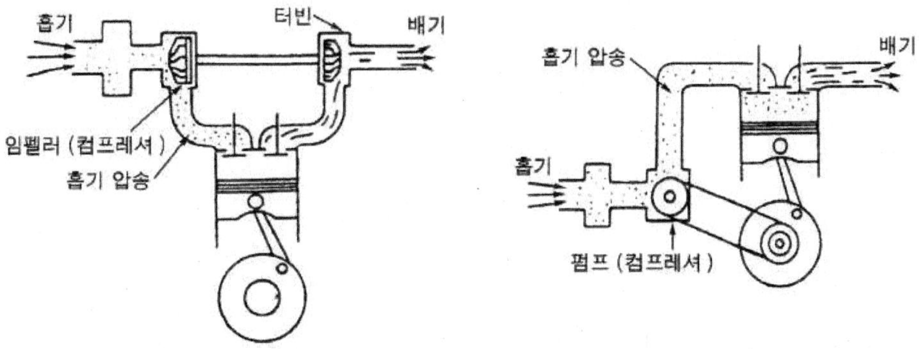

(a) 터보차저 (b) 슈퍼차저

그림 7-13 터보차저와 슈퍼차저

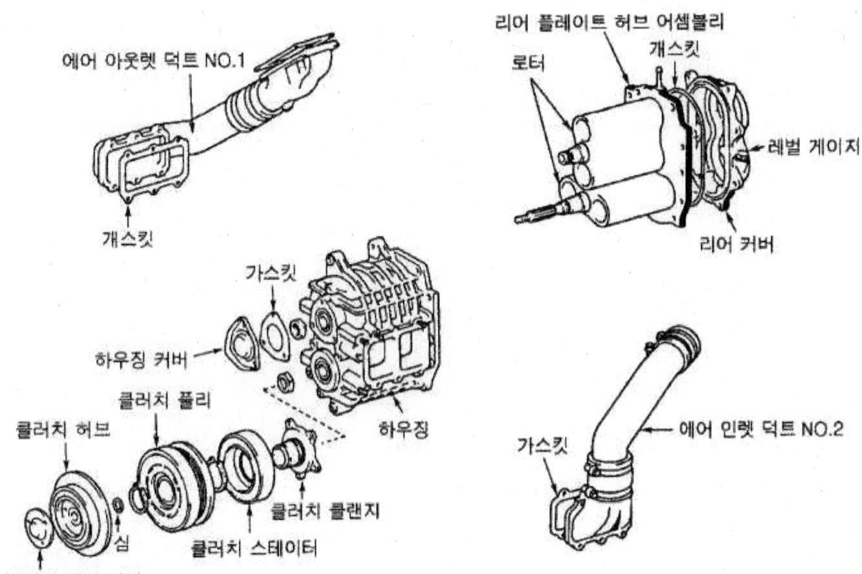

그림 7-14 슈퍼차저의 구성

슈퍼 차저용 클러치의 ON, OFF제어는 컴퓨터로 하며 엔진의 부하가 작을 때 클러치는 OFF되어 연비와 소음을 감소하고 부하가 커지면 클러치는 ON으로 되어 저속 및 중속에서 엔진의 회전력을 증대한다. 슈퍼차저는 터보차저에 비하여 저속회전에서 큰 회전력을 얻을 수 있는 특징이 있다.

7 연습문제

1. 자동차 윤활유의 6가지 작용에 대하여 설명하라.

2. 윤활장치의 구성부품과 역할에 대하여 간단히 기술하라.

3. 윤활유가 갖추어야 할 조건에 대하여 기술하라.

4. 윤활유의 분류 중 API분류와 SAE신분류를 나누어서 설명하라.

5. 기관이 과열되었을 때와 기관이 냉각되었을 때 기관에 미치는 영향에 대하여 설명하라.

6. 자동차의 냉각장치 중 수온조절기의 기능과 역할에 대하여 설명하라.

7. 엔진의 과급기인 터보차저와 슈퍼차저에 대하여 기능을 설명하라.

8. 터보차저의 구성부품과 역할에 대하여 설명하라

9. 가변용량터보차저(VGT)에 대하여 설명하라

가솔린기관

08

8.1 가솔린기관의 연료계통

연료와 공기를 혼합하여 실린더에 공급하는 장치를 연료 공급장치라고 한다. 가솔린기관의 연료 공급장치는 기화기식(carburetor)식인 경우 연료 탱크, 연료 파이프, 연료 여과기, 연료 펌프, 기화기와 에어클리너 등으로 구성되어 있고, MPI(Multi Point Injection)식인 전자제어 연료 분사방식인 경우는 기화기 대신에 인젝터, 연료 펌프, 연료 분배파이프, 서지 탱크, 연료 압력조정기, 스로틀보디 및 이들의 제어를 위한 각종 센서인 전자제어 장치 등이 추가되어있다.

기화기식 연료 공급장치와 전자제어식 연료 분사장치에 대하여 나누어서 기술 하겠다. 기화기식 가솔린기관의 연료계통은 다음과 같다.

연료 탱크 → 연료 휠터 → 연료 펌프 → 기화기 → 흡기 다기관 → 연소실

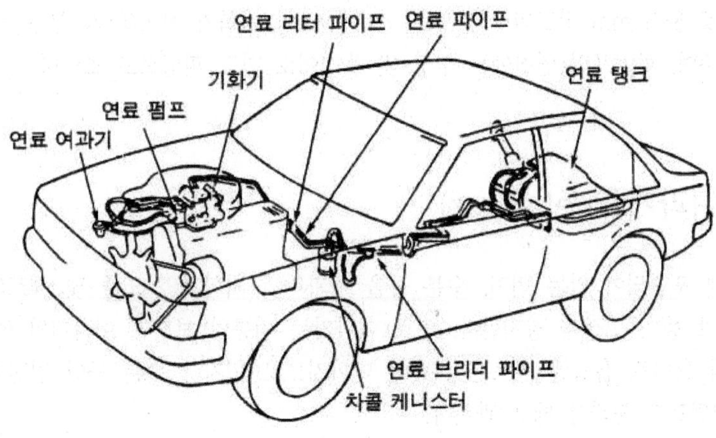

그림 8-1　연료 장치

8.2 연료장치의 구성부품

8.2.1 연료 탱크(Fuel tank)

일정 주행에 필요한 연료를 저장하는 것으로 탱크의 용량은 1일 주행에 소모되는 량을 기준으로 한다. 연료 탱크는 여과망이 내장되어 있는 연료 주입구, 연료를 연료 장치에 공급하는 통로인 연료 파이프, 과잉의 연료가 되돌아오는 리턴 파이프, 연료의 잔량을 표시하는 탱크 유닛, 탱크 내에 부압이 형성되지 않도록 하기 위한 브리더 파이프(breather pipe)등으로 구성되어 있다. 또한 운행 중 출렁임을 방지하기 위한 배플판이 설치되어 있다.

8.2.2 연료 파이프

연료통로로 5~8 mm 정도의 직경으로 연료 탱크와 기화기 사이의 각 부품을 연결하여 연료를 공급해 주며, 파이프의 연결에는 구형 및 플레어로 하고 피팅으로 조인다.

8.2.3 연료 여과기(Fuel filter)

연료 속에 포함되어 있는 먼지, 수분 등을 여과하여 기화기의 노즐 및 제트의 막힘이나 연료 펌프 밸브 등의 고장을 방지한다. 연료 여과기는 원통의 보디에 여과지의 엘리먼트로 구성되어 원통의 보디로 흡입된 연료는 유속이 낮아지므로 먼지나 수분 등이 침전되고 미세한 불순물은 엘리먼트를 통과할 때 여과된다.

8.2.4 연료 펌프

연료 탱크의 연료를 빨아들여 기화기에 압송하는 것으로 캠축의 편심륜에 의해서 작동되는 기계식 연료 펌프와 전자제어식 연료 분사장치에서 직류 모터를 작동시켜 연료를 송출하는 전동식 연료 펌프가 있다.

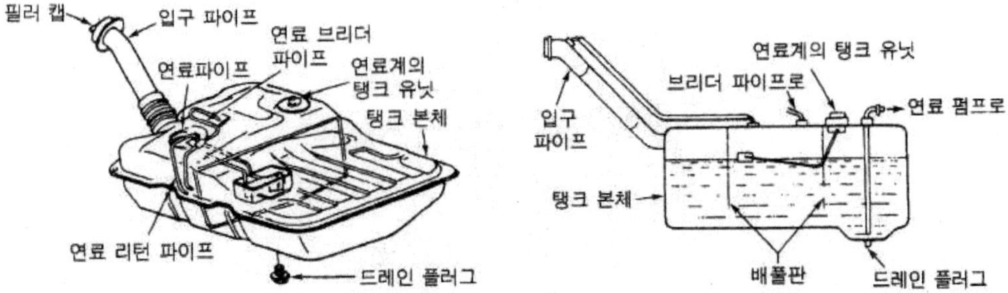

그림 8-2 연료 탱크

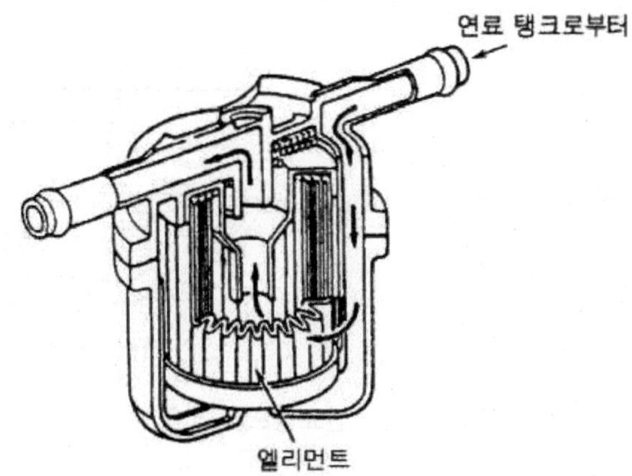

그림 8-3 연료 여과기

1) 기계식 연료 펌프

기관이 회전하여 캠축의 편심륜이 레버를 밀면 푸시로드가 내려오고 다이어프램이 내려와 연료를 흡입하며, 캠이 회전하여 레버가 리턴되면 푸시로드가 다이어프램 스프링에 의해 리턴되면서 연료가 압송된다.

2) 전동식 연료 펌프

전동식 연료 펌프는 축전지 전원을 공급 받아 회전하는 DC 모터에 의해서 작동되는 것으로 연료 펌프는 연료 탱크 밖에 부착되는 것과 탱크 내에 부착되는 것이 있는데 현재에는 탱크 내에 부착되는 예가 많다. 이것은 연료 펌프의 소음을 억제하고 베이퍼록 현상을

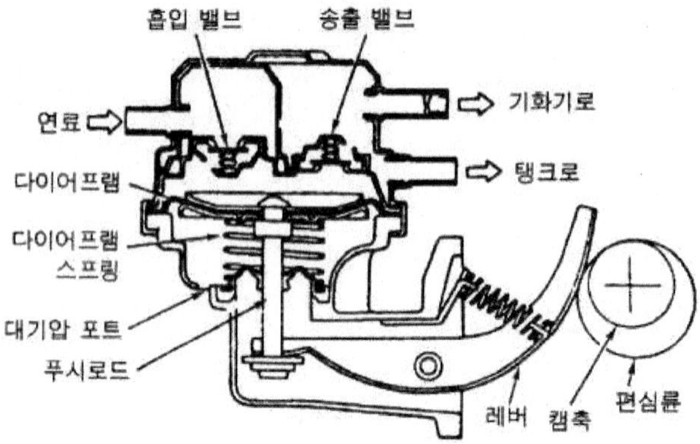

그림 8-4 기계식 연료펌프의 구조

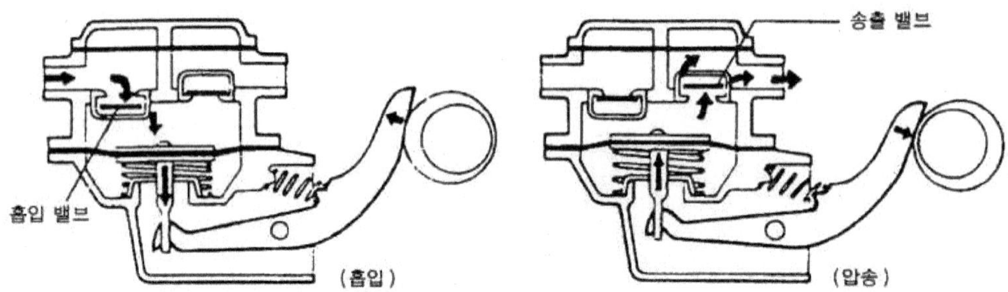

그림 8-5 연료펌프의 작동

방지하기도 하며 기동 토크가 적고 회전 능률이 높기 때문에 높은 송출 압력을 얻을 수 있다. 양자 모두 페라이트식 모터로 펌프작용을 하게 되어 있으며, 펌프의 구조가 약간 다르다.

① 연료 탱크 밖에 부착되는 연료 펌프(외장형)

이 연료 펌프는 페라이트식 모터가 로터를 회전시키는 것에 의해 연료를 흡입하여 모터 내부를 연료가 통과, 체크 밸브를 거쳐 송출시킨다. (그림8-6)

연료의 압송작용은 로터가 회전하면, 롤러가 원심력에 의해 펌프 스페이스의 안쪽 벽에 따라 이동하여, 이들 부품에 싸여진 부분의 체적이 변화되는 것에 의해 연료를 흡입, 송출한다. (그림 8-7)

펌프에서 송출된 연료는 모터의 전기자 주위를 통하여 체크밸브를 밀어서 열고 사일런스부를 거쳐 연료라인으로 송출된다.

사일런스(silencer)는 연료 펌프에서 송출된 연료의 압력 변화(맥동)와 송출음을 다이어프램의 움직임으로 흡수하는 것이다.

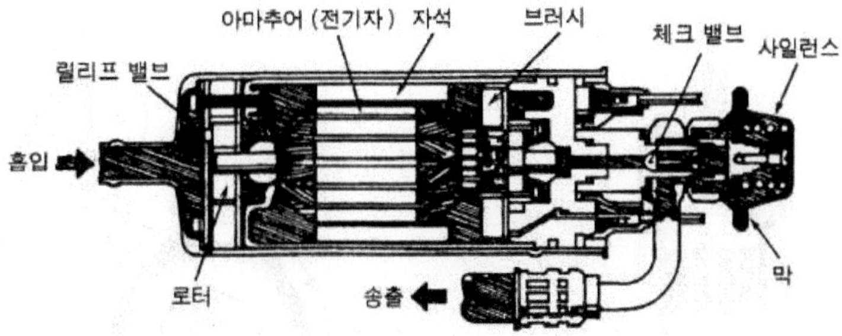

그림 8-6 연료펌프

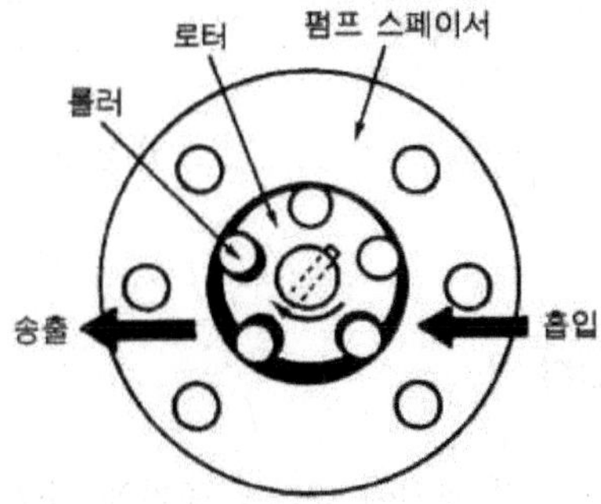

그림 8-7 펌프의 흡입, 송출작용

체크 밸브(check valve)는 기관의 정지로 인하여 연료 펌프가 정지되면 밸브 스프링에 의해서 닫혀 연료의 역류를 방지하고 연료 라인에 잔압을 유지시켜 연료 계통의 온도 상승에 의한 베이퍼 로크 현상을 방지한다.

릴리프 밸브(relief valve)는 연료의 송출 압력이 4.5~6.0 kgf/㎠ 되면 밸브가 열려 압력이 과도하게 상승되는 것을 방지하는 역할을 한다.

② 연료 탱크 내에 부착되는 연료펌프(내장형)

이 연료 펌프는 연료 송출작용을 날개 바퀴(impeller)에 의하고 있다. 모터의 회전과 함께 날개차가 회전하면 날개차의 바깥둘레에 만들어져 있는 날개차 홈이 연료를 압송하 는 작용을 하여 가압된 연료가 체크밸브를 거쳐 연료라인으로 송출된다. 이 형식은 로터식 펌프에 비하여 송출 맥동이 적고, 소음이 적어 사일런스가 불필요하기 때문에 이 분량만큼 소형, 경량화할 수 있다. 그림 8-8은 탱크 내장형 연료 펌프를, 그림 8-9은 연료의 압송작용을 보여주고 있다.

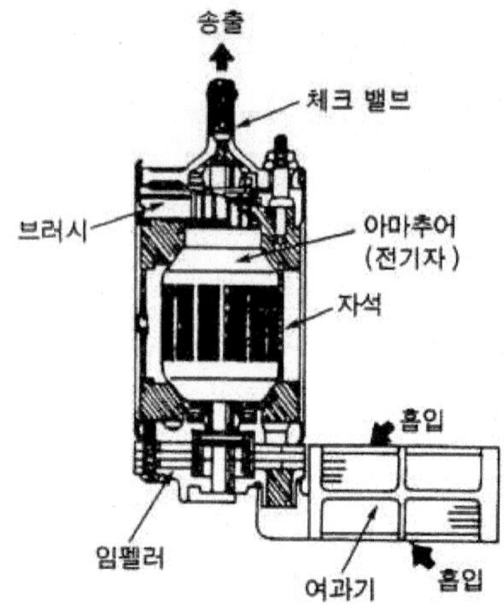

그림 8-8 연료 펌프

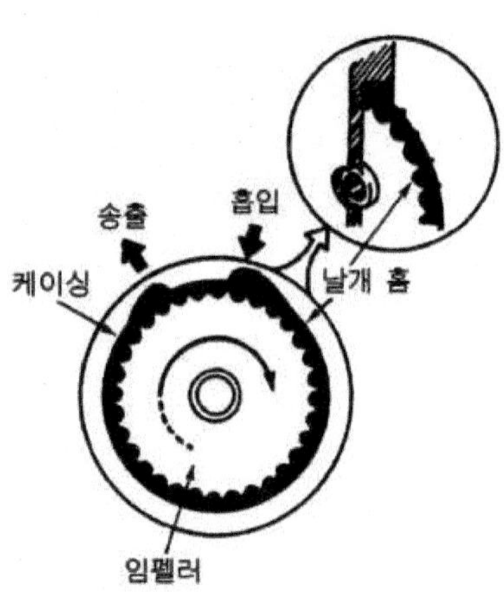

그림 8-9 연료의 압송작용

8.2.5 기화기(Carburetor)

기화기는 기관이 요구하는 운전 조건에 따라서 공기와 연료를 혼합하여 미립화하여 실린더에 공급하는 것으로서 베르누이의 원리를 응용하였다. 여기서 베르누이 원리 (principle of Bernoulli)이란 유체가 정상적으로 흐를 때 어떤 부분의 유체압력(P), 유체의 밀도(ρ), 유체속도(V)사이의 관계는 $P+\frac{\rho V^2}{2}+\rho gz=constant$ 하다는 것이다. 즉, 벤튜리관을 흐르는 유체가 단면적이 큰 곳과 작은 곳의 흐름에 있어서 단면적이 큰 곳은 유체의 흐름이 느리고 압력이 높으며, 단면적이 작은 곳은 유체의 흐름속도는 빠르나 압력이 낮다. 이와 같이 속도와 압력은 일정한 관계가 있는 것을 베르누이 정리라 한다.

피스톤이 흡입행정시에 하강되면서 발생되는 진공과 대기압에 의해서 공기가 실린더에 흡입될 때 벤튜리 관에서 가솔린이 빨려나와 미립자가 되고 일부는 기화되면서 실린더에 공급하게 된다.

벤튜리 관을 이용하여 가솔린을 흡입하여 흡기다기관에 내 보낼 때에는 단면적이 큰 곳에서 작은 곳으로 공기를 보내면 단면적이 적은 곳에서는 압력이 낮아지고 동시에 노즐내의 압력도 낮아진다. 따라서 가솔린 유면에는 대기압이 작용하여 노즐에 연료를 밀어 올리는 작용도 하기 때문에 유속이 빠른 공기로 인하여 비산(飛散)되어 공기와 함께 혼합되어 실린더내로 들어가게 된다.

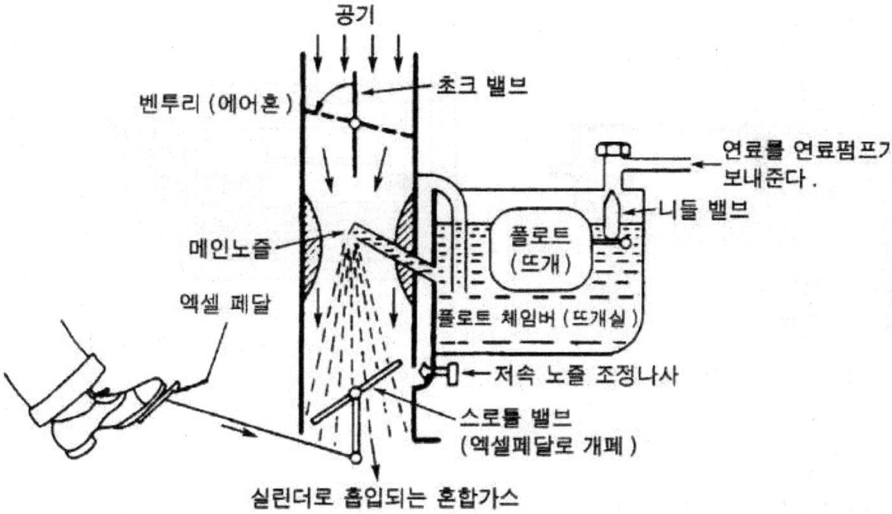

그림 8-10 기화기의 원리

1) 기화기의 구조

기화기의 구조는 벤튜리 관, 제트, 뜨개실, 스로틀 밸브, 초크 밸브 등으로 구성되며 기능은 다음과 같다.

① 초크 밸브 : 에어혼에 들어오는 공기량을 조절하는 곳
② 스로틀 밸브 : 실린더내에 들어가는 혼합기를 조절하는 곳
③ 뜨개실 : 연료의 유면을 항상 일정하게 유지하는 곳
④ 제트 : 연료의 양을 개량하는 곳
⑤ 벤튜리관 : 유속을 빠르게 하여 뜨개실 내의 연료를 유출하는 곳
⑥ 혼합기 조정 나사 : 공전 포트에 설치되어 기관이 공회전 상태에 있을 때 혼합 기의 농도를 조정하기 위하여 연료의 공급량을 제어하는 나사로서 조정 스크루를 조이면 혼합기가 희박해지고 조정 스크루를 풀면 혼합기가 농후해 진다.
⑦ 공전 조정 나사(idle adjusting screw) : 스로틀 밸브의 개도량을 조정하는 나사로서 기관이 공전 상태에 있을 때 스로틀 밸브를 어느 정도 열어 놓는가를 조절하는 것으로 나사를 조이면 기관의 회전 속도가 상승하고 조정나사를 풀면 기관의 회전 속도가 저하된다. 공전 조정 스크루는 스로틀 밸브의 개도량을 조절하는 것이기 때문에 스로틀 조정 나사라고도 한다.

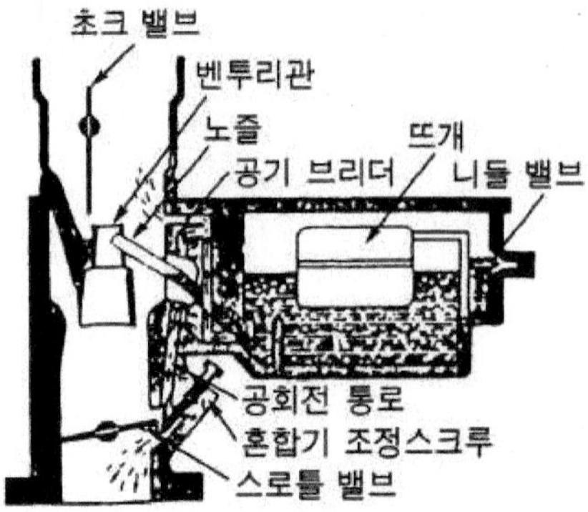

그림 8-11　기화기의 기본구조

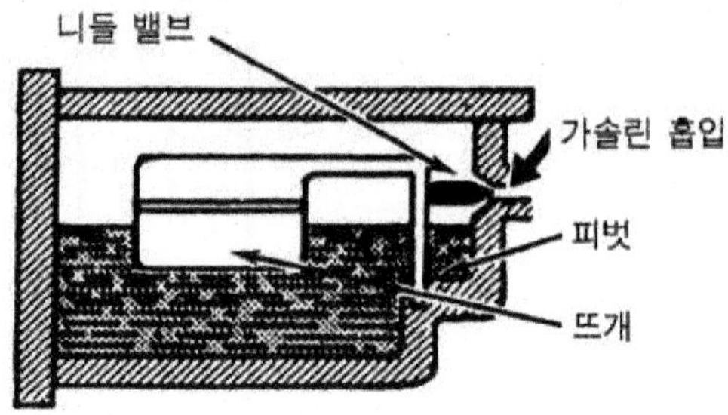

그림 8-12　뜨개회로

(2) 기관이 요구하는 혼합비

기관에서 요구하는 혼합비는 한정된 시간 내에 연소가 완료되고 열효율이 높으며, 높은 출력을 발생할 수 있는 혼합기 및 연소가 가능한 혼합비를 요구한다.

① 혼합기의 이론적인 완전연소 혼합비 14.7 : 1

② 연소실내에서 혼합기의 연소가능 혼합비 8~20 : 1

③ 최대 회전력이 얻어지는 출력 혼합비 13:1

④ 최소 연료 소비를 얻을 수 있는 경제 혼합비 16~17 : 1

⑤ 엔진 회전 상태를 고르게 하는 무부하 저속시 혼합비 12 : 1

⑥ 기동성을 좋게 하기 위한 기동시 혼합비 5 : 1

⑦ 스로틀 밸브를 급격히 전개하면 일시적으로 희박한 상태가 되는 것을 방지하여 엔진의 상태를 유지하게 하는 가속시 혼합비 8~11 : 1

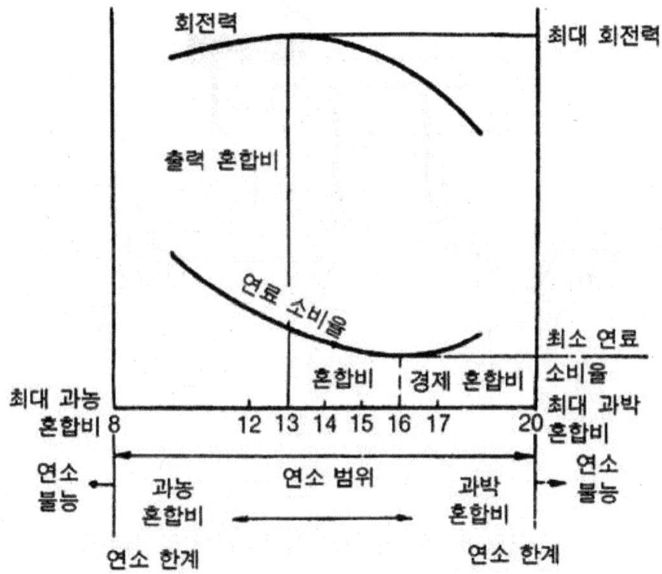

그림 8-13 기관이 요구하는 혼합비

8.3 전자제어 연료분사장치

8.3.1 전자제어 연료분사장치의 개요 및 특징

1) 개요

엔진 전자제어 시스템은 엔진 출력증대, 유해 배기가스의 배출감소, 연료 소비량 절감, 신속한 응답성을 동시에 만족시키기 위해 엔진의 회전속도, 흡입공기량, 냉각수 온도, 흡기 온도, 산소감지 등을 위한 각종 센서를 부착하고 이 센서에서 보내주는 신호 전압을 컴퓨터인 ECU가 받아 엔진의 운전상태에 따라 최적의 조건으로 작동하기 위해 ECU는 출력 액추에이터(actuator)인 인젝터, ISC-서보, 점화코일 및 각종 릴레이 등을 제어하여 분사량, 분사시기, 점화시기 등을 제어하여 주는 것이다.

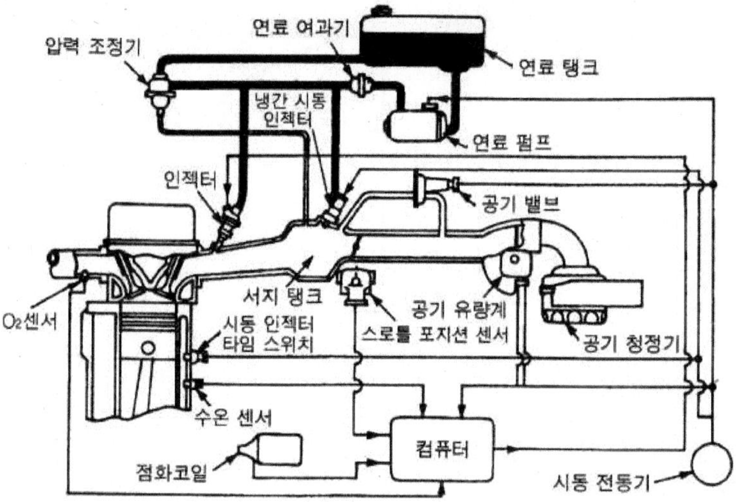

그림 8-14 전자제어식 분사장치의 계통도

2) 특징

① 기화기의 벤투리부가 없어 흡입 저항이 작으므로 엔진 출력이 향상된다.

② 흡입 공기량의 변화에 따른 연료 분사량을 즉시 흡기 밸브 근처에 분사하므로 가속시 액셀 조작에 따른 엔진의 응답성이 좋다.

③ 공연비를 ECU에 의해 최적치로 자동 보정하므로 냉간 시동 직후에도 우수한 주행성을 얻을 수 있다.

④ 감속시 연료를 차단하므로 감속성이 양호하고 연료가 절약된다.

⑤ 연료 분사량을 적절히 설정하여 각 실린더의 공연비를 균일화하므로 CO, HC의 발생을 감소시켜 배기가스 대책이 용이하다.

8.3.2 가솔린 분사 방식의 분류

1) 기본 분사량의 결정방식

① 흡기다기관 압력 제어 방식(MPC : Manifold Pressure Controlled fuel injection)

흡입다기관의 압력에 의하여 기본 연료 분사량이 결정되어 연료를 분사하는 방식이다.

이것은 흡기다기관으로 유입되는 흡입 공기량을 대기압에 의해 작동되는 센서 플레이트의 움직임을 레버로 전달하여 연료 분배기의 제어 플런저 행정을 변화시킴으로써 기본분사가 결정된다.

② 흡입공기량 조정 분사식(AFC : Air Flow Controlled injection)

흡기다기관에 유입되는 공기량을 공기유량센서로 감지한 후 컴퓨터에서 연산하여 기본 분사량이 결정되는 방식이다.

2) 분사량 제어방식

① 기계식(MPC 형식에 사용)

흡입다기관 통로에 설치된 센서 플레이트의 기계적인 작동을 전기적인 신호로 바꾸어 ECU에 의하여 분사량이 조절되는 형식이다.

② 전자제어식 AFC 형식에 사용)

엔진의 작동상태를 각종 센서(공기유량 센서, 대기압 센서, 흡기온도 센서 등)를 통해 감지하여 ECU에 보내지고 ECU에서 연산하여 인젝터를 작동시켜 연료가 분사되며 분사되는 연료의 량은 인젝터의 작동시간에 의해 조절된다.

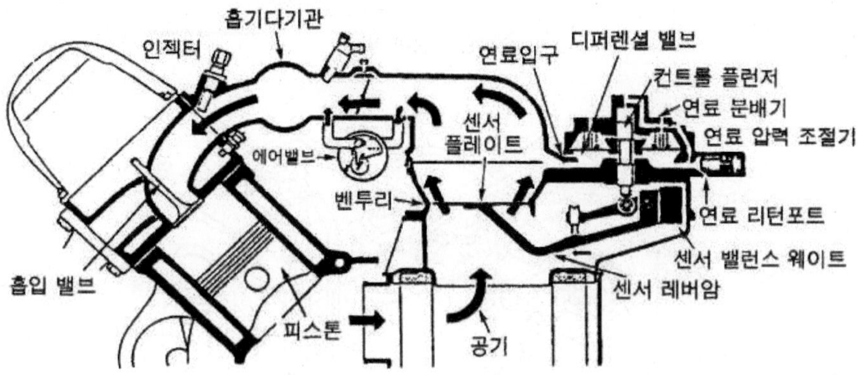

그림 8-15 기계식 분사량 제어방식

3) 인젝터 설치방식 (인젝터 수에 따른 분류 포함)

① SPI(Single Point Injection)

1~2개의 인젝터를 스로틀보디에 설치하고 연료를 분사시키는 방식이다. TBI(Throttle Body Injection)방식이라고도 한다.(그림 8-16)

② MPI(Multi Point Injection)

각 흡기다기관 마다 인젝터를 1개씩 설치하여 연료를 분사하는 방식으로 전자제어 엔진에서 거의 모두 사용되고 있다.(그림 8-17)

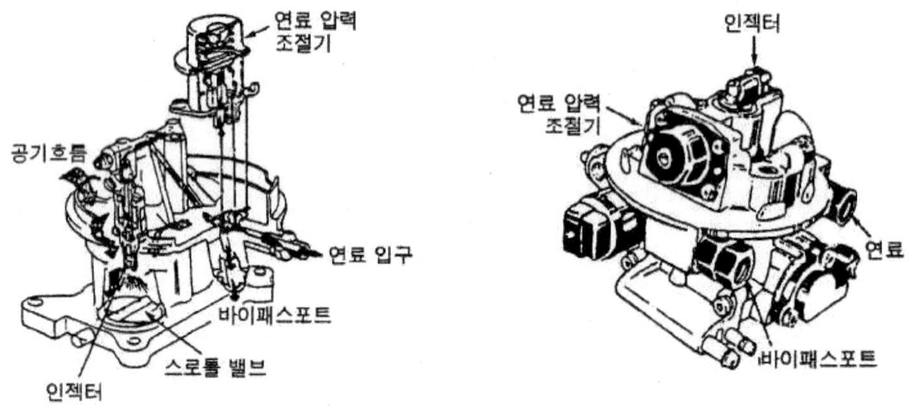

그림 8-16 SPI 방식

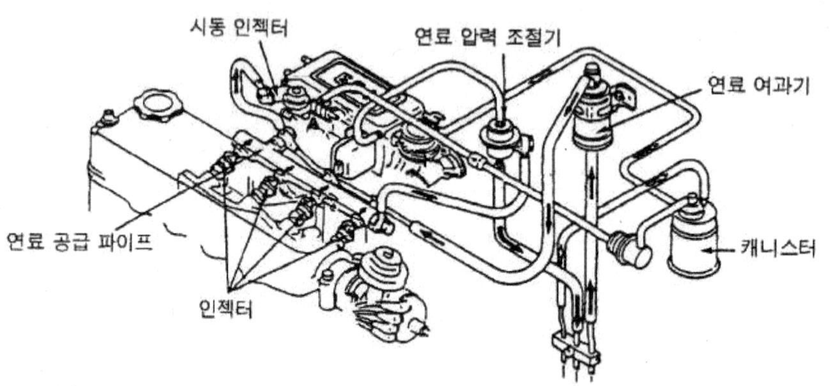

그림 8-17 MPI 방식

4) 흡입공기 계측방식

(1) 메스플로식(Mass flow type)

공기유량 센서가 흡입하는 공기와 직접 접촉하여 계측함으로써 공기유량을 전기적인 신호로 변환하여 ECU에 보내는 방식이며 L-제트로닉 방식에 사용된다. 종류는 다음과 같다.

① 메저링 플레이트식(Measuring plate type)

공기의 체적유량 계측방식으로서 공기의 계량을 메저링 플레이트의 열림각이 변화되면 메저링 플레이트 축에 설치된 포텐쇼미터(potentiometer)의 변화된 저항값을 전압비로 바꾸어 흡입 공기량을 검출한다.

그림 8-18에서와 같이 기관에 흡입되는 공기가 플레이트를 밀어 열릴 때의 각도를 포텐쇼미터의 저항값이 변화되는 것을 전압비로 바꾸어 전기적인 신호를 ECU에 보내는 방식이다. 흡입공기의 체적유량은 전압에 비례한다.

② 핫 와이어식(Heat wire type, 열선식 공기유량계)

메저링 플레이트식은 흡입공기량을 체적유량(CC)으로 검출한 반면, 핫 와이어식은 질량유량(kg)에 의해 흡입공기량을 검출한다.

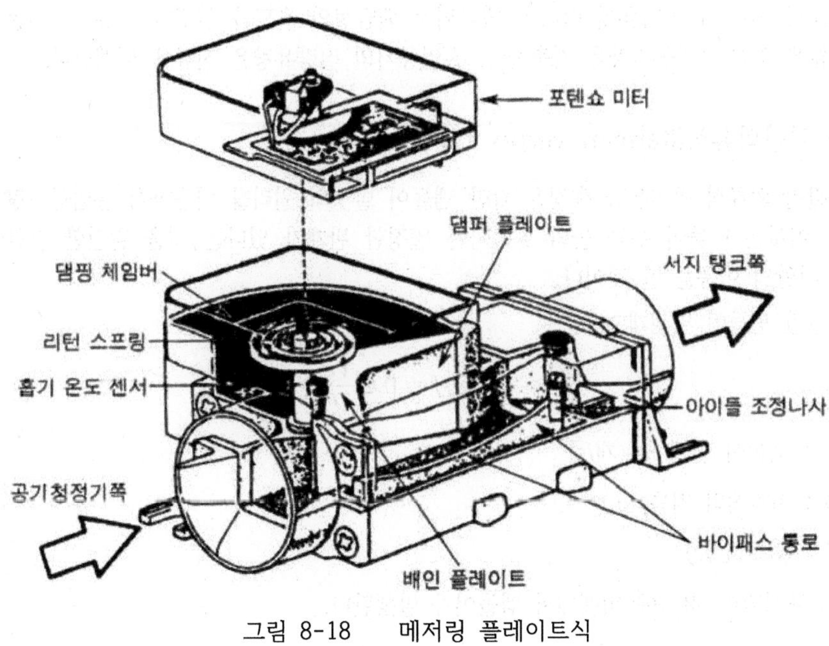

그림 8-18 메저링 플레이트식

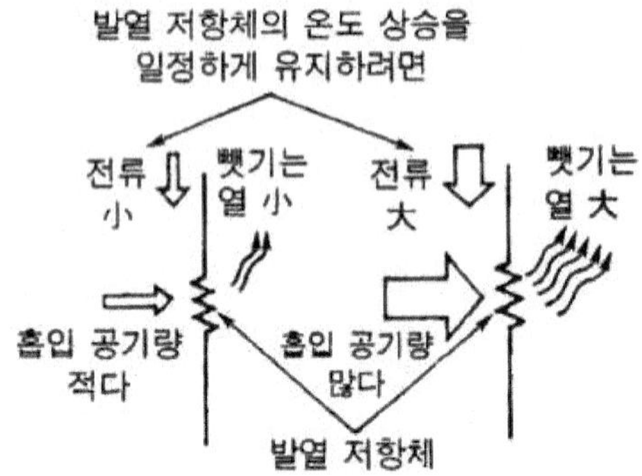

그림 8-19 핫 와이어 작용원리

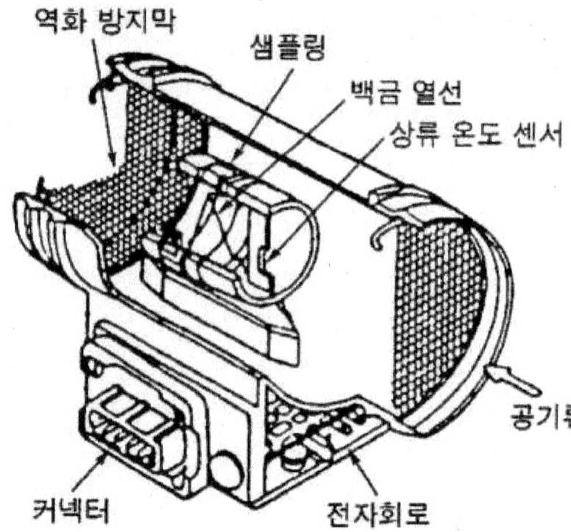

그림 8-20 핫 와이어식 에어플로미터

핫 와이어식의 측정원리는 그림 8-19에서와 같이 흡입공기의 흐름속에 발열 저항체를 두고 통전하여, 공기유량에 의해 변화하는 발열 저항체의 온도를 일정하게 유지하도록 저항체에 흐르게 하는 전류값을 변화시켜 그 전류값으로부터 흡입공기량을 측정하게 되어 있다.

그림 8-20에서 같이 기관에 흡입되는 공기 중에 전류에 의해서 가열되는 백금선(Pt wire)을 설치하여 기류에 따라서 냉각되는 백금선의 온도를 일정하게 유지시키는데 필요한 전류에 의해 흡입공기량을 검출한다. 흡입공기의 질량유량은 전류에 비례한다.

③ 칼만와류식(Karman vertex type)

칼만 와류식 공기유량 측정은 칼만 맴돌이 발생의 원리를 이용하여 흡입공기량을 측정한다. 이것은 맴돌이 수와 물의 유속과는 일정한 관계가 있다는 것을 발견한 칼만이라고 하는 사람의 이름을 딴 것이다.

칼만 맴돌이 발생개수 f는

$$f = 0.2\frac{V}{D}$$

f : 맴돌이 발생개수(개/s)

D : 저항체의 지름(cm)

V : 유속(cm/s)

로 표시되며, 유속에 비례해서 맴돌이가 발생한다.

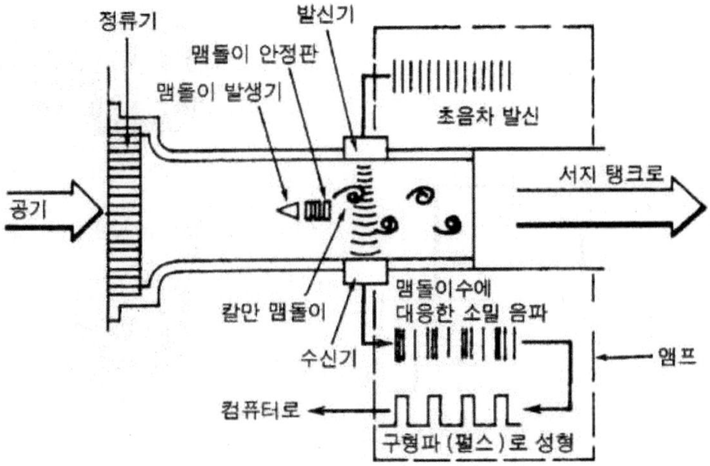

그림 8-21　칼만 맴돌이식 공기유량계의 원리

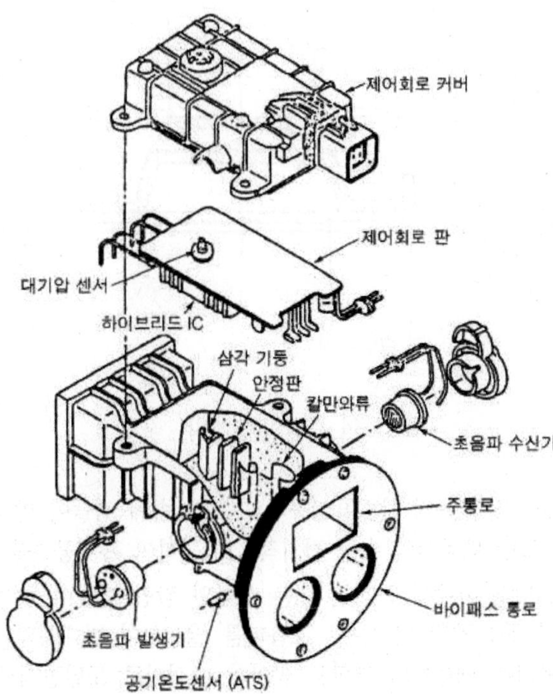

그림 8-22　칼만와류식 에어플로미터 구조

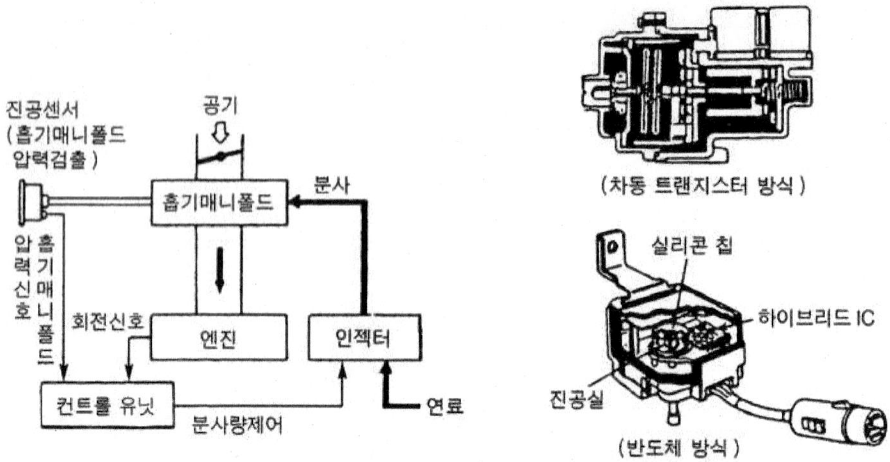

(a) 흡기압력 검출원리 (b) 맵센서 종류

그림 8-23 흡입압력 검출원리와 진공센서

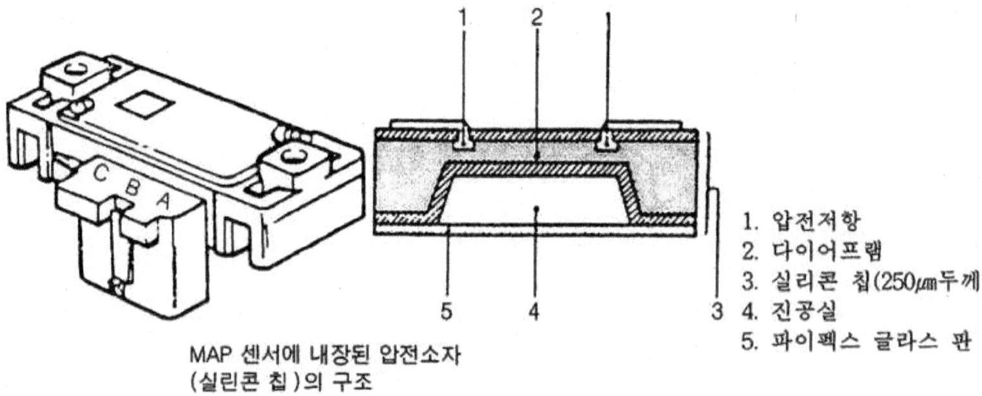

그림 8-24 MAP센서의 구조

칼만 와류식 공기유량 측정기는 흡입공기의 흐름 속에 맴돌이 발생기(저항체)를 두고, 그 하류에 발생하는 칼만 맴돌이의 수를 전기적으로 구하여 흡입공기를 측정한다.

칼만 맴돌이의 발생 개수를 구하는 데는 하류의 칼만 맴돌이 발생역에 초음파 발생기를 두고, 맴돌이의 흐름과 직각 방향으로 초음파를 발신하여 반대쪽의 수신기로 받는다. 발신기로 발산된 초음파는 맴돌이의 영향을 받아서 수신기로 도달할때까지의 시간이 빠라졌다 늦어졌다 하므로 이 위상차를 검출하여 앰프에서 파형을 정형하여 칼만 맴돌이의 발생수에 따르는 펄스신호를 ECU에 보내어 흡입공기량으로서 처리한다. 그림 8-22은 칼만와류식의 에어플로미터 구조를 보여주고 있다.

(2) 흡기 압력 검출 방식 (speed density type)

흡기다기관 압력이 1사이클당 흡입하는 공기와 비례한다는 원리를 이용하여 MAP (manifold absolute pressure sensor)센서에서 흡기부압을 계측하여 사이클당 연료분사량을 결정하는 방식이다. D 제트로닉방식에 사용된다. (그림 8-23~24)

8.3.3 EGI (Electronic Gasoline Injection) 시스템의 종류

EGI시스템은 엔진의 실린더내로 흡입되는 공기량의 측정방법에 따라 K-Jetronic, D-Jetronic, L-Jenteronic 등으로 크게 분류된다.

1) K-제트로닉 방식

K-제트로닉(K-jetronic)의 K는 독일의 컨티뉴리치(Kontinuierlich)의 머리글자이고 제트로닉(jetronic)은 분사(injection)과 전자(electronic)의 합성어로 전자제어분사라는 의미이다. 이 K- 제트로닉은 흡기다기관 압력제어(MPC)으로 그림 8-25에서와 같이 흡입공기량을 기계적으로 계측하고 그에 따른 연료의 분사량을 연산하여 연료 분배기에 의해 인젝터를 통하여 연료를 연속적으로 분사한다. 이 시스템은 유럽의 일부 차량에 채용되고 있다.

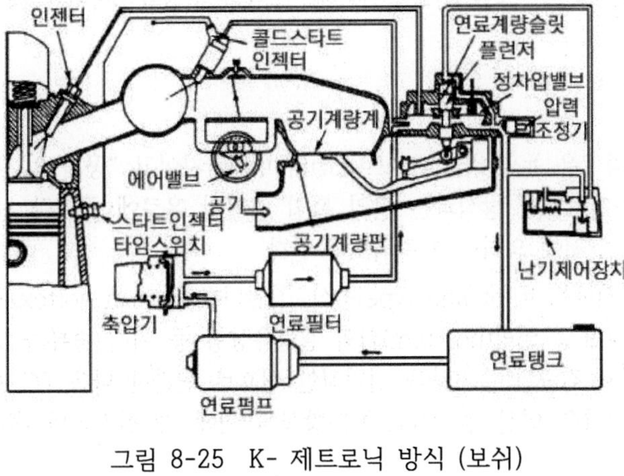

그림 8-25 K- 제트로닉 방식 (보쉬)

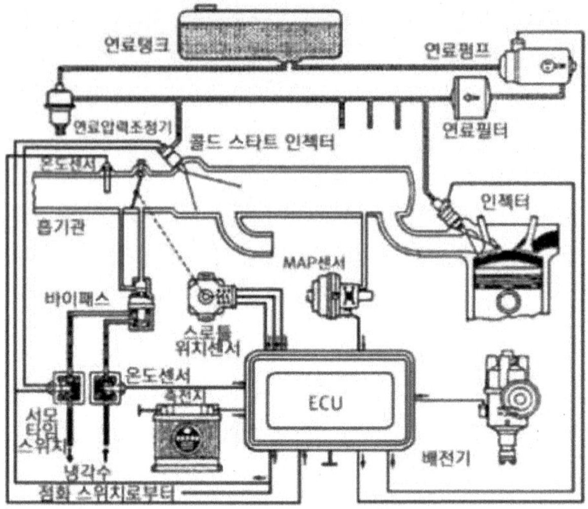

그림 8-26 D-제트로닉 방식

2) D-제트로닉 방식

D-제트로닉(D-jetronic)의 D는 독일어 드루크(Druck)의 머리글자이다. 이 방식은 흡기다기관의 부압을 감지하여 연료 분사량을 제어하는 방식을 말한다. 흡기관내의 압력은 엔진의 운전상태에 따라 결정되는 실린더내의 흡입공기량을 나타내는 지표이다. 엔진의 아이들상태, 부분 부하상태, 가속상태 등에 따라 달라지는 흡기관내의 압력을 측정할 수 있는 MAP센서(manifold absolute pressure sensor)에 의해서 이를 측정하고 그 값을 전기적인 신호로 변환, ECU에서 이 신호를 근거로 분사할 연료의 양을 결정한 다음 MPI 방식에 의해 실린더에 분사한다. 그림 8-26은 D-제트로닉의 구성을 나타낸 것이다.

3) L-제트로닉 방식

L-제트로닉의 L은 독일어의 루프트(luft)의 머리글자이고 "공기"의 뜻을 지니고 있다. L-제트로닉은 D-제트로닉 방식과는 달리 흡입 공기의 유로에 공기량 센서를 설치하여 모든 흡입공기가 이 센서에 의하여 계측되도록 한다.

공기유량 센서에는 베인(vane type)방식, 칼만와류(Kalman vortex)방식의 체적 유량형과 열선(hot wire) 또는 열막(hot film)식의 질량유량형 등 여러 종류가 있다. 어느 경우나 공기유량 센서에서 검출된 흡기량을 전기적인 신호로 변환한 다음 ECU에서 이 신호를 근거로 연료의 분사량을 연산 결정하여 MPI방식에 의해 각 실린더의 흡기포트내에 분사한다. (그림 8-27)

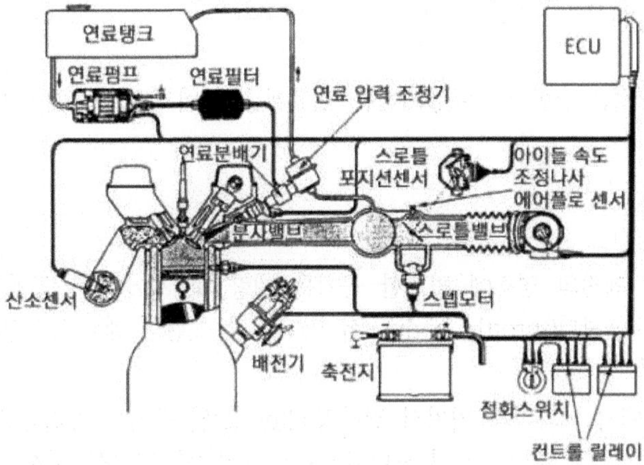

그림 8-27 L-제트로닉 방식

8.3.4 국내 적용엔진 EGI시스템의 종류 및 특징

국내에서 적용하고 있는 EGI시스템은 대표적으로 L-제트로닉 방식의 melco 시스템과 bosch 시스템 그리고 D-제트로닉 방식의 siemens 시스템으로 나눌 수 있으며 여기서 melco, bosch, siemens 라는 명칭은 해당 제작회사가 지금 현재 대표적으로 사용하고 있는 시스템을 말한다. 그 특징은 다음과 같다.

표 9-1 전자제어시스템의 종류 및 특징

항 목	MELCO 시스템	SIEMENS 시스템	BOSCH 시스템
에어플로센서	칼만와류를 이용한 초음파 검출방식과 칼만 볼텍스를 이용한 압력검출방식	MAP 센서 방식	hot-wire 방식 hot-film 방식
아이들 스피드 제어장치	ISC모터(MAP)방식 스텝 모터 방식 ISA 방식	ISA 방식	ISA방식
점화시기제어	ECU 자동제어	←	←
기본 점화시기	BTDC 5±2도	BTDC 11±5도	BTDC 9±5도
연료 제어	ECU 자동제어	←	←
연료 압력	3.06 kgf/㎠	←	←
크랭크 각도 검출	광전식(발광다이오드 포토 다이오드 사용)	전자식(톤휠과 마그네틱 사용)	←
NO.1 TDC 검출	광전식(발광다이오드 포토 다이오드 사용)	전자식(톤휠과 마그네틱 사용)	←
EGR 밸브	있음	없음	없음

8.3.5 EGI 시스템의 구성

EGI시스템의 구성은 일반적으로 흡기계통, 연료계통, 제어계통 등 3계통으로 크게 나누어진다.

1) 흡기계통

흡기계통은 엔진의 연소에 필요한 공기를 계량 및 제어한다. 공기청정기, 흡입 공기량 계측기구, 스로틀보디(throttle body), 서지탱크, 각 실린더 매니폴드 및 공기밸브로 구성되어 있다.

공기청정기에서 여과기를 거쳐서 필터링(filtering)된 공기는 공기유량 센서인 에어플로미터에 의하여 계측된 다음 스로틀보디(throttle body)를 거쳐서 서지탱크에서 각 실린더의 흡기관으로 분배된다. 각 흡기포트에서 인젝터로부터 분사되는 가솔린과 공기가 혼합되면서 실린더내로 흡입된다. 그리고 냉각수 온도가 낮을때를 위하여 엔진의 난기 촉진을 목적으로 여분의 공기가 흡입될 수 있도록하는 에어밸브가 부착되며 이 에어밸브를 통한 공기는 그림 8-29에서와 같이 스로틀밸브를 바이패스하여 서지탱크로 유입된다.

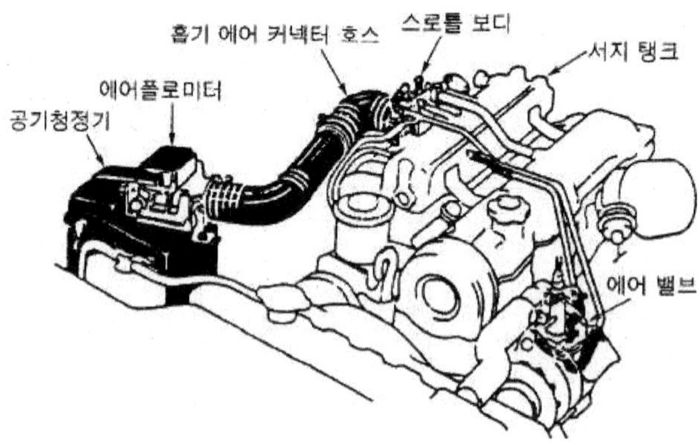

그림 8-28 흡기 계통 장치도

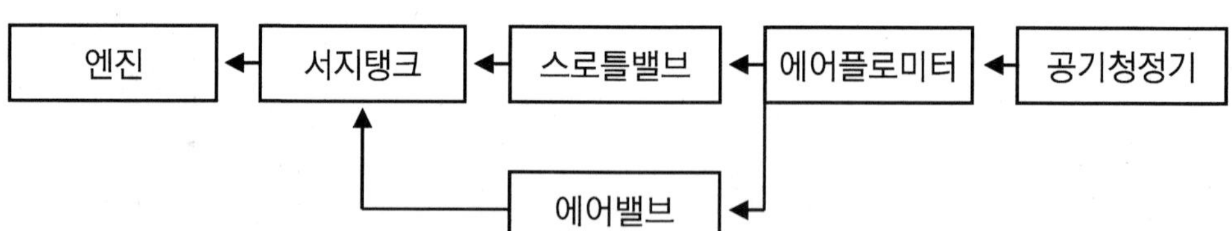

그림 8-29 흡입공기의 흐름

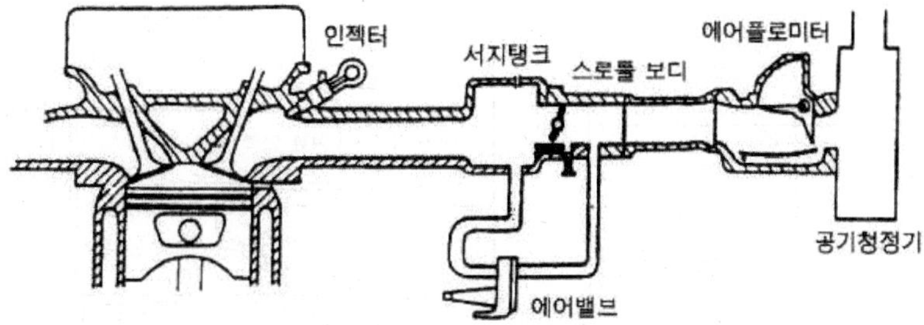

그림 8-30 흡입공기계의 구성도

2) 연료계통

연료계통은 실린더내에서 연소에 필요한 가솔린을 공급한다. 그림 8-31은 MPI 엔진의 연료계통의 구성도를 보여주고 있다. 연료펌프에 의하여 연료탱크로부터 가압, 송출된 가솔린은 연료필터를 거친다음 연료압력 조정기(fuel pressure regulator)에서 흡기관 압력보다 높은 압력(약 2.5 kgf/㎠)으로 조정된 다음 딜리버리 파이프(delivery pipe)를 통하여 각 실린더의 인젝터로 분배된다.

각 인젝터에서 분사되는 가솔린의 양은 공기유량 센서에서 계측된 공기량에 따라 ECU에서 연산, 결정되고 분사신호에 의하여 분사된다. 연료계통을 표시하면 다음과 같다.

연료탱크-연료펌프-연료필터-연료압력조정기-딜리버리파이프-인젝터

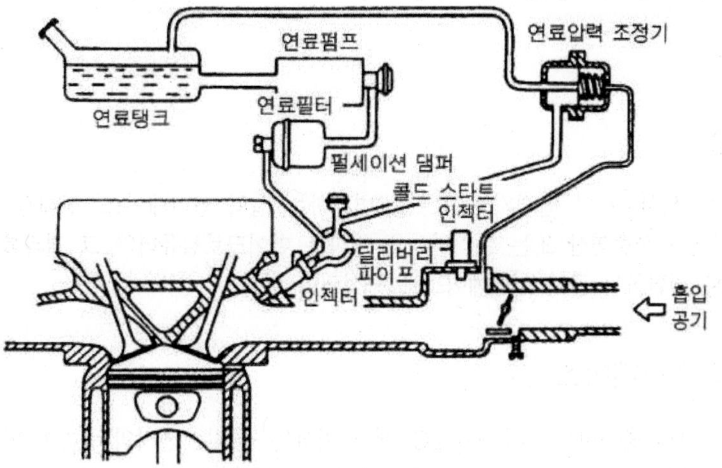

그림 8-31 연료계통 (MPI)

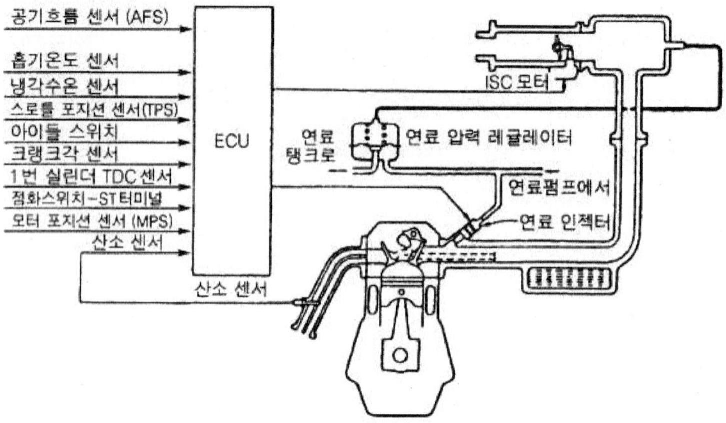

그림 8-32 전자제어 구성회로

3) 제어계통

제어계통은 엔진의 운전상태에 상응하는 최적의 가솔린 양과 분사시간을 결정하기 위해서 기관의 상태를 감지하는 센서부와 그것으로부터의 신호를 기초로 하여 분사량을 계산하는 ECU와 ECU로부터의 지시를 이행하는 부분으로 되어 있다.

8.3.6 EGI 시스템 구성품의 기능

1) ECU

(1) 구성

ECU는 센서로부터 입력되는 신호를 변환하는 입력 인터페이스, 정해진 순서에 따라 입력 데이터의 산출연산 또는 논리연산을 행하는 마이크로컴퓨터와 그 결과를 액추에이터 작동신호로 변환하는 출력 인터페이스로 구성되어 있다.

(2) 입력 인터페이스

센서로부터 출력하는 신호 즉, ECU에 입력하는 신호는 센서의 종류에 따라 다양한 형태가 있다. 입력 인터페이스는 그 출력 신호를 컴퓨터가 취급할 수 있는 값으로 변화하는 회로이다.

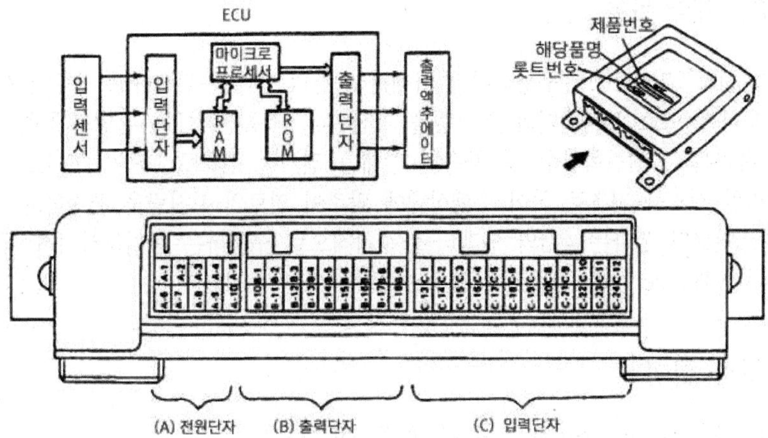

그림 8-33 ECU의 구조

① A/D 컨버터(analog digital convertor): 컴퓨터는 디지털 값밖에 취급할 수 없기 때문에 아날로그(A)값으로 출력하는 센서의 신호를 A/D컨버터에 의해서 디지털 값으로 변환할 필요가 있다.

② 컴퓨터는 디지털 값으로 사용하더라도 센서로부터 출력되는 디지털 신호를 그대로 입력할 수 없기 때문에 자동차에서 사용되는 컴퓨터는 ECU의 내부에서 만들어지는 안정된 +5V전원으로 작동시키기 때문에 여러 가지 형태의 입력신호를 컴퓨터가 처리할 수 있도록 정형해 줄 필요가 있다. 따라서 클록발생기를 통해서 CPU의 가장 기본이 되는 클록 펄스를 만든다.

(3) 출력 인터페이스

컴퓨터에서는 출력신호를 증폭하여 액추에이터를 작동시키는 것이다. 컴퓨터의 출력은 미소 전류이기 때문에 큰 일을 하는 액추에이터를 직접 구동할 수 없기 때문에 컴퓨터의 미소 신호를 파워 트랜지스터를 이용하여 전력을 증폭한 후 액추에이터에 공급하는 회로이다. 액추에이터는 솔레노이드, 모터, 릴레이 및 램프, 형광 표시판, LCD 등과 같은 표시장치 등이 있다.

(4) 컴퓨터

컴퓨터는 ECU의 심장부로서 CPU(Central Processing Unit), 기억장치(ROM, RAM), 입력포트, 출력포트의 4가지로 구성되어 산출연산 및 논리연산을 하는 데이터 처리장치이다.

2) ECU의 제어계통

각종 센서들과 ECU로 구성되며 센서에서 엔진의 상태를 검출하고 각종 센서로부터의 신호에 의하여 연료 분사시기와 분사량을 계산한다. 각종센서에는 흡입공기량, 부하, 냉각수 온도, 흡기온도, 엔진회전수 및 차속의 상태를 전기적 신호로 바꾸어 ECU로 보내면 ECU는 이러한 신호를 기초로 하여 주행상태에 맞추어 연료의 분사량을 결정하고 인젝 터를 구동한다. 연료의 분사는 4개의 인젝터를 순차적으로 구동하는 동기분사이며 공전시에는 부하에 따라 ISC-servo를 구동하고 안정된 공전속도를 유지한다.

(1) ECU의 입력

① AFS(Air flow sensor : 공기 흐름 센서)

공기흐름 센서는 에어클리너 내부에 설치되어 있다. 흡입공기량을 칼만와류 현상을 이용하여 측정한 후 흡입 공기량을 전압으로 변환한 신호로 바꾸어 ECU에 보내면 ECU는 흡입공기량 신호와 엔진회전수 신호를 이용하여 기본 연료분사 시간을 계산한다.

② BPS(Barometer pressure sensor : 대기압 센서)

대기압 센서도 에어클리너내의 에어플로미터에 부착되어 있는데, 대기압력을 검출하여 전압으로 변환한 신호를 ECU에 보내면 ECU는 이 신호를 이용하여 자동차의 고도를 계산하여 현재상태의 적정한 공연비가 되도록 연료분사량과 점화시기를 조정한다.

③ ATS(Air temperature sensor : 흡기온도 센서)

흡기온도 센서는 에어클리너내의 에어플로미터에 부착되어 엔진에 흡입되는 공기의 온도를 검출하여 ECU에 신호를 보내며 이 신호에 따라 흡입온도에 대한 연료분사량의 보정을 한다. 센서에는 서미스터가 내장되어 있고, 서미스터 저항값의 변화를 ECU에 보낸다.

④ WTS(water temperature sensor : 수온 센서)

수온센서는 기관의 냉각수를 검출하는 센서인데 기관의 냉각수 온도에 따라서 공전 속도를 적절하게 유지시키고 연료 분사량을 보정하며, 점화 진각도를 결정하기 위하여 설치된 센서로서 냉각수의 출구부에 설치되어 있다. 수온센서는 온도가 상승함에 따라서 저항이 감소하는 서미스터를 내장하고 기관의 냉각수 온도를 아날로그 전압으로 변환시켜 ECU에 입력되면 ECU는 난기(暖氣)상태를 판별하여 연료 분사량을 조절하고 기관의 온도에 따라서 적절한 공전 속도를 유지시킨다.

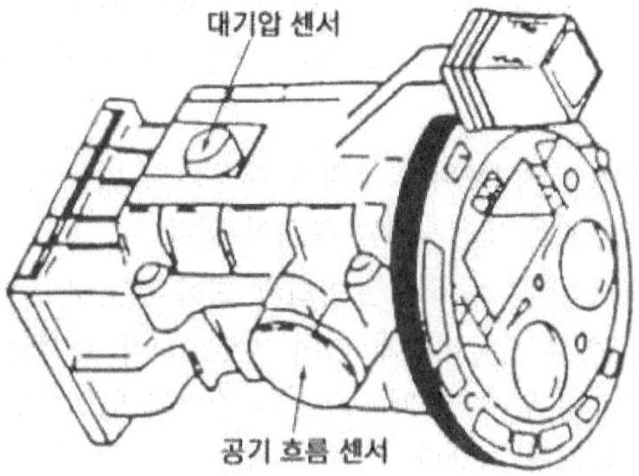

그림 8-34　에어 플로미터

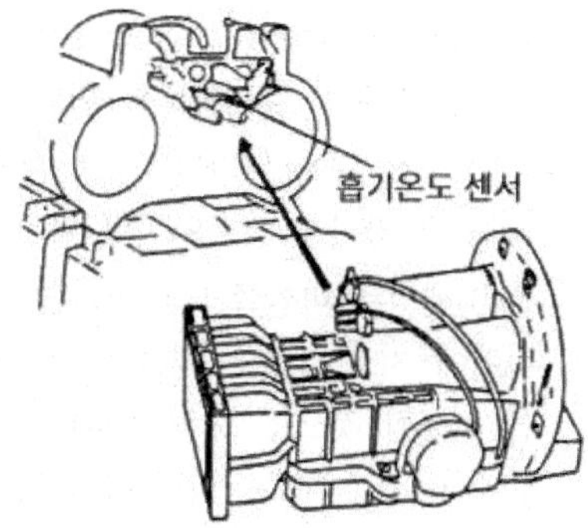

그림 8-35　흡기온도 센서

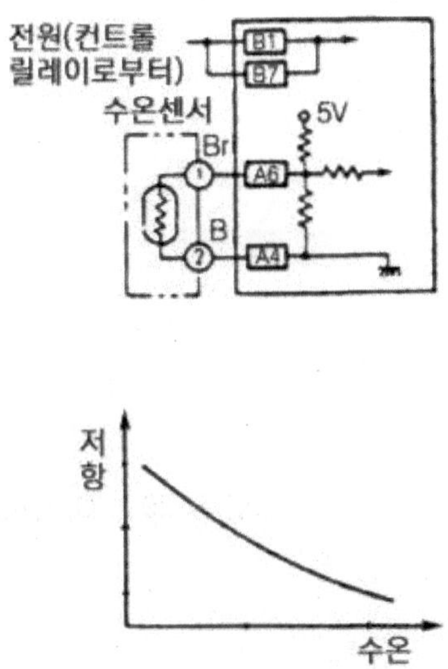

그림 8-36　흡기온도 센서의 회로와 저항관계

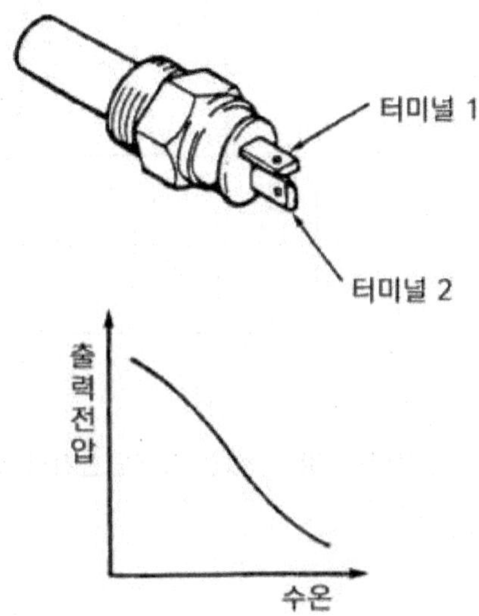

그림 8-37　수온센서

⑤ O_2 센서

O_2센서는 배기매니폴드에 부착되어 배기중의 산소농도를 전기적으로 검출하는 것이다. O_2센서는 배기가스중의 산소와 대기 중의 산소 농도차에 따라 이론공연비를 중심으로 출력전압이 급격히 변화되는 것을 이용하여 피드백(feedback)의 기준신호를 공급해주는 역할을 한다. 이때의 출력전압은 혼합기가 희박할때 약 0.1 V, 혼합기가 농후할 때 약 0.9 V의 전압이 발생하여 ECU에 보내어EGR 밸브를 작동시켜 배기가스 일부를 피드백 시킨다. 이 센서는 삼원 촉매변환기가 부착된 자동차에 필요하다. 삼원촉매는 이론공연비 부근에서 가장

좋은 정화 성능을 발휘한다. 이를 위해 삼원 촉매 변환기에 들어가기 전의 배기가스 중의 산소농도를 정확하게 검출하고, 이것을 ECU에 보내어 연료의 분사량이 항상 이론공연비에 가까운 상태를 유지하도록 한다.

그림 8-39에 나타난 것과 같이 O_2센서에는 지르코니아 소자가 사용되고 있는데, 이 소자는 그 양면에 산소의 농도차가 있으면 기전력을 발생시키는 특성이 있다.

O_2센서는 바깥쪽은 배기가스가 접촉되고 안쪽은 대기가 도입되게 되어 있으며, 이 양자 사이에 지르코니아 소자가 삽입되어 있다. O_2센서는 이렇게 하여 지르코니아 소자의 성질을 이용한 것으로 그림 8-40에서와 기전력의 발생이 클 때 0.9 V의 전압이 발생되어 농후한 혼합기 상태로 판단하여 각각의 신호를 ECU에 보낸다.

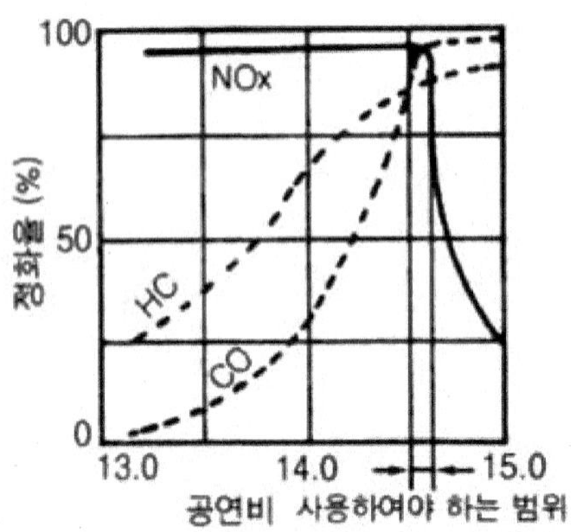

그림 8-38 삼원 촉매변환기의 정화율특성

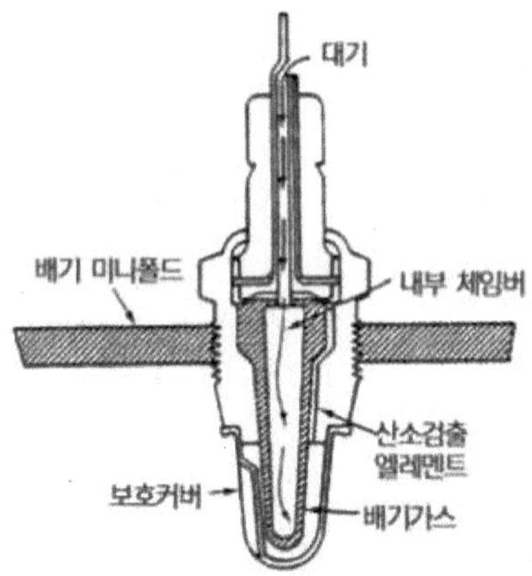

그림 8-39 O_2 센서

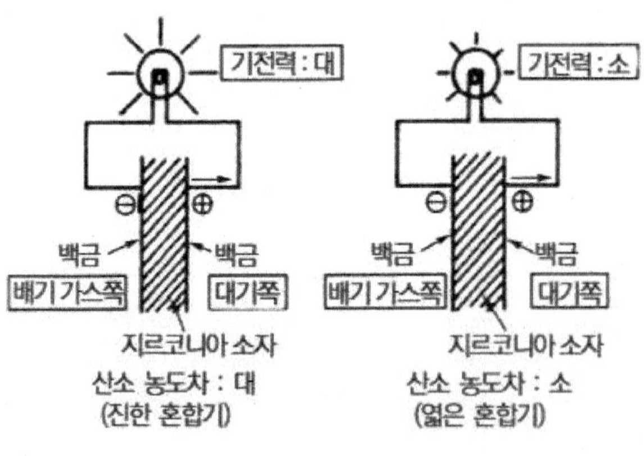

그림 8-40 O_2 센서의 원리

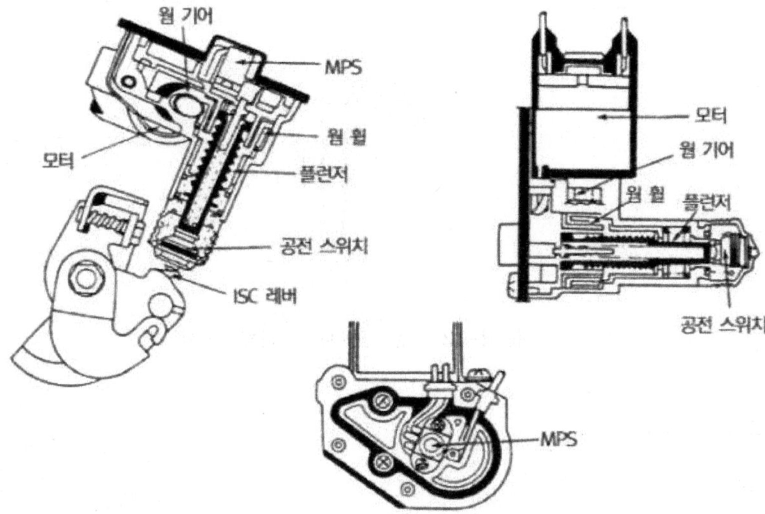

그림 8-41　ISC서보의 구조

O_2센서의 배기쪽 전극에 사용되고 있는 백금은 배기가스 속의 산소와 CO를 결합시키는 촉매작용이 있어서 배기가스 쪽 소자 부근의 산소농도를 저하시켜 대기쪽과의 산소 농도차를 크게 하는 것으로 센서의 기전력 발생을 촉진시켜 감도를 높이고 있다.

⑥ ISC-서보(Idle speed control sero : **공전 조절 서보**)

공전 조절 서보는 난기 운전 및 기관에 가해지는 부하가 증가됨에 따라서 공전 속도를 증가시키는 역할을 한다. ECU에서 제어하는 신호에 의해서 모터와 웜 기어를 사용하여 스로틀 밸브의 개도량을 조절하여 공전 속도를 증가시킨다. 공전 속도 조절 서보 모터를 바이패스 통로에 설치하여 ECU의 제어 신호에 따라 바이패스 통로를 열고 닫아 공전 속도를 조절하는 방법도 있다.

⑦ MPS(Motor position sensor : **모터 위치 센서**)

MPS는 가변 저항식으로 ISC-서보내에 설치되어 있으며, 기관의 공회전 속도를 상승시키기 위하여 설치된 센서로서 ISC-서보 모터의 위치를 검출하여 ECU에 입력시키는 역할을 한다. 따라서 ECU는 공전 및 에어컨, 냉각수 온도, 차속 신호를 이용하여 서보 모터를 전진 또는 후진시켜 스로틀 밸브를 제어함으로써 공전 속도를 조절한다.

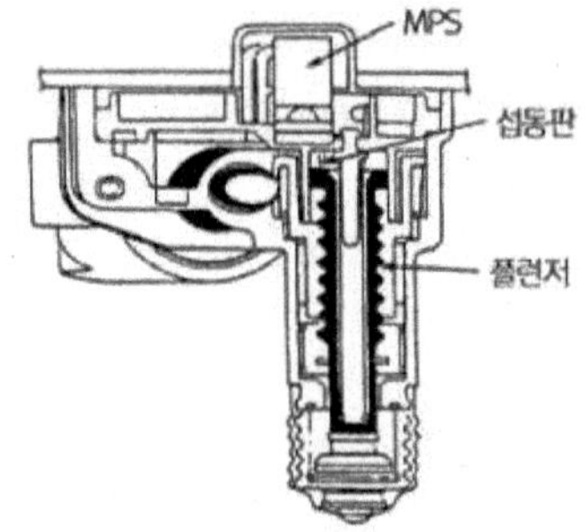

그림 8-42 MPS (모터 위치 센서)

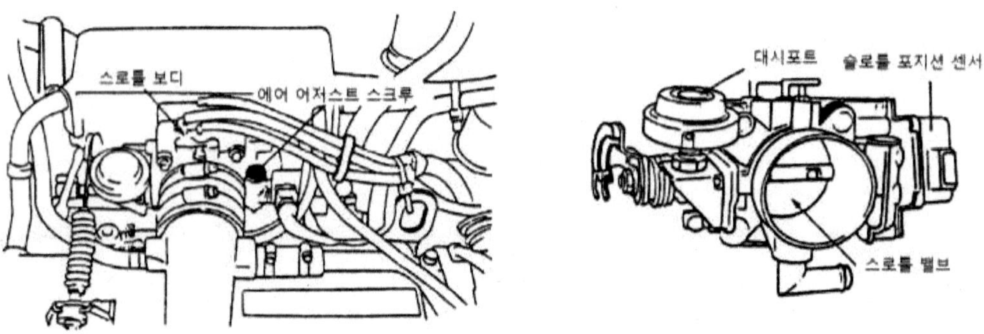

그림 8-43 TPS 스로틀 보디

⑧ TPS(Throttle position sensor : 스로틀 위치 센서)

스로틀 위치센서는 스로틀 보디의 스로틀 밸브 축과 같이 회전하는 가변 저항기로서 그림 8-43와 같이 스로틀 밸브의 개도를 검출한다.

기관이 공회전시에는 농후한 혼합기, 부분 부하시에는 희박한 혼합기, 전부하시에는 농후한 혼합기가 공급되어야 하므로 기관의 부하 상태를 스로틀 밸브의 개도량으로 검출하여 판별한다. 스로틀 위치센서는 스로틀 밸브가 열림에 따라서 출력 전압이 변화되어 ECU에 입력되면 기관의 회전수 등 다른 입력 신호를 합하여 기관의 작동 상태를 판단하여 기관의 작동 상태에 알맞은 연료 분사량으로 제어한다.

⑨ 1번실린더 TDC(Top dead center : 상사점) 센서

TDC 센서는 연료 분사순서를 결정하기 위하여 설치된 센서로서 4실린더 기관에서는 1번 실린더의 상사점을 디지털 신호로 바꾸어 ECU에 입력시키고, 6실린더 기관에서는 1번,

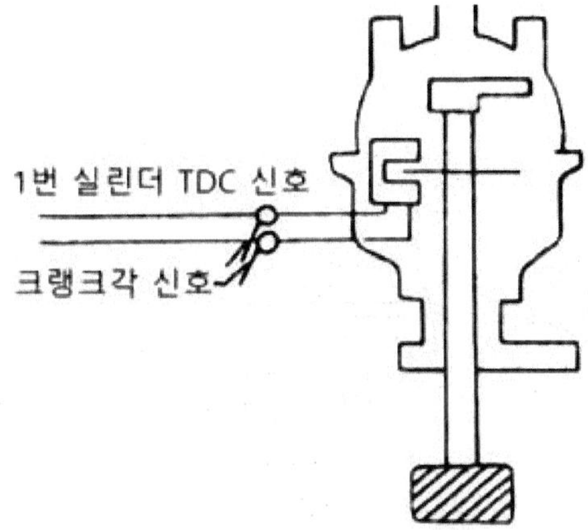

그림 8-44 1번실린더 TDC 및 크랭크각 센서

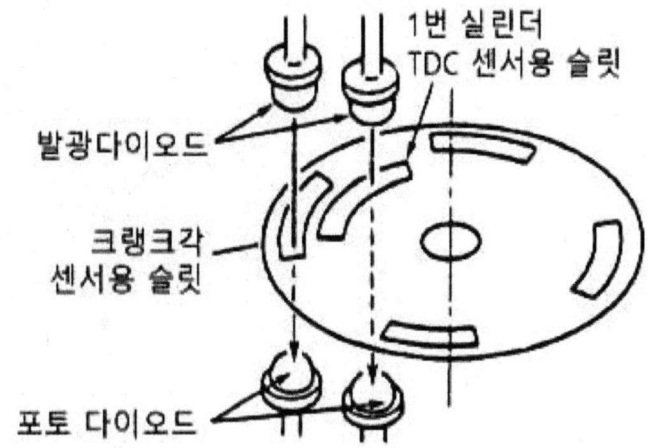

그림 8-45 디스크와 다이오드

3번, 5번 실린더의 상사점을 디지털 신호로 바꾸어 ECU에 입력시키는 역할을 한다. TDC 센서는 발광 다이오드 및 포토 다이오드, 디스크로 구성되어 디스크가 회전할 때 발광 다이오드에서 발생된 빛이 슬릿을 통하여 포토 다이오드에 전달되어 디지털 신호로 바꾸어 ECU에 입력되면 ECU는 크랭크축의 압축 상사점이 정위치에 있는지 검출하여 1번 실린더 또는 1번, 3번, 5번 실린더에 대한 기본 신호를 식별하여 연료의 분사 순서를 결정한다.

⑩ CAS(Crank angle sensor ; 크랭크각 센서)

크랭크각 센서는 연료 분사 시기와 점화 시기를 결정하기 위하여 크랭크축의 회전각도를 검출하여 ECU에 입력시키면 ECU는 기관의 회전수를 연산한다. 크랭크각 센서는 배전기 내에 설치되어 있어 그 속의 발광 다이오드와 포트 다이오드 및 디스크에 의해서 크랭크축의 회전각도를 검출한다.

⑪ MAP센서(Manifold absolute pressure sensor)

MAP센서는 흡기다기관의 부압(진공)상태를 검출하여 부압변화에 따른 흡입공기량을 간접적으로 측정하여 ECU로 신호를 보내는 센서이며 D-제트로닉 방식에서 흡입공기를 에어플로미터 대신 MAP센서를 이용하여 흡입공기량을 계측한다. 즉, 흡입다기관의 부압이 높을 때는 MAP센서의 출력 전압이 낮게 발생되어 ECU는 흡입공기량이 적다고 판단하기 때문에 연료분사량을 감소시킨다. 또한 흡기다기관의 부압(진공)이 낮을 때에는 MAP센서에서의 출력전압이 높게 발생되어 연료의 분사량을 증대시킨다.

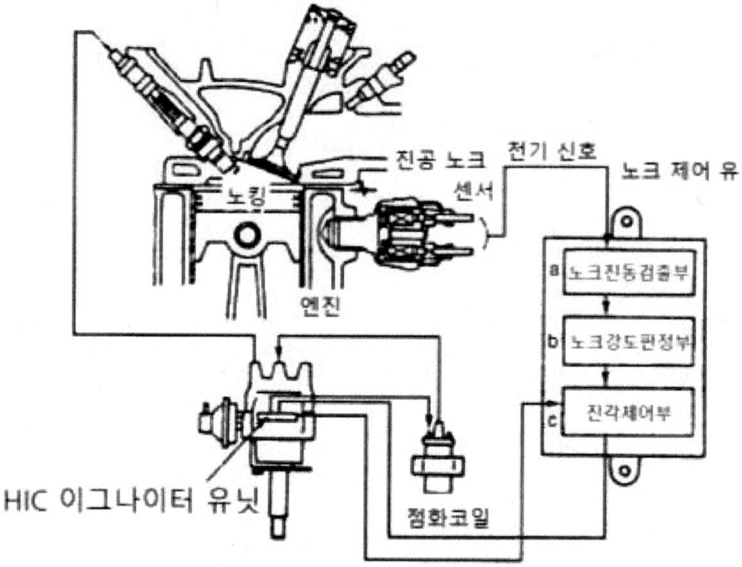

그림 8-46 노크 센서

⑫ 노킹 센서

노킹 센서는 기관의 작동 중에 노킹이 발생되면 점화 시기를 조절하여 노킹을 방지하기 위해 설치된 센서로서 실린더 블록에 설치된 압전 소자로 수정편 양쪽에 금속판을 접촉시켜 노킹이 발생되면 수정편에서 고주파 진동을 전기적 신호로 변환시켜 ECU에 입력시키는 역할을 한다. 노킹 센서에서 전기적 신호가 입력되면 ECU에 내장된 마이크로 컴퓨터는 A/D 변환기를 통한 노킹 센서의 출력 신호를 연산하여 노킹으로 판별되면 점화시기를 늦추어 기관을 정상적으로 작동시킨다. 또한 노킹이 없는 상태에서는 다시 점화시기를 노킹 한계까지 진각시켜 기관의 효율을 최적의 상태로 유지시켜 연료 소비율을 향상시킨다.

(2) ECU의 출력

① 점화시기 제어

점화시기 제어는 각종센서에서 검출된 신호가 ECU에 입력되면 ECU는 입력 신호를 연산하여 기관의 작동 상태에 알맞는 시기에 맞추어 파워 트랜지스터의 베이스에 제어 신호를 보내어 점화 코일에 흐르는 1차 전류를 단속함에 따라서 점화시기가 조절된다.

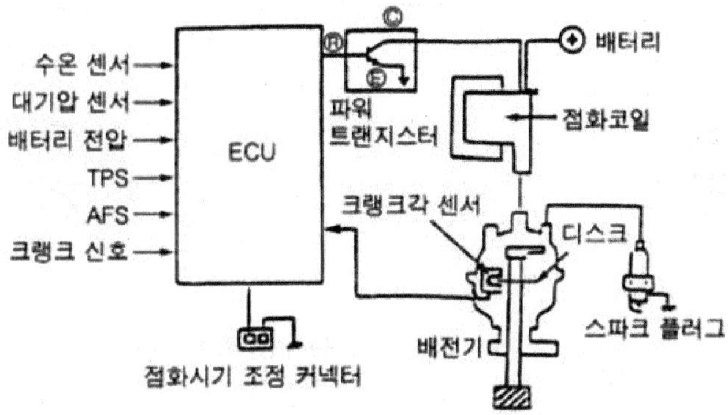

작동 흐름도

각종센서 → ECU → 파워 트랜지스터 → 점화코일

그림 8-47　ECU 점화장치의 구조

② 연료펌프 제어

점화 스위치가 ST위치에 놓이면 축전지 전류는 컨트롤 릴레이를 통하여 연료펌프로 흐르게 된다. 엔진 구동 중에는 ECU가 연료펌프 제어 트랜지스터를 ON으로 유지하여 컨트롤 릴레이 코일을 여자시킴으로써 축전지 전원이 연료펌프에 공급된다.

축전지 전원이 연료 펌프에 공급되려면 연료 펌프 제어 트랜지스터를 ON 상태로 유지시켜 컨트롤 릴레이 코일을 여자(excite)시켜야 된다.

③ 연료 분사량 제어(연료보정)

연료 분사량은 공기흐름센서의 출력에 의해서 검출되는 흡입 공기량을 기초로 하여 기본 연료 분사량을 결정하고 흡기 온도, 냉각수 온도, 축전지 전압 등에 따라 기관의 작동에 필요한 연료를 보정하게 된다.

㉠ 연료 분사량 보정

기본 분사량은 흡입공기량과 엔진 회전수에 따라서 결정되는데, 엔진의 사용상태, 운전상태, 주행성능 연료소비, 배기가스 등에 따라 최적의 상태로 유지하기 위해서는 기본 분사량에 연료보정을 할 필요가 있다. 콘트롤 유닛은 각종 센서로부터 엔진의 사용상태, 운전상태를 검출하여 그 신호에 따라 분사량을 보정한다.

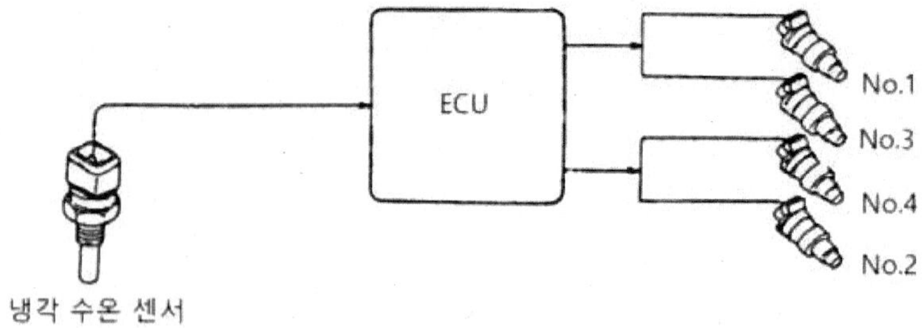

그림 8-48　크랭킹시 분사량 조절 회로

㉡ 크랭킹시 분사량 조절

엔진의 크랭킹시는 시동성의 향상을 위해 크랭킹 신호 (점화스위치 ST, 크랭크각 센서, 점화 코일 1차)와 냉각수온 센서의 신호에 의해 연료분사량을 증가시킨다.

㉢ 시동 후 분사량 조절

기관의 시동 직후에는 수온 센서에서 냉각수 온도가 ECU에 입력되므로 ECU는 공전 속도를 안정시키기 위하여 인젝터의 통전 시간을 제어하여 일정 시간 동안 연료의 분사량을 증가시킨다. 연료의 증량비는 크랭킹시에 최대가 되고 시간이 경과됨에 따라서 냉각수 온도의 상승으로 점차 감소된다.

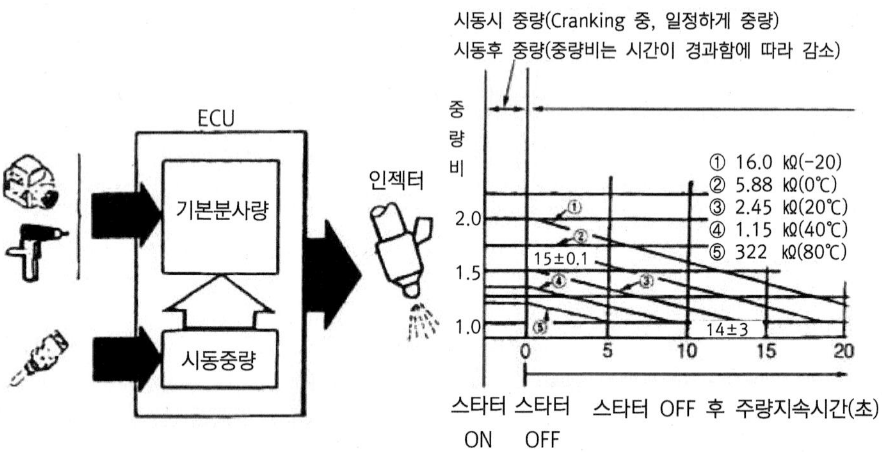

그림 8-49　엔진 후 시동후 분사량 조절

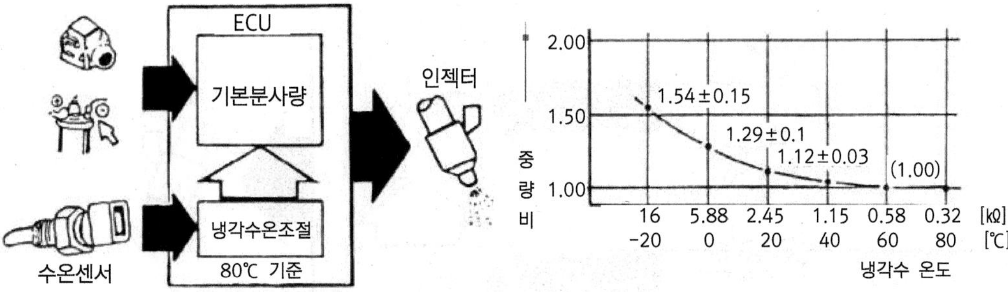

그림 8-50 냉각수온에 따른 분사량 조절

㉣ 냉각수온 보정

저온시 엔진의 시동성 및 운전성을 향상시키기 위하여 냉각수온에 따라 수온센서로부터 신호를 받아 분사량을 증량시킨다. 따라서 엔진의 워밍업이 원활해지고 시간이 단축된다. 냉각수온보정은 냉각수 온도 약 80℃를 기준(중량비 1.0)으로 하여 그 이하의 온도에서는 분사량을 증량시키고 그 이상의 온도에서는 기본 분사량으로 한다.

㉤ 흡기온 보정

흡입공기 온도에 따라서 공기 밀도차가 생기므로 공연비도 다르게 된다. 이러한 현상을 방지하기 위해서 흡기온도 센서로부터 신호를 받아 공연비를 보정하는 것을 흡기온 보정이라 한다. 흡기온 보정은 흡입공기 20℃를 기준(중량비 1.0)으로 그 이하의 온도에서는 분사량을 증량시키고 그 이상의 온도에서는 감량시킨다.

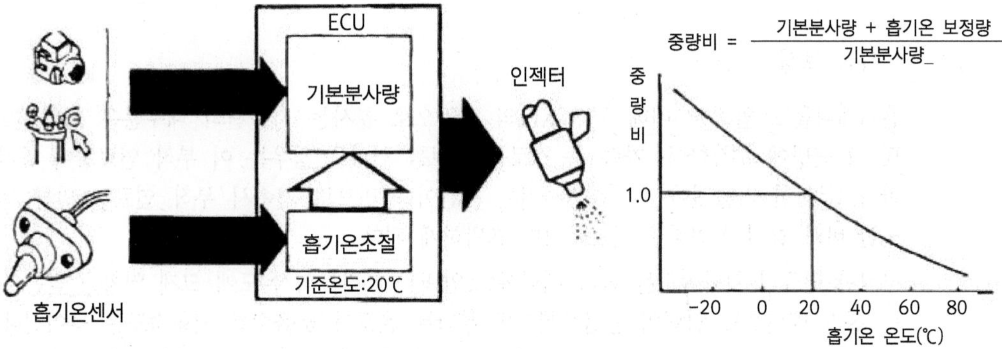

그림 8-51 흡기온도에 따른 분사량 조절

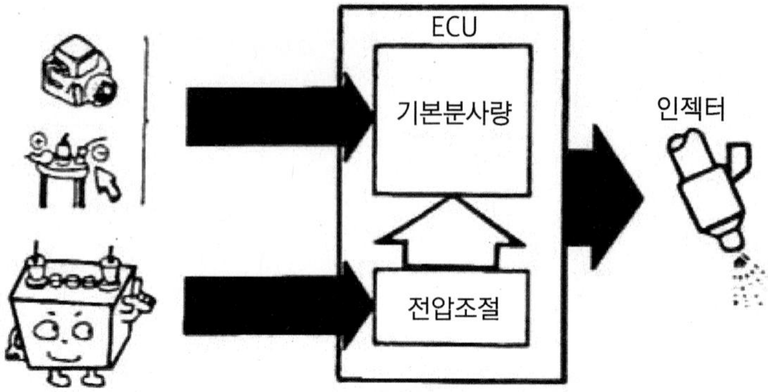

그림 8-52 축전지 전압에 따른 분사량 보정

㉥ 축전지 전압에 의한 분사량 보정

연료의 분사량은 ECU에서 인젝터로 흐르는 통전시간의 제어에 의해서 결정이 되므로 기계적인 작동의 지연이 발생되어 실제연료 분사시간은 짧아지게 된다. 따라서 축전지 전압이 낮을 경우 ECU는 인젝터의 통전 시간을 연장시켜 실제의 연료 분사량이 변화되지 않도록 한다.

㉦ 가 감속시 보정

기본 분사량만으로는 가속, 감속시에 공연비가 목표치에서 벗어난다. 그러한 오차는 일반적으로 감속시에는 희박으로, 가속시에는 농후로 되며 각각 증량, 감량, 보정이 필요하다. 가감속시 보정을 하지 않으면 순간적인 정지, 서징(surging) 그리고 백파이어(back fire) 등이 현상이 발생한다. 또 유해 배출가스도 증가한다.

- **가속 보정**

흡기매니폴드 압력에 대해 250 KPa의 고압으로 분사는 가솔린의 대부분은 흡입밸브 및 그 근방에 부착한다. 가속 즉 스로틀 밸브를 열었을 경우는 이 부착 연료량이 증가한다. 부착한 가솔린이 기화하기까지는 시간이 걸리므로 가속시 부착 연료량 만큼 전술한 바와 같이 공연비는 목표치보다 희박하게 된다.

부착한 연료의 기화속도는 흡기 매니홀드 압력과 부착부의 온도에 크게 영향을 받는다. 즉 흡기 매니홀드 압력이 높을수록, 또 부착부 온도가 낮을수록 기화속도는 늦어진다. 흡기 매니홀드 압력이 높게 되는 가속 mode에서는 부착 연료의 기화속도가 떨어져 부착 연료가 증가하며 그 만큼 공연비가 희박해지는 것을 보정하는 것이 가속증량이다.

일반적으로 가속증량은 스로틀 포지션 센서의 아이들 접점이 ON에서 OFF로 바꾸는 순간부터 시작된다. 증량비와 증량 지속시간은 냉각수온도에 따라 결정된다.

◆ **감속 보정**

자동차가 주행 중 감속을 하기 위하여 액셀 페달을 놓으면 스로틀 밸브가 급격히 닫혀 공전 위치 스위치의 출력이 ECU에 입력되면 ECU는 연료의 절약과 탄화수소의 과다 발생 및 촉매 변환기의 과열을 방지하기 위하여 인젝터에 공급되는 전원을 일시적으로 차단하여 연료가 분사되지 않도록 한다.

◆ **비동기 분사**

비동기 분사는 크랭크각에 동기하지 않는 급가속시의 임시적인 분사이다. 앞에 설명한 가속보정은 크랭크각 동기분사의 증량보정이었다. 같은 가속보정인 비동기분사는, 동기분사에서 가솔린의 공급이 충분치 못한 급가속 mode에서의 공연비 희박을 보정한다. 가속시의 응답성을 향상시키기 위하여 스로틀 포지션 센서의 아이들 접점이 ON에서 OFF로 바뀌어지면, 기본 분사량과는 관계없이 1회 분사한다.

④ 연료분사 시기 제어

㉠ 동시 분사 방식

동시분사는 엔진의 행정과는 관계없이 모든 기통에서 동시 연료를 분사하는 것을 말한다. 연료 분사량은 1회의 연소에 필요한 연료량의 1/2로 위의 분사상태에서도 알 수

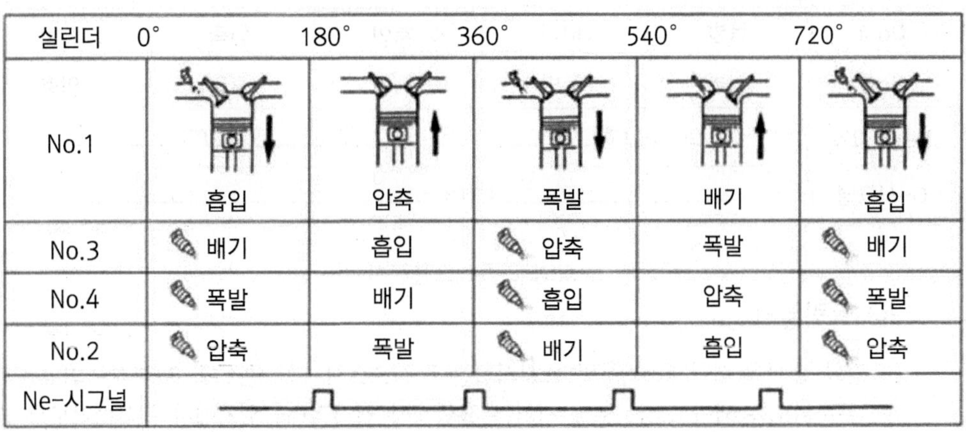

그림 8-53 동시 분사 방식

있듯이 크랭크각 1회전에 1회 분사되고 흡입, 압축, 폭발, 배기행정 동안에 2번 분사된다. 현재의 크랭크각 센서 방식에서는 가속시(아이들 접점이 ON→OFF)는 가속성의 향상을 위하여 동시분사 이외에 비동기분사로서 추가분사를 한다.

이것은 크랭크각 센서가 갖는 정보의 차이에 의하는 것이다. 또한 동시분사 방식에서 4회 분사하는 것도 있다(흡입행정 이외의 기간에서 분사된 연료는, 흡입행정이 시작될 때까지 흡입밸브 부근에서 대기하고 있다가 흡입밸브가 열림과 동시에 바로 실린더로 흡입된다).

㉡ 그룹분사

2-그룹으로 인젝터의 작동을 구분하고 엔진이 1회전 할 때마다 분사하는 방식으로서 분사상태에서 알 수 있듯이 1회의 연소에 요구되는 연료는 1회 분사된다.

동시분사에 비하여 1회의 분사량이 많기 때문에 분사량이 적은 저부하시에 안정된 제어를 할 수 있고, 인젝터의 작동 횟수가 적기 때문에(동시분사의 1/2)소음면에서 유리하다. 다만 현재의 크랭크각 센서 방식에서는 고속 고부하시에 분사량이 부족하지 않도록 ECU제어로서 동시분사방식으로 전환할 수 있다.

실린더	0°	180°	360°	540°	720°
No.1	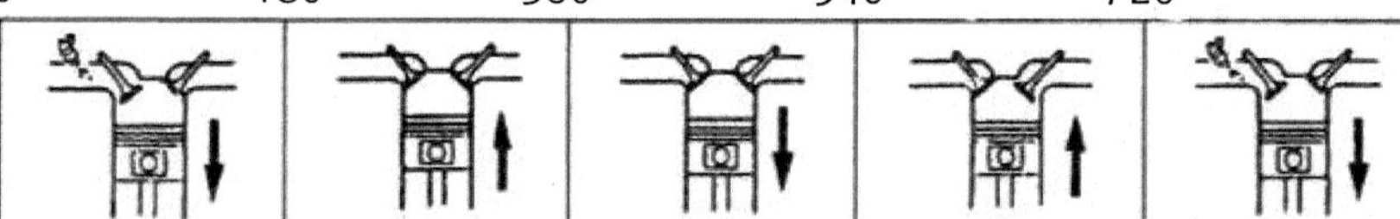				
	흡입	압축	폭발	배기	흡입
No.3	배기	흡입	압축	폭발	배기
No.4	폭발	배기	흡입	압축	폭발
No.2	압축	폭발	배기	흡입	압축
Ne-시그널					
G-시그널					

그림 8-54 그룹분사

㉢ 독립분사

점화 순서에 따라 각 기통마다 분사하는 방식으로서 1회 연소에 요구되는 연료는 1회에 분사되도록 되어 있다. 분사 시기는 흡입행정 전 170°의 위치에서 행하여지도록 되어 있고, 크랭크각 및 기통 판별의 정확한 정보가 없으면 분사하지 않는다. 또한 가속시

실린더	0° ~ 180°	180° ~ 360°	360° ~ 540°	540° ~ 720°	720° ~
No.1	흡입	압축	폭발	배기	흡입
No.3	배기	흡입	압축	폭발	배기
No.4	폭발	배기	흡입	압축	폭발
No.2	압축	폭발	배기	흡입	압축
Ne-시그널					
G-시그널					

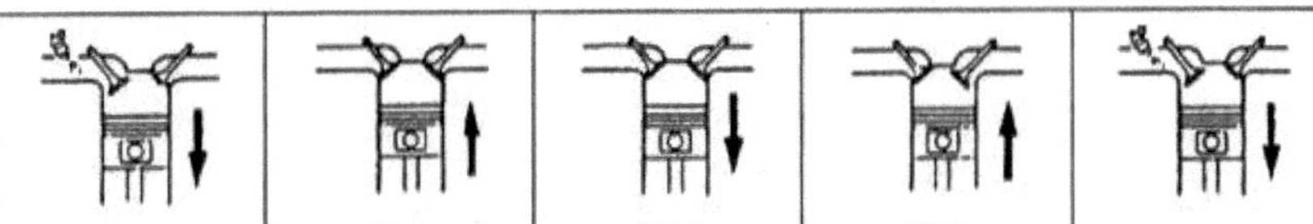

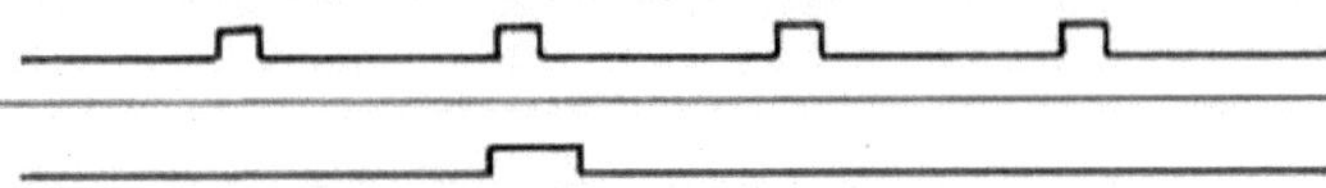

그림 8-55 독립분사

에는 추가 분사를 하고 고속 고부하시에서는 동시분사를 한다. 동시분사방식보다도 가속 응답성이 좋다.

⑤ 피드백 제어

삼원 촉매의 정화율이 가장 좋은 이론 공연비를 실현하기 위한 방법이 산소 센서 신호에 의한 이론 공연비로의 피드백 제어이다. O_2 센서는 이론 공연비 위치에서 출력전압이 급변한다. 그림 8-56과 같이 공연비의 피드백 제어를 한다. ECU는 산소센서 출력전압과 이론 공연비를 나타내는 기준전압과 비교에 의해 농후, 희박의 판정을 한다.

농후의 경우는 분사량을 줄이기 위해 피드백 보정계수를 계단형으로 변환시킨다. 공연비가 희박하면 배기가스 중의 산소 농도가 증가하며 산소 센서는 기전력을 약하게 발생하고 혼합기가 희박한 상태로 판단하여 ECU로 보낸다.

ECU는 이 신호를 받아들여 분사량을 증가시킨다.(즉 인젝터의 통전시간을 길게 한다.) 연료분사량이 증가되면 공연비 이론 공연비보다 농후해져 배기가스중의 산소 농도는 줄어들게 되고 산소 센서의 기전력은 크게 발생하며 이 상태를 ECU는 이 신호에 의해 분사량을 감소시켜 처음의 상태로 된다. 이상과 같은 작동의 반복에 의해 공연비를 이론공연비가 되도록 제어한다.

피드백 제어의 정지조건의 다음과 같다. 산소센서의 온도가 낮을 때는 정확하게 이론공연비를 검출할 수 없다. 때문에 시동 시 및 시동 후 충분한 시간이 경과하지 않는 냉각수

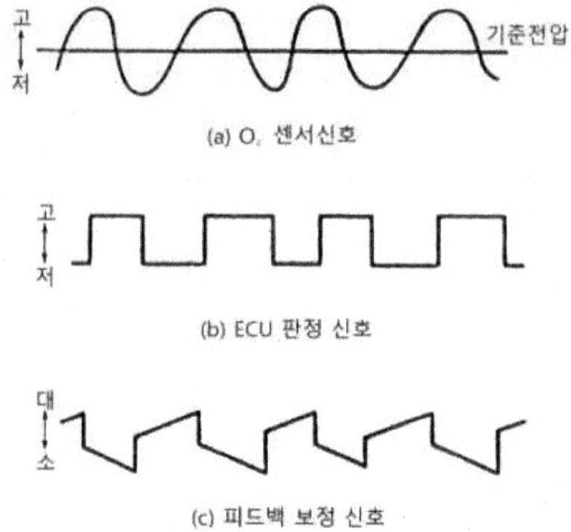

그림 8-56 공연비 피드백 제어

온도가 낮을때는 피드백 제어를 정지한다. 또한, 주행성 확보를 위해 목적 공연비를 농후로 설정하는 고부하, 고회전주행시도 피드백 제어를 정지한다.

⑥ 공전 속도 제어

공전 속도 제어는 각 센서에서 입력되는 신호를 기초로 하여 ECU가 스텝 모터 또는 ISC 서보 모터에 제어 신호를 공급하여 바이패스 포트 또는 스로틀밸브의 열림량을 제어하여 조절한다.

⑦ 에어컨 릴레이 제어

에어컨 릴레이 제어는 기관이 공회전할 때 에어컨 스위치를 ON 시키면 기관의 회전 속도가 증가되기까지는 약간의 지연되는 시간 동안 에어컨 릴레이 회로와 연결되어 있는 파워 트랜지스터를 약 0.5초 동안 동안 OFF시키므로 에어컨 릴레이 호로가 차단되어 에어컨 컴프레셔가 즉시 구동되지 않게 함으로써 기관에서 회전속도의 강하가 발생되지 않도록 한다. 또한, 자동 변속기를 설치한 자동차의 경우 가속을 하기 위하여 스로틀 밸브의 열림이 65°이상일 때는 양호한 가속이 이루어지도록 약 5초 동안 에어컨 릴레이 회로를 차단한다.

⑧ 자기 진단

ECU는 기관의 각 부위에 설치된 센서에서 검출된 신호가 입력되면 ECU는 각 액추에이터를 제어하기 위한 출력 신호를 보내게 된다. 만약 입력되는 센서중에서 비정상적인 신호

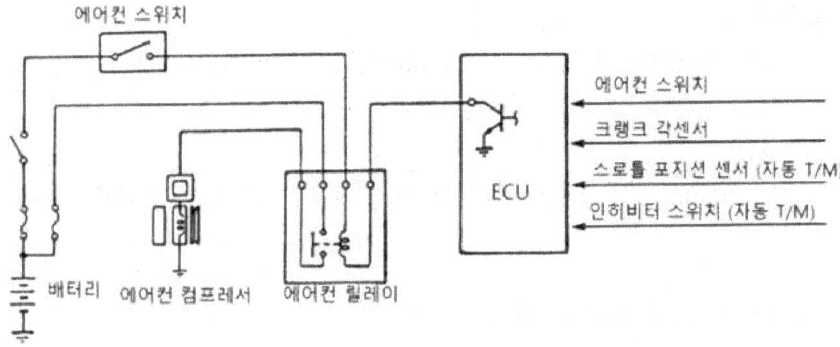

그림 8-57 에어컨 릴레이 제어

가 ECU에 입력되면 비정상적인 신호는 처음 입력된 시간부터 일정한 시간이 경과되면 센서의 고장으로 판단하고 고장 코드를 기억한 후 자기진단 출력단자와 계기 패널의 기관 경고등에 보낸다. 따라서 점화 스위치를 ON시킨 후 15초가 경과되면 ECU에 기억된 고장 코드가 계기 패널의 기관 경고등에 출력되며, 정상이면 점화스위치를 ON에 놓은 후 5초 뒤에 점검 등이 소등되며, 고장 항목이 있으면 기관 경고등이 15초 동안 점등되었다가 3초 동안 소등된 후 고장 코드가 순차적으로 점등되어 고장을 알리게 된다.

8.4 희박연소와 실린더 내 가솔린 직접분사기관(GDI)

8.4.1 희박연소의 개념과 작동원리

1) 희박연소의 개념

일반적으로 이론 공연비보다 공기의 과잉상태에서 혼합기를 연소시키는 것이 넓은 의미에서 희박연소(lean burn)이다. 연소는 혼합기가 희박해질수록 어렵고 또한 최고연소압력이 낮아져서 발생토크가 떨어진다. 희박연소는 엔진의 全운전영역에서 가능한 것이 아니며, 그 실행영역이 부분 부하영역에서 한정되고, 연소의 안정과 파워쇼크의 완화를 위하여 스월제어시스템과 전공연비센서 및 성층급기방식 등이 도입되고 있다.

❖ **공연비**
MPI Engine (14.7:1) → L/B Engine(22:1) → GDI(40:1)

❖ **가연공연비**
MPI Engine (9:1~18:1) → L/B Engine(9:1~24:1) → GDI(9:1~44:1)

희박연소엔진의 장점은 다음과 같다.

① 기존 엔진보다 연비개선 효과는 11~12%, NOx는 70%정도 저감된다. 희박운전시 연비가 향상되는 이유는 펌핑 손실(Pumping loss) 저감과 연소 최고온도 감소에 의한 연소실에서의 냉각손실 저감에 기인한다.

② 공회전 상태에서 SCV밸브를 닫아 급속연소를 유도하면 아이들 회전수를 700 rpm정도까지 내릴 수 있으므로, 이에 따라 연비가 좋아지고 아이들도 안정된다.

2) 희박연소의 연비저감

(1) 열손실의 저감 (냉각손실의 저감 효과 : 30%)

연소할 때 같은 양의 연료가 소비되었다고 하더라도 적은 양의 고온작동가스보다는 많은 양의 저온 작동가스로 피스톤을 내려 미는 쪽이 작동가스의 비열 및 열손실면에서 유리하다. 이것은 작동가스의 온도와 연소실 벽면이나 피스톤헤드 표면과의 온도차가 작은편이 작동가스가 냉각되는 율이 작기 때문이다.

희박연소 엔진의 경우 부분부하 운전 때에는 일반엔진에 비해 1.5배인 양의 공기를 실린더내로 흡입하므로 혼합기중의 연료밀도가 낮고, 화염전파속도가 늦어지게 된다. 이 때문에 연소의 진행이 완만하여 혼합기의 연소온도가 낮아지게 되며, 연소가스의 온도가 낮으면 낮을수록 [연소→팽창행정]에서 연소실로부터 냉각계로 방출되는 열량이 적어진다.

(2) 펌프손실의 저감 (펌프손실의 저감 효과 : 70%)

같은 출력을 얻는데 있어서 많은 공기를 흡입하기 위해서는 스로틀 밸브의 개도를 크게 하여야 하고 이렇게 하는데 따라 실린더 내에 공기가 흡입될 때 동반되는 펌프손실이 저감된다. 즉, 희박연소 엔진인 쪽이 종래의 이론 공연비 운전의 엔진에 비하여 많은 공기량을 필요로 한다. 따라서 동일한 운전조건일 때 희박연소엔진의 경우 실린더내의 부압이 작아져서 흡기행정에서의 「펌프손실」이 저감된다. 이처럼 작아지는 분만큼이 같은 양의 연료

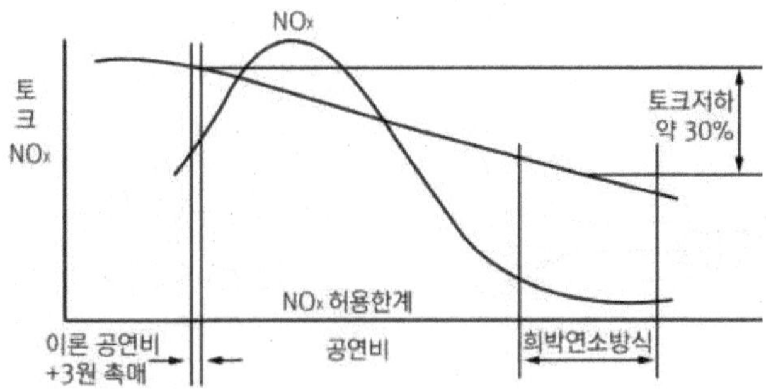

그림 8-58 공연비와 토크 및 NOx관계

를 연소시킬 경우 유효출력이 그것에 따라 증대하는 것이며 따라서 동일한 출력을 얻는데 사용되는 연료가 적어져서 연비가 향상되는 셈이다.

그림 8-58은 희박연소시 공연비와 토크 및 NOx와의 관계를 나타낸 것으로 토크는 공연비 13:1 부근에서 가장 높게 나오고, 공연비가 희박해지면 점차 감소하는 것을 알 수 있다. 또한 NOx는 16:1~18:1에서 가장 많이 배출되다가 22:1정도가 되면 급격히 저감된다.

3) 희박 연소시스템의 구성과 작동원리

(1) 희박연소 엔진 시스템 구성도

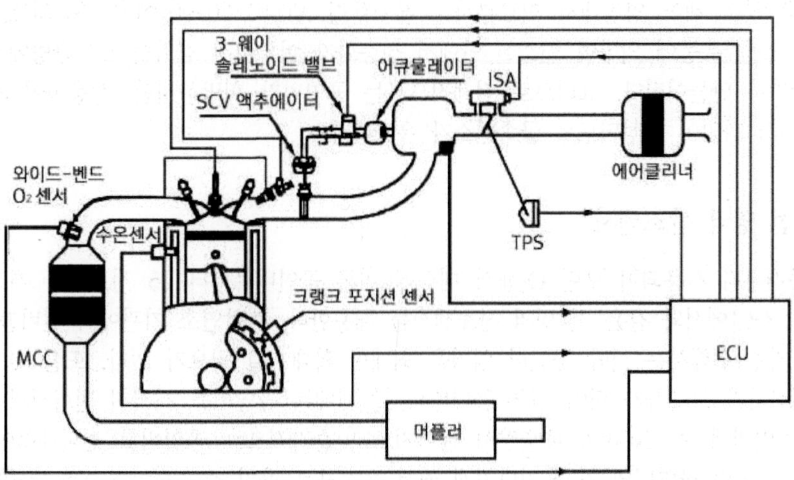

그림 8-59 희박연소 엔진 시스템 구성도

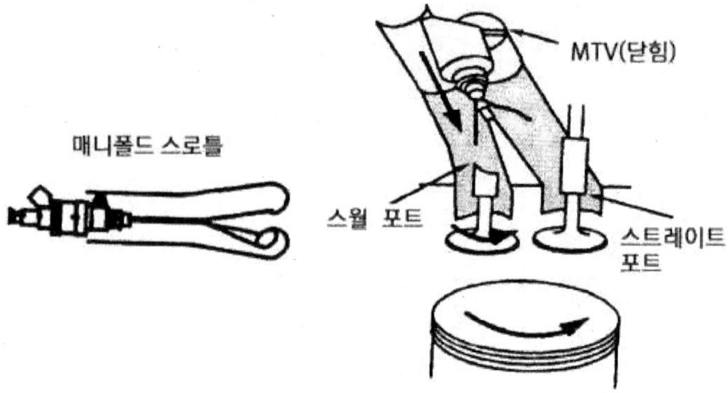

그림 8-60 SCV 장착도

① 스월 컨트롤 밸브(SCV : Swirl Control Valve)

통상적인 가스유동으로서는 공연비가 18이상으로 혼합기가 희박해지면 연소가 악화되어 회전상태가 불안정하게 된다. 그러므로 이를 스월 컨트롤 밸브(SCV)에 의하여 가스의 유동을 활발하게 하여 공연비가 20 이상으로 되어도 연소가 안정되도록 한다.

희박연소 엔진에서는 그림과 같이 스월(Swirl)을 일으키기 위한 SCV를 설치하여 희박연소(Lean burn)제어 영역에서 이 밸브를 닫아 빠른 유속에 의해 스월을 발생되도록 한다. 희박공연비 상태에서도 연소가 가능해 지는 이유는 스월유동과 성층화(Stratification)를 이용하기 때문이다.

희박연소 제어 영역에서 연료분사는 흡기행정 ATDC 60-90°에서 종료되고, 분사된 연료는 스월 유동에 의하여 연소실 안에서 성층화가 이루어져 점화플러그 근방에서는 농후한 혼합기가 만들어진다. 그러므로 전체적으로는 공연비가 희박하지만, 성층화에 의하여 강력한 초기 화염이 형성되므로 급속연소가 유도된다.

② 전 영역 산소센서

종래부터 사용되어 오던 O_2센서 대신에 이론 공연비로부터 25 정도까지 계측이 가능한 그림 8-61에서와 같은 전 영역 산소센서를 채용한다. 희박연소 기관에서 연비를 최대한 향상시키기 위해서는 희박 공연비 영역을 최대한 확대시킬 필요가 있다. 또한 희박 공연비로 운전하다가 고부하가 되어 이론 공연비로 갈 때에는 공연비를 서서히 변화시키면 중간상태의 공연비에서는 NOx의 배출량이 많아지므로 순간적으로 공연비를 전환해주어야 하는데, 이렇게 되면 공연비의 차가 지나치게 커서 운전자는 파워 쇼크(Power Shock)를 느끼게 된다. 따라서, 희박연소에서는 정확도 높은 공연비 제어가 필수적이기 때문에 이론 공연비 뿐만 아니라 넓은 조건에서 피드백 컨트롤을 할 수 있는 전 영역 산소센서를 채용한다.

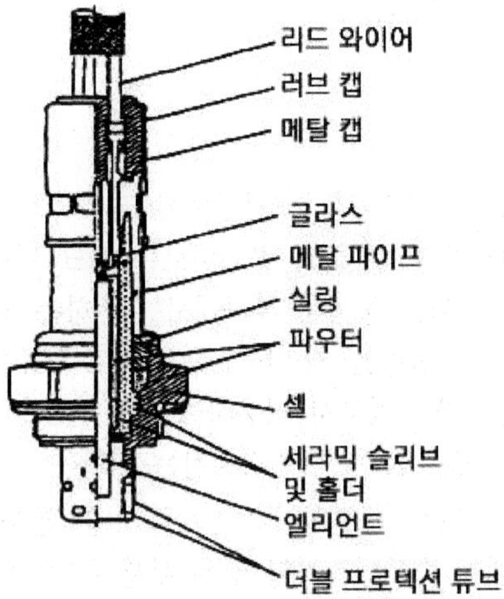

그림 8-61 전영역 산소센서의 구조

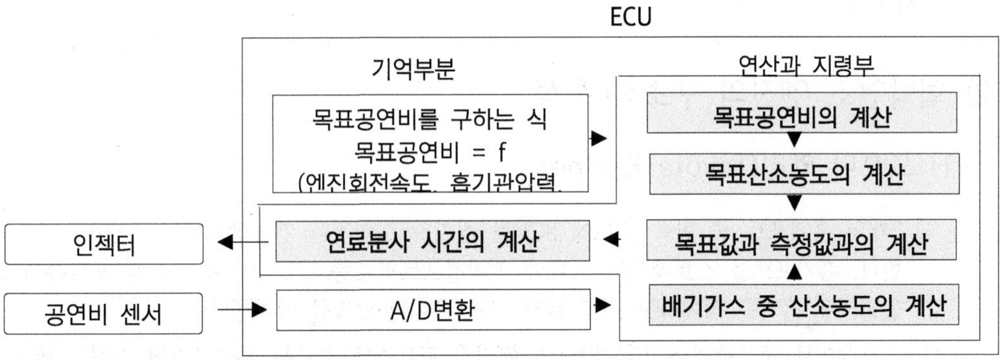

그림 8-62 공연비센서에 의한 피드백제어

그림 8-62는 전영역 산소센서에 의해서 현재의 엔진 회전속도와 흡기관 압력에 의하여 산출되는 목표공연비와 비교하여 목표값에 맞도록 연료량이 피드백 제어된다.

③ 연료분사방식의 변경

종래에 사용되어 오던 연료의 동시분사 방식으로부터 각 실린더의 연료분사를 독립적으로 또한 조건에 상응하여 분사시기가 달라질 수 있는 독립분사 방식으로 변경하였다. 이것은 공연비가 20을 넘게 되는 희박 혼합비 영역에서 연료의 분사시기에 따라 토크의 변동이 크게 달라지기 때문에 이의 완화를 위한 최적의 분사시기를 택할 필요가 있기 때문이다.

8.4.2 희박연소엔진 개발 사례

1) 희박연소의 조건

희박연소의 운전영역은 삼원촉매의 정화기능에 좌우되며 일반적으로 공연비 19~22부근에서 최소연비를 나타내지만 이 부근의 공연비로는 토크 변동이 크고 삼원촉매의 NOx 정화능력을 넘어서기 때문에 이론 공연비 부근에서 운전하는 영역을 넓히게 하지 않을 수 없고 삼원촉매만으로는 NOx배출량을 처리하지 못하므로 EGR에 의지하게 된다. 즉, 3원촉매는 희박 연소영역에서는 산화촉매로서 작용하여 CO, HC를 저감시키고, 이론 공연비 영역에서는 3원촉매로서 CO, HC, NOx를 저감시키는 역할을 한다.

희박연소의 운전조건은 또한 엔진회전수, 수온, 기본 분사량, 기어위치, 차속 및 스로틀개도에 의해 정해지며 대개 수동변속기의 경우 부분 부하영역을 차지하는 파워는 가속시와 정속 주행시, 자동차변속기의 경우는 D레이지 3속 이상의 정속주행시로 한정한다. 이때 희박연소의 공연비는 20~23정도이며, M/T, A/T 모두 약 140 km/h까지의 영역에서 희박연소의 운전이 가능하다.

2) 희박연소 엔진의 구조적 특성

(1) 도요타 엔진(Toyota Engine)

① 2개의 흡기포트 중 한쪽 포트에 SCV를 설치하고 이것을 개폐함으로써 스월비를 제어한다. 흡기포트를 스트레이트 포트와 헬리컬포트의 2통로로 나누어 헬리컬 포트쪽에 스월발생용 돌기를 설치하고 스트레이트 포트쪽에는 SCV를 설치했다.

② 스트레이트 포트측의 SCV를 닫으면 헬리컬 포트측에 흐르는 흡입공기에 스월을 발생시켜 저중속 상태에서 희박연소를 가능하게 하였다. 이렇게 함으로써 희박연소영역에서 공연비가 25로 확대시켰다.

(2) 미쯔비시엔진(Mitsubishi Engine)

- **SOHC 3밸브 직렬 4실린더 1500 cc인 베이스엔진을 희박연소한** MVV(Mitsubishi Vertical Vortex)엔진

① 희박연소화는 실린더내에 형성된 텀블류를 이용하여 성층급기를 시키고 SCV등의 부가장치는 사용하지 않는다.

② 연료는 점화플러그를 상대하고 있는 흡기포트를 통해서만 공급되고 배기밸브를 상대하는 흡기포트로부터는 공기만 공급된다.

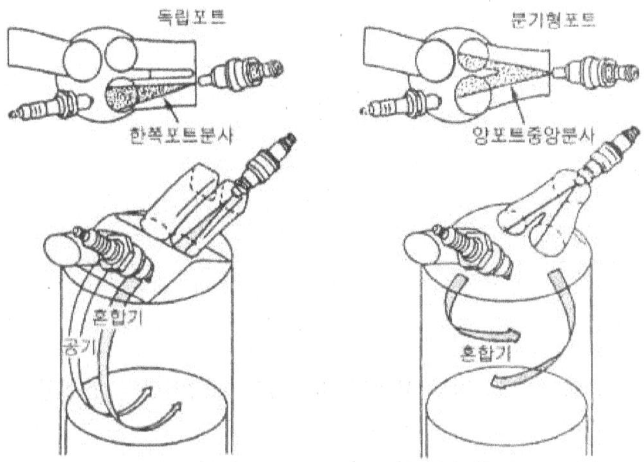

그림 8-63　미쯔비시 희박엔진의 연소실

③ 2개의 독립된 흡기포트는 스트레이트이면서 수직에 가깝게 되어 있고 연소실로 들어갈 때 흡기행정의 후반에는 흡기가 실린더벽을 거슬러 올라가는 흐름을 형성한다.

혼합기 제어시스템은 광역 공연비 센서에 의한 전영역 공연비 피드백 제어를 한다. 목표공연비는 운전조건에 따라 2면의 맵을 분리 사용하는 형태를 취한다. 즉, 아이들회전과 부분부하의 부분을 담당하는 희박공연비 맵과 완만한 가속 및 전부하부분을 담당하는 이론 공연비 및 과농 공연비 맵의 2개이다.

희박공연비 맵은 엔진의 회전속도 3500 [rpm] 이하, 부하는 제동평균유효압력으로 6[kgf/cm^2]이하의 영역이고 가장 희박한 공연비를 사용하는 것은 엔진의 회전속도로 2000~3000[rpm], 이때의 제동평균유효압력은 4[kgf/cm^2]이하의 영역으로 실용 공연비는 23이다. 그림 8-64은 MVV엔진과 종래엔진의 목표공연비 맵을 보여주고 있다.

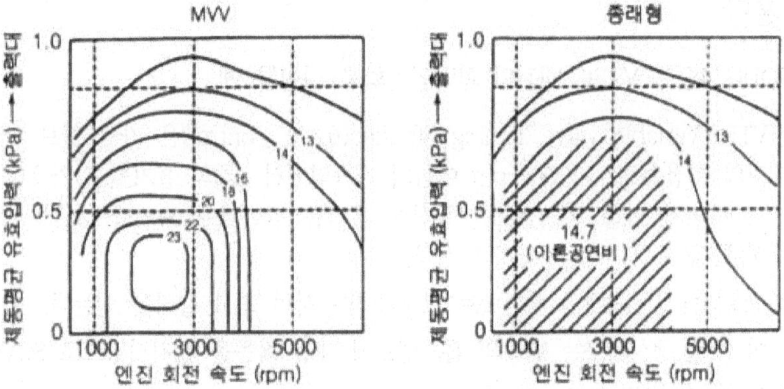

그림 8-64　목표 공연비 맵

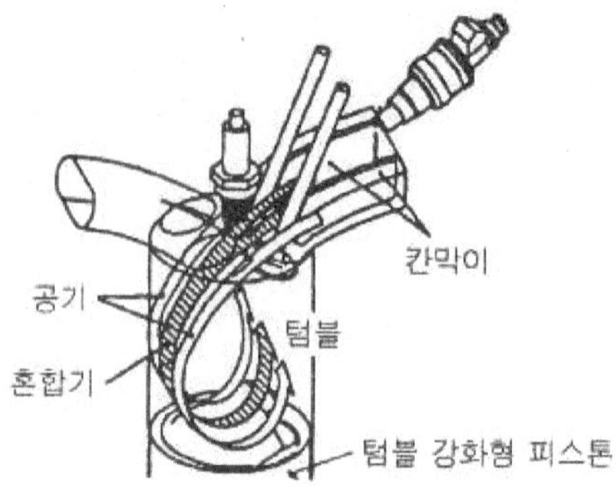

그림 8-65 텀블 유동의 미쯔비시 희박엔진의 연소실

◆ **V6 MVV 2500CC 대형엔진의 희박연소화를 실현한 예**

① 2개의 흡기포트의 각각의 중앙에 격벽이 설치되어 있고 이 격벽에 의하여 2홀 인젝터로 실린더 중앙부분을 혼합기, 외곽부분을 공기의 흡기로 하여 텀블을 발생한다.

② 격벽에 의해 칸막이된 바깥쪽의 흡기는 연료와 혼합되지 않고 공기만인 상태에서 연소실에 도입된다. 흡기포트가 연소실에 대하여 세워진 형태로 배치되어 있어서 연소실내로 들어가는 흡기는 텀블류를 형성한다.

③ 이때 옆방향의 스월은 거의 존재하지 않고 연소실에 들어간 흡기는 중앙부분에 연료가 많이 존재하는 농후한 혼합기로 되고 그 양쪽에는 희박한 혼합기가 형성된다. 이렇게 하여 점화플러그 주위에는 농후한 혼합기가 형성되면서 확실한 착화를 실현하게 된다.

④ 텀블류는 압축행정 중반까지 지속되어 압축행정후반에는 작은 와의 형태로 변환시키기 위해서 피스톤 크라운면에 살돋음한 텀블 제어 피스톤을 설치한다.

(3) 혼다

◆ **SOHC 4밸브 VTEC 엔진의 희박연소화를 실현한 예**

① VTEC(Variable valve Timing lift Electronic Control)은 가변 밸브 타이밍기구로서 엔진의 회전속도가 2500 rpm 이하의 저속역에서 2개의 흡기밸브 가운데 1개를 휴지시키고 나머지 한쪽 흡기밸브를 통하여 흡기를 실린더에 도입함으로써 스월을 발생시켜서 희박혼합비 운전을 가능하게 한다.

② 고속역에서는 2개의 흡기밸브 모두가 작동하여 최고 출력을 얻는다.

③ 이 스월 생성기구는 한쪽의 흡기밸브에 대한 작동을 정지시킴으로 SCV등의 부가장치는 사용하지 않는다.

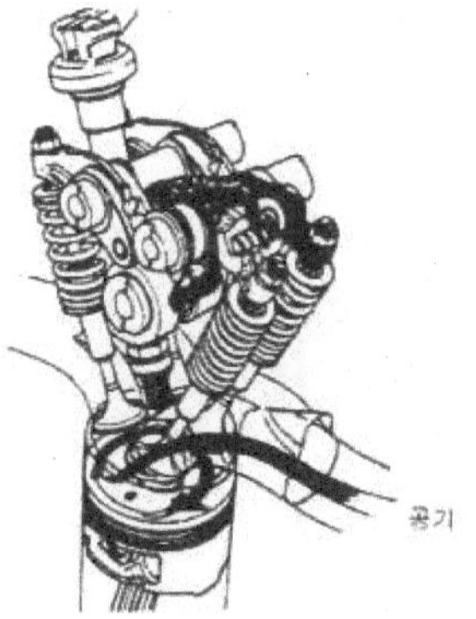

그림 8-66 혼다 VTEC 희박 연소엔진의 연소실

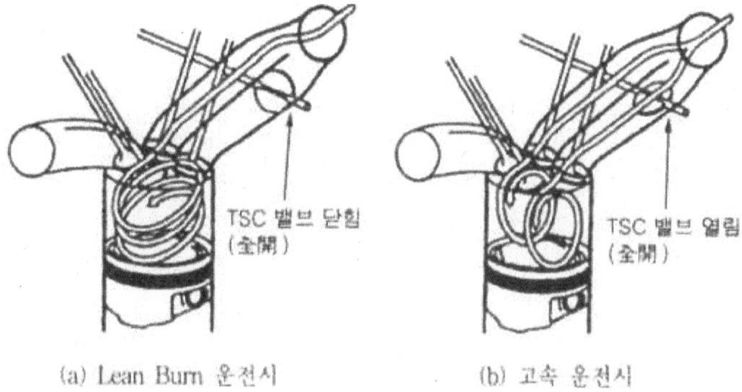

그림 8-67 마쯔다 희박연소 엔진의 연소실

(4) 마쯔다

① 내경이 다른 2개의 독립 포트에 TSX(Tumble Swirl Multiplex)포트를 적용하고 세컨드리 포트(Secondary Port)에는 TSC(Tumble Swirl Control)밸브를 설치한다.

② 저중속역에서는 밸브가 닫히고, 고속역에서는 밸브가 열린다.

8.4.3 실린더 내 분사 가솔린엔진(GDI)

1) 개요

희박연소 가솔린 직접분사엔진이 자동차용으로 개발되어 발매되기 시작한 것은 1996년에 일본 미쯔비시의 GDI엔진과 도요타의 GDI엔진 등이다. 그림 8-68에서와 같이 1970년대에 기화기인 연료공급방식이 1980~90년대는 흡기포트 분사로 변화된 것과 같이 대다수의 가솔린엔진이 실린더내 분사 엔진으로 바꾸어지는 추세이다. 따라서 연료의 분사위치도 연소실에 가까와지는 것을 볼 수 있다.

가솔린 직접분사 엔진은 디젤엔진처럼 연소실내에 연료를 직접 분사하는 엔진이다. 부분부하시에는 압축행정 말기에 연료를 분사하여 점화플러그 주위의 공연비를 농후하게 하는 성층연소로 초희박 공연비(25~40:1)에서도 쉽게 점화가 가능하도록 되어 있으며, 고부하시에는 흡입행정 초기에 이론 공연비 부근으로 연료를 분사하여 연료에 의한 흡입공기 냉각으로 충진효율을 향상시킨다.

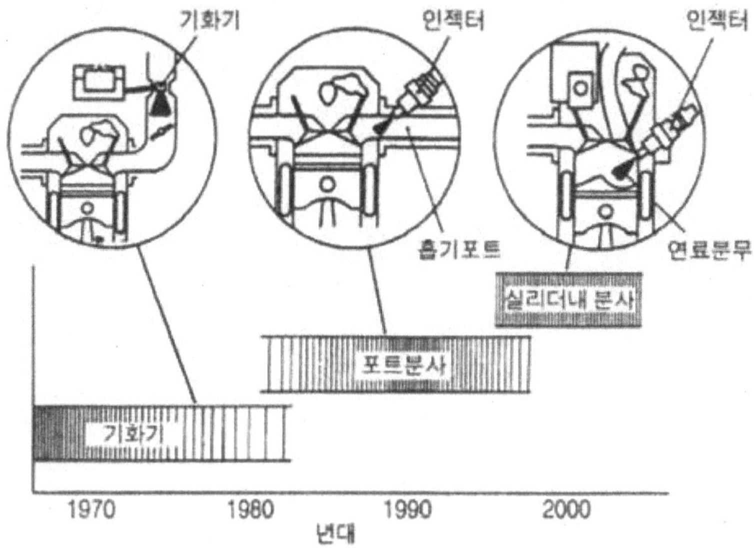

그림 8-68　가솔린엔진의 연료 공급계의 변화

또한, 가솔린 직접분사엔진은 연료를 실린더 안에서 직접 분사하므로 흡기포트벽에 연료가 흡착되는 벽류현상을 줄일 수 있다.

배기가스 저감을 위해서는 희박연소시 특히, 다량 발생되어 문제가 되는 NOx 배출을 줄이기 위하여 대용량의 EGR밸브를 사용하며, 미연가스와 NOx를 화학반응시켜 NOx의 배출량을 줄이는 선택 환원형 촉매나 흡장 환원형 촉매를 사용한다. 이러한 고도의 기술이 집적되어 저부하시에는 연비가 우수하고 고부하시에는 출력이 우수하여 최대 30%정도의 연비향상과 10%정도의 출력을 향상시키는 것이 가능하다고 알려져 있다.

2) 실린더내의 분사엔진의 특징

(1) 체적효율의 향상

실린더내 분사 가솔린엔진의 특징으로서는 체적효율의 향상을 들 수 있다. 체적효율이 좋아지는 이유는 흡기행정에서 실린더내에 직접 연료를 분사함으로써 연료의 기화열에 의하여 공기가 냉각되는 효과가 있기 때문이며 이 급기의 냉각으로 체적효율은 향상된다. 또한 흡입공기가 냉각되면 노킹의 발생도 억제되므로 점화시기를 앞세울 수 있는 잇점도 있다.

(2) 응답성의 향상

응답성이 좋아지는 이유는 과도운전 때에 있어서의 공연비 제어가 정확하기 때문이다. 기화기 엔진이나 흡기포트 분사 엔진의 경우 응답성이 지연되는 이유는 주운동부분의 관성중량 외에 그 대부분의 이유가 과도기의 혼합기형성에 그 원인이 있다.

기화기나 흡기포트 분사엔진의 경우는 기화기나 연료 인젝터로부터 연소실까지의 이송거리가 길어서 공급된 연료 중 그 일부가 이송도중 흡기포트나 흡기밸브숄더 등에 부착되어 수송지연이 생기게 된다.

정상운전에서는 큰 문제가 되지 않으나 가속때는 연료가 부족하게 되고 감속때에는 체류하고 있던 연료가 과다 유입하게 된다. 이와같은 문제를 피하기 위하여 흡기포트 분사엔진의 경우는 과도운전때를 위한 연료의 보정이 이루어지고 있다.

실린더내 분사 엔진에서는 직접 연료가 실린더내에 분사되므로 이와 같은 과도보정은 필요로 하지 않게 되고 따라서 이 과도보정을 필요로 하지 않는 만큼의 정확한 공연비제어가 응답성을 좋게 하는 것이 된다.

공연비의 정확한 응답성은 연비에도 좋은 영향을 주게 되어 흡기포트 분사에서 실린더내 분사로 하는 것만으로도 실용연비는 10%정도 향상된다.

(3) 연비의 향상

실린더내 분사 엔진은 흡기포트 분사 엔진과 다른 연소실내의 혼합기 형성을 하고 있다. 종래의 흡기포트 분사엔진은 연료를 흡기포트로부터 실린더내로 흡입되는 공기에 편승시켜서 공급한다. 하지만 실린더내 분사엔진은 연료를 실린더내에 직접 분사하는 것이므로 언제나 겨냥한 곳에 연료를 분사할 수 있고, 혼합기의 성층화가 가능하다.

통상 MPI엔진은 가연공연비가 18 : 1, 린번엔진은 24 : 1정도를 넘어서면 연소가 불안정해 토크의 변동에 따른 엔진회전속도의 변동이 커지거나 실화들이 발생한다. 하지만 GDI 엔진의 경우 40 : 1이상의 공연비로도 연소가 가능하게 하는 이유는 연료의 성층화를 시켜 점화플러그 주위에는 농후한 혼합기를 형성시키고 전체실린더에 대해서는 희박한 혼합비의 상태로 만들게 된다. 즉, 평균혼합비가 희박하여도 점화플러그의 근방에만 농후한 혼합기가 있으면 이때는 연소가 가능하다는 것이다.

그렇다면, GDI엔진에 있어서 어떻게 하면 농후한 혼합기를 점화플러그의 근방으로 유도하느냐에 있다. 이것이 GDI엔진의 특징 중의 하나이다. 그 대응방법으로 현재 채용하고 있는 것을 살펴보면,

① 피스톤크라운면의 형상에 의한 성층연소이다. - 피스톤 크라운면에 凹부를 만들어 그 곳을 향하여 연료를 분사한다.

② 흡기포트에 SCV등을 부착하여 스월이나 텀블류를 발생시킴으로써 연소실내의 가스의 유동을 변화시킨다.

따라서, 이 가스유동에 의해 분사된 연료가 피스톤 크라운면에 만들어진 凹부에 유도되고 이것이 피스톤이 상사점에 도달하기 직전에 점화플러그 부근에 모아지도록 하여 성층연소가 이루어지게 된다.

또 하나의 문제가 되는 것은 분사하고부터 연소할때까지의 시간이 흡기포트분사 엔진에 비하여 짧기 때문에 어떻게 하여 그 짧은 시간 동안에 미립화된 연료가 공급될 수있는가 하는 것이고 이를 위하여 개발된 것이 고압으로 분사되는 연료펌프와 정교한 인젝터이다.

3) 실린더내 분사가솔린엔진의 연료시스템

GDI연료시스템은 인젝터드라이브-A,B, 저압연료펌프, 저압 레귤레이터, 연료휠터, 고압연료펌프, 고압 압력 레귤에이터, 고압 스월인젝터등으로 구성되어 있다. 여기서 GDI엔진에서 중요한 역할을 하는 고압연료펌프와 고압스월인젝터에 대하여 살펴보기로 한다.

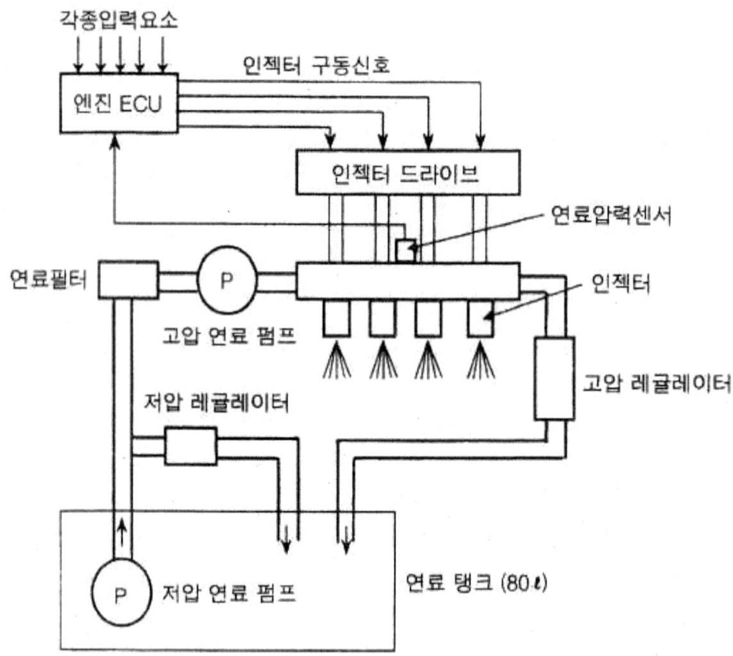

그림 8-69 GDI 연료 시스템 구성도

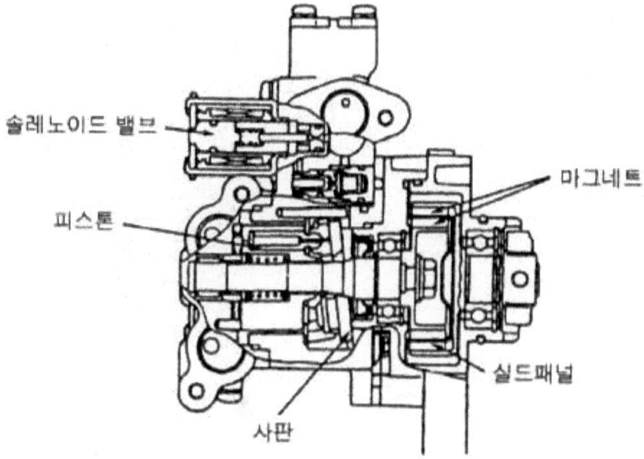

그림 8-70
고압 연료펌프

(1) 고압 연료펌프

실린더내에 연료를 직접 분사하는 경우는 흡기포트분사인 경우와는 그 조건이 전혀 다르다. 흡기포트분사인 경우는 흡기포트의 압력이 아이들링때는 -0.6[kg/㎠], 전부하일때는 제로(zero)전후이다.

따라서 이와 같은 조건하에서 연료를 분사하는 압력이 3[kg/㎠]정도이면 충분하며 흡기포트와 연료배관내의 압력차를 항상 일정하게 유지함으로써 흡기포트 내의 압력이 변화되어도 연료의 공급은 안정적으로 이루어 질수 있다. 하지만, 실린더내의 분사인 경우 압축상사점에서는 부분부하인 경우에도 5[kg/㎠]에 달하고 내압에 이겨서 연료가 분사되기 위해서는 적어도 그 이상의 압력이 필요하다.

그리고 그 압력변동을 감지하기 위한 압력센서가 필요하게 되나 연소때 실린더내의 압력은 80[kg/㎠]정도까지 상승하므로 이 압력에 견뎌야 할 뿐만 아니라 높은 응답성능이 있어야 한다.따라서 그와 같은 압력변동에 영향을 받지 않고 연료가 공급되기 위해서는 실린더내의 압력보다 대폭적으로 높은 고압의 연료가 분사되어야 하며 이를 위하여 GDI엔진에 따라서는 50[kg/㎠], 혹은 120[kg/㎠]로 지극히 높은 압력으로 연료가 공급되고 있다.

(2) 고압 스월인젝터

고압분사는 분사시간을 단축시키는 잇점이 있다. 연료의 분사량은 니들밸브가 열렸을때의 단면적과 스트로크 양, 밸브의 열림시간 및 연료의 공급압력에 의하여 결정된다.

분공의 단면적이 클수록 유량은 증가하고 연료입자의 지름이 커진다. 연료의 공급압력이 상승되면 분사시간을 단축시킬 수 있다. 예를들어 연료의 공급압력을 3[kg/㎠]에서 50[kg/㎠]

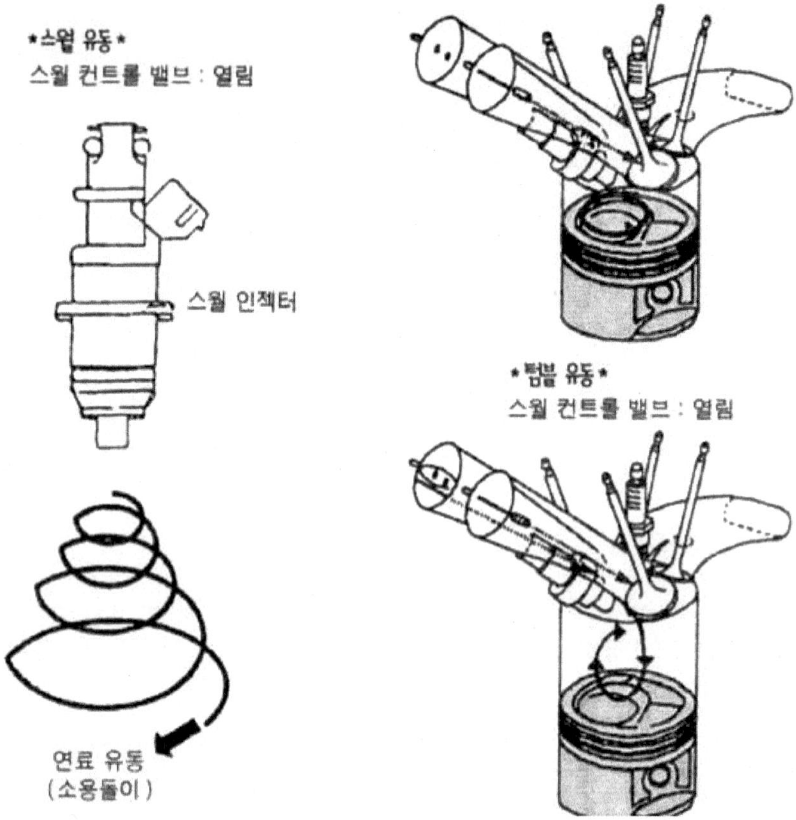

그림 8-71 고압 스월 인젝터

로 높일 경우 분사시간은 약 24[%]로 단축된다. 또한 연료의 무화(atomization)가 가속적으로 촉진된다.

고압 스월인젝터는 종래의 인젝터와 달리 연료가 분사되면서 주변의 공기와 쉽게 혼합될 수 있도록 소용돌이를 이루면서 분사한다. 인젝터의 분사시기는 엔진의 분사에 따라 흡입행정과 압축행정으로 나뉘어지는데, 부분부하시에는 압축행정 후기에 분사(초희박연소)되고 전 부하시에는 흡입행정 중에 분사(일반연소)하여 흡입공기의 열을 흡수함으로써 기화와 동시에 흡입공기를 냉각하여 충진효율이 향상된다.

8.4.4 실린더 내 분사 가솔린엔진의 개발사례

1) 미쯔비시엔진(Mitsubishi Engine)

(1) 엔진의 구성

① 엔진본체

㉠ 피스톤의 흡기밸브쪽 크라운 면이 스푼으로 퍼올린 것 같은 만곡형상으로 되어있는 것이 특징이다. 피스톤은 연소실의 펜트루프(pent roof) 꼭지점으로 향하는 부분이 높아 봉우리 모양으로 되어 있다.

㉡ 이와 같은 형상을 하고 있는 것은 흡기포트로부터 유입되는 흡기가 흡기밸브쪽의 실린더를 향해 오른쪽으로 돌아드는 텀블류를 만들고 피스톤의 만곡면에 따라 회전하는 혼합기의 흐름이 연소실의 펜트루프의 꼭지점에 닿아서 붕괴되도록 한 것이다.

㉢ 흡기포트는 중앙에 점화플러그를 두고 양쪽에 통하는 수직포트의 형상으로 되어있기 때문에 역텀블류가 형성되도록 하고 있다.

② 연료펌프

연료펌프는 구조가 간단하여 구동손실을 억제하기 위하여 엔진의 캠축하단에 캠에 의해서 구동되는 기계식 고압펌프이다. 구조는 회전사판식(swashi plate pump)이며 구동축에 의하여 회전하는 사판에 의해 7개의 플런저가 왕복운동하면서 연료를 가압한다.

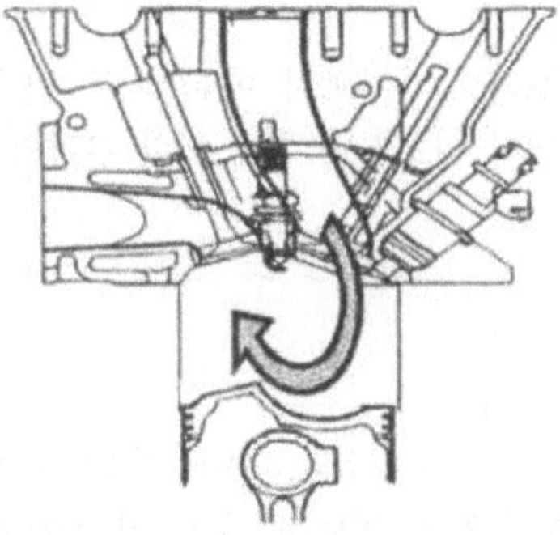

그림 8-72 미쯔비시 엔진의 텀블모양

그림 8-73 만곡 크라운면 피스톤

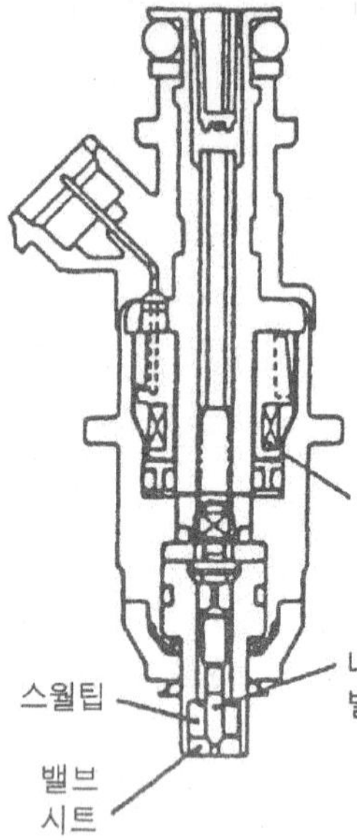

그림 8-74 연료인젝터의 구조

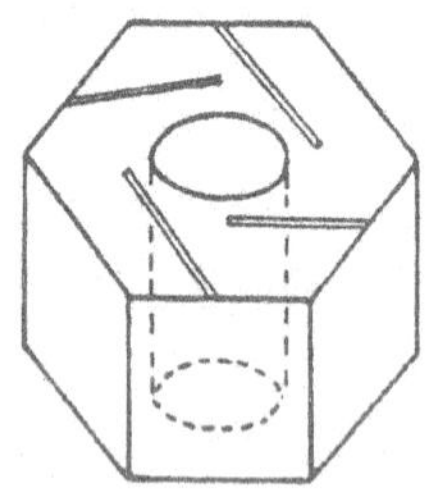
그림 8-75 스월팁

③ 연료 인젝터

연료 인젝터는 그림 8-74에서와 같이 연료의 분사압력이 50[kg/㎠]인 고압 솔레노이드형 인젝터이다. 밸브시트의 바로 앞쪽에 무화를 촉진시키기 위하여 연료가 적정하게 확산되도록 하기 위한 그림 8-75에서와 같은 스월팁(swirler)이 추가된다. 이 스월팁의 표면에 왼쪽 방향으로 도는 4개의 홈이 나 있어서 분사된 연료가 약 30°의 분무각으로 퍼지면서 미립화 되도록 만들어져 있다.

연료분사량의 제어는 니들밸브의 리프트때 밸브시트와의 틈새에서 이루어지고 인젝터의 끝부분에서 안쪽으로 들어간 곳에서 연료의 계량이 되며 디포지트 등에 의한 유량의 변화가 일어나지 않도록 되어 있다.

(2) 실린더내의 가스유동

이 미쯔비시 엔진의 경우 역텀블류가 발생되도록 설계되어 있다. 종래 희박연소엔진은 왼쪽방향으로 회전하는 텀블류인데 이것은 인젝터에서 분사된 연료를 실린더의 배기쪽으로 가져가서 텀블류에 의한 성층화가 충분히 이루어지지 않는 단점이 있었다. 하지만 흡기포트를 직립으로 세워 반대방향으로 회전하는 텀블류는 그 진행방향이 윗쪽으로 구부러지면서 피스톤의 만곡부 속으로 유도된다.

흡기가 직립포트로 되어 있어서 유량계수나 출력면에서 유리하다. 텀블비는 1.8로 되고 체적효율도 종래의 엔진에 비하여 10[%]정도 향상된다.

(3) 혼합기의 형성

앞의 그림 8-71에서 보는 바와 같이 흡기밸브 바로 곁에 장착되어 있는 고압스월 인젝터는 50[kg/㎠]의 고압으로 연료가 분사된다. 이 분사밸브의 끝부분에 스월 발생 스월팁(swirler)이 부착되어 이 스월팁에 의하여 연료의 미립화와 더불어 적절한 각도로 유입이 확산된다.

연료의 분사시기는 연소상태에 따라 그림 8-73에서와 같이 부분부하인 초희박연소역과 고부하때 등 2가지로 나누어져 설정되어 있다. 이것은 초희박 연소역에서는 압축행정후반 피스톤이 상승되는 시점에 연료를 분사한다. 분사된 연료는 적정한 농후 혼합기로 되어서 점화플러그 주위로 모여 성층혼합기를 형성하게 된다.

그리고 고부하때에는 흡기행정시에 연료를 분사하여 균질 혼합기가 형성되도록 한다. 이것은 피스톤이 상사점으로부터 충분히 내려간 상태에 있기 때문에 연료의 입자는 긴거리를 날면서 이동한다. 인젝터로부터 분사된 연료는 원추형인 콘(cone)모양으로 분무되며 연료입자는 노즐 끝으로부터 멀어질수록 크게 확산된다.

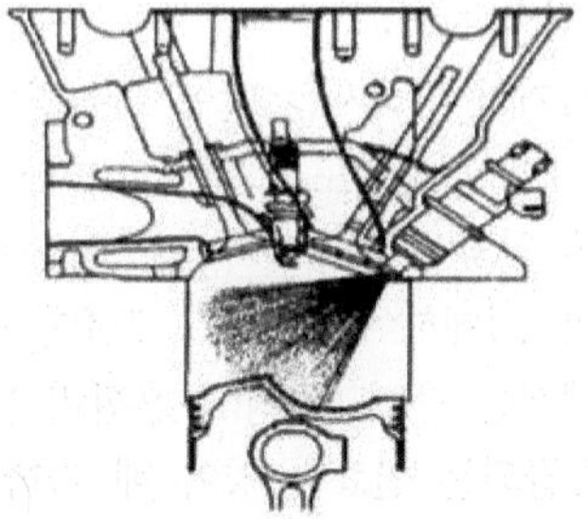

(a) 흡기 행정시 분사형상(이론공연비 제어)

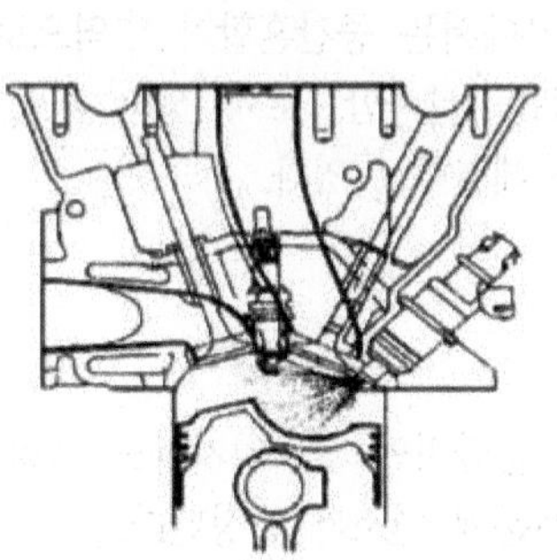

(b) 압축 행정시 분사형상(희박 공연비 제어)

그림 8-72
스월 인젝터의 연료
분사 형상

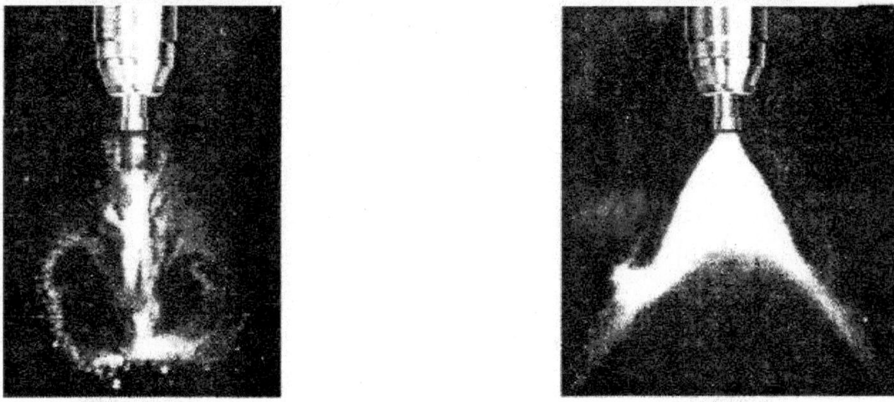

그림 8-73 분무형상의 비교

초희박혼합기로 연소되는 경우 공연비가 30~40(EGR을 포함하면 35~55)의 범위가, 그리고 균질혼합연소일 때에는 공연비 13~24의 범위가 사용되고 있다. 즉, 양자의 중간이 되는 25~30의 범위는 이 엔진에서는 사용되고 있지 않다.

이것은 초희박 연소이면서 성층연소를 시키기 위해서는 앞에서 설명한 것과 같이 점화플러그의 근방에 이론혼합기에 가까운 혼합기가 형성되도록 하여야 하고 이렇게 공연비 40 정도에서 점화플러그 근방에 점화와 연소에 알맞은 혼합기가 형성되도록 하기 위해서는 연소실이나 가스의 유동이 실현되도록 새롭게 설계하여야 한다. 그런데 공연비 25정도로 상대적으로 분사되는 연료가 많아지는 상태에서는 플러그근방의 혼합비가 지나치게 농후해진다. 이것은 공기량은 달라지지 않으면서 공급되는 연료의 양이 배 가까이로 증량되기 때문이다.

뒤에서 기술하는 도요타 GDI엔진의 경우에서는 중간혼합기 영역으로 운전될 때에는 흡기행정과 압축행정의 2회로 나누어서 연료를 분사함으로써 성층 혼합기와 균질 혼합기의 중간상태를 만드는 등으로 하여 이 문제를 해결하고 있다.

(4) 초희박 혼합비하에서의 연소

실린더내의 분사 엔진의 경우는 초희박 혼합비인 상태일지라도 점화플러그의 주위에 적정한 혼합비의 혼합기가 형성될 수 있기 때문에 연소가 안정된다.

그 예로서 그림 8-74에 나타난 것과 같이 발생되는 연소압력이 낮고 운전상태가 가장

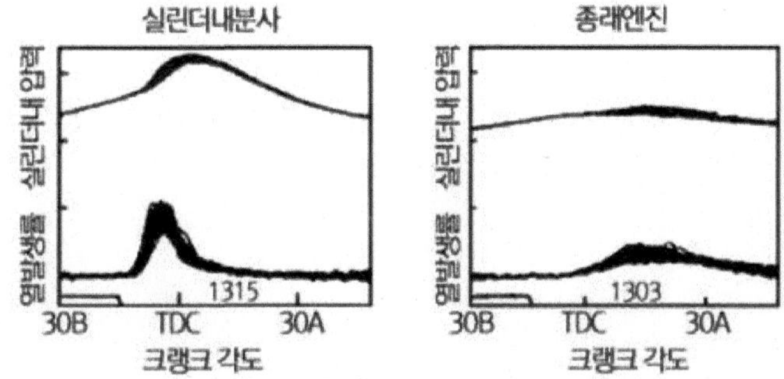

그림 8-74 실린더내의 압력 및 열발생률의 비교(이이들링 때)

어려운 아이들링 상태에서도 공연비 40의 지극히 희박한 혼합기로 안정된 운전이 실현되고 있음을 알 수 있고, 열발생률을 보아도 단시간에 연소가 종료되는 급속연소가 이루어지고 있음을 확인할 수 있다.

2) 도요타 엔진(Toyota Engine)

도요타가 개발한 GDI엔진은 횡선회류인 스월(swirl)류를 이용하여 희박연소기술을 개발하였다.

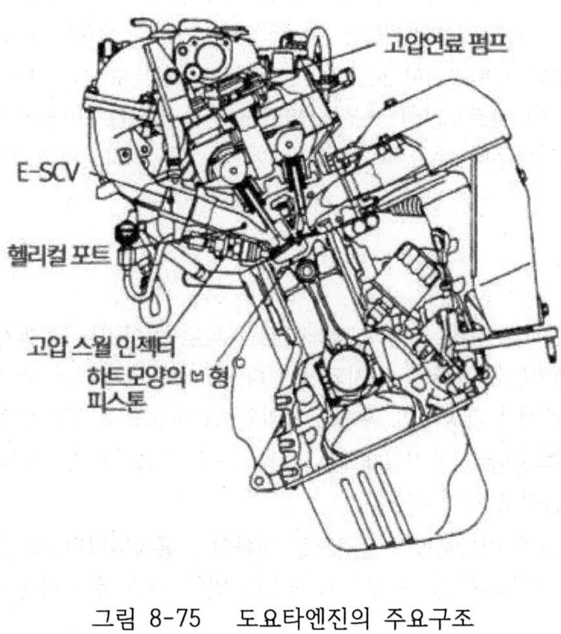

그림 8-75 도요타엔진의 주요구조

그림 8-76 도요타 엔진의 피스톤형상

(1) 엔진의 구성

① 엔진본체, 주운동부분

2개의 흡기포트 중 1개는 스트레이트이고 그 도중에 SCV가 부착되어 있다. 그리고 다른 1개는 헬리컬포트로 흡기밸브를 중심으로 하여 바깥쪽에서 안쪽으로 흡기의 소용돌이인 와(渦)를 감아들이는 형태로 만들어져 있다.

초희박혼합비 운전때에는 SCV가 닫혀 지고 헬리컬포트에서만 흡기가 유입되며 고속, 고부하때에는 SCV가 열려서 양쪽의 흡기포트로부터 흡기가 이루어진다. 흡기포트는 실린더의 중심에 대하여 약 48°, 연료인젝터는 약 55° 기울어지게 설치되어 있다.

피스톤 크라운면은 윗면에서 보았을 때 흡기쪽에 하트모양의 깊은 凹부가 들어있는 형상으로 되어 있다 이 하트모양의 凹부는 피스톤의 중심부분이고 둘레는 언더컷으로 되어 있으며 연료 인젝터로부터 분사되는 연료가 이 피스톤 크라운면의 凹부 공간내에 머물도록 강구되어 있다.

② 흡기계

흡기 매니폴드에는 고속 쪽의 스트레이트 포트로 이어지는 플랜지에 전자제어에 의하여 스텝모터로 개폐되는 E-SCV가 설치되어 있다. 그리고 촉매에는 배기매니폴드에 직접 부착되는 매니폴드 촉매가 채용되며 촉매는 희박연소엔진용으로 개발된 NOx 흡장 환원형이다.

이 촉매는 희박혼합비 운전일때에는 백금(Pt)에 NO와 O_2를 화합시켜서 NO_2 상태에서 한때 흡수저장 물질로 축적시킨다.

그 뒤 운전모드가 이론혼합비 운전으로 전환되면 흡장되었던 NO_2를 배기중의 HC나 CO로 환원하여 N_2, H_2O, CO_2 등 무해한 물질로 변환시키도록 작용을 한다.

③ 연료펌프[kg/㎠]

연료의 분사압력은 최고 120[kgf/cm^2]로서 앞의 미쯔비시엔진이 50[kgf/cm^2]인데 비하여 2배 이상의 고압으로 되어 있다. 연료의 분사압력이 높으면 높을수록 분사되는 연료의 입경이 작아져서 균질의 혼합기가 형성될 수 있다. 가령, 연료의 분사압력이 120[kgf/cm^2]인 경우 공급연료의 평균입경이 16[μm]까지 작아지고, 50[kgf/cm^2]의 연료압력인 미쯔비시 엔진에서는 연료의 평균입경이 20[μm]정도, 일반적인 흡기포트분사에서는 100~150[μm] 정도이다. 연료의 평균입경은 배기중 HC의 배출량과 중요한 상관관계를 가지고 있으며 실린더 내 분사의 경우 평균입경이 20[μm]을 초과하게 되면 HC의 배출량이 급격하게 증가하게 된다.

흡기포트 분사인 경우는 무화시간이 길기 때문에 평균입경이 커도 실린더내에 들어갈 때쯤에는 충분히 입경이 작아지게 되나 실린더 내 분사엔진에서는 그와 같은 시간적인 여유를 얻을 수 없다. 그러므로 앞에서의 미쯔비시 엔진에서의 연료분사압력은 실린더내 분사엔진으로서는 최저로 필요한 연료분사압력이라고 할 수 있다. 그리고 연료의 분사압력이 높을수록 분사개시로부터 분사종료까지의 시간이 단축되어 실린더내의 목표로 하는 곳에 연료를 정확하게 공급할 수 있게 된다.

초희박 혼합비역에서는 압축행정 후기에 연료를 실린더내에 분사하게 된다. 이 상태에서는 실린더내의 압력이 5~10[kgf/cm^2]로 상승되어 있고 따라서 이보다 상당히 고압으로 연료를 분사하지 않으면 연료의 분사량이 실린더내 압력에 영향을 받게 된다. 즉, 실린더내 압력이 높을수록 공급되는 연료량은 적어지기 때문에 연료압력이 되도록 높은 쪽이 유리하다. 그러나 다른 한편 공급연료의 분사압력이 높으면 연료펌프의 구동마력이 증대되어 출력의 손실이 커지게 된다.

이 때문에 도요타 GDI 엔진의 경우는 엔진의 회전속도에 상응하여 연료의 압력을 80[kgf/cm^2]에서 130[kgf/cm^2]까지 변화시켜 구동손실을 억제하고 있다. 예를 들어서 아이들 회전때에는 80[kgf/cm^2], 1000[rpm]일 때에는 100 [kgf/cm^2]정도로 피드백 제어된다. 그리고 연료펌프는 연료압력이 저하되었을 때만 구동하고 그 밖의 경우는 공회전하게 되어서 구동손실이 억제된다.

④ 연료인젝터

미쯔비시 엔진과 같이 솔레노이드 연료 인젝터를 채용하고 있다. 외부에 승압용의 코일이 따로 부착되어 콘덴스로부터의 방전을 승압하여 연료 인젝터에 공급함으로써 구동된다. (그림 8-77). 연료 인젝터의 끝부분에는 디프론 코팅 등 특수처리를 하여 디포지트(deposit)의 부착을 방지하고 있고, 연료인젝터에 디포지트가 부착되는 것은 엔진의 운전중보다는 정지 후에 일어나는 경우가 많다.

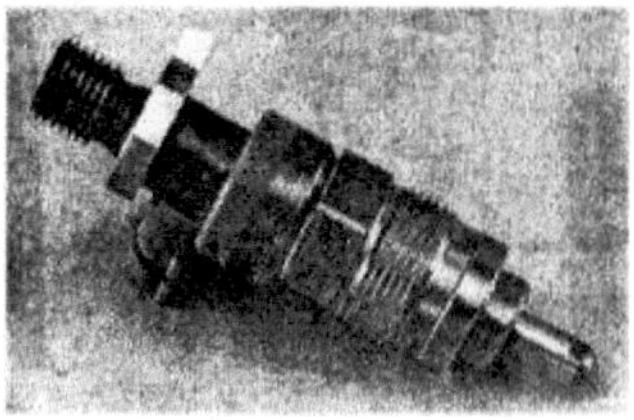

그림 8-77 고압연료 인젝터

엔진의 운전이 정지되어도 연료 인젝터의 노즐에서는 미량의 연료가 누출된다. 이것은 연료의 압력이 종래의 엔진인 경우에 비하여 40배로 높아져서 그 만큼의 연료 누출량도 많아지게 된다.

엔진의 운전이 정지된 직후 연소실내는 고온의 상태에 있고 누출된 연료가 연소실내에서 고온에 의하여 쪄지는 상태로 된다. 이 쪄지는 상태로 된 연료가 노즐에 부착하게 되면 재시동 때 분사되는 연료에 의하여 씻겨져 떨어져 나가지 않게 되며 그대로는 연료의 분사가 원활하게 이루어지지 못하게 된다. 그러므로 이 디포지트가 부착되어도 쉽게 떨어지도록 하기 위해서는 노즐부에 극히 얇은 특수한 막이 코팅되어 있다.

⑤ 전자제어 스로틀밸브

도요타 GDI 엔진은 전자제어 스로틀 밸브가 채용되고 있다. 종래의 가솔린엔진에서는 사용되는 공연비가 거의 일정하고 부하의 제어는 스로틀 밸브의 개폐에 의한 흡입공기량의 조정으로 이루어졌다. 그런데 실린더내 분사 엔진의 경우는 초희박혼합기 영역의 운전에서는 흡입공기량이 일정하게 되고 부하의 제어를 혼합비에 의하여 즉 연료량의 조정으로 이루어진다. 따라서 운전자의 스로틀 조작은 스로틀밸브의 개폐에 연동시키는 것이 아니고 연료의 분사량에 연동시켜야 한다. 이 때문에 운전자가 가속페달을 밟는데 따른 감각이 차량의 움직임에 맞도록 하면서 흡입공기량을 전자제어 스로틀 밸브에 의하여 따로 조정하기 위해 이 시스템을 채용하고 있다.

⑥ EGR 제어

성층연소의 경우 평균공연비는 초희박이 되나 플러그근방에서 실제로 연소하는 혼합기는 이론혼합비에 가깝기 때문에 NOx의 발생량도 많으므로 미쯔비시 GDI엔진과 마찬가지로 대용량의 EGR을 부가하여 연소온도를 저하시켜야 할 필요가 있다. 이 엔진은 최대로 40[%]의 EGR이 부가되며 EGR은 전자제어에 의하여 이루어진다.

(2) 실린더내의 가스유동

초희박혼합비 운전에서는 E-SCV를 닫아서 스월을 발생시킨다. 그림 8-91에서와 같이 압축행정 후기에 오프셋된 쪽으로 분사된 연료가 발생된 좌회전의 스월에 편승하여 피스톤 크라운면내에 凹부를 따라 유동하며 점화플러그 근방에서 최적의 혼합비인 혼합기가 만들어져서 점화된다.

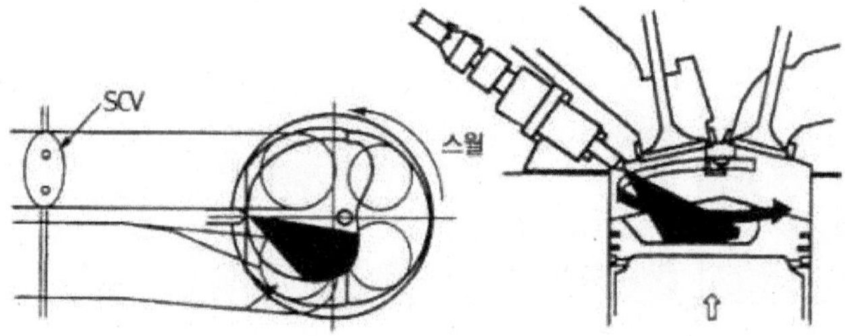

그림 8-78 성층혼합비 생성의 개념

점화후는 스월의 진행방향으로 화염이 확산되도록 그부분의 凹부가 커져 있다. 분무된 연료의 거동은 피스톤 크라운면의 하트형 凹부를 왼쪽으로 선회하여 하트형의 정점부분으로부터 연소실의 중앙을 향하여 밀려나오면서 점화된다.

(3) 혼합기의 형성

혼합기는 운전상태에 따라 크게 다음과 같은 3가지 종류의 형태로 형성한다. ① 초희박 혼합비역으로 공연비 25~50(EGR포함)의 영역이고, ② 희박혼합비영역이고 공연비 15~23인 영역 ③ 이론혼합비 이상의 농후한 혼합비를 사용하는 영역으로 고부하 및 고속역이 이에 상당한다.

각 혼합비의 전 성능상에서의 사용영역은 그림8-79와 같다. 성층연소 영역에서 희박연소 영역으로의 전환은 2800[rpm] 부근이고 희박연소영역에서 이론 혼합비영역으로 전환되는 것은 3800~4000[rpm]근처이다.

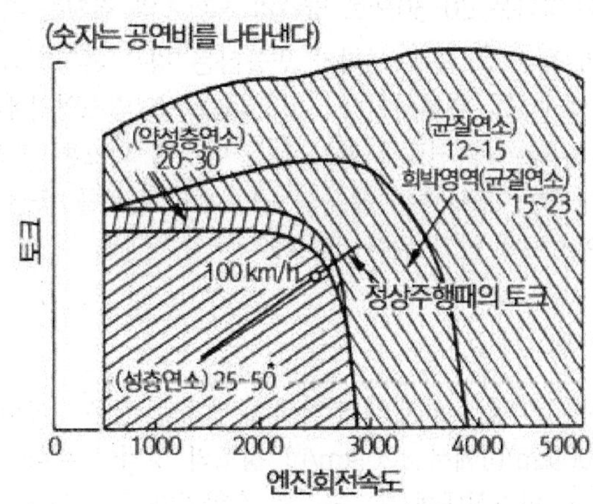

그림 8-79 혼합비 전 성능 맵

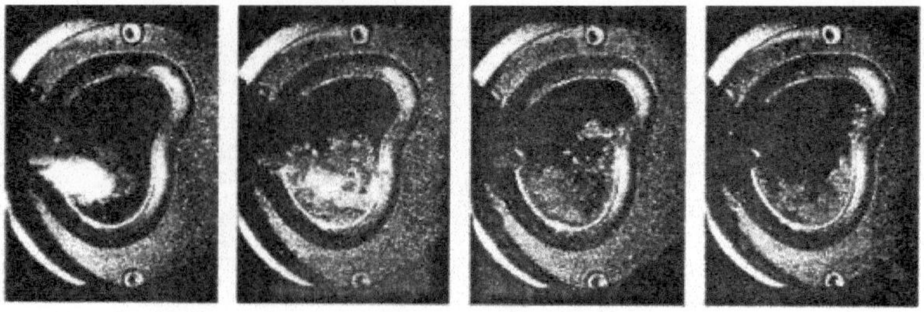

그림 8-80　도요타 GDI엔진의 연료분무 거동

① 초희박혼합기에 의한 성층연소

초희박 혼합기에 의한 성층연소는 엔진의 전 성능 맵상에서 회전속도는 중속이하, 중부하 이하의 영역에서 실현된다. 구체적으로 정상주행으로 100[km/h] 이하 및 완만한 가속영역에 해당하며 연료는 실린더내에 흡입된 흡입공기가 압축되는 압축행정 후기에 분사된다. 압축행정 후기에는 피스톤이 상사점직전까지 상승되고 이때 연료는 피스톤 크라운면에 만들어져 있는 하트모양의 凹부 오른쪽 구석을 향해서 분사된다. 이때 분사된 연료는 스월의 흐름에 편승, 연소실 중앙에 있는 점화플러그의 부근에서 이론 혼합비보다 약간 희박할 정도의 혼합기 덩어리를 이루면서 점화된다. 점화된 혼합기는 다시 스월에 편승, 하트형의 왼쪽으로 이동되어 이 부분에서 연소가 완료된다.

연소실내의 다른 부분에 있는 공기는 거의 연료와 혼합하지 않으므로 연소가 이루어지지 않게 된다. 즉, 넓은 연소실에서 일어나고 있는 연소이면서 실제로 연소가 이루어지는 것은 중앙의 일부분에 지나지 않는다. 이 GDI엔진은 동일의 엔진 회전속도에서 초희박혼합비인 성층연소와 희박혼합비의 균질연소가 바꾸어지는 영역에서는 약(弱)성층 연소영역이 마련되어 있다. 초희박혼합비가 공연비 25~50, 균질연소 희박 혼합비는 공연비 15~23인데 비하여 약(弱)성층연소영역은 20~30으로 양쪽의 혼합비와 겹치는 혼합비로 설정되어 있다.

이것은 동일의 회전속도에서 부하가 변동하는 경우 혼합비의 변화에 기인하여 발생되는 토크의 쇼크를 억제하기 위해서이다. 이 약(弱)성층 연소영역에서는 연료가 흡입행정과 압축행정의 2회로 나누어서 연료를 분사한다. 이것은 피스톤 크라운면내의 凹부에서는 성층연소가 이루어지도록 하고 다른 부분의 공기에도 연료를 공급하여 희박연소(균질혼합기에 의한다)가 이루어지도록 하기 위한 것이다.

② 희박(Lean burn)영역

중속 및 중부하영역에는 종래의 희박연소 엔진과 같은 혼합비로 운전된다. 구체적으로는 정상주행으로 100[km/h]에서 120[km/h] 정도의 영역이 된다. 이 영역에서는 연료가 흡기행정에서 분사되고 연소실내에서는 균질의 혼합기가 공급된다.

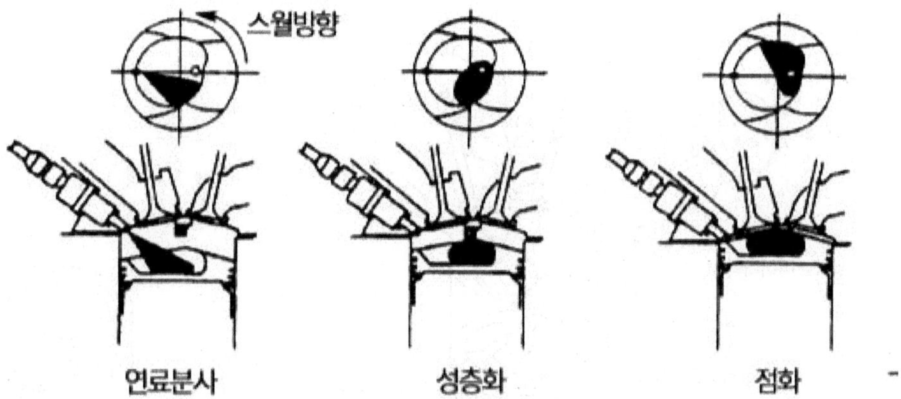

그림 8-81 도요타GDI 엔진의 성층연소 분사상황

흡기행정에서는 피스톤이 내려가는 과정에 있고 연료가 피스톤 크라운면의 凹부에만 반드시 공급되지 않는다. 이 영역의 운전에서는 E-SCV가 전개상태에 있지 않으며 희박연소 엔진의 경우에서처럼 스월유동에 의하여 린번운전이 이루어지고 있다.

③ 이론 혼합비 이상의 영역

고속, 고부하영역에서는 이론 혼합비 이상의 농후한 혼합비로서 출력을 얻도록 하고 있다. 이 영역에서도 흡기행정에서 연료가 분사되어 균질 혼합기가 공급되며 이 영역에서는 연비향상을 기대하기 어렵다.

3) 닛산엔진(Nissan Engine)

닛산 GDI엔진은 앞에서 기술한 도요타 GDI엔진이나 미쯔비시 GDI엔진에서 구현한 GDI기술과 유사하다. 앞에 기술한 엔진과 마찬가지로 고압연료펌프, 고압연료인젝터를 사용하였고. SCV와 독립 흡기포트를 설치하여 혼합기를 제어하였고, 전자제어스로틀, 그리고 3원촉매, 전자제어 EGR밸브를 사용하여 배기가스를 처리하였다.

(1) 연소실의 구조

닛산 GDI엔진의 연소실 주변 구조는 그림 8-82와 같다. 얕은 접시 모양의 피스톤, 고압연료 인젝터, 에어로다이나믹 포트, SCV 등이 주된 구성 부품으로 되어있다.

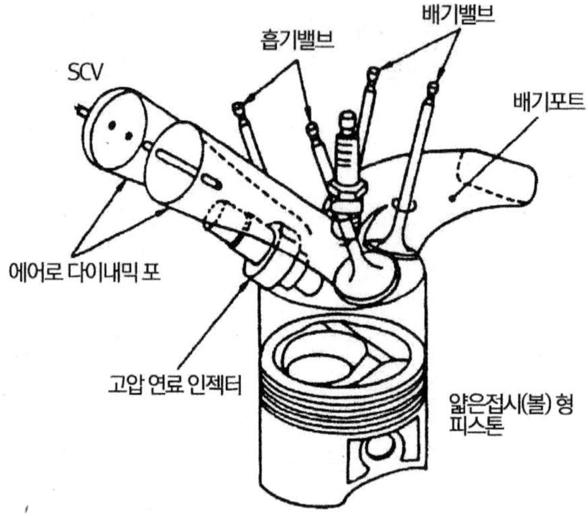

그림 8-82 닛산 엔진의 연소실 주변구조

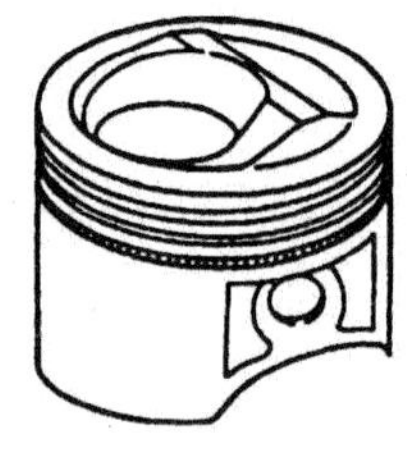

그림 8-83 볼(bowl) 피스톤

① 얕은 접시형 피스톤

볼(bowl)피스톤이라고도 하며 피스톤헤드의 흡기 쪽에 만들어진 부의 깊이가 그림 8-83에서 보는 바와 같이 비교적 얕은 것이 다른 GDI엔진의 피스톤과 다른 점이다. 이것은 균질연소 때 양호한 혼합기의 생성으로 청정하고 안정된 연소가 이루어질 수 있도록 하는 것이 목적이다. 요(凹)부가 깊으면 피스톤헤드의 무게가 무거워지게 되고 또한 피스톤핀의 위치가 낮아짐으로써 피스톤의 목흔들림에 의한 소음이 커질 염려가 있기 때문이다.

② 고압 연료 인젝터

닛산 GDI엔진에서는 투망형 인젝터를 사용하는 것이 특징이다. 종래의 인젝터는 성층연소를 위하여 압축행정 후반에 연료를 분사하는 경우는 피스톤 헤드면에 혼합비가 짙은 덩어리가 존재하게 된다. 이 농염덩어리의 발생을 억제한 것이 이 투명형 인젝터이다. 투망형의 인젝터는 연료의 액막이 균일하고 기화하기 쉽게 만든다. 인젝터는 다른 GDI엔진과 마찬가지로 분사압력이 7.0~9.0 MPa인 전용의 고전압을 사용한 인젝터 드라이버에 의하여 구동된다.

③ 에어로다이나믹 포트 및 SCV

2개의 흡기밸브에 대한 2개의 흡기포트가 스트레이트이고 다른 엔진에 비하여 각도가 서 있는 것이 특징이다. 그 한쪽에 흡기통로를 개폐 제어하는 SCV가 마련되어 있다.

(2) 연 소

연소는 성층연소와 균질연소로 나누어져 있다. 성층연소영역은 저부하일때의 연비가 좋게 하고, 균질연소영역에서는 고부하, 고출력을 필요할 때 사용하는 영역이다.

① 성층연소

성층연소는 저부하 때의 연소이다. 이 때에는 SCV가 닫히고 한쪽 흡기관으로만 흡기가 유입되면서 그림 8-84에서와 같이 흡기행정 때 옆방향의 스월류(횡류)를 생성한다.

그리고 이어서 압축행정에 연료가 분사되면 분사와 동시에 스월류가 압축되고 피스톤의 볼부에 농후한 혼합기가 모아지게 된다. 이때 스월류에 편승되는 농후혼합기를 점화플러그 부근으로 가져오게 하고 일단 모아진 혼합기가 확산되기 직전에 점화플러그에서는 신속하게 점화를 완료한다. 이때의 실린더내 전체로서의 공연비는 약 40:1이며 성층연소 운전에 있어서의 엔진 작동은 그림 8-85와 같다.

그림 8-84 성층연소때의 스월양상

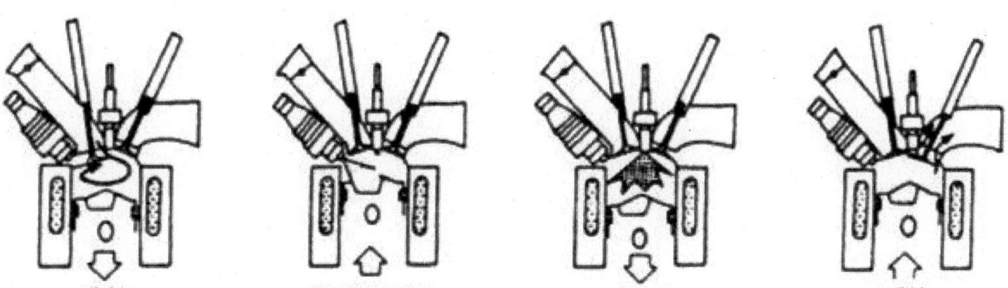

그림 8-85 성층연소 때의 연료분사시기

② 균질연소

중 고부하때에는 일반 엔진의 경우와 같이 균질연소가 된다. 즉, 성층연소에서 닫혀져 있던 SCV가 열리고 2개의 흡기관으로부터 흡기가 유입되며 그 결과 실린더내에는 그림 8-86에서와 같이 텀블류가 생성된다.

연료의 분사가 흡기행정 중에 이루어지면서 실린더 내 전체에는 균질의 혼합기가 생성되며 이 연소에서는 연료에 의한 흡기의 냉각작용도 함께 이루어져서 종래의 엔진인 경우보다 높은 출력이 얻어진다.

그림 8-86 균질연소 때의 텀블류 양상

8 연습문제

1. 흡입공기 계측방식 중 핫와이어(hot wire type)과 칼만와류식(karman vertex type)식을 비교 설명하라.

2. D제트로닉 방식에 사용하는 흡기압력 검출 방식에 대하여 설명하라.

3. 다음 ECU입력 센서의 기능에 대하여 설명하라

   1) AFS 2) WTS 3) O_2센서 4) MPS 5) TPS 6) MAP

4. 연료의 분사시기 제어에 있어서 1)동시분사 2)그룹분사 3)독립분사 방식에 대하여 설명하라

5. 희박연소엔진의 개념에 대하여 아는 대로 기술하라.

6. GDI엔진의 개념과 특징에 대하여 기술하라.

7. GDI엔진의 문제점 중에서 흡기밸브의 퇴적물이 가중되는데 원인에 대하여 설명하라.

LPG엔진 연료장치

09

9.1 LPG 연료의 개요

LPG(Liquefied Petroleum Gas)연료는 원유 생산시 유전에서 회수되거나 정유 공장에서 석유 원유 정제의 부산물로 나오는 가스를 가압하여 액화한 것으로 프로판, 부탄, 프로필렌, 부틸렌 등의 가스체 탄화수소를 여러 비율로 혼합하여 압축 액화한 것의 총칭이다.

LPG는 냉각이나 가압에 의해서 쉽게 액화되고 가열이나 감압 의해 쉽게 기화하는 특성을 가지고 있으며 기체화한 것은 공기의 약 1.5~2배 정도 무겁다. 보통 LPG는 가압(액화)된 상태로 고압 용기에 저장되어 있고, 현재 가정용 및 자동차용 연료로서 사용되는 LPG는 프로판과 부탄이 주성분이다.

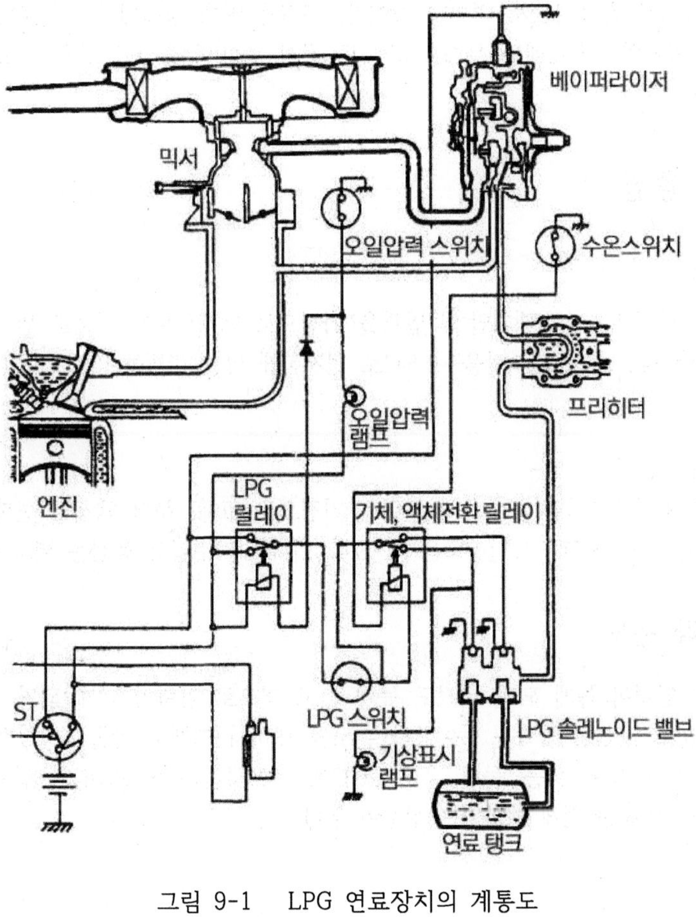

그림 9-1 LPG 연료장치의 계통도

9.1.1 LPG의 특정

1) 색·맛·냄새·독성

순수한 LPG 자체는 무색, 무미, 무취, 무독성이며, 다량 흡입할 때는 마취성이 있다. 그러나 일반적으로 유기 화합물·질소 화합물·산화 화합물 등 극소량의 불순물에 의해 특유의 냄새가 있다.

2) 비중

LPG의 비중에는 액체의 비중과 기체의 비중으로 나누어지며, 액체 비중은 물을, 기체 비중은 공기를 각각 1로서 비교한 값이다. LPG가 액체 상태에서는 물보다 가볍지만 기체가 되면 공기의 1.5~2배의 무게가 되므로 공기 중에 누출되면 낮은 장소에 고여서 인화 사고의 원인이 된다.

3) 비점과 융점

(1) 비점

LPG의 비점은 1기압(대기압)의 압력을 기점으로 액체로부터 기체로 변화는 온도를 말하며, 프로판 -42.1℃ 노멀부탄을 -0.5℃로 현저하게 낮은 비점을 가지고 있다.

(2) 융점

LPG의 융점은 1기압(대기압)의 압력을 기점으로 고체로부터 액체로 변하는 온도를 말하며, 프로판은 -188.7℃, 노말부탄은 -138.4℃이나 LPG취급상 융점은 별로 중요하지 않다.

(3) 압력과 온도

물질은 압력이 높게 되면 비점도 높게 되고 역으로 압력이 낮게 되면 비점은 낮게되는 성질이 있다. LPG는 압력을 높이거나 온도를 내려서 액체로 만들 수 있으며 보통 가압에 의하여 액화시킨다. 예를 들면 온도 20℃에서 프로판은 8[kgf/㎠]의 압력에서 액화된다. LPG는 상온에서는 쉽게 액화되는 성질이 있다.

4) 팽창

LPG는 온도가 상승하면 체적이 증가하지만 액체가 기체로 변화할 때는 체적이 약 250배로 된다. 즉, 250 *l* 의 기체를 액화하면 약 1 *l* 의 액체가 되므로 운반 및 저장하기에 편리하다. 그러므로 물과 비교하면 액체의 팽창이 아주 크기 때문에 용기에 충전하는 경우에도 일정한 공간을 두어야 한다.

5) 증발잠열

LPG는 기화할 때 주위로부터 많은 열을 흡수한다. LPG가 다량으로 기화하는 베이퍼라이저에는 증발잠열에 의해서 주위로부터 많은 열을 빼앗겨 동결될 우려가 있으므로 엔진의 냉각수를 베이퍼라이저에 순환시켜 가열하여야 동결을 방지하며 쉽게 기화할 수 있도록 한다.

6) 옥탄가

LPG 옥탄가는 가솔린에 비해 높다.

LPG옥탄가	90 ~ 120	무연 가솔린 옥탄가	91
보통 가솔린 옥탄가	88 ~ 90	고급 가솔린 옥탄가	95

7) 착화점

LPG는 보통 온도에서 항상 인화점 이상으로 존재하며 착화점은 프로판 450~550℃, 부탄 470~540℃로써 압축열에 의해 착화하기가 어렵기 때문에 점화불꽃에 의해 연소한다.

❖ **인화점** - 연료에 열을 가하면 연료로부터 생긴 증기가 공기와 혼합가스를 만들며 불꽃을 가까이 대었을 때 처음 또는 순간적으로 불이 붙는 최저 온도, 가솔린-42.8℃, 디젤은65~80 ℃

❖ **착화점** - 온도가 높아짐에 따라 자연히 발화 연소하는 최저온도를 말하며, 즉 불꽃을 대지 않고 온도를 높여 자연 착화하는 것

가솔린의 착화점 : 500~550℃, 디젤유 350~450℃, 프로판 450~550℃, 부탄 470~540℃

❖ **연소점** - 불꽃을 직접대지 않고 불꽃을 가까이 갔을 때 연료의 증기에 착화하여 연소할 때의 최저 온도

9.1.2 자동차용 LPG

1) 자동차용 LPG의 조건

① 적정의 증기압을 유지하고 있을 것

② 올리핀계 탄화수소를 포함하지 않을 것

③ 불순물을 포함하지 않을 것

표 9-1은 하절기에는 부탄 100%의 LPG로 시동에 충분한 증기압을 유지하고 있으므로 하절기를 제외하고는 부탄만으로는 증기압이 낮아 부탄보다 비점이 낮은 프로판을 혼합한 LPG를 사용하여 증기압을 높인다.

2) 자동차용 LPG의 장점과 단점

(1) 장점

① 연소효율이 좋으며 엔진이 정숙하다.

LPG는 완전히 기체로서 공기와 혼합하므로 혼합상태가 균일하고 이론 공기 혼합비에 가까운 값에서 완전연소 한다. 또한, 연소속도가 가솔린보다 느리고 옥탄가가 높으므로 노킹을 일으키지 않으며 엔진음이 정숙하다.

② 경제성이 좋다.

연료비, 엔진오일의 경비, 엔진수명이 가솔린 연료에 비하여 매우 경제적이며 경비는 가솔린의 약 1/2이하이다.

표 9-1 계절별 혼합비율

계절별	한국		일본		계절별	한국		일본	
	프로판	부탄	프로판	부탄		프로판	부탄	프로판	부탄
1월	30	70	30	70	7월	0	100	0	100
2월	↑	↑	↑	↑	8월	↑	↑	↑	↑
3월	0	100	20	80	9월	↑	↑	20	80
4월	↑	↑	10	90	10월	↑	↑	↑	↑
5월	↑	↑	0	100	11월	↑	↑	25	75
6월	↑	↑	↑	↑	12월	30	70	30	70

③ 엔진 오일의 수명이 길다.

LPG는 비점이 낮기 때문에 실린더 내에서 완전히 기화되어 오일을 묽게 만들지 않으면 카본의 조성도 적다. 또한 첨가제를 넣지 않으므로 카본이나 회분에 의하여 오일을 더럽히는 일이 없으며 유황분이 매우 적어(가솔린의 1/10이하) 배기가스로 인한 금속 부식이 거의 없다.

④ 대기 오염이 적고 위생적이다.

⑤ 퍼콜레이션(Percolation)이나 베이퍼 로크(Vapor Lock)현상이 없다.

가솔린 연료에서 발생되는 퍼콜레이션이나 베이퍼 로크에 의한 연료계통의 고장은 연료가 기화되어 흡입되는 LPG에서 발생되지 않는다.

(2) 단점

① 연료 탱크에 고압 연료를 사용하기 때문에 차량의 무게가 커진다.

② 증발 잠열로 인하여 한냉시와 장시간의 정차시 엔진의 시동이 곤란하다.

③ LPG의 취급과 공급이 불편하다.

④ 베이퍼라이저 내의 타르나 검(gum)을 자주 배출시켜야 한다.

⑤ 기체상태로 실린더내에 유입되므로 체적효율이 감소하여 출력이 가솔린엔진보다 낮다.

❖ **베이퍼 로크(Vapor Lock)** - 액체를 사용한 계통에서 열에 의하여 액체가 증기(베이퍼)로 되어 어떤 부분이 폐쇄(lock)되므로 2계통의 기능을 상실한 것
① 연료계통에서 연료 파이프 가운데 증기가 모여 연료 펌프가 연료를 공급할 수 없게 되어 엔진이 정지하는 것
② 유압식 브레이크의 휠 실린더나 브레이크 파이프 가운데 브레이크 액이 기화하여 페달을 밟아도 스펀지를 밟는 것과 같이 폭신폭신하므로 브레이크가 듣지 않는 현상

❖ **퍼콜레이션(Percolation)** - 기화기 뜨개실의 가솔린이 엔진룸의 온도가 비정상적으로 상승하는 등의 원인으로 흡기 매니폴드에 유출하여 혼합기가 농후해지는 현상을 말하며 엔진정지를 야기시킬 수 있다

3) LPG차의 취급시 주의 사항

① 차를 장기간 사용하지 않을 때에는 연료 송출 밸브를 잠궈 놓는다.

② 타르의 배출은 엔진 난기후 행한다.

③ 작업시는 주위에 화기가 없고 통풍이 좋은 곳에서 행한다.

④ 배기가스 정화장치의 촉매 온도가 충분히 떨어진 후에 행한다.

9.2 LPG엔진의 개요

LPG 엔진은 봄베내의 고압 액체 상태인 연료와 필터를 거쳐 여과시킨 후 베이퍼라이저내에 필요한 연료로 감압 기화시킨 다음 믹서로 보내지면 믹서내에서 공기와 혼합 후 실린더내의 연소실로 보내져서 연소된다. 또한 차량의 안전을 위해 과충전 방지장치와 긴급차단장치가 설치되어 있다.

◈연료흐름 순서

LPG탱크(봄베:액체상태) → 여과기(액체상태) → 솔레노이드밸브 → 프리히터(Preheater)→베이퍼라이저(Vaporizer:감압,기화시킴)→믹서(Mixer)→연소실

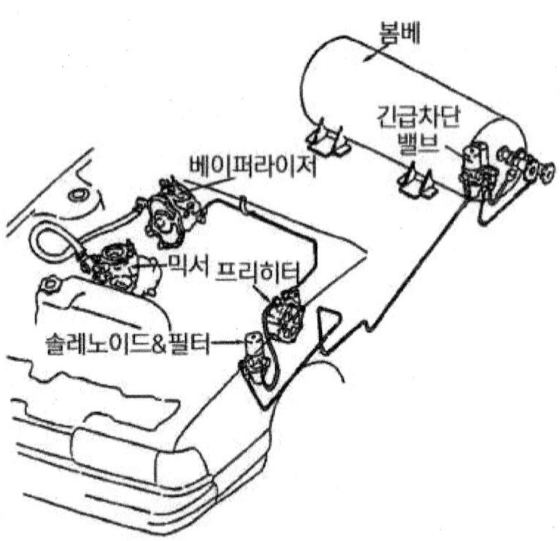

그림 9-2 LPG 엔진 장치

9.3 LPG연료장치의 구성부품

9.3.1 LPG 봄베

봄베는 일반적으로 두께 3.2 ㎜이상의 탄소 강판 원통으로 용접 제작하며 30 kgf/㎠의 내압 시험과 10 kgf/㎠의 기밀시험을 만족하도록 견고하게 제작된다.

LPG를 충전하기 위한 고압 용기인 봄베는 LPG 충전 밸브(녹색), 기체 LPG송출밸브(황색) 액체 LPG송출밸브(적색)등 세 가지 기본 밸브와 충전량 지시장치인 액면 표시계와 플로트 게이지(Float Gauge) 및 액상인 연료가 봄베내에서 85%이상 충전시 되지 않도록 하는 과충전 방지장치가 있다.

1) 레벨 게이지

레벨 게이지는 LPG 과충전을 방지하기 위하여 봄베내의 충전된 LPG의 양을 확인하는데 사용되며 플로우트식, 가창식, 튜브 게이지식 등이 있다. 주로 플로우트식이 많이 사용된다. 봄베의 온도가 상승함에 따라 LPG가 팽창하여 내압이 상승하므로 봄베 내용량의 85%이상 충전하면 위험하다.

2) LPG 송출밸브

엔진에 LPG를 공급하기 위한 밸브로 하부에는 EFV(과류방지: Excess Flow Valve)가 부착되어 있어 일정량 이상의 LPG가 공급되는 것을 차단한다. 만일, 사고로 배관이 파손되었을 경우 유량이 급격하게 증가하거나 차압이 발생되어 EFV가 작동됨에 따라 사고를 방지한다. LPG 송출밸브에는 적색으로 포장되어 있다.

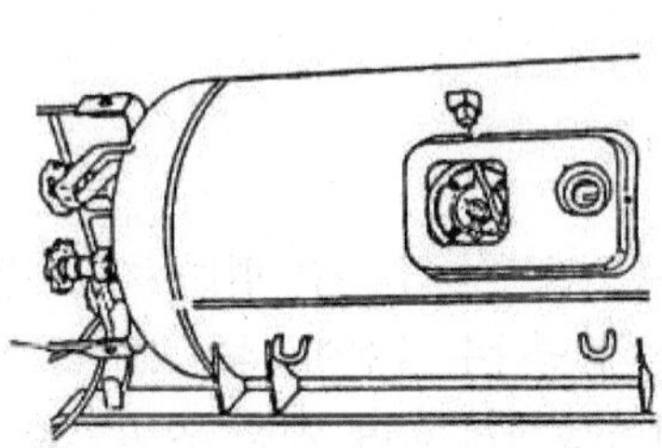

그림 9-3 LPG 봄베

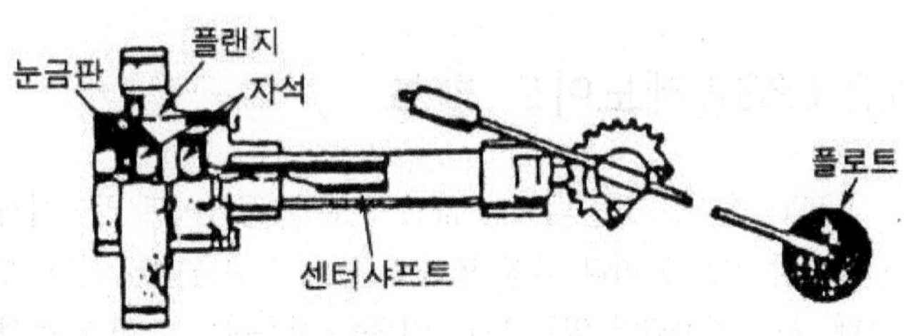

그림 9-4 레벨 게이지

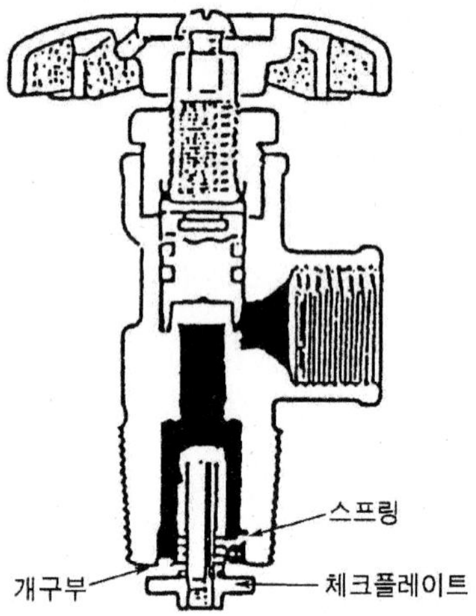

그림 9-5 LPG 송출밸브

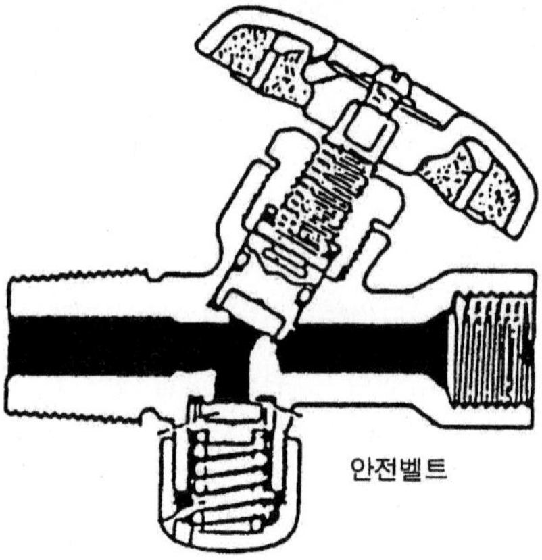

그림 9-6 LPG 충전밸브

유량이 적당할 경우는 스프링의 힘에 의해 체크 플레이트가 개구부에서 떨어져 있다가 만일 배관의 파손 등으로 연료가 2~6 ℓ min(또는 폐지압차 0.5 kgf/㎠)이상 과류할 때 스프링의 반발력에 의해 방지된다.

3) LPG충전 밸브

안전밸브가 부착된 충전밸브는 LPG(액상)를 충진할 때 사용하는 밸브로 이것은 가스업자가 충진할때 사용하며 안전밸브는 봄베의 주변온도 상승(화재 등)에 의하여 봄베의 내압력이 상승하여 24±04 kgf/㎠이상이 되면 안전밸브가 작동하여 LPG를 외부로 방출시키므로 봄베내의 압력을 일정하게 유지시켜 폭발 등의 위험을 방지시키는 기능을 하며 밸브는 녹색으로 도장되어 있다.

9.3.2 LPG솔레노이드 밸브

LPG 솔레노이드 밸브는 LPG 연료를 공급하고 차단시켜주는 연료 공급-차단 밸브이다. 수온스위치 신호에 따라 액상 또는 기상의 연료를 공급한다. 엔진의 냉각수 수온이 낮을 때에는 봄베 내에 기화되어 있는 LPG 연료를 사용하는 것이 시동성이 양호하게 하며, 시동 후에는 양호한 주행성능을 얻기 위해 액체 LPG 공급이 필요하다.

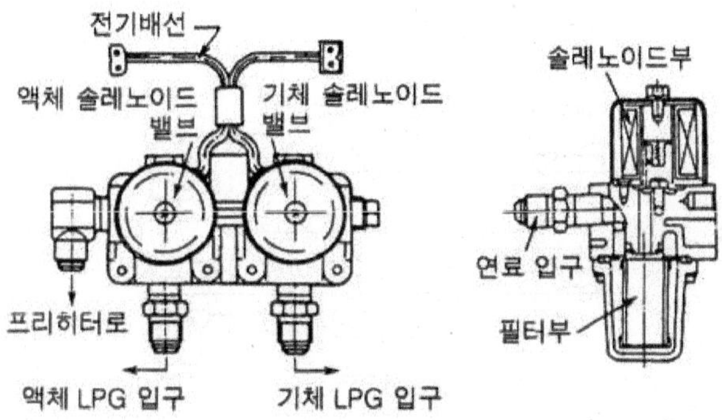

그림 9-7　LPG 솔레노이드 밸브

따라서, 엔진의 냉각수가 15℃이하 일때는 수온 스위치에 의해서 기체 솔레노이드 밸브 코일에 전류가 흐르기 때문에 기체 상태의 연료가 공급되고, 냉각수 온도가 15℃이상이 되면 수온스위치에 의해 액체 솔레노이드 밸브 코일에 전류가 흘러 액체연료가 공급되도록 한다. 솔레노이드 밸브는 점화 스위치나 LPG 스위치 중 하나만 off 도 연료는 차단된다.

9.3.3 연료 차단 밸브

연료 배관의 파손 등에 의해 연료의 유출에 이상이 발생할 경우 또는 엔진이 정지한 경우 봄베로부터 연료의 유출을 차단하는 장치이다.

만일 오일 압력 스위치 등의 이상 발생시 연료가 차단되어 정지된 차량을 이동시키려면 키 스위치 ON상태에서 LPG 스위치를 누르는 동안 연료가 공급되어 엔진이 작동된다.

9.3.4 프리히트

탱크내의 액체 LPG를 베이퍼라이저로 공급되기 전 엔진의 냉각수로 액체를 증발시켜 기체화할 수 있도록 된 장치이다. 베이퍼라이저 직전에 프리히터를 설치하는 것은 LPG를 가열하여 LPG 일부 또는 전부를 기화시켜 베이퍼라이저에 공급하기 위해 설치하며 또한 엔진의 냉각수가 프리히터 가스 통로 아래에 벽을 사이에 두고 순환하여 가열된 증발 잠열을 공급하기 위함이다.

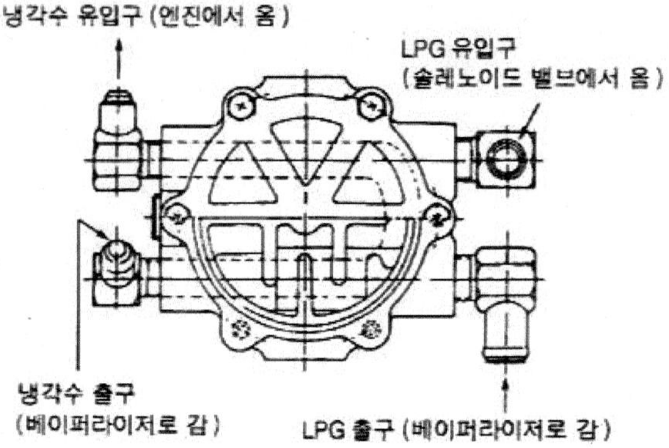

그림 9-8 프리히터

9.3.5 베이퍼라이저

1) 기능

베이퍼라이저는 가솔린엔진의 경우 카브레터의 일부에 해당한다. 베이퍼라이너는 LPG장치의 가장 중요한 기능 부품으로 감압, 기화, 조압의 3종류의 작용을 한다. 봄베로부터 압송된 고압의 액체 연료를 베이퍼라이저에서 감압시킨 후 기체연료로 기화시켜 엔진 출력 및 연료 소비량에 만족할 수 있도록 조압하는 기능을 갖고 있다.

베이퍼라이저 내의 LPG는 액체에서 기체로 될 때 주위에서 증발 잠열을 빼앗아 온도가 낮아지지 때문에 베이퍼라이저의 밸브를 동결시켜 엔진에 적당한 양의 연료를 공급시킬 수 없게 된다. 이를 방지하기 위하여 베이퍼라이저 온수 통로를 설치하여 엔진의 냉각수를 순환시켜 기화에 필요한 열을 공급시켜 주도록 되어 있다.

2) 구조

액상 LPG를 기화함과 동시에 감압하는 1차 감압실과 더욱 대기압에 가깝게 감압하여 조압하는 2차 감압실, 그리고 LPG를 기화시키기 위한 열원으로서 엔진의 냉각수를 순환시키기 위한 온수실 및 연료의 유출을 제어하는 배큠 로크 체임버를 구비한 비교적 간단한 구조이지만 작동은 복잡하고 정교하다.

1차 감압실은 다이어프램의 작동을 방해하지 않도록 밸런스 포트를 사이에 두고 2차 감압실로 통하고 있다. 또한 2차 감압실은 대기로 개방된다. 베이퍼라이저 내에 타르등 이물질이 고인 경우 2차 감압실을 통하여 드레인 코크로 뽑아내는 구조로 되어 있다.

표9-2 베이퍼라이저 구성부품의 기능

구성부품	기능
1차실(고압측)	봄베로부터 전달된 액체 연료를 감압, 기화시켜 2차실로 보낸다.
2차실(저압측)	1차실에서 들어온 연료를 감압하여 거의 대기압 상태로 믹서로 보낸다. 또한 2차실은 엔진 정지시 연료의 유출을 막아주는 베큠 로크 오프기구를 장착하고 있다.
아이들 어저스트 스크루	아이들 상태에서 이 스크류를 회전시켜 아이들 CO농도를 조절한다.
온수실	LPG가 액체 상태에서 기체가 될 때 주위로부터 기화열을 흡수하여 밸브를 동결시킬 우려가 있으므로 1차실에 온수 통로를 설치하여 연료의 기화 성능을 높여준다.
드레인 코크	LPG연료 조성에는 불휘발성 물질(타르)이 혼합되어 있어 이 불휘발성 물질이 베이퍼라이저 내부에 고이면 베이퍼라이저 작동불량이 되기 때문에 드레인 코크의 레버 90° 열어(1회/매월)주어 이 불휘발성 물질을 외부로 배출시킨다.
1차압 조정 스크류	1차실의 연압을 0.3 kgf/㎠로 조압하기 위한 조정 스크루이다.

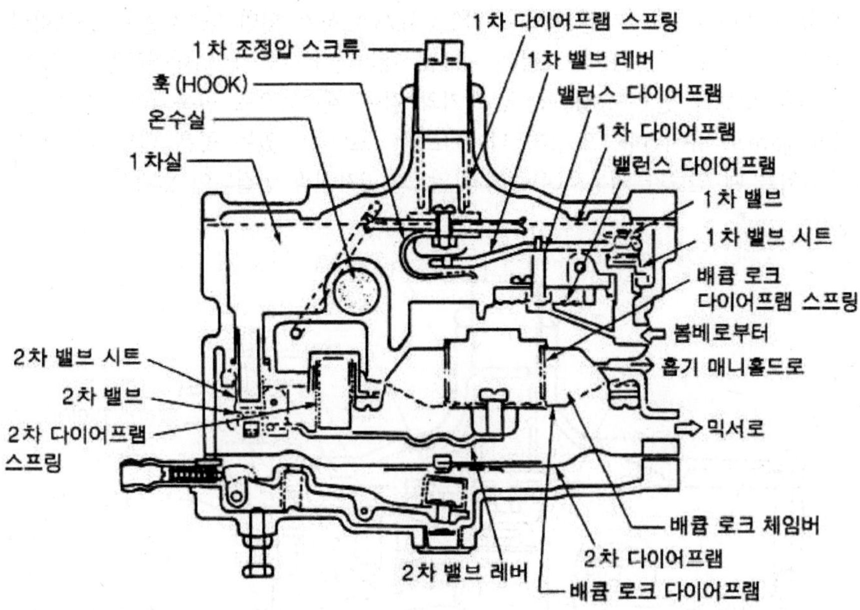

그림 9-9 베이퍼라이저의 구조

3) 기능 및 작동원리

(1) 1차실

① 기능

LPG 봄베로부터 나온 연료는 고압이기 때문에 연료 유량의 제어가 곤란하다. 또한 분출량이 크고 공연비가 너무 진하게 되므로 사용이 곤란하다. 따라서 1차실은 연료의 소비량, 출력의 관점에서 쌍방을 동시에 만족시킬 수 있도록 1차실 내에 있는 1차압 조절기구를 갖고 있고 약 0.3 kgf/㎠으로 감압하는 기능을 갖고 있다.

② 작동

LPG 봄베로부터 나온 연료는 솔레노이드&필터 유닛을 통해 베이퍼라이저의 입구까지 흘러 가는데, 일단 베이퍼라이저로 들어온 연료(압력:약 2.3 kgf/㎠)는 1차 밸브와 밸브시트 사이를 통하여 1차실로 들어와 감압된다. 연료의 유입이 계속되고 1차 압력이 약 0.3 kgf/㎠보다 높아지면 1차 다이어프램은 1차 다이어프램 스프링의 힘을 누르고 상방으로 밀어올린다. 이 때 다이어프램에 고정되어 있는 훅크가 1차 밸브를 밀어내려 1차 밸브를 닫고 연료 유입을 차단한다.

연료가 소비되어서 1차실 압력이 약0.3 kg/㎠이하가 되면 다이어프램 스프링의 힘이 연료압보다 커지고 1차 다이어프램은 아래로 내려간다. 이 때 다이어프램에 고정되어 있는 훅이 1차 밸브를 열고 유입시킨다. 상기와 같이 계속적으로 반복되어 1차실 압력은 상시 약0.3 kg/㎠로 유지된다. 또 1차 다이어프램 스프링이 있는 곳은 만일 1차 다이어프램이 파손되었을 때 연료가 외부로 유출되지 않도록 2차실과 연결되어 있다.

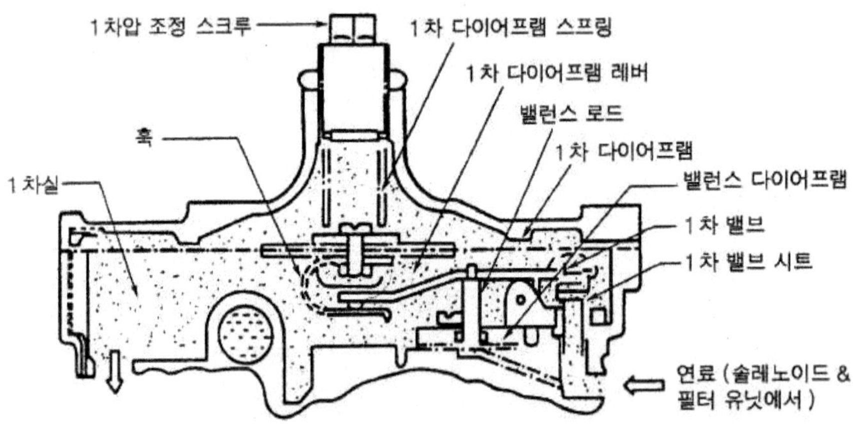

그림 9-10 베이퍼라이저 1차실 기능과 작동

(2) 1차압 밸런스 기구

① 기능

봄베압이 일정한 때 1차실 압력은 1차 다이어프램과 다이어프램 스프링에 의해 일정하게 0.3 ㎏/㎠으로 유지해 준다. 봄베입은 외기 온도나 연료 조성에 따라 변동하기 때문에 1차실압에 영향을 줄 수 있다. 따라서 이와 같은 영향을 피하기 위해서 밸런스 다이어프램(또는 릴리프다이어프램이라고도 함)과 밸런스 로드(또는 릴리프 로드라고도 함)로 구성되는 1차압 밸런스 기구가 있다.

② 작동

봄베압이 높아지면 밸런스 다이어프램에 걸리는 압력도 높아지며 밸런스 로드를 통해서 1차 밸브 레버를 올려준다. 1차 밸브 레버가 올라감에 따라 1차 밸브는 닫히는 방향으로 작동하고 연료의 통로를 좁혀준다. 또 봄베압이 낮아지면 밸런스 다이어프램은 역으로 작동하고 1차실 압은 상시 일정 (0.3±0.05 kgf/㎠)하게 유지한다.

봄베압이 불균형 할 때

1차 실압=항상0.3±0.05 kgf/㎠으로 유지

↑

밸런스 기구에 의해

(밸런스 다이어프램, 밸런스 로드)

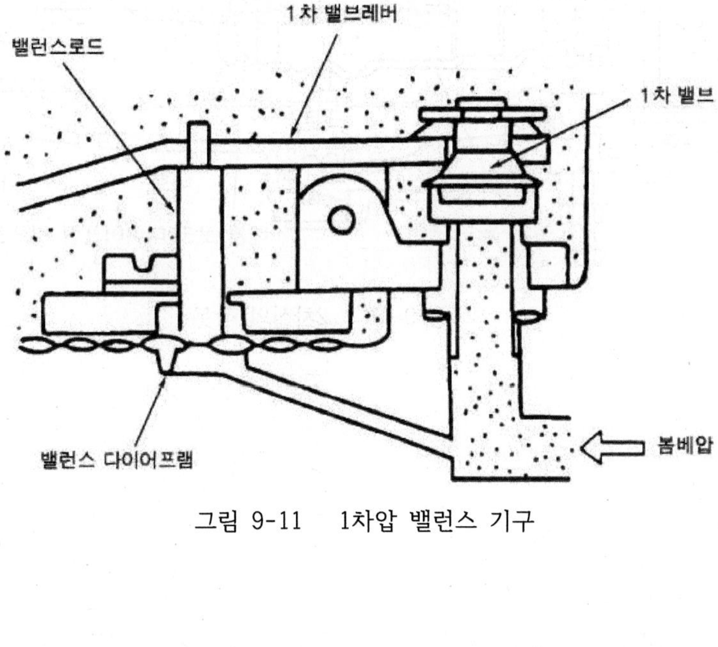

그림 9-11　1차압 밸런스 기구

(3) 2차실

① 기능

연료가 믹서에 들어오는 공기량에 관계없이 믹서로 유출되는 것을 방지하기 위하여 1차실 압력을 거의 대기압 수준으로 감압하는 작용을 한다.

② 작동

1차실에서 0.3±0.05 kgf/㎠의 압력으로 조정된 연료는 2차 밸브와 밸브시트 사이에서 2차실로 들어가서 거의 대기압 수준으로 감압된다.

- 엔진이 회전하고 있을 때 믹서의 벤투리부에서 발생한 부압에 의해 2차 다이어프램은 상방으로 올라간다. 동시에 2차 다이어프램과 연동하는 2차 밸브레바도 올라가서 2차 밸브를 열고 연료를 유입시킨다.
- 엔진이 정지하여 부압이 없어지면 2차 다이어프램은 다이어프램 스프링의 반력에 의해 아래쪽으로 내려가서 2차 밸브를 닫으므로 연료를 유입시키지 않게 된다.

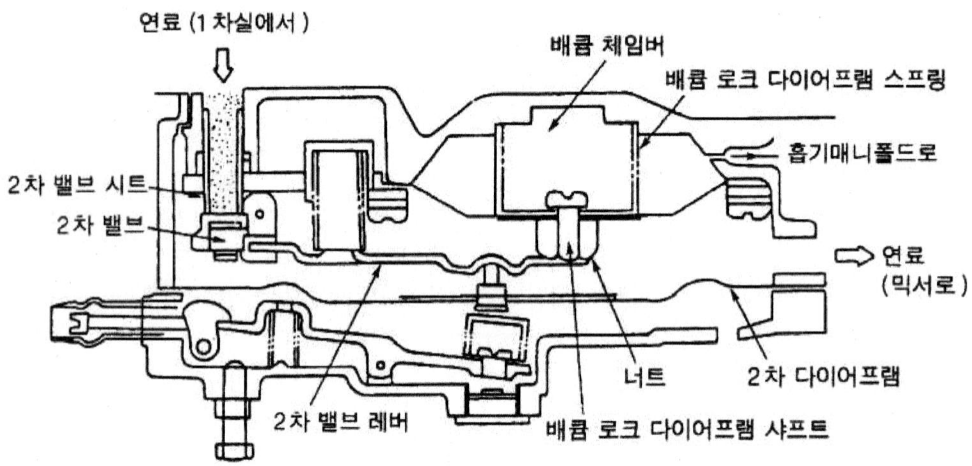

그림 9-12　2차실의 작동

(4) 배큠록 오프 (Vacuum Lock Off)

① 기능

배큠로크 오프는 엔진 정지시에 2차 밸브를 닫아 연료를 차단한다.

② 작동

엔진이 정지하였을 때는 배큠 로크 다이어프램 스프링의 힘이 배큠 챔임버의 대기압보다 크게 되어 배큠로크 다이어프램 샤프트 선단의 너트가 2차 밸브 레바를 눌러, 2차 밸브를 밸브 시티에 밀착시켜 가스 누출을 완전히 방지하고 연료를 차단한다.

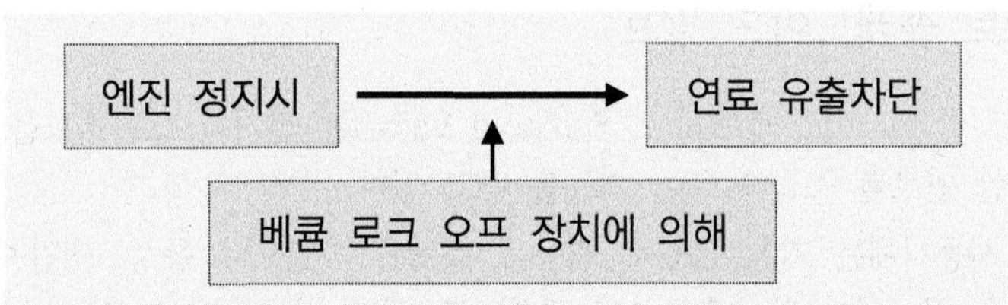

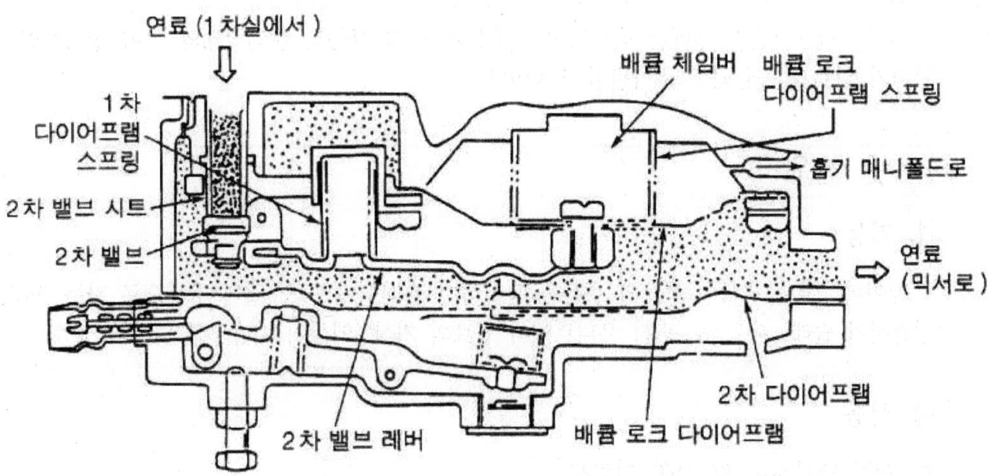

그림 9-13 엔진 정지시의 상태

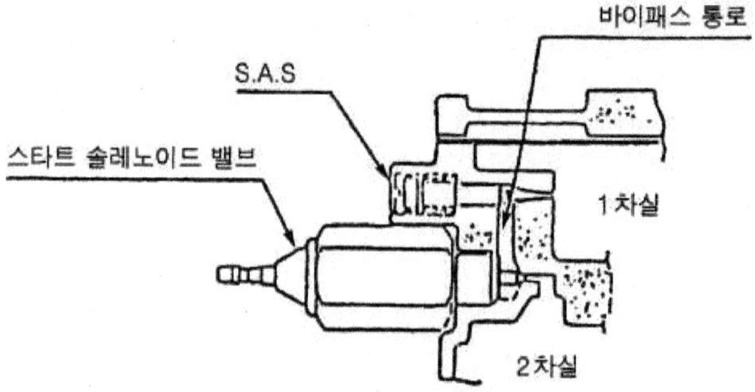

그림 9-14 스타트 솔레노이드 밸브

(5) 스타트 솔레노이드 밸브

스타트 솔레노이드 밸브(Start Solenoid Valve)는 전기적으로 밸브를 열어주어 냉간 시동에 필요한 연료를 공급해 주는 기능을 갖고 있다.

냉간 시동시에는 기체 LPG로 시동을 걸도록 하였으나 통상, 냉간시의 LPG연료압은 시동 연료를 공급하기에는 충분하지 못하므로 냉간 시동시에 키를 넣으면 (Start ON)스타트 솔레노이드 밸브가 1차실에서 2차실로 통하는 바이패스 통로를 개방시켜 주므로 냉간 시동에 필요한 연료를 확보토록 해준다.

일단 시동이 걸린 후에는 솔레노이드 밸브가 닫혀 보통의 운전상태와 같이 정상적인 혼합비의 연료가 공급되도록 마련된 장치이다.

(6) 수온 스위치

① 기능

베이퍼라이저 냉각수 통로의 수온을 감지하여 솔레노이드 & 필터 유닛으로 가는 전류를 전환시켜 솔레노이드 & 필터 유니트에서 연료의 기상, 액상이 사용구분을 한다.

② 작동

- **엔진 냉각수온 약 15℃ 이하시**

냉각수온이 낮고 왁스의 팽창정도가 적기 때문에 피스톤의 돌출량이 작아 와셔를 압출하는 힘이 약해서 동접점은 기상측 접점에 접촉하게 되어 이때의 전기 신호가 솔레노이드&필터 유니트의 기체 측 솔레노이드 밸브만을 열어 기체 LPG가 공급된다.

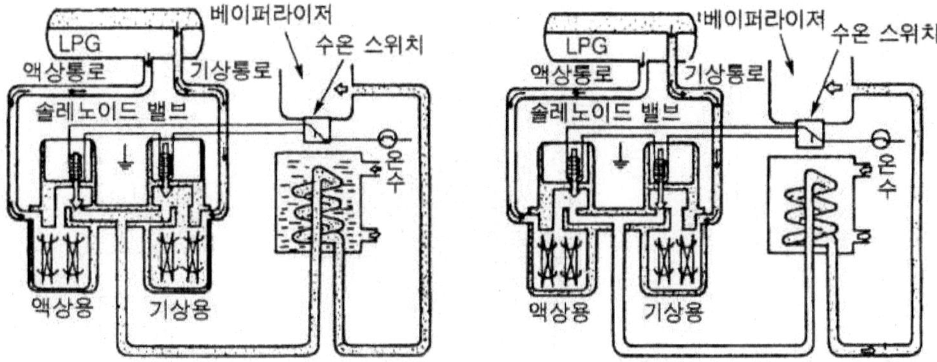

그림 9-15 수온 SW와 솔레노이드&필터 유닛의 상관관계

◆ **엔진 냉각수온이 약 15℃ 이상 시**

왁스의 팽창도가 커져 피스톤의 돌출량이 커지게 되므로 동접점을 눌러서 동접점은 액상측 접점에 접촉하게 되어 이 때의 전기 신호가 솔레노이드 & 필터 유닛의 액체측 솔레노이드 밸브만을 열어 액체 LPG가 공급된다.

9.3.6 믹서

1) 기능

피드백 믹서는 베이퍼라이저(Vaporizer)에서 감압 기화된 연료(LPG gas)를 공기와 혼합하여 연소에 적합한 혼합기를 연소실에 공급하는 역할을 한다. 기본 연료량은 주조정스크루를(MAS:Main Adjust Screw)로 조정하며, 피드백 솔레노이드는 각 센서로부터 입력신호에 따라 엔진의 최적 공연비가 되도록 컨트롤 유닛(ECU)에 의해 구동된다.

2) 연료의 유입(작동)

(1) 시동시 (냉각수온 약 15℃ 이하)

베이퍼라이저의 수온 스위치에 의해 솔레노이드&필터 유닛의 기상측이 ON(개방)된다. 기상 연료는 베이퍼라이저에서 감압 및 기화되어 연료 호스를 통해 믹서로 보내지며 SAS(Slow adjust Screw)에서 계량된 바이패스 연료(베이퍼라이저의 1차실에서 2차실 바이

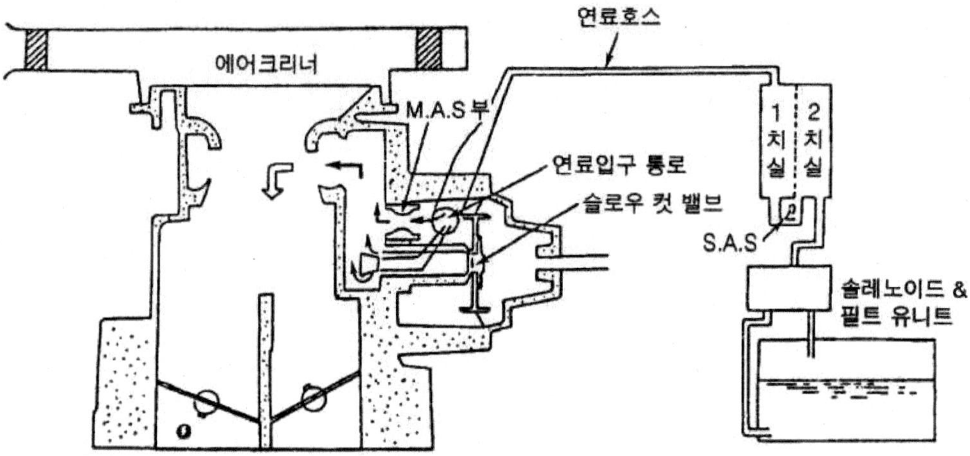

그림 9-16 연료의 유입

패스 통로)가 추가로 증량되어 믹서로 보내져 시동에 필요한 혼합기가 공급된다.

(2) 시동후 아이들시(냉각수온 약 15℃ 이상)

엔진 난기후(냉각수온 약 15℃ 이상 상태) 아이들 회전으로 운전하게 되면 베이퍼라이저의 수온 스위치에 의해 솔레노이드 & 필터 유닛의 액상측이 ON(개방)된다. 액상연료는 베이퍼라이저에서 감압, 기화되어 압력이 조절된 후 연료 호스를 통해 믹서로 보내지고 공기와 혼합되어 엔진으로 들어간다.

(3) 통상주행시

믹서의 벤투리 부에서 발생하는 부압에 의해 베이퍼라이저의 밸브가 열리게 되고 2차 밸브를 통한 연료는 호스를 통해 믹서로 들어와서 M.A.S(Main Adjust Screw) 부에서 계량되어 공기와 혼합하여 엔진으로 들어간다.

디젤기관

10

10.1 디젤엔진의 연소와 분사

디젤기관은 가솔린기관과 비교할 때 가장 큰 차이점은 연료의 공급방법과 연소형태라 할 수 있다. 고속디젤기관에서의 연소는 압축행정의 말기에 실린더 내 압력은 30~50 kg_f/cm^2, 온도는 500~700℃가 된다. 이 고압의 공기 중에 분사된 안개 모양의 연료가 기화하여 공기와 혼합, 적당한 혼합기로 된 부분에서부터 착화되어 연소가 시작된다. 분사에서 연료는 안개 모양의 미립자 상태로 공기 중에 신포되며, 국부적인 혼합비는 0에서부터 매우 농후한 상태까지 넓은 범위에 걸쳐 있다. 착화는 그 중에서 가장 자발화하기 쉬운 혼합비의 부분으로부터 시작된다. 따라서 가솔린기관에서와 같이 혼합비를 항상 이론공연비 부근으로 제어할 필요가 없어 공기 흡입구에 스로틀밸브를 둘 필요가 없다. 이것이 부분부하에서의 경제성이 가솔린기관에 비하여 양호해 지는 이유이다.

또한, 디젤기관의 출력 조절은 연료 분사량의 제어에 의하여 연료분사시간을 조절하여 출력을 제어한다. 반면, 가솔린기관은 스로틀밸브의 개도를 변화시켜 연료의 공급량을 조절하고 적절한 점화시기에 강제 점화시켜 엔진의 출력을 얻는다.

디젤기관에서의 연료분무는 최상의 연소상태를 얻기 위해서 다음과 같은 구비조건을 만족시켜야 한다.

1. 액체 상태인 연료가 연소되기 위해서는 분사와 동시에 많은 양이 연료증기로 되어야하고 이를 위해서는 연료입자의 미립화로 그 표면적이 커져서 주위와의 열 및 물질교환이 활발하게 이루어져야 한다.
2. 연료증기가 산화제인 공기와 잘 혼합되어 효율적인 연소가 이루어지기 위해서는 연료증기의 입자가 연소실 내의 구석진 곳까지 도달되고, 또한 고루 분포됨으로써 공기의 이용률이 높아져야 한다.

따라서 위에서 언급한 연료분무의 조건을 3가지로 나누어서 설명하면 아래와 같다.

10.2 연료분사의 3대 조건

혼합기가 이상적으로 형성되기 위해서는 연료가 분사될 때 몇 가지 조건이 만족될 수 있는 상태라야 한다. 연료분사 후 연소가 완료될 때까지 소요되는 크랭크의 회전각은 약 60° 정도이다. 또한 일반 상용차용 엔진의 경우는 플런저펌프에 의해 100~400 kg_f/cm^2정도로 가압된 연료를 고압으로 분사노즐을 통해 연소실 내에 분사하면, 이때 연료의 평균입경은 10~100 μm이고 분사의 개시에서 자기발화에 의해 연소가 시작할 때까지는 1~6 ms의 시간이 걸린다. 이것이 착화지연이고 연소의 준비기간이다. 이처럼 혼합기가 형성되어 연소가 시작될 때까지의 허용시간은 대단히 짧으며, 이 시간 동안에 이상적인 혼합기가 형성되어 완전연소에 가깝게 되기 위해서는 다음과 같은 조건이 필요하다.

10.2.1 무화(Atomization)

연소실 내에 분사된 연료가 미립화되어 안개모양의 무상으로 되는 과정을 무화라고 한다. 액체연료를 효과적으로 연소시키기 위해서는 공기와의 접촉면적을 가능한 크게 하여 반응을 촉진시켜야 한다. 이를 위해 연료를 액적(Droplet)으로 분산하여 공기와의 혼합을 촉진하여 혼합기를 형성한다. 이러한 과정을 액체 연료의 무화 또는 미립화(atomization)라 하며 분무연소의 기본이라 할 수 있다. 예를 들면 1 cm^3의 액적을 직경 1 μm의 입자로 전부 만들었을 때, 이 갯수는 1.91×109개가 되고, 표면적은 1 cm^3 액적의 103배가 된다.

액체연료를 미립화하는 데에 필요한 힘을 총괄하면 연료의 운동량, 연료와 주위의 기체와의 마찰력 및 액체와 기체간의 표면장력을 들 수 있다. 즉 분공으로 부터 분출한 액체연료는 기체중에 있는 형상의 자유 표면을 가진 흐름을 형성하지만 그 형상은 먼저 연료의 운동량에 의해 지배되고, 그 운동량의 방향은 분공의 기하학적 형상에 의해 규제된다. 다음에 연료와 기체의 밀도, 속도, 가속도 및 상호간의 표면적에 의해 발생하는 저항력과 연료 및 기체의 밀도, 속도구배, 점성 및 확산계수에 의한 마찰력 그리고 표면적에 비례하는 액체와 기체간의 표면장력에 의해 결정 된다

일반적으로 노즐에서 연료를 고압(80~250 kg/cm^2)으로 하여 작은 분공으로 분사하면 이것이 공기 마찰과 표면장력 때문에 미립화가 발생하여 2~100 μ정도의 연료입자가 되어 연소실에 비산한다. 동일 분사량의 경우 미립화가 좋을수록 연료입자의 표면적은 증가하여 공기와의 접촉이 많아진다. 따라서 기화 및 공기와의 혼합과 연소성은 좋아지게 된다. 무화는 분사개시

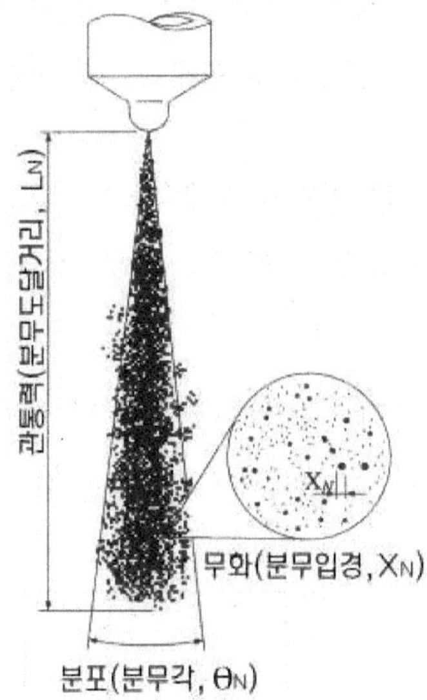

그림 10-1
연료분무의 특성

압력이 높을수록 또한 배압이 높을수록 좋게 된다.

그림 10-1은 액체상태의 연료가 노즐로부터 분공을 통하여 분출될 때에는 연료의 점성과 압력에 의해 원추형 분류가 되는 것을 보여준다. 이 때 연료의 분무군은 분공으로부터 어느 정도의 거리를 나가는 사이에 더욱 미립화가 잘된다. 연료가 미립화되는 과정은 연료의 입자는 공기와 충돌할 때 전단력에 의해서 잘게 부수어지고, 잘게 부서어진 연료의 입자는 표면장력보다 큰 전단력을 가지는 속도를 유지하는 동안 분열이 반복되어 보다 미세한 입자로 변화하게 된다. 따라서 압력 무화방식에서 좋은 무화를 얻기 위해서는 고압으로 연료를 분사하거나 노즐 내부에서의 연료흐름 저항이 작을수록 무화가 잘된다고 볼 수 있다.

무화의 정도를 나타내는 방법은 실제로는 분무 중 연료의 입자는 그 크기가 균일하지 않고 다양한 크기의 연료입자들이 입자군을 이루고 있다. 따라서 무화의 정도는 분무 중 연료입자의 크기를 평균적으로 나타내는 평균분무입자의 직경과 각각의 크기에 해당하는 연료입자가 몇 개씩 포함되어 있는지를 분무입자의 직경분포로 나타낸다. 연소상태를 좌우하는 가장 큰 변수는 연료입자의 크기이다. 분사조건에 대한 입도의 경향을 고찰하면 대략 다음과 같은 항목을 들 수 있다.

1. 분사노즐의 구멍이 작을수록 분류의 단위체적당 표면적이 크기 때문에 공기마찰이 크고 입도는 작아진다(그림 10-2).
2. 분사압력이 높을수록 분출속도가 크고, 공기마찰 및 난류가 증가되어 입도는 작아진다(그림 10-3).

3. 배압, 즉 실린더 내부의 압력이 높을수록 공기마찰이 크므로 입도가 작아진다(그림 10-4).
4. 공기온도가 높을수록 공기의 점성은 증가하고, 이로 인해 연료의 표면장력이 감소하므로 입도가 작아진다.
5. 실린더 내부의 공기유동이 클수록 분류와 공기의 상대속도가 크고, 입도는 작아진다.
6. 노즐의 모양에 대해서는 노즐 내에서 난류를 증가시키고 출구속도를 크게 설계하면 입도는 작아진다.

노즐형상에 관해서는 노즐의 길이와 직경비($\frac{l}{d} \fallingdotseq 4$)에서 입도가 최소로 되는 것으로 보고되고 있다. 그림 10-5는 분류가 확산됨에 따라 입도가 작아지는 것을 볼 수 있다.

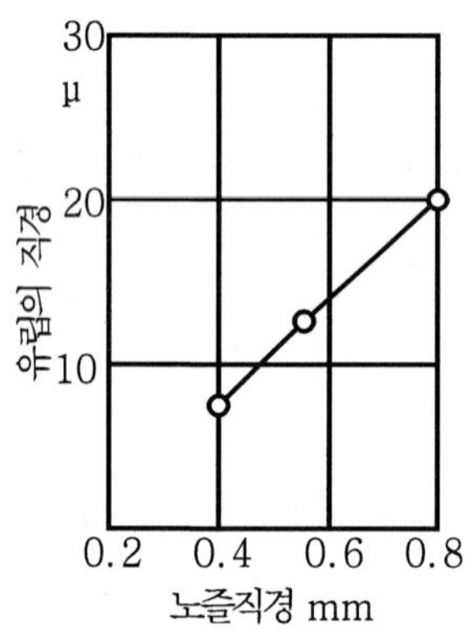

그림 10-2 노즐 직경에 따른 분사 연료입자의 크기

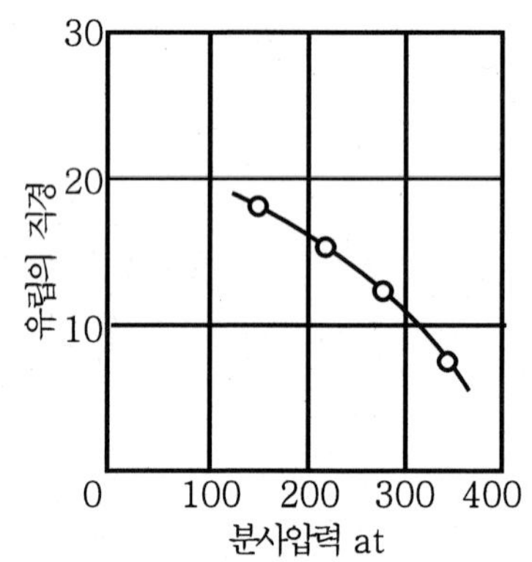

그림 10-3 분사압력과 입도

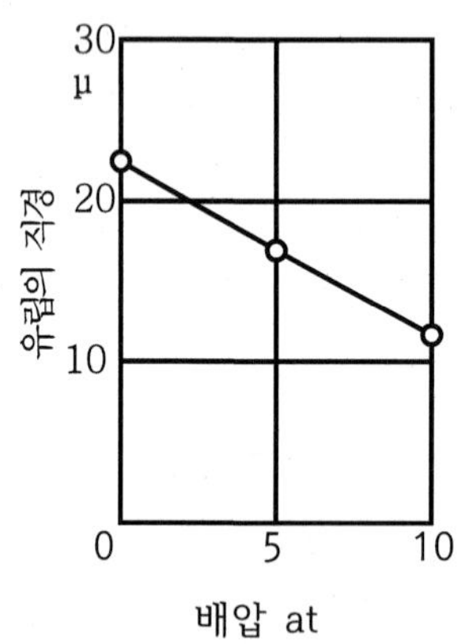

10-4 배압과 입도

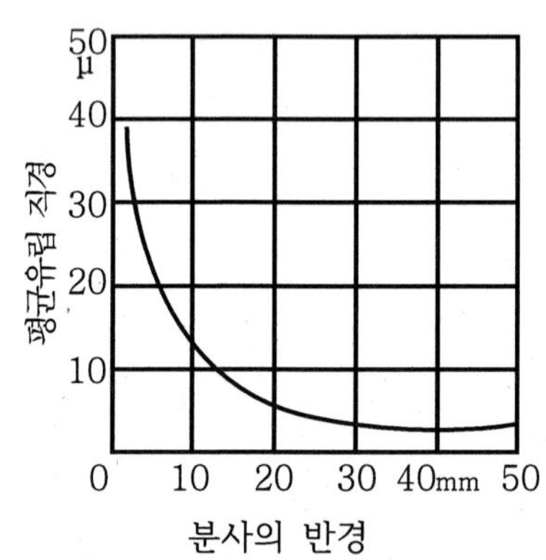

10-5 분사연료의 분포상태

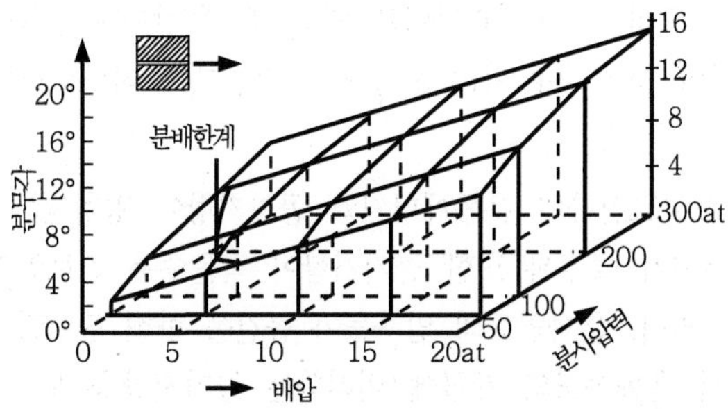

그림 10-6 분사류의 확산각

10.2.2 분포(Distribution)

분사 연료입자들이 연소실 공간에 균일하게 분포되지 않고 노즐 끝이나 다른 특정부분에 밀집하게 되면 산소부족 등으로 불완전연소가 일어난다. 또한 산소가 있어도 연료가 없어 연소가 이루어지지 않는 부분으로 연소실 공간은 구분된다. 이를 방지하기 위해서는 노즐에서 분사되는 연료입자들이 연소공간에 균일하게 확산되어야 한다. 따라서, 분무의 유입은 연소실 내에서 균일하게 분포(distribution) 되어야 하며 그 분포는 주로 분무각에 의해 결정된다.

연료의 분포는 확산각(분무각)을 크게 해줄수록 좋아진다. 분류의 퍼짐도 분사압력, 실린더 내부의 공기밀도, 노즐형상 등에 좌우되지만 분산을 균일하게 시키기 위해서는 관통력은 다소 희생시켜야 한다. 그림 10-6은 배압과 분사압력이 확산에 미치는 경향을 나타낸다.

10.2.3 관통력(Penetration)

관통력(penetration)은 분사된 연료가 연소가 종료될 때까지 이동을 계속할 수 있는 힘을 말한다. 연료입자가 정지해 있다면 표면층이 연소하고 난 이후에는 주위의 연소가스에 의해 산소와의 접촉이 차단되고 더 이상 내부의 연료는 연소되지 않는다. 따라서 연료입자는 연소가 완료될 때까지 공기 중으로 날아갈 수 있는 충분한 운동량을 가져야만 한다. 운동량은 질량에 비례하므로 관통력이 커지려면 연료입자가 큰 것이 유리하다. 하지만 미립화 상태와는 상반된다. 연료입자가 기화하거나 연소가 진행되면 입자의 질량이 감소하기 때문에 운동량이 급격히 감소하므로 이에 대한 대책이 필요하다. 이를 위하여 분사압력을 높여주거나 압축공기의 스월이나 스퀴시 등의 난류유동을 이용하기도 한다.

한편, 이 관통력이 지나치게 클 경우 분사가 연소실의 벽면에 부착, 다시 응축되면서 불완전

연소를 일으킬 수 있다. 그러므로 이 관통력은 연소실의 형상이나 압축공기의 스월, 스퀴시 등의 강도에 알맞은 크기의 것이어야 하며 관통력을 측정하는 척도로서는 분무도달거리가 사용된다.

분류의 관통력은 분사연료입자의 운동에너지와 공기저항이 평형되는 곳에서 연료입자가 정지되기 때문에 분사에너지가 클수록 또한 공기저항이 적을수록 연료입자는 멀리까지 운동하며 관통력은 크다고 볼 수 있다. 분사연료의 입자들이 공간을 향해 진행할 때, 입자 한 개가 독립되어서 운동한다고 보면 운동속도의 제곱에 비례하는 공기저항을 부의 가속도로 받게 되지만 실제에는 많은 입자 무리의 진행이므로 추측하는 것만큼 저항이 크지 않다.

그러나 분사압력을 증가시킨다고 해도 노즐 출구의 속도는 무한대로 증가되지 않으며, 또한 입도는 분사압력에 반비례하기 때문에 분류의 도달거리는 일정한 한계로 제한된다.

10.3 디젤엔진의 제손실

10.3.1 열손실(Thermal loss)

내연기관은 열에너지를 기계적 에너지로 변환하는 장치이다. 하지만 연소로 생성된 열에너지를 모두 기계적 에너지로 변환하는 것은 불가능하다. 변환되지 못한 열에너지는 외부로 잃고 손실된다. 이와 같이 손실된 에너지는 연료로 공급된 전체에너지의 60~70% 정도이다. 일반적으로 배기가스와 함께 손실되는 열 손실과 냉각수 및 엔진오일 등의 엔진냉각에 의해 손실되는 열손실을 들 수 있다. 대략, 배기가스에 의한 열 손실은 30~35%이고, 냉각수에 의한 열 손실이 30~35%정도이다.

열손실은 엔진의 압축비가 높을수록, 혼합기의 비열비가 클수록 줄어드는 경향이 있다. 또한 가솔린엔진에 비해 디젤엔진은 압축비가 높으며 희박운전에 의해 혼합기의 비열비가 크므로 가솔린엔진에 비해 열손실이 적다. 따라서 이것이 디젤엔진의 열효율이 가솔린엔진보다 높게 나타나는 이유이기도 하다.

10.3.2 연소손실(Combustion loss)

연소란 연료의 화학에너지를 열에너지로 변환하는 과정이다. 연소손실이란 불완전연소 혹은 실화 등이 발생하여 공급된 연료의 화학에너지가 열에너지로 모두 변환되지 못하는 경우의 손실을 말한다. 자동차엔진에서 저온시의 시동초기, 급가속과 같은 과도구간, 전부하구간 등과 같은 운전조건에서 연소가 불안정할 때나 과연료공급(over-fueling)으로 인해 연소손실이 급증한다. 이와 같은 손실된 에너지는 연료로 공급된 전체에너지의 약 3%내외 이다.

10.3.3 펌핑손실(Pumping loss)

펌핑손실은 엔진이 대기 중의 공기를 실린더내로 흡입(pumping)할 때와 배기가스를 실린더 밖으로 밀어낼 때의 발생되는 손실을 말한다. 이때 일어나는 흡기 때의 저항이나, 배기저항 및 엔진 내부에서의 통로저항 등 가스의 유동저항은 그대로 엔진의 손실이 된다.

스로틀이 완전히 열려 있다면 엔진이 외부의 공기를 펌핑하는데 별다른 손실이 없다. 하지만 이같이 최대출력으로 차량이 운전되는 경우는 없으며 일반 주행시에 스로틀은 보통 0~25% 가량 열려있을 뿐이다. 이 경우는 마치 바늘구멍을 손으로 막고 주사기를 당기는 경우와 유사하다. 가솔린엔진의 경우는 운전영역에서 대부분을 차지하는 부분부하영역에서는 흡기량에 의해 출력이 제어되므로 스로틀밸브의 닫혀져 있는 빈도가 많다. 이때에는 GDI형 엔진이 아닌 일반 가솔린엔진은 흡기의 스로틀링에 따른 흡기저항이 커지면서 펌프손실이 커진다.

이에 대해 디젤엔진은 흡기의 스로틀링이 없으므로 이에 따른 손실이 거의 없다. 디젤엔진 또한 EGR 조절 및 기타용도를 위해 스로틀이 장착되어 있지만 가솔린과 같이 토크제어를 위한 흡기량 조절에는 사용하지 않는다.

디젤엔진이 가솔린엔진에 비해 효율이 높은 이유 중의 하나가 바로 흡입공기의 스로틀링(throttling)이 없이 펌핑손실이 낮기 때문이다. 현대의 거의 모든 디젤엔진은 가솔린엔진에 비해 낮은 성능을 보안하기 위해 터보장치를 적용한다. 이로 인해 공기흡입시 오히려 더 많은 에너지를 얻는 경우도 있다.

반면 가솔린엔진의 경우 터보장치를 장착하였다고 하더라도 스로틀링으로 인하여 연소실내 압력은 여전히 대기압보다 낮으며 펌핑손실은 다소 줄일 수는 있겠지만 여전히 존재한다. 따라서 터보차저는 가솔린엔진보다 디젤엔진에 더 적합하다고 볼 수 있다.

펌프손실은 연료로 공급된 전체에너지의 약 5%정도이다.

10.3.4 냉각손실(Cooling loss)

자동차엔진에서 냉각수, 냉각 공기 등에 의해 외부로 빼앗기는 열 손실을 말한다. 수랭식 엔진의 경우 대부분이 냉각수로 방열되는데, 그 열량은 전체 에너지의 30~35% 정도이다.

이 방출되는 열은 실린더 내 온도를 저하시켜 팽창일로 전환되는 율이 그 만큼 작아지게 된다. 즉, 유효일로 변환되어야 할 열의 일부가 냉각손실로 인하여 열에너지의 유효이용인 차원에서 볼 때 손실이 된다. 하지만, 실린더 내나 연소실 등 엔진내부의 온도가 한계이상으로 높아지는 경우는 열부하가 지나치게 커져서 엔진의 운전이 불가능하게 된다. 따라서 냉각손실은 필요 불가결한 손실인 셈이다.

10.3.5 마찰손실(Friction loss)

엔진은 다양한 부품들의 상대 운동으로 인해 마찰로 손실되는 에너지를 마찰손실이라고 한다. 엔진 중에서 피스톤과 실린더 벽면에서 일어나는 마찰은 마찰손실 중 가장 큰 부분을 차지한다. 또한, 베어링 마찰, 밸브작동기구의 마찰, 냉각수펌프나 오일펌프, 연료펌프 등 이들 보

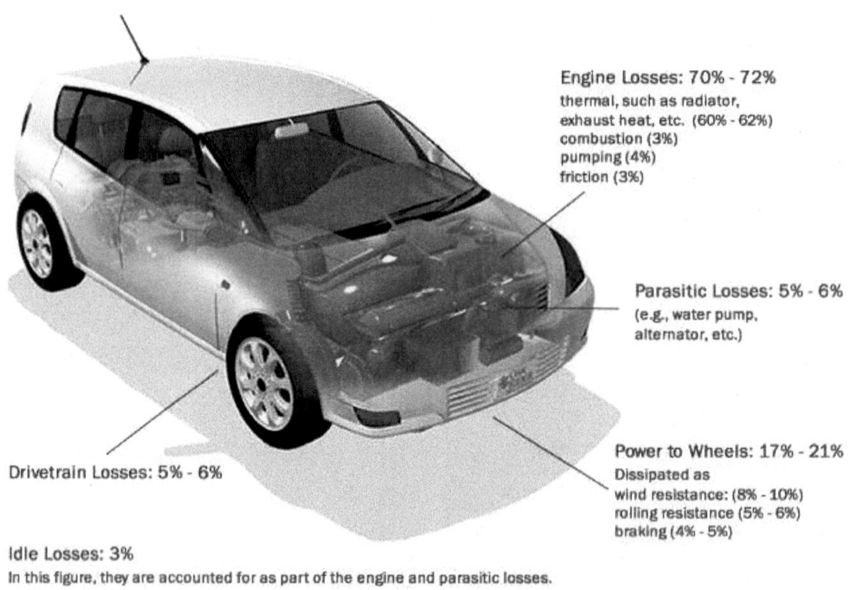

그림 10-7 자동차 엔진과 관련 부품들의 제손실

조기기의 구동동력에 의한 마찰 손실을 들 수 있는데 디젤엔진에 가솔린엔진에 비해 마찰손실이 크다. 왜냐하면 디젤엔진은 흡기량이 많고 압축비가 크기 때문에 실린더 내 압력이 높고 이를 견디기 위해서는 부품의 강성도 크고 투박하기 때문이다.

이 마찰손실은 엔진의 회전속도가 높아질수록 증가되며, 디젤엔진의 경우는 이러한 이유로 인한 엔진의 회전속도를 상승시키는데 어려움이 있어서 같은 크기의 가솔린엔진에 비해 고속에서의 출력이 낮게 되는 결점이 있다. 이 마찰손실은 연료로 공급된 전체에너지의 약 3%내외이다.

10.4 디젤엔진의 연소실

10.4.1 디젤엔진의 연소실 조건

디젤엔진의 경우 혼합기의 형성시간이 가솔린엔진에 비해 대단히 짧다. 일반적으로 가솔린엔진은 연소실 밖에서 공기와 연료가 미리 혼합되어 연소실에 들어오면 압축되고 온도와 압력이 높은 상태에서 압축말기에 점화플러그에 의해 점화 연소된다. 반면, 디젤엔진은 공기만 연소실 내로 먼저 흡입되고 압축말기에 고온 고압의 상태인 공기 중에 분사노즐에 의해 분사와 동시에 공기가 단시간에 혼합하여 자기착화, 연소된다. 따라서, 디젤엔진은 혼합기의 형성 시간이 가솔린엔진에 비해 1/20~1/30정도로 매우 짧기 때문에 분사된 연료는 공기와 단시간에 잘 혼합될 수 있는 구조라야 된다.

또한, 짧은 시간에 연소를 완료하기 위해서는 흡입공기의 와류(渦流)등에 의한 연료와 공기의 혼합을 촉진시킬 수 있는 구조라야 연소실의 양부를 결정한다고 볼수 있다. 디젤엔진의 연소실이 갖추어야 조건은 다음과 같다.

1. 분사된 연료는 단시간에 혼합기가 형성되는 구조일 것
2. 연료소비율이 적을 것
3. 엔진의 고속회전에서도 연소상태가 쉬울 것
4. 평균연소압력이 높을 것
5. 엔진의 시동이 쉬우며 디젤노크가 적을 것

10.4.2 연소실의 형식

디젤엔진의 연소실은 연료를 피스톤헤드 부분에 가공된 오목한 부분에 직접분사하는 단실식(직접분사방식)과 연소실이 최소한 2개 이상인 주연소실에 연결된 부실에 연료가 분사되는 부실식(간접분사방식)이 있다. 부실식은 주실(主室)과 부실(副室)이 가느다란 통로(연락공)으로 연결되어 있다. 또한 이 부실식은 다시 예연소실식과 와류실식으로 구분할 수 있다.

1) 직접분사방식

직접분사식은 연소실이 실린더헤드와 피스톤헤드에 설치된 요철(凹凸)에 의해 형성되고, 여기에 연료를 직접 분사시키는 방법이다. 직접분사식은 대형 상용자동차기관과 정치식 기관에 주로 이용되어 왔으나, 오늘날 디젤 승용차에서도 대부분 사용되고 있다.

분사노즐은 일반적으로 분출구가 여러 개인 다분공형으로 연소실 중앙에서 4~8개 방향의 방사상으로 연료가 분사된다. 연료의 분사개시압력은 200~300 kg/㎠ 으로 연료를 고압으로 분사하여야 한다. 이 직접분사실은 공기와 연료의 혼합이 주로 공기의 와류인 스월이나 스퀴시에 의해 이루어지고, 연료의 분사에 따른 연료의 미립화에 의해 이루어지므로 흡입공기유동과 관련이 있는 흡기포트의 형상이나, 연료의 분사압력 등의 특성이 다른 연소실에 비해 중요하다고 볼 수 있다. 그림 10-8과 같이 실린더헤드의 아래면과 피스톤헤드와의 사이에 요(凹)부가 형성되어 있고 여기에 고압의 연료를 직접 분사하도록 되어 있다. 그리고 저온시의 시동성을 좋게 하기 위하여 예열플러그를 부착하고 있다.

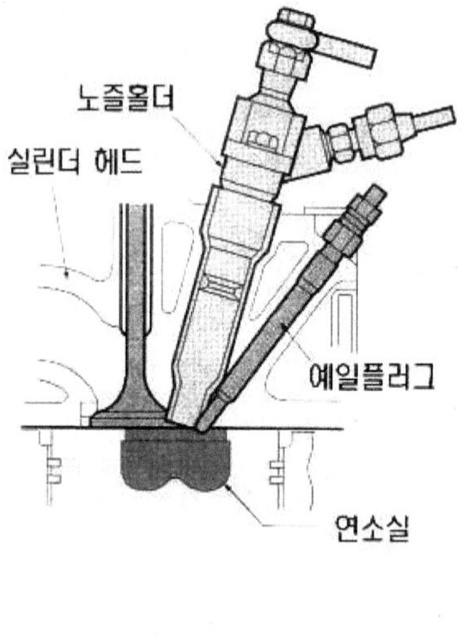

그림 10-8
직접분사실식

◆ **직접분사실식의 장점**

① 연소실 구조가 간단하며 열효율이 높고, 연료소비율이 작다.
② 연소실 체적에 대한 표면적의 비율이 작아 냉각손실이 작다
③ 엔진시동이 용이하다
④ 실린더헤드의 구조가 간단하고 열부하를 적게 받으므로 대출력기관에 적합하다.

◆ **직접분사실식의 단점**

① 분사압력이 높아 분사펌프와 노즐의 수명이 짧다.
② 연료의 성질에 민감하고 노크의 경향이 높다
③ 폭발압력이 상대적으로 높기 때문에 진동과 소음이 크다
④ 엔진의 회전속도 및 부하의 변화에 민감하다.
⑤ 다른 형식에 비하여 공기과잉율이 높은 상태에서 연소가 급격히 진행되므로 NO_x가 비교적 많이 배출된다.
⑥ 다공형 노즐을 사용하므로 단공형에 비해 고가이며, 노즐상태의 따라 엔진의 성능에 미치는 영향이 크다.

2) 간접분사방식

간접분사방식은 주연소실에 연결된 부실에 연료가 분사되는 방식으로 예연소실식과 와류실식이 있으나, 자동차용으로 사용 빈도가 낮다.

(1) 예연소실식

예연소실식은 그림 10-9와 같이 실린더헤드와 피스톤사이에 형성되는 주연소실과 실린더헤드에 마련된 예연소실로 구성되어 있다. 예연소실의 상부에는 분사노즐이 장착되어 있고, 연소는 압축행정에서 주연소실로부터 예연소실의 분구를 통해 예연소실 내로 밀려들어간 고온의 공기 중에 분사노즐을 통해 고압의 연료가 분사되면서 자기착화된다. 그러나 예연소실에 존재하는 산소로는 분사된 연료 중 일부만 연소시킬 수 있기 때문에 예연소실 내에서 형성된 농후한 혼합기의 대부분은 연소압력에 의해, 피스톤헤드에 설치된 주연소실로 분출되면서 연소하는 2단 연소방식을 취하고 있다.

착화지연이 짧고, 주연소실의 압력수준이 전반적으로 낮게 유지되면서 연소가 진행되므로 소음이 낮고 크랭크기구에 작용하는 부하도 작다.

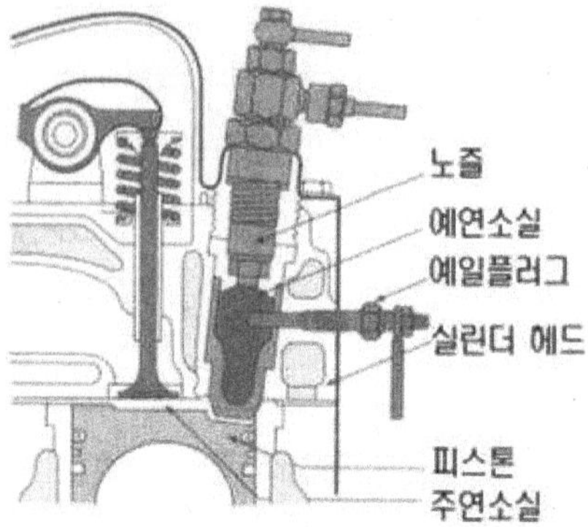

그림 10-9
예연소실식

예연소실의 체적은 전체 압축체적의 30~40%이며, 예연소실에서 주연소실의 분출구멍의 면적은 피스톤헤드면적의 0.3~0.6%이고, 분사노즐의 개변압력은 80 bar~120 bar정도이다.

그리고, 예연소실식은 연소에 있어서 연료의 성상에 그다지 큰 영향을 받지 않는 등의 이로운 점이 있어 그동안 중·대형엔진에 많이 채용되어 왔지만, 연비가 좋지 못하여 직접분사식으로 전환되면서 현재는 거의 사용하지 않는 실정이다. 예연소실식의 장단점은 다음과 같다.

◆ **예연소실식의 장점**

① 연료의 분사압력이 낮아 연료장치의 고장이 적고, 수명이 길다

② 착화지연이 짧아 기관의 작동상태가 정숙하고 노킹이 적다.

③ 사용연료에 대하여 민감하지 않아서 연료의 선택범위가 넓다.

◆ **예연소실식의 단점**

① 실린더헤드 구조가 복잡하고 직접분사식에 비해 연비가 좋지 않다.

② 연소실 표면적이 넓기 때문에 냉각손실의 증대로 열효율이 떨어지고 연료소비율이 크다.

③ 시동 보조 장치인 예열플러그가 필요하다.

④ 압축비가 높아 용량이 큰 기동전동기가 필요로 한다.

(2) 와류실식

와류실식의 구조는 그림 10-10와 같다. 이 연소실방식은 실린더헤드와 피스톤헤드사이에

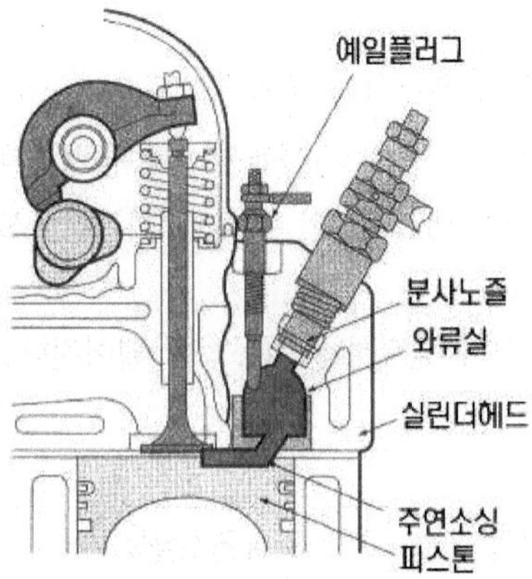

그림 10-10
와류실식

형성된 주연소실과 실린더헤드에 구형(ball type)으로 된 부실인 와류실(부실)을 갖추고 있는데, 와류실은 대부분이 실린더헤드와 일체구조로 되어 있다. 와류실은 접선방향으로 뚫린 연결통로로 통하여 주연소실과 연결된다. 와류실의 체적은 간극체적의 약 50~80%이고, 연결통로의 단면적도 피스톤단면적의 약 1~3.5% 정도로 비교적 크다. 분사압력은 100~125 bar 이며 압축비는 15~17:1 정도이다.

와류실식은 압축행정 중에 연결통로를 통하여 주연소실로부터 와류실로 접선방향으로 유입되는 공기는 와류실에서 강한 와류가 발생되도록 한 구조이며, 이 와류실에 연료를 분사하면 분사된 연료는 강한 선회(旋回)운동을 하고 있는 공기와 만나 빨리 혼합되어 착화연소하면서 주연소실로 분출되어 다시 여기서 미연소연료가 새공기를 만나면서 연소하는 형식이다.

와류실식은 부실인 와류실에서 먼저 연소한 후 나머지 일부분의 연료는 주연소실에서 연소되는 2단 연소로 되어 있고 시동성을 향상시키기 위해 예열플러그가 구비되어 있다. 와류실식의 장·단점은 다음과 같다.

◆ **와류실식의 장점**

① 압축행정에서 발생하는 강한 와류를 이용하므로 회전속도 및 평균유효압력이 높다.

② 직접분사식에 비해 분사압력이 낮고 엔진의 상용회전속도의 범위가 넓어서 운전성이 좋다.

③ 강한 공기와류를 이용하여 혼합시킬 수 있기 때문에 분사압력이 낮아도 된다.

④ 와류가 강하여 혼합이 용이하여 NO_x 및 스모크의 배출비율이 직접분사식에 비해 낮다.

⑤ 연료소비율이 예연소실식에 비해 낮다.

◆ **와류실식의 단점**

① 실린더헤드의 구조가 복잡하고 열부하 문제가 발생된다.

② 저속에서는 공기와류가 약하기 때문에 저속에서 노크가 발생하기 쉽다.

③ 연소실 표면적이 넓기 때문에 냉각손실의 증대로 직접분사식에 비해 열효율이 떨어지고, 연비가 나쁘다.

④ 엔진을 시동할 때 예열플러그가 필요하며 기동성이 떨어진다.

표 10-1 디젤기관 연소실 형식 비교

비교항목	직접분사식	예연소실식	와류실식
연소실 형식	간단	복잡	복잡
표면적 대 체적비 (S/V)	작다	크다	약간 크다
열손실	작다	크다	약간 크다
압축비	15~22(낮다)	17~23 (높다)	20~23(높다)
연소압력	높다80~190 bar	비교적 낮다 50~60 bar	55~65 bar
최고회전속도	낮다	약간높다	높다
분사압력	175~200 bar	80~120 bar	100~130 bar
분사노즐구조	다공식	스로틀형, 핀틀형	스로틀형, 핀틀형
연료분사장치 영향	영향이 가장 크다	영향이 가장 작다	영향이 다소 있다.
연료와 공기의 혼합	주로 분사노즐에 의해 이루어짐	주로 예연소실에서의 와류에 의해 혼합(좋음)	공기와류에 의해 혼합(좋음)
와류생성정도	압축행정말기에 약간 발생	거의 없다	압축말기에 격렬하게 발생(크다)
냉시동보조장치 (예열플러그 등)	필요없음 냉시동성이 우수함	필요함	필요함
연료의 민감성	가장 높다 (사용연료범위 좁다)	가장 낮다 (사용연료범위 넓다)	낮다 (사용연료범위 넓다)
디젤노크 발생빈도	가장 높다	아주 낮다	낮다
평균유효압력	가장 낮다	약간높다	높다
연료소비율	195~270 g/kWh(낮다)	270~310 g/kWh	260~300 g/kWh

10.5 디젤엔진의 가솔린엔진에 대한 비교

디젤기관은 가솔린기관에 비해 연비가 좋고 내구성이 우수하다는 것 등으로 상용차에 많이 상용되고 있다. 디젤기관과 가솔린기관의 주된 상이점의 연소방식이다. 가솔린기관이 연료와 공기의 혼합기를 실린더 내에 흡입하여 전기스파크로 강제 점화하여 1점 점화에 의한 화염전파로 연소가 순차적으로 진행된다. 이에 반해 디젤기관은 공기만을 흡입하여 압축한 고온 공기 중에 연료를 고압 분사하여 연료분무에 의한 다점 점화하여 착화된다. 이를 위해 가솔린기관보다 압축비를 높게 하여 자기착화를 확실하게 하고, 또 디젤기관용의 연료로서 자기 착화성이 좋은 세탄가가 높은 경유나 중유가 사용된다.

디젤엔진은 흡입공기량의 제어가 없어서 공연비는 거의 모든 운전영역에서 공기의 과잉상태인 희박연소(lean burn)를 하게 된다.

또한, 디젤엔진은 배기 중에 많은 양의 산소가 존재하게 되면서 가솔린엔진에 적합한 3원촉매 장치의 효율성이 떨어진다. 왜냐하면 공기의 과잉상태에서 연소하기 때문에 CO, HC 등이 배출가스가 적고, 산소에 의한 촉매효율의 저하로 사용이 어렵고 NO_x의 저감도 어렵다.

출력제어는 가솔린기관의 경우, 혼합기량을 흡기 교축 등으로 가감하는데 대해, 디젤기관은 실린더 내에 분사하는 연료량을 가감하여 행한다, 이 때문에 부하에 따른 공연비가 크게 변화한다.

10.5.1 디젤엔진이 가솔린엔진에 비해 연비가 좋은 이유

디젤엔진이 가솔린엔진보다 연비가 좋아지는 이유는 첫째는 압축비가 가솔린기관 보다 높기 때문이다. 연소의 메카니즘을 볼 때 디젤기관은 공기만을 압축하는 반면, 가솔린엔진은 공기과 연료의 혼합인 혼합기를 압축하는 하기 때문에 공기만을 압축하는 편이 당연히 압축비가 높게 나온다. 일반적으로 디젤기관의 압축비는 16~24인 반면, 가솔린기관은 7~13 정도이다. 압축비가 높으면 당연히 열효율이 좋게 된다.

두 번째는 펌프손실을 들 수 있다. 가솔린엔진의 요구 출력은 스로틀 밸브의 개도에 의해 공기의 흡입량을 제어하게 되므로 흡입공기의 스로틀링에 의한 펌프손실이 크다고 볼 수 있다. 이에 반해 디젤엔진은 가솔린엔진과 같은 흡입공기량을 제한하는 스로틀 밸브를 필요로 하지 않으며 엔진은 공기를 충분히 흡입하고 출력은 연료의 분사량으로 제어하기 때문에 펌프손실을 줄일 수 있다.

10.5.2 디젤엔진이 가솔린엔진에 보다 출력이 낮은 이유

디젤기관은 연료를 실린더 내에 직접 분사하기 때문에 혼합기 형성 시간이 짧아서 공기 이용률을 가솔린기관 정도로 높이는 어렵다. 또한, 디젤엔진은 연소 시 연료분무의 입자주위에 형성되는 국소적인 혼합기의 농도는 대단히 농후하다. 이것은 연료입자를 연소시킬 공기가 부족한 것을 의미하고 이때에는 많은 양의 스모크가 발생된다. 스모크의 배출농도를 한도이하로 저감시키기 위해서는 연료분사량을 억제하여야 하고, 이렇게 되는 경우는 흡입공기의 전체량 중에서 70~80%만이 연소에 참여한다. 이와 같은 이유에서 배기량이 동일한 가솔린엔진에 비해 디젤엔진은 평균유효압력은 낮다.

또한, 디젤엔진은 압축비는 높고 거기다가 운동부분의 질량도 커서 마찰손실이 크다. 또 고속 회전역에서는 마찰마력이 증가하여 회전속도를 높여도 생각만큼의 출력을 올리기가 어렵고, 운동부분의 질량이 크기 때문에 부품의 강도의 한계, 연료분사장치의 성능 한계 등에 의해 가솔린기관에 비하여 최고회전속도는 낮다. 따라서 고속에서 최대출력이 낮아지게 된다.

디젤기관은 연소압력이 높아 이것에 견디는 구조로 하기 위해서는 크랭크축, 커넥팅로드, 피스톤 등의 운동부분 및 크랭크케이스, 실린더헤드의 기관 구조의 강도와 강성을 높게 하고 있다. 이 때문에 출력 당, 배기량 당 기관 질량이 가솔린엔진에 비해 커지게 되므로. 마찰손실로 그만큼 커지게 된다.

10.6 디젤엔진 연료분사장치의 개요

연료장치는 연료탱크 속의 연료를 여과하여 분사펌프로 보내서 분사순서에 맞추어 고압의 연료로 변화시켜 분사노즐에 연료를 공급한다. 엔진의 운전 상태에 따라 연료의 분사량 및 분사시간을 제어하며 연소실내로 분사하는 일련의 장치를 말한다. 특히, 연료분사장치는 연료를 적정한 양과 시기에 연소실 내에 고압으로 분사하여 연소를 위한 혼합기를 생성하는 역할을 한다.

혼합기의 상태는 연소실 내의 공기의 유동상태와 연료의 시간적, 공간적 변화에 의해 결정된다. 연료의 시간적 공급의 변화란 연료의 매시간당의 분사량으로 나타내는 분사율과 연료분사압력에 따라 평가되며, 연료의 공간적인 상태 변화는 노즐로부터 분사되는 연료분무의 형상, 입도 및 그 분포에 의해 평가된다.

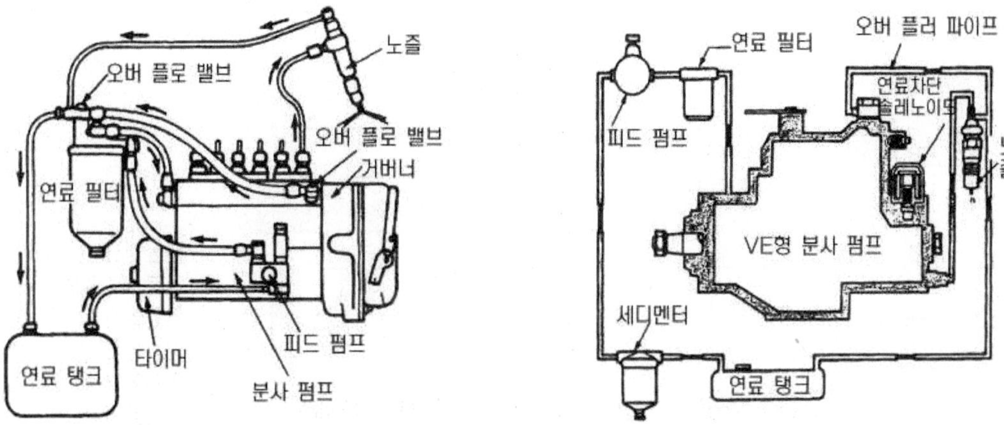

(a) 열형 연료공급 계통도　　(b) 분배형 연료공급 계통도

그림 10-11　기계식 연료분사장치의 연료 계통도

이러한 분사율, 분사압력, 분무형상, 입도분포 등은 여러 가지의 다양한 측정방법이 개발되어 있고 정량적으로 구할 수 있다. 따라서 그 엔진에 적합한 최적의 분사장치는 이들의 측정결과와 엔진성능의 적합이 이루어짐으로써 그 제원이 결정된다.

인젝션 펌프는 열형과 분배형과 사용된다. 열형(독립식)은 대형기관에 주로 사용되며, 분배형은 소형디젤기관에 많이 채용되고 있다.

열형(독립식)은 그림 10-12에서와 같이 실린더와 같은 수의 펌프기구(연료분사펌프)가 필요하며, 구조가 복잡하지만 연료의 공급이 확실히 이루어지므로 고속회전에 적합하며 대형의 엔진에 주로 채용된다. 분배형은 펌프기구가 1개 사용되어 소형의 엔진에 적합하며 실린더수가 많은 엔진의 사용에는 다소 난점이 있다. 표 10-2은 열형과 분배형 펌프의 각각 다른 점을 비교한 것이다.

연료분사펌프는 그 동안 세계 각국의 펌프메이커에서 제각기 독자적인 연구개발이 폭넓게 이루어져 왔으며 그 가운데에서도 독일의 보쉬(Robert-Bosch)사에 의해 정밀도가 높으면서도 비교적 낮은 값으로 공급이 가능한 것이 개발되면서 자동차용 디젤엔진에 가장 널리 사용되고 있다.

연료장치는 그림 10-12에 나타낸 것과 같이 연료는 연료탱크 → 피드펌프 → 연료필터 → 인젝션펌프 → 인젝션 파이프 → 인젝션 노즐로 흘러 규정압력으로 연소실내에 분사된다. 또한 인젝션펌프 내에서 노즐로 압송되지 않았던 연료 및 노즐의 니들을 윤활한 연료는 각각 리턴 파이프를 경유하여 연료탱크로 되돌아가도록 되어 있다.

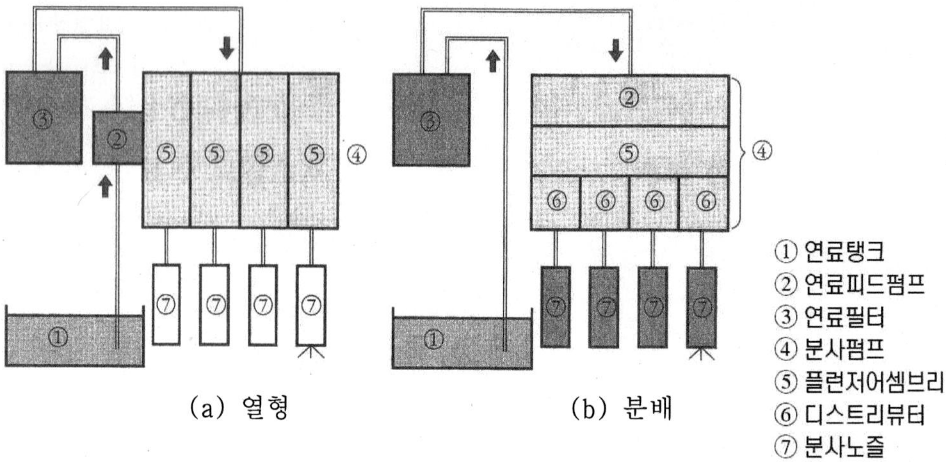

그림 10-12 열형과 분배형 연료계통 비교

표 10-2 열형과 분배형 펌프의 비교

항 목	열 형	분 배 형
실린더 수	1~12	2~6
연료분배방식	각 플런저에서 실린더로 직송	각 플런저의 회전운동
연료가압방식	플런저 식	플런저 식
윤활방식	오일 윤활 (플런저는 연료윤활)	연료 윤활
타이머구조	기계식(외장형, 내장형)	유압식(내장)
피드펌프	피스톤 식	베인식(내장)

10.7 디젤엔진 분사노즐

10.7.1 개요

분사노즐은 분사펌프에서 공급된 고압의 연료를 미세한 안개모양으로 연소실 내에 분사하는 것으로, 연소실 내의 공기와 잘 혼합하기 위하여 무화, 관통, 분포의 연료 분사요건이 만족되도록 연소실의 크기나 형상에 맞추어서 적합한 것이 선택되어야 한다. 또한 연료의 분무상태가 연소상태에 크게 영향을 미치게 되므로 다음의 조건을 만족하여야 한다.

1) 무화(Atomization)가 좋아야 한다.

연료입자가 작을수록 기화나 연소가 빠르게 진행되므로 연료입자는 가능한 작을수록 좋지만 너무 작으면 관통도가 불량하게 된다. 연료입자의 직경은 분사압력, 노즐의 직경, 형상, 연소실내의 온도, 공기의 와류 등에 의해 결정된다.

2) 관통력(Penetration)이 적절할 것

연료입자의 운동량은 질량에 비례하므로 관통력이 커지려면 연료입자가 큰 것이 유리하다. 하지만 미립화와는 상반된다. 또한, 관통력이 지나치게 클 경우는 분사가 연소실의 벽면에 부착, 응축되면서 불완전연소를 일으킬 수 있다. 그러므로 이 관통력은 연소실의 형상이나 압축공기의 스월, 스퀴시 등의 강도에 알맞은 크기의 것이어야 한다. 관통력은 일반적으로 연료입자 지름의 3승과 진행속도의 2승에 비례한다,

3) 연료의 분포 및 분산도가 알맞아야 한다.

연소실내 분사된 연료입자들이 연소실 공간에 균일하게 분포되지 않고 노즐 끝이나 다른 특정부분에 밀집하게 되면 산소부족 등으로 불완전연소가 일어난다. 노즐에서 분사되는 연료의 입자는 노즐의 형상, 분사압력, 노즐로부터의 거리, 입경 등에 따라 분포가 달라지게 된다. 따라서 연료의 분무는 연소실 전체에 알맞게 분산되어야 한다.

6) 분사율이 일정하여야 한다.

분사율(Q_d)이란 노즐로부터 분사되는 분사량의 시간적인 변화비율을 말하며 다음과 같이 정의한다.

$$Q_d = dQ_d/dt(cm^3/s)$$

분사율은 분사펌프에서 발생되는 압력이 분사관으로 전파하여 노즐로부터 분사되는 시간적인 분사량으로 일정하여야 한다.

5) 노즐 유량계수가 적당해야 한다.

노즐 유량계수는 분사노즐의 고압쪽 압력, 저압쪽 유출 연료속도, 노즐유효길이 등의 관계에 의해서 나타나므로 분사펌프, 분사노즐의 종합성능 또한 유량계수의 적부로 결정된다.

분사노즐은 노즐홀더에 조립된 상태에서 실린더헤드에 끼워지고 홀더는 분사압력의 조정과 분사율의 제어를 하게 된다. 분사노즐은 혼합기형성과 연소진행 과정, 기관출력, 배기가스 성분조성과 그 수준, 연소소음 등에 큰 영향을 미친다.

10.7.2 노즐의 작동원리

노즐은 니들과 바디의 2개의 부품으로 구성되어 있다. 니들은 노즐홀더에 내장된 1개 또는 2개의 스프링에 의해 니들시트에 밀착되어 있다. 그림10-13은 노즐의 작동원리를 나타내고 있다.

분사펌프로부터 연료가 압송되면 노즐실의 압력 (PD)이 상승된다. 노즐실 압력이 니들밸브의 열림 압력보다 커지면 니들이 위쪽으로 밀려 올라가면서 보디에 마련되어 있는 분공을 통하여 연료가 무상으로 분사된다. 분사펌프로부터 연료압송이 종료되어 노즐실의 압력 PD가 밸브의 닫힘압 PNC보다 작아지면 니들은 하강을 시작하고 착좌되면서 분사가 종료된다. 니들은 자신의 시트에 밀착되게 된다.

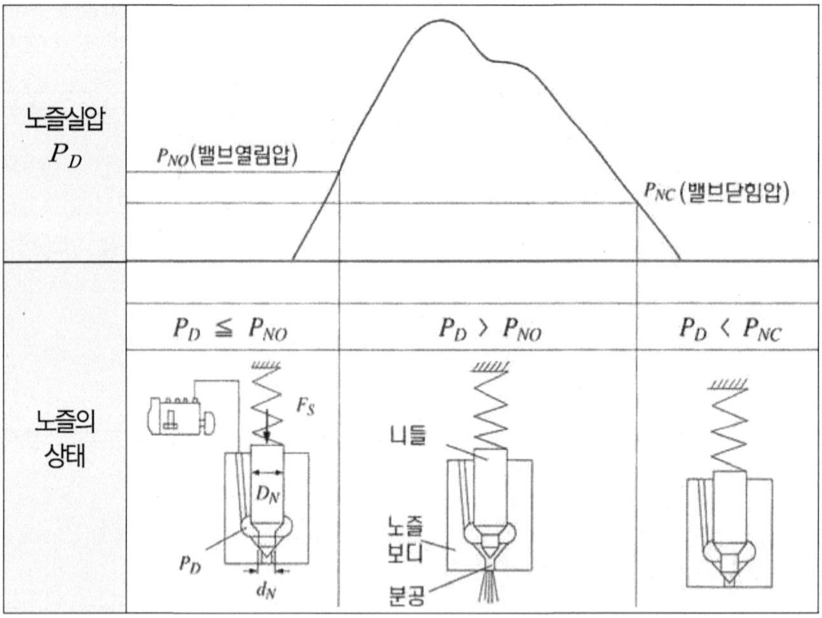

그림 10-13 분사노즐의 작동원리

10.8 디젤엔진 분배형 분사펌프

10.8.1 개요

분배형 분사펌프는 승용차 등의 소형 디젤엔진에서 주로 사용하는 형식으로, 하나의 펌프 엘리먼트에서 연료를 각 실린더로 공급되도록 한 형식이다. 즉, 열형 분사펌프는 실린더수에 따른 각각의 독립된 플런저를 가지고 있는 것에 비하여, 분배형 분사펌프는 실린더 수와는 무관하게 1개의 플런저에 의해 연료를 각 실린더에 압송, 분배, 공급하도록 되어 있다. 따라서 엔진은 소형, 경량으로 만들 수 있고, 고속화가 가능한 것이 특징이다. 주로 6기통 이하의 소형 엔진용 기관에 사용된다.

분배형 분사펌프의 특징은 다음과 같다,

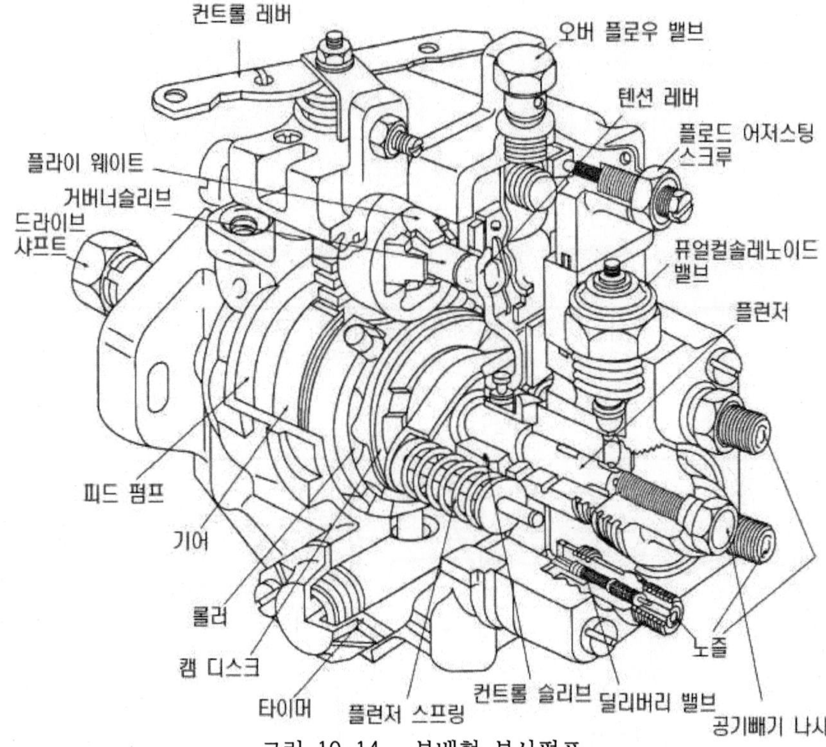

그림 10-14 분배형 분사펌프

① 소형, 경량이고 고속회전이 가능하다
② 기관시동이 용이하다(최대분사량의 2배 이상 과잉 분사가 가능하다)
③ 불균일이 2% 이내로 연료 분사량이 균일하다
④ 펌프윤활을 위한 특별한 윤활유가 필요 없다.
⑤ 엔진의 흡입효율이 양호하다.

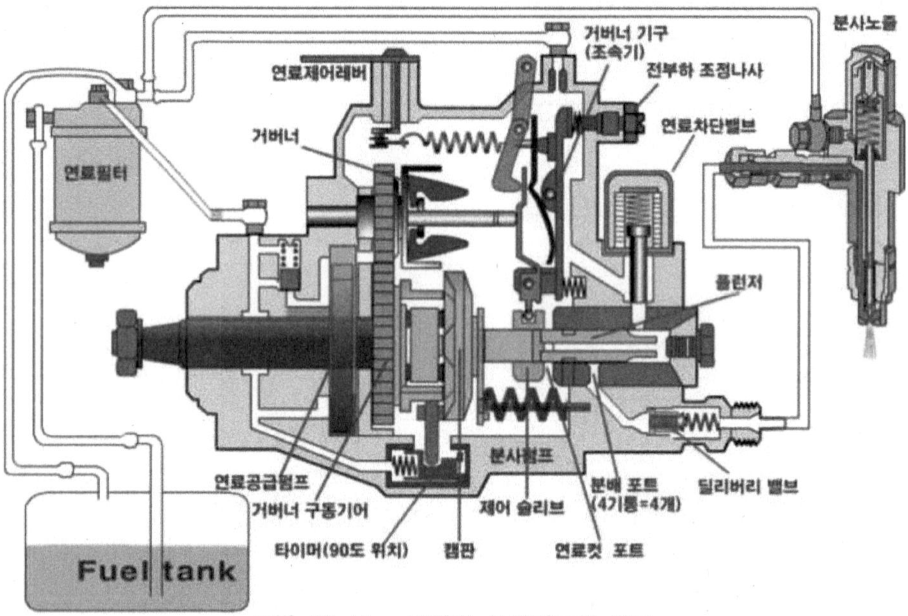

그림 10-15 분배형 분사펌프의 구조

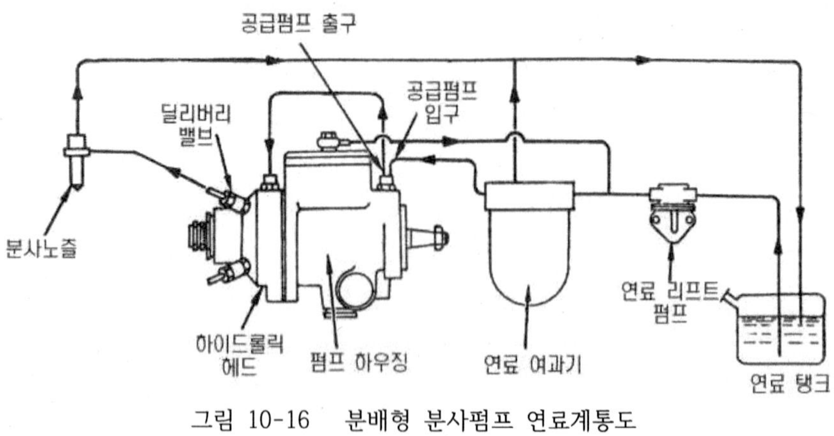

그림 10-16 분배형 분사펌프 연료계통도

10.8.2 연료계통의 구성

연료는 연료탱크에서 빨아 올려져 수분분리기(세디먼트)와 연료여과기를 거쳐 분사펌프로 들어와 펌프 내부에 마련된 공급펌프에 의해 가압되어 펌프실로 들어간다. 그리고 구동축 하우징에는 압력조정 밸브(레귤레이트 밸브)가 설치되어 있어 회전속도에 따른 펌프실 내의 연료압력을 조정한다. 연료는 분배기 헤드 통로를 경유하여 흡입구멍을 거쳐 플런저 상부의 펌프 고압실에 도달한다. 플런저는 연료를 분사순서에 의해 노즐을 통하여 높은 압력으로 분사시킨다.

펌프하우징 내 및 노즐의 접동부분의 윤활은 연료가 순환하는 것으로 이루어지며, 펌프실내의 과잉연료와 분사펌프 내부의 온도상승을 억제하기 위해 연료의 일부를 오버플로 오리피스를 거쳐서 연료탱크로 되돌아간다. 이와 같은 연료순환에 의하여 분사펌프는 냉각과 윤활이 이루어진다.

10.8.3 분배형 분사펌프의 구조와 작용

분사펌프의 구성은 분사압력을 형성하고 고압연료를 분배하는 고압펌프, 연료분사량을 변화시켜 회전속도를 제어하는 기계식 거버너(governor), 회전속도에 따라 분사시기를 진각하는 유압식 타이머, 연료탱크의 연료를 고압펌프에 공급하는 베인식 연료공급펌프 및 고압펌프로 공급되는 연료를 차단하는 연료차단기구 등이 있다.

분사펌프의 구동축은 베어링에 의해 펌프하우징에 지지되어 있다. 구동축에는 베인식 연료공급펌프가 설치되어 있으며, 축의 선단부에는 캠 플레이트를 구동하기 위한 러그(lug, 돌기부)가 가공되어 있다. 캠 플레이트는 구동축에 끼워진 십자형의 요크(yoke)에 자신의 러그가 끼워지는 형태로 연결된다. 십자형 요크 외측에는 펌프하우징에 지지된 롤러 링이 있다.

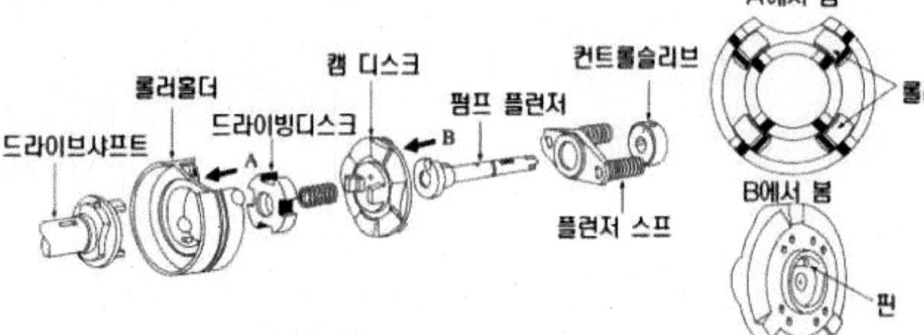

그림 10-17 구동축의 구조

1) 구동축

분사펌프의 구동은 구동축에 의해 이루어지며, 캠 디스크와 구동디스크가 접촉되어 구동된다. 이 캠 디스크는 엔진 실린더수와 같은 수의 캠이 있으며, 구동과 동시에 롤러홀더에 고정되어 있는 롤러에 의해 캠이 리프트하면서 왕복운동을 한다. 플런저 스프링에 의하여 플런저가 캠 디스크를 누르면 구동축이 구동되면서 동시에 작동한다. 따라서 플런저가 회전운동을 하면서 동시에 왕복운동을 하여 연료를 흡입, 분배 및 압송한다.

2) 연료공급펌프(Feed pump)

연료공급펌프는 그림 10-18에서와 같이 구동 축 하우징 내에 설치되어 있으며 베인형(vane type)을 사용한다. 작동은 구동축에 의하여 구동되며 연료를 연료탱크로부터 빨아올려 펌프실 내로 압송한다. 즉, 구동축에 의하여 로터가 회전하면 로터가 원심력에 의하여 바깥쪽으로 벌어져 베인과 베인사이에 작은 공간을 형성하여 연료가 흡입된다. 로터가 더 회전하면 체적이 커졌다가 점점 작아지면서 연료는 압축되어 배출구멍을 통하여 펌프실로 배출된다. 분사펌프의 각 부분은 연료에 의해 윤활 된다.

3) 압력조정밸브(Regulating valve)

공급펌프의 연료 배출량은 분사량보다 많으므로 이 과잉의 연료는 압력조정밸브를 거쳐 공급펌프의 흡입 쪽으로 되돌아간다. 공급펌프의 회전속도에 대한 연료 배출압력은 압력조정밸브 스프링 장력으로 정해지며, 연료의 배출압력으로 타이머 피스톤을 작동시킨다.

그림 10-19에서와 같이 공급펌프의 회전속도가 높아 송유압력이 높아지면 조정밸브 스프링을 압축하고 피스톤을 밀어올려 연료를 공급펌프의 배출쪽에서 흡입쪽으로 바이패스 시킨다.

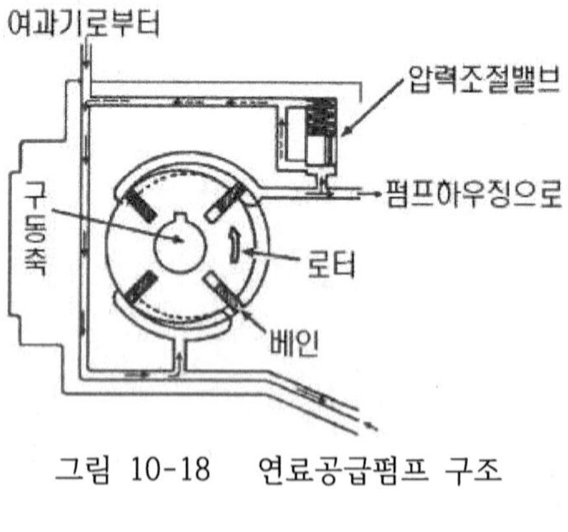

그림 10-18 연료공급펌프 구조

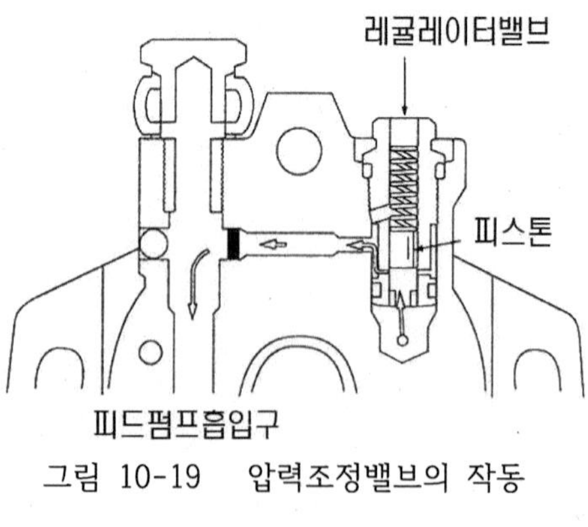

그림 10-19 압력조정밸브의 작동

4) 플런저

구동축은 공급펌프, 캠 디스크, 플런저를 동시에 구동한다. 캠 디스크가 회전하면 롤러의 회전운동으로 플런저가 회전하면서 회전운동을 한다. 연료의 배출은 플런저의 운동에 의하며, 분배는 플런저 중앙에 있는 분배기에 의해 이루어진다.

플런저에는 그림 10-20에서와 같이 흡입슬릿과 분배슬릿 및 연료량을 조절하기 위한 스필포트가 마련되어 있다. 플런저는 플랜지부 노치와 캠 디스크핀이 끼워 맞추어지면서 그 위치가 결정되고 플런저스프링에 의해 캠 디스크에 압착, 결합된다.

플런저의 왕복운동은 연료를 흡입한 다음 고압으로 압축, 이를 분사노즐로 압송하는 역할을 하며 회전운동은 플런저의 선단부분이나 중앙부에 마련된 슬릿이나 구멍을 통해 각 실린더의 노즐에 고압 연료를 순차 분배하는 역할을 한다.

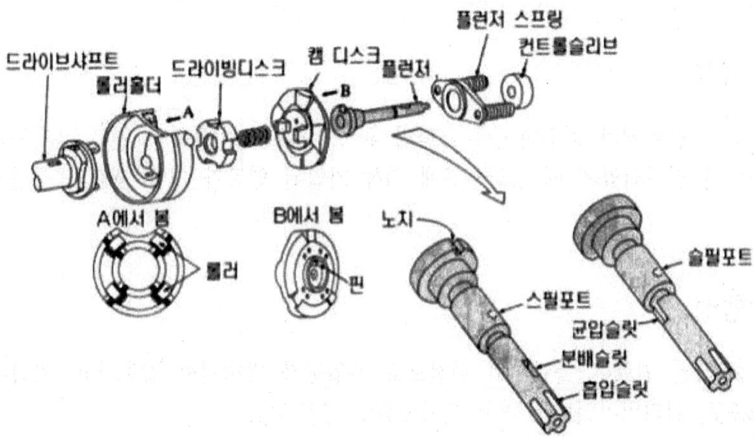

그림 10-20
플런저 구성 부품

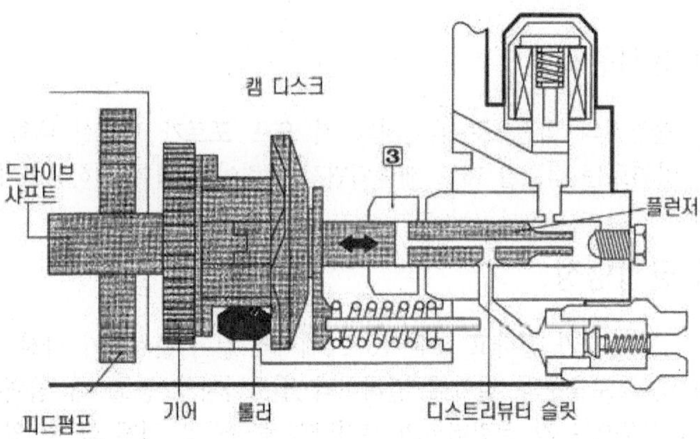

그림 10-21
분배형 플런저의 작동

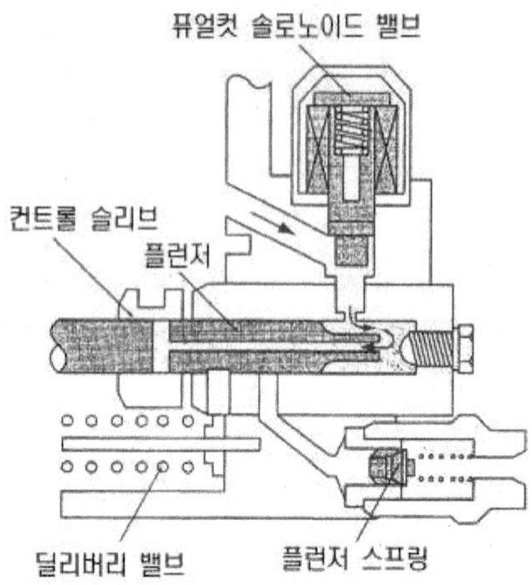

그림 10-22 플런저의 흡입

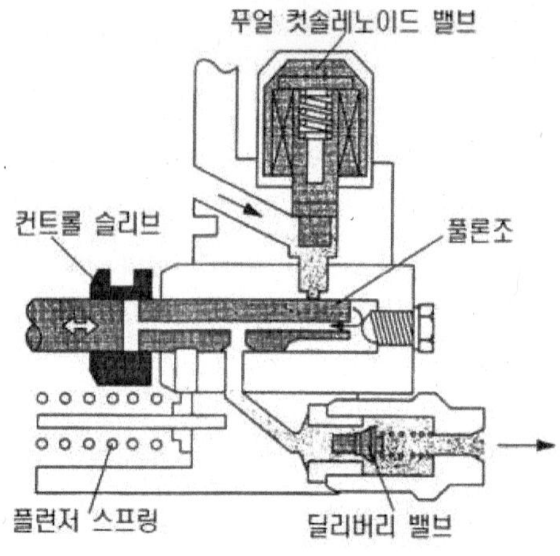

그림 10-23 분사행정

(1) 연료의 흡입행정

그림 10-22과 같이 플런저가 회전하면서 그림의 왼쪽방향으로 이동하면 연료 흡입구와 플런저의 흡입 슬릿이 일치되었을 때 공급펌프에 의해 가압된 연료가 고압 챔버와 플런저 내부에 흡입된다.

(2) 연료의 분사행정

플런저 내부에 흡입된 연료는 플런저의 회전으로 흡입구가 막히면서 압축되고, 가압된 연료는 분배기 토출구, 딜리버리밸브를 거쳐 분사노즐로 공급된다.

(3) 분사완료

플런저의 회전으로 플런저의 컷 오프 포트가 펌프실 내와 통하게 되면, 플런저 내부의 고압연료는 펌프실 내로 배출되면서 압력이 급격히 저하되면서 연료의 압송이 종료된다.

(4) 균압행정

연료분사가 끝나고 그림 10-24에서와 같이 플런저가 다시 180° 회전하면 플런저의 균압 슬릿이 토출구와 일치해 딜리버리 밸브까지의 통로 내 압력은 송유압력으로 되돌아간다. 이 작용으로 각 실린더로의 분사량의 불균율을 적게 할 수 있으며 안정된 분사가 이루어질 수 있다.

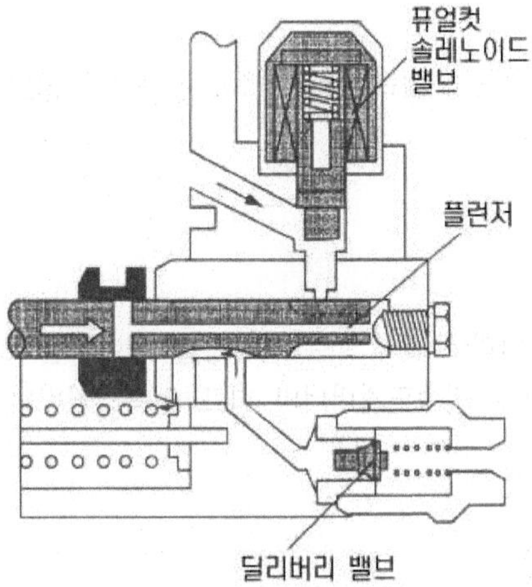

그림 10-24 균압행정

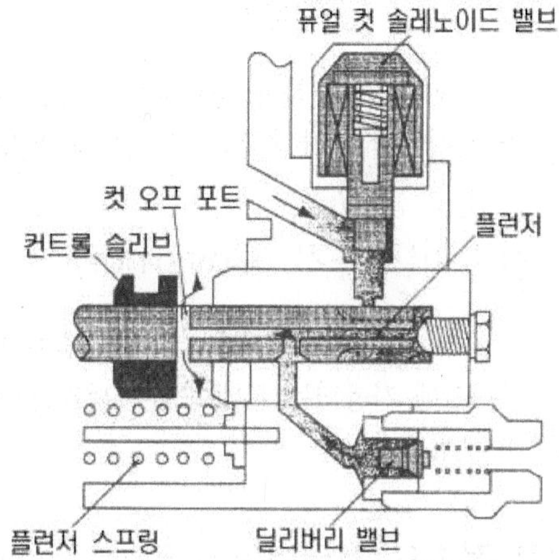

그림 10-25 분사완료

(5) 분사량 조절작용

연료의 증감은 컨트롤 슬리브의 이동으로 유효행정(연료 압송 시작부터 종료까지의 플런저 행정)이 변하여 변동된다. 그림 10-26과 같이 좌측으로 컨트롤 슬리브가 이동하면 유효행정이 작아지며 분사량이 감소된다. 또 역으로 우측으로 이동되면 유효행정이 커지게 되고 분사량이 증가한다. 이와 같이 컨트롤 슬리브를 이동시킴으로서 연료량을 변화시켜 조절한다.

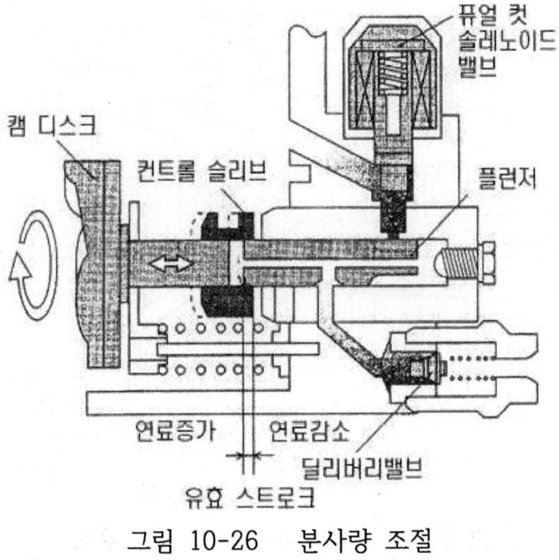

그림 10-26 분사량 조절

(6) 역회전 방지작용

기관이 역회전하면 플런저가 상승할 때 흡입구멍이 열리므로 압력이 높아지지 않고 연료가 분사되지 않아 기관의 역회전을 방지한다.

5) 거버너(조속기, Governor)

거버너는 기관의 회전속도 및 부하 변동에 따라 자동적으로 분사량을 제어하는 것으로 자동차에 사용되는 분배형 분사펌프는 일반적으로 전속도거버너와 하프 전속도거버너가 주로 사용된다.

(1) 전속도 거버너(All speed governor)

분사 펌프의 윗부분 안에 기계식 전속도 거버너가 들어 있다. 기어와 일체로 된 원심추 홀드는 거버너 축에 설치되어 있으며, 구동축 기어에 의해 증속되며 원심추를 구동한다. 원심추 홀더 안에는 4개의 추가 결합되어 있고, 원심추 홀더가 구동되면 원심력이 발생하여 거버너 슬리브를 밀어낸다.

거버너 레버 어셈블리는 하우징 바깥쪽에서 2개의 피벗핀(m1)으로 지지하고, 접촉 레버의 하부는 2개의 스프링으로 눌려 있고, 상부는 전부하 조정 나사에 눌려져 있다. 접촉 레

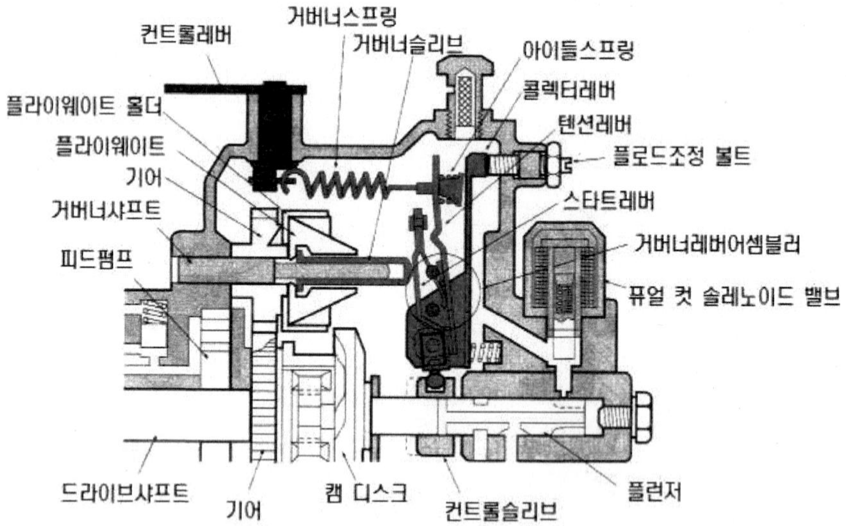

그림 10-27 전속도 거버너의 구조

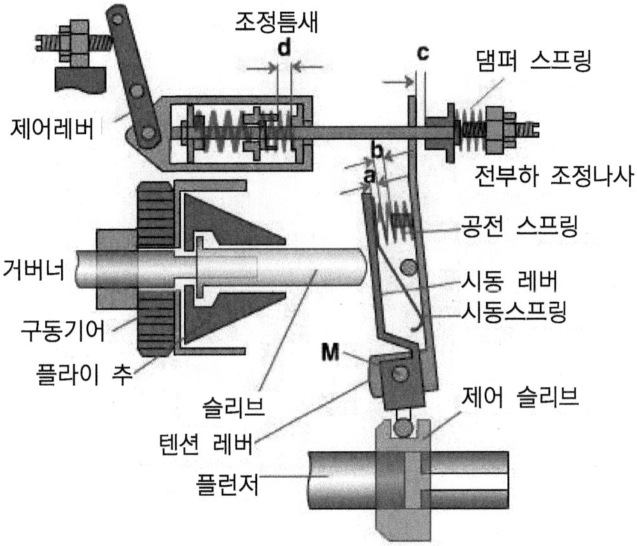

그림 10-28 전속도 거버너의 작동

버의 안쪽에는 텐션 레버와 시동레버가 결합되어 그 하부는 공통된 축으로 지지 하고 있다. 텐션 레버와 시동레버 사이에는 시동 스프링(판 스프링)과 시동 공전 스프링이 부착되어 있다. 거버너 레버 어셈블리 아랫 부분에는 볼 헤드 핀(ball head pin)이 달려 있어, 플런저 위를 접동하는 제어 슬리브의 핀 구멍 에 끼어 있으므로, 거버너의 작동이 제어 슬리브에 전달되어 분사량을 제어한다.

볼 헤드 핀(ball head pin)이 달려 있어, 플런저 위를 접동하는 제어 슬리브의 핀 구멍에 끼어 있으므로, 거버너의 작동이 제어 슬리브에 전달되어 분사량을 제어한다.

(2) 하프 전속도 거버너(Half all speed governor)

하프 전부하 거버너는 가솔린 자동차의 운전감각에 근접되도록 하는 거버너로서 거버너 스프링 대신 그림 10-29에서와 같이 거버너스프링과 파셜로드(부분부하)스프링이 사용되고 있다. 이 거버너는 부분부하(중속회전 부근)의 범위에 있어서는 파셜로드스프링을 사용, 컨트롤레버의 움직임에 대하는 컨트롤슬리브의 움직임을 둔하게 한다. 이에 의해 가속페달에 의한 엔진의 회전변동을 적게 하여 엔진의 회전변동을 완화, 원활화를 도모하고 있다.

그림 10-30는 하프 전속도 거버너의 제어 특성도를 나타내고 있다.

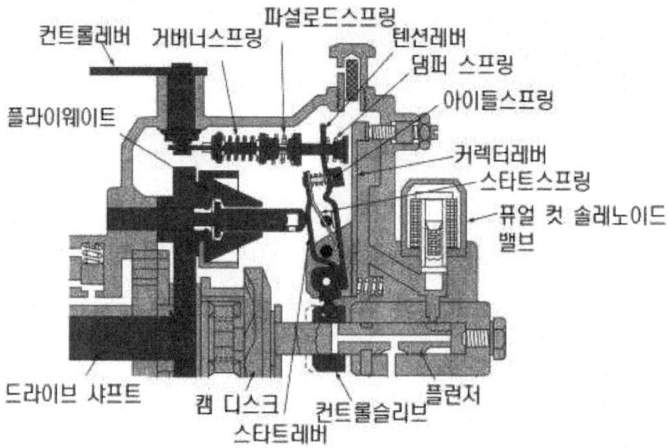

그림 10-29 하프 전속도 거버너 구조

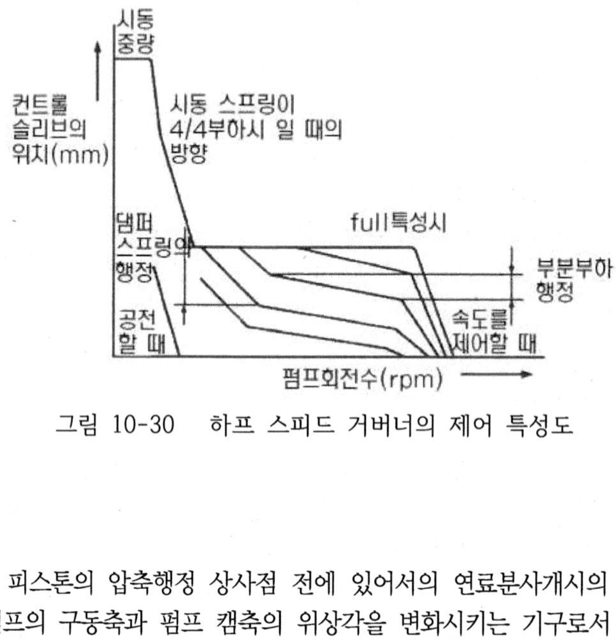

그림 10-30 하프 스피드 거버너의 제어 특성도

6) 타이머

타이머는 피스톤의 압축행정 상사점 전에 있어서의 연료분사개시의 시기를 조절할 목적으로 분사펌프의 구동축과 펌프 캠축의 위상각을 변화시키는 기구로서 유압식 타이머를 주로 사용한다. 그림 10-31은 일반적인 타이머구조를 나타낸다.

타이머의 작용은 그림 10-32과 같이 피스톤의 작동은 슬라이드 핀을 통해 원통형 롤러 링크를 회전시키는 원운동으로 변화시킨다. 타이머의 분사시기의 조정은 캠 디스크와 접촉하고 있는 롤러홀더의 상대위치를 달리하는데 따라 실현 된다.

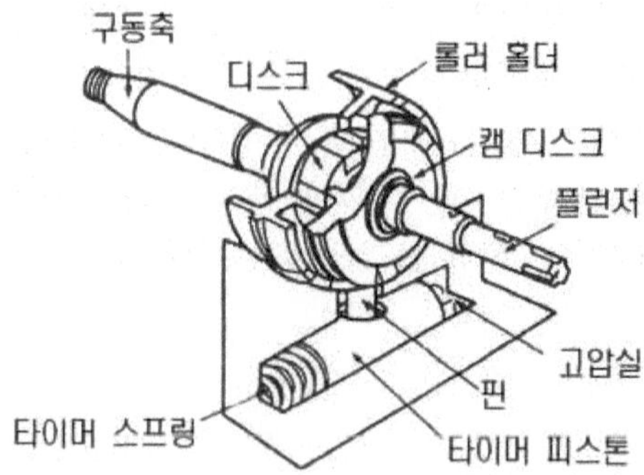

그림 10-31　타이머의 구조

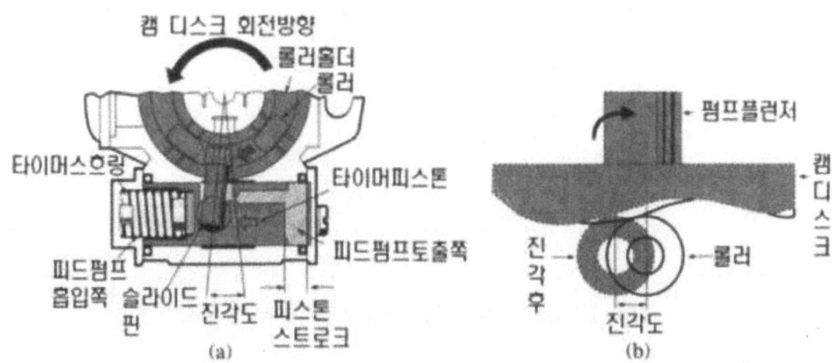

그림 10-32　엔진회전속도에 따른 타이머의 작동

즉, 롤러홀더가 캠 디스크(구동축)의 회전방향과 역방향으로 회전하면 분사시기가 빨라지고 같은 방향으로 회전하게 되면 분사시기는 늦어진다.

작동원리를 설명하면 다음과 같다.

① 기관의 회전수가 상승하여 연료공급펌프의 송유압이 상승하면 타이밍 피스톤이 타이밍 스프링의 힘을 이기고 좌측으로 이동한다.

② 타이밍 피스톤이 좌측으로 이동하면 조정핀으로 연결되어 있는 롤러 하우징을 구동축 회전방향과 반대방향으로 회전시켜 캠 디스크와 롤러의 만남을 빠르게 하므로 연료송출 시기가 빨라진다.

③ 타이머에 의한 진작 가능 각도는 캠 각으로 약 12°정도이다

7) 부스트 컨벤세이터(과급보상장치,Booster compensator)

부스트 컨벤세이트는 그림 10-33에서와 같이 분사펌프 본체의 상부 커버에 설치되어 있

으며, 기관의 회전속도가 상승할 때 과급기의 작용에 의해 기관의 실린더내로 공급하는 흡입공기량을 강제 압송시켜 분사량을 증가시키는 기구이다.

과급기가 부착한 엔진의 경우는 자연 흡기 방식의 엔진보다 더 많은 공기량이 연소실에 유입되므로 이에 따른 연료량을 증가시켜야 한다. 따라서 부스트 컨벤세이트는 전부하 분사량을 과급압력에 대응하여 조정하는 일을 하는 장치이다.

작동은 다음과 같다.

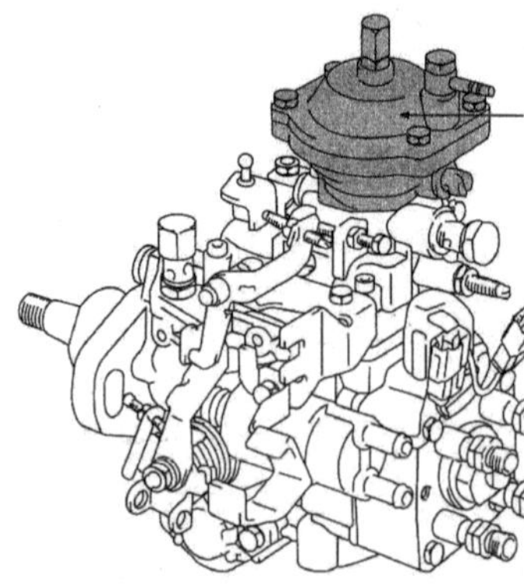

그림 10-33 부스트 컨벤세이터 부착위치

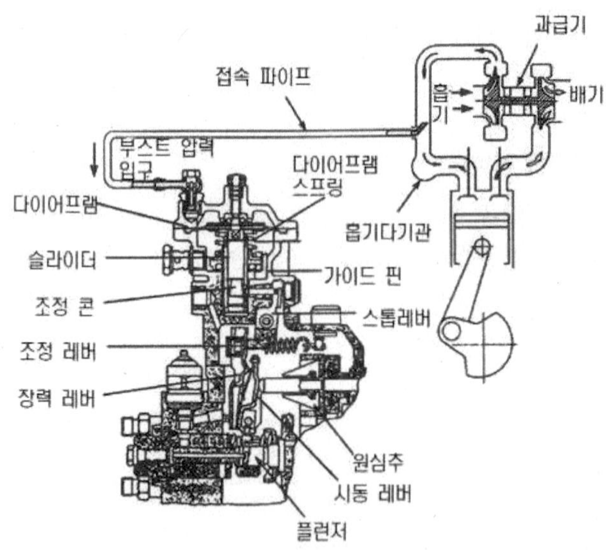

그림 10-34 부스트 컨벤세이터의 작동

기관 회전속도가 상승함에 따라 흡기다기관의 압력도 증가되며, 이 압력이 부스트 컨벤세이트의 다이어프램을 누른다. 과급압력이 규정값을 초과하여 다이어프램 스프링 장력을 이기면 슬라이더가 아래로 내려간다. 이때 가이드 핀이 조정 콘을 따라 움직이며 스톱레버가 오른쪽으로 이동한다. 이에 따라 장력레버와 시동레저가 왼쪽으로 이동하며, 제어슬리브는 오른쪽으로 이동한다. 이러한 방법으로 흡기다기관 가급압력의 증가에 대응하여 연료분사량을 증가시킨다.

8) 연료차단 솔레노이드 밸브(Fuel cut solenoid valve)

디젤엔진은 압축착화 방식이므로 기관 작동을 정지하기 위해서는 연소실내로의 연료공급을 차단하여야 한다. 연료차단 솔레노이드 밸브는 시동스위치와 연동하여 작동하도록 되어 있다. 작동은 그림 10-35에서와 같이 시동스위치 ON에서는 솔레노이드 밸브에 전류가 공급되면 밸브에 설치된 앵커 로드를 잡아당겨 플런저 흡입구멍의 통로를 연다. 또 시동스위치를 OFF 하면 전류공급이 차단되어 솔레노이드 밸브 내의 스프링장력에 의하여 흡입구멍을 막아 플런저로 연료가 공급되지 않도록 하여 기관의 작동을 정시시킨다.

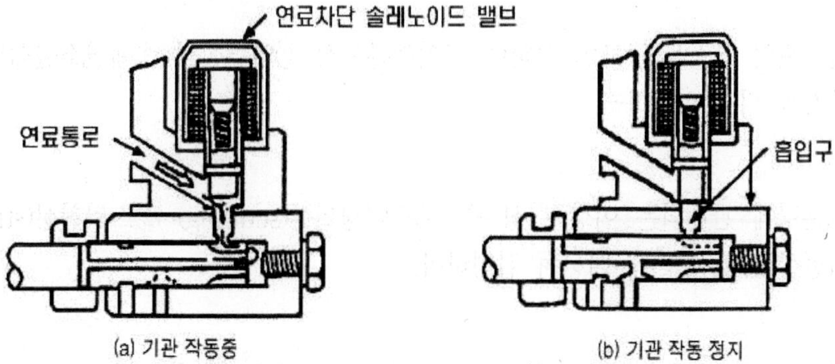

그림 10-35 연료차단 솔레노이드 밸브의 작동

10 연습문제

1. 디젤엔진의 연료분사 3대 조건을 설명하라.

2. 디젤엔진의 제손실을 크게 5가지로 구분하여 설명하라.

3. 디젤엔진이 가솔린엔진에 비해 연비가 좋은 이유를 간략히 설명하라

4. 디젤엔진은 3원촉매장치의 촉매효율 저하로 잘 사용하지 않는데 그 이유를 설명하라.

5. 디젤엔진이 배기량이 동일한 가솔린엔진에 비하여 출력이 낮아지는 이유를 설명하라.

6. 디젤기관의 연소실 구조에 대하여 ①직접분사식 ②와류실식 ③예연소실식의 특징과 장단점을 비교 설명하라.

7. 피스톤링에 관계되는 이상 형상 중 ①스커핑현상(scuffing) ②스틱현상(stick) ③플러터현상(fluttering)에 대하여 설명하라.

8. 디젤엔진의 분사펌프에서 열형과 분배형을 비교 설명하라.

커먼레일 연료분사장치

11

11.1 개요

최근의 디젤엔진에서는 저연비 고출력화를 목표로 엔진 성능 개선을 도모하고 있다. 1970년대 까지는 실린더 지름이 160 mm 이하의 소형 디젤엔진은 부실식 연소실이 주류로 이루고 있었으나, 자동차용 디젤 엔진의 직접분사화가 시작되고 1, 2차 오일쇼크를 계기로 산업, 선박용 시장으로 급격한 발전을 보이게 되었다. 종래의 디젤엔진의 최고 연료분사압은 500 bar 정도이나 커먼레일 엔진에서는 1600 bar까지 상승시키고 있다. 이것은 연소실 형식 및 출력 면에서 크게 관계하고 있다. 즉, 고압직접분사 방식 연소실은 부실식보다 미세한 연료분무를 할 필요가 있는데, 연료분사밸브의 분출구 면적이 작으면서도 고출력으로 단시간에 약 3 ms에 다량의 연료를 분사시키기 위해서는 연료의 분사압을 상승시키지 않을 수 없다. 이에 커먼레일 디젤분사시스템(common rail direct injection system)은 고압의 연료공급펌프에 의해 가압된 연료를 커먼레일에 축적한 다음, 피스톤 상단부의 연소실로 1300~1600 bar정도의 고압으로 연료를 분사한다.

이 시스템은 기존의 디젤엔진에 적용했던 개념에 비해 연비향상과 출력성능, 배기가스 배출면에서 많은 장점을 가지고 있다. 종전의 디젤연료 분사장치는 캠 구동장치를 사용하여 분사압력을 만들었으나 분사압력의 한계를 나타내었다. 또한 기계식으로 분사시기를 조정함으로 그 조정의 신뢰성이나 범위에서 한계를 나타내게 되었다. 이러한 시스템은 디젤기관에 있어서 제어의 한계성을 가지고 있으므로, 이에 대한 대책으로 마련된 것이 커먼레일 전자제어 분사시스템이다. 노즐홀더 위치에 솔레노이드가 부착된 노즐이 장착되고, 레이디얼 피스톤 펌프(radial piston pump)에 의해서 고압이 생성되는데, 일정한 범위 내에서는 엔진 회전수와는 독립하여 자유롭게 회전속도를 조정할 수 있다. 이렇게 압력 발생과 분사를 분리하기 위해서는 고압을 유지할 수 있는 고압 어큐뮬레이터나 레일(rail)이 필요하게 된다. 이것을 커먼레일이라 하며 분사시기와 분사율을 자유롭게 조정할 수 있기 때문에 배출가스를 적게 배출되도록 제어가 가능하다. 결국 커먼레일 시스템으로 인해 디젤엔진은 획기적으로 배기가스를 저감하고, 연비를 향상시키는 것이 가능하게 되었다.

커먼레일 엔진의 장점은 다음과 같다.

1. 기존 디젤엔진에 비해 출력, 연비 및 배출가스 저감이 우수하다.
2. 파일럿분사(pilot), 후분사(post)가 가능하며 분사량, 분사시기, 분사압력 그리고 분사율을 유연하게 전자제어 할 수 있다.
3. 엔진의 회전수와는 관계없이 분사량, 분사시기 및 분사압력 등을 독립적으로 제어가 가능하여 출력뿐만 아니라 배출가스 면에서 유리하다.

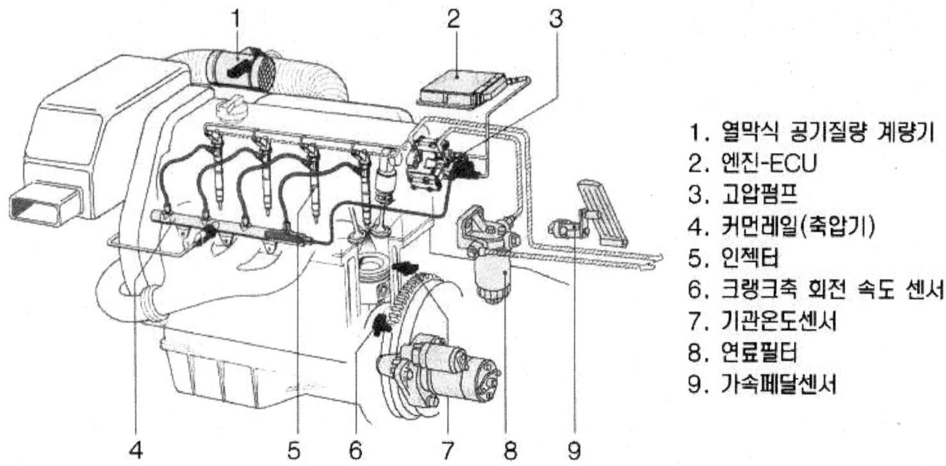

그림 11-1 커먼레일 장착 4실린더 디젤기관

4. 3 ms의 단시간에 다량의 연료를 분사시키므로 고출력을 내는데 유리하고, 기관 중량 대 출력 비율이 다른 형식의 기관에 비해 월등히 향상되어 차량 경량화가 가능하다.
5. 연소실구조가 간단하여 냉각면적이 적어 열효율이 높고 연료소비량도 다른 형식에 비해 적다.

단점으로서는

1. 분사압력이 높기 때문에 분사펌프, 노즐, 연료파이프 등의 내구성이 요구되고, 고압연료 펌프 등의 성능향상이 요구된다.
2. 분사노즐의 상태가 변화하면 엔진의 성능이 크게 좌우된다.
3. 디젤노크를 일으키기 쉽고, 사용연료의 변화에 민감하다.

11.2 커먼레일 시스템의 구성

커먼레일 디젤엔진은 고압분사와 다단분사를 이용하여 배기가스의 규제에 만족하고 연비를 향상시킨 엔진이라고 볼 수 있다. 커먼레일 디젤분사장치는 다음과 같은 주요 부분으로 구성되어 있다.

1. 연료를 공급하는 부품들로 구성된 저압부
2. 고압펌프, 커먼레일, 인젝터 및 고압연료 파이프로 구성된 고압부
3. 센서, ECU,액추에이터로 구성된 전자제어 시스템

11.2.1 저압연료라인

저압 연료라인은 연료펌프, 연료필터로 구성되어 있으며, 연료펌프에서 고압펌프까지의 연료라인을 말한다. 이 저압라인은 연료탱크에 있는 연료펌프에서 송출한 압력으로 약 4.5 bar 정도이다.

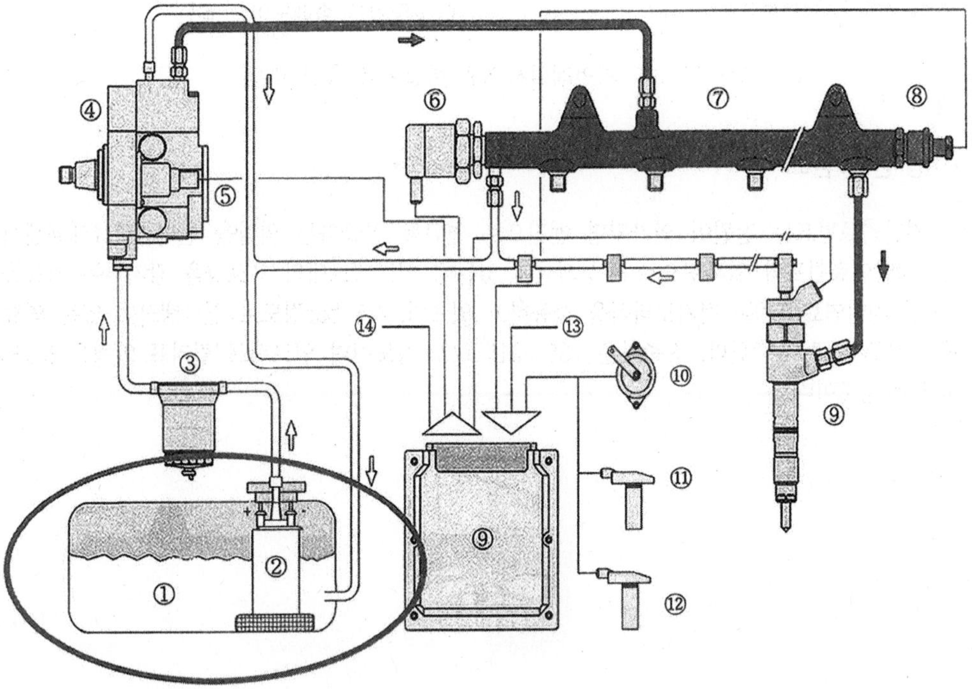

① 연료탱크	② 연료펌프	③ 연료필터
④ 고압펌프	⑤ 고압펌프 솔레노이드밸브	⑥ 레일압력조절기
⑦ 커먼레일	⑧ 레일압력 센서	⑨ 인젝터
⑩ 가속페달 센서	⑪ 크랭크 포지션 센서	⑫ 캠샤프트 포지션 센서
⑬ 기타 센서	⑭ 기타 액츄에이터	

그림 11-2 커먼레일 시스템 연료라인

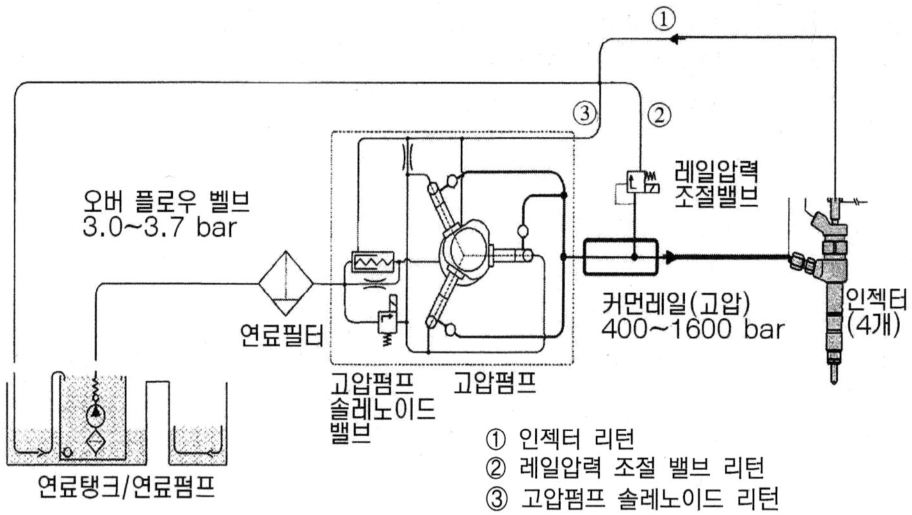

그림 11-3 커먼레일시스템 저압연료 공급 라인

1) 저압연료펌프

저압연료펌프는 전원이 인가되면 엔진으로 연료를 공급하는 역할을 한다. 연료레벨센서는 저압연료펌프와 일체형으로 구성되어져 있는데 연료탱크내의 연료량을 감지하는 기능을 한다. 저압연료펌프는 전기모터식을 사용하고 있으며, 4.5 bar정도로 연료탱크에 있는 연료를 연료펌프로 송출한다. 송출량은 165~215 l/h 정도이며 연료펌프 릴리프 압력은 6.5~9 bar 정도이다.

그림 11-4 연료필터

2) 연료필터

연료필터 하우징 내에 장착되어 있으며, 연료필터 히터 및 수분감지센서와 일체형으로 조립되어 있다. 연료필터 히터는 연료온도센서와 일체로 되어 연료가 차가울 때 히터의 작동에 의해서 일정온도로 올려주는 역할을 한다. 연료의 온도가 통상 3℃이하로 떨어지면 연료필터 히터를 작동시켜 연료의 온도를 높여준다. 디젤연료는 파라핀이 포함되어 있으므로 파라핀은 온도가 낮으면 응고되는 특성으로 인해 연료히터가 작동된다.

수분감지센서(WIF : Water In Fuel)는 연료필터가 분리해 낸 물의 양을 감지하며, 연료필터 내의 수분이 일정량이 되면 배출하도록 경고등을 띄우는 역할을 한다. 즉, 연료필터 수분감지 센서 수위를 측정하여 ECM에 신호를 보내고 일정 이상의 수분이 감지되면 ECM은 계기판의 '연료필터 수분감지 지시등'을 점등시킨다.

11.2.2 고압연료라인

고압연료 라인은 고압펌프, 압력조절밸브, 커먼레일(고압축압기), 인젝터 및 고압연료 파이프로 구성되어져 있다. 고압연료라인은 크게 압력형성, 압력저장 및 연료계량의 영역으로 구분할 수 있다. 고압펌프는 압력형성을 담당하고, 압력저장은 레일압력센서, 압력조절밸브 및 압력제한밸브가 설치되어 있는 커먼레일에서 이루어진다. 또한 분사량과 분사시기는 인젝터에서 실행된다.

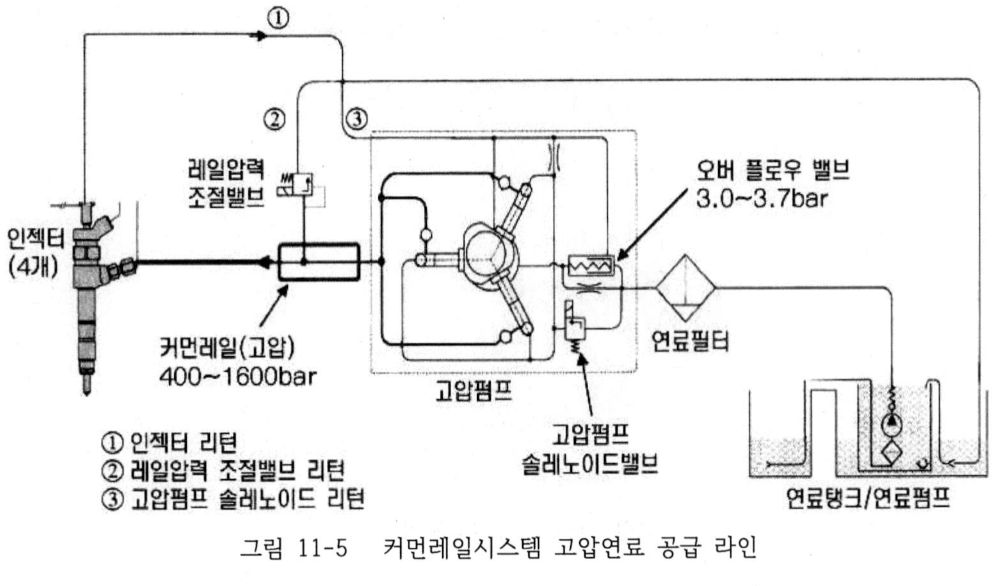

그림 11-5 커먼레일시스템 고압연료 공급 라인

1) 고압펌프

고압펌프는 연료를 최대 1600 bar의 압력으로 가압시키고, 가압된 연료를 고압라인을 통해 관 모양의 고압 어큐레이터인 커먼레일에 공급한다. 고압펌프는 타이밍벨트에 의해 구동되는 기계식 로터리펌프로 내부에는 3개의 압축 실린더를 가지고 있다.

일반적으로 승용자동차에서는 주로 3-실린더 레이디얼 플런저 형식의 연료펌프를 사용하며, 상용자동차에서는 2-플런저 직렬펌프도 사용된다. 고압펌프는 대부분의 기존의 디젤엔진에서 분배형 분사펌프가 설치된 위치에 설치된다.

고압송출압력은 450 bar (500 rpm) ~ 1600 bar (1800 rpm)정도로 고압으로 연료를 송출한다. 고압펌프는 분사와는 상관없이 독립적으로 커먼레일에서의 압력을 계속적으로 생성한다. 그러므로 연료를 기존의 기계식 분사펌프와 비교했을 때 분사진행 중에는 반드시 압축시킬 필요는 없다. 고압펌프는 엔진의 타이밍벨트의 구동되며, 윤활은 승용자동차에서는 대부분 연료에 의해서 이루어진다. 상용자동차의 경우에는 연료 또는 윤활유로 윤활된다. 고압펌프를 구동하기 위해 요구되는 토크는 커먼레일에 설치된 연료압력센서와 연료압력조절밸브에 의해 결정된다.

그림 11-8과 같이 연료는 120°각도로 되어 있는 3개의 펌프 피스톤에 의해서 연료가 압축, 송출된다. 매 회전마다 3번의 압축행정이 일어나기 때문에 펌프 구동장치에 작용하는 응

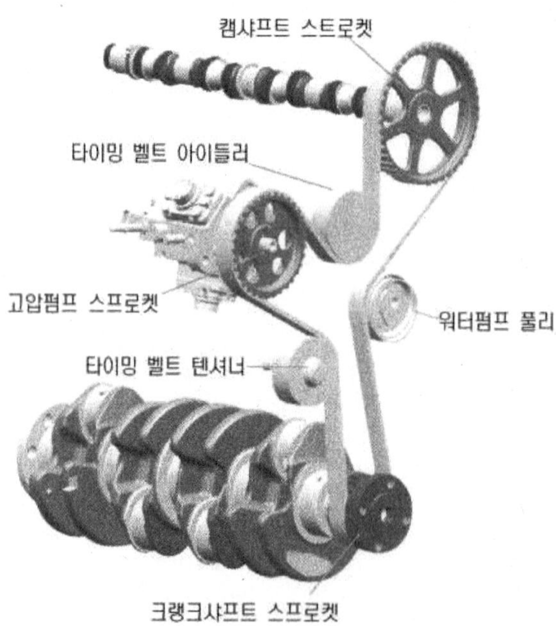

그림 11-6 고압펌프의 구동

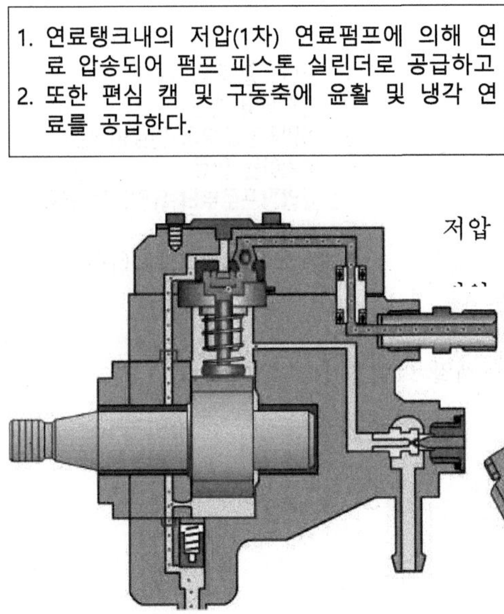

그림 11-7 고압펌프의 작동

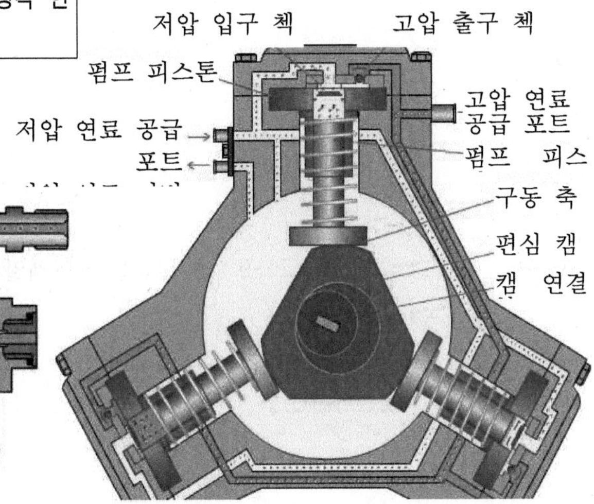

그림 11-8 고압펌프의 단면도

력이 일정하게 유지되고 낮은 토크로 고압펌프의 구동이 가능해진다. 고압펌프를 구동하기 위해 사용되는 토크는 기존 분배형 분사펌프의 약 1/9정도로 작으며 약 16 Nm정도이다.

이것은 커먼레일이 기존의 분사시스템의 경우보다 고압펌프구동에 작은 부하가 걸린다는 것을 의미한다. 따라서 커먼레일 시스템은 기존의 기계식 고압분사장치에 비해 펌프 구동 기준에 요구되는 조건들이 까다롭지 않다.

펌프 구동에 필요한 동력은 조정된 커먼레일 압력에 그리고 펌프의 회전속도(공급량)에 비례해서 상승한다.

2) 커먼레일(Common rail)

커먼레일은 고압축압기의 역할로서 고압펌프로부터 공급받은 연료를 저장하는 곳이다. 또한, 고압연료의 압력을 그대로 유지하는 하면서 연료를 개별 인젝터로 분배하는 기능을 한다. 커먼레일내의 압력은 최대 1600 bar 정도의 고압 상태이다.

고압펌프와 연료분사 사이클 때문에 발생되는 연료압력의 변화는 축압기의 체적을 이용하여 감쇄시킨다. 따라서 인젝터가 레일로부터 연료를 분사하더라도 레일내의 압력은 일정하게 유지되고 분사압력 또한 일정하게 유지된다.

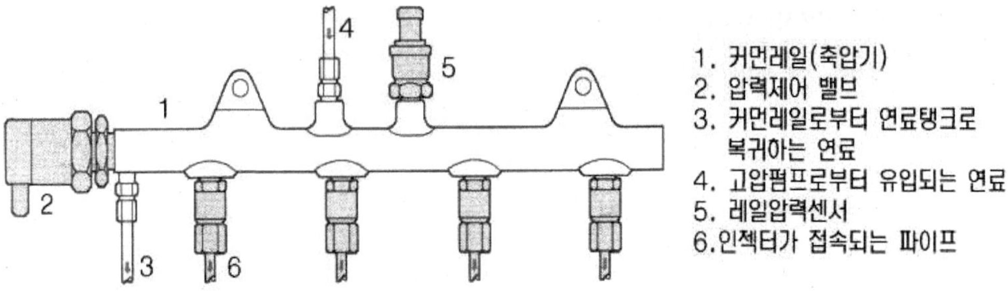

그림 11-9　디젤엔진 커먼레일 어셈블리

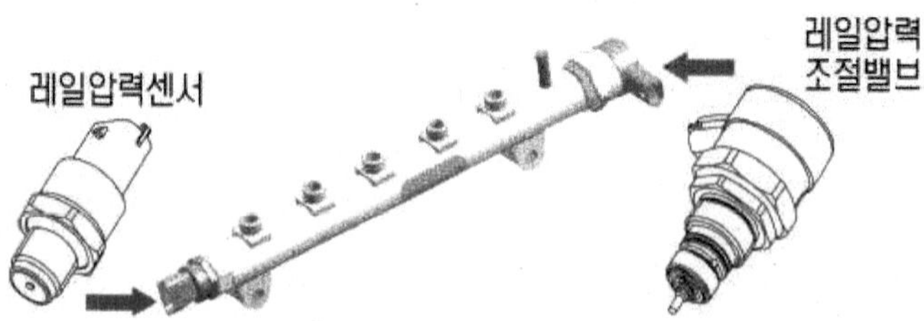

그림 11-10　디젤엔진 커먼레일 모듈

연료압력은 레일내의 레일압력센서에 의해서 측정되고, 레일압력조절밸브에 의해서 원하는 값으로 유지된다.

3) 레일 압력조절밸브(Rail pressure control valve)

커먼레일 우측에 위치하며, ECM에 의하여 커먼레일 내부의 연료압력을 조절하는 역할을 한다. 레일 압력조절밸브는 기관의 부하에 따라 커먼레일의 압력이 지나치게 높으면 밸브가 열리서 커먼레일의 연료 중 일부가 레일의 리턴포트를 통해 연료탱크로 되돌아간다.

커먼레일의 연료압력이 지나치게 낮아지면 이 밸브는 닫히면서 고압연료는 리턴라인으로 방출되지 않게 되고 고압측은 저압측에 대해 기밀을 유지하게 된다.

레일 압력조절밸브는 솔레노이드 형식으로 저항값은 3.42~3.78 Ω이다. 그림 11-11과 같이 솔레노이드코일에 전류가 공급되지 않으면 전자력이 형성되지 않으므로 고압연료에 의한 힘이 스프링장력보다 크다. 그러므로 압력조절밸브는 열리고, 공급되는 연료량에 따라 크게 또는 적게 열리게 된다. 스프링은 자신의 힘으로 약 100 bar 정도의 압력을 유지하도록 설계되어 있다.

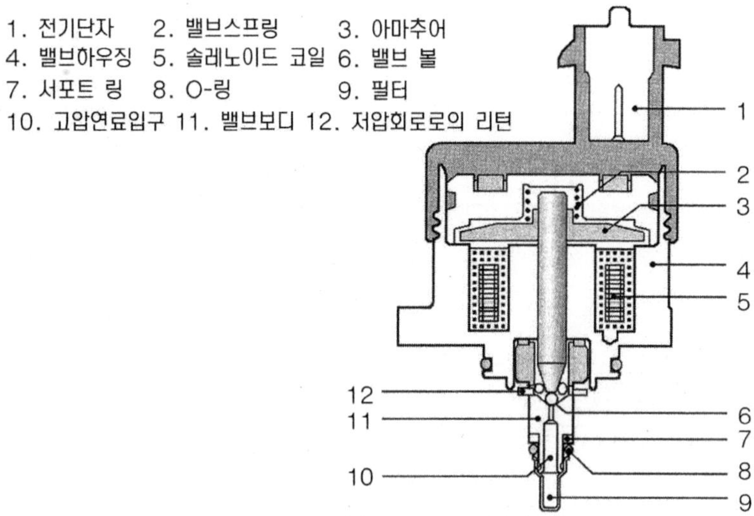

그림 11-11 레일 압력조절밸브

압력조절밸브가 활성화되면, 스프링장력과 자력을 합한 힘이 고압연료에 의한 힘보다 커져 압력조절밸브가 닫히게 된다. 그리고 두 힘이 서로 균형을 이루게 되면 밸브는 약간 열린 상태가 되며 압력은 일정하게 유지되게 된다.

4) 레일압력센서

커먼레일 좌측이나 우측에 위치하며 레일에 형성된 연료의 압력을 측정한다. ECM은 측정된 연료압력을 이용하여 고압펌프의 연료 컨트롤밸브와 커먼레일의 압력컨트롤밸브를 조절하여 연소조건에 맞는 연료압력을 형성한다. 만약, 레일압력센스가 고장일 경우에는 최대 연료압력이 900 bar, 최소 연료압력이 450 bar로 제한하도록 설정되어 있다. 혹은 시동이 되지 않은 방식도 사용하기도 한다. 전압의 출력범위는 0.5~5 V이다

5) 인젝터

커먼레일 엔진의 인젝터는 고압 연료펌프로부터 송출된 연료가 레일을 통해 인젝터까지 공급되고 공급된 연료를 연소실에 직접 분사하는 DI(Direct Injection)방식이다.

인젝터는 엔진의 ECU(ECM)에 의해 제어되며 분사개시와 분사량은 전기적으로 조정된다. 인젝터는 전기적으로 작동하는 솔레노이드, 솔레노이드 밸브, 인젝터 니들 및 인젝터 노즐 등으로 구성되어 있다. 인젝터 노즐은 141 μm 크기의 7개의 노즐 홀을 가지고 있다.

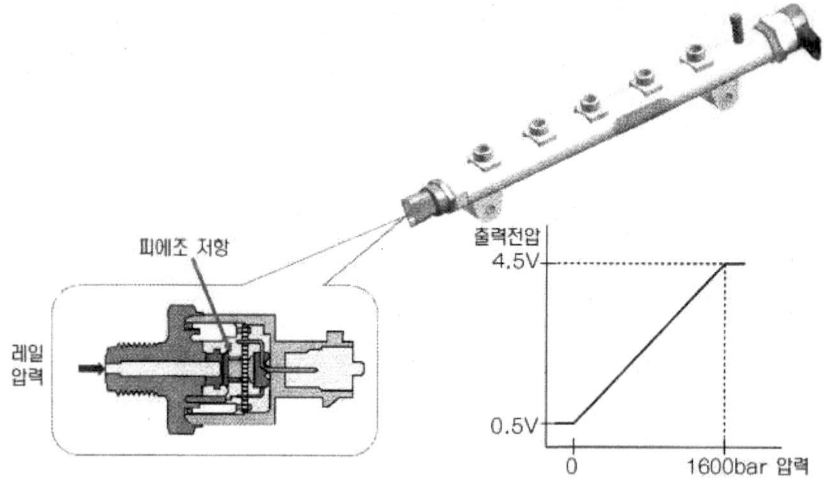

그림 11-12 레일압력센서의 작동

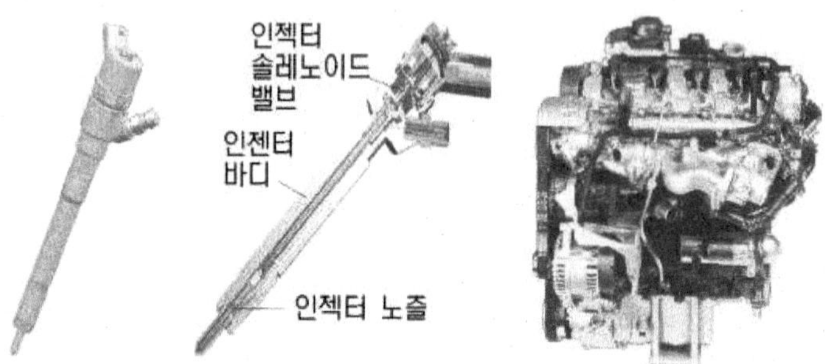

그림 11-13 솔레노이드 밸브 인젝터

표 11-1 인젝터 제원

구분	항목	정비제원	비고
인젝터	형식	솔레노이드 타입	멀티 인젝션
	분사 홀	7개	
	작동온도	-30~115℃	
	솔레노이드 코일저항	0.25~0.29 Ω	20℃
	최대 분사압력	1,600 bar	
	최소 분사압력	120 bar	
	노말 분사압력	250~1,600 bar	
	연료 리턴압력	0.3~0.8 bar	

인젝터 노즐은 솔레노이드밸브가 작동되면서 블리드 오리피스가 열리고 연료의 유동이 허용되면서 개방되며 연료를 엔진의 연소실로 직접 분사한다. 블리드 오리피스를 통과한 연료는 연료압력 조절밸브와 고압펌프를 윤활하기 위해 사용된 연료와 함께 리턴라인으로 되돌아간다. 표 11-1은 솔레노이드밸브 인젝터의 일반적인 재원을 나타내고 있다.

(1) 인젝터의 작동

인젝터의 작동은 기관의 시동과 동시에 압력을 생성하는 고압펌프와 더불어 4단계의 동작으로 구분할 수 있다.

- 인젝터 닫힘(고압적용)
- 인젝터 열림(분사개시)
- 인젝터 열림정지(분사지속, 완전열림)
- 인젝터 닫힘(분사종료)

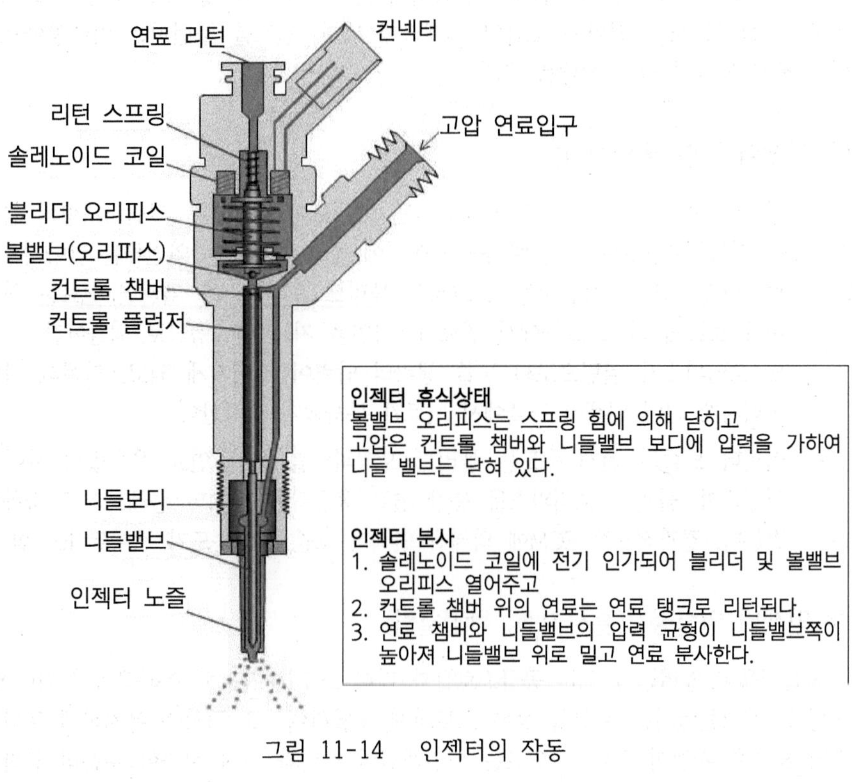

그림 11-14 인젝터의 작동

인젝터의 작동은 다음과 같다. 기관의 작동을 정지시키면 인젝터의 연료는 리턴라인을 통하여 대부분 복귀되고 일부 잔압을 유지하고 있는 상태에서 시동에 의해 엔진이 작동하면 고압펌프에서 형성된 압력이 고압통로를 거쳐 커먼레일에서 인젝터로 공급된다.

공급된 연료는 인젝터 내부의 블리드 오리피스를 통해 제어 챔버에 공급된다. 제어 쳄버에는 연료가 외부로 빠져나갈 수 있는 통로가 마련되어 있으며, 이 통로는 인젝터의 솔레노이드 밸브에 의해 개폐되도록 되어 있다.

인젝터의 솔레노이드밸브가 작동되면 블리드 오리피스가 열린다. 이에 따라 제어챔버의 압력이 낮아지며 니들밸브 위부분에 작용하는 연료압력이 저하되고 그 결과 니들밸브 밑부분에 작용하고 있는 힘에 의해 니들밸브가 위로 이동하게 되어 인젝터의 분사구멍이 열린다. 이때 연료는 연소실에 분사된다. 그리고 위 쳄버에서 배출되는 연료는 리턴라인을 통하여 복귀된다.

① 인젝터 닫힘

인젝터 솔레노이드밸브에 전원이 공급되지 않는 상태이며 볼 밸브가 블리드 오리피스 시트로 이동되어 노즐 챔버에 고압이 존재하게 되며, 컨트롤 플런저는 아래방향으로 이동되어 인젝터 노즐이 닫힘 상태를 유지한다.

② 인젝터 열림(분사개시)

- 인젝터 솔레노이드에 전원이 공급되면 솔레노이드 밸브는 리턴스프링의 힘을 이기고 볼 밸브를 열어준다. 이 때 솔레노이드에 공급된 높은 픽업전류는 낮아지고 지속적으로 솔레노이드를 작동시킨다. 그리고 블리드 오리피스가 열리면 연료는 밸브제어 챔버로 흐르게 되고, 그곳에서 연료리턴라인을 지나 연료탱크로 되돌아간다. 또한 블리드 오리피스가 열림으로써 노즐 챔버의 압력이 떨어지게 되고, 인젝터 니들이 들어올려지게 되어 인젝터 노즐에서 연료가 분사되기 시작한다.
- 인젝터 노즐의 전개 속도는 블리드 오리피스를 통한 연료 유동량의 차이에 의해서 결정되며, 블리드 오리피스를 통한 연료 유동량은 인젝터 솔레노이드 작동의 지배를 받는다. 결과적으로 ECM에 의해서 인젝터 노즐 전개속도가 제어된다고 할 수 있다.

③ 인젝터 열림정지(분사지속, 완전열림)

노즐니들이 열리는 속도는 공급스로틀과 리턴 스로틀 사이의 통과유량의 차이에 의해 결정된다. 제어플런저는 자신의 상부 스토퍼에 도달하여, 그 위치를 유지하게 된다. 이제 인젝터 노즐은 완전히 열린다. 연료는 커먼레일의 압력과 거의 비슷한 수준의 압력으로 연소실에 분사된다.

연료분사량은 기관의 회전속도 및 고압펌프의 회전속도와는 무관하며, 압력이 일정할 경우 솔레노이드밸브의 통전시간에 비례하여 연료분사량이 결정된다.

④ 인젝터 닫힘(분사종료)

인젝터 솔레노이드에 더 이상 전류가 흐르지 않게 되면 리턴스프링은 솔레노이드밸브를 아래방향으로 움직여 볼밸브가 블리드 오리피스를 막게 된다. 블리드 오리피스가 닫힘으로써 노즐 챔버의 압력이 공급 오리피스로부터 고압을 공급받아 상승하게 되고, 상승된 노즐 챔버의 압력은 컨트롤 블런저를 아래방향으로 움직이게 하여 인젝터 노즐을 닫힘 위치로 이동시켜 연료분사를 종료시킨다. 즉, 분사니들이 분공의 시트에 다시 밀착하게 되어 분공은 닫히고 분사는 종료된다. 인젝터 노즐의 닫힘 속도는 공급 오리피스를 통한 유량에 의해서 결정된다.

(2) 인젝터의 제어

커먼레일의 연료분사는 기존 디젤엔진 연료분사와 달리 3단계로 분사영역을 구분하여 실시한다.

- 1단계 : 예비분사(pilot injection)
- 2단계 : 주분사(main injection)
- 3단계 : 후분사(post injection)

상기 3단계 연료분사는 연료의 압력과 연료 온도에 따라 연료 분사량과 분사시기를 보정하게 된다.

① 예비분사(Pilot injection)

- 예비분사라는 것은 주 분사가 이루어지기 전 미세한 연료를 연소실에 분사하여 연소가 잘 이루어지게 한다. 이러한 예비분사를 실시하는 이유는 엔진의 소음과 진동을 줄이기 위해서이다. 연소시에 발생하는 급격한 압력상승은 노킹으로 이어지며 이때 연소실내에서는 심한 타음이 발생해 소음과 진동을 동반한 충격파가 전달된다. 이러한 급격한 압력상승을 억제하기 위해서는 연소압력을 완만하게 상승시키는 방법이 좋은데, 커먼레일 엔진에서는 주 분사 전 예비분사를 실시해 이러한 완만한 압력상승 곡선의 변화를 가져오게 하였다.
- 그림 11-15는 예비분사를 한 경우와 그렇지 않은 경우의 실린더내의 연소압력변화를 나타낸 것이다. 예비분사가 없는 경우의 연소압력곡선은 2개의 피크를 이루는데 이것은 전형적인 디젤엔진의 연소형태이다.

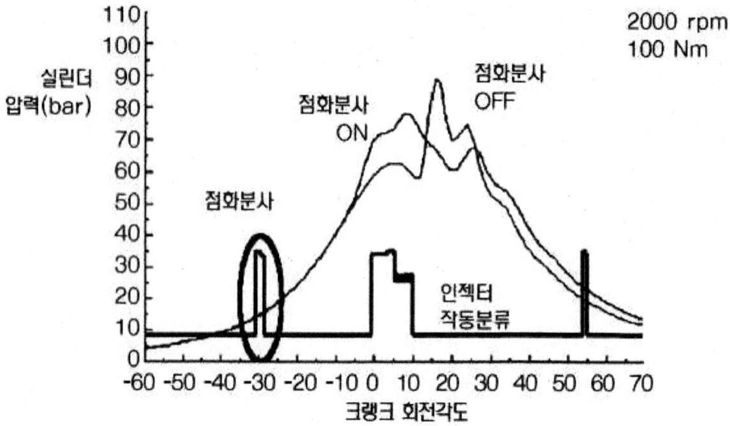

그림 11-15 예비분사ON과 OFF 경우의 실린더 내 연소압력변화

- 이러한 예비분사는 수온과 흡입공기량에 따라 조정되는데 엔진의 운전조건에 따라서 중단되기도 한다.
- 예비분사를 실시하지 않는 경우는 다음과 같다
- 예비분사가 주 분사를 너무 앞지르는 경우
  - · 엔진회전수 3200 RPM이상인 경우
  - · 분사량이 너무 적은 경우
  - · 주 분사시 연료량이 충분하지 않은 경우
  - · 연료압력이 최소값(100 bar)이하인 경우

② 주분사(Main injection)

- 엔진의 출력에 직접 관계되는 에너지는 주 분사로부터 나온다. 주 분사는 예비분사가 실행되었는지를 고려하여 연료분사량을 계산한다.
- 주분사량(분사시간)을 결정짓는 요소들은 다음과 같다.
  - · 엔진토크 값(가속페달 센서값)
  - · 엔진회전수
  - · 냉각수온도
  - · 흡입 공기량과 흡기온도
  - · 대기압
- 그림 11-16은 주 분사에서의 실린더 내 연소압력변화를 나타내고 있다.

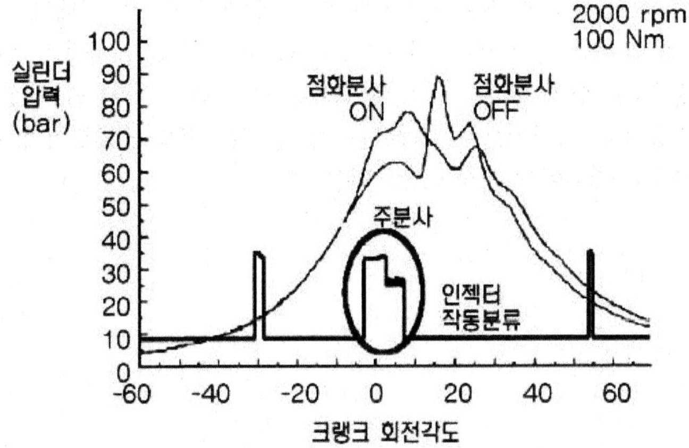

그림 11-16　주분사에서의 실린더 내 연소압력변화

③ 후분사(Post injection)

- 후분사는 촉매변환기에 디젤연료(HC)를 공급해서 후 연소를 유도해 배기가스 온고를 약 600℃까지 상승시켜 DPF에서 포집된 매연입자를 재생(regeneration)이 이루어지도록 한다. 여기서 재생이란 포집된 PM을 가능하면 빠른 시간 내에 태워서 필터가 다시 PM을 포집할 수 있도록 하는 것이다.
- 후분사는 후분사 1과 후분사 2로 구분한다.
- 보통 인젝터에서 분사가 실시되는 시간은 예비분사는 0.3~0.5 ms 가량, 주분사시에는 0.6~1 ms 가량(공회전 기준)인데 이러한 짧은 시간의 분사를 제어할 수 있는 것은 CRDI엔진의 큰 특징 가운데 하나라고 할 수 있다. CPF가 적용되면서 기존에 실시했던 예비분사에서 후분사로 분사영역을 확대해 배기온도를 상승시킬 수 있게 되었다. 포집된 PM의 양이 많아 재생모드에 진입하게 되면 배기온도를 상승시키기 위해서 후분사를 실시한다.
- 후분사 2(post-2, attached post injection)
  - · 주 분사에 가까운 post-2 후분사는 ATDC 10~50°에서 실시하게 되는데 이 때 배기가스 온도는 약 300~400℃ 가량 상승하게 된다. post-2 후분사를 실시할 때 분사시기와 분사량은 연료압력, EGR, 부스트압력, 공기량에 따라 달라진다. 하지만 P3.1의 재생에 필요한 목표온도는 600℃ 이상이므로 post-2 후분사에 의해 상승된 배기온도만으로는 필터에 포집된 PM을 연소시키기에 부족하다.
- 후분사 1(post-1, 2nd post injection)
  - · ATDC 70° 이상 구간에서 실시하는 두 번째 후분사는 촉매(DOC)의 발열온도를 상승시킬 목적으로 실시한다. 엔진의 연소에는 참여하지 않고 피스톤 하강시 분사

하는 post-1 후분사는 연소하지 않은 상태의 HC를 그대로 배출하고 이는 촉매(DOC)와 만나서 산화 발열반응으로 약 200~300℃ 가량의 온도상승을 가져온다. 이렇게 두 번의 후분사에 의해 목표온도인 600~650℃를 달성하는 것이 바로 재생기술이다. 일반적으로 촉매반응 개시온도는 250~300℃이며, 촉매는 약 550℃이상으로 가열되어야 정상적으로 반응한다.

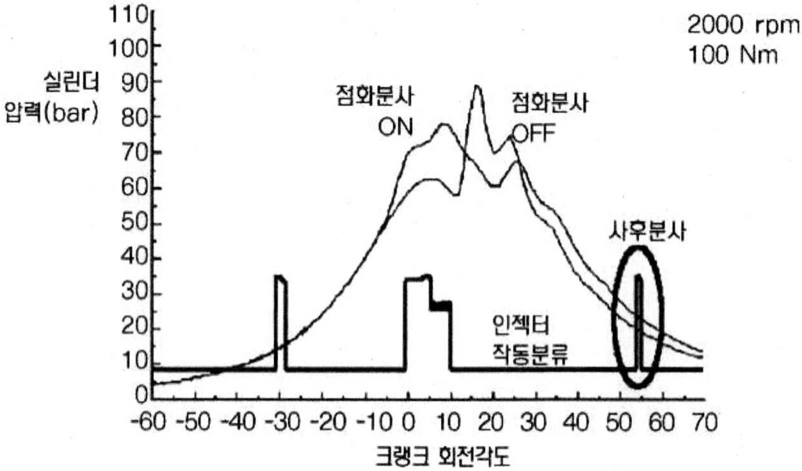

그림 11-17 후분사에서의 실린더 내 연소압력변화

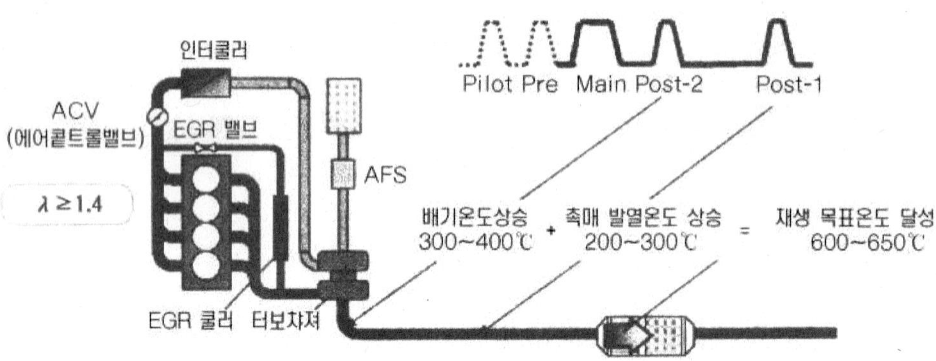

그림 11-18 재생온도에 도달하기 위한 후분사

11.3 인젝터 연료제어 기술

11.3.1 인젝터 연료분사량 편차보정

인젝터는 각각 고유 인젝터 유량 데이터를 가지고 있으며, ECM에 이 데이터가 입력되어 각각 인젝터의 유량편차를 보정한다. 그러므로 인젝터 교환시에는 스캐너를 이용하여 IQA (Injector Quantity Adaptation)를 실시한다. 즉, IQA는 인젝터 간 연료분사량 편차 보정 기능을 담당한다. 인젝터의 편차에 따라 동일한 시간 동안 전류를 인가해도 분사량의 편차가 존재하게 된다. 그래서 인젝터 생산 LOT별로 모든 인젝터의 유량을 주요 관리 포인터인 전부하, 부분부하, 아이들, 파일럿 분사구간에 대해서 측정한다. 또한, LOT별 평균값에 의한 경향도와 각각의 인젝터 유량 정보를 데이터베이스화시킨다. 그리고 인젝터 상단에 특수코팅 인젝터를 엔진에 조립할 때 코딩을 읽어내 그에 따른 데이터베이스의 정보를 엔진 ECM에 저장해 분사마다 각각의 실린더에 장착된 인젝터의 분사시간을 보정해 기통간의 분사량 편차를 줄인다.

그러므로 향후 강화되는 배기 규제 대응이 용이할 수 있고, 실린더 별 분사량의 편차를 줄여 엔진 정숙성 향상, 실린더 별 분사량을 예측하여 최적제어가 가능하다.

엔진 ECM은 CPS(크랭크축 포지션 센서)로부터 엔진 rpm의 입력정보를 받는다. 각 실린더에 분사되는 인젝터 연료분사량 편차에 의해서 각각의 실린더에서 발생하는 동력의 차이가 발생하면 엔진 rpm 부조화가 발생한다. 따라서 엔진 ECM은 CPS로부터 엔진 rpm 입력정보를 받아 각 인젝터의 연료분사시간을 제어하여 각 실린더에 발생하는 동력의 편차를 줄이기 위하여 연료보정량을 제어한다.

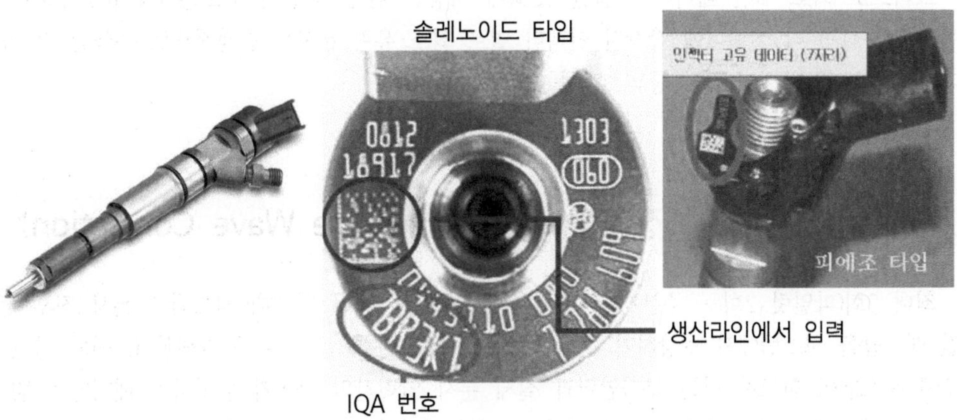

그림 11-19 인젝터 연료분사량 IQA 보정

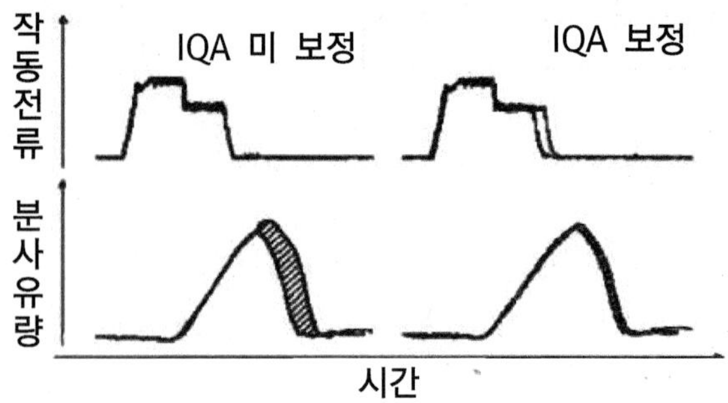

그림 11-20 인젝터 간 IQA 보정 및 미보정 간의 분사유량

11.3.2 최소 연료량 보정 기능(ZFC : Zero Quantity Correction)

커먼레일 엔진에서 분사지연 기간을 감소시키기 위해 파일럿 분사량을 적게 할수록 스모크 및 연비개선 효과가 있다. 따라서 분사량을 최소로 사용하는 것이 이상적이지만, 실제 엔진에서는 신호 → 솔레노이드 → 유압제어 라는 간접적인 방법에 의해 연료분사 행해지므로 분사 가능한 최소연료량은 제한을 받는다. 최소 연료량 보정 방법은 다음과 같다. 먼저 연료분사가 행하여지지 않는 구간(overrun)에서 모든 실린더의 인젝터에 최소시간 동안 전류를 인가하고 엔진 회전수 변동량을 측정한다. 다음에 각 기통별로 순차적, 점진적으로 전류 인가 시간을 증가시켜 나가면서, 특정 실린더에서 연료분사로 인한 엔진회전수 변동량이 발생할 것이므로 그 순간의 전류 인가 시간 인식을 반복 수행하면 각 실린더별 인젝터에 대한 분사 가능한 최소 전류 인가 시간을 계산해 낼 수 있다.

그러므로 최소 시간 데이터를 엔진 ECM에 저장한 뒤에, 파일럿 최소분사량이 요구되는 시점에 사용하면 각 실린더에 장착된 인젝터 별로 최소 유량 분사를 인정적으로 수행할 수 있다. 따라서 연소음 및 PM 저감 등의 효과를 볼 수 있다.

11.3.3 레일압 섭동량 보정기능(PWC : Pressure Wave Correction)

최대 5회(파일럿 2회 - 주분사 - 후분사 2회)를 분사하는 차세대 시스템은 분사 직후 떨어진 레일압을 시스템에서 보상하기 전에 다음 분사가 수행되는 경우가 발생한다. 이와 같은 경우에 시스템이 하고자 하는 분사압력과 실제 분사 압력간의 차이가 발생하여 배기가스 및 아이들 안정성 등에 악영향을 미치게 된다. 이러한 레일압 섭동으로 인해 파일럿 - 주분사간 간격(separation time)을 일정시간 이하로 줄이지 못하게 될 경우 가속영역에서 주분사에 대한 파일럿 분사의 효과를 극대화하지 못함으로써 연소실내의 급격한 연소압 상승으로 연소음 등을 야기 시킬 수 있다. 따라서, 레일압 섭동량 보정 방법은 다음과 같다.

각 행정마다 파일럿 - 주분사 또는 주분사 - 후분사간 간격 및 레일압력, 각각의 분사량과 전류 인가 시간을 연산한다. 다음, 이전 분사에 의한 레일압의 섭동량을 예측하고, 최종 계산된 분사량 및 전류인가시간에 예측된 레일압에 의한 연료량 영향도를 보정하여 레일압 변동에 따른 목표 분사량과 실제 분사량의 편차를 최소화 시킬 수 있게 된다. 그렇게 함으로써 배기가스 저감, 아이들 진동저감 및 연소음 개선 등의 효과를 가져 온다.

11.4 커먼레일 전자제어 장치

11.4.1 전자제어장치의 개요

커먼레일 엔진의 전자제어는 가솔린엔진의 전자제어와 달리 디젤엔진의 특성에 의해서 전기점화기능과 공전시의 흡입공기 제어를 하지 않는다. 전자제어의 핵심은 연료분사제어이며 인젝터 제어라 할 수 있다.

그림 11-21에서 보는 바와 같이 차량의 상태와 운전자의 의지를 감지하는 센서로 구성된 입력부와 검출한 상태에 따라 적절한 제어를 하는 ECM으로 구성된 제어부, 그리고 ECM에 의해 제어되는 출력부로 구성된다.

주요 입력요소들은 냉각수온센서, 크랭크 포지션센서, 가속패달센서 등의 각종센서와 블로워, A/C스위치 등이 있다.

ECM(Eengine Control Module)은 전자제어 연료분사장치 엔진의 두뇌부분에 해당된다. 이 장치는 각종 센서 및 스위치로부터 입력정보를 받아 내부 연산 프로그램에 의해 연산한 후 인젝터를 통하여 적절한 량의 연료를 분사하며, 각종 솔레노이드, 액추에이터 등을 제어한다. 이렇게 함으로써 엔진의 상태를 최적으로 유지하며 연비성능을 향상시키고 배기가스 저감 등의 역할을 수행한다.

ECM에 의해 제어되는 출력요소에는 인젝터, 커먼레일 압력 제한밸브, 메인 릴레이, 프리히터 릴레이, EGR 솔레노이드밸브, 예열플러그 릴레이, CAN 통신 등이 있다.

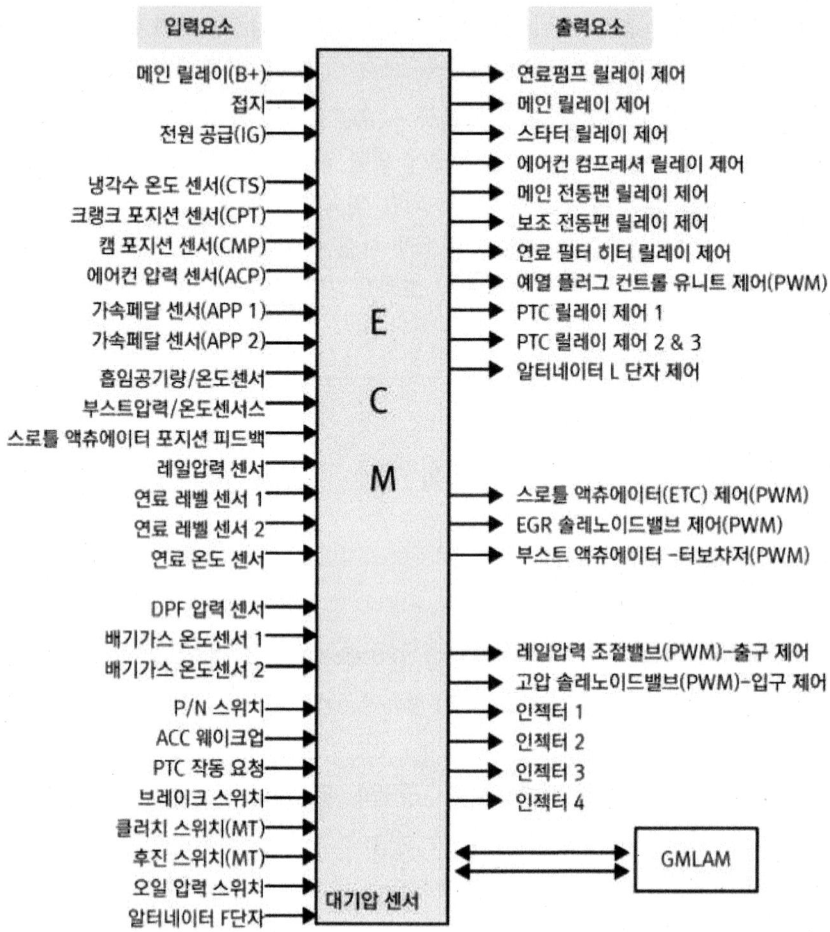

그림 11-21 커먼레일 시스템 전자제어 입·출력요소

11.4.2 커먼레일 시스템 전자제어 입력요소

1) 레일연료압력 센서(RPS: Rail Pressure Senser)

연료압력센서는 커먼레일 내의 연료 압력을 측정하여 엔진 ECU로 보낸다. ECU는 이 신호를 받아 연료량, 분사시기를 조정하는 신호로 사용한다. 장착위치는 커먼레일 좌측이나 중앙부에 설치되며 순간적인 연료압력 변화를 감지해서 전압신호로 바꾸어 엔진 ECU로 보내진다. 그 다음 고압펌프에서 공급된 고압의 연료는 연료압력 조절밸브에서 조절되어 연료압력 센서로부터 그 값이 얻어진다. 전압의 출력범위는 0.5~5 V이다

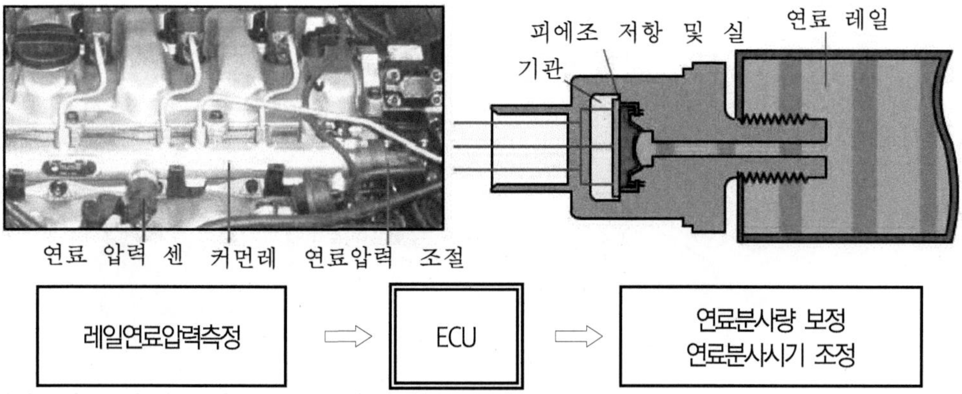

그림 11-22 레일연료압력 센서의 위치와 기능

2) 에어플로우센서(AFS) 및 흡기온도센서(ATS)

커먼레일 엔진에 장착된 에어플로우센서는 핫 필림(hot film)방식을 주로 적용하고 있다. 이 방식은 필림 내 두 개의 저항(hot, cold film) 사이의 공기 유입량에 따라 달라지는 온도 차이를 일정한 온도로 유지될 수 있도록 공급되는 전류의 변화량에 따라 유입되는 공기량을 직접 계량하는 방식이다.

AFS의 주 기능은 연료량 보정이며 디젤엔진에서 중요한 EGR 피드백 컨트롤 제어에도 사용된다. 또한 공기량센서와 함께 구성되어 있는 흡기온도센서는 기존에 사용되는 센서와 동일한 부특성 서미스터 방식이 사용되고 있다. 또한 연료량, 분사시기, 시동시 연료량제어 등의 각종 제어의 보정신호로 사용된다.

AFS가 고장이 판정되면 EGR밸브는 작동되지 않으며 연료량이 제한된다.

3)액설레이터 포지션센서(APS: Accelerator Position Sensor)

APS는 가솔린엔진의 스로틀포지션 센서의 원리를 이용하여 가속 페달의 밟힌 양을 감지하는 센서로 엑셀레이터와 일체로 구성되어 있다. 엔진 ECU는 이 신호를 기본으로 연료분사량과 및 분사시기를 결정한다. 2개의 센서가 조합된 더블 포텐시오미터 형식으로 센서-1과 센서-2가 일체로 되어 있어 상호 보완 기능을 가지고 있다.

센서-1은 연료분사량 및 분사시기를 결정하는 주된 역할을 한다. 센서-2는 센서-1의 이상 신호를 감지하여 차량의 급출발을 방지하기 위한 센서이다.

만약, 센서-1, 2 가 고장이 나면 엔진 회전수가 1200 rpm으로 고정된다.

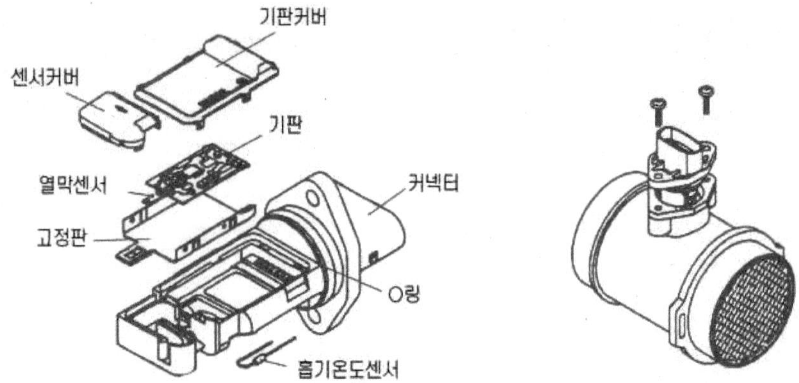

AFS 흡입공기 유량측정 / ATS 흡입공기 온도측정 ⇨ ECU ⇨ EGR 장치 제어, 연료량보정, 분사시기제어, 시동시 연료량제어

그림 11-23 에어플로우 센서(AFS) 및 흡기온도센서(ATS)의 구조와 기능

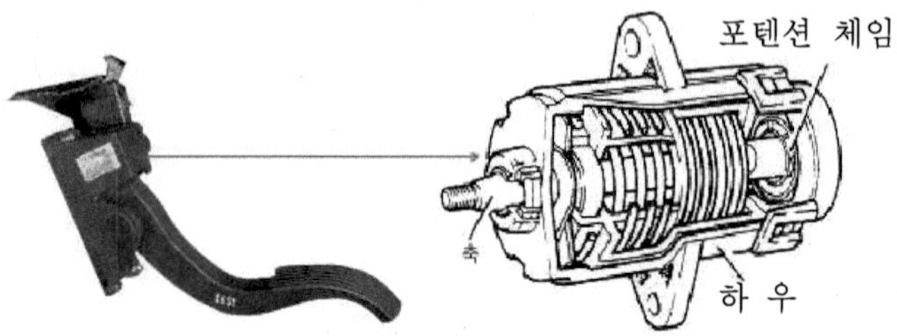

엑셀레이터 밟음정도 측정 (스로틀밸브 열림정도) ⇨ ECU ⇨ 센서-1:연료량 및 연료분사시기결정 / 센서-2:센서-1을 검사하는 센서

그림 11-24 액설레이터 포지션센서(APS)의 구조와 기능

4) 연료온도센서(FTS ; Fuel Temperature Sensor)

- 연료온도센서는 고압펌프 입구의 연료온도를 감지 하여 ECU로 전송한다. 커먼레일 엔진은 리턴 연료의 온도가 많이 상승하는데 경유의 온도가 상승하게 되면 윤활막이 파괴된다. 이 경우 연료를 윤활제로 사용하는 고압펌프가 손상되기 쉽다. 이 같은 이유로 연료의 온도가 규정 이상 상승하게 되면 연료분사량을 제한해 엔진회전수가 3,000 rpm 이상 상승하지 않는다.
- 연료온도센서는 수온센서와 동일한 부 특성 서미스터를 사용하며 연료온도에 따른 연료량 보정 신호로 사용된다.

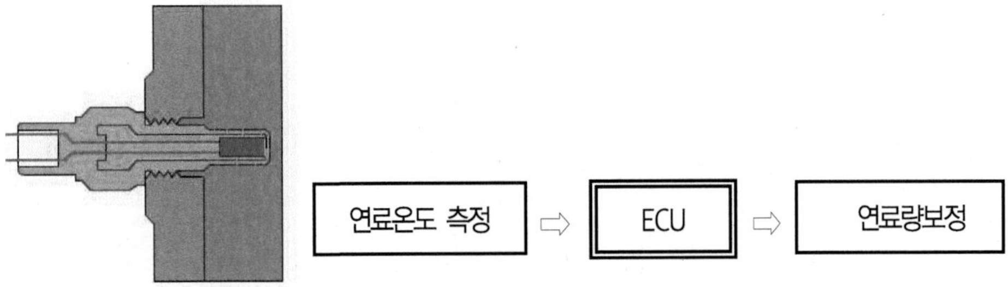

그림 11-25 연료온도센서(FTS) 구조와 기능

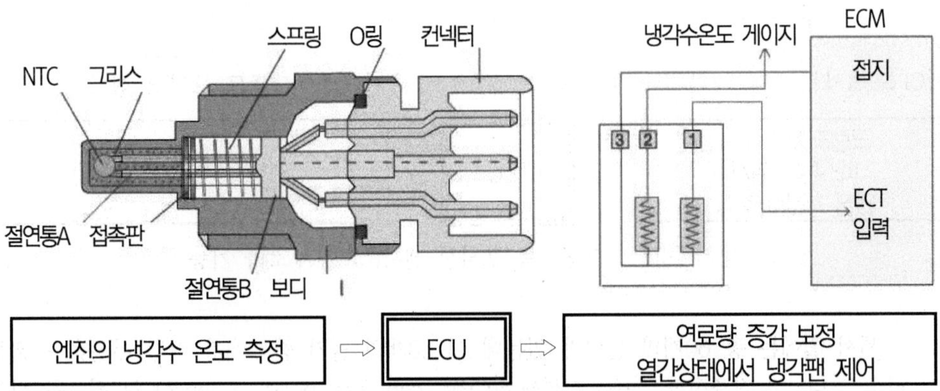

그림 11-26 냉각수온센서(WTS) 구조와 기능

5) 냉각수온센서(WTS ; water temperature sensor)

- 인젝터를 통해 분사된 연료는 온도가 높을 경우 연소가 잘 된다. 하지만, 냉각된 상태에서는 연료를 무화상태로 분사하였다고 하더라도 연료 입자들이 서로 엉켜지는 현상이 발생하여 완전연소를 시키기 어렵고 또한 냉간시동이 불량해지기 쉽다. 이러한 이유로 냉간시동시에는 냉각수온도를 검출하여 냉각수 온도변화를 전압으로 변화시켜 ECU에 보내면 ECU는 이 신호에 따라 연료량을 증감하는 보정신호를 사용한다. 또한 열간상태에서는 냉각팬 제어에 필요한 신호로 사용된다.

6) 크랭크축 포지션 센서(CPS ; crankshaft position sensor)

크랭크축 포지션 센서는 마그네틱 인덕티브 방식으로 엔진 회전수를 감지한다. 이 센서는 실린더블록에 설치되어 있고 센서 휠은 크랭크축과 일체로 되어 있다. 크랭크축이 회전할 때 발생하는 교류전압을 이용하여 엔진 ECU는 엔진회전수를 계산한다.

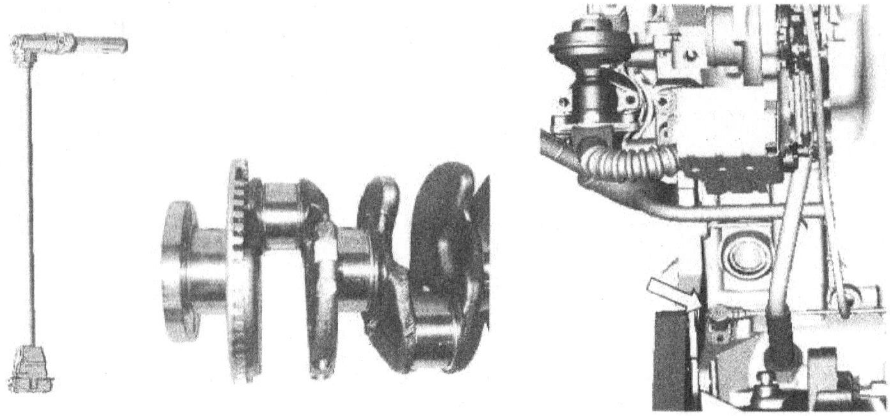

[CPS 센서] [CPS 센서 휠] [크랭크샤프트 포지션 센서]

크랭크축의 각도
피스톤의 위치
엔진 회전수 측정 ⇨ ECU ⇨ 연료 분사시기 결정

그림 11-27 크랭크축 포지션 센서(CPS) 구조와 기능

센서 휠에는 총 60개의 돌기가 있는데 이 60개의 돌기 중 2개가 빠진 부분을 참조점이라고 한다. 이 참조점과 캠축포지션센서(CPM, camshaft position sensor)의 신호를 비교하여 1번 실린더의 압축 상사점을 찾아 분사순서와 분사시기를 결정한다. 크랭크축 포지션 센서는 고장이 발생하면 엔진을 정지시킨다.

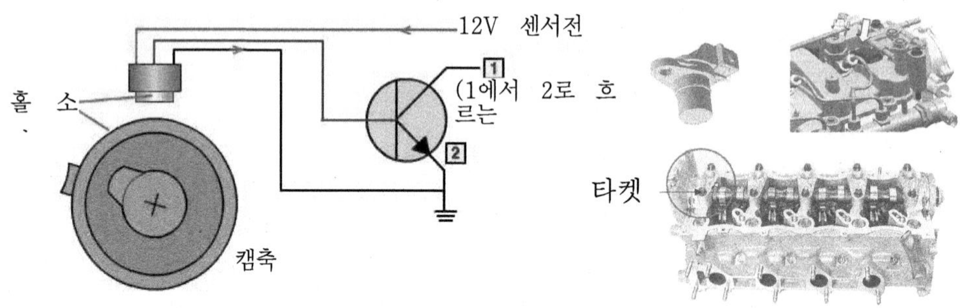

캠축 1회전 당
1개의 펄스 신호 측정
(1번 압축 상사점 검출) ⇨ ECU ⇨ 연료 분사 순서 결정

그림 11-28 캠축 포지션 센서

7) 캠축 포지션 센서(CmPS ; camshaft position sensor)

캠축 포지션 센서는 홀센서 방식이며 캠축에 설치되어 캠축의 회전을 감지한다. 캠축은 크랭크축 속도 절반을 회전하며 엔진의 흡기, 배기밸브를 구동한다.

이 센서는 캠축 1회전당(크랭크축 2회전) 1개의 펄스신호를 발생시켜 ECM에 전달하면, ECM은 캠축 포지션 센서의 신호와 크랭크축 포지션 센서 신호를 가지고 1번 실린더 피스톤의 압축상사점을 검출하게 되며 연료의 분사순서를 결정한다. 캠축 포지션 센서는 4번 인젝터 옆에 설치된다.

11.4.3 커먼레일 시스템 전자제어 출력요소

1) 예열장치

예열장치는 냉간시동시 시동이 원활히 이루어지도록 하기 위한 장치이다. 즉, 엔진시동 전후 공기와 연료가 섞이는 부위의 온도를 빠르게 약 1000℃ 가량 만들어 엔진시동을 지원하고 엔진 워밍업 시간을 단축하여 유해배출가스 및 엔진소음을 줄이는 역할을 한다. 예열장치는 냉각수 온도와 엔진 rpm 신호에 의해 제어된다.

예열장치의 작동은 다음과 같은 3단계로 작동된다.

(1) pre-글로우 :

시동키 ON과 동시에 작동을 시작하며 엔진회전수 45 rpm 초과시 작동을 중지한다. 또한 냉각수온 센서값에 따라 pre-글로우 시간이 변경된다. 만약 수온센서가 고장일 때는-24.9℃로 결정하여 활용한다,

(2) start-글로우 :

냉각수 온도가 60℃이하의 경우 매번 실시되며, 엔진회전수가 45 rpm을 초과할 때 실시한다. 동시에 start-글로우 상태와 관련된 타이머가 작동된다. start-글로우는 예열시작 후 15초가 경과하거나 냉각수온 60℃ 이상 상승했을 경우에는 중지된다.

(3) post-글로우 :

post-글로우 시간 또한 냉각수 온도에 따라 결정되는데, 연료분사량이 75 mm_3 초과하

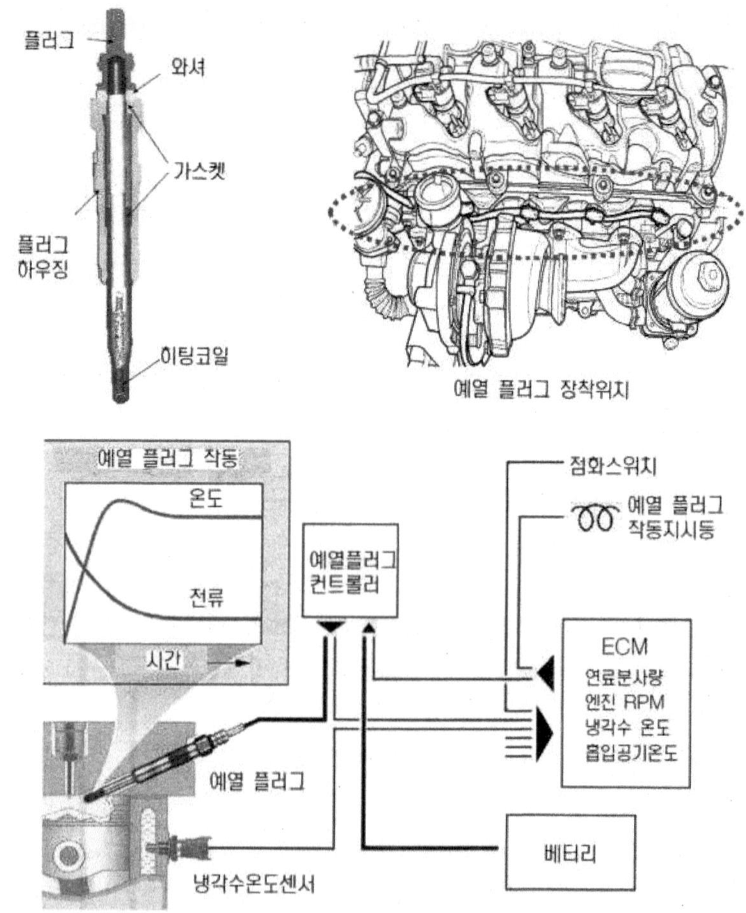

그림 11-29 예열플러그의 작동

거나 엔진회전수 3,500 rpm 이상이면 종료한다. 그림 11-29는 예열플러그의 작동 방법을 나타낸다.

2) EGR시스템

배기가스 재순환장치(EGR)은 배기가스의 일부를 다시 흡기다기관으로 순환시켜 NO_X을 저감시키는 가장 효과적인 방법 중의 하나이다. 이것은 배기가스 중에 CO_2나 H_2O 등과 같은 불활성가스가 흡입공기의 일부와 치환되어 혼입됨으로써 혼합기의 열용량이 증대되어 실린더내 연소가스 온도 상승을 억제한다. 또한, 공기과잉률을 낮추어 thermal NOx 생성을 억제시킴으로써 전체 NO_X 발생량을 줄이게 되는 것이다. 그리고, 흡기의 일부가 산소 농도가 낮은 배기가스로 치환되므로 연소실내 산소가 감소하기 때문에 NO_X 생성이 억제된다.

EGR제어는 배기가스를 흡입다기관에 얼마만큼의 량을 넣어 주는가에 대한 제어를 말한다. EGR 가스량을 계산하기 위해 ECU는 엔진에 유입되는 신선한 공기의 질량을 공기량센서(에어플로센서)를 이용해 계산한다. 이렇게 측정된 값은 엔진에 EGR가스를 얼마나 보낼 것인지 계산하여 EGR 솔레노이드 밸브를 제어하게 된다. 이러한 제어값에 따라 EGR 밸브 작동량이 결정된다. 각종 입력되는 센서의 값과 흡입공기량을 계산하여 실제 EGR 솔레노이드 밸브의 열림량을 출력하도록 되어 있다. EGR을 제어하는 동안 기타 서브 시스템(연료량 제어 등)의 경우 공기량의 실제값이 추가로 계산되도록 되어 있다. 하지만 ECU에서 정확하게 EGR율을 파악할 수 없는 상황이거나 연소에 지장을 줄 수 있는 조건의 경우에는 EGR을 중지한다.

배기가스재순환(EGR) 제어의 중지 조건은 다음과 같다.

- 엔진을 시동할 때
- 공전할 때(단, 1000 rpm이상 가속 직후에는 52초 동안 작동)
- 흡입공기량센서(AFS)가 고장일 때
- 연료압력조절밸브 고장일 때
- 1800 rpm 이하 또는 2800 rpm 이상에서 연료분사량이 20 mcc이상일 경우
- EGR 밸브가 고장일 때
- 냉각수온도가 37℃이하 또는 100℃ 이상일 때
- 배터리 전압이 9 V이하일 때
- 대기압력이 기준값 이하일 경우

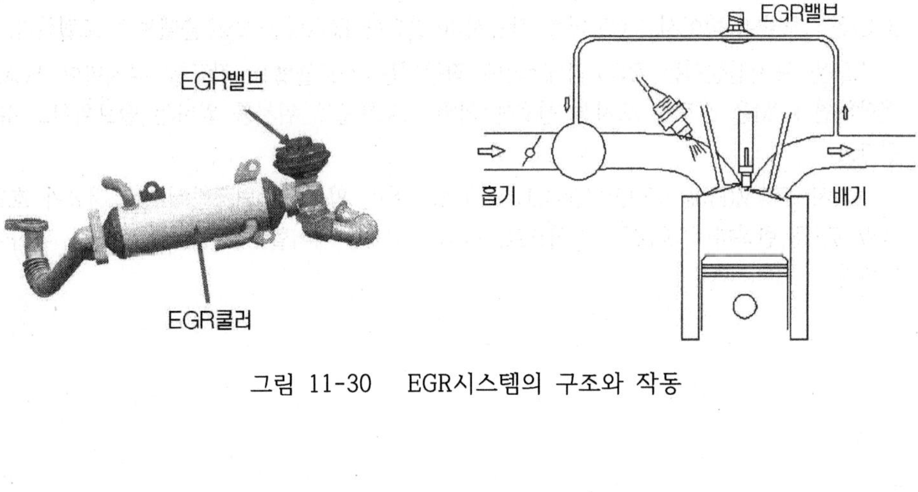

그림 11-30 EGR시스템의 구조와 작동

3) 스로틀 플랩

스로틀 플랩은 디젤차량의 고유 특성인 후연소과정에서 발생하는 엔진 진동을 방지하기 위해 시동OFF시 흡기쪽으로 유입되는 공기를 막아주는 장치로 흡기매니폴드 입구에 설치되어 있다.

작동원리는 시동키 OFF 신호와 회전수(250 rpm)만족시 스로틀 플랩 밸브를 작동시켜 연소실의 흡입공기를 차단하여 엔진의 관성력을 감쇄시킨다.

4) 냉각팬제어

냉각팬은 ECU에 의해 2단계로 제어되며 냉각수온센서, 차속센서, 에어컨 중간 압력스위치, 에어컨스위치 신호가 기본이 된다. 그리고 관련 센서가 고장일 경우에는 페일세이프가 능이 있다.

5) 스로틀제어밸브 및 전자제어 스로틀바디(ETC)

스로틀 제어밸브는 전자제어 스로틀바디와 동일한 원리로 흡기매니폴드 입구에 설치되어, EGR 작동구간에서 스로틀밸브를 닫아 흡기다기관 내의 압력을 부압으로 낮추어 배기다기관과 흡기다기관의 압력 차이를 크게 발생시킨다. 이로써 보다 많은 EGR가스가 재순환될 수 있도록 제어하는 EGR보조기구로 사용되고 능동적인 EGR제어가 가능하게 한다. 스로틀제어밸브는 스로틀밸브를 구동하는 DC모터와 모터 위치를 감지하는 피드백센서로 구성된다.

전자제어 스로틀바디(ETC : Electronic Throttle Control)도 스로틀 제어밸브와 마찬가지로 흡기매니폴드로 유입되는 공기량 조절을 통해 EGR되는 량을 제어하는 역할을 한다.

스로틀밸브 바디 내부에 ETC를 제어하는 모듈이 있으며, ECM으로부터 PWM신호로 ETC제어 모듈이 받아서 DC모터를 작동시켜 필요한 EGR량을 스로틀밸브로 조절한다.

스로틀 포지션센서는 DC모터에 의해 작동되는 스로틀밸브 각도를 감지하여 ECM으로 전달하면 ECM은 스로틀 포지션 신호에 의해 스로틀밸브 위치를 원하는 밸브위치로 유지시킨다.

여기서, PWM(Plus Width Modulation) 방식이란 펄스 폭 변조방식으로 전류가 흐를 때 ON/OFF를 반복하여 흐르는 방식으로, 솔레노이드를 제어할 때 정밀한 제어를 위하여 선택한다.

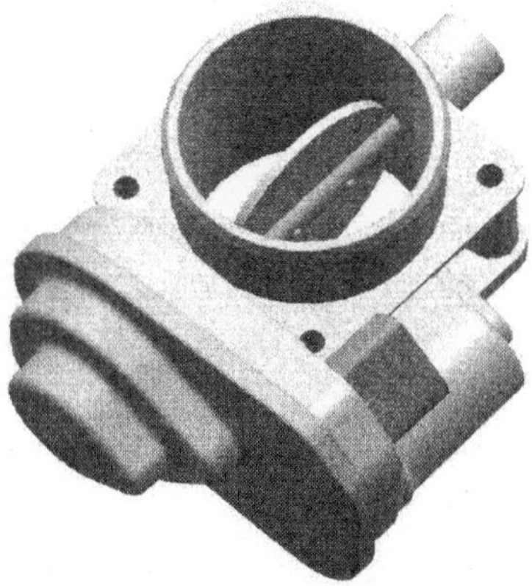

(a) 전자제어 스로틀바디

(b) 스로틀바디 장착위치

그림 11-31 스로틀제어밸브 및 전자제어 스로틀바디(ETC)

배출가스와 그 대책

12

12.1 가솔린 자동차 배기가스의 배출원 및 성분

12.1.1 배기가스의 배출원

자동차에서 배출되는 가스는 배출원에 따라 배기관을 통해 배출되는 배기가스와 연료탱크 등에서 발생되는 연료 증발가스 및 크랭크 케이스로부터의 블로바이 가스의 3가지를 들 수 있다.

1) 배기가스

배기가스는 연료가 실린더내에서 연소한 후 배기 파이프를 통하여 대기속으로 배출되는 가스로서 유해성가스와 무해성가스가 혼합되어 배출된다.

- 무해성가스 : 수증기(H_2O), 이산화탄소(CO_2) 등
- 유해성가스 : 일산화탄소(CO), 탄화수소(HC) 질소산화물(NOx), 납화합물, 탄소입자 등 엔진 내부에 흡입된 가솔린과 공기의 혼합기가 완전 연소하면 CO_2, H_2O가 생성되나 혼합기가 불완전 연소될 경우 인체에 유해한 물질이 발생된다. 이중에서도 CO, HC, NOx가 유해물질의 주요원인이다.

2) 연료 증발가스

연료 증발가스는 기화기나 연료탱크내의 가솔린이 증발해서 대기중에 방출되는 가스로서 연료의 HC와 같은 조성을 하고 있다. 이것은 자동차로부터 배출되는 전체 HC량의 15%를 차지하고 있다.

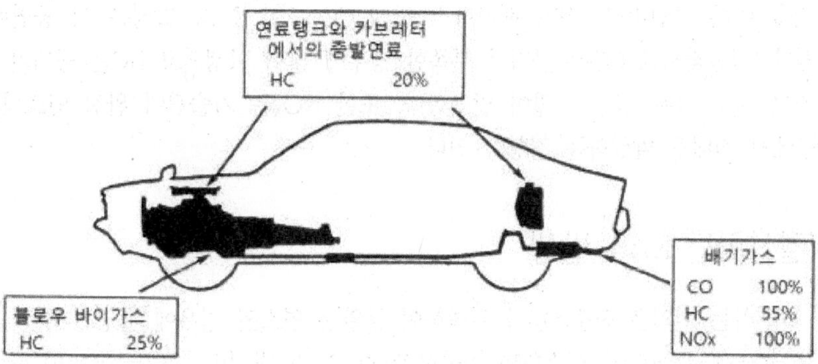

그림 12-1 유해물질의 배출개소

3) 블로바이 가스

블로바이 가스는 피스톤과 실린더 간극에서 크랭크 케이스 내에 빠져 나오는 가스이며 가스의 조성은 70~95%가 미연소 가스상태로 된 연료(HC)이고 나머지는 연소가스 및 부분 산화된 혼합가스로 되어 있다.

12.1.2 배출가스의 영향

자동차에서의 배출가스 중 CO의 배출량이 가장 많다. CO는 Hb(혈액중의 헤모글로빈)와 결합하여 혈액중의 산소 운반을 방해하여 두통과 현기증을 유발하며 심할 경우는 사망하게 된다.

HC와 NO_x는 자외선과 결합하여 광스모그 현상을 일으킨다. 광스모그 현상은 눈이나 호흡 기계통에 자극하여 폐 손상시키기도 한다. 특히, NO_x(NO, NO_2, N_2O)는 광화학 스모그 현상의 주원인이 된다.

12.1.3 유해가스의 발생원리

1) 가솔린엔진의 연소

가솔린 연료의 주성분은 HC(탄소와 수소의 화합물)로 이것이 전부 연소될 경우를 완전 연소라 하고 일부가 연소될 경우를 불완전 연소라고 한다.

가솔린이 완전 연소되기 위해 필요한 공기량은 중량비로 가솔린 1에 대해 공기 15가 필요한데 이것을 이론 공연비라 한다. 배기가스 중의 CO, HC, NO_X 발생은 이 공연비에 밀접한 관계가 있다. 일반적으로 CO는 공기가 부족한 경우에 많이 발생되고 HC는 공기가 부족하거나 또는 공기가 너무 많은 경우에 많이 발생한다. 또한 NO_X는 가솔린이 완전 연소되는 이론 공연비 부근에서 최대로 발생하는 경향이 있다.

2) CO(일산화탄소)의 발생

CO가 발생하는 원인은 산소(O_2)가 부족하여 불완전 연소된 경우에 발생된다. 가솔린을 구성하고 있는 원소인 탄소(C)가 연소하면 이산화탄소(CO_2)가 발생한다.

$C + O_2 = CO_2$

그러나 공기의 공급이 불충분하면 산소가 부족하므로 불완전 연소하여

$2C + O_2 = 2CO$ 의 반응이 일어나 CO가 발생된다.

3) HC(탄화수소)의 발생

HC는 엔진의 실린더내에서 가솔린이 완전 연소가 되지 않아 연료가 분해되거나 연료가 증발하여 발생된다. 실린더 벽 등이 냉각되어 있으면 혼합기의 일부만 연소되고 실린더 벽 또는 피스톤 링 주위의 혼합기는 연소되지 못한 상태로 실린더 밖으로 배출된다. 또 공연비가 희박하여 실화가 발생할 경우에도 발생 할 수 있는데 이 가스를 HC(탄화수소)한다.

4) NO_X(질소산화물)의 발생

질소(N_2)와 산소(O_2)의 화합물을 총칭하여 NO_X라 부른다. 공기중의 78%(체적비)를 점유하고 있는 질소는 상온에서는 불활성 원소로 타 물질과 반응하지 않으나 엔진 내부의 온도가 1500℃이상이 되면 반응성이 활발해 진다. 연소실 내에서 압축된 혼합기가 급격히 연소하여 온도가 상승하면 질소는 산소와 반응하여 NO(일산화질소)가 발생된다.

$N_2 + O_2 = 2NO$

이 NO는 공기 속으로 방출되고 공기중의 산소와 용이하게 반응하여 NO_2(이산화질소)로 변화된다.

$2N_2 + O_2 = 2NO_2$

질소 산화물에는 여러종류가 있으나 자동차에서 배출되는 것은 주로 NO이고 이것이 대기 중에서 NO_2로 변화하여 대기를 오염시킨다.

12.2 해가스의 저감방법.

배기가스 속의 CO와 HC의 배출 농도는 주로 혼합비에 따라 좌우되고 NO_X의 배출 농도는 주로 연소온도에 따라 결정된다.

12.2.1 배기가스 재순환 장치

EGR(Exhaust Gas Recirculation)은 배기가스 재순환 장치로서 그림 12-2과 같이 흡기계통으로 배기가스의 일부를 재순환시켜 연소할 때의 최고 온도를 낮춤으로써 NO_x의 발생을 억제하는 장치이며, 그 대책으로 연소가 끝난 배기가스의 일부를 연소실 내로 유입시켜 연소 가능 혼합기를 줄임으로써 최고 연소온도를 낮추어 NO_x를 줄이는 장치이다.

NO_x는 실린더내 연소시, 고온하에서 공기중의 N_2와 O_2가 반응하여 발생한다. 연소온도가 높을수록 고농도의 $NO_{x}X$ 가 배출된다. NO_x는 연소온도를 낮춤으로써 발생량을 줄일 수 있다. 연소온도는 연소속도, 공연비, 외적요인 등에 따라 영향을 받으며 이중 연소속도에 의한 영향이 가장 크다. EGR은 연소속도를 지연시키기 위한 수단으로 사용한다. 실린더내에 충진된 혼합기량이 적으면 밀도가 저하되고 연소속도가 지연되어 연소속도는 상승되지 않는다. 실린더내 충진된 혼합기량이 많으면 밀도가 높고 연소속도도 빨라져 연소온도가 상승되므로 NO_x가 다량으로 발생된다. 이러한 상황에서 배기가스의 일부를 흡입되는 혼합기에 포함시키면 실린더내

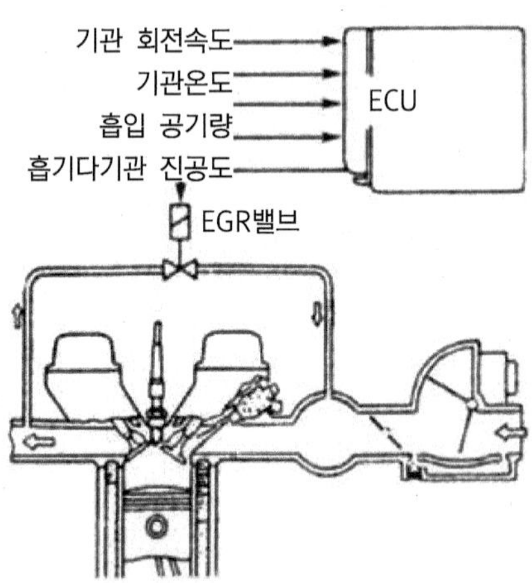

그림 12-2 배기가스 재순환 장치 (EGR)

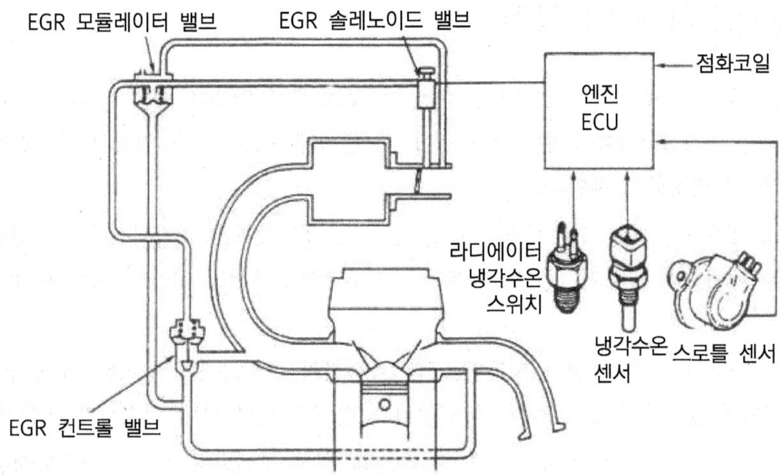

그림 12-3 전자제어방식의 EGR시스템

충진된 흡입가스 체적은 변하지 않는 상태에서 불활성인 배기가스에 의해 혼합기 자체 공연비가 변화되어 밀도가 저하된다. 따라서 연소속도가 저하되어 연소온도도 상승되지 않는다.

이 방법을 EGR(배기가스 재순환)장치라 부른다. 혼합기에 공기중의 N_2에 비해 열용량이 큰 CO_2가스를 함유한 배출가스를 적절히 혼입하여 동일한 발열량의 연소를 하더라도 배출가스를 흡입하지 않는 경우에 비하여 연소온도가 내려가 NO_x의 생성을 억제 할 수 있다. 때문에 배출 가스 재순환(EGR :Exhaust Gas Rrcirclation)이 NO_x저감법으로 많이 이용되고 있다.

한편 EGR을 함으로써 혼합기의 착화성이나 엔진 출력은 떨어지기 때문에 NO_x 배출량이 많은 운전영역을 선택하여 EGR을 작동하는 것이 중요하다. EGR 제어량의 지표로서 EGR율이 사용되며 아래와 같이 정의한다.

$$EGR율 = \frac{EGR가스유량}{흡입공기량 + EGR가스유량} \times 100\%$$

그림 12-3은 전자제어방식의 EGR 시스템의 개략도이다. 전자제어방식의 EGR 시스템에서는 EGR 밸브의 밸브 로드 위치를 감지하는 위치센서가 EGR밸브의 위치를 검출하여 ECU에 입력시키면 ECU에서는 기관의 회전속도, 온도, 흡기다기관의 진공도 등에 따라 최적의 상태로 EGR 밸브의 개도를 조절하여 EGR율을 결정한다.

12.2.2 증발가스의 제어 장치

연료 증발가스 제어장치는 연료탱크 또는 카브레터에서 발생한 연료 증기를 대기로 방출시키지 않고 일시 저장하였다가 엔진이 회전할 때 흡기계통으로 보내 연소시키는 장치를 사용한다. 주로 HC의 발생을 억제한다.

증발된 연료가스를 다시 연소시키는 방법으로는 크랭크케이스 저장방식, 공기 청정기 저장방식 및 카콜 캐니스터 방식이 있으나 대부분의 가솔린엔진에서는 차콜 캐니스터 방식을 이용하고 있다.

차콜 캐니스터 방식은 엔진이 멈추었을 때 가솔린의 증발가스를 활성탄(charcoal)에 가볍게 흡착시켜 저장하였다가 시동이 걸린 후 웜업이 되면 연소실로 보내 연소시키는 장치이다.

연료 탱크안의 증기는 증기 분리기(2 way valve)에서 분리되어 캐니스터의 활성탄에 흡착된다. 이렇게 저장된 증발가스는 엔진의 냉각수 온도가 65℃ 이상되면 서모밸브가 대기를 차단하고, 엔진의 회전수가 상승함에 따라 진공을 이용하여 퍼지제어 밸브를 열게 된다.

퍼지제어 밸브가 열리면 캐니스터에 저장되었던 증발가스가 밑에서 들어 오는 신선한 공기에 의해 이탈되어 흡기매니폴드를 통해 연소실로 흡입되어 연소하게 된다. 그림 12-4은 증발가스 제어장치의 개략도이고, 그림 12-5는 활성탄 캐니스터의 구조를 보여준다.

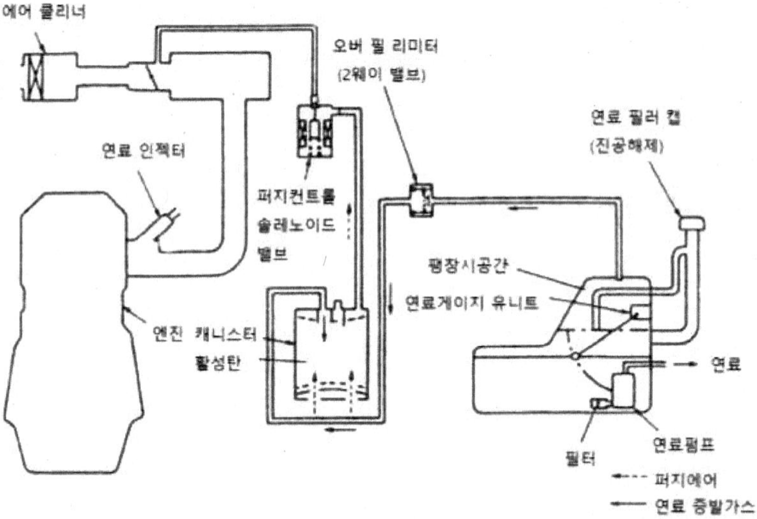

그림 12-4 증발가스제어 장치

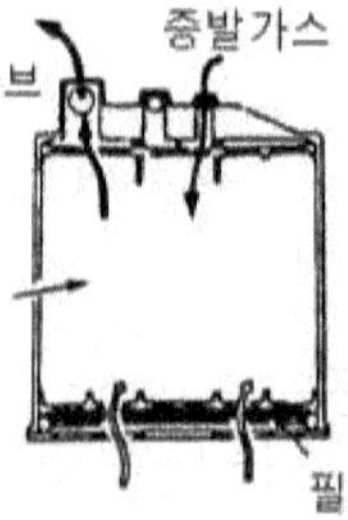

그림 12-5 활성탄 캐니스터

12.2.3 블로바이가스 환원 장치

블로바이 가스는 피스톤과 실린더를 통해 크랭크 케이스 내에 흡입된 가스를 말한다. 블로바이 가스에는 압축행정에서의 미연소 가스로 볼 수 있는데 일반적으로 압축압력이 저하된 엔진은 블로바이 가스 발생량이 많다. 블로바이 가스 중에 포함된 유해성분은 주로 HC로 이것이 대기중에 방출되는 것을 방지하기 위해 현재 클로즈업 형식을 주로 사용한다. 그림 12-6은 블로바이가스 제어장치의 개략도이다.

클로즈업 방식은 경부하시는 아주 적은 양의 블로바이 가스가, 고부하시에는 많은 양의 블로바이 가스가 실린더 위 로커암 커버의 PCV(Positive Crankcase Ventilation) 밸브를 거쳐 연소실로 들어간다. 일반적으로 블로바이 가스의 발생량은 엔진에 걸리는 부하에 따라 달라 진다. 즉, 경부하일 때는 발생량이 적으므로 PCV 밸브를 조금 열리게 하고, 중부하일 때는 발생량이 많으므로 PCV 밸브를 많이 열리게 한다.

따라서, PCV 밸브는 부하에 따라 블로바이가스의 통과면적을 바꾸도록 되어 있다. 엔진이 정지했을 때는 흡기 매니폴드에 부압이 생기지 않으므로 PCV 밸브는 스프링에 의해 닫힌다.

12.2.4 삼원촉매 및 2차 공기도입 장치

이 장치는 연소실에서 발생된 배출가스중 HC, CO, NO_x가 촉매를 지나는 동안 촉매에 코팅되어 있는 Pt, Ph에 의해 산화 및 환원작용으로 CO_2, H_2O, N_2로 정화되어 배출시키는 장치이다. 또한 산화작용에 필요한 공기를 리드 밸브(Reed Valve)와 2차 공기파이프 및 호스를 통하여 추가 공기를 공급해 산화작용을 돕는다.

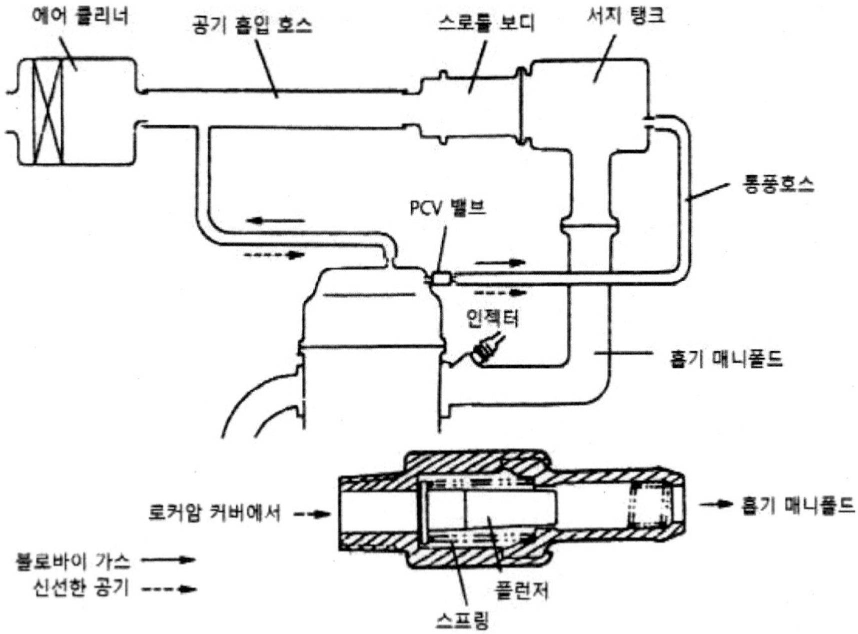

그림 12-6 블로바이 가스 제어장치

1) 구성도

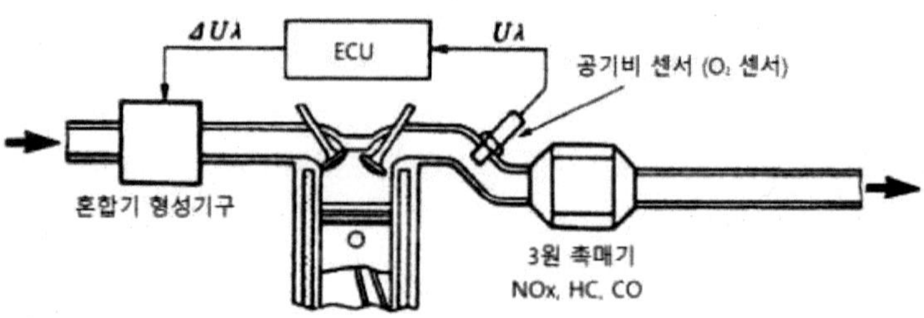

그림 12-7 3원촉매기의 개략도

(1) 촉매 컨버터(Catalytic Convert)

연소실에서 발생한 유해가스가 촉매를 통과하는 동안 촉매에 코팅되어 있는 귀금속에 의해 화학반응을 일으켜 인체에 무해한 가스로 정화시켜 대기중으로 방출한다.

배기가스		귀금속		정화가스
$CO+O_2$ $HC+O_2$ NO_X	→	백금(Pt) 팔라듐(P_d) 로듐(R_h)	→	CO_2 CO_2+H_2O H_2O, CO_2+N_2

그림 12-8 3원 촉매기의 작용

(2) 3원촉매기의 종류

① 벌집형(Honey-com or Monolith type)

그림 12-9는 벌집형 3원 촉매기를 보이고, 세라믹 벌집의 다공질 알루미나 벽에 귀금속의 촉매 물질, 즉 백금, 코지라이트 등을 약 20μm의 두께로 부착시킨 것으로 통기성이 우수하고 배기저항이 적은 장점이 있으나 내충격성이 다소 약하다. 현재 가장 널리 사용하고 있다.

②펠릿형 (Pellet type)

그림 12-10은 펠릿형 3원 촉매기 구조를 보이며 이 형식은 직경 2~4mm의 알루미나(alumina) 담체(substrate)표면에 백금(Pt), 플라듐(Pd) 등을 부착하여 케이스 안에 조립되어 있다. 이와 같이 펠릿 촉매사이로 배기가스가 통과할 때 가스유동은 난류유동이 된다. 이 형식은 배기저항이 크고 담체의 손실이 크기 때문에 현재 잘 사용하지 않는다.

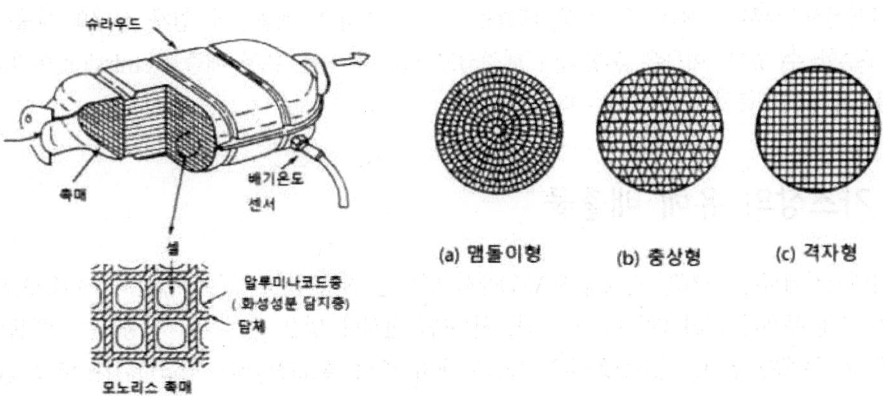

그림 12-9 벌집형 컨버터

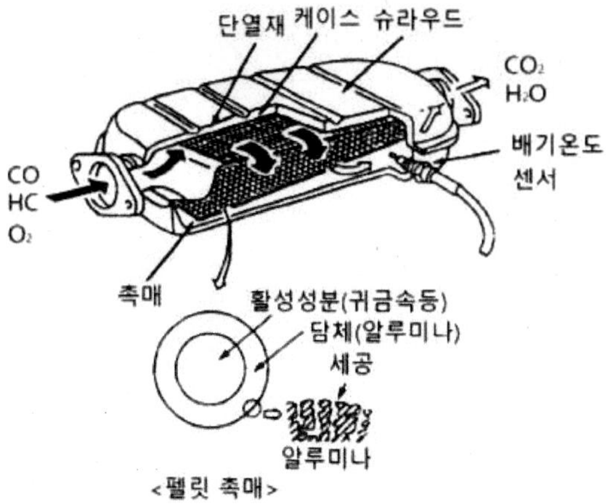

그림 12-10 펠릿형 컨버터

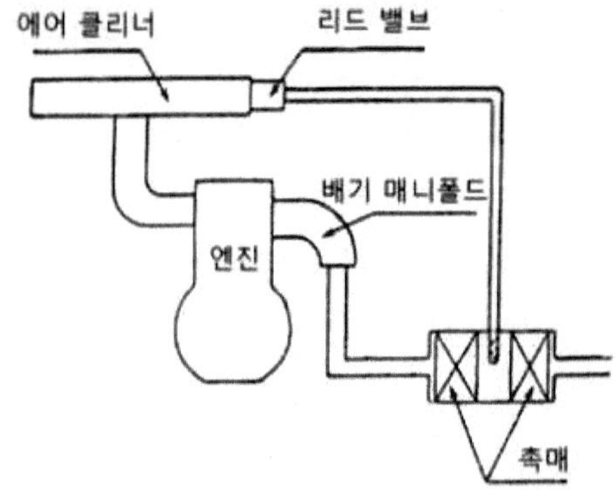

그림 12-11 리드 밸브

(3) 리드밸브 (Leed Valve)

리드 밸브는 배기가스 맥동에 의해 부압이 작용될 때 리드 밸브가 열려 배기 시스템으로 2차 공기를 추가 공급시킨다. 배압이 작용될 때는 리드 밸브가 닫혀 배기가스의 역류를 방지한다.

12.3 디젤엔진 배기가스의 종류와 생성

디젤엔진으로부터 배출되는 유해 배출물은 기체 상태의 배출물과 입자 상태의 배출물로 크게 구분할 수 있다. 이들은 혼합되어 배출되고 있는데 이를 유해 배출물(emission)이라고 표현한다. 이 유해배출물의 종류에는 다음과 같다.

12.3.1 가스상의 유해 배출물

디젤엔진에서는 공기의 과잉상태(λ>1)에서 연소가 진행되기 때문에 일산화탄소(CO)의 배출량은 크게 문제가 되지 않는다. 하지만, 저부하운전시나 냉간 운전시에 발생하는 미연탄화수소(HC)는 문제가 된다. 질소산화물(NO_x)은 대기 중의 질소(N_2)와 산소(O_2)가 열에 접촉하여 생성하며 접촉하는 열의 온도가 높을수록 많은 양이 생성된다고 볼 수 있다. 즉, 완전연소를 할수록 많이 생성되는 경향이 있으며, CO나 HC와는 전혀 다른 반대현상에 의해 발생하는 물질이다. 따라서 디젤기관에서는 주로 흡입공기의 과잉상태에서 연소가 진행되기 때문에 NO_x의 생성량은 많아질 수 있다. 바로 이런 점이 디젤엔진의 유해 방출물을 줄이는데 어려운 점이라고 할 수 있다.

1) 일산화탄소(CO)

무색, 무미, 무취가스로 피부나 점막에 대한 자극이 없어 감지가 어렵다. 일산화탄소는 연료가 불완전 연소시 발생하며, 가솔린엔진에서는 발생량이 많지만 디젤엔진에서는 공기의 과잉상태에서 연소가 되기 때문에 발생량이 적다. 일산화탄소가 인체 내에 흡입되면 혈액 중의 헤모글로빈(Hb)과 결합하여 체내에서의 산소운반 능력이 떨어지게 하여 조직의 저산소증을 유발하여 중독내지 사망에 이르게 된다.

2) 탄화수소(HC)

자동차에서 배출되는 탄화수소는 연료의 불완전연소에 의해서 발생된다. 석유는 탄화수소의 집합체로서 이 연료가 불완전연소하게 되면 연소의 증발가스가 되는데 이것이 HC이다. HC가 저 농도에서는 호흡기계통을 자극하는 정도이나, 산화되어 알데히드가 발생하면 눈, 점막, 피부 등을 심하게 자극하기도 하고, 고분자성 탄화수소인 경우 발암성 또는 돌연변이를 유발할 수 있다. 또한, HC는 대기중에서 오존(O_3)과의 반응으로 광화학 스모그를 발생하게 한다.

3) 질소산화물(NO_X)

질소산화물(NO_x)은 질소(N_2)가 고온에서 산소(O_2)와 반응하여 생기는 것으로 NO와 NO_2를 통칭해서 사용된다. 자동차에서 배출되는 것은 NO가 90%이상이고, 대기 중에 산소와 결합하여 NO_2가 된다. NO_2는 적갈색의 기체로서 물에 녹기 쉽고, 호흡시 체내의 폐세포에 침투하여 호흡기질환을 유발시키기도 하고, 다량 흡입 시 사망에 이르게 된다. 또한 탄화수소와 함께 광화학 스모그의 원인이 된다.

4) 아황산가스(SO_X)

아황산가스는 자극성 있는 기체로서 공기에 대한 비중은 2.26정도이다. 산성비의 가장 중요한 원인으로 연료중 유황성분의 연소에 의해 발생한다. 아황산가스는 이산화황(SO_2)과 삼산화황(SO_3)등이 있는데, 가솔린에서는 거의 유황성분이 없지만 디젤에서는 약간의 유황성분이 있어 이황산가스가 배출되기도 한다. 체내에 들어가면 위장장애를 일으키기도 하고 기관지염이나 천식을 유발하기도 한다.

5) CO_2

인체에는 무해하지만 지구온난화의 원인이 되는 물질로 알려져 있다. 1992년에 채택된 기후변화협약이후 CO_2도 국제적 규제가 본격화되었고, 2008년부터 EU에서는 자동차배출물로서의 CO_2의 규제시행을 결정하였다.

12.3.2 입자상 유해 배출물(PM, Particulate Matter)

배출되는 입자상물질의 종류에는 주로 매연이라고 알려진 그을음(soot), 황산화물, SOF (Soluble Organic Fraction), 미연소된 연료분과 오일성분 등이 있다. 이러한 떠돌아다니는 입자상 입자들을 통칭 PM(Particulate Matter)이라고 한다. 입자상 유해물질은 가솔린기관보다 디젤기관에서 훨씬 더 많이 생성된다. PM은 대기 중으로 방출되면 시계(視界)를 흐리게 하고, 인체에 흡입하면 다양한 호흡기 질환을 유발하며 폐암의 원인이 되기도 한다.

12.3.3 생성

1) 일산화탄소(CO)

CO의 생성은 기본적으로 산소공급의 부족으로 불완전연소 할 때 발생한다. CO는 통상 산소량이 풍부한 상태에서는 배출량이 작다. 디젤엔진에서는 공기과잉률이 대체로 1.2이상에서 연소되기 때문에 가솔린엔진에 비하여 CO의 배출량을 아주 작다.

2) 탄화수소(HC)

연료가 연소되지 않은 상태에서 증발하거나, 착화의 불량으로 실화되어 혼합기가 그대로 배출될 때, 혹은 연소중 산소의 부족현상이 생기거나 역으로 충분히 있어도 온도가 낮아서 연소가 불확실할 때 등의 이유로 발생한다. 또한, 혼합가스가 극히 희박한 부분에서는 소염 때문에 미연 HC가 배출되기도 하고, 후적 등의 무화가 잘 되지 않은 연료에서도 HC가 배출되기도 한다.

디젤엔진에서는 연소가 산소의 과잉상태에서 이루어지기 때문에 가솔린엔진에 비해 HC의 발생은 거의 없다고 할 수 있다. 연료증발에 있어서도 가솔린은 휘발성이 강하여 증발하기 쉽지만 디젤연료인 경유는 휘발성이 낮고 증발에 의한 HC의 발생은 대단히 작다고 볼 수 있다.

3) 질소산화물(NO_X)

NO_x의 생성은 공기 중의 질소(N_2)와 산소(O_2)가 연소과정 중 고온에 의해 결합되어 NO가 발생하고, 이것이 대기 중으로 방출되면서 산소와 결합하여 NO_2 및 다른 질소산화물로 변화한다. NO의 발생량은 연소온도가 높을수록, 연료와 반응하지 않은 산소량이 많을수록 NO_x의 배출량은 증가한다. 또한, 완전연소에 가까울수록 많이 생성되는 경향이 있으며, CO나 HC와는 반대의 현상에 의해 발생되는 물질이다.

디젤기관에서는 NO_x의 생성이 많아질 수 밖에 없는 이유도 흡입공기의 과잉의 상태에서 연소가 이루어지고, 이것이 결국 산소와 질소가 충분히 존재하고 있는 상태에서 연소가 이루어지므로 NO_x의 생성량은 많아진다.

NO_x의 기관변수에 의한 배출량의 영향은 열효율이 높을수록 NO의 배출량은 증가하고, 이와 반대로 점화시기가 늦을수록, 혼합비가 농후할수록 감소한다. NO_x의 배출량을 줄이기 위해서는 농후한 혼합기의 공급이 필요하지만, 이것이 CO와 HC의 배출량을 증가시키는 결과를 초래하기 때문에, 이러한 점들이 디젤엔진의 유해 배출물을 줄이는데 어려운 점이라고 할 수 있다.

NO_x의 생성 및 분해반응은 다음과 같다.

$$N_2 + O_2 \rightleftarrows 2NO$$
$$N_2 + O \rightleftarrows NO + N$$
$$O_2 + N \rightleftarrows NO + O$$
$$OH + N \rightleftarrows NO + H$$

이 반응은 온도가 1200℃ 부근 이상에서 일어나며 온도가 높을수록 반응은 더 활발하다. NO 입자가 대기 중으로 방출되어 산소를 만나면 다음의 반응식에 같다.

$$2NO + O_2 \rightleftarrows 2NO_2$$

NO_x의 배출을 감소시키기 위해서는 O_2와 N_2가 결합될 수 없도록 연소온도가 낮게 유지되거나, 또는 O_2의 수를 줄이는 수 밖에 없다. 하지만 ,이 방법들은 모두 열효율을 저하시키기거나 불완전연소의 위험을 초래하는 불리한 방법이기 때문에 극히 곤란하여, EGR이나 촉매의 부착방법 등으로 제거방법이 채택되고 있다.

4) SO_X

연료에 함유된 유황분이 주원인이며, 연소 중 황성분이 연소하여 SO_2 및 그 화합물이 발생한다. 그리고 배출정량은 연료의 유황함량에 의해 결정된다. 가솔린 연료는 유황함량이 극히 적으므로 무시될 수 있지만, 디젤엔진에서는 경유와 중유에 0.5%이상 함유되어 있으므로 무시할 정도는 아니다. 따라서 SO_x의 배출을 줄이는 가장 좋은 방법은 연료의 유황함량을 최소한 줄이는 것이 합리적이다.

5) PM

PM의 주성분은 연소에 의해 생성되는 검은 그을음이고 여러 가지의 성분으로 이루어지는 혼합물이다. 이 그을음은 유기용제에 녹는지 여부에 따라서 불용분과 가용분(SOF, Soluble Organic Fraction)으로 나누어진다.

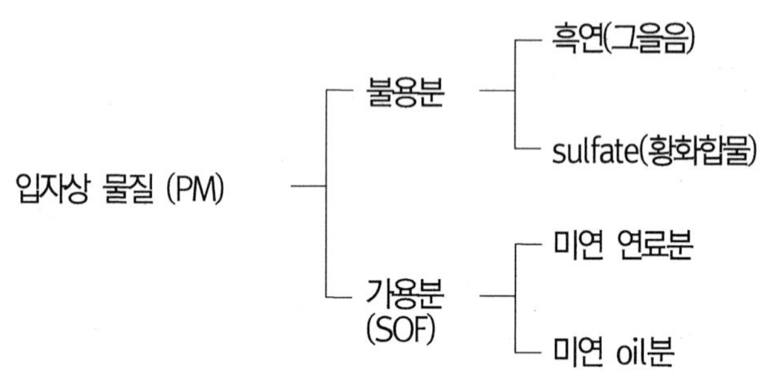

여기서, SOF(Soluble Organic Fraction)는 가용 유기 성분으로 주로 카본 숯(carbon soot)에 부착되어 있는 HC(탄화수소)로서 연료나 엔진오일의 미연소분이 대부분을 차지한다. PM의 구성성분 대부분은 매연입자(그을음)와 유황화합물이지만 미연 연료분과 윤활유

성분도 들어 있다. PM의 발생은 공기가 부족한 상태, 즉 공연비의 조성이 균일하지 않은 상태에서 연소할 때 복잡한 반응을 동반하면서 생성된다. 다시 말하면 연료의 분자들이 열분해에 의해 탈수소반응을 일으키고, 이 때 미립자의 핵(그을음의 전 물질)이 생성, 이것이 다시 응집, 합체되면서 PM이 생성한다. 디젤엔진에 있어서의 연소는 확산연소 중에 많은 양의 PM이 생성된다. 확산연소시에 연료입자는 기연 고온가스 중에 분사되지만 연료분자 중의 수소원자는 산소와 결합력이 강하기 때문에 수소만 산화되어 탄소는 미연의 그대로 남아 있고 이것이 집합되어 흑연으로 된다. 그러나 연소 후기 화염 중에 공기의 도입으로 재연소가 실현되면 PM은 급속하게 감소된다.

그림 12-12의 연소관찰사진에서 연소 중에 보이는 휘염(희게 보이는 부분)은 그을음이 가열된 상태를 나타내는 것으로 볼 수 있다. PM의 생성은 연소 중에 국부적으로 약 1500 K 이상의 온도에서 연료 성분인 탄화수소분자들이 열적 분해 반응을 할 때 수소는 이탈하여 산화되고 탄소만 남게 된다. 이를 통해 점차적으로 흑연과 비슷한 매연입자 즉, 매연 핵(core of soot)이 형성하게 된다. 이 핵들이 점점 큰 덩어리로 뭉쳐지며 응집하게 되면서 직경이 대부분 50~100 nm 범위의 고형 미립자(PM)가 생성된다.

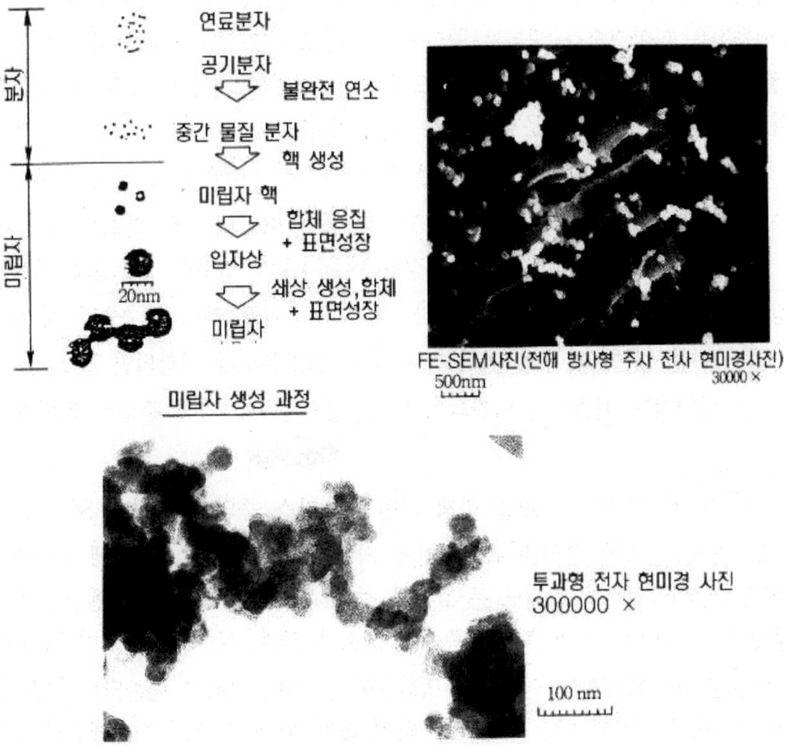

그림 12-12 PM의 생성

설페이트(sulfate)는 연소 중에 유황성분이 산화한 것으로 물과 결합한 황산미스트(mist)의 상태로 되어 있다. SOF분은 액상의 미연 HC이지만 연료의 미연분과 연소실내에 혼입한 오일의 미연분으로 나눌 수 있다. 매연 핵에는 연료에 포함된 유황에 의해 결정되는 황산화물, 응축된 연소 수분, 유기 용해성인 미연 탄화수소 등이 매연 핵에 흡착되어 배출되기도 한다.

12.4 가솔린엔진과 디젤엔진의 배출물

12.4.1 가솔린엔진과 디젤엔진의 배출물 비교

가솔린엔진의 경우에는 CO, HC의 배출량이 많았으며 한때 도시에서의 CO배출량의 90%는 자동차로부터 배출되는 것으로 보고되었다. 하지만 가솔린엔진의 경우는 촉매장치의 부착으로 그 유해물질을 화학적으로 대부분 처리하여 실제로 대기 중에 방출되는 양은 지극히 작아졌다. 디젤엔진의 경우에 있어서는 근본적으로 항상 공기의 과잉의 상태에서 운전되므로 HC 및 CO의 배출량은 적어 크게 문제가 되는 것은 아니다.

그런데, NO_x는 디젤엔진에서 많이 배출된다. 가솔린엔진에는 그 생성을 제한하기 위하여 EGR장치가 부착되어 있고, 이 EGR장치는 고부하 때 연소 과정에서 연소실 내의 온도가 고온, 고압으로 되면서 NO_x의 생성이 촉진될 경우 배출가스의 일부를 연소실로 재유입하여 연소온도를 강제적으로 저하시키는 역할을 한다. 여기서의 배출 가스는 수증기 및 CO_2가스로서 연소되지 않는 불활성의 물질이다. 이와 같이 하여 연소온도가 저하되면 NO_x의 생성을 억제하게 되고 그 나머지는 배출되는 약간의 NO_x는 3원촉매에 의해 충분히 환원(산소와 질소로 분리)된다.

그러나 디젤엔진의 경우는 EGR을 하게 되면 배출가스 중의 PM이나 SO_x가 엔진에 좋지 못한 영향을 미치고, 또한 부식을 촉진시키게 되어 엔진 자체의 내구성에 문제가 된다. 또한 디젤엔진에서는 3원촉매를 사용해도 큰 효과를 보지 못한다. 그것은 디젤엔진은 항상 공기량이 풍부한 상태에서 운전되므로 배출가스 중에는 산소가 잔존, NO_x의 환원이 불가하다. 또한 3원촉매는 이론공연비 하에서의 연소에서 정화율이 높으며, 그리고 배출되는 가스의 온도가 어느 온도 이상으로 높아지지 않으면 반응을 하지 않게 된다. 그런데 디젤엔진의 경우는 배출가스의 온도가 낮기 때문에 지금까지의 촉매의 부착이 적합하지 않는 것으로 되어 있다.

표 12-1 가솔린엔진과 디젤엔진의 배출물 비교

종 류	CO	HC	NO_x	PM	SO_x	삼원촉매	EGR
가솔린기관	배출	배출	배출	·	·	-대부분처리(CO, HC,NO_x)	NO_x 감소
디젤기관	미소량	미소량	다량	배출	배출	효과가 없음	NO_x 감소

PM의 경우에는 가솔린차에서는 거의 배출되지 않으나 디젤차에서는 문제가 된다. 이 PM은 가스 상태의 물질과 달라서 산화가 용이하지 않다. 따라서 디젤차에서의 PM의 저감은 DPF나 PM캐터컨버터 등의 후처리장치나 최근의 코먼레일방식에 의한 연료의 고압분사, 연료분사최적화, 공기유동의 개선 및 연료의 저황화 등으로 PM을 줄이고 있다.

12.4.2 PM과 NO_x의 상반관계

디젤엔진에 있어서 NO_x와 PM은 서로 상반되는 이율배반적인 관계가 있다. NO_x의 저감은 연소온도를 낮추는 것이 가장 확실한 방법이지만, 이것은 불완전연소를 초래하여 결과적으로 PM물질의 배출을 증가시키고 연비의 악화를 초래한다. PM물질을 저감시키기 위해서는 연소온도의 고온화와 연소후기의 공기도입 개선에 의한 재연소의 촉진이 유효한 방법이지만 반대로 NO_x는 증가된다. 이와 같은 NO_x와 PM은 서로 상반(trade off)관계가 있다.

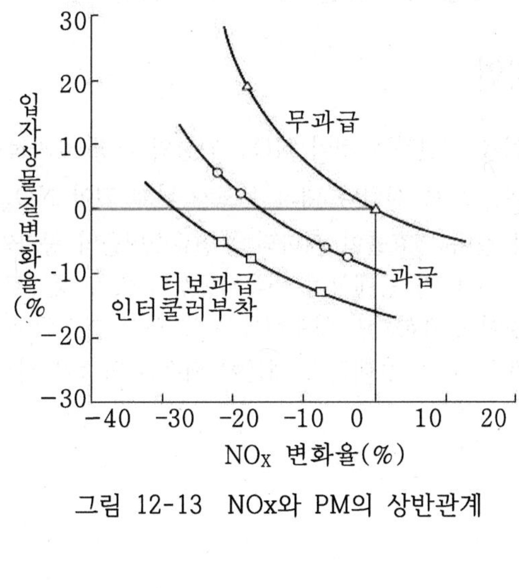

그림 12-13 NOx와 PM의 상반관계

예를 들면, 분사시기를 지연시키면 연소도 늦어져 상사점으로부터 피스톤이 하강되고부터 연소와 연소에 의한 열이 발생하게 된다. 따라서 NO_x의 억제는 가능하나, 동시에 출력의 저하와 연비의 악화를 초래하게 되고, 또한 분사시기 지연에 따른 고온체류시간의 감소는 스모크의 재 연소 기회를 빼앗기 때문에 PM은 증가하게 된다. 연료소비율을 낮추기 위해서는 연소의 촉진이 필요하지만, 이것은 NO_x의 증가로 된다. 또, PM의 저감을 위한 고압분사는 소음의 증대를 초래한다.

이와 같이 디젤엔진에서의 배출가스를 저감시키기 위해서는 서로 상반하는 현상에 대하여 배출가스는 물론 연비, 소음의 문제도 함께 고려되어야 한다. 이 때문에 각 요인을 해석하여 균형 있는 저감 대책이 강구될 필요가 있다.

12.5 디젤엔진 유해 배출물의 저감

디젤엔진의 배출가스 저감 대책은 크게 엔진 연소시스템의 개선, 후처리 시스템의 개발 및 대체연료의 사용에 의한 방법으로 나눌 수 있다. 여기서는 우선 엔진 연소시스템의 개선과 후처리 시스템의 개발에 의한 유해 배출물 저감에 대하여 기술한다.

12.5.1 엔진 연소시스템의 개선에 의한 방법

1) 분사시기의 지연

연료의 분사시기를 지연하는 것이 NO_x 저감의 가장 효과적인 수단이다. 팽창행정 하에서 초기연소가 일어나므로 실린더 내의 온도가 낮게 되어 NO_x 저감의 효과가 크다. 그러나, 그림 12-14와 같이 열효율이 저하되어 연료소비율의 증가와 출력 등의 성능이 악화된다. 또 PM, HC, CO가 증대하여 저온시동성의 악화 등으로 연결된다. 이 때문에 압축비를 높게 하는 것이 필요하지만 압축비를 높게 하면 피스톤 상부의 유효한 연소실 체적이 감소하고 연소악화, PM이 증대되기 때문에 최적의 압축비 선정이 필요하다.

2) 노즐 섹부 체적의 감소

연료분사 노즐의 선단부는 가공을 용이하게 하기 위해 복수로 하고, 분사구멍의 유량계수를 크게 하기 위해 자루 모양의 작은 체적이 있다. 이것을 노즐 섹(nozzle sack)이라고 한다. 이 노즐 섹의 체적을 줄임으로써 연료 분사 종료 후의 후적이 감소하여 미연 연료에 기인하는 HC를 저감시킬 수 있다.

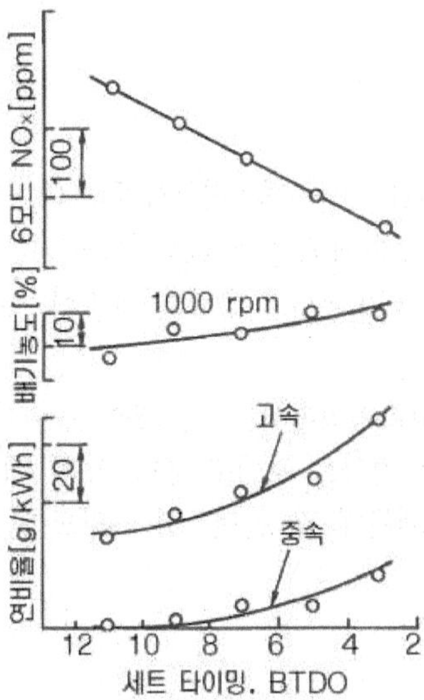

그림 12-14 분사시기의 지연

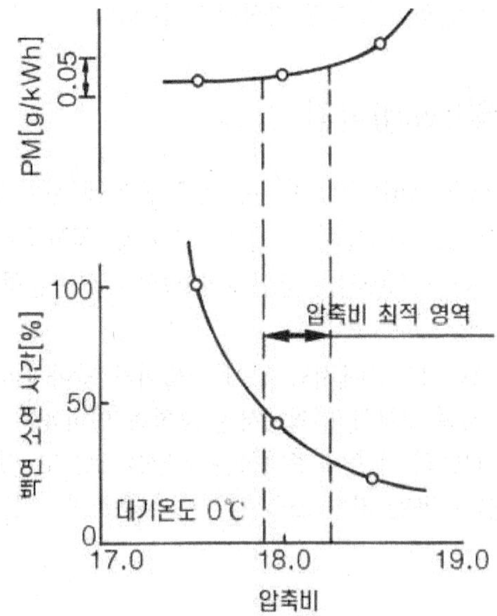

그림 12-15 압축비의 영향

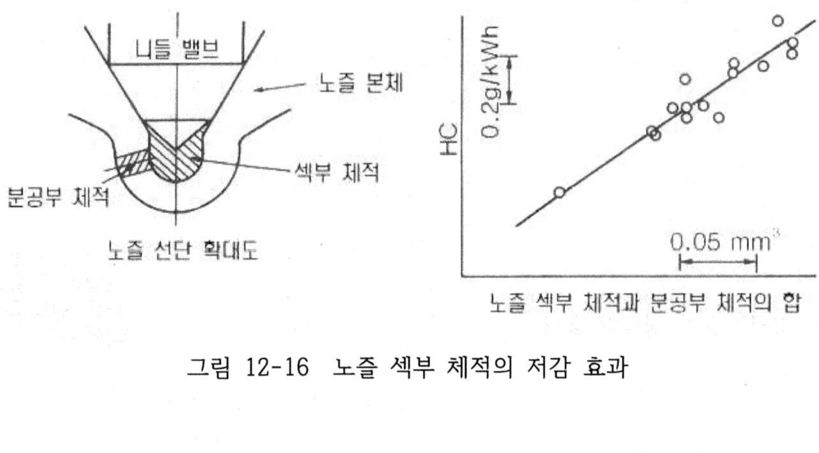

그림 12-16 노즐 섹부 체적의 저감 효과

3) 인터쿨러 사용

터보과급엔진에서 과급기 통과 후 압축된 공기는 100℃를 초과한 고온으로 이대로 연소에 이용하면 연소온도가 상승한다. 이 급기온도를 냉각하는 것에 의해 실린더내의 온도를 낮출 수 있고, NO_x의 저감을 낮출 수 있는 수단이 된다. 또 급기 온도를 낮추면 실린더내의 공기밀도가 크게 되고, 연소에 관여하는 공기량의 증가와 함께 연소개선, 흑연저감, 연료소비율 저하의 효과가 있다. 동시에 급기온도의 냉각은 연소 후 배기온도의 저하로 되고 엔진의 내구성도 향상시킬 수 있다.

4) 스월(swirl)비의 감소

스월(swirl)비의 저감은 연소 초기에 관여하는 예혼합 연소량을 저하시켜 NO_x를 저감하는 효과가 있다. 그러나 스월비를 저하시키면 고속영역에서의 성능은 개선되지만, 저속 고부하 영역에서는 혼합기의 생성이 불충분하게 되어 매연농도와 CO의 배출이 증가하는 경향이 있다.

그림 12-18에서와 같이 스월비가 낮아지며 따라 고속영역에서는 연비율이 좋아지는 반면 저속 고부하 영역에서는 오히려 연비율이 높아지는 경향을 보이고 있다. 또한 배연농도와 CO의 배출이 증가하는 경향을 보이고 있다. 이 때문에 각 운전조건에 맞도록 관성과급을 이용한 가변 스월 장치도 사용하기도 한다.

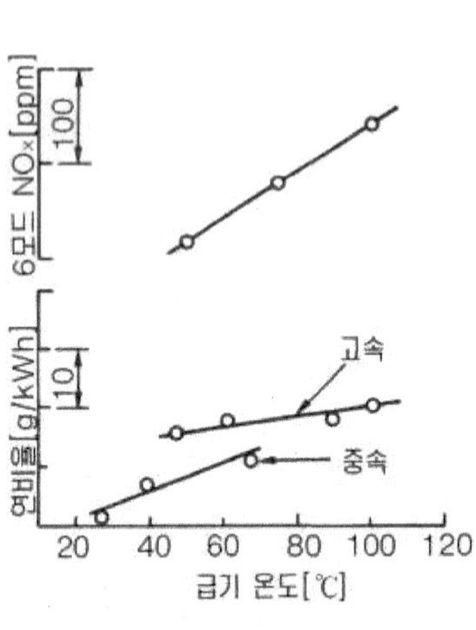

그림 12-17 급기 냉각의 효과

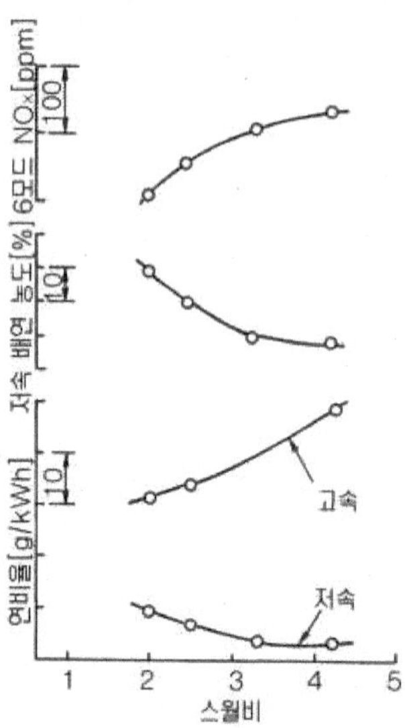

그림 12-18 스월비의 효과에 따른 연비율 및 배연농도

5) 연소실의 개량

실린더 내에서는 와류라고 부르는 공기의 선회운동이 있지만, 피스톤의 상사점 부근에서는 공기의 대부분이 소경의 연소실로 들어가서 실제의 연소는 이 연소실내에서 이루어지게 된다. 따라서 연소실의 치수와 형상은 연소에 많은 영향을 미친다. 일반적으로 연소실에 대하여 입구부를 작게 한 리엔트런트 볼(reentrant bowl)형에서는 팽창행정에서 피스톤이 하강하기 시작해도 높은 와류비가 잔존하여 후 연소기의 연소개선, 입자상 물질 저감 효과가 있다. 그러나 이 리엔트런트형 연소실은 피스톤 모서리(edge)부의 온도가 상승하기 때문에 피스톤 냉각을 충분히 고려하기 위해서 오일 갤러리(oil gallery)형 피스톤을 병행하여 사용하기도 한다.

6) 고압연료분사

연료분사의 고압화는 분사된 연료의 미립화가 촉진되어 공기와의 혼합을 쉽게 하기 때문에 PM 저감에 많은 효과가 있다. 고압화에는 연료분사펌프의 대형화 등에 의해 연료의 송유율을 향상시키는 방법과 노즐 분공경을 작게 하는 방법이 있다. 연료의 송유율을 향상시키면 분사압력이 높게 되고, 분무의 미세화와 혼합기 생성의 촉진에 의해 PM 물질의 저감이 가능하다. 동시에 단위시간당의 연료량이 많아지기 때문에 연소기간이 단축되는 이점이 있지만, 역으로 연소온도의 상승에 의해 NO_x의 배출량 증대와 예혼합 연소의 증가에 의한 소음증가 등의 단점도 있다.

또 연료의 송유율과 분사압력의 향상을 위해서 연료분사장치의 대폭적인 개량 또는 분사펌프만으로는 한계가 있기 때문에 펌프와 노즐 일체형의 유닛 인젝터를 사용하기도 한다.

노즐 분공경을 작게 하는 경우는 노즐에서의 교축효과로 분사압력은 높아지고, 동시에 분공경이 작아짐에 따른 분무의 미세화와 혼합기 생성의 촉진이 가능하여 PM을 저감시킨다. 그러나 예혼합 연소량이 특별히 증가하지 않았는데도 불구하고 분사기간이 길게 되어, 고부하 영역의 후연소 기간에 연소의 악화에 따른 매연증가의 경향이 있다. 또 분사압력의 증대로 인해 연료분사펌프, 배관, 노즐의 강도 향상도 요구된다.

7) 파일럿(pilot) 연료분사

디젤엔진은 통상 연료의 분사가 3~4/1000초 가량 계속되고 분사초기 착화가 될 때까지의 착화지연기간 동안에도 연료의 분사는 계속적으로 이어진다. 그 사이에 연소실 내에 축적된 연료가 착화와 동시에 한순간에 연소하게 되면 급격한 압력상승으로 연소실 온도가 급상승되고 이에 따라 많은 양의 NO_x를 생성하게 된다. 따라서 NO_x 배출에 많은 영향을 미치는 예혼합 연소를 감소시키는 수단으로서 파일럿분사 방법이 있다.

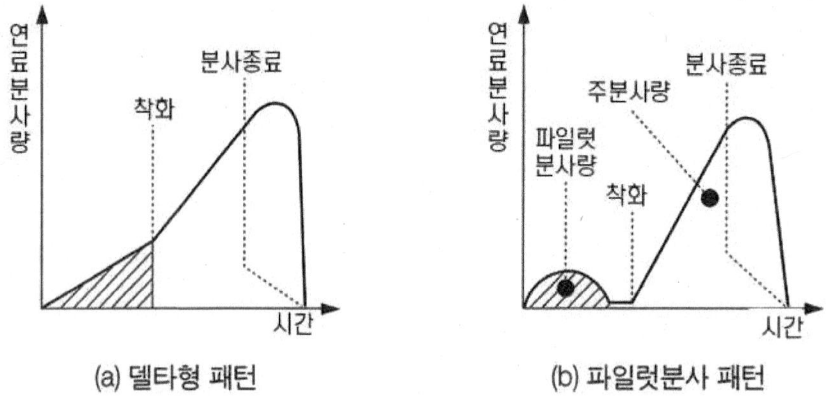

※ (a)와 (b) 모두 ▨ 부인 연료분사량을 억제하여 NO_X의 발생이 적어지도록 하는 데 뜻이 있다.

그림 12-19 파일럿분사와 일반형 분사의 패턴

이 파일럿 분사는 2단 분사 방법으로 초기에는 극히 적은 양의 연료를 분사하고 일단 분사를 정지한다. 그 연료의 분사가 정지되는 동안 실린더 내에서는 착화에 의해 화염이 발생되고 그 화염의 발생과 동시에 본분사를 시작하게 되는 2회로 나누어지는 분할분사이다. 이렇게 함으로써 착화지연기간 중의 연료분사량의 감소에 의해 예혼합 연소량이 감소하고, 이에 따라 NO_x의 생성을 최소화하고 소음 저감 효과가 있다. 그리고 파일럿 분사로부터 본 분사를 하는 사이의 간격을 달리하는데 따라 엔진에 부가되는 고·저부하에 따른 분사율의 제어가 가능하다.

하지만, 소량의 연료를 파일럿분사를 실시하기 위해서는 미세한 분사량의 컨트롤이 필요하고, 실제 다기통엔진의 넓은 회전역에서 안정된 파일럿분사를 실현하는 것은 대단히 어렵다.

8) 배기가스 재순환(EGR ; exhaust gas recirculation)

EGR은 CO_2 등 불활성가스가 많이 함유되어 있는 배출가스를 흡기쪽에 흡입하도록 하여 연소 때의 최고온도를 저하시킴으로써 NO_x의 발생을 저감시키는 것이다. 가솔린엔진의 경우에 있어서는 NO_x를 저감시키는데 유용한 방법으로 사용되고 있다. 혼합기와 새로이 도입되는 EGR가스와 함께 연소하게 되면 공기의 과잉인 상태와 같이 온도를 저하시키는 효과는 동일하고 이때 과잉의 O_2가 적어짐으로써 NO_x를 저감시키는데 효과가 크다. 하지만 지나치게 EGR율이 높아지면 연소가 불안정하게 되므로 그 비율을 적절히 제어할 필요가 있다.

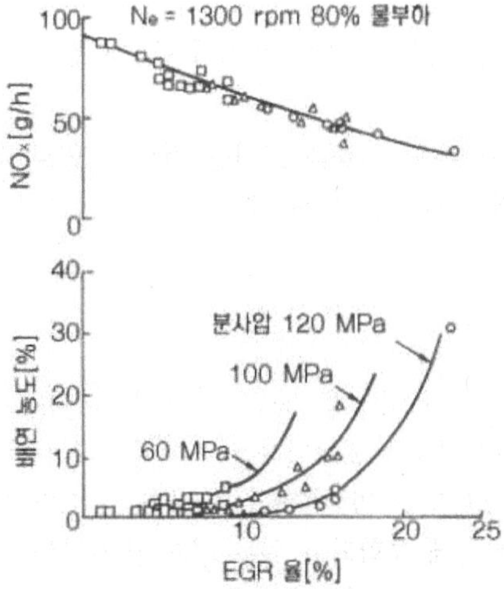

그림 12-20 EGR에 의한 NO_X 저감

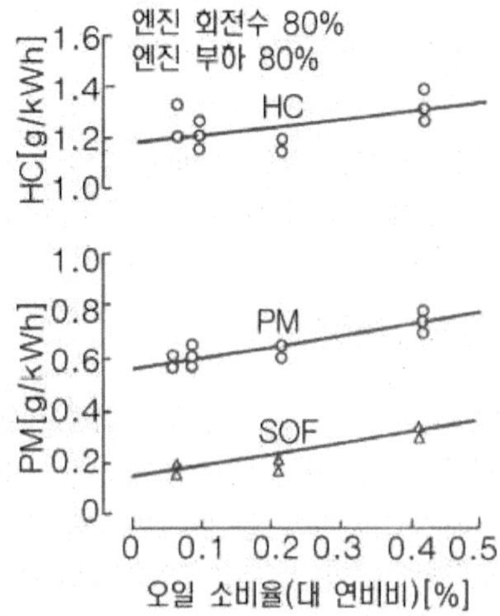

그림 12-21 오일 소비에 다른 PM과 HC의 배출

현재 경량 소형차에는 EGR방식을 주로 사용하고, 대형차에서는 3원 촉매의 채용을 더불어 사용하여 NO_x의 환원과 CO, HC의 산화를 동시에 실현시키고 있다.

디젤엔진에 있어서도 EGR이 NO_x의 대책으로서는 유효하나, 경유 중에 함유되어 있는 유황분에 의한 아황산가스나 배출가스의 재순환에 따른 부작용도 커서 이에 따른 대책도 함께 고려되어야 한다. 배기중의 흑연과 황산화물은 엔진 내부로 다시 흡입하게 되면 피스톤과 실린더 주위의 마모 내구성 및 엔진오일 수명 등에 좋지 않은 영향을 미치게 된다.

또한, 배기가스를 재순환시 O_2의 농도가 감소하기 때문에 공기가 충분하지 않은 고부하역에서는 배연농도 및 HC가 증가한다. 따라서 EGR은 중·저부하역에서 사용하는 것이 효율적이다.

EGR의 효과를 높이기 위해서는 전자제어 등에 의한 부하, 회전수에 따른 EGR량의 정밀제어가 필요하다. 또 NO_x저감을 위하여 연료분사시기를 대폭으로 지연시킨 경우에는 HC의 증가도 동반하지만, 이때에 적정량의 hot EGR을 행하면 연소실의 온도를 상승시켜서 HC 악화를 방지하는 효과도 있다.

그림 12-20은 EGR에 의한 NO_x의 저감을 나타내고 있다. EGR율이 높아짐에 따라 NO_x의 배출량은 감소하지만 배연농도는 증가되는 현상을 볼 수 있다.

9) 오일 소비량의 감소

PM은 일반적으로 흑연과 SOF(가용분)로 구성되지만, 디젤엔진의 개량으로 흑연을 감소하면 연소에 의한 것 이외에 오일 소비에 의한 SOF분도 배출가스로서 무시할 수 없게 된다. 엔진 실린더 내 피스톤 링 부분의 오일 상승이나 밸브 스템 부에서의 오일 하강 등에 의해 일부는 연소실에 들어가 연소하지만 나머지는 HC로서 배출된다. HC 중 일부는 흑연에 부착되어 PM이 증가하게 된다.

그림 12-21은 오일 소비에 따른 PM과 HC의 배출 비율을 표시한 것으로 오일 소비가 증가함에 따라 PM과 HC의 배출비율도 함께 증가함을 볼 수 있다.

10) 연료의 개량

일반적으로 사용되는 경유는 디젤용 연료로서 비교적 이상에 가까울 정도의 성상을 가지고 있다. 특히 고출력에서 경제적이고 또한 높은 신뢰성을 확보한다는 점에서는 최적의 성질을 가지고 있다고 할 수 있다. 하지만 원유에 포함되어 있는 황(S)은 탄소, 수소에 이어서 3번째로 많이 함유되어 있는 원소이다. 연소시 황에 포함되어 있는 설페이드(sulfate, 황성분)은 입자상 물질인 PM의 발생에 큰 영향을 미치고 있다.

디젤엔진의 PM은 흑연이나 가용성 유기성분(SOF), 그리고 이 설페이드(sulfate)로 구성되어 있다. 그 가운데에서 흑연이나 SOF는 연소개선에 의해서 어느 정도까지 줄일 수 있지만, 경유 중의 황 성분은 일부는 3산화황(SO_3)으로 되고 그것이 배출가스 중의 물과 결합되어 설페이드(sulfate)로 되어서 흑연(dry soot, 그을음)에 부착하여 PM을 증가시키는 원인이 된다. 또한 황산화물은 촉매 효율의 저하에도 큰 영향을 미치기 때문에 사용연료의 저황화가 요구되고 있는 실정이다. 국내 정유회사에서도 2004년부터 50ppm 이하의 초저황경유의 공급을 개시하고 있다.

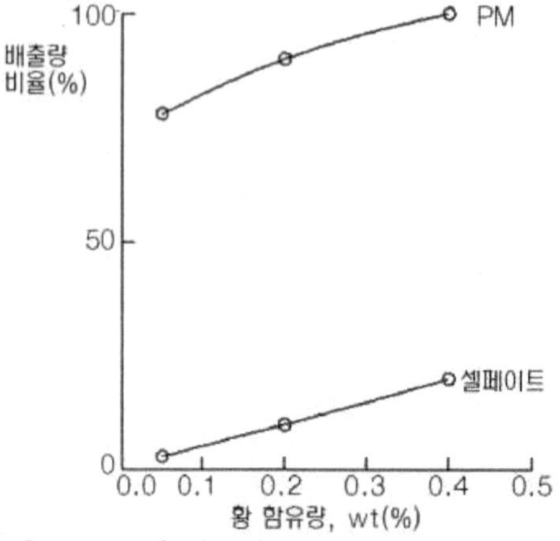

그림 12-22 황 함유향에 따른 PM 배출 비율

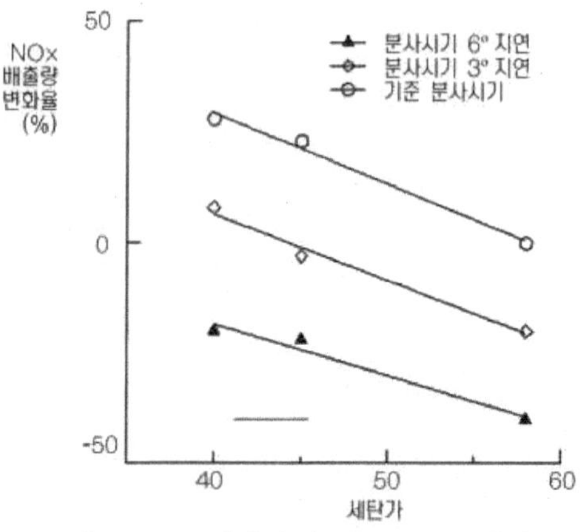

그림 12-23 세탄가에 따른 NOx 영향

그림 12-22은 황 함유량에 따른 PM과 설페이드 배출량을 나타내고 있다. 황 함유량이 많을수록 PM과 설페이드의 배출 비율도 많아짐을 볼 수 있다.

그림 12-23는 세탄가에 따른 NO_x의 배출량을 보여주고 있다. 세탄가가 높을수록, 분사 지연시기가 늦어질수록 NO_x의 배출량은 줄어드는 것을 볼 수 있다. 분사시기를 현저히 지연시키면 연소가 완만하게 이루어져서 화염온도가 낮아지고 이로써 NO_x의 생성이 억제된다. 이 경우는 피스톤의 하강을 시작하고부터 연료의 분사가 개시되나 이렇게 될 경우에는 착화가 잘되지 않을 위험이 있고 또한 PM의 발생도 고려되어야 할 점이다.

12.5.2 후처리 시스템의 의한 배출가스의 저감

가솔린엔진에서는 삼원촉매에 의해 NO_x, HC, CO의 배기가스 대부분을 저감할 수 있었지만, 디젤엔진의 경우는 배기 중에 O_2가 존재하기 때문에 가솔린엔진의 삼원촉매와는 다른 후처리 장치가 요구된다. 특히, 디젤엔진의 후처리 장치는 PM물질 저감이 필수적으로 요구된다. 이에 따라 산화촉매 또는 필터 등의 새로운 대응기술이 연구되고 있다. 이들 후처리장치는 계속적인 연구 개발로 자동차용으로 실용화되고 있는 실정이다.

1) 디젤산화촉매(DOC, Diesel Oxidation Catalyst)

산화촉매기(DOC)를 이용하여 매연이나 CO, HC의 배출농도를 줄일 수 있다. 디젤엔진용 산화촉매는 가솔린엔진의 촉매와 같은 벌집모양의 세라믹담체 또는 메탈담체에 촉매기제와 촉매활성성분을 담지시킨다. 촉매물질로는 백금(), 팔라듐(Pd) 및 로듐(Rh)등이 사용된다. 이 산화촉매는 백금(Pt), 팔라듐(Pd) 등의 촉매효과로 배기중의 O_2를 사용하여 HC와 CO를 산화 제거하는 것이다. 디젤엔진은 HC와 CO 등의 배출은 적지만, 산화촉매에 의해 PM 구성성분인 SOF(주성분 HC)를 감소하여 PM을 15~30% 저감할 수 있다.

일반적으로 촉매기 온도가 170~200℃에 도달하면 촉매반응을 시작하고, 약250℃에 도달하면, 촉매기의 효율은 약90%까지 가능해진다. 따라서 DOC의 온도가 상승함에 따라 PM에 포함된 SOF(주성분 HC)의 연소가 가능하여 HC를 산화시킴으로써 PM을 낮추는 효과를 얻을 수 있다. 그때, 연료중의 유황에 의해 생기는 SO_2 가스도 촉매에 의해 산화되어 설페이드(sulfate, 황산염)를 생성되는 단점이 있다.

산화촉매기(DOC)에 요구되는 기능은 다음과 같다.

① 높은 SOF 분해 산화활성을 가질 것

② 배출가스온도 500℃까지 설페이드의 생성을 억제할 것

③ HC 등의 저온흡착을 억제할 것

④ 충분한 내구성, 내열성, 내피독성을 가질 것

DOC의 1차적인 기능은 NO를 NO_2로 산화시키는 것이다. NO에서 NO_2의 비율을 높이는 문제는 DPF, NSC, SCR을 위해서 매우 중요하다.

대부분 후처리하기 전의 배기가스에 포함된 NO_x에서 NO_2가 차지하는 비율은 약1/10 정도로 작다. DOC촉매기는 촉매기의 코팅-층 및 배기가스 성분 조성에 따라 약180~230℃부터 NO_2의 농도를 급격하게 높이는 기능을 한다. 온도가 상승함에 따라 다시 NO_2의 농도가 감소하는 방향으로 진행된다.

NO_2는 산소(O_2)의 존재 하에서, 온도에 따라 NO_2 : NO와의 비율이 달라지는데, NO_2측은 저온(250℃ 이하)일 때 비율이 높아지며, 대략 450℃이상에서는 NO가 증가하는 추세가 된다. 따라서 DOC는 저온에서 NO_2 : NO의 비율을 근접시키는 기능을 한다. 그림 12-24은 HC 배출물에 대한 촉매기의 효율을 나타내고 있다.

한편 DOC의 최대과제는 엔진규제모드에서 배기온도가 높은 영역에 있고, 경유 중의 황성분에 대해서도 산화작용이 되어 설페이드(sulfate 황산염 ; SO_3)의 증가를 초래하고 이것이 오히려 PM의 양을 증가시키는데 있다. 따라서 산화촉매의 사용에는 저황 경유나 완전 탈황시킨 경유의 사용이 필수조건으로 된다.

디젤엔진은 부분부하 영역에서는 배기온도가 낮기 때문에 산화촉매도 저온활성을 좋게 해야 한다. 그러나 저온활성이 좋은 촉매는 저온시부터 설페이트가 발생되기 때문에 PM의 총량이 증가할 수 있다. 따라서 엔진의 실제의 사용부하와 회전수에 맞는 촉매 온도 특성의 선택이 중요하고, 촉매 성분의 조정에 의해 저온활성화 및 설페이트 제어를 할 필요 있다.

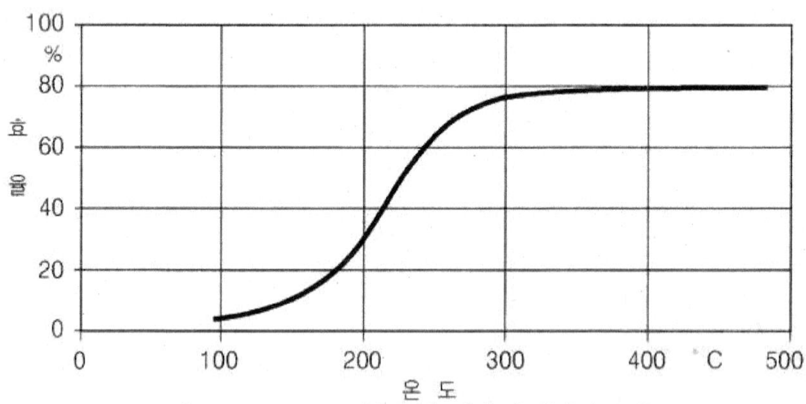

그림 12-24 HC 배출물에 대한 촉매기의 효율

2) DeNOx 촉매(catalyst)

NO_x 저감을 위한 가장 이상적인 방법은 추가적인 환원물질을 사용하지 않고 분해 촉매기만을 사용하여 열적으로 불안정한 NO분자를 N_2와 O_2로 환원시키는 것이다. 하지만 현재 실용기술로서는 자동차용 디젤엔진에서 후처리를 통한 NO_x 저감은 환원물질을 추가해야만 가능한 실정이다.

현재 연구되고 있는 D_eNO_x촉매로는 산소가 과다한 영역에서 엔진에서 배출되는 HC를 이용하여 NO_x를 NO_2로 변환시키는 LNC(Lean NO_x Catalyst)방식과, 희박한 영역에서 NO_x를 포집하였다가 농후영역에서 배출하고 촉매에 의해 N_2와 CO_2로 변환시키는 NO_x 트랩(trap) 방식이 있다. LNC방식은 충분히 많은 양의 HC가 요구되기 때문에 디젤엔진에 사용하기에는 아직 실용성이 떨어지고, 효율적인 측면도 15~30% 이하이다. NO_x 트랩(trap) 방식은 고온 내구성이 우수한 장점이 있으나 연료 속에 황성분에 피독되는 단점을 가지고 있고, 가솔린엔진처럼 농후한 공연비에서 연소하지 않고 대부분의 영역에서 공기과잉상태로 운진되기 때문에 NO_x드랩을 적용하기가 용이하지 않다.

NO_x 환원 촉매는 배출가스 중의 HC, CO, H_2를 환원제로 하여 NO_x를 N_2로 환원하는 것이다. 디젤자동차용 NO_x환원 촉매의 개발이 어려운 것을 다음의 이유로 기인한다.

① 디젤연소에 있어서 산소가 과잉 존재하는 배기가스에서 NO_x를 환원시키야 함.

② NO_x환원 반응이 저온을 포함한 고온영역에서도 실현 가능해야 함.

③ 배기가스 중에 SO_x와 PM등의 촉매 피독 물질이 다량으로 존재

따라서, 디젤자동차용 NO_x환원 촉매는 아직 만족할 만한 실용기술이 확립되어 있지 않은 실정이다.

3) 선택적 환원 촉매법(SCR: Selective Catalytic Reduction)

디젤엔진은 거의 모든 운전영역이 공기 과잉 상태에서 운전되므로 배기가스 중에는 다량의 O_2가 존재하게 된다. O_2의 존재를 근거로 NO_x를 제거하는 2가지 방법이 있다. SCR(Selective Catalytic Reduction, 선택적 환원촉매)법과 SNCR(Selective Non-Catalytic Reduction, 선택적 비촉매 환원)법이 있다.

SCR 촉매에서 선택석(Selective)이라는 말은 배기가스에 비교적 많이 포함되어 있는 산소분자(O_2)와의 사이에서 환원물질의 산화가 아닌, NO_x에 포함된 산소와의 사이에서 우선적으로 이루어진다는 것을 의미한다. SCR법은 암모니아(NH_3)를 환원제로 하고 적당한 촉매를 사용하여 NO_x의 분해 반응속도를 높여 줄이는 방법이다.

NO_x 촉매는 산업용으로 개발되어 사용되고 있으며 촉매로는 T_iO_2, Al_2O_3 계의 세라믹 바나듐(V)을 혼합 또는 도포한 것이 가장 많이 사용되고 있다. 자동차인 대형 디젤자동차에서도 SCR 촉매기를 사용하여 NO_x의 배출수준을 낮추고 있는 연구가 진행되고 있다.

SCR 촉매기의 반응원리는 다음과 같다. 먼저, NO에 작용할 환원제로서 암모니아(NH_3)를 촉매기 전방에 분사한다. 이때의 화학반응은 다음과 같다.

$$4NO + 4NH_3 + O_2 \rightarrow 4N_2 + 6H_2O \quad (1)$$

$$NO + NO_2 + 2NH_3 \rightarrow 2N_2 + 3H_2O \quad (2)$$

$$6NO_2 + 8NH_3 \rightarrow 7N_2 + 12H_2O \quad (3)$$

보통 300℃ 이하의 저온에서는 식(2)에 의한 반응이 주로 이루어진다. 따라서 NO : NO_2의 비율을 1 : 1로 유지하기 위해서는 온도를 낮게 유지하는 것이 중요하다.

자동차에는 아직 암모니아가스(NH_3)의 사용이 일반화되지 않고 있다. 그것은 설치 공간, 안전 등의 이유와 차량용 엔진회전수 및 부하가 광범위하게 변화하기 때문에 과잉 암모니아 배출 등의 문제가 있어 아직 실용화 되지 못하는 실정이다. 따라서 그 대안으로서 위험도가 낮으면서도 암모니아를 함유한 물질인 요소SCR 촉매를 사용하기도 한다. NM요소 SCR(Urea Selective Catalytic Reduction)촉매는 요소($(NH_2)_2CO$) 수용액을 엔진으로부터 배출되는 배출가스에 분출, 반응시키는 방법으로 NO_x의 정화방법 중 가장 정화율이 높다.

고압 공기를 이용하여 요소 농도 32.5%인 액체를 기관의 부하에 따라 적정량을 배기가스 시스템에 분사한다. 평균적으로, 경유 소비량의 약3%에 해당하는 요소를 분사한다. 현재의 기술로는 지금까지 약70%인 환원률을 온도범위 250~450℃에서 약 90%까지 높일 수 있다. 하지만 이 요소 SCR촉매는 NO_x에 대해서만 유효하고 PM에 대해서는 별도의 정화장치인 DPF 등이 필요하다. 그 밖에 요소액을 공급하기 위한 별도의 장비가 있어야 하고 별개의 시스템인 요소탱크를 탑재하는 스페이스 등의 레이아웃 설정이 쉽지 않은 면을 가지고 있다. 그림 12-25은 SCR 촉매기를 부착한 한 예를 보여주고 있다.

4) 선택적 비촉매 환원법(SNCR : Selective Non-Catalytic Reduction)

SNCR법은 촉매를 사용하지 않은 대신에 950℃ 부근의 높은 온도에서 암모니아 또는 요소와 같은 환원제를 투입하여 NO_x을 N_2와 H_2O로 환원시키는 방법이다. 이 방법은 산업용 디젤엔진에서 널리 사용되고 있다. 차량용 디젤엔진에서는 회전수와 부하의 변동에 의해 운전상태가 항상 변화고, 남은 암모니아 배출 등의 문제가 남아 있어 아직 실용화되지 못하고 있다.

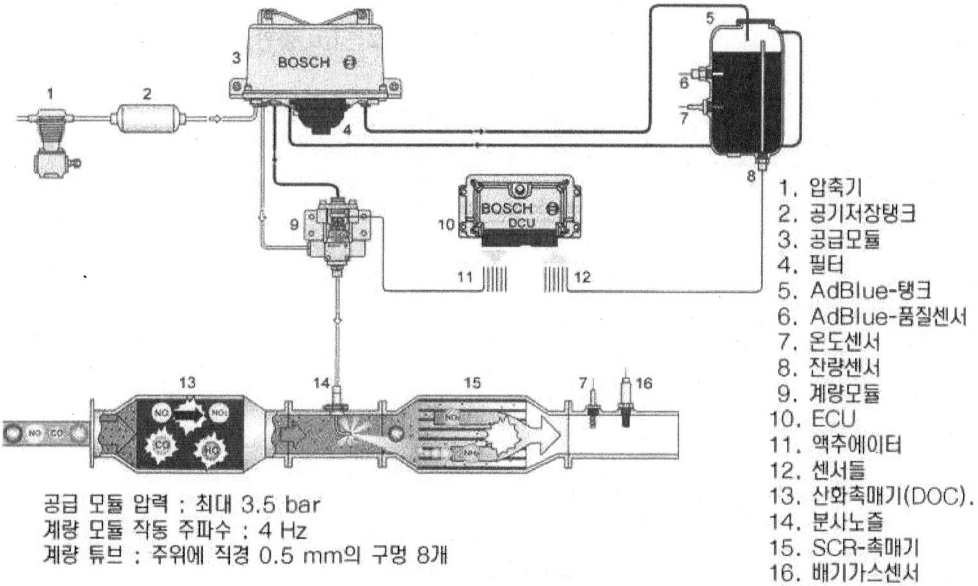

그림 12-25 SCR 촉매기의 한 예

5) 매연여과장치(DPF: Diesel Particulate Filter)

PM물질을 저감하기 위한 방법들이 오랫동안 연구되어 왔으며, 현재 가장 효율적인 기술로는 매연여과장치(DPF)이다. 이 장치는 그림 12-26에서와 같이 디젤엔진에서 배출되는 PM을 필터로 포집한 후 연소 등의 방법으로 제거하고 다시 PM을 포집하여 계속적으로 사용하는 기술이다.

이 필터는 PM의 포집에 의해 단시간에 저항이 증가하기 때문에 포집된 PM을 제거해야한다. 디젤엔진의 배기에는 O_2함유되어 있기 때문에 고부하 운전 상태처럼 배출가스가 고온이면 자연적으로 PM물질이 연소된다. 매연을 연소시켜 필터를 재생하기 위해서는, 미립자필터를 최고 550℃ 이상으로 가열시켜야 한다. 그러나 항상 이 온도에 도달할 수 있는 운전조건이 아니기 때문에 여러 가지 재생시스템들을 사용한다.

이에 따라 전기히터와 버너를 사용하여 강제적으로 재생시키는 방식과 압축공기를 역방향으로 불어 PM물질을 불어 날리는 역세방식, 필터에 촉매작용을 가지게 하여 자기연소를 꾀하는 방법 등으로 필터에 포집된 PM을 제거하고 필터를 다시 재생시킨다.

또, 매연입자들이 연소될 때, 필터의 온도는 부분적으로 최고 약1,200℃까지 상승하므로 특히 내열성의 재질이 요구된다. 촉매기의 담체로 널리 알려진 세라믹 모노리스(monolith) 외에도, 소결금속이 사용되고 있다. 미립자 필터는 그 재질의 종류에 상관없이, 미립자 전체의 약 95%를 포집할 수 있는 수준에 도달해 있다.

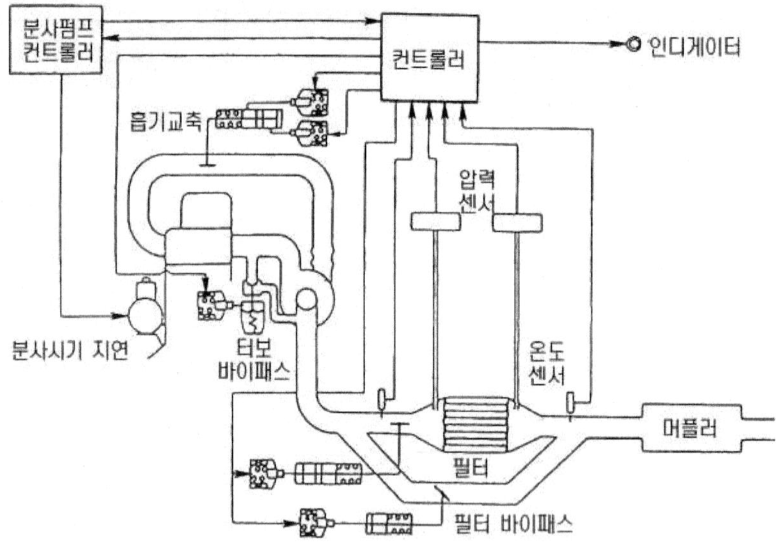

(a) DPF 시스템

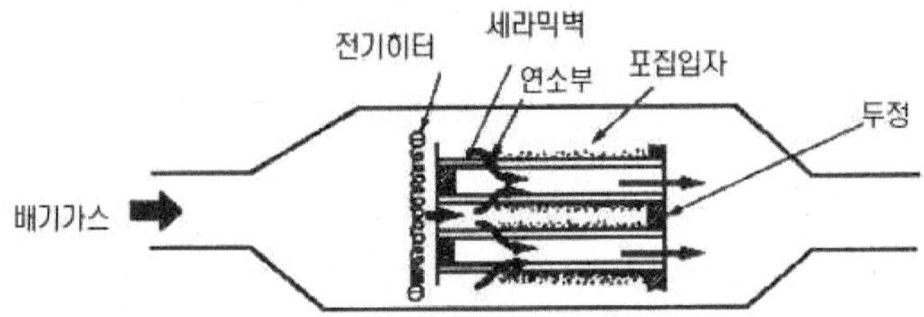

(b) 재생시 트랩의 상태

그림 12-26 DPF 시스템

디젤기관에서 배출되는 입자상 고형물질의 크기는 직경 0.1~0.3 μm 정도가 70%를 차지하고 있고, 평균질량의 입자크기는 직경 1 μm이하로 아주 작다. 따라서 분리성능이 아주 우수한 미립자 필터를 필요로 한다.

이 DPF기술은 입자상 물질을 70%이상 저감할 수 있지만 가격이 높고, 내구성이 부족하며 입자상 물질이 포집될수록 엔진에 배압이 걸려 출력과 연료소비율이 희생되는 문제점이 있다. 하지만 이 기술은 이미 외국뿐만 아니라 국내에서도 DPF가 개발되어 다수의 디젤차에 장착, 실용화되고 있고, DPF에 대한 개발연구는 많은 자동차 제작회사 및 관련 연구기관에서 그 진전을 보고 있는 것이 현실이다.

(1) DPF필터의 종류

① 세라믹 필터

- 미립자 필터는 배기 계통에 장착되어 PM을 트랩(trap)하는 것으로 재료나 구조에는 여러 가지가 있다.
- 필터는 다음의 기능을 필요로 한다.

  ⓐ PM의 포집효율이 높고 압력손실이 엔진성능에 악화를 허용하는 범위에 있을 것

  ⓑ 배압이 낮을 것

  ⓒ 배출가스나 연소 재생시의 온도변화에 대해 내구성이 높을 것

  ⓓ 제품의 신뢰성과 가격이 저렴하여 양산성이 있을 것

- 필터시스템의 최대 과제는 포집해서 퇴적된 PM을 제거, 재생처리 하여야 한다. 만약 재생처리 되지 않으면 필터에 PM이 퇴적되어 배압이 허용값 이상으로 올라가 연비가 악화되고 엔진의 정지를 가져올 수 있다.
- 그림 12-27은 세라믹 미립자 필터를 보여주고 있다.
- 세라믹 필터는 대부분 벌집 형상으로 가솔린기관의 촉매기와 재질과 형상이 비슷하다. 이 필터는 다공질 재료여서 포집효율이 높고 압력손실이 낮은 장점과 콤팩트하고 기계적인 강도 또한 높다. 반면 열팽창률이 높고 재생 때 균열이 발생되기 쉬운 결점이 있다. 구조는 그림 12-27과 같이 벌집 형상의 통로양단을 하나 건너 교대로 세라믹 플러그로 막아 놓았고, 열린 통로로 들어온 배기가스는 세라믹 벽에 뚫린 기공을 통과, 이웃 통로를 거쳐 배기된다. 세라믹 담체의 벽두께는 약300~400μm정도이고, 통로의 크기는 100~300 cpsi (channels per square inch)가 대부분이다.

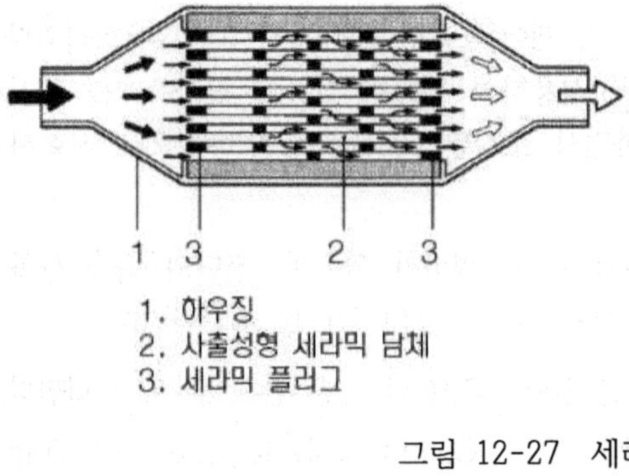

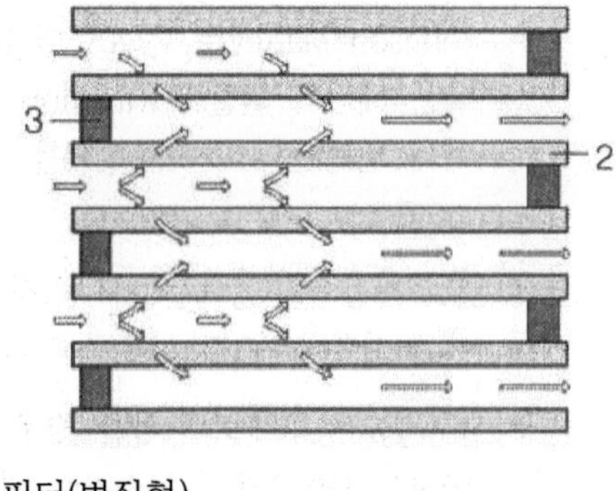

그림 12-27 세라믹 필터(벌집형)

② 소결금속 필터

그림 12-28
소결금속 필터(SHW사)

- 독일의 SHW사가 개발한 것으로 와이어와 분말금속(Cr, Ni계)을 혼합, 성형한 판재모양으로 된 판을 겹쳐서 만든 것으로, 필터 표면이 금속담체이며 담체의 그물망은 소결금속가루로 채워져 있다. 필터 표면은 동심(concentric)으로 배열되어 있으며, 배기가스가 통과하는 필터의 판(slat)은 앞쪽이 뾰족한 쐐기형이다. 필터-판(slat)의 뒤쪽이 막혀 있어, 배기가스는 반드시 필터 주머니의 벽의 통과해야 하도록 설계되어 있다. 이때 매연입자는 세라믹 필터에서와 비슷한 원리로 기공의 벽에 퇴적되게 된다.
- 그림 12-28은 소결금속 필터를 보여준다.
- 포집효율과 압력손실의 형평에 의해 세공(작은 구멍)의 치수가 결정되며, 포집효율은 세라믹 필터(벌집형)에 비해 다소 떨어진다. 금속계이므로 중량이 다소 무겁고 버너 재생 시 열변형이 쉬운 것이 결점으로 남아 있다.

(2) 필터의 재생방법

PM의 조성은 대부분이 드라이 수트(dry soot)나 SOF이며 연소제거에 의한 재생처리는 가능하다. DPF 상부에 퇴적된 PM의 착화온도는 600℃정도로 높기 때문에 통상의 운전조건 아래에서는 자연 재생 연소를 기대하기 어렵다. 일반적인 자동차 배출가스 온도는 300℃이하이기 때문에 강제적으로 착화시키는 시스템이 필요하다. 따라서 현재까지 시도되고 있는 각종 DPF의 재생방법은 아래와 같다.

① CRT 방식(Continuous Regeneration Trap)

- Johnson Mattey는 1990년대 PM물질의 제어를 위한 CRT시스템을 상용화하였다. 이들은 세라믹 월플로(wall-flow)필터를 사용하여 필터의 상류에 산화촉매를 위치시켜 이때 발생된 NO_2가 필터를 통과하면서 포집된 PM물질을 연속적으로 산화시키는 원리이다.
- CRT매연 여과장치는 캐니스터 내부에 2개의 필터가 있으며, 전단의 백금 산화촉매에는 산화반응으로 NO를 NO_2로 변환시키며 CO와 HC도 저감시킨다.
- NO_2를 산화제로 사용할 경우 PM은 300~450℃의 낮은 온도에서도 산화한다. 이 방식은 산업용으로 지속적인 재생-방출(CRT : Continuously Regenerating Trap) 시스템에 사용되고 있다.

- NO_2는 탄소입자가 250℃에서 산화할 수 있도록 작용하며, 후단에 설치된 필터에 포집된 PM은 배기가스온도가 250℃이상이면 연속 재생된다. 성능은 PM과 CO, HC를 90%수준까지 저감시키며, NO_x는 3~8%정도 감소하는 것으로 보고되고 있다. 하지만 이 방식은 촉매의 성능 유지를 위하여 디젤의 황성분을 10 ppm이하로 요구하기 때문에 상용화에는 다소 시일이 걸릴 것으로 판단된다.
- 또한, 이러한 촉매 세라믹 trap은 PM물질 포집에는 우수한 효율을 가지고 있지만 상대적으로 높은 압력손실을 일으킨다는 문제점을 가지고 있다.

② 첨가제 방식(additive system)

- 디젤연료에 철(Fe), 세륨(Cerium)이나 구리(Cu) 등의 연료첨가제를 첨가하여 soot의 연소온도를 낮추고 필터의 재생을 촉진 시킬 수 있다.
- 경유에 세륨 등의 첨가제를 첨가하여 600℃인 매연의 산화온도를 450℃ 이하에서 재생이 가능하게 한다. 또한 첨가제만으로는 다양한 운전여건에 만족하기가 곤란한 경우에는 보조 재생방식을 추가적으로 사용하여 400~500 km 주기마다 강제로 재생시킨다. 강제 재생을 위해서는 산화촉매를 전방에 부착하여 미연 탄화수소 연소를 발열시키며, 커먼레일 연료장치에서 후분사법으로 배출가스 온도를 상승시킨다.
- 이 방법은 첨가제 사용으로 인한 다이옥신과 같은 이차 오염 물질 발생 등의 단점이 있다.

③ 버너 재생 방식

- 이론적으로는 DPF 상부에 퇴적된 PM을 연소시킬 수 있으나, 실제로는 필터가 막혀 배압이 걸리는 현상이 빈번히 발생되고 있다. 따라서 대형차량의 경우에는 버너(burner)를 이용하여 강제로 필터를 재생시키는 방법을 사용하고 있다.
- 버너재생 방식으로는 바이패스(bypass)재생 방식과 풀 플로(full flow)재생 방식의 2 종류가 있다.
- 바이패스 재생방식은 2개의 필터를 나란하게 하고 재생과 포집을 번갈아 변환하면서 재생하는 방식이다. 차량의 탑재성과 변환밸브의 내구성 및 신뢰성의 면에서 불리하여 최근에는 풀플로 방식이 주류로 되어 있다.
- 풀 플로 방식은 그림 12-29에서와 같이 O형은 연소를 위한 공기를 필요로 하지 않고 배출가스 중이 산소를 이용, PM 입자를 연소시키고 있어서 잔류산소이 농도가 높은 엔진의 저·중부하역의 상태에서 운전되는 도시버스 등에 쓰인다.

그림 12-29 버너에 의한 재생(O형)

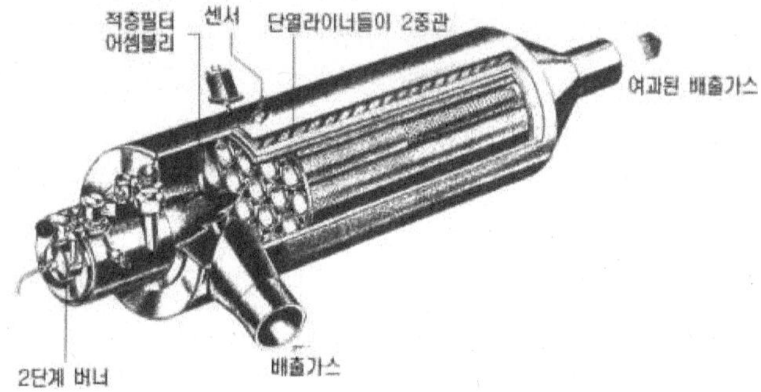

그림 12-30 버너에 의한 재생(M형)

- 그림 12-30에서와 같이 M형은 연소에 필요한 공기를 사용하고 있으며, 모든 운전 조건 하에서 재생이 가능하다. 그리고 이들 버너는 필터의 전면에 놓인 온도센서의 신호에 의해 연료의 공급량을 조절하여 재생용 가스의 온도를 700℃전후가 되도록 제어한다. 이 버너 재생박식에는 차량에 직접 탑재하는 형식과 차량이 정지되었을 때 기계에 접속하여 재생을 하는 정치형의 2종류가 있다. 이 온도 피드백 버너 재생방식은 재생을 확실하게 할 수 있는 이점이 있으나 시스템이 복잡하고 그에 따른 고가인 것이 단점이다.

④ 플라즈마/촉매 복합시스템 방식

- 플라즈마를 이용한 디젤엔진 후처리 기술은 1988년도부터 본격적으로 연구결과가 발표되기 시작하였다. 세계적인 자동차 관련업체들이 플라즈마를 이용하여 NO_x와 PM을 동시에 제거하려는 연구를 활발하게 진행하고 있다. 플라즈마를 이용한 시스템에 있어서 플라즈마 기술만으로는 NO_x의 저감에 어려움이 있어서 촉매가 조합된 시스템을 권장하고 이를 사용하고 있다. 두 시스템을 동시에 사용할 경우 플라즈마 사용은 촉매 선택성과 제거 효율을 높일 수 있다고 보고되고 있다.
- 플라즈마/촉매 복합 시스템의 재생원리는 디젤의 PM물질이 산화성이 강한 NO_2에 의해 보다 낮은 온도인 250℃에서부터 쉽게 산화되는 것을 이용하고 있다. 전단에 위치한 산화촉매는 배기가스중의 NO를 PM의 산화에 필요한 NO_2로 산화시키고, 생성된 NO_2는 플라즈마 반응기에서 포집된 디젤 PM을 연속적으로 산화시키며 NO와 N_2로 변환되고 결과적으로 전체 배기가스 중 NO_2함유량은 저감된다. 이 시스템에 있어서 배기가스 중 PM의 저감효과는 반응기 내부온도와 NO_2의 농도가 증가함에 따라 증가하였고, 반응기내에서 전체 soot량이 증가함에 따라 산화되는 PM량도 증가 한다.

- 플라즈마 방식은 필터를 사용하는 기존의 매연여과장치의 원리와는 상이하기 때문에 필터방식 수준의 PM저감율 달성은 용이하지 않지만 PM과 함께 NO_x를 동시에 저감할 수 있는 기술로 발전할 수 있을 것으로 기대된다.

6) 미립자형 촉매필터(CPF : Catalyzed Particulate Filter)

PM을 제거하기 위한 배기가스 후처리 장치는 DPF(Diesel Particulate Filter : 디젤미립자형 필터), CDPF(Catalyzed Diesel Particulate Filter : 디젤미립자형 필터) 또는 CPF(Catalyzed Particulate Filter : 미립자형 촉매필터))로 통칭한다.

CPF란 디젤엔진의 배기가스 중 PM을 필터를 이용해 물리적으로 포집하고, 일정거리 주행 후 PM의 발화 온도(550℃) 이상으로 배기가스 온도를 상승시켜 연소시키는 장치이다. 즉, CPF는 디젤엔진에서 배출되는 PM을 필터로 포집한 후 이것을 태우고 (재생) 다시 포집하기를 반복하는 기술로써 약 70% 이상 저감할 수 있는 장치이다. CPF는 매연 저감 성능 면에서는 우수하나 PM이 포집됨에 따라 엔진에 배압이 걸리며 이것에 의하여 출력과 연료소비율이 떨어질 수 있는 단점이 있어 제어기술이 중요하다. CPF 기술은 크게 PM 포집(Trapping)기술과 재생(Regeneration)기술로 나누어진다. 시스템은 기본적으로 필터, 재생장치, 제어장치의 3부분로 구성되어 있다.

현재 적용중인 재생방법은 스캐너를 이용한 수동재생 방법과 일정주행 거리를 운행한 후 ECU에서 수행하는 운행거리에 따른 재생, 그리고 운행 중 연소온도 상승 시 자동적으로 수행되는 CRT(Continuous Regeneration trap) 촉매 재생 등이 방법이 있다.

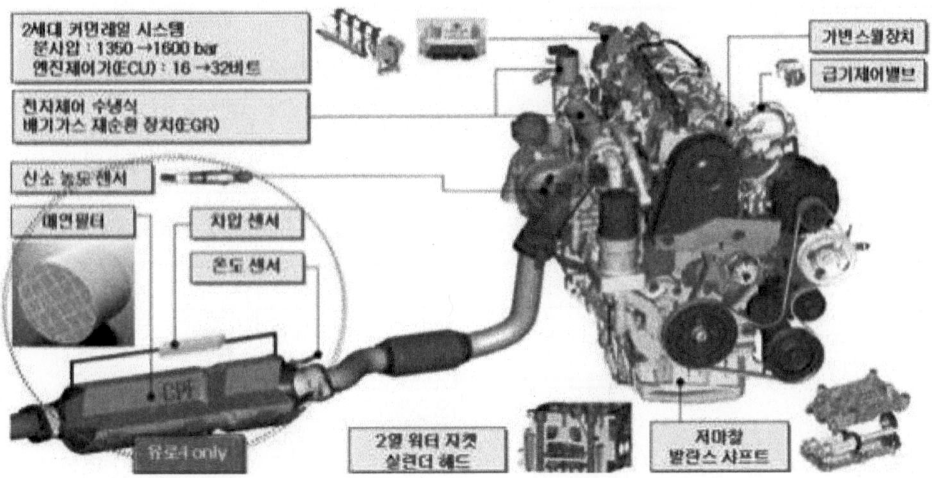

그림 12-31 커먼레일 엔진에서의 CPF장착 예

12.6 소음의 발생

자동차의 주요 소음원은 자동차의 종류에 관계없이 엔진, 냉각장치, 흡·배기장치, 구동장치, 타이어, 기타 장치에서 발생된다. 이들 각 음원이 전체 소음에 대하여 어느 정도의 영향을 갖는가의 비율을 기여율이라 하고, 소음저감 대책에 중요한 수치가 된다. 디젤엔진은 실린더 내에서의 폭발압력이 크고 그 압력의 상승이 급격하기 때문에 연소 소음의 기여율이 상대적으로 높다. 그림 12-32은 차량용 디젤엔진 소음의 기여율을 나타내고 있다.

12.6.1 엔진소음

엔진소음은 연소에 기인하여 생기는 연소소음과 엔진의 회전에 의하여 기계적인 작동 부분에서 발생하는 기계소음으로 나눌 수 있다. 엔진소음은 실린더 내의 연소가스 압력에 의하여 엔진 각부가 여진되면서 그 진동이 공기에 전파됨으로써 발생되며 이 현상은 소음의 발생기구로 볼 때에는 그림 12-33에서와 같이 가진원, 진동전달구조, 발음부의 3개로 크게 나누어진다. 그리고 이 가운데에서도 가진원이 가장 큰 영향을 미친다.

소음은 연소소음과 기계소음으로 성립되고 있으며 연소소음은 연소가스의 압력과 상관관계가 있다. 연소가스의 압력강도가 높을수록 연소소음의 강도는 높아지는 것을 볼 수 있다.

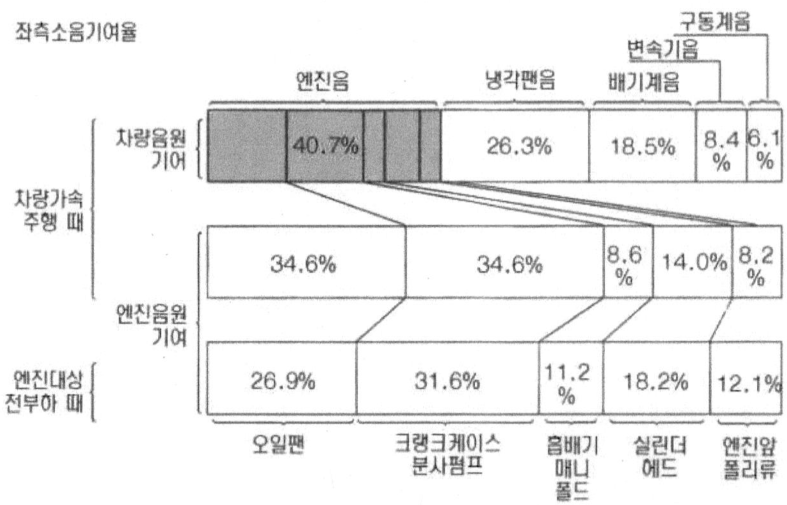

그림 12-32 차량용 디젤엔진 소음의 기여율

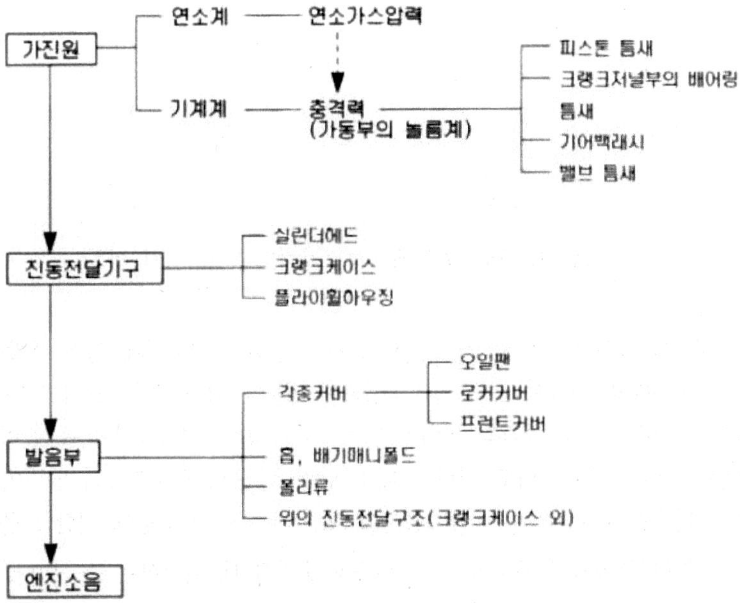

그림 12-33 디젤엔진 소음의 발생기구

$$I_c = K \times I_p$$

여기서, I_c : 연소소음의 강도

I_p : 연소가스 압력의 강도

K : 전달함수(구조감쇠)

연소소음은 정상연소인 경우 가솔린엔진은 대체로 문제가 되지 않지만, 이상연소인 경우는 노킹음이 분명히 크게 발생하여 소음원이 된다. 디젤엔진은 압축비가 크고 실린더내의 압력이 높기 때문에 정상연소인 경우에도 연소소음이 커진다.

그림 12-34에서는 가솔린엔진과 디젤엔진의 출력에 따른 실린더 내의 압력 변화를 보여준다. 가솔린엔진의 경우 출력이 낮아짐에 따라 혼합기의 흡기량이 적어지고 이에 따라 실린더내의 압력 또한 낮아진다. 가솔린엔진의 연소는 점화플러그를 중심으로 순차적으로 확산되는 연소이기 때문에 디젤엔진처럼 급상승되지 않는다. 이에 반해 디젤엔진은 작용하는 부하에는 관계없이 항상 공기를 최대 흡입한 상태에서 이를 고압으로 압축한 다음, 고온의 상태에서 연료를 분사하여 착화하기 때문에 실린더내의 압축압력 뿐만 아니라 폭발압력도 높다.

또한, 디젤엔진의 연소에 있어서 이상연소인 노크가 발생하면 이에 따른 특유의 노크음을 발생한다. 디젤엔진은 초기 연소에 있어서 연료의 분사와 동시에 착화가 이루어지는 것이 아니

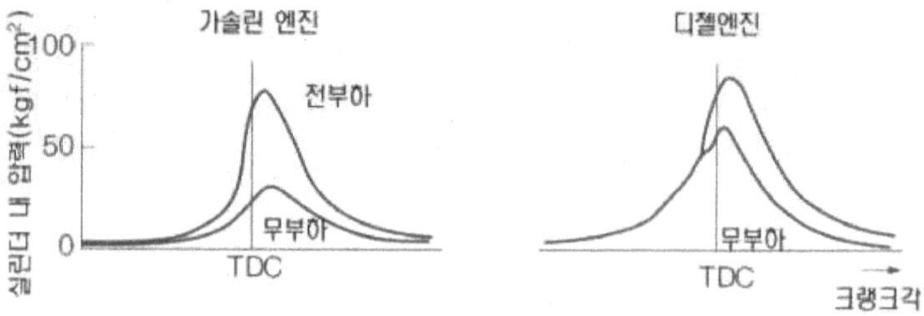

그림 12-34 출력에 따른 실린더 내의 압력 변화

고 착화지연 시간을 요한다. 그사이 연속해서 분사된 연료가 한꺼번에 연소 폭발하면서 실린더 내의 압력은 급상승하고, 특유의 노크음을 발생하게 되는데 이를 디젤노크라고 한다. 이 노크음은 시동 직후와 같이 엔진이 냉각되어 있을 때에는 그 착화지연기간이 더욱 길어져 한층 심해진다. 디젤엔진은 연소소음 이외도 실린더 내의 압력상승으로 연소가스의 압력이 실린더 벽에 진동을 가하여 엔진의 각부, 흡·배기 매니폴드나 오일 팬 등에서 진동에 의한 소음이 발생된다.

기계소음은 엔진내부에서 부품들이 다른 부품과 충돌할 때 발생하는 소음이다. 기계소음에는 피스톤슬랩(piston slap)음, 기어 벨트 체인 소음, 분사펌프계 소음, 베어링 임팩트(bearing impact)음, 백래쉬(back lash)음 등이 있다.

피스톤 슬랩음은 피스톤과 실린더 사이에 설치된 간격 때문에 피스톤 스커트부가 실린더와 충돌하여 발생하고 이 충돌력이 진동이 되어 소음이 된다. 기어 벨트 체인소음은 크랭크축이 캠축 또는 연료분사펌프, 디스트리뷰터 등을 구동하기 위하여 발생하는 소음으로서 기어구동방식이 체인이나 벨트구동 보다 소음발생이 크다.

분사계에서 발생하는 소음은 분사펌프 내부의 기계부분의 왕복진동에 의한 소음과 고압의 연료가 급기 측에 급격히 되돌아 올 때 발생한다. 베어링 임팩트 음은 크랭크축의 저널과 베어링의 충돌로 발생하는 소음이고, 백래쉬음은 기어가 상대 기어와 서로 맞물릴 때 이의 맞닿는 소리이다. 엔진소음은 개략적으로 실린더보어의 5승, 엔진회전속도의 3승에 비례하는 것으로 보고되고 있다. 따라서 대형트럭이나 버스 등 배기량이 큰 엔진일수록, 엔진회전속도가 빠를수록 소음은 증가하게 된다.

12.6.2 냉각장치의 소음

냉각장치에서 발생하는 소음은 주로 팬의 회전에 의해 발생하는 것으로서 팬이 공기를 자를 때 발생하는 음과 팬의 주위에 있는 물체에 공기가 부딪쳐 기류가 난류가 되어 발생하는 음이 있다. 냉각계의 소음은 일반적으로 팬의 회전수가 작을수록, 팬의 블레이드 매수가 작아질수록 커지는 경향이 있다.

12.6.3 흡·배기장치의 소음

흡기소음은 배기소음에 비하여 크지는 않지만, 실린더 내로 공기를 흡입할 때 공기의 맥동음이 공기청정기에서 공명하여 비교적 큰 음을 발생하기도 한다. 배기소음은 고온·고압의 연소가스가 배기관부근에서 급격히 팽창될 때 발생하는 소음이다. 배기계 소음은 배기 출구쪽에서 공기의 토출음과 머플러 부근에서의 방산음 등을 발생한다.

12.6.4 타이어 소음

타이어 소음에는 타이어와 노면의 상호작용에 의한 패턴 노이즈(patten noise) 및 도로소음, 타이어 자체의 진동에 의한 소음, 타이어가 공기를 교란시켜 발생하는 소음 등이 있다. 패턴 노이즈는 타이어에서 발생하는 소음의 대부분을 점유하고 있고 이것은 에어 펌핑음과 임팩트음이 있다. 에어 펌핑음은 타이어가 접지할 때 트레드(tread)에 변형이 일어나서 패턴구에 출입하는 공기가 압축, 팽창을 반복하면서 주위의 공기가 진동하여 소음이 되는 것을 말한다. 임팩트음은 타이어가 접지할 때 트레드 고무가 직접 노면을 타격하는 음이다. 도로소음은 노면의 작은 요철부를 타이어가 통과할 때 요철부에 공기가 출입하여 에어펌핑 작용이 일어나 발생하는 소음이고, 타이어 자체의 진동음은 타이어가 노면의 요철(凹凸) 등을 통과할 때 가하여지는 충돌력으로, 타이어가 국부적으로 변형하고 이것이 복잡한 탄성 진동이 되어 발생하는 진동음이다.

12.7 소음 저감 대책

자동차 소음을 줄이기 위해서는 먼저 소음을 구성하고 있는 음원의 기여율을 명확히 파악할 필요가 있다. 소음 요인 분석방법은 구하려고 하는 소음 이외의 음원을 제거하여 구한다. 예를 들면, 엔진소음을 측정하는 경우에는 엔진소음 이외의 팬 소음이나 흡·배기계 소음을 제거하면서 행한다. 그런 다음 기여율을 명확히 하였으면, 기여율이 큰 음원의 소음부터 저감시키면서 행한다.

그림 12-35은 엔진 소음의 요인 비율과 엔진의 소음과 실린더 내 압력과의 관계를 나타내었다. 이것은 기여율이 작은 음원의 소음은 저감시켜도 최종적인 자동차 소음저감에는 대체로 효과가 없음을 보여주고 있다.

12.7.1 엔진 소음의 대책

엔진소음을 저감하기 위해서는 연소가 부드럽게 이루어지고 기계적인 작동부분에 충돌음이 발생하지 않는 정숙한 엔진이면 된다. 이를 위한 구체적인 예는 다음과 같다.

1. 디젤엔진 연소소음에서 소량의 연료분사(파일럿분사) 실시하여 연소소음을 저감한다. 이것은 메인분사와 파일럿분사의 분사량 및 인터벌을 조합시킴으로써 착화지연기간을 단축시키고 이것으로 말미암아 연소형태를 평온하게 하게 하는 효과가 있다.
2. 피스톤과 실린더의 틈새를 가능한 한 작게 하여 피스톤 슬랩현상을 줄여준다.
3. 실린더블록의 형상, 두께를 검토하고 강성을 향상시킨다.
4. 밸브계끼리의 충돌음을 방지하기 위하여 캠 프로파일(cam profile)의 최적화, 밸브 클리어런스(valve clearance)의 자동조절 등의 대책을 행한다.
5. 크랭크축에 토션 댐퍼(torsion damper)를 설치한다.
6. 방사음을 방지하지 위하여 실린더블록에 차음(車音) 커버를 추가한다. 오일 팬과 실린더 헤드 커버 등은 방진, 방음재를 사용하고 이중구조로 한다.

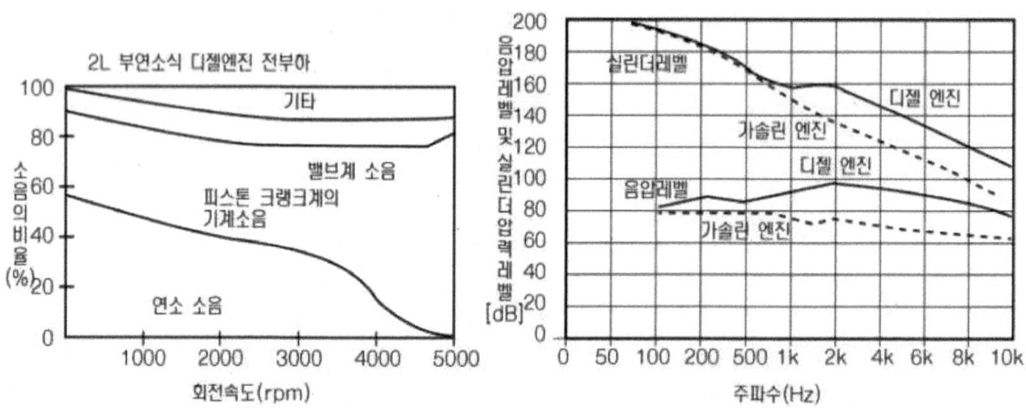

(a) 엔진 소음의 요인 (b) 엔진 소음과 실린더내 압력

그림 12-35 엔진소음의 요인 및 소음 저감 효과와의 관계

12.7.2 흡·배기계 소음의 대책

흡기소음은 공기청정기의 형상, 장착 위치 등과 관계가 있으며, 공기청정기 내부 면적 S에 대하여 입구관의 면적 S_0가 작을수록(또는 확장비 (S/S_0)가 클수록), 흡기관의 길이가 길수록 소음이 더 커진다.

배기계 소음의 저감에는 배기관 도중에 적절한 구조의 소음기를 설치하든지, 혹은 배기관을 2중으로 하든지, 두껍게 하면 효과가 있다. 또 엔진 진동이 배기계통으로 전달하는 것을 방지하기 위하여 배기관 일부에 플렉시블 파이프를 사용하기도 한다.

12.7.3 냉각장치 소음의 대책

냉각장치 소음의 대부분은 팬의 소음이다. 저감방법은 냉각작용에 필요한 공기 통과량을 가능한 한 적게 한다. 이 원칙에 의한 대책은 다음과 같다.

1. 방열효과가 적은 라디에이터를 사용하여 공기통과량을 가능한 한 줄인다.
2. 회전수가 저하되어도 충분한 풍량이 얻어지도록 팬을 선정한다.(부등 피치팬)
3. 엔진의 회전상태에 따라 효과적으로 냉각팬을 회전시킨다.(전동팬이나 바이메탈에 의한 온도제어식 커플링 팬의 채용)

12.7.4 타이어 소음의 대책

타이어 소음이 커지는 원인으로는 속도 상승, 하중의 증가, 공기압의 감소 때문이므로 소음의 저감에는 차량속도 저하, 하중의 감소 및 공기압을 증가시키면 효과가 있다. 이와 더불어 바이어스보다 레이디얼 타이어를 사용하고, 패턴 형식은 러그 패턴보다 리브 패턴 타이어를 사용하는 것이 효과가 있다.

12 연습문제

1. 가솔린엔진과 디젤엔진의 배출물을 비교 설명하라.

2. 공연비와 배출가스(3원 가스)농도와의 관계를 도표로 그리고 설명하라.

3. 가솔린엔진에서는 삼원촉매의 효율성이 높은 반면, 디젤엔진에서는 효율성이 낮은 이유?

4. 입자상물질(PM)에 대한 종류를 구분하여 설명하라.

5. 디젤엔진에서 다량으로 발생하는 PM과 NOx의 상반관계에 대하여 설명하라.

6. 유해배출물의 저감에서 엔진 연소시스템의 개선에 의한 방법을 설명하라.

7. 디젤산화촉매(DOC)와 SCR촉매기, DPF에 대하여 간단히 설명하라.

8. 다음의 기계소음 중 piston slap음, bearing impact음, back lash음에 대하여 설명하라

9. 디젤엔진의 연소소음을 경감시키는 방법에 대하여 설명하라.

친환경 자동차 종류

13

친환경자동차는 내연 엔진과 전기자동차의 축전지 엔진을 동시에 장착하거나, 차체의 무게를 획기적으로 줄여 공기의 저항을 최소화하는 등 기존의 일반 차량에 비해 연비 및 유해가스 배출량을 획기적으로 줄인 차세대 자동차를 말한다.

전기자동차나 수소연료전지자동차는 유해가스를 기존의 차량보다 90% 이상 줄일 수 있고, 대도시의 공기와 주변 환경을 개선할 수 있으며, 교통통제·도로계획 등과도 잘 맞기 때문에 친환경자동차(Eco-car)라고도 부른다.

하이브리드 전기자동차는 엔진+모터와 같이 두 개 이상의 동력원을 가진 자동차로 정의될 수 있고, 전기자동차는 순수 축전지를 사용하는 자동차로 정의될 수 있다. 특히 전기자동차는 배기가스가 전혀 배출되지 않으며, 내연기관에 비해 부품수가 현저히 감소하고 낮은 속도에서도 더 높은 토크를 낼 수 있다. 궁극적으로는 하이브리드 전기자동차가 전기자동차의 과도기적 성격을 지니고 있다는 점에서 전기자동차를 하이브리드 전기자동차를 포함한 넓은 의미로 쓰기도 한다.

그림 13-1 친환경자동차

13.1 친환경자동차의 구분

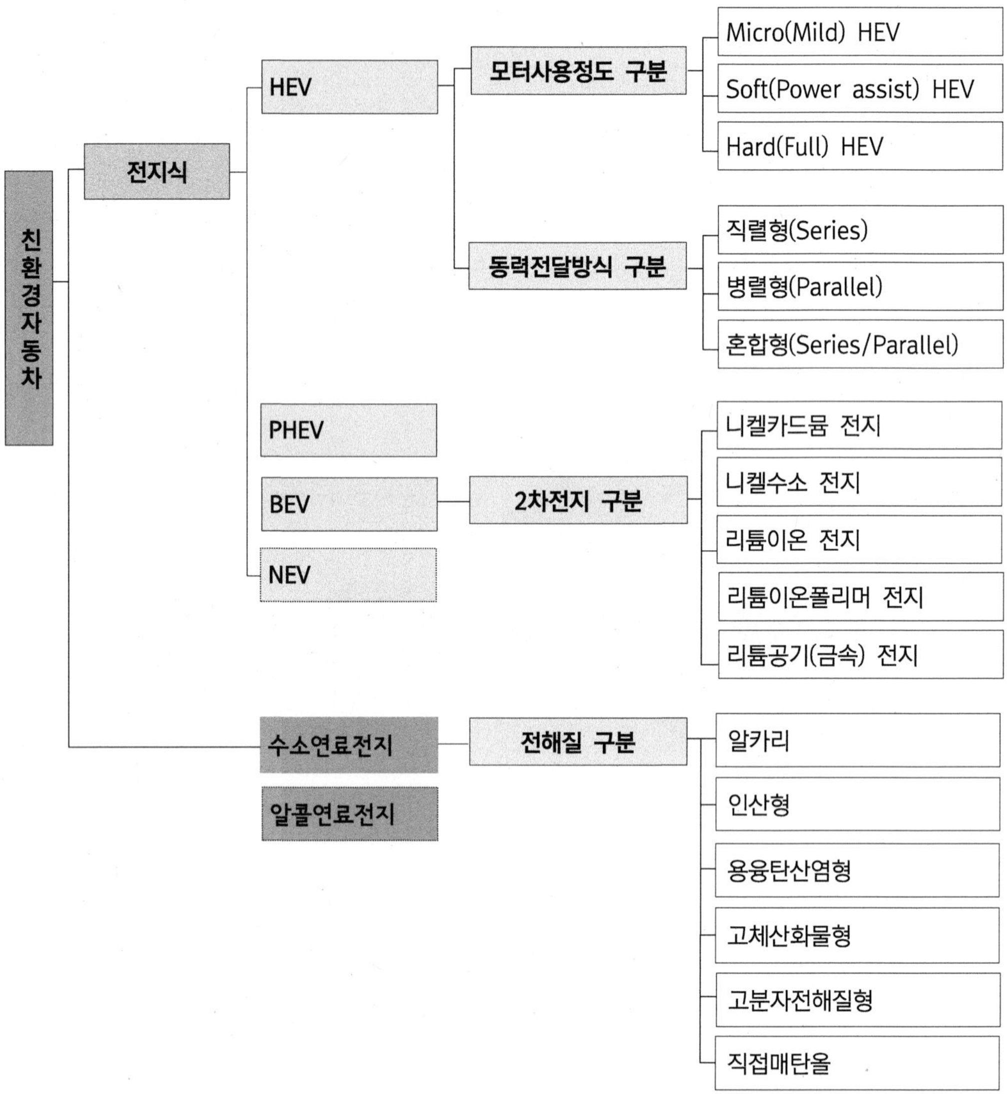

그림 13-2 친환경자동차의 종류

친환경자동차 구분

- 친환경자동차를 5종류로 나누어 보면 HEV, PHEV, EV, NEV, FCEV로 나눌 수 있다.
- HEV(Hybrid Electric Vehicle) : 하이브리드 전기자동차. 일반적인 내연기관과 모터 그리고 축전지가 장착되어 화석연료의 에너지와 전기에너지를 사용하여 구동되는 형식의 자동차로서, 기존 내연기관 자동차에 비하여 연비가 높고 공해물질 및 이산화탄소의 배출량이 적은 것이 장점이다. 엔진과 모터 그리고 구동축의 연결방식에 따라 크게 직렬/병렬/직병렬 방식으로 구분할 수 있으며 구동축과 전기모터가 직접 연결되어 있는 방식이면 직렬, 구동축에 전기모터와 엔진이 같이 연결되어 있으면 병렬, 그때 그때 전기모터, 엔진, 모터+엔진의 방식으로 구동할 수 있으면 직병렬 방식으로 분류된다. 병렬형 HEV를 기준으로 장점을 설명하자면, 가속 또는 등판시엔 모터에서 동력을 보조 받을 수 있기 때문에 동급의 엔진이라도 일반차량에 비해 가속/등판력이 좋으며 감속시엔 버려지는 에너지를 모터가 회생시켜 축전지를 충전하고 자동차가 정지시엔 엔진이 정지할 수 있어 연비 개선 및 이산화탄소 배출 저감 효과가 있다.
- PHEV(Plug-in Hybrid Electric Vehicle) : 가정이나 충전소에서 쉽게 충전 할 수 있는 전기 플로그가 장착되어 있는 하이브리드 전기자동차를 의미하며, 가정 등에서 충전한 전기로 주행을 하다가 충전된 전기를 소모해 감에 따하 엔진을 동작시켜 추가로 전기에너지를 보충시키는 방식으로, 충전된 전기로 주행하는 구간에서는 EV와 같이 오염물질 및 이산화탄소 배출량이 없으며 엔진을 동작시켜 운행하는 구간에서도 HEV와 같은 높은 연비와 저공해 주행이 가능하다. 현재 출퇴근용 정도의 거리는 전기자동차모드로 주행이 가능하다고 하다. HEV와 비교하여 상대적으로 큰 축전지 용량이 요구되며, EV의 과도기적 기술로서 상용화가 계획되고 있다.

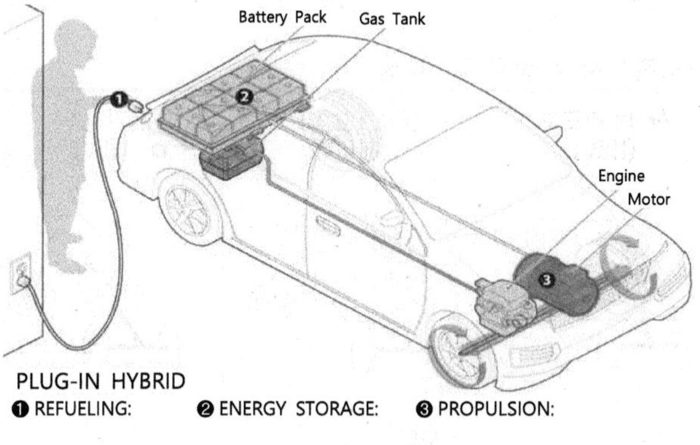

- EV(Electric Vehicle) : 내연기관 없이 모터와 축전지가 엔진과 화석연료의 역할을 대신하는 지동차를 말하다. 주행시 오염물질 및 이상화탄소배출량이 없어 무공해차량으로 불리며 이러한 특징들 때문에 HEV, PHev와 같은 과도기적 혹은 혼합식의 구조는 향후 축전지 기술의 발전에 따하 사라지고 EV화 될 것으로 기대되고 있다. 많은 완성차 제조업체들과 신생 벤처 기업들에서 전기자동차를 출시하거나 이를 계획하고 있으며 작년 일본에서 i_MEV라는 전기 자동차가 첫 상용화 되었다.

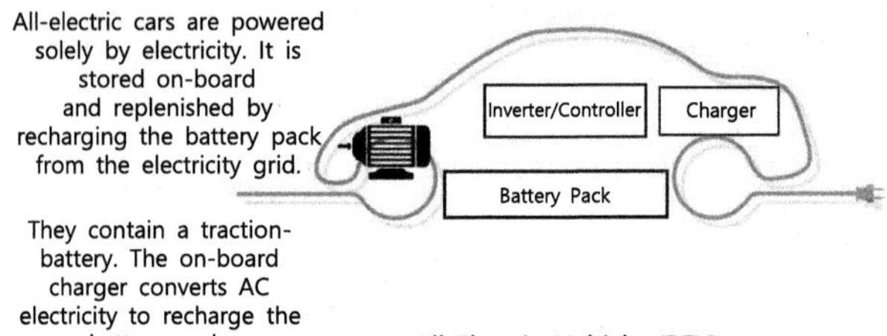

All-Electric Vehicle (BEV)

- NEV(Neighborhood Electric Vehicle): 저속전기자동차라 불린다. 저속전기자동차는 아직은 부족한 축전지의 용량과 비싼 가격에 대응하기 위한 시도로써 PHEV와는 접근 방법을 달리 한다.

NEV

- FCEV(Fuel cell Electric Vehicle) : FCEV는 EV의 배터리가 갖는 문제점을 극복하는 과정에서 나온 것이다. 사실 EV는 배터리문제만 극복되면 세상에서 가장 완벽한 자동차이다. 배터리문제란 가볍고, 부피가 작고, 반영구적이며 값이 싼 배터리를 만들어야 한다는 것이다. 여기에 무엇보다 충전시간이 짧아야 한다. FCV는 EV의 배터리 충전문제를 해결하기 위해 수소만 공급해 주면 계속 전기가 생산되는 연료전지를 사용한다.

표 13-1 친환경자동차의 종류 및 특징

구분	하이브리드차 (HEV)	플러그인 HEV (PHEV)	전기자동차 (EV)	연료전지차 (FCEV)
동력계 구조		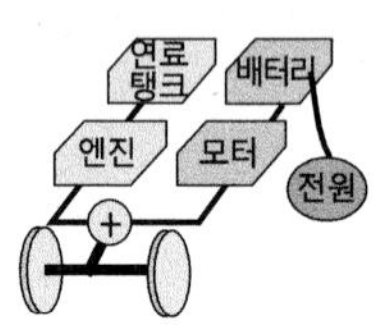	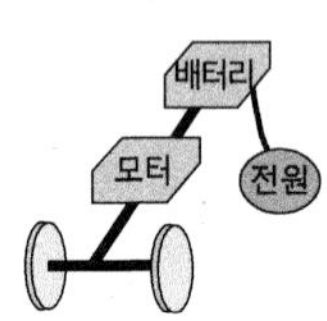	
구동원	· 엔진 + 모터	· 모터 · 엔진(방전시)	· 모터	· 모터
에너지원	· 화석연료 · 전기	· 전기 · 화석연료(방전시)	· 전기	· 수소

특 징	· 구동시 내연기관/모터 적절히 작동시켜 연비 향상 · 별도 인프라 필요 없음 · 배터리 전용 주행 5km내외	· 단거리 전기로만 주행 · 장거리 주행시 엔진 직구동 · HEV대비 배터리 용량 증대(주행거리60km 내외)	· Zero-Emission · 현재 근거리 주행만 가능(400km내외)	· 수소/산소반응으로 전기를 생산하여 모터 구동 · Zero-Emission · 수소탱크, 스택 등 장착(레이아웃불리) · 시스템 고가
구매비용	· 다소 고가	· 다소 고가	· 고가	· 초고가
배터리 용 량	· 0.98 ~ 1.8 KWh	· 4 ~ 16 KWh	· 16 ~ 100 KWh	· 10 KWh 내외
운영비용	· 다소 저비용	· 다소 저비용	· 저비용	· 고비용
운전편의	· 내연기관 대비 · 동일	· 내연기관 대비 · 거의 동일	· 내연기관 대비 · 불편(충전 필요)	· 내연기관 대비 · 불편(수소충전 필요)
적용사례	· 프리우스(도요타) · 시빅(혼다) · 소나타(현대) · K5(기아)	· VOLT(GM) · 프리우스(도요다) · F3DM((BYD) · i8(BMW)	· BOLT(GM) · 모델S(테슬라) · ZOE(르노) · 코나(현대)	· 미라이(도요다) · 클래리티(혼다) · 넥쏘(현대)

친환경자동차는 동력원의 전기화 정도에 따라 구분해 볼 수 있다. 즉 HEV는 동력원으로 전기모터와 내연기관을 동시에 쓰는 자동차, PHEV는 동력원은 전기만 쓰지만 충전에 필요한 내연기관을 내장한 자동차, BEV는 순수 전기로만 움직이는 자동차를 말한다.

표 13-2 친환경자동차 구분

구 분	특 징	
하이브리드 전기자동차	Hybrid EV. HEV	동력원으로 전기모터와 내연기관을 동시에 쓰는 자동차
플러그인 하이브리드	Plug-in Hybrid EV. PHEV	동력원은 전기만 쓰지만 충전에 필요한 내연기관을 내장한 자동차
전기자동차	Battery Electric Vehicle. BEV	순수 전기로만 움직이는 자동차.
연료전지자동차	Fuel cell EV. FCEV	연료전지를 통해 얻어지는 전기로 움직이는 자동차

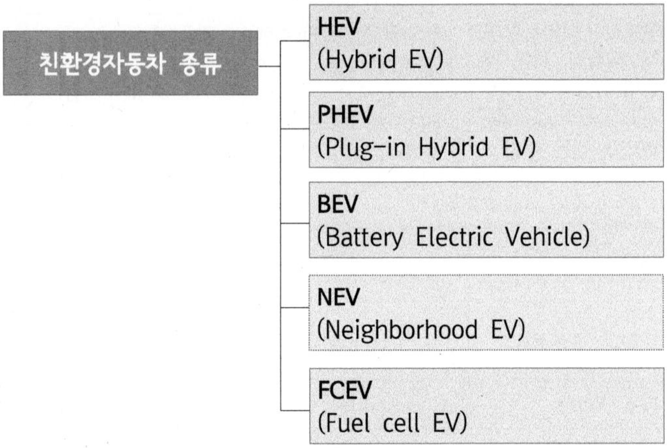

그림 13-3 친환경자동차 종류

① 기존의 엔진과 변속기를 동력원으로 사용하는 내연기관(Internal Combustion Engine)

② 정지시 엔진이 정지되어 연료를 저감하는 Micro(Mild) HEV

③ 기존 엔진에 모터로 보조하는 Soft(Power assist) HEV

④ 전기 모터가 출발과 가속시에만 역할을 하는게 아니라 주행에 주된 역할을 하는 Hard(Full) HEV

⑤ 기본적으로 전기모터로 움직이지만 축전지 범위를 넘어서는 거리는 엔진을 이용해 발전기를 돌리는 방식인 Plug-in HEV

⑥ 순수 축전지로만 운행하는 EV 또는 수소연료전지를 이용하는 FCEV 등의 순서로 구분이 가능하다.

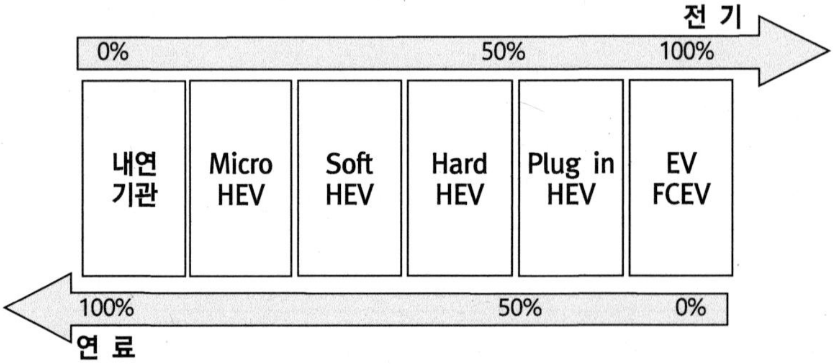

그림 13-4 에너지 사용률에 의한 분류

하이브리드 전기자동차의 경우, 두가지 이상의 동력원을 사용하기 때문에 전기자동차에 비해 여러 가지로 분류가 되는데 동력전달 방식에 따라 직렬형(Series), 병렬형(Parallel), 혼합형(직·병렬형)(Series/Parallel)이 있으며, 모터 사용정도에 따라 Micro(Mild) HEV, Soft(Power assist) HEV, Hard(Full) HEV로 분류된다.

플러그 인 하이브리드 전기자동차(PHEV)기본은 하이브리드 전기자동차 이지만, 축전지 용량을 하이브리드 전기자동차와 전기자동차의 중간 크기로 하고, 비상시에는 다시 충전해 두는 것으로 단거리는 전기자동차로서 활용하는 형식이다. 가정 전원이 이용 가능하고 어디서도 충전할 수 있다는 간편성을 염두해 둔 방식이다. 트럭에 비해 단거리 이용이 많은 승용차의 특성에 주목하여, 전동 주행을 단거리 이용으로 줄여서 전지 코스트를 줄인 가솔린 자동차와 전기자동차의 하이브리드 방식이다.

PHEV는 하이브리드 전기자동차와 마찬가지로 동력계 구조에 따라 바퀴축과 발전기가 연결된 직렬 하이브리드 시스템(Serial Hybrid System), 병렬 하이브리드 시스템(Parallel Hybrid System), 직병렬 하이브리드 시스템(Serial Parallel Hybrid System)으로 구분된다. 각 방식의 차이는 엔진과 전기모터가 어떤 역할을 맡고 있는지가 핵심이다.

전기자동차에 전기를 공급하는 방법은 무엇이 있을까? 방법은 연료전지와 축전지 두 가지다. 외부로부터 전기를 충전, 저장해야 하는 축전지방식은 수백 파운드의 무거운 축전지팩이 필요한데다 운행거리에 제한이 따르고 3～6년에 한 번씩 축전지를 교환할 때 많은 돈이 든다. 그래서 자동차 업계에서는 연료전지 방식에 더 주목하고 있다. 특히 수소연료전지는 축전지에 비해 작고 가벼우며 빠른 시간에 재충전된다는 것이 장점이다. 또 수증기만을 방출하기 때문에 가장 깨끗한 미래형 동력원이 될 것으로 보인다.

연료전지자동차의 경쟁자인 전기자동차는 엄밀한 의미에서 무공해차로 분류하기는 어렵다. 왜냐하면, 주행시 배기가스를 배출하지는 않지만 화력발전으로 전기를 생산한다면 화석 연료를 사용하기 때문이다. 연료전지(Fuel Cell)는 수소와 산소의 화학반응으로 생기는 화학에너지를 직접 전기에너지로 변환시키는 기술을 이용한 전지이다.

수소 연료전지자동차가 가장 친환경에 가깝지만 아직 개발되어야 할 기술과 생산 단가를 많이 낮춰야 하는 문제점이 있다. 수소 연료전지자동차는 수소 연료 전지로 발전하고 전동기를 구동하는 타입으로 수소를 직접 연소하여 이용하는 수소자동차와는 에너지를 내는 방법이 다르다.

알코올 연료전지자동차는 알코올을 직접 연료전지에 공급하는 방식과, 연료 개질기를 사용하여 알코올에서 수소를 얻어, 수소 연료 전지에 공급하는 방식이 있다. 발전이후의 시스템은, 전동기를 구동하는 전기자동차와 거의 같다. 알코올을 연료로 하여 직접 내연기관에서 연소시키는 자동차와는 다르다.

13.2 하이브리드 전기자동차(HEV)

13.2.1 정의

하이브리드 전기자동차(Hybrid Electric Vehicle, HEV)는 하나의 자동차에 2 종류 이상의 엔진을 장착한 자동차를 말하는데, 가솔린 엔진과 전기모터, 수소연소 엔진과 연료전지, 천연가스 가솔린 엔진과 디젤엔진과 전기모터 등 두 개의 동력원을 함께 쓰는 차를 말한다.

이 자동차는 플라이휠, 축전지, 대용량축전지와 조화를 이루는 연료전지, 가스터빈, 디젤, 가솔린 엔진 등 많은 hybrid 시스템 개념이 있다. 기존 휘발유, 디젤 등의 내연기관 엔진과 전기모터를 동시에 장착한 형태가 대표적이다. 현재의 하이브리드 전기자동차는 출발 등 저속 주행 시 전기 모터를 사용하고 높은 출력이 필요할 경우 내연기관 엔진을 가동시키는 방식이 주류를 이루고 있다. 전기 모터 구동에 필요한 전력은 차량 내에 장착된 2차 전지를 통해 얻는데, 브레이크 페달을 밟을 때 나오는 잉여의 에너지로 충전하거나, 주행시 바퀴의 회전을 통해 충전하는 방식으로 운행 전 오랜 시간 동안 충전해야 하는 전기자동차와 구별된다.

LPG, 천연가스, 알코올 등과 같은 연료는 엔진을 크게 손보지 않아도 되기 때문에 실용화하기 어렵지 않은 반면 태양열을 이용하는 차는 실용화가 어렵다. 빼어난 장점 때문에 집중적으로 수소자동차를 연구하는 메이커도 있지만 기술적으로 가장 기대를 모으는 것은 전기를 이용하는 자동차다. 기존의 화석연료인 가솔린이나 디젤연료를 사용하여 동력을 얻는 엔진과 전기로 구동시키는 전기모터를 결합하여 만들어진 하이브리드 시스템은 현재의 내연기관 엔진에 비하여 배기가스를 현저하게 저감시키고, 저속에서 연비를 좋게 개선하는데 효과가 있다.

하이브리드 전기자동차

- 하이브리드(hybrid)는 잡종, 혼합이란 뜻
- 2개 이상의 동력원을 이용하여 구동되는 자동차
- 동력원
  - 가솔린 엔진 + 전기모터
  - 엔진 + 회생시스템
  - 전기모터 + 회생시스템
  - 가스터빈 + 전기모터
  - 디젤엔진 + 전기모터

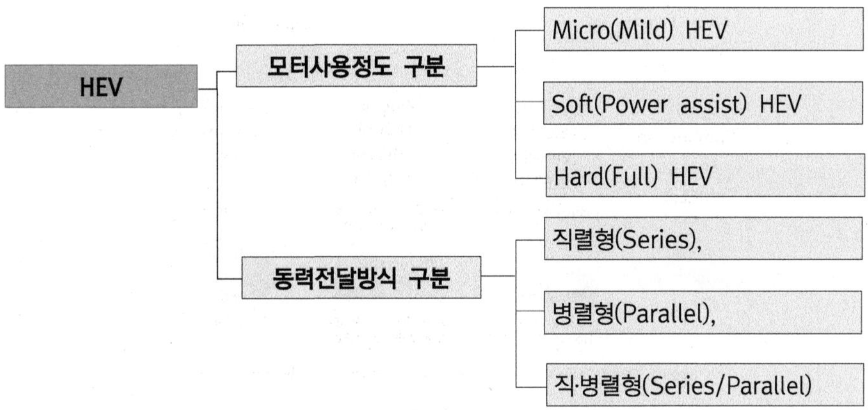

그림 13-5 하이브리드 전기자동차(HEV)의 구분

13.2.2 전기자동차와의 관계

전기 모터와 내부 연소 엔진을 사용하는 전형적인 예가 하이브리드 전기자동차이다. 이 차는 전기로만 작동하도록 고안되지는 않았다. 하이브리드 전기자동차는 전기에너지를 축전지에 충전시켜 사용함으로서 자동차의 에너지사용에서 가솔린 연료사용 부분을 부분적으로 대체하고 있다. 이러한 기술이 하이브리드 전기자동차에 적용된 차량을 하이브리드 전기자동차라 하고 만약 축전지가 외부로부터 충전할 수 없다면, 즉 전기 에너지를 저장할 매체가 없는 차량은 하이브리드 차로 분류된다.

짧은 주행거리와 높은 가격의 문제를 안고 있는 전기자동차에 대한 대안으로 하이브리드 전기자동차(HEV)를 내세우고 있다. HEV는 가솔린과 전기를 함께 동력원으로 사용하기 때문에 연비 개선, 배기가스 저감(가솔린 자동차의 절반수준) 측면에서 긍정적인 평가를 받고 있다. 이러한 HEV도 가솔린 자동차와의 가격 차이를 어떻게 극복하느냐가 관건으로, 2차 전지 탑재량을 EV의 1/3수준까지 낮출 수 있어 연료전지자동차(FCEV)로 가기 위한 징검다리 역할을 할 것으로 기대된다.

일본 도요타의 프리우스(Prius)와 혼다의 인사이트(Insight)가 HEV의 대표적인 차종으로, 프리우스는 2000년 말 세계 최초로 양산화에 성공하였다. 연료 효율이 높고, 가솔린 엔진과 전기 엔진의 장점만을 결합해 운전하면서 도로와 주변 환경에 알맞게 자동으로 가솔린 엔진과 전기 엔진의 변환이 가능하다.

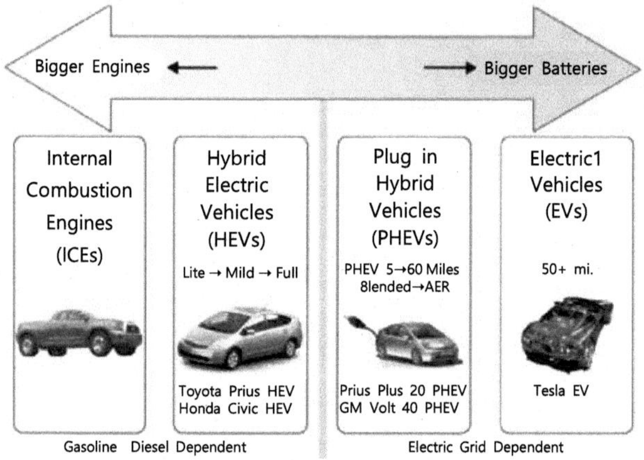

그림 13-6 자동차 구분

표 13-3 동력원 조합방법으로 분류한 하이브리드 전기자동차

종 류	동력원	장 점
하이브리드 전기자동차	· 가솔린 엔진 + 전기모터	· 총 주행거리의 확대 · 축전지 중량의 경감 · 에너지 절약
하이브리드 회생자동차	· 엔진 + 회생시스템 · 전기모터 + 회생시스템	· 에너지 절약 · 저 배출가스
하이브리드 가스터빈자동차	· 가스터빈 + 전기모터	· 가스터빈의 연료 다양성 · 열효율과 배출가스 특성
하이브리드 디젤 전기보조식	· 디젤엔진 + 전기모터	· 고 부하시 다량으로 나오는 가스억제

인사이트는 가솔린 엔진이기는 하지만, 차체를 알루미늄으로 만들어 기존의 차량보다 40% 정도 무게가 가볍고, 세계 최경량인 1리터 린번 VTEC 엔진을 사용해 공기의 저항을 획기적으로 줄였으며, 연비 성능을 입증함으로써 차세대 환경 스포츠카로 자리 잡았다.

하이브리드 전기자동차는 축전지의 전기 외에 통상적인 휘발유/디젤 엔진뿐만 아니라, 화학작용에 의해 전기를 생산하는 연료전지로도 구성할 수 있다. 그러나 연료전지에 관한 기술에 많은 연구가 필요하기 때문에 전통적인 엔진을 보조 에너지원으로 이용하는 경우가 대부분이다. 일반적인 하이브리드 전기자동차는 바퀴를 돌리기 위한 모터, 모터의 회전력을 바퀴에 전달하는 변속기, 모터에 전기를 공급하는 축전지, 그리고 전기 또는 동력을 발생시키는 엔진으로 구성된다.

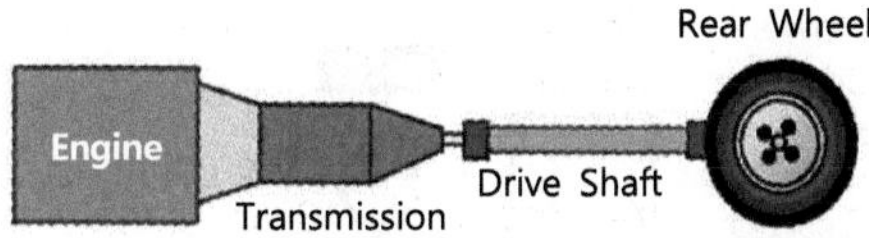

그림 13-7 일반엔진 동력전달 시스템

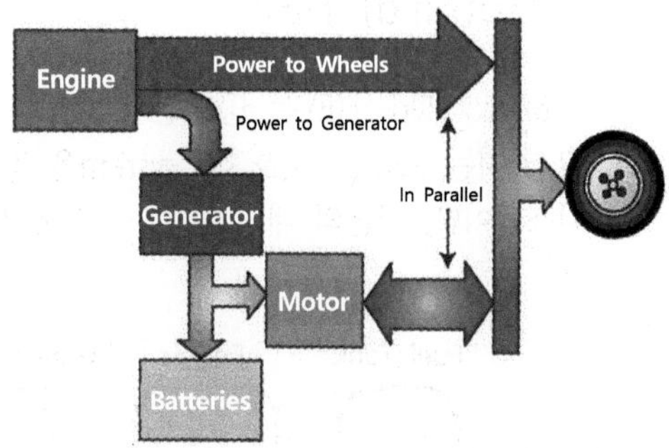

그림 13-8 하이브리드 전기자동차 동력전달 시스템

표 13-4 하이브리드 전기자동차와 일반차의 비교

종 류	장 점	단 점
가솔린 자동차	· 주행 성능이 좋다. · 차량가격이 싸다	· 연비가 낮다.
하이브리드 전기자동차	· 연비가 높다(연료소모 50% 감소) · 환경 친화적이다 - HC, CO, NOx 90% 감소 - CO_2 50% 감소	· 정비가 복잡하고 수리비용 높다. · 구조가 복잡해진다. · 가격이 비싸다 · 구동계가 복잡하고 무겁다. · 고압 축전지의 수명이 짧고 비싸다

13.2.3 HEV의 모터 사용 정도에 의한 분류

하이브리드 전기자동차는 모터 사용정도에 따라 Micro(Mild) HEV, Soft(Power assist)HEV, Hard(Full) HEV로도 분류된다.

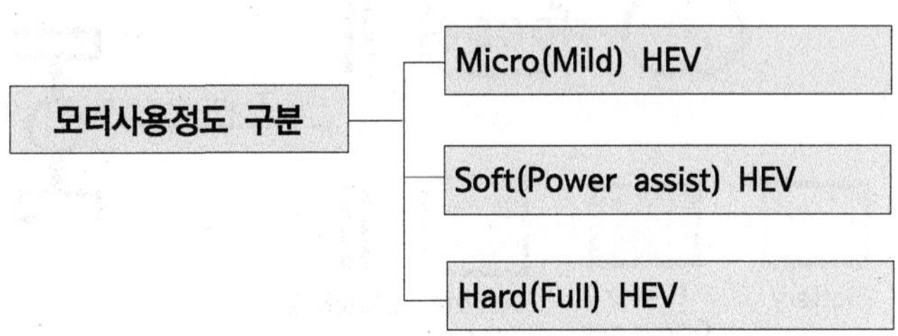

그림 13-9 하이브리드 전기자동차(HEV)의 구분

1) Micro(Mild) HEV

Micro(Mild) HEV는 공회전시 시동이 자동으로 꺼지고 출발시 엑셀레이터를 밟으면 시동이 켜지는 idle stop & go system을 장착한 차량으로 모터는 이때 보조역할만 하는 단순한 시스템이다. 기존의 내연기관에 부착하거나 제약조건이 많은 소형차량에 적합한 방식이다.

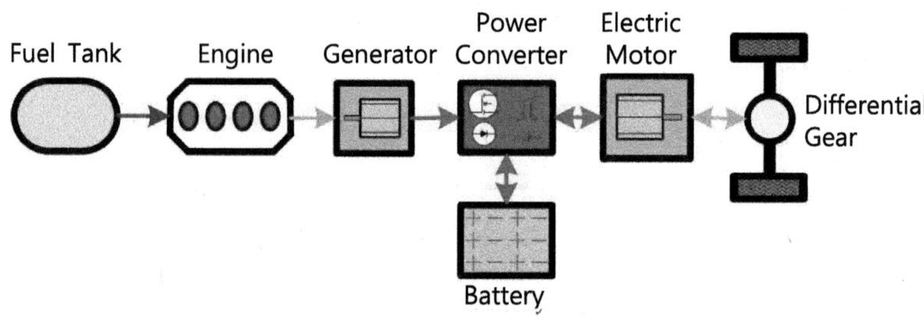

그림 13-10 Micro(Mild) HEV

2) Soft HEV

Soft HEV의 경우 Micro(Mild) HEV 방식보다는 모터의 보조역할이 더 크다. 대부분의 병렬형 방식이 Soft 타입으로 현대자동차의 아반테 LPI 하이브리드 및 혼다자동차의 시빅 하이브리드와 같이 엔진 + 전기모터 한 개 + CVT로 구성되어 있다. 이 경우 엔진과 변속기 사이에 모터가 삽입되어 있으며 모터가 엔진의 동력 보조역활을 수행하게 된다. 전기모터 단독으로 차를 움직일 수 있지만 모터는 단지 추진의 보조역할을 한다.

Soft 하이브리드 시스템은 전기적인 비중이 적어 가격이 저렴한 장점이 있지만 순수 전기모드 구현이 불가능하여 배기가스 저감 및 연비개선에서 상대적으로 불리하게 된다. Soft 타입은 시동이나 가속순간에만 모터가 엔진을 보조하고 정속 주행 시는 일반 자동차와 동일하게 엔진으로만 구동하는 타입이다. 그래서 하드타입에 비하여 연비가 나쁜 것이다.

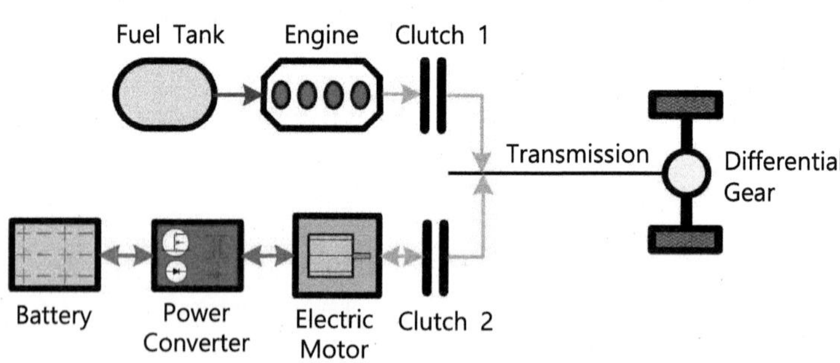

그림 13-11 Soft(Power assist) HEV

3) Hard(Full) HEV

Hard(Full) HEV은 전기 모터가 출발과 가속시에만 역할을 하는게 아니라 주행에 주되게 사용되는 방식이다. 직렬형과 혼합형(직·병렬형)이 이 방식에 속한다. 도요타의 프리우스가 대표적이며 이러한 방식이 하이브리드의 주류가 될 것으로 보이지만 기술과 비용 측면에서 모든 차량이 Hard(Full) HEV로 가려면 좀 더 기간이 필요해 보인다.

Hard 하이브리드는 도요다자동차의 프리우스처럼 엔진에 전기모터 2개를 가지고 있으며 CVT로 구성된 하이브리드 시스템이다. 이 경우 엔진, 모터, 발전기의 동력을 분할/통합하는 기구인 유성기어를 채택하여 효율적으로 동력을 배분하고 있으며 모터 2개가 유기적으로 작동하여 동력보조 역할도 수행하면서 순수 전기자동차로 작동도 가능하다.

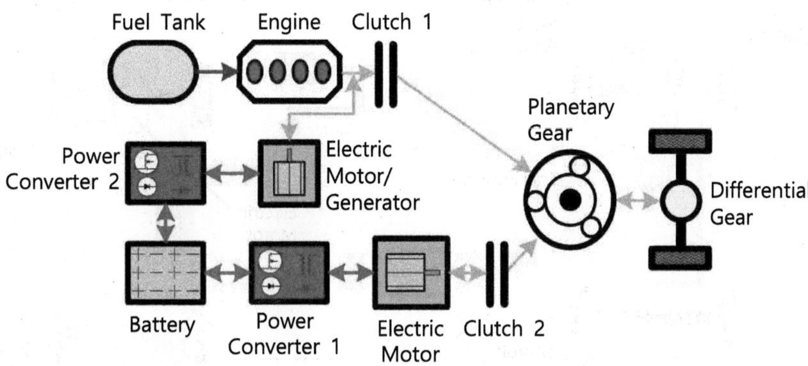

그림 13-12 Hard(Full) HEV

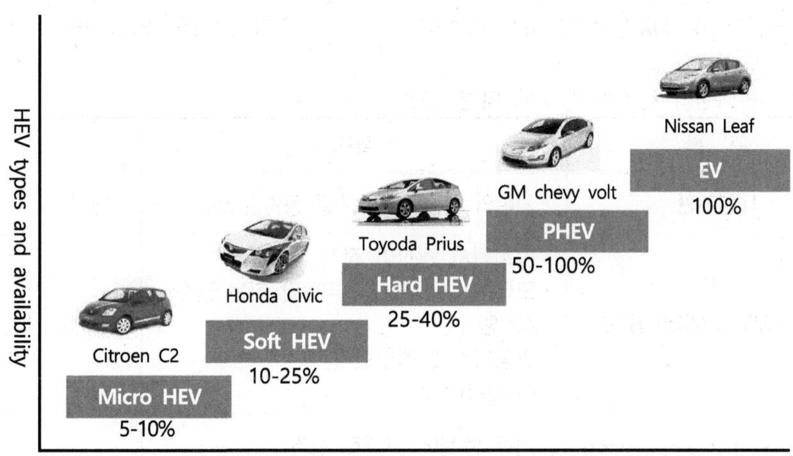

그림 13-13 HEV의 종류별 연료효과 및 CO_2 감소율

Hard 하이브리드 시스템은 대용량 모터와 추가 모터 등 2개 이상의 모터와 제어기가 필요하고 대용량 축전지가 필요하여 soft 타입에 비하여 전용부품이 1.5~2배 이상 고가인 단점이 있지만 회생제동 효율이 우수하고 연비가 좋은 장점도 가지고 있다.

Hard 하이브리드는 저속구간인 약 60 km/h까지 급가속을 하지 않으면 고전압 축전지의 전압을 이용 모터로만 자동차를 구동하는 방식이다. 급가속 순간시에는 엔진 출력을 보조하는 소프트타입과 동일한 작동을 한다.

기존의 Hard 하이브리드 시스템에 대용량 축전지를 추가하고 집에서 축전지를 충전하여 주행하게 되면 스트롱 하이브리드 보다 연료를 적게 소비하면서 멀리 주행하게 되는데 이러한 자동차를 플러그드 인 하이브리드 전기자동차(PHEV)라 한다.

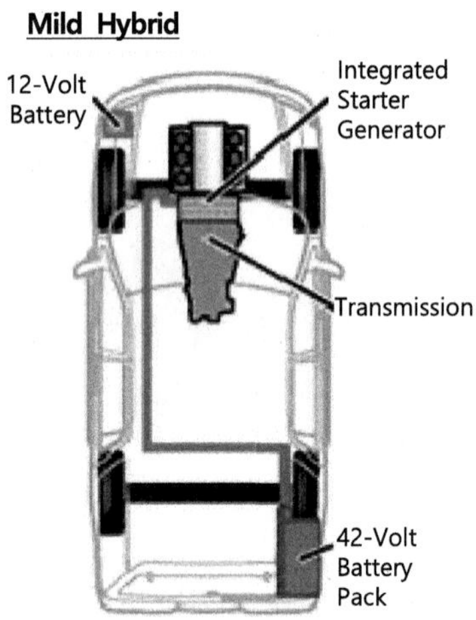

그림 13-14 Mild 하이브리드 시스템

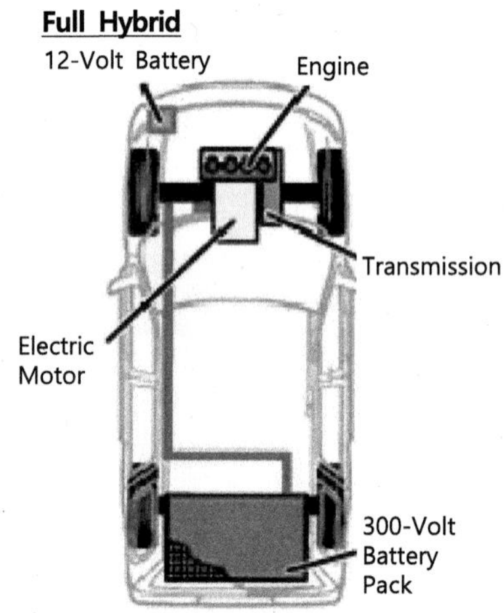

그림 13-15 Full 하이브리드 시스템

표 13-5 동력원의 전기화 정도에 따른 구분

구 분		특징	
내연기관		· 기존의 엔진과 변속기를 동력원으로 사용	· 엔진
HEV	Micro(Mild) HEV	· 공회전시 엔진이 정지 · 모터는 보조(재시동)역할만 하는 단순 시스템 · 소형차량에 적합한 방식 · Citroen C2	· 엔진+모터(보조미비)
	Soft(Power assist) HEV	· 기존 엔진에 모터로 보조 · 전기 주행모드가 없다.	· 엔진(주) + 모터(보조)

		· 재시동이나 가속순간에만 모터가 엔진을 보조 · 대부분의 병렬형 방식 · 현대 자동차 아반테 LPI HEV 및 혼다 자동차의 시빅	
	Hard(Full) HEV	· 전기 모터가 출발과 가속시에만 역할을 하는게 아니라 주행에 주된 역할 · (저속시)전기 주행모드가 있다. · 하이브리드의 주류가 될 것 · 직렬형/혼합형(직· 병렬형) · 도요타의 프리우스 대표적 예	· 모터(주) + 엔진(보조)
PHEV(Plug-in HEV)		· 기본적으로 전기모터로 움직이지만 축전지 범위를 넘어서는 거리는 엔진을 이용해 발전기를 돌리는 방식 · 동력원은 전기만 쓰지만 충전에 필요한 내연기관을 내장한 자동차 · 가정용 콘센트를 이용해 자동차를 충전 시키는 구조	· 모터(주)+엔진 (배터리 충전)
BEV		· 순수 전기로만 움직이는 자동차.	· 모터(배터리)
FCEV		· 연료전지에서 발생하는 순수 전기로만 움직이는 자동차.	· 연료전지 +모터

13.2.4 HEV의 동력전달 방식에 의한 분류

하이브리드 전기자동차는 바퀴를 돌리기 위한 모터, 모터의 회전력을 바퀴에 전달하는 변속기, 모터에 전기를 공급하는 축전지, 그리고 전기 또는 동력을 발생시키는 엔진으로 구성된다.

이들 중 엔진과 모터의 연결방식에 따라 ① 직렬형(Series type) ② 병렬형(Parallel Type) ③ 직·병렬형(Series-Parallel type)으로 구분된다.

직렬형과 병렬형은 둘 모두 모터가 바퀴를 돌린다는 점은 같다. 직렬형에서 엔진은 축전지를 충전시키기 위한 장치로 사용하고, 병렬형은 엔진이 변속기에 직접 연결되어 차체를 움직이고, 축전지의 충전에 관여하는 것이 주목적은 아니다. 따라서 직렬형과는 달리 발전기가 필요없다. 병렬형은 엔진과 모터의 배열에 따라 다양한 종류의 방식이 가능하다.

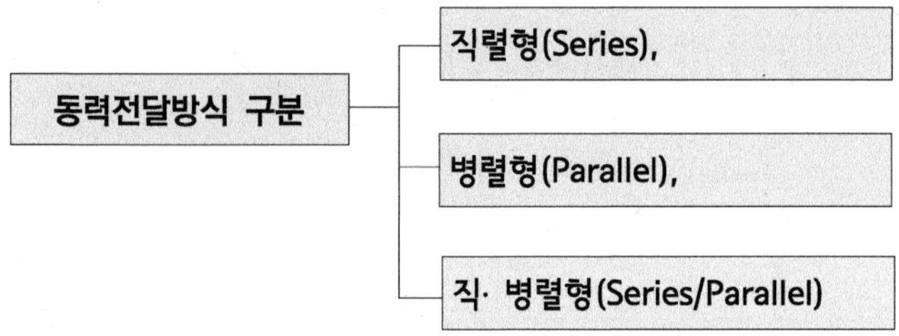

그림 13-16 하이브리드 전기자동차(HEV)의 구분

직·병렬형은 발진시와 경부하시에는 축전지로부터의 전력만을 가지고 모터로 주행하고, 통상 주행시에는 엔진 직접구동과 발전기에서 얻어진 전력을 사용한 모터구동 두 가지가 된다. 그리고 가속, 추월, 등판시 등 큰 동력이 필요한 경우, 통상 주행시에 추가하여 축전지로부터 전력을 공급하여 모터의 구동력을 증가시킨다. 감속시에는 모터를 발전기로 변환시켜 감속에너지로 발전하여 축전지에 충전하여 재생한다.

직렬형 하이브리드 전기자동차는 순수 전기자동차(Pure Electric Vehicle)에 더 가깝고 병렬형 하이브리드 전기자동차는 전통적인 내연기관 엔진의 변형으로 이해할 수 있다. 병렬형 하이브리드 전기자동차가 기존의 내연기관 자동차에 더 쉽게 적용될 수 있는 이유다.

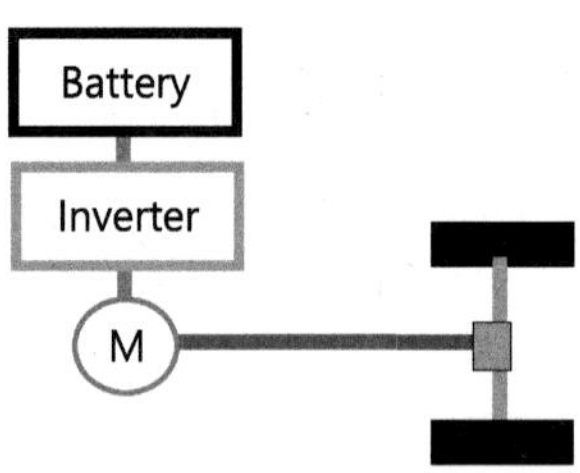

(a) 전기자동차

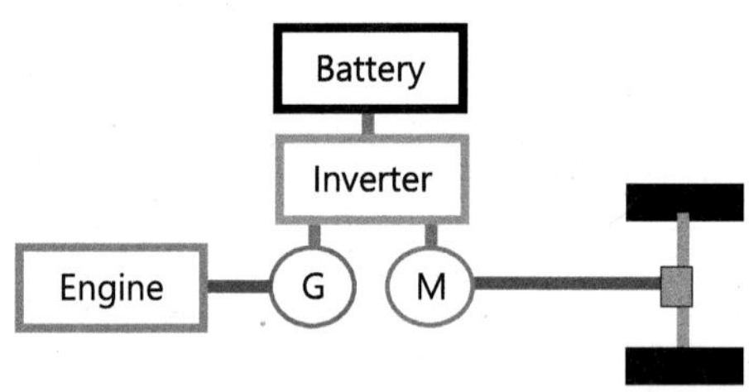

(b) 직렬형 하이브리드 전기자동차

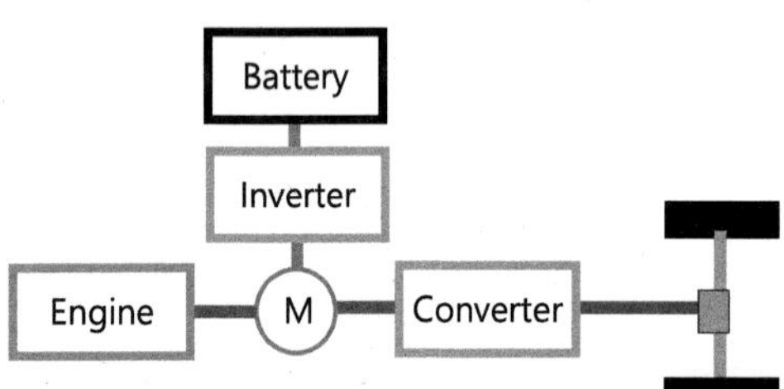

(c) 병렬형 하이브리드 전기자동차

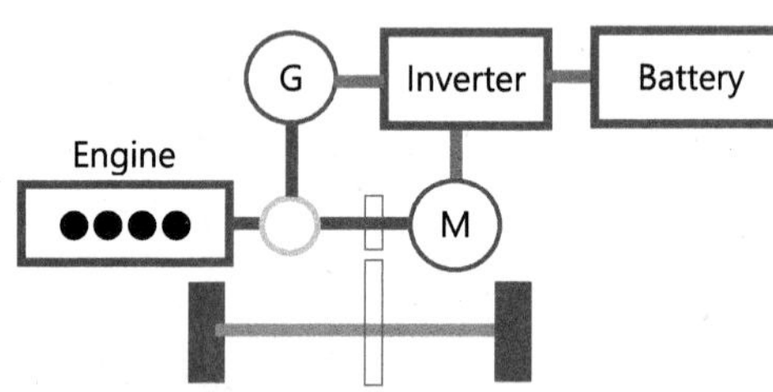

(d) 직. 병렬형 하이브리드 전기자동차

* M: Motor, G: Generator

그림 13-17 전기자동차 및 하이브리드 전기자동차 구조

1) 직렬형

직렬형은 엔진이 발전기를 돌리고, 발생한 전기에 의해 모터가 구동축(바퀴)를 움직이는 방식이다. 엔진이 구동축에 연결되어 있지 않고 엔진과 발전기가 직접 연결되어 있어 직렬형이라고 부른다.

태양열이나 태양광 자동차에서 주로 쓰이고 있고 내연기기관보다 엔진이 더 효율적이다. 다만 이 방식의 상용화 최대 핵심은 전기의 힘으로만 기계적인 추진력을 얻어야 하기 때문에 대용량 축전지가 필요하다는 것이다. 그래서 현재로서는 하이브리드 트럭이나 버스와 같이 중량이나 면적에서 제약 조건이 적은 타입이 유리하다.

그림은 앞바퀴 굴림 방식의 직렬형 하이브리드 전기자동차의 구성을 나타낸 것이다. 앞바퀴 사이에는 변속기가 있고, 모터는 이 변속기를 통해 동력을 바퀴에 전달한다. 그리고 모터에 공급하는 전기를 저장하는 축전지가 달렸다.

직렬형에 사용되는 엔진은 바퀴를 돌리기 위한 것이 아니라 축전지를 충전하기 위한 것이다. 따라서 엔진에는 발전기가 연결되고, 이 발전기에서 발생되는 전기는 축전지에 저장된다.

이러한 직렬형은 엔진과 구동바퀴 사이에 동력전달 구조가 필요 없다는 점에서 여러 가지 특징을 찾을 수 있다.

첫째, 엔진과 바퀴 사이에 동력전달을 위한 기계적인 연결이 필요 없어 엔진의 레이아웃이 자유롭다. 엔진이 좁은 엔진룸에 함께 있을 필요가 없고 적당한 공간에 설치함으로써 차의 운동특성을 개선하기도 손쉽다.

둘째, 엔진과 바퀴의 회전은 전혀 무관하므로 항상 최적의 상태로 엔진을 구동할 수 있다. 통상적으로 내연기관 엔진의 회전수에 따라서 발휘되는 힘, 출력, 연비 등이 달라지는데, 충전하기 위해 가장 적은 배기가스를 배출하는 상태로 엔진을 구동시킬 수 있는 것이다. 일반적인 휘발유/디젤 자동차와는 달리 비효율적이고 배기가스가 많이 배출되는 아이들링 상태로 엔진회전수를 유지할 필요가 없다.

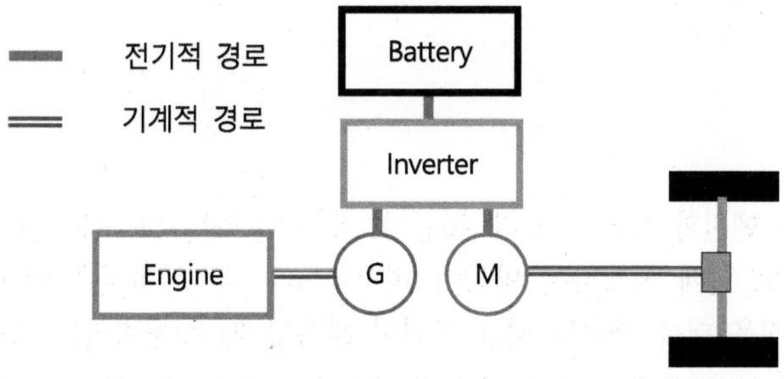

그림 13-18 직렬형 하이브리드 전기자동차

게다가 엔진은 엔진대로, 모터는 모터대로 별개로 제어할 수 있으므로 제어논리가 간단해진다는 것도 장점이다. 충분한 성능을 지닌 모터가 얹힌다면 4단, 5단 따위의 다단 변속기도 필요 없다. 모터의 출력특성은 내연기관 엔진과 비교해 회전수에 크게 좌우되지 않기 때문이다.

반면 직렬형 하이브리드 엔진의 단점도 만만치 않다. 가장 큰 단점은 차체의 구동이 전적으로 모터에 의존한다는 것이다. 직렬형을 위해서는 성능이 뛰어난 모터가 필요하지만 자체 힘만으로 무거운 차체를 가뿐히 움직일 만한 성능 좋은 모터는 아직 찾을 수 없는 실정이다. 이러한 모터가 있다면 하이브리드 대신 순수 전기자동차를 내놓는 것이 더 유리할 수도 있다.

축전지의 용량이 문제이기 때문에 리튬축전지 기술 상용화가 더 진전되면 강력한 도전자가 될 것으로 평가되고 있다. 특히 가정에서 충전이 가능한 플러그인 하이브리드의 경우, 기본적으로 전기로 운행을 하지만 전기모터의 범위를 넘어서는 거리는 엔진을 이용해 발전기를 돌리는 방식이기 때문에 직렬형 하이브리드 방식이 플러그인 하이브리드의 주요 방식이 될 것으로 기대된다. 2010년말 GM이 출시한 플러그인 하이브리드 전기자동차인 시보레 볼트가 이러한 방식이다.

직렬형 하이브리드 전기자동차

- 직렬형 하이브리드 전기자동차는 엔진, 발전기, 전동기가 직렬로 연결되어 있으며, 엔진을 항상 최적점에서 작동시키면서 발전기를 이용해 전력을 모터에 공급하고, 순수하게 모터의 구동력만으로 차를 주행시키는 방식이다.
- 제어가 비교적 간단하고, 배기가스 특성이 우수하며 별도의 변속장치가 필요 없다는 것이 장점.
- 전체시스템의 에너지효율이 병렬형에 비해 낮고, 차량의 주행성능을 모두만족시킬 수 있는 고성능의 전동기개발이 필수적이며, 동력전달구조 자체가 크게 바뀌므로 기존차량에 적용하기는 어렵다는 단점이 있다.

2) 병렬형

병렬형은 엔진과 모터가 각각 독립적으로 구동하는 방식을 말하며, 주로 하이브리드 전기자동차라고 할때 지칭하는 방식이 병렬형이다. 주 동력원은 엔진을 이용한 기계적 추진력이고, 엔진을 더욱 가속할 때나 출력이 부족할 때 주동력원을 모터가 보조하는 방식이다.

직렬형이 지닌 한계 때문에 양산이 되었거나 혹은 선보일 예정인 하이브리드 전기자동차는 대개 병렬형을 선택하고 있다. 그림은 앞바퀴굴림 방식의 병렬형 하이브리드 전기자동

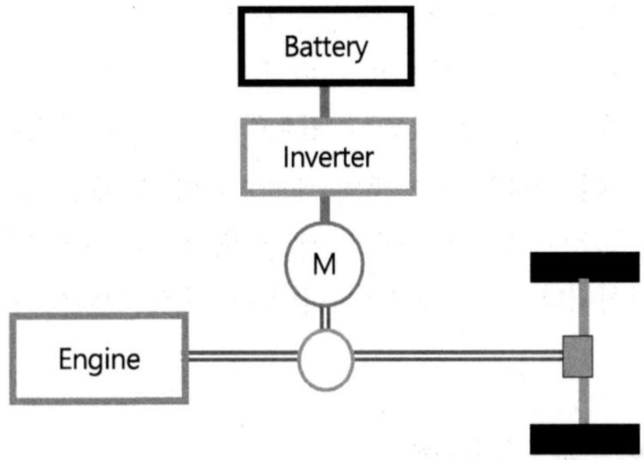

그림 13-19 병렬형 하이브리드 전기자동차

차 구조를 나타낸다. 축전지의 전기로 구동되는 모터가 변속기를 통해 바퀴를 돌린다는 점에서 병렬형은 직렬형과 동일하다. 그러나 병렬형의 엔진은 변속기에 직접 연결되어 차체를 움직이고, 축전지의 충전에 관여하는 것이 주목적은 아니다. 따라서 직렬형과는 달리 발전기가 필요 없다.

구체적으로 병렬형의 동력시스템은 축전지 모터 변속기 바퀴로 이어지는 전기적 구성과 연료탱크 엔진 변속기 바퀴의 내연기관 구성이 변속기를 중심으로 병렬적으로 연결된다. 엔진과 모터 각각이 바퀴에 직접 연결되므로 동력전달 효율이 뛰어난 것은 물론이다.

엔진과 모터가 출력을 동시에 바퀴에 전달할 수 있으므로 엔진의 크기를 줄이는 만큼의 성능을 발휘하는 모터만 갖추면 기존의 내연기관 자동차에 손색없는 동력성능을 이끌어낼 수 있다는 점이 눈길을 끈다.

작은 엔진을 고효율 영역에서 운전하도록 하여 공해를 줄인다는 점 외에도 모터가 병렬로 연결되는 것은 숨은 장점이 있다. 통상적으로 엔진에서 배출되는 출력 중 차체를 움직이는 힘으로 사용되는 비율은 크지 않고 나머지는 대부분 버려지는데, 병렬형 하이브리드 전기자동차에서는 엔진의 힘이 운전자가 요구하는 동력 이상으로 발휘될 수 있을 때는 여유동력으로 모터를 구동시키고 이 때 모터는 발전기 역할을 하며 전기를 저장한다.

축전지에 저장된 모터에서 발생된 전기는 엔진과 모터의 힘을 합한 큰 동력성능이 필요할 때 모터를 움직인다. 따라서 병렬형 하이브리드 전기자동차는 엔진에서 발생되는 에너지를 효율적으로 사용할 수 있다. 또 연료탱크 엔진 변속기 바퀴의 내연기관 구성은 기존의 자동차와 다를 바 없어 현실적으로 적용하기도 쉽다.

엔진과 모터의 복잡해진 구조를 종합적으로 제어해야 하는 탓에 제어논리(logic)가 복잡해지지만 이러한 장점들 때문에 다수의 개발중인 모델들은 병렬형을 채택하고 있다.

이미 선보였거나 앞으로 선보일 대부분의 하이브리드 전기자동차는 병렬형을 기본으로 하고 있지만 GM의 프리셉트(PRECEPT)는 복합형이라는 독특한 구조를 사용하고 있다. 프리셉트는 모터가 앞바퀴를 돌리고, 뒷바퀴는 엔진이 돌린다. 네바퀴 굴림 병렬방식이지만 직렬방식이 유리할 때는 엔진이 충전장치로 사용된다. 복합형은 장점도 많지만 직렬과 병렬방식 사이의 전환과정과 기타 복잡한 주행환경에서 적절하게 동력원을 제어하는 것이 어렵다. 또 병렬형에 비해 고성능의 모터가 필요하다는 것도 단점이다.

모터는 추가의 개념이기 때문에 기존의 내연기관에 추가로 요구되는 시스템은 단순한 편이며, 무게와 비용면에서도 제약조건이 많지 않다. 이 때문에 현재 하이브리드 형태 중 가장 널리 적용되는 방식이다. 혼다의 시빅 하이브리드가 병렬형의 대표적인 모델이다.

쏘나타 병렬식 하이브리드 시스템

- 변속기의 전후에 엔진 및 전동기를 병렬로 배치하여, 주행상황에 따라 최적의 성능과 효율을 갖게끔, 차량구동에 필요한 동력을 엔진과 전동기에 적절히 분배하는 방식.
- 엔진의 힘이 운전자가 요구하는 동력 이상으로 발휘될 수 있을 때는 여유동력으로 모터를 구동시켜 전기를 저장한다(모터는 발전기 역할).
- 엔진과 모터의 힘을 합한 큰 동력성능이 필요할 때 모터를 움직인다.
- 병렬형은 기존차량의 구조를 이용 가능하므로 제조비용면에서 직렬형에 비해 유리하다는 장점이 있으나, 동력전달구조 및 제어가 복잡하다는 단점이 있다.
- 유럽 등의 도시규모가 작은 지역에서는 전기자동차로 주행하고, 도시간의 고속주행이 요구되는 경우는 엔진주체의 주행으로 하는 방식.

3) 직·병렬형

혼합형(직·병렬형)은 직렬형과 병렬형을 혼합한 방식으로 엔진과 모터가 동시에 작동되거나, 모터 단독 또는 엔진 단독으로, 그리고 엔진과 회생제동을 통해 발전기를 돌려 구동축을 움직이는 방식을 말한다.

엔진효율이 좋은 주행상태에서는 엔진으로 발전기를 돌려 축전지에 충전하여 두고자함이 주요 동작과정이다. 바퀴 회전속도를 측정하여 엔진구동이 효율적이라고 판단되면 엔진으로

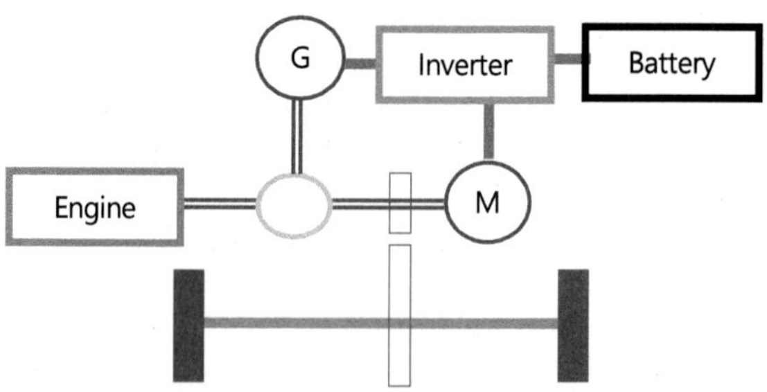

그림 13-20 직. 병렬형 하이브리드

바퀴를 직접 구동하도록 하고, 이 보다 엔진-발전기-모터의 효율이 좋다고 판단되면 엔진은 발전기가 된다. 엔진은 일정속도 회전시가 효율이 가장 좋다. 이 엔진출력이 주행에 소요되는 구동력을 초과할 경우에는 남는 에너지로 발전하여 축전지에 저장한다. 보다 큰 구동력을 요할 때에는 엔진, 엔진-발전기-모터, 축전장치-모터의 구동력이 함께 동원되어 강력한 힘을 발휘한다.

프리우스에 채용한 하이브리드 시스템(Toyota Hybrid System: THS)은 병렬형 방식을 기본으로 직렬형 방식을 부가한 것이다. 절충형 유닛구조를 채용했다. 엔진구동에 의한 주행을 기본으로 하면서 주행상황에 따라 엔진동력을 차량 구동용과 발전용으로 분할, 모터 구동력을 병용하면서 차를 달리게 하는 것이다.

하이브리드 시스템(THS)의 작동원리는 다음과 같이 요약할 수 있다.

① 발진시와 경부하시에는 엔진을 정지하고, 축전지로부터의 전력만을 가지고 모터로 주행한다.

② 통상 주행시에는 엔진 직접구동과 발전기에서 얻어진 전력을 사용한 모터구동 두 가지가 된다.

③ 가속, 추월, 등판시 등 큰 동력이 필요한 경우, 통상 주행시에 추가하여 축전지로부터 전력을 공급하여 모터의 구동력을 증가시킨다.

④ 감속시에는 모터를 발전기로 변환시켜 감속에너지로 발전하여 축전지에 충전하여 재생한다.

작동원리는 그림과 같다.

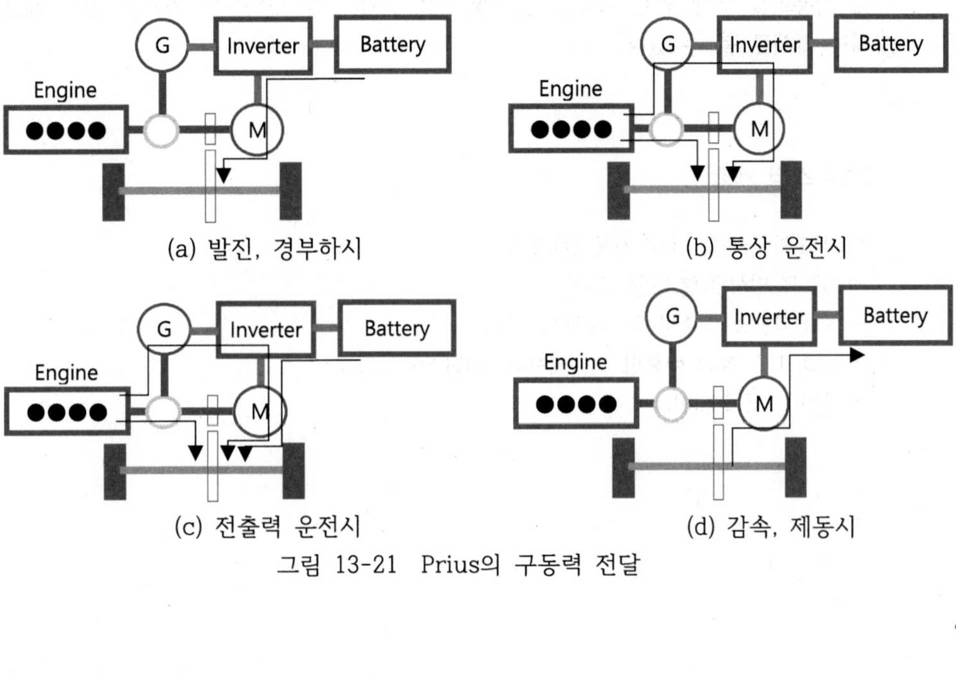

(a) 발진, 경부하시 (b) 통상 운전시

(c) 전출력 운전시 (d) 감속, 제동시

그림 13-21 Prius의 구동력 전달

혼합형 하이브리드 전기자동차 작동원리

(a) Starting or Light Load : 엔진이 최대효율로 작동하지 않으므로 모터에 의해서만 차량을 구동
(b) Normal Driving : 엔진이 바퀴를 구동하고, 나머지 출력은 모터 구동용 전기를 발생 - 최대 효율을 얻을 수 있도록 각 경로에 분배되는 출력비율을 제어
(c) Full Acceleration : 엔진 / 모터 동시사용 축전지에서 모터에 전력 공급 (축전지에서 모터에 전력 공급)
(d) Decelerating or Braking : 바퀴의 관성에 의해 발전기가 구동되고, 발전기에서 발생된 전기는 축전지에 저장 역할.
(e) Idling : 엔진 정지. 단, 축전지의 재충전이 필요한 경우에는 가동

이러한 복잡한 제어를 변속충격 없이 실현시켜주는 시스템이 도요타(Toyota)가 자체 개발한 유성기어(Planetary-Gear) 전기식 무단변속기와 제어시스템이다. 따라서 하이브리드 시스템(THS)에는 무단계변속기(CVT: continuously variable transmission) 등의 기계식 변속기가 장착되어 있지 않다.

연비향상과 파워풀한 드라이빙을 가능하게 하는 장점이 있으나 복잡한 구조와 전장기술 때문에 비교적 비용이 높아지는 단점도 있어서 중형급 이상의 차종에 적합한 방식으로 평가된다. 도요타의 프리우스가 혼합형(직·병렬형)의 대표적인 모델이다. GM, Daimler, Chrysler와 BMW 등도 혼합형(직·병렬형) 방식을 개발했지만 도요타가 지난 10년간 하이브리드 상용화를 통해 얻은 다수의 혼합형(직·병렬형) 기술 노하우를 가지고 있기 때문에 선도적인 업체로 볼 수 있다.

프리우스의 개요

- 최초의 양산형 HEV 자동차(1997)
- SPLIT 방식(직렬/병렬 조합)
- 이산화탄소 배출량 약 ½(50% 감소)
- CO, HC, Nox 배출량 : 규제치의 1/10(90% 감소)
- 연비 : 35.5 km/L

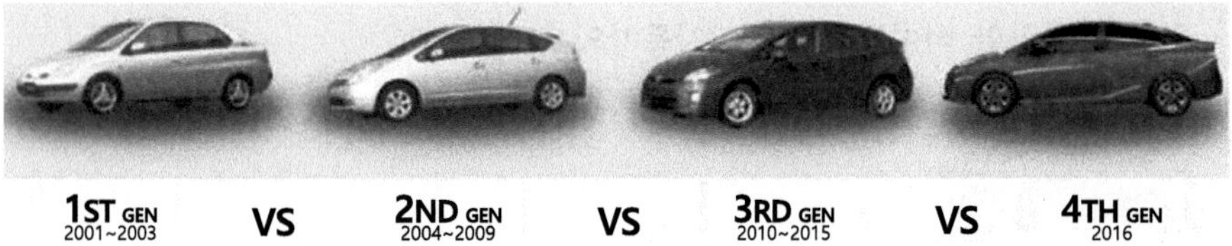

프리우스 세대구분

표 13-6 동력전달 방식 HEV 분류

구 분		특징	
직렬형	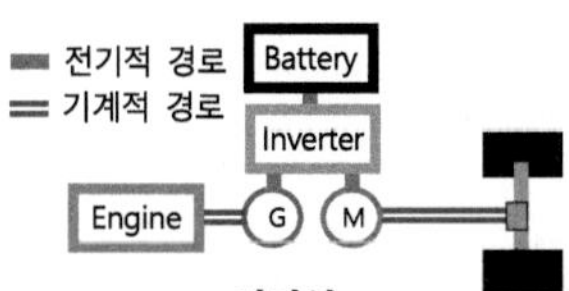 직렬형	· 엔진이 발전기를 돌리고, 발생한 전기에 의해 모터가 구동축(바퀴)를 움직이는 방식 · 최대 핵심은 전기의 힘으로만 기계적인 추진력을 얻어야 하기 때문에 대용량 축전지가 필요 · 하이브리드 트럭이나 버스와 같이 중량이나 면적에서 제약 조건이 적은 타입이 유리	· 시보레 볼트 (플러그인)
병렬형	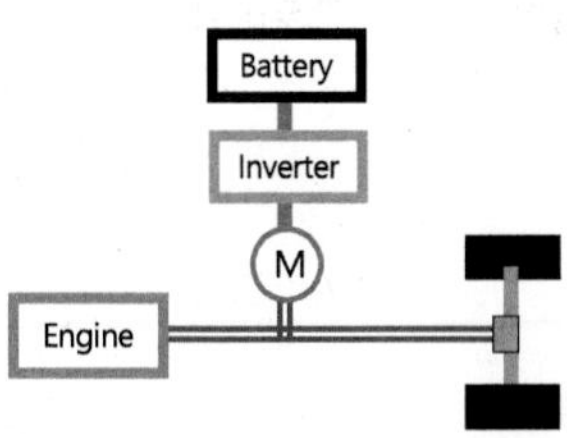	· 하이브리드 형태 중 가장 널리 적용 되는 방식 · 엔진과 전기모터가 동시에 구동축에 힘 을 전달하는 방식(엔진과 모터가 각각 독립적으로 구동) · 주행상태에 따라 엔진과 모터로 최적 상태 구동 - 큰 동력필요시 : 엔진 + 모터 - 여유 동력시 : 엔진→모터구동→전지 충전 (모터는 발전기 역할).	· 혼다 시빅 · Soft 방식 · 현대차 방식
혼합형	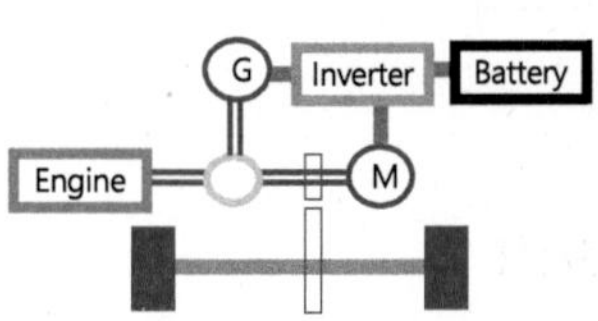 혼합형(직. 병렬형)	· 엔진과 모터가 동시에 작동되거나, 모터 단독 또는 엔진 단독으로, 그리고 엔진과 회생제동을 통해 발전기를 돌려 구동축을 움직이는 방식 · 복잡한 구조와 전장기술 때문에 비교적 비용이 높아지는 단점 · 중형급 이상의 차종에 적합한 방식 · 발진, 경부하시 : 모터주행(엔진정지) · 통상 주행시 : 엔진구동 + 모터구동 · 감속시 : 모터를 발전기로 변환 · 감속에너지 축전지충전 · 엔진효율이 좋은 주행상태에서는 엔진으로 발전기를 돌려 축전지에 충전하여 두고자함이 주요 동작과정이다.	· 도요타 프리우스 · Hard 방식

일반 자동차와 하이브리드 전기자동차의 구조 비교

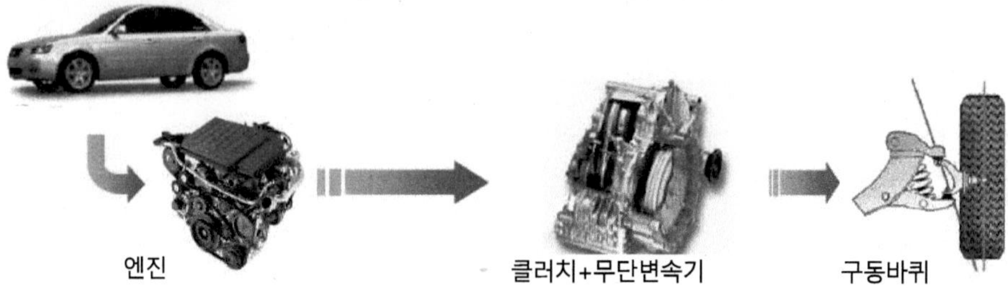

일반자동차의 구조(무단변속기 장착용)

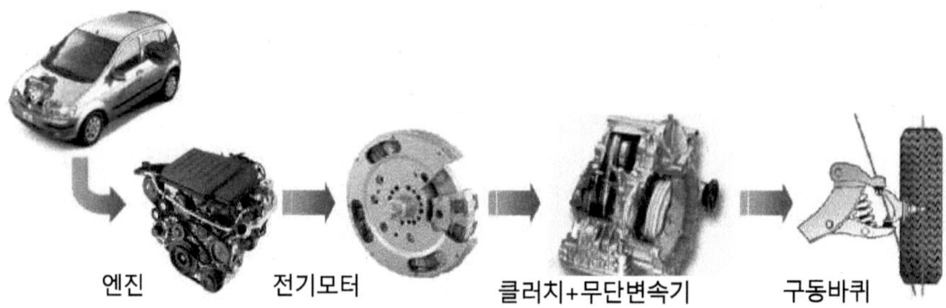

하이브리드 전기자동차의 구조

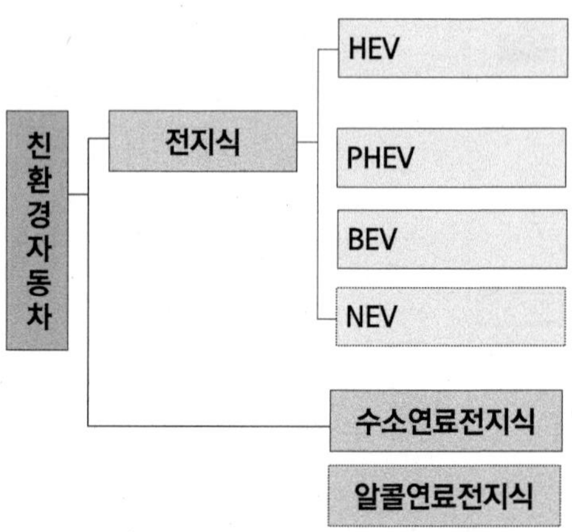

그림 13-22 친환경자동차 구분

하이브리드 전기자동차는 이 낭비되는 에너지를 다시 흡수해 재사용할 수 있도록 하는 장치가 내연기관에 덧붙여진 형태라고 보면 된다.

감속과 정차시에 운동에너지를 회수해 다시 가속과 주행과정에서 사용하기 위해서는 발전기와 축전지, 전기모터가 첨단 컴퓨터에 의해 유기적으로 연결돼 작동한다.

따라서 기존의 내연기관 자동차에 비해 연비가 크게 개선되는 효과가 있다.

그러나 하이브리드 전기자동차는 '과도형'이다. 언젠가는 고갈될 화석연료를 주에너지원으로 사용하기 때문에 궁극적인 미래형 자동차로 발전되기엔 한계가 있기 때문이다. 하이브리드 전기자동차의 주동력원은 휘발유와 경유 등 화석연료를 사용하는 내연기관이다. 여기에 보통 발전기보다 성능이 높은 발전기와 대용량의 고압 축전지가 연결돼 있다.

중량 감소를 위해 발전기와 모터는 일체형으로 결합돼 구동계에 연결된다.

발전기는 특히 운전자가 가속기에서 발을 떼고 감속하는 과정에서 운동에너지를 흡수할 수 있도록 컴퓨터로 정밀하게 제어된다. 출발과 저속주행은 전기모터가 맡는다. 일정속도 이상이 되거나 가속시에는 엔진이 기동돼 내연기관과 전기모터가 함께 힘을 공급하고, 감속시에는 자동차가 가던 힘으로 발전기를 돌려 축전지를 충전하게 된다. 아이들링이 필요 없어 정차 시에는 엔진이 꺼지며 엔진은 항상 재시동이 쉽도록 크랭크축이 일정위치에서 정지하게 설계된다.

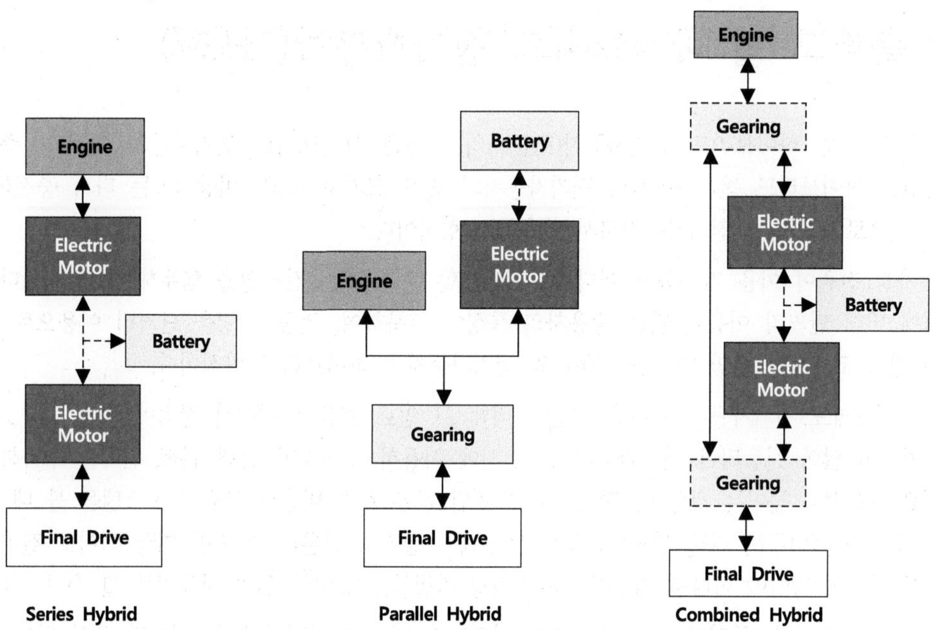

그림 13-23 동력전달방식에 따른 구분

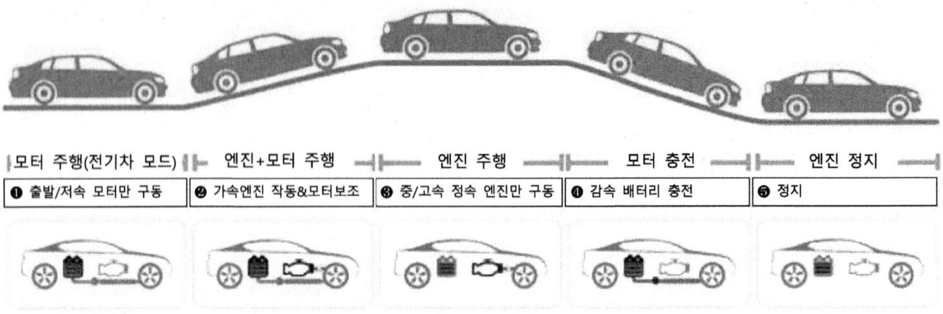

그림 13-24 현대차 병렬형 하이브리드 시스템 동작특성

발전기와 전기모터는 교류로 작동하고, 축전지는 직류인 데다 서로 사용전압이 달라 인버터라는 전압. 전류 변환장치와 이들 장치를 유기적으로 연결시켜 효율을 극대화해주는 전자제어장치가 핵심부품으로 들어간다.

13.3 플러그 인 하이브리드 전기자동차(PHEV)

플러그 인 하이브리드 전기자동차(PHEV)의 기본은 하이브리드 전기자동차 이지만, 축전지 용량을 하이브리드 전기자동차와 전기자동차의 중간 크기로 하고, 비상시에는 다시 충전해 두는 것으로 단거리는 전기자동차로서 활용하는 형식이다.

가정 전원이 이용 가능하고 어디서도 충전 할 수 있다는 간편성을 염두해 둔 방식이다. 트럭에 비해 단거리 이용이 많은 승용차의 특성에 주목하여, 전동 주행을 단거리 이용으로 줄여서 전지 코스트를 줄인 가솔린 자동차와 전기자동차의 하이브리드 방식이다.

하이브리드 전기자동차는 디젤 엔진에 비해 그 연료 효율성 면에서 장점이 크지 않다. 물론 신기술이 많이 사용되어 엔진과 모터를 동시에 사용하고 적정한 동력 분배 전략을 구사하면서 연료 효율성을 높이는 것은 큰 장점이다. 하지만 많은 개발 비용과 복잡한 시스템을 볼 때 비슷한 연비를 뽑아주는 디젤 엔진이 더 나은 선택이 될지도 모른다. 하지만 미국 적어도 캘리포니아에서 차를 팔아야 한다면 의무적으로 친환경 자동차를 팔아야 일반 자동차를 팔 수가 있다.

수소 연료전지자동차가 가장 친환경에 가깝지만 아직 개발되어야 할 기술과 생산 단가를 많이 낮춰야 하는 문제점이 있다.

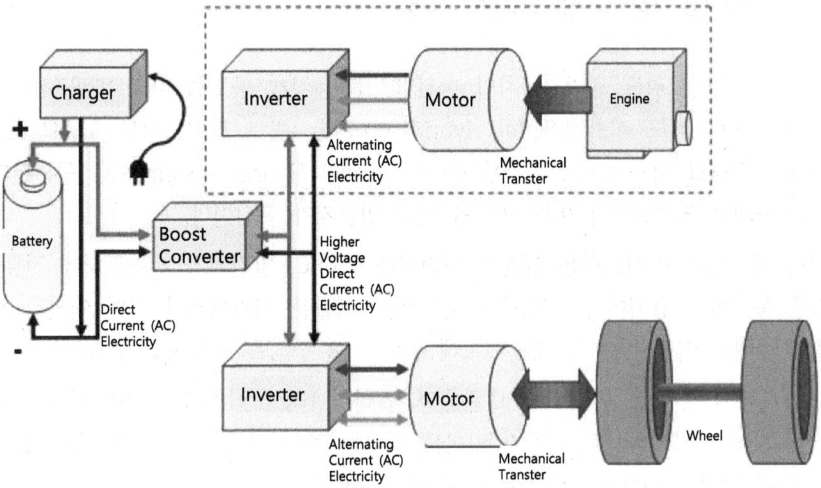

그림 13-25 PHEV의 구조

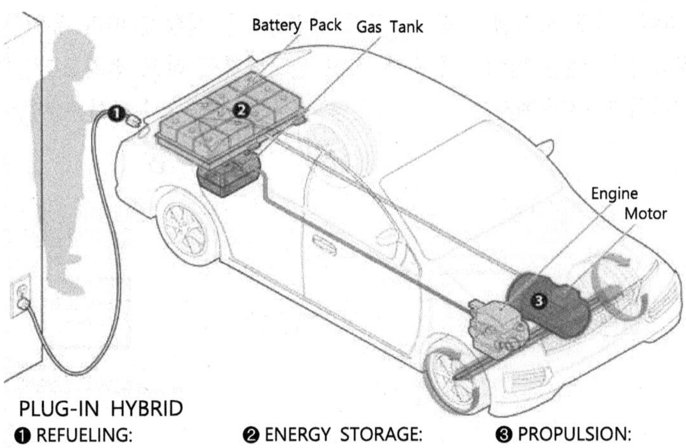

그림 13-26 PHEV 추진장치 구조

이에 자동차 회사들은 하이브리드 전기자동차라는 중간 단계를 이용하고 있는 것이다.

기존 대부분의 HEV의 경우 차량에 탑재된 축전지의 전기에너지를 이용하여 저속운전 영역에서 약 1 km~2 km 이내의 짧은 거리만 순수 전기구동이 가능했던 반면, PHEV는 전기에너지를 이용하는 운전 영역을 고속영역까지 대폭 확대시킴과 동시에 순수 전기구동 주행거리를 수십 km 이상으로 확장함으로써, 내연기관의 사용을 최소화하고 효율을 극대화하여 CO_2의 배출량 및 연료 연료소모량을 저감하고, 대기 환경부하 저감 등의 효과를 기대할 수 있는 환경 친화적인 자동차이다.

13.3.1 동력전달 방식에 의한 분류

PHEV는 하이브리드 전기자동차와 마찬가지로 동력계 구조에 따라 바퀴축과 발전기가 연결된 직렬 하이브리드 시스템(Serial Hybrid System), 병렬 하이브리드 시스템(Parallel Hybrid System), 직병렬 하이브리드 시스템(Serial Parallel Hybrid System)으로 구분된다. 각 방식의 차이는 엔진과 전기모터가 어떤 역할을 맡고 있는지가 핵심이다.

직렬 하이브리드 시스템은 엔진이 발전기를 돌리고, 발전기가 전기모터에 전류를 공급해 구동축을 움직이는 방식이다. 구동축을 움직이는 역할은 전기모터가 하며 엔진은 전기모터에 전력을 공급하는 역할만 한다. GM 시보레 볼트가 이 방식을 사용하고 있다.

진이 구동축에 바로 연결되기 때문에 직렬 하이브리드 시스템과 달리 엔진에서 얻어진 기계적 에너지를 전기에너지로 바꾸지 않아도 된다는 것이 장점이다. 혼다 인사이트, 시빅 하이브리드 등이 병렬 하이브리드 시스템을 사용하고 있다.

병렬 하이브리드 시스템은 엔진과 전기모터가 동시에 구동축에 힘을 전달하는 방식이다. 엔

직병렬 하이브리드 시스템은 직렬방식과 병렬방식을 상황에 따라 유연하게 바꿔가며 사용할 수 있는 방식이다. 엔진 힘이 구동축에 직접 전달되기도 하고 전기모터만으로 사용할 수 있기도 해서 편리하다. 저속에서는 직렬 시스템을 사용하고, 고속에서는 병렬 시스템을 사용하기

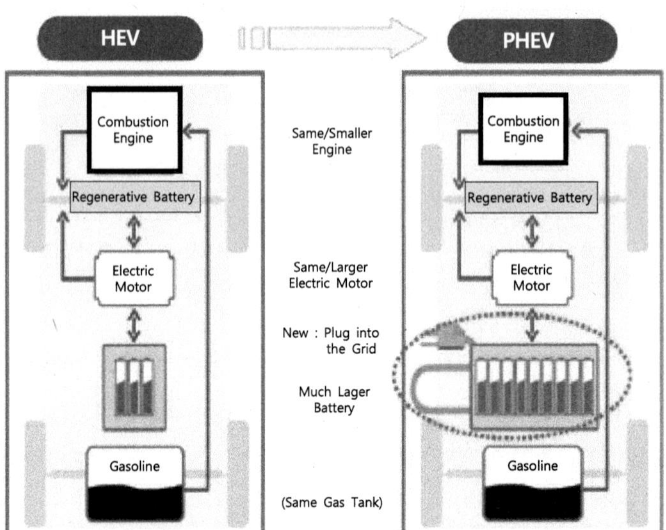

그림 13-27 HEV와 PHEV의 구성비교

때문에 연비와 출력 모두 장점을 가질 수 있다. 도요타 프리우스, 렉서스 하이브리드 차량 등에 직병렬 하이브리드 시스템이 사용된다.

하지만 각 방식은 주행상황에 따라 장단점이 존재한다. 직렬 시스템 경우에는 정지와 운행이 반복되는 도심 운전에서는 연비가 우수하지만, 고속도로 주행에서는 연비가 오히려 낮다. 병렬 시스템은 도심 운전에는 연비가 낮지만 고속도로 주행에서는 연비가 높다. 직병렬 경우 양쪽 장점을 가지고 있지만 대형 발전기와 축전지 팩이 필요하기 때문에 원가가 높다는 것이 단점이다.

플러그인 하이브리드 전기자동차는 낮은 유지비, 친환경 등 여러 가지 경쟁력을 가지고 있어 GM, 포드, 도요타 등 글로벌 자동차업계가 사활을 걸고 개발하고 있다.

이제 가까운 미래에는 일을 마치고 집에 돌아가면 휴대전화 보다 자동차를 먼저 충전해야 하는 일이 발생할지도 모른다.

도요다의 프리우스 플러그인 하이브리드는 간단히 말해 기존의 프리우스 하이브리드 전기자동차에 축전지 용량을 늘려 전기 에너지만으로 구동되는 거리를 늘린 하이브리드 전기자동차이다.

표 13-7 플러그인 하이브리드 전기자동차 비교

구분	구동방식	비고
직렬 PHEV	· 대표적인 구조 · 엔진이 발전기를 돌리고, 발전기가 전기모터에 전류를 공급해 구동축을 움직이는 방식 · 구동축을 움직이는 역할은 전기모터가 하며 엔진은 전기모터에 전력을 공급하는 역할만 한다.	· 시보레 볼트
병렬 PHEV	· 엔진과 전기모터가 동시에 구동축에 힘을 전달하는 방식 · 엔진이 구동축에 바로 연결되기 때문에 직렬 하이브리드 시스템과 달리 엔진에서 얻어진 기계적 에너지를 전기 에너지로 바꾸지 않아도 된다는 것이 장점	· 혼다 인사이트 · 혼다 시빅
직병렬 PHEV	· 직렬방식과 병렬방식을 상황에 따라 유연하게 바꿔가며 사용할 수 있는 방식 · 엔진 힘이 구동축에 직접 전달되기도 하고 전기모터만으로 사용할 수 있기도 해서 편리 · 저속에서는 직렬 시스템을 사용하고, 고속에서는 병렬 시스템을 사용하기 때문에 연비와 출력 모두 장점을 가질 수 있다. 등에 직병렬 하이브리드 시스템이 사용	· 도요타 프리우스 · 도요타 렉서스

이 자동차에 사용된 축전지를 5.2 kWh 의 용량을 갖고 있다. 최대 속도 100 km/h로 23 km를 주행할 수 있다. 이 말은 만약 출 퇴근 거리가 왕복 20 km내외라면 기름 한 방울 사용하지 않고 출퇴근을 할 수 있다. 저녁때 퇴근을 하면 물론 가정의 플러그로 충전을 해야 한다. 충전시간은 100 V의 전기로는 180분 200 V로는 100분이 소요된다.

시보레 볼트는 전통적인 직렬형 하이브리드 방식을 채택하고 있다. 여기에 대용량의 축전지를 채용하여 내연기관의 도움없이 전기 에너지만으로 약 60 km를 주행 할 수 있다. 내연기관은 축전지의 충전량이 저하 되었을 경우 작동되며 내연기관에서 발생된 동력은 발전기를 구동시켜 100% 축전지를 충전하는데 사용된다.

다시 말해 도요다 프리우스 플러그인 하이브리드와의 가장 큰 차이점은 바퀴를 굴리는데 필요한 동력은 100% 전기 에너지를 사용한다는 것이다.

볼트는 16 kWh의 리튬이온 축전지를 사용하고 있고 축전지의 전기에너지만으로 64 km를 주행할 수 있는데 이는 미국 사람들 중 75%에 해당하는 50 km의 통근거리를 커버할 수 있는 거리이다. 축전지를 충전하는 내연기관은 1400 cc 엔진을 사용하며 모터는 111 kw (149 hp)의 힘을 낸다.

시보레 볼트는 기본적으로 엔진이 구동하지 않을 때는 전기 에너지만으로 구동이 되기 때문에 일반 내연기관과 달리 자동차 구동 소음이 매우 작다. 이는 보행자에게 자동차가 다가오고 있다는 인지를 줄 수 없으므로 일반 도로를 주행하기 위해 적당한 소음을 만들어 내야 한다.

일반 내연기관을 동력으로 사용하는 자동차의 경우 소음을 줄이기 위해 노력하는 반면 전기자동차는 소음을 내기 위해 노력한다.

시보레 볼트의 경우 전기 모터가 만들어낸 동력은 구동 바퀴에 동력을 전달하기 위해 일반 내연기관 자동차와 같이 트랜스미션을 사용하게 된다. 하지만 여기서 좀더 발전한 전기자동차가 바로 인휠 모터 방식의 자동차이다.

볼보의 플러그인 자동차는 인휠 모터를 채용하고 있다. 인휠 모터는 각 바퀴를 구동하는 동력을 각 바퀴 안쪽에 설치된 모터를 사용한다. 휠 안에 모터가 있다고 하여 인휠 모터라고 불린다. 가장 큰 장점은 각 바퀴로 연결되는 드라이빙 샤프트를 없애 구조의 간단화를 꾀할 수 있다. 이는 드라이브 바이 와이어의 관점에서 보면 완벽한 드라이브 와이어의 구현으로 표현할 수 있다. 극단적인 예를 들면 하나의 인휠 모터 시스템을 갖고 따로 큰 기계 구조 설계 변경 없이 다양한 차종에 부착할 수 있을 만큼 큰 범용성을 갖을 수 있다.

축전지에 저장된 전기 에너지는 각 바퀴로 공급되어 인휠 모터를 구동하여 자동차를 움직인다. 전기에너지를 전달해주는 배선만 있으면 쉽게 4륜구동을 구현할 수 있어 구조의 극단적인 단순화를 꾀할 수 있다.

그림 13-28 인휠 모터 방식을 채용한 플러그인 하이브리드 전기자동차

인휠 모터의 장점을 조금 더 생각해보면, 차량 자세 안정 시스템인 ESP, 조금 더 발전된 차량의 안정화를 시켜주는 X-drive 와 같은 시스템의 구현을 추가적인 기계부품 없이 구현 할 수 있다. X-Drive와 같은 차량의 주행 안정성을 높여주는 시스템은 복잡한 메커니즘이 기반이 된 토크 벡터링이 구현되어야 한다.

하지만 아주 큰 단점이 있다. 바로 알고리즘의 정밀한 제어가 그것이다. 사실 기술적으로는 이미 당장 양산을 해도 되지만 비상안전장치(Fail safe) 기능에 대한 대처가 약하다는 점이다.

최근의 자동차 급발진 사고의 원인으로 자동차의 전자화가 문제가 된다고 지목하는 전문가들도 있다. 인휠 모터는 구동방식 자체도 정밀한 전자제어가 필요한 방식이다. 쉽게 말해 4바퀴의 회전을 정밀하게 제어하지 못하면 쉽게 할 수 있는 자동차의 직진주행 조차 어렵게 될 수 있다.

자동차나 비행기 기차 배와 같은 운송수단이 궁극적으로 추구하고자 하는 완벽한 X-by wire 시스템은 정밀한 제어와 완벽한 비상안전장치 알고리즘이 뒷받침 되어야 한다.

직렬형 하이브리드 방식에 기초한 플러그인 하이브리드의 대표적인 예는 시보레 볼트이며 이는 축전지의 발전으로 인해 양산되고 있다.

플러그-인 하이브리드 전기자동차의 성능, 연비 및 주행거리 등은 에너지 저장장치에의 특성과 용량에 따라 결정적인 영향을 받게 된다. PHEV용 에너지 저장장치는 HEV용 저장장치와는 다른 상대적으로 가혹한 운진조건에서 사용되게 되므로, PHEV의 보급은 자동차용 에너지 저장시스템의 새로운 기술 개발 및 도입을 촉진시키는 촉매제 역할을 할 것으로 기대된다.

그림 13-29 PHEV인 VOLT의 구조

표 13-8 Plug-in HEV의 장단점

구 분	장 점	단 점
Plug-in HEV (PHEV)	· 가솔린 스탠드를 이용 가능하며, 충전 스탠드 정비가 진행될 때 까지는 편리하게 사용할 수 있다. · 전지로 장거리 주행을 타협하고 있으므로, 전지 코스트/중량이 전기자동차보다 저렴하다. 그 때문에 전지 가격 저하까지는 종합 경제적으로 유리하다. · 대형 승용차에 전기자동차보다 우월 한 연비를 보인다. · 가솔린차와 동등 이상의 항속성능을 보인다.	· 13 km정도 이상의 주행은 하이브리드 전기자동차와 비슷한 정도의 환경부하가 있다. · 장거리 주행, 또는 지속적인 대출력이 필요한 버스, 트럭 등에는 쓸 수 없다. · 전기자동차와 가솔린 자동차의 전환기구가 필요하고 부품 수가 많아서, 전지의 코스트 다운이 진행된 경우는 경제적 이득을 잃게 된다.

한편 각국의 전문가로부터 친환경자동차의 기술개발과 양산 가능성에 대한 의견을 종합한 한 보고서에 따르면, 현재 시장에서 판매되고 있는 HEV의 후속 양산 가능 기술로서 PHEV를 꼽고 있다. 이는 PHEV를 구성하는 시스템이 에너지 저장시스템과 차량에 대한 운용 제어로직을 제외하고는 HEV를 구성하는 시스템과 상당히 유사하기 때문에, 이를 근간으로 상용화를 위한 개발이 상대적으로 용이할 것으로 판단하고 있는데 따른 것으로 보인다.

현대차 소나타 PHEV

- 쏘나타 PHEV의 가장 큰 특징인 두 가지 '주행 모드' 이다. 엔진 없이 모터로만 주행하는 전기자동차 모드(CD 모드)와 필요에 따라 엔진과 모터를 모두 사용하는 하이브리드 모드(CS 모드), 쏘나타 PHEV에서는 두 가지 '주행 모드'의 매력을 모두 만나볼 수 있다.

□ 전기자동차 모드(CD mode: Charge Depleting): 엔진은 쉬고 모터를 이용해 주행

- LF쏘나타 PHEV는 충전된 배터리가 일정량 소진될 때까지는 모터로만 주행하는 CD 모드를 유지한다. 말 그대로 급가속 등 특별한 상황을 제외하곤, 연료를 사용하는 엔진을 쉬게 해주는 시간인 것이다.

□ 하이브리드 모드(CS mode: Charge Sustaining) : 엔진과 모터로 주행

- 쏘나타 PHEV는 일반적으로 시동을 걸고 출발할 때 CD모드, 즉 전기자동차 모드로 운행되다가 강한 가속이 필요하거나 배터리가 소진됐을 때 모터와 엔진, 두 개의 심장을 함께 사용하는 CS모드로 진입한다.

13.3.2 개발동향

2006년부터 본격적으로 미국을 중심으로 하여 차세대 친환경자동차로서 플러그-인 하이브리드 전기자동차가 부각되기 시작하였다. PHEV는 외부 전원계통으로 부터 전력을 공급받아 충전장치를 통해 차량에 장착된 에너지 저장시스템에 전기에너지를 저장하고, 차량 주행에 저장된 전기에너지를 사용함으로써 내연기관 즉, 화석연료의 사용을 최대한 억제하는 실질적인 무공해 자동차(Practical Zero Emission Vehicle)라고 할 수 있다.

자동차 업체들은 전기자동차 보급에 가장 큰 걸림돌인 높은 배터리 가격이 낮아진다고 해도 짧은 주행거리 문제가 해결되지 않기 때문에, 대안으로 전원을 직접 연결해 배터리를 충전할 수 있는 플러그인 하이브리드카 개발에 주력하고 있다.

글로벌 자동차 업체들은 리튬 전지를 사용하는 플러그인 하이브리드카 부문을 강화하고 있다. GM은 쉐보레 볼트를 도요타는 기존 하이브리드카 프리우스를 개량한 플러그인 프리우스를 시판하고 있다.

BMW는 미래형 이동수단을 표방하는 'i' 브랜드를 선보이며, 'i3', 'i8' PHEV 모델을 차례로 출시하였다. 저배기량 엔진과 리튬 전지를 탑재한 i3는 배터리만으로 160 km를 주행할 수 있다. BMW는 'i' 브랜드 차량을 단순히 연비를 높인 교통수단이 아니라 교통 정보와 연계한 효율적 주행과 지능형 주차 시스템 등을 결합해 자동차 패러다임을 바꾸겠다는 전략이다.

이외에도 포드, 폭스바겐, 혼다, 마쓰다 등 다른 자동차 업체들도 플러그인 하이브리드카를 이미 출시했거나, 출시한다는 계획을 가지고 있다. 특히 중국 자동차 업체 BYD도 플러그인 하이브리드카 부문에 연구개발 투자를 늘리고 있다.

1) 시보레 볼트(GM)

볼트(Volt)는 일반 PHEV와 구조적인 면에서 거의 동일하지만, 눈에 띄는 특징 하나가 있다. 바로 볼텍 추진 시스템이다. 이는 모터2개가 필요에 따라 개별적 혹은 함께 작동 하여 힘과 토크는 극대화 하는 동시에 전기사용은 최적화 하여 효율적인 주행을 가능하게 해준다. 48 KW의 듀얼 모터 시스템을 사용하여 드라이브 유닛의 효율을 높인다. 주로 엔진은 배터리를 충전하는데 쓰이고, 동력은 모터가 주로 담당한다. 기존의 PHEV와 가장 큰 차이점이다. 저속에서는 1개의 모터가, 고속과 추월에서는 2개의 모터가 효율적으로 작동하면서 결과적으로 효율과 성능 두 마리 토끼를 다 잡을 수 있다. 최대 149마력에 40.6 kg·m 토크를 가지면서도 17.8 Km/L의 연비, 그리고 676 km를 달릴 수 있는 스펙을 가진다.

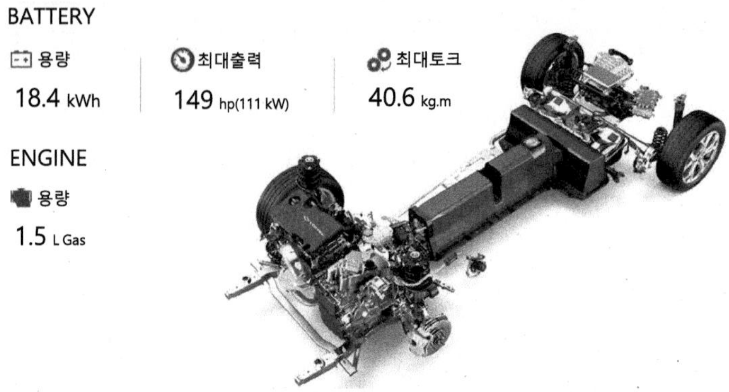

그림 13-30　GM의 쉐보레 '볼트(Volt)' PHEV

브랜드	토요타	쉐보레	현대차
차량명	프리우스 프라임	볼트	아이오닉 플러그인
배터리용량	8.8 kWh	18.4 kWh	8.9 kWh

그림 13-31　미국시장 PHEV 3파전 모델비교

GM의 쉐보레 '볼트(Volt)' PHEV는 미국내 가장 많이 팔리는 PHEV에 등극했다. 쉐보레 볼트는 1회 전기 충전에 89 km를 간다. 보통 PHEV가 1회 전기 충전에 40 km 주행 가능한 점과 비교하면 2배 이상이다.

2) 프리우스(토요타)

HEV 절대 강자 토요타가 전기자동차로 전략 수정한 배경은 무엇일까?

지금까지 토요타자동차는 하이브리드자동차(HEV)와 연료전지차(FCEV)를 미래 친환경차량의 중심축에 놓고 집중적인 투자를 해 왔다. 그런데 미래를 주도할 차세대 차량의 불확실성 때문에 전기자동차 사업에 참여키로 방침을 정했다. 토요타는 2017년부터 내부 기획개발팀을 신설하고 1회 충전으로 300 km 이상 주행하는 전기자동차 출시 목표로 프리우스나 코롤라의 플랫폼을 활용한 SUV 전기자동차를 개발한다. 토요타는 원칙적으로 오는 2050년까지 내연기관 생산을 중단하고 중간 단계로 내연기관과 배터리를 병행 사용하는 하이브리드 차량으로 시장을 주도하다가 궁극적으로는 연료전지차로 모두 대체해 나간다는 전략을 추진해 왔다.

그런데 세계 주요 국가와 자동차업체들이 전기자동차를 메인으로 내세우면서 전기자동차 개발경쟁이 생각보다 빠르고 치열해지자 전기자동차 부문에서 뒤쳐질 경우 낙오될 위험성이 높다고 판단, 전기자동차를 포함한 모든 환경기술에 전 방위적으로 대응할 수 있도록 전략을 전환키로 한 것으로 보여진다.

유럽 자동차업체들의 경우, 클린 디젤을 축으로 플러그인 하이브리드와 전기자동차에 올인하고 있으며 미국 업체들은 하이브리드와, 플러그인 하이브리드, 전기자동차 개발에 투자하고 있다.

토요타의 경우는 가정용 전원으로 충전이 가능한 플러그 인 하이브리드 차량(PHV)을 시판한다.

전기자동차는 비싼 배터리 가격과 200 km를 넘지 못하는 짧은 항속거리, 긴 충전시간 때문에 일반 보급에는 시간이 많이 걸릴 것으로 판단해 왔다. 그러나 최근 들어서는 전기자동차의 배터리 성능이 생각보다 빠르게 향상됨에 따라 약점인 주행 거리와 차량 가격에서 경쟁력을 갖추기 시작하자 전 세계가 일제히 전기자동차를 차세대 메인 차량으로 지지하기 시작했다.

미국 캘리포니아주에서는 판매되는 차량에 대해 새로운 규제가 도입, 일정 비율의 전기자동차를 판매해야만 다른 차량을 판매할 수 있게 되고 한국에서도 전기자동차 의무 판매제 도입이 논의되고 있으며 중국과 독일에서도 전기자동차에 엄청난 규모의 보조금이 도입되고 있다. 게다가 충전 설비의 표준화나 확대 및 정비계획도 유럽과 미국 등지로 확산되고 있다. 이 때문에 토요타 자동차와 선두 다툼을 벌이고 있는 독일 폴크스바겐(VW)은 2025년까지 30개 차종 이상의 전기자동차를 투입, 연간 200만 대 이상의 판매를 목표로하고 잡고 있다.

또, 닛산자동차는 중국에서 저가용 전기자동차 투입을 검토하고 있고 혼다차도 내년부터 미국에서 전기자동차 세단을 시판한다.

전기자동차 부문에서 가장 앞서 있는 미국 테슬라 모터스 등 신흥 강자들도 3천만 원대 고성능 저가 전기자동차를 내놓기로 하는 등 전기자동차 시장을 둘러싼 자동차업체들의 경쟁이 한층 치열해지고 있다.

3) F3DM(BYD)

지난해 순수 전기자동차를 가장 많이 판매한 곳은 연일 뉴스거리를 뿌리고 있는 테슬라가 아니다. 출시 5년 동안 20만대가 판매된 전기자동차의 스테디셀러 리프를 만드는 닛산도 아니다. 중국 업체 BYD가 1위를 차지했다. 지난 해 총 판매량은 6만여대를 기록했다. 테슬라가 5만여대로 뒤를 이었다. 하지만 중국 제품을 보면 우리는 항상 평가절하를 하며 말한다. "14억 명에게 하나씩만 팔아도 1등 아니겠어?" 맞는 말이다. 중국의 자동차 시장 규모는 세계에서 가장 크다. 이미 2009년도에 미국을 제치고 7년째 1위를 하고 있다. 그러나 단순히 시장이 크기 때문에 BYD가 어부지리로 승리한 것은 아닐지 모른다.

그림 13-32 F3DM(BYD)

BYD의 주력은 전기 버스다. 전세계에서 전기 버스를 대량 생산하는 곳은 BYD가 유일하다. 주력 모델인 K9은 12 m길이의 40인승 버스다. 324 kW의 배터리를 탑재하고 약 250 km를 달릴 수 있다. 충전 시간은 4시간 밖에 걸리지 않는다.

BYD는 전기자동차 배터리 업계에서 점유율 2위를 기록하고 있다. 지금 만들어 지는 전기자동차 4대 가운데 1대는 BYD의 배터리를 사용하고 있다.

BYD의 배터리는 무겁고 비싸다. 그런데 어떻게 계속 점유율이 오르고 있는 걸까? 비결은 BYD의 독점 커스텀 기술로 만들어진 'LiFePO 4' 배터리다. BYD의 리튬 인산철(lithium-iron-ferrous-phosphate) 배터리는 4,000회 이상 충전에도 70% 이상의 효율을 보장한다. 과열로 인한 폭발에 대한 안전성도 뛰어나다.

아직 상용 모델에 적용된 기술은 아니지만 망간을 추가한 'LiMnFePO 4' 배터리는 에너지 밀도 증가, 배터리 충전 속도를 획기적으로 단축할 수 있다. BYD의 고속 충전기를 사용하면 20분이면 80%, 40분이면 100% 완충을 할 수 있다. BYD의 전기자동차 배터리 수명은 30년이고 보증 기간은 무려 12년이다.

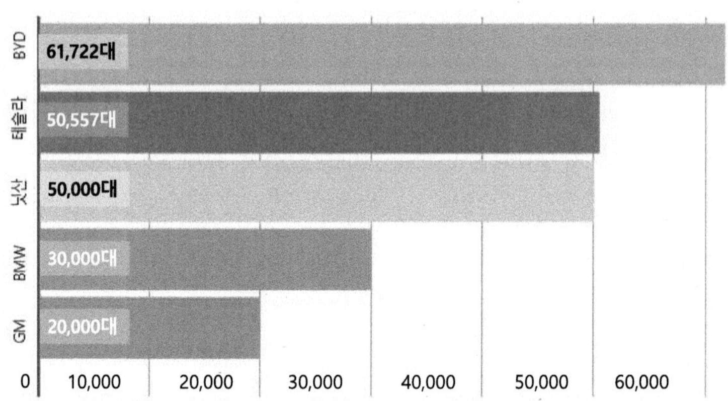

그림 13-33 전기자동차 판매량 순위(2016년)

4) i8(BMW)

국내에서 강세를 보이는 독일 완성차 업체들이 경쟁적으로 PHEV 출시에 나서고 있다. 독일차의 경우 토요타로 대표되는 일본 완성차 업체들이 선점한 하이브리드차를 건너 뛰고, 바로 PHEV로 진입하고 있다. PHEV 시장을 장악하면 다음 단계인 완전한 전기자동차 시장 평정도 유리할 수 있기 때문이다. BMW는 PHEV인 스포츠카 'i8'을 선보인데 이어 PHEV인 SUV 'X5 xDrive40e'를 선보인다.

BMW의 제조 공장은 세계 여러 곳이 있지만, i8 모델은 독일에서만 제조하며, 스포츠카 성능을 자랑한다고 알려져 있는 모델이다. 전기 충전 또는 재생 시스템으로 충전되기 때문에 다른 자동차보다 무게가 많이 나가게 되어 있는 모델이다. BMW 기술을 담아 조금 더 무게를 줄이기 위해서 탄소섬유, 세라믹, 알루미늄 등 적용하여 1485 KG 무게를 실현하며 출시하게 되었다.

AWD구동으로, 동적 벡터링 시스템은 eDrive 적용하여 최고의 드라이브를 즐길 수 있도록 빈첩한 휠 스핀과 코너링에서 각기 다른 휠 스핀을 적용해 안정적인 코너링을 도와주는 시스템이다. 최고출력(362 ps/rpm), 최대토크(58.2 kgm/rpm), 1회 충전, 전기모드에서 120 Kmh 속도로 37 ㎞ 주행 가능하다.

그림 13-34 i8(BMW)

13.4 배터리 전기자동차(BEV)

내연기관 없이 모터와 전지가 엔진과 화석연료의 역할을 대신하는 자동차를 전지 전기자동차(BEV)라고 한다. 주행 시 오염물질 및 이산화탄소 배출량이 없어 무공해차량으로 불리며 이러한 특징들 때문에 HEV, PHEV와 같은 과도기적 혹은 혼합식의 구조는 향후 축전지 기술의 발전에 따라 사라지고 BEV화 되고 있다.

전기자동차의 주요부품은 축전지, 모터, 인버터/컨버터, 회생제동장치, 축전지시스템(BMS) 등이다. 축전지는 재충전이 가능한 2차전지가 이용되며 전기자동차 품질에 가장 큰 영향을 미치며, 모터는 축전지를 통해 구동력을 발생시키며 인버터/컨버터는 직류와 교류를 변환시키는 역할을 한다. 축전지시스템은 축전지의 충전, 방전을 조절하고 보호하는 역할을 하여 축전지의 품질을 향상 시킨다.

전기자동차의 모터는 전기에너지를 기계에너지로 변환하여 드라이브 라인에 동력을 공급한다. 모터는 구동전원의 형태에 따라 직류모터와 교류모터로 구분할 수 있는데, 교류모터는 직류모터에 비해 구조가 비교적 간단하여 모터의 크기를 소형화, 경량화 할 수 있어 현재 전기자동차에는 주로 교류모터가 사용되고 있다.

전기자동차의 축전지는 핵심기술로서 기존의 납축전지에서 니켈-수소전지, 리튬이온전지, 리튬이온폴리머전지 등 성능 및 안전성 등에서 개발과 발전을 거듭해오고 있습니다. 그러나 전기자동차의 활성화를 위해서는 더욱 에너지밀도를 높이고 공급가격을 낮출 수 있는 기술개발이 필요하다.

표 13-9 내연기관차 VS 전기자동차 부품수 비교

구분	내연기관차 부품수		전기자동차 부품수	
엔진부품	6,900 개	23%	-	-
구동,전달 및 제동장치	5,700 개	19%	3,600 개	19%
차체	4,500 개	15%	4,500 개	24%
현가(서스펜션) 및 제동	4,500 개	15%	4,500 개	24%
전장품, 전자부품	3,000 개	10%	900 개	5%
기타	5,400 개	18%	5,400 개	29%
합계	30,000 개	100%	18,900 개	100%

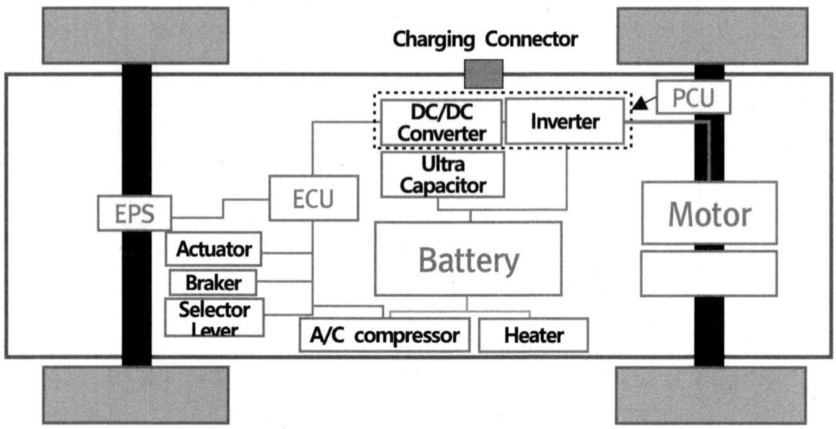

EPS: Electronic Power Steering
PCU: Power Control Unit(Converter+Inverter)
ECU: Electronic Control Unit

그림 13-35 전기자동차의 주요 부품구성도

표 13-10 전기자동차의 주요 구성품

주요 구성품	특 징
모 터	· 모터에는 직류모터와 교류모터가 있다. · 교류모터는 브러시가 필요 없으나 교류의 타이밍을 모터로 얻고 싶은 토 크나 회전수에 맞춰 조정하는 것이 어려워 효율이 낮다. · 요즘에는 회전자와 고정자의 위치관계를 정확히 알아서 교류전류를 흘리는 방식이 개발돼 마치 브러시 없는 직류모터와 같은 성능을 낼 수 있다. · 모터에 걸리는 전압은 회전수와 전류 양쪽에 관계된다. 전기자동차로 평 지를 달리며 속도를 높이려면 전압을 올리면 되고 고갯길에서 같은 속도로 달리고 싶으면 전압을 올리고 회전수를 유지한 채 전류를 증가시키면 된다. · 최근에는 브러시리스 DC모터라고 불리는 유도식 교류모터가 개발돼 각 광을 받고 있다.
축전지	· 가솔린 자동차와 달리 현재의 전기 자동차는 주행거리가 짧기 때문에 가솔린 자동차의 감각으로 운전하다가는 길거리에서 멈추기 십상이다. 그래서 남아 있는 전력량을 아는 일이 매우 중요하다. · 보통 축전지액의 비중 또는 전압을 측정하는 두 가지 방식이 있다. 그런데 축전지 중 주위 온도에 따라 남아 있는 전력량이 달라지는 것도 있어 계기를 만드는 일이 쉽지 않다.
DC/AC Converter	· 인버터는 컨버터와 같은 작용을 하면서 직류를 교류로 변환시키는 기능 · 직류를 교류로 만들기 위해 변조기가 사용 · 인버터는 컨버터에 비해 구조가 복잡
모터제어기	· 엑셀 패달 조작량 및 속도를 검출해서 거기서 의도한 구동 토크 변화를 가져올 수 있도록 차속이나 부하 등의 조건에 따라 모터의 토크 및 회전 속도를 제어한다. · 직류모터라면 전류의 크기를 제어 · 교류모터는 진폭이나 주파수/위상을 바꾸어서 자동차의 주행상황 변경한다.
회생제동장치	· 전기자동차의 에너지 소비를 줄여 주는 데 있어 매우 중요한 역할을 하는 것이 회생 브레이크다. · 전기자동차 모터는 발전기와 구조가 같아 전류를 흘리면 회전하고 반대로 밖에서 힘을 걸어 회전시키면 발전기가 됨 · 차를 감속시키거나 제동을 할 때 그 힘으로 모터를 회전, 전기를 발전시켜 축전지로 보내는 장치를 만들면 전기소모량을 많이 줄일 수 있다. · 엔진차를 전기자동차로 개조하는 경우 : 엔진 위치에 모터를 장착하고 트랜스미션과 디퍼렌셜기어를 그대로 사용하는 일이 많다. · 전기 자동차에 사용되는 모터들은 저속에서 고속까지 무단으로 부드럽게 변환시킬 수 있기 때문에 반드시 변속기와 감속기가 필요하지는 않다. · 실제로 최근에 오리지널 전기자동차로 개발된 차들은 바퀴를 각각 하나씩 돌리도록 여러 개의 모터가 장착된다.

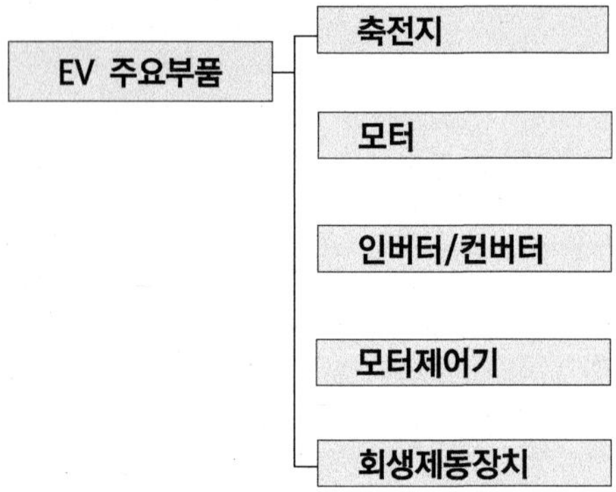

그림 13-36 전기자동차 주요부품

표 13-11 자동차별 주행거리 비교

구분	배터리용량(KWh)	주행거리(Km)	완충시간(예상)	배터리 공급사
BMW i3	21	132	3 ~ 5시간	삼성SDI
닛산 리프	24	132	4 ~ 5시간	AESC
현대 아이오닉	28	191	4 ~ 5시간	LG화학
BMW 뉴 i3S	33	300	4 ~ 5시간	삼성SDI
테슬라 모델3(표준)	55	354	6 ~ 8시간	파나소닉
기아 니로 EV	60	380	8 ~ 9시간	SK이노베이션
GM 볼트(Bolt)	60	383	8 ~ 9시간	LG화학
현대 코나 EV	60	390	8 ~ 9시간	LG화학
닛산 리프 2세대	60	400	8 ~ 9시간	AESC
르노 조에(ZOE)	41	400	8 ~ 9시간	LG화학
테슬라 모델3(장거리)	75	450	9 ~ 10시간	파나소닉
테슬라 모델s 90D	90	512	10 ~ 12시간	파나소닉
테슬라 모델s P100D	100	594	11 ~ 12시간	파나소닉
루시드 에어	130	643	11 ~ 12시간	삼성SDI

평균 *30 KWh/200 Km *60 KWh/400 Km *90 KWh/500 Km / 주행거리는 국가별 인정기준이 다름

많은 완성차 제조업체들과 신생 벤처기업들에서 전기자동차를 출시하거나 이를 계획하고 있다.

최근 친환경차 중 비교적 관심이 적었던 전기자동차가 내연기관을 대체할 차량으로 주목을 받게 된 가장 큰 요인은 전지 성능 및 기술발전이지만 중국의 전기자동차 개발의지도 중요한 요인 중 하나라고 할 수 있다.

현재 세계 1위의 자동차 수요시장인 중국에서 전기자동차를 중심으로 친환경차 시장이 형성된다면 선진국을 중심으로 시장이 형성되고 있는 하이브리드자동차나 클린디젤차에 비해 시장 확대가 더욱 클 것이다. 특히 자동차 수요가 신흥국 위주로 증가하고 경소형차 수요비중이 높아지는 상황에서 경소형차를 중심으로 개발되고 있는 전기자동차는 친환경차 산업에서 시장형성이 빠를 것으로 예측된다. 따라서 전기자동차 개발에 소극적이던 주요 완성차업체들은 최근 전기자동차 시장선점을 위한 전기자동차 개발에 박차를 가하고 있으며 잇달아 전기자동차 출시계획을 발표하고 있다.

300 km 이상 주행이 가능한 전기자동차 모델이 잇달아 출시된다. 가격 면에서는 아직 내연기관차보다 비싼 편이지만, 주행거리 면에서는 내연기관차 수준에 근접하고 있다.

13.5 연료전지자동차

전기자동차에 전기를 공급하는 방법은 연료전지와 축전지 두 가지다. 외부로부터 전기를 충전, 저장해야 하는 축전지방식은 수백 파운드의 무거운 축전지팩이 필요한데다 운행거리에 제한이 따르고 3～6년에 한 번씩 축전지를 교환할 때 많은 돈이 든다. 그래서 자동차 업계에서는 연료전지 방식에 더 주목하고 있다. 특히 수소연료전지는 축전지에 비해 작고 가벼우며 빠른 시간에 재충전된다는 것이 장점이다. 또 수증기만을 방출하기 때문에 가장 깨끗한 미래형 동력원이 될 것으로 보인다.

연료전지자동차의 경쟁자인 전기자동차는 주행 시 배기가스를 배출하지는 않지만 화력발전으로 전기를 생산한다면 화석 연료를 사용하기 때문에 엄밀한 의미에서 무공해차로 분류하기는 어렵다.

연료전지자동차는 화학적 축전지 대신 작은 발전소에 비유할 수 있는 연료전지(Stack)를 싣고 다닌다. 연료전지자동차는 수소를 연료로 사용하는데 아직은 수소 저장 및 운반 기술이 미흡하고, 충전소도 많지 않아서 상용화에 어려움을 겪고 있다. 그러나 관련연구가 활발하게 이루어지고 있어 수년 내에 대중화가 이루어질 것으로 전문가들은 내다보고 있다.

연료전지는 가장 주목을 받고 있는 대체에너지 기술 중 하나로, 환경오염 문제를 해결하고 전력 수요 및 에너지 수요에 효율적으로 대비할 수 있는 일종의 전기화학 장치이다. 연료전지는 원료인 수소를 산소와 반응시켜 열과 전기를 얻는다. 물을 전기분해해 수소와 산소를 만들어내는 원리를 반대로 생각하면 쉽다.

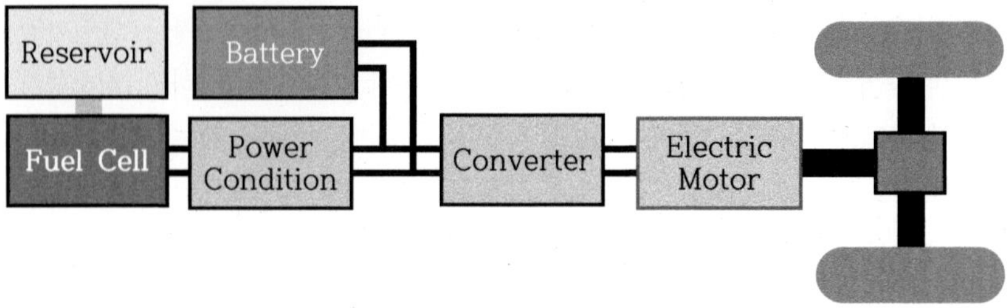

그림 13-37 연료전지자동차 구조

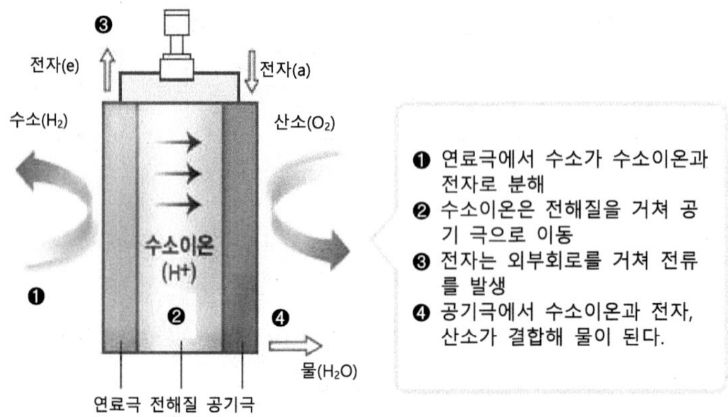

그림 13-38 연료전지의 전기발생원리

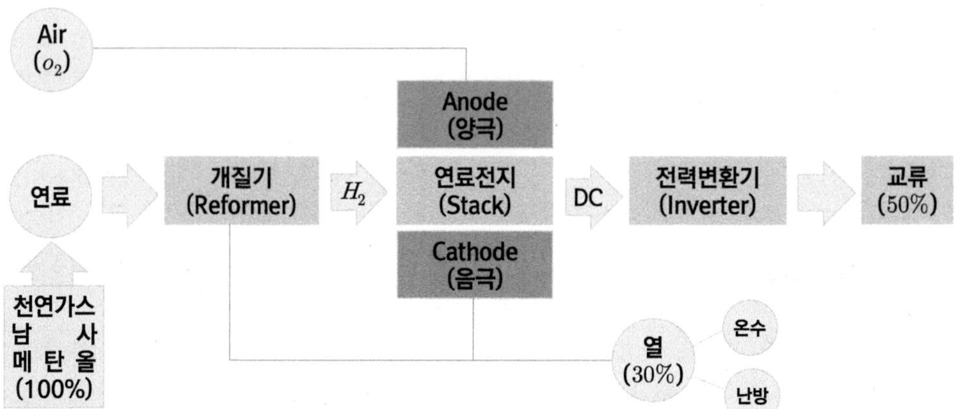

그림 13-39 연료전지 발전시스템 구성도

연료전지는 연료극(anode), 공기극(cathode), 그리고 이온전도성 전해액으로 구성된다. 연료극에서 수소가 이온화되어 수소이온의 형태로 전해액을 통해 공기극으로 이동하고, 이온화시 발생한 전자는 외부회로를 통하여 공기극으로 흘러가게 된다. 공기극에서 만난 산소, 수소이온 그리고 전자가 반응하여 물을 생성한다. 즉, 연료전지는 수소와 산소를 전기 화학적 방법으로 반응시켜서 전기를 생산하는 장치이다. 이때 생성물은 물이며, 부수적으로 반응열도 생성된다.

연료전지는 다양한 장점을 갖고 있다. 가정용의 경우 발전 뿐 아니라 발전 과정에서 나오는 열을 난방에 활용할 수 있다. 발전효율만 해도 35%에 달해 기존 발전시스템보다 높다. 여기에 난방효율까지 더하면 전체 효율은 80%에 달해 압도적인 우위를 자랑한다. 효율이 높으면 높을수록 연료 사용이 줄어든다. 화석연료를 이용한 기존의 방식에 비하여 훨씬 더 효율적으로 사용할 수 있는 것이다.

13.5.1 수소 연료전지자동차

수소 연료 전지로 발전하고 전동기를 구동하는 타입으로 수소를 직접 연소하여 이용하는 수소자동차와는 에너지를 내는 방법이 다르다.

표 13-12 수소 연료전지자동차 장단점

구 분	장 점	단 점
수소 연료전지자동차	· 자연 에너지 발전의 이용보다, 수소는 물에서 무한대로 생산 가능하여 지속 가능하다. · 주행시 CO_2나 NO_X가 발생하지 않는다. · 항속거리가 전지식 전기자동차 보다 길다. · 내연수소자동차보다 연료를 절감할 수 있다.	· 인프라 정비에 비용이 든다. · 수소흡장합금 탱크나 고압수소 탱크를 탑재하므로 차량 내부 공간이 협소하고 무게는 증가한다. · 수소연료전지자동차에 사용하는 백금 등에 의해 연료 전지 자체가 고가여서, 내연 수소 자동차 보다 취득 비용이 든다. · 화학 반응을 이용하는 발전이로, 이온 교환 수지의 마모에 의한 성능 저하를 피할 수 없으며, 몇 년마다 연료 전지를 교환해야 한다.

13.5.2 알코올 연료전지자동차

알코올을 직접 연료전지에 공급하는 방식과, 연료 개질기를 사용하여 알코올에서 수소를 얻어, 수소 연료 전지에 공급하는 방식이 있다. 발전이후의 시스템은, 전동기를 구동하는 전기자동차와 거의 같다. 알코올을 연료로 하여 직접 내연기관에서 연소시키는 자동차와는 다르다.

표 13-13 알코올 연료전지자동차 장단점

구 분	장 점	단 점
알코올 연료전지자동차	· 화재시 물로 소화가 가능하다. · 항속 거리가 전지식 전기자동차에 비해 길다. · 연료 가격은 비교적으로 싸다. · 전기자동차와 설계의 공통화를 도모할 수 있다.	· 알코올의 제조 단계에서 CO_2가 발생한다. · 알코올 연료는 가솔린이나 경유에 비해 인화 가능한 공기중의 혼합비의 범위가 넓고, 안전성이 떨어진다. · 메탄올은 금속을 부식 시켜 취급 자격이 필요하다. · 연료 전지 스택이 비싸다. · 부식성 때문에 알코올 직접 공급식 연료 전지는 수소 연료 전지 보다 수명이 짧다.

한·일 친환경차 개발 경쟁

- 한국과 일본 자동차 회사들의 친환경차 투자 경쟁이 본격화하고 있다. 양국 대표 자동차 기업인 도요타, 현대·기아차는 친환경차와 자율주행차 관련 기술 개발에 수십조원이 넘는 투자를 예고했다.
- 도요타는 수소연료전지자동차(FCV)와 플러그인 하이브리드카 개발에 집중하기로 했다. 수소연료전지자동차는 도요타가 '궁극의 친환경차'로 생각하는 모델이다. 도요타는 2014년 12월 수소연료전지자동차 '미라이'를 선보였다. 충전 시간은 3~5분, 한 번 충전으로 650 km를 달린다.

도요타 수소연료전지자동차(FCV)

- 도요타 관계자는 "2020년 도쿄올림픽이 열리는 때를 고려해 (FCV)상품을 강화해 나갈 계획"이라며 "그 때가 수소연료전지자동차 시장의 분기점이 될 것"이라고 말했다.
- 도요타는 순수 전기자동차보다는 플러그인 하이브리드카 개발에 힘쓸 예정이다. 플러그인 하이브리드카는 배터리를 충전한 뒤 모터를 이용해 달리다가 방전되면 석유 엔진을 구동해 주행하는 하이브리드차다. 도요타는 2011년 플러그인 하이브리드카 1세대 모델 '프리우스 PHV'를 선보였고 2세대 모델인 '프리우스 프라임'을 출시했다. 프리우스 프라임은 전기만으로 60 km를 달릴 수 있다.
- 현대·기아차도 친환경차 경쟁에서 밀리지 않겠다는 의지를 내보였다. 현대차그룹 회장은 친

환경 자동차 라인업을 확대해 시장을 주도하자고 말했다. "끊임없는 혁신만이 불확실성의 시대에도 생존할 수 있는 방법"이라고도 했다.

- 현대·기아차는 아이오닉 하이브리드(HEV), 순수 전기자동차 아이오닉 일렉트릭(EV)을 출시한 데 이어 아이오닉 플러그인 하이브리드(PHEV)도 선보인다.
- 수소연료전지자동차의 새로운 모델도 구상 중이다. 수소연료전지자동차를 세계 최초로 개발한 만큼 수소차 경쟁에서도 앞서가겠다는 것이다. 현대·기아차는 2010년에 '투싼ix FCEV'를 처음 내놨다. 한 번 충전으로 424 km를 달리는 친환경차다.

13.6 친환경자동차의 비교

13.6.1 구조적인 차이

자동차에서 파워트레인은 동력장치에서 생산한 동력을 바퀴에 전달하는 과정에서 필요한 시스템을 지칭한다.

전기자동차 파워트레인은 동력을 만드는 모터와 전기의 특성을 제어하는 파워일렉트로닉스, 그리고 전기에너지를 저장하는 전지팩으로 구성된다. 연료를 저장하고 배출하는 내연기관차의 연료탱크는 파워트레인에 포함되지 않지만, 전기자동차의 전지팩은 에너지의 저장 및 효율적 관리 역할까지 하므로 파워트레인 구성 요소에 포함된다.

전기자동차와 내연기관차 파워트레인의 가장 큰 차이는 동력을 만드는 방법에 있다. 내연기관차의 동력을 엔진이 만든다면, 전기자동차의 동력은 모터가 만든다. 엔진을 구동하려면 휘발유 등 연료가 필요하고, 모터를 돌리려면 전기가 필요하다. 동력을 전달하는 방식도 전기자동차와 내연기관차는 다르다. 전기자동차가 동력을 만들고 전달하는 방식은 내연기관차에 비해 간단한 편이다. 따라서 전기자동차 파워트레인은 내연기관차보다 구조적으로 훨씬 단순하고, 부품수도 최대 80%까지 줄어든다.

내연기관차의 성능은 파워트레인 구성 부품인 엔진과 변속기의 개별 성능, 그리고 부품간 효율적 연계 수준에 달려있다. 전기자동차에서도 파워트레인의 성능은 중요한 경쟁 요소다. 원가 측면에서도 파워트레인의 비중은전기자동차 부품 중에서 가장 높다. 전기자동차 모델간 경쟁의 핵심이다.

표 13-14 친환경자동차 종류별 특징

구분	HEV	PHEV	BEV	FCEV
차량모델	도요다프리우스	GM VOLT	테슬라 모델3	현대차 넥쏘
변속기	YES	YES	NO	NO
동력원	AC 동기식	AC 동기식	AC 동기/유도	AC 동기/유도
배출가스	YES	YES	NO	NO

표 13-15 친환경자동차 종류별 주요구성부품

부품명	하이브리드전기자동차	전기자동차(EV)	수소연료전지자동차
전기모터	●	●	●
배터리	●	●	●
BMS	●	●	●
인버터/컨버터	●	●	●
차량제어기	●	●	●
엔진	●	–	–
변속기	●	–	–
수소저장탱크	–	–	●
연료전지	–	–	●

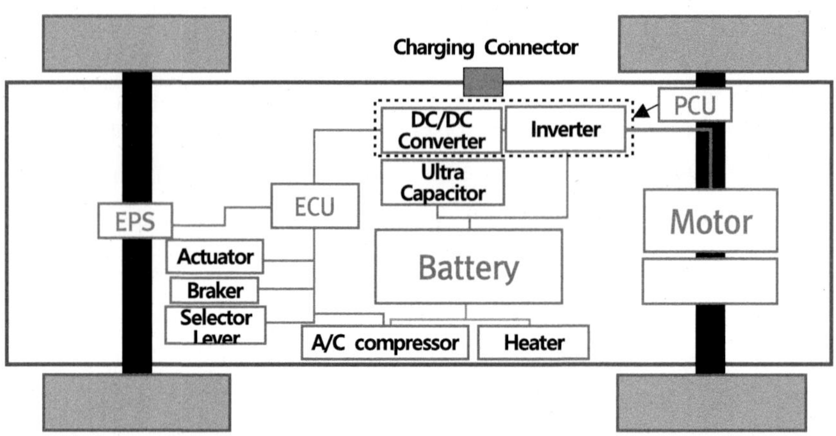

EPS: Electronic Power Steering
PCU: Power Control Unit(Converter+Inverter)
ECU: Electronic Control Unit

그림 13-40 전기자동차의 주요 부품구성도

표 13-16 전기자동차의 주요 구성품과 대응되는 가솔린자동차의 부품

	전기자동차 주요 구성품	내연기관 주요 구성품
구 동 원	모터	엔진
에너지원	구동 축전지	연료탱크 및 연료
에너지변환	DC/AC Converter	알터네이터
충 전 기	충전기	-
제 어 기	모터제어기	엔진제어기(ECU)
발 전 기	회생제동장치	-
기 동	-	시동모터

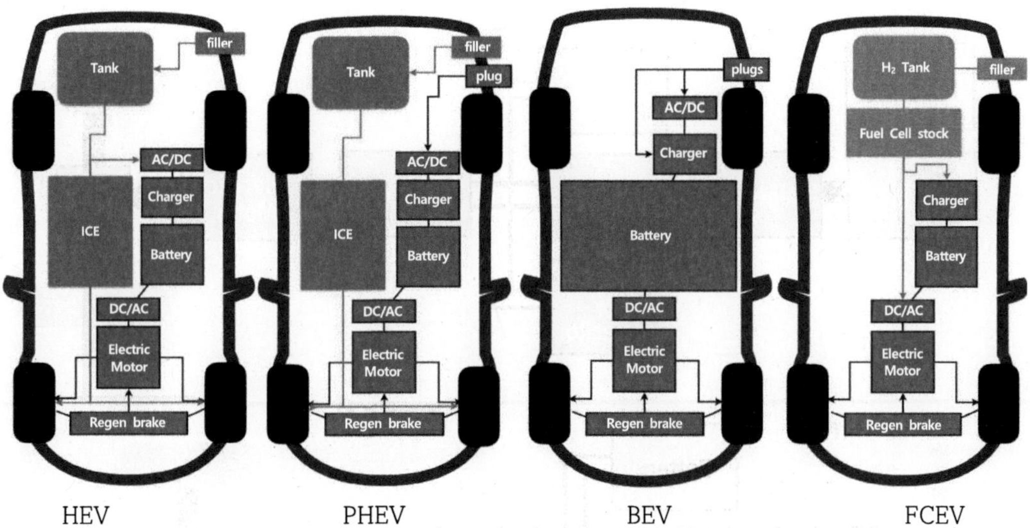

그림 13-41 친환경자동차 종류별 특징

FCEV는 EV의 배터리가 갖는 문제점을 극복하는 과정에서 나온 것이다. 사실 EV는 배터리 문제만 극복되면 세상에서 가장 완벽한 자동차이다. 배터리문제란 가볍고, 부피가 작고, 반영구적이며 값이 싼 배터리를 만들어야 한다는 것이다. 여기에 무엇보다 충전시간이 짧아야 한다. FCEV는 EV의 배터리 충전문제를 해결하기 위해 수소만 공급해 주면 계속 전기가 생산되는 연료전지를 사용한다. 말은 간단하지만 이렇게 바꾸기 위해서는 많은 부분이 달라져야 한다.

EV에는 필요 없는 연료저장용기, 연료공급 및 제어장치, 연료전지스택 제어 및 조절장치 등이 추가로 필요하다.

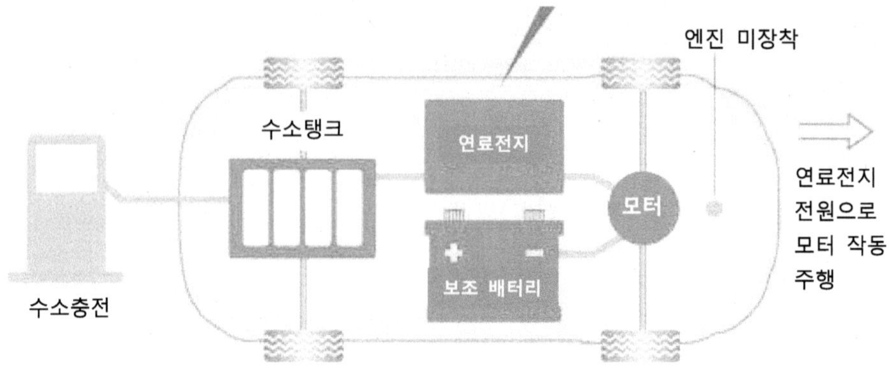

그림 13-42 수소연료전지자동차의 구조

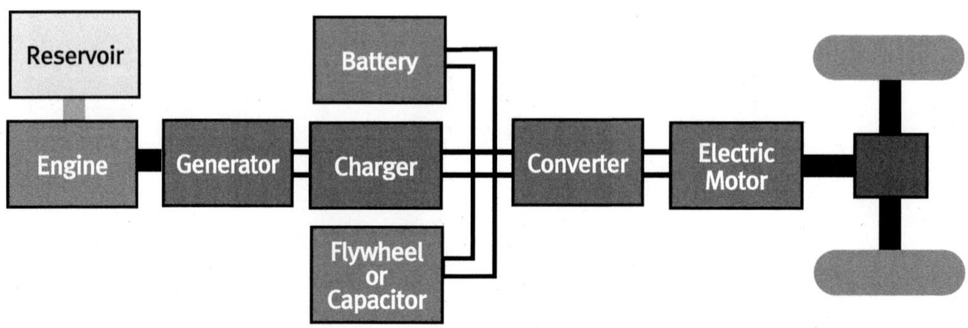

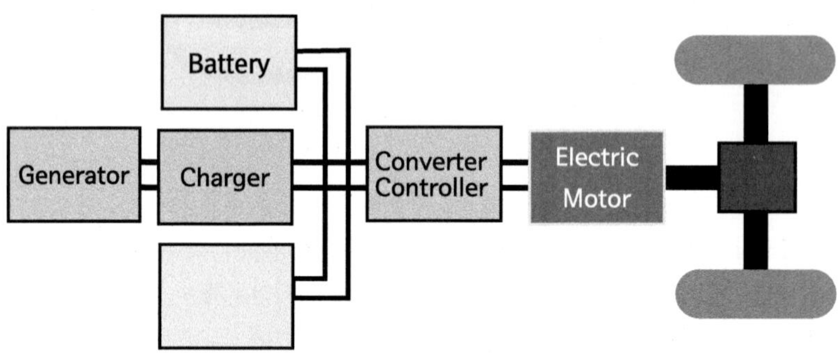

그림 13-45 전기자동차의 구조

표 13-17 동력전달장치의 전기화 정도에 따른 구분

구분	Engine Stop/Start	Regenerative Braking	Electric Motor Assist	Pure Electric Drive
내연기관	가능	최소	NO	NO
Micro(Mild) HEV	YES	YES	재시동	NO
Soft(Power assist) HEV	YES	YES	재시동+가속	NO
Hard(Full) HEV	YES	YES	재시동+가속	YES
PHEV(Plug-in HEV)	YES	YES	재시동+가속	YES
BEV	NO	YES	NO	YES
FCEV	NO	YES	NO	YES

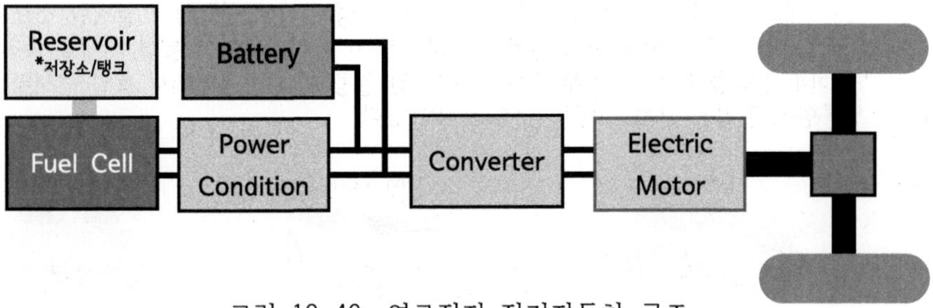

그림 13-46 연료전지 전기자동차 구조

전기자동차에 변속기가 달려 있나, 없나?

- 변속기(transmission) : 일반적인 자동차용 내연기관은 일정한 속도에서 토크가 최대가 된다. 엔진의 회전을 일정하게 유지하기 위해 기어를 사용하여 출발할 때에는 회전속도를 줄임과 동시에 토크를 늘려 주고, 속도가 빨라짐에 따라 회전을 높이는 역할
- 전기자동차(BEV)에는 변속기가 없다
- 교류모터는 주파수제어(PWM)로 모터의 속도를 달리 할 수 있다.
- 컨트롤러를 통해 가능한데, 이를 전자 변속기라고 부르는 경우가 있음.
- 인버터는 직류전원을 교류전원으로 변환하고, 이를 속도제어에 활용.(직류방식의 경우는 속도 제어에만 사용)

리튬이온 배터리 형상구분

- **각형은** 삼성SDI의 주력 형태로 양극과 음극 소재를 말아 만드는 와인딩 방식을 적용해 대량 생산에 유리하고 안정성이 뛰어난 장점이 있는 반면 상대적으로 무겁고 형태의 변환이 제약되는 한계가 있다. BMW i3, 폭스바겐 E-Golf, 아우디 A3 e-Tron 등 유럽 자동차에 주로 채택되고 있다.
- **파우치형**은 LG화학이 대표적으로 생산하고 있으며 알루미늄 필름 형태의 파우치 안에 배터리 소재를 넣는 방식이어서 디자인과 경량화 측면에서 유리하다. 닛산 리프, GM 볼트 등에서 채택하고 있다.
- **원통형**은 테슬라 전기자동차에 적용되고 있는 형태로 파나소닉이 주로 납품하고 있다. 모델 S의 경우 약 7,000여개의 배터리가 장착되고 있는 것으로 알려져 있다. 원통형 전지는 가장 오래된 형태로 가격 대비 성능을 극대화할 수 있는 장점이 있지만 디자인과 구조상의 한계, 낮은 에너지 밀도 등의 이유로 각형이나 파우치형에 비해 경쟁력이 열위한 것으로 평가되고 있다. 그러나 최근 중국 2nd, 3rd 티어의 자동차 메이커들이 원통형 채택을 늘리고 있고 차량 하부 장착을 통한 차의 무게 배분 및 공간 활용도 증대 측면에서 독일 럭셔리 자동차들도 원통형에 관심을 가지고 있는 것으로 알려졌다.

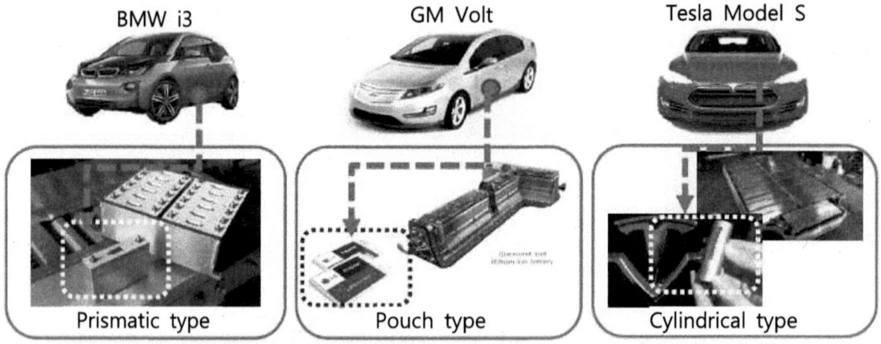

3가지 타입의 배터리 셀과 대표 전기자동차 모델

▌차량배터리 종류

	파우치형	각형	원통형
배터리 제조사	LG화학, AESC, SK이노베이션	삼성SDI, 파나소닉, 도시바 등	LG화학, 삼성SDI, 파나소닉 등 대부분 배터리 업체
자동차 메이커	현대기아차, GM, 포드, 르노 폭스바겐, 볼보, 닛산, 아우디 다임러 등	BMW, 도요타, 혼다 등	테슬라

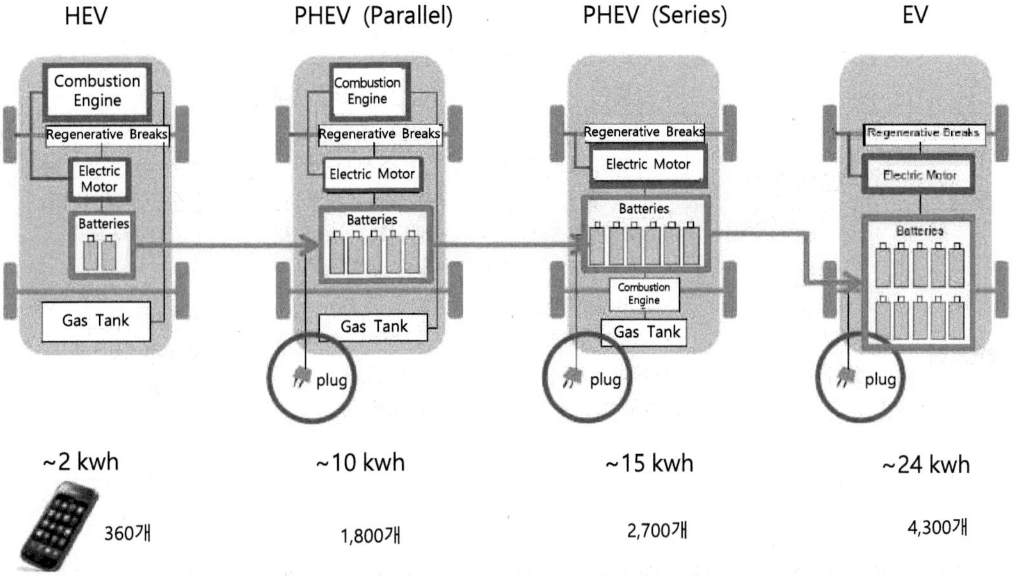

그림 13-47 전기자동차 종류 및 배터리 용량

전기자동차의 구조는 동력원인 축전지와 구동력을 발생하는 모터 그리고 감속장치 등으로 구성되어 있다.

표 13-18 자동차의 종류 및 특징

구분	내연기관자동차 (ICV)	하이브리드차 (HEV)	전기자동차 (EV)	연료전지차 (FCEV)
동 력 계 구 조			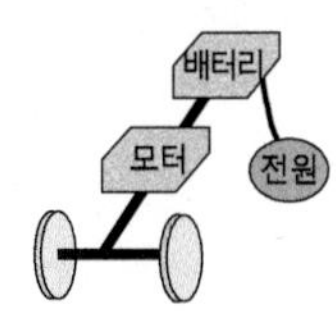	
구 동 원	· 엔진+변속기	· 엔진 + 모터	· 모터	· 모터
에너지원	· 화석연료	· 화석연료 · 전기	· 전기	· 수소
구매비용	· 다소 저가	· 다소 고가	· 고가	· 소고가
배터리 용 량	· 0.7 KWh	· 0.98 ~ 1.8 KWh	· 16 ~ 100 KWh	· 10 KWh 내외
장점	· 저렴한 가격	· 주행거리 제한없음	· 배출가스 없음	· 배출가스 없음

	· 주행거리 제한없음 · 석유를 사용하기에 편리	· 연비 좋고 친환경적 · 별도 인프라 필요 없음	· 저렴한 가격(수소차 대비) · 충전 인프라(상대적)	· 짧은 충전시간 · 긴 주행거리
단점	· 대기오염 발생 · 석유의 유한성	· 가격이 내연기관차 보다 높음. · 대기오염 발생	· 짧은 주행거리 · 긴 충전시간 · 화석연료전력생산 · 배터리용 원자재(리튬,코발트)고가	· 높은 수소 생산단가 · 충전인프라 미비 · 고가의 차량
적용사례	· 소나타(현대) · K5(기아)	· 프리우스(도요타) · 시빅(혼다) · 소나타(현대) · K5(기아)	· BOLT(GM) · 모델S(테슬라) · ZOE(르노) · 코나(현대)	· 미라이(도요다) · 클래리티(혼다) · 넥쏘(현대)

선진 각국에서는 순수전기자동차의 조기 실용화를 위하여 정부 차원의 대규모 투자와 아울러 강제 보급 정책을 추진하고 있다. 자동차 제작회사들도 이에 적극 참여하고 있으므로 전기자동차의 개발 및 실용화 전망은 밝다고 할 수 있다. 더불어 순수한 전기자동차의 단점을 보완하기 위한 즉, 완벽한 전기자동차의 전 단계라고 할 수 있는 하이브리드 전기자동차(HEV), 플러그인 하이브리드 전기자동차(PHEV), 연료전지자동차(FCEV) 등에 대한 연구도 활발히 진행되고 있다.

연료전지 자동차 구조

14

한국의 자동차산업 또한 생존을 위해서는 현재 북미의 배기가스 규제, 캘리포니아주의 무공해 자동차(ZEV) 의무 판매 및 유럽연합의 이산화탄소 규제 등에 대응할 수 있는 환경친화적 자동차 개발이 필수이며 그 중 연료전지자동차의 개발은 친환경자동차 개발의 핵심적 요소라 할 수 있다.

연료전지자동차 개발은 기존 자동차 부품 산업계에 큰 변화를 야기할 것으로 예상되며 연료전지자동차와 관련된 핵심부품 및 기술을 조기 개발해 기술 경쟁력 강화와 해외 의존도를 탈피함으로써 핵심기술의 선점에 따른 새로운 산업수요를 창출할 수 있다.

연료전지자동차는 수소를 연료로 사용하며 이를 공기 중의 산소와 전기화학반응을 시켜 발생하는 전기를 이용해 구동용 모터를 작동시킴으로써 운전되는 자동차를 말한다.

수소(Hydrogen)은 우리가 과학시간에 배우던 원자의 주기율표 1번에 해당되는 물질이다. 수소는 지구상에 존재하는 원소 중 가장 가볍고 우주 질량의 75%를 차지하는 가장 풍부한 원소이다. 특히 수소는 물을 전기분해 하기만 하더라도 얻을 수 있는 자원으로 공해물질을 배출하지 않아 매우 친환경적이다. 수소의 장점은 친환경적이면서도 에너지 효율이 매우 높아 가솔린, 디젤, 프로판, 메탄, 에탄올 등 경쟁 에너지 자원들과 비교하였을 때 단위 무게당 에너지효율이 가장 높은 장점을 갖고 있다. 특히 수소는 액화할 경우 에너지 저장매체로도 뛰어난 효율을 갖고 있어 미래의 에너지원으로 충분한 경쟁력을 갖추고 있다.

수소는 다양한 원재료와 방식을 통하여 제조가 가능한 원소이다. 천연가스, LPG, 나프타 등의 탄화수소로부터 수소를 제조하는 수증기 개질법(steam reforming)을 비롯하여 중질유나 석탄을 이용한 부분산화법(partial oxidation)등의 방식이 이미 실용화되어 있으며, 정유 화학 플랜트의 석유정제 공정이나 제철소의 코크스 공정 등에서도 부수적 생산물로 수소가 생산되기도 한다.

그림 14-1 수소연료전지자동차

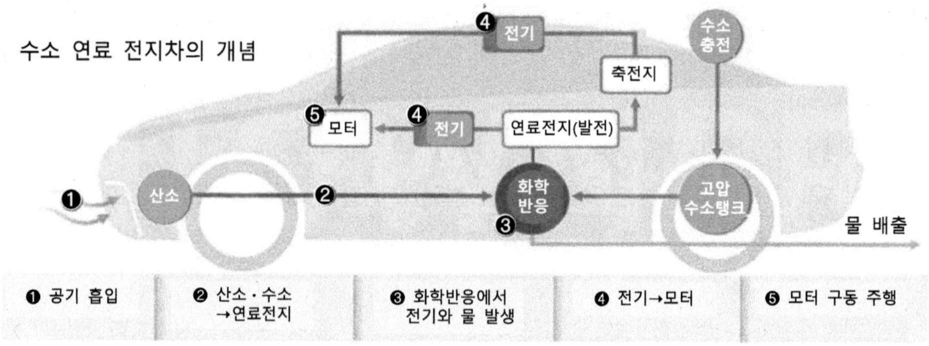

그림 14-2 수소연료전지차 구조

전기자동차에 전기를 공급하는 방법은 무엇이 있을까? 방법은 연료전지와 배터리 두 가지이다.

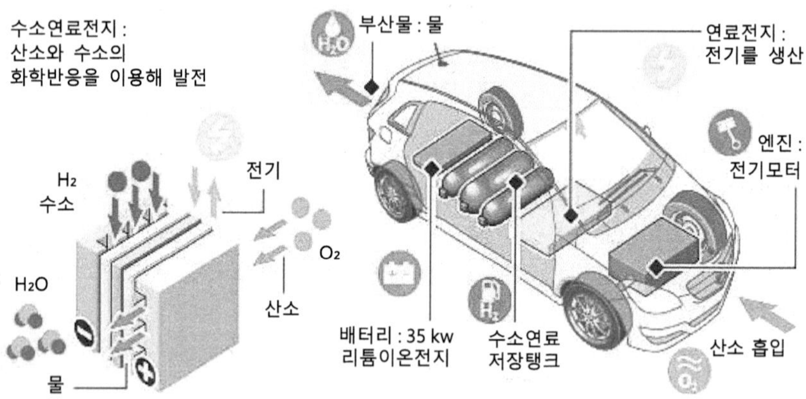

그림 14-3 수소연료전지자동차 구조

전기자동차와 수소연료전지자동차 비교

- 수소 연료전지자동차 개발에 적극적인 곳은 현대차와 일본 도요타·혼다 등이 꼽힌다. 현대차는 2013년 세계 최초로 '투싼ix' 수소 연료전지자동차 양산에 성공했으며, 2028년에 넥쏘를 출시했다. 도요타는 '미라이', 혼다는 '클래리티'를 내놨다. BMW와 닛산·GM·포드 등도 2020년 수소 연료전지자동차 출시를 앞두고 있다.

- 하지만 수소 연료전지자동차는 제조비용 많이 든다는 치명적인 단점이 있다. 연료전지에 들어가는 50~70 g의 백금 때문이다. 다른 부분은 기술이 올라가면서 가격을 낮출 수 있지만, 연료전지의 가격은 낮추기가 쉽지 않다. 인프라 구축도 만만찮다. 충전시설 설치비용이 한 곳당 수십억 원이나 든다.
- **당분간 전기자동차와 연료전지자동차는 경쟁 관계가 아니라 동반자 관계로 발전할 것이라는 게 전문가들의 시각이다.** 지금 내연기관 자동차가 가솔린·디젤엔진으로 시장이 나뉜 것과 비슷하다.

현대차 수소차 넥쏘, 1회 충전거리 609 ㎞ 달성

- 현대차의 미래형 SUV '넥쏘'의 항속거리가 공개됐다. 공개된 넥쏘의 1회 충전 주행거리는 609 ㎞로, 기존에 목표로 했던 580 ㎞를 뛰어넘을 뿐만 아니라 현재까지 글로벌 시장에 출시된 수소전기자동차 중 가장 먼 거리를 주행할 수 있다. 넥쏘의 복합연비는 96.2 ㎞/㎏(17인치 타이어 기준)이며, 한 번에 총 6.33 ㎏의 수소를 충전할 수 있다.

- 현대차는 최대의 주행거리를 위해 고효율 차세대 수소연료전지시스템을 개발했다. 특히 수소탱크의 수소 저장밀도와 저장용량을 증대시켜 기존보다 더 많은 수소량을 사용할 수 있도록 했다.

14.1 연료전지자동차 개요

최근 내연기관자동차는 배출가스 저감기술의 발전으로 배기가스가 거의 존재하지 않는 자동차를 개발하고 있으나, 화석연료의 특성상 지구온난화의 주범인 이산화탄소 배출 문제를 안고 있다. 이에 비해 연료전지자동차는 이산화탄소의 배출이 전혀 없는 완전 무공해 자동차이다.

연료전지자동차는 화학에너지를 전기화학 반응에 의해서 직접 전력으로 변환하기 때문에 연소 시 발생하는 유해한 배기가스가 없는 자동차이며, 차세대 에너지원으로 주목받고 있는 연료전지(Fuel Cell)는 수소, 메탄올, 천연가스, 석유 등이 연료전지용의 연료로써 검토되고 있다.

수소 연료전지자동차의 개요는 다음과 같다.

물을 전기분해하면 수소와 산소가 나온다. 이러한 과정을 역으로 수소와 산소를 결합시키면 물과 전기가 발생하는데, 이 때 발생한 전기를 이용해 모터를 구동하는 방식의 차량이 바로 수소 연료전지자동차이다.

연료전지자동차의 최대 매력중의 하나는 높은 연료전지의 효율에 있다. 연료전지는 낮은 온도에서 작동하면서도 최적 조건에서는 60% 이상의 효율을 가지고 있다. 이는 우리가 열역학에서 일반적으로 배워 온 이상적인 내연기관 사이클의 효율을 훨씬 뛰어넘는 것이다. 요즘 대부분의 연료전지자동차는 하이브리드 기능을 가지도록 고전압 배터리나 슈퍼 커패시터를 동시에 장착한 형태로 개발되기 때문에 일반적으로 연료전지자동차(FCEV)라 하면 연료전지 하이브리드 자동차를 의미한다.

연료전지는 수소와 공기만 공급하면 전기에너지를 끊임없이 만들어내는 반면, 물 이외에는 전혀 공해물질을 배출하지 않기 때문에 친환경성과 대체에너지의 조건을 완벽하게 만족시킨다. 세계 각국이 수소 연료전지자동차를 환경친화적 미래형자동차의 최종적인 목표로 삼고 있는 것도 이런 까닭이다.

표 14-1 동력원에 따른 효율 비교

구분	Well to Tank 연료생산효율(%)	Tank to Wheel 차량효율(%)	Overall Efficiency 총괄효율(%)
가솔린 내연기관	88	18	16
디젤	89	22	20
HEV	88	30	26
EV	42	80	31
FCEV	75	48	36
FCEV(목표치)	70	60	42

고출격 연료전지 스택(Stack), 수소저장탱크 등에 대한 기술적 문제도 있지만, 수소를 원활하게 생산, 보급, 판매하기 위한 수소 인프라 구축이 아직은 필요하다. 수소 연료전지자동차 실용화에 박차를 가하고 있는 유럽연합(EU)의 경우에는 유럽 내 수소 파이프라인의 설치가 완료되는 2030년 이후에 수소 연료전지자동차의 보급이 가능할 것으로 예상한다.

연료전지 이외에 혁신적인 자동차를 만드는데 필요한 기술은 연료전지와 전자제어 운전기술의 통합이다. 수소 연료전지자동차는 실내 공간이 넓을 뿐만 아니라 기존의 동력전달 장치가 없어지므로 구조와 형상 면에서 설계의 제약이 사라진다.

연료전지자동차의 실용화에 큰 장애 요소는 높은 차량 가격이었다. 연료전지자동차의 가격이 비싼 이유는 연료전지의 가격 때문이며, 연료전지의 화학반응에 필요한 촉매로 사용되는 백금이 상대적으로 비싸며, 차량 대당 많은 양의 백금이 사용되기 때문이다. 따라서 수소 연료전지 분야의 기술개발은 백금을 사용하지 않거나 적게 사용하지 않는 방법에 집중되고 있다.

표 14-2 연료전지의 특징

장 점	
고효율	· 연료전지는 연료의 연소과정과 열에너지를 기계적 에너지로 변환시키는 과정이 없어 기존에너지원보다 효율이 10 - 20% 정도 높아진다.
무공해	· 연료전지는 연료로써 화석연료를 사용하므로 개질기에 의한 조작이 반드시 필요하다. 이 경우 탈황, 분진제거를 충분히 할 수 있어서 SOx와 분진의 방출은 거의 없다. 또, 종합 효율이 높기 때문에 이산화탄소(CO_2)의 발생도 적게 된다.
열의 유효이용	· 반응의 과정에서 발생하는 열을 유효하게 이용하는 것이 가능하고, 전기와 열을 동시에 발생하는 시스템에 최적이다. 투입한 도시 가스의 에너지의 약 40%가 전기로, 약 40%가 온수나 증기로 되고, 종합적으로는 약 80%가 유효하게 이용할 수 있는 유효에너지 효율이 뛰어난 장치이다.
연료의 다양성	· 신뢰도가 중요시 되는 특수목적용으로 순수소가 사용되나 일반전력 공급용으로는 비교적 가격이 저렴한 탄화수소계열의 연료가 모두 사용이 가능하다.
부지선정의 용이성	· 연료전지를 이용해 발전을 할경우 공해요인이 없으므로 도심지 속에서의 건설이 가능하고, 다른 발전방식에 비해 소요면적이 적으며 지속적인 냉각수 공급이 불필요하기 때문에 발전소용 부지의 선정이 용이하다.
저소음, 저진동	· 연료전지는 기계적 구동부분이 없고, 가스공급기 등에 약간의 소음, 진동 등이 있을 뿐이므로 기계식의 발전기와는 비교도 안 될 정도로 적다.

표 14-3 연료전지자동차의 특징

장 점	단 점
· 높은 효율 · 조용 · 차량의 레이아웃 설계 용이 · 공해물질 배출 없음 · 부품교체 비용이 상대적 저렴 · 단 시간에 연료보급·충전 가능	· 높은 차량 가격 · 수소연료 공급기반이 구축되지 않아 지금은 당장 실용화를 기대하기는 어려움 · 보급의 최대 장애는 안전하면서 효율이 좋은 수소 저장기술의 미흡

현재의 천연가스 공급망을 이용해서 가정이나 직장에서 수소를 공급하는 방법을 사용하면 수소 연료전지자동차로의 전환은 급격히 이루어질 수 있다. 많은 지역에서 가솔린 주유기와 함께 천연가스 파이프라인이 설치되어 있으므로 천연가스를 개질하여 수소를 생산하면 자동차에 수소를 공급할 수 있다.

연료전지자동차용으로 사용하려는 연료전지는 80℃ 정도의 저온에서 작동하는 장점을 갖고 있는 고체고분자형 연료전지(PEMFC : Proton Exchange Membrane Fuel Cell)이며, 연구되고 있는 여러 유형의 연료전지 중 가ㅎㅎㅎ장 먼저 실용화 단계에 다가서고 있다. 그러나 PEMFC는 고순도의 수소를 연료로 해야 하기 때문에 연료개질장치(Fuel Reformer)가 반드시 필요하며, 저온에서는 활성화가 잘 되지 않기 때문에 고가의 백금촉매를 사용해야 한다는 단점을 가지고 있다. 또한 활성을 유지하기 위해 연료는 반드시 순수한 수소를 사용해야 하며, CO의 농도를 수십 ppm 이하로 억제해야 하는 어려움이 있다.

14.1.1 수소 자동차의 구분

먼저 수소 자동차의 분류는 수소를 직접 연소하느냐 수소를 간접적인 에너지원으로 사용하느냐의 차이를 두고 구분 분류한다.

수소에너지는 수소를 직접 연료로 사용하는 방법과 연료전지에 사용하는 방법이 있다. 연료전지는 연료에 산화제를 섞고 촉매를 통해 전기화학반응을 일으켜 전기를 생산하는 장치이다. 이때 연료로 수소를 사용하면 수소연료전지가 되는 것이며, 이 전기로 자동차를 굴리면 수소연료전지자동차(FCEV)가 된다. 그러니까 FCEV도 전기자동차(EV)의 일종이다.

현재 수소에너지를 사용하는 자동차로는 BMW가 1979년에 최초로 개발한 액체수소와 휘발유의 연료겸용 방식에 의해 수소를 직접 연료로 사용하는 수소엔진자동차가 있다. 또 벤츠가

1994년 NECAR1(New Electric Car)이라고 하는 이름으로 처음 주행시키면서부터 널리 알려졌다.

FCEV는 EV의 배터리가 갖는 문제점을 극복하는 과정에서 나온 것이다. 사실 EV는 배터리문제만 극복되면 세상에서 가장 완벽한 자동차이다. 배터리문제란 가볍고, 부피가 작고, 반영구적이며 값이 싼 배터리를 만들어야 한다는 것이다. 여기에 무엇보다 충전시간이 짧아야 한다. FCEV는 EV의 배터리 충전문제를 해결하기 위해 수소만 공급해 주면 계속 전기가 생산되는 연료전지를 사용한다. 말은 간단하지만 이렇게 바꾸기 위해서는 많은 부분이 달라져야 한다.

EV에는 필요 없는 연료저장용기, 연료공급 및 제어장치, 연료전지스택 제어 및 조절장치 등이 추가로 필요하다. 결국 EV와 달리 현재의 내연기관자동차처럼 복잡한 장치에 연료전지까지 추가되는 매우 비효율적인 시스템이 되어 버린다. 그래서 현재는 버스나 SUV에만 적용하고 있는 것이다.

그런데 수소경제라는 용어의 의미는 현재의 문명이 상당부분 석유에 기반을 두고 있는데, 이를 수소로 대체하여 수소기반의 문명을 건설하자는 것이라고 이해할 수 있다. 그러나 천연수소는 천연가스에 조금 포함되어 있을 뿐 자연에는 대체에너지 자원으로 사용할 만큼 존재하지 않는다. 물론 물을 전기분해하면 필요한 양만큼 얻을 수 있지만 그 때 얻은 수소의 에너지는 물을 만드는데 필요한 전력보다 적다. 또 전력을 얻는 과정에 CO_2를 발생시킨다. 따라서 천연가스나 나프타로부터 제조하는게 현재까지의 현실이다. 그런데 천연가스에서 수소를 제조하면 수소연료 1 kcal당 0.4 g 정도의 CO_2를 발생시킨다. 천연가스를 직접 태웠을 때의 CO_2발생량 0.23 g/kcal 보다 오히려 많다. 물론 수소를 연료전지자동차에 사용할 경우 전지의 효율이 높아 주행거리당 총 CO_2발생량은 천연가스자동차보다 낮아질 것으로 기대할 수 있지만 CO_2발생이 크게 줄어드는 것은 아니다. 수소를 직접 연료로 사용하면 배기가스에 NOx가 포함되고 효율이 휘발유차와 같아지기 때문에 합리적이지 않다. 따라서 수소가 확실한 대체에너지가 되

그림 14-4 1994년 NECAR1(New Electric Car)

[표 14-4 수소 자동차의 구분]

구분	비고
수소연료 자동차 (Hydrogen Fueled Car)	· 수소내연기관 자동차 · 수소를 연료로 이용하는 자동차 · 휘발유, 경유가 아닌 수소가스의 폭발력으로 움직이는 자동차
수소연료전지자동차 (Fuel Cell Vehicle)	· 수소연료전지자동차는 수소를 산소와 반응시켜 전기를 생성하는 연료전지를 동력원으로 하는 전기자동차 · 연료전지가 엔진을 대체하는 전기자동차 · 연료전기 자동차

려면 CO_2의 발생이 적은 바이오매스 가스로부터 추출하거나 CO_2발생이나 다른 문제가 적은 에너지원(자연에너지)을 사용한 물분해로 수소를 제조해야 할 것이다. 물분해 방법은 EV와 다시 효율성문제로 경쟁해야 한다. 그래서 현 단계에서 수소연료전지자동차나 수소엔진 자동차는 그 자체의 어려움 보다 오히려 합리적인 가격으로 대량의 수소를 얻는 기술의 장벽이 더 큰 문제로 보인다.

수소 생산의 경제성이 해결되어도 수소보급을 위한 충전소 설치가 또 문제이다. 수소는 지구상에서 가장 가볍고 끊는 점이 영하 260도일 정도로 불안정한 기체이다. 따라서 매우 안전한 수송시스템을 만들어야 하며, 일단 충전소에 공급된 수소를 저장하는데도 높은 비용과 위험을 동반하게 된다. 충전소에서 개별적으로 유휴전력으로 수소를 생산하면 수송의 문제는 생기지 않으나 저장과 자동차 충전을 위해 가압장치가 필요한데 가압비용만으로도 상상할 수 없는 비용이 발생한다.

따라서 FCEV는 여전히 가능성을 탐색하는 수준에 머물러 있는 아주 장기적인 과제이다. 얼마나 오래 기다려야할까? 정답은 '모른다'이다. 석유의 고갈 혹은 환경오염으로 지구가 종말을 고하는 시점이 오기 전에 해결해야 하는 여러 가지 대안 중에 하나일 뿐이다. 그런 대안 중에는 EV가 있다. 어차피 전기를 사용해야 한다면 환경에 부하를 주지 않는 태양광발전이나 풍력발전 등으로 전기를 생산하고 생산된 전기를 충전해서 사용하는 방법 말이다. 이를 위해서는 빠른 속도로 충전이 가능하게 만드는 것이 가장 큰 과제인데, 이 문제 하나를 해결하는 것과 FCEV의 보급을 위해 해결해야 할 여러 가지 난제를 해결하는 것 중에서 어느 것이 먼저 해결될지는 아무도 장담할 수 없지만 EV쪽이 훨씬 가능성이 큰 것 같다.

수소연료전지자동차는 에너지효율이 높고 에너지 전환과정이 안정적이여서 상용화에 있어서 매우 유리한다. 수소연료전지자동차는 내연기관이 연료전지로 대체된 자동차이며, 바퀴를 구동하는 방법은 전기모터의 회전으로 구동되는 경우이며, 승용차와 버스 모두 고가여서 가격을 낮추기 위한 연구가 계속되고 있다.

1) 수소연료 자동차(Hydrogen Fueled Car)

수소 자동차는 수소를 연료로 이용하는 자동차이다.

수소를 직접 엔진에서 연소하는 자동차로서 이 차량은 지금의 휘발유나 경유 대신 수소를 연료탱크에 넣어서 차량을 움직이는 것이다. 물론 엔진의 각 부나 연료저장 및 공급 장치는 수소에 적합화된 장치가 장착되어 있다.

수소가 에너지원으로서 가지는 장점은 연소하면 매우 적은 양의 질소산화물만을 발생할 뿐 다른 공해물질이 생기지 않는다는 점이다. 또한, 수소는 지구상에 존재하는 거의 무한한 양의 물을 원료로 만들어내며, 사용 후에는 다시 물로 재순환되기 때문에 고갈될 걱정이 없는 무한 에너지원이다.

따라서 수소는 저공해자동차의 필요성이 대두되는 현대사회에서 자동차의 연료로서 환영받고 있다. 이외에도 수소는 산업용 기초 소재, 일반 연료, 수소비행기 등 넓은 범위에서 에너지원으로 사용되고 있다.

그림 14-5 수소연료 자동차 구조

그림 14-6 1924년 제작된 수소 자동차 포드 모델T

수소 자동차는 일반 가솔린자동차와 달리 가솔린 대신에 수소를 연료로 하므로 배기가스의 주성분은 물이며, 질소산화물이 약간 배출되는 것 외에는 공해물질이 거의 배출되지 않는다.

수소 자동차를 실용화하는 데 가장 중요한 문제는 수소의 저장방법이다. 액체수소 저장탱크와 금속수소화물을 이용한 수소저장탱크 등 두 가지 방법이 쓰인다. 액체수소를 이용하는 경우, 수소를 액화시키는 것이 어렵고 저장 도중에 수소가 손실될 수 있으며 저장탱크를 만드는 것 또한 쉽지 않다.

수소저장탱크에 금속수소화물을 이용하는 경우, 수소저장합금이 무거운 금속이므로 이를 이용한 수소저장탱크가 너무 무거워 어려움을 겪고 있다. 만일 현재의 연료통 정도 되는 40 L짜리 연료통을 부착한다면 수소저장합금의 무게만 300 kg이 넘게 된다. 따라서 이를 움직이는 데에만 엄청난 에너지가 필요하고, 다른 목적으로 저장합금을 수송하는 데에도 여간 어렵지 않다.

수소 자동차는 미국·일본·독일 등의 선진국에서 오랫동안 연구되어 많은 실험차량들이 제작되고 있으며, 한국에서는 1993년 5월 최초의 수소 자동차 '성균1호'를 개발하였다.

연료전지 발전과 수소발전의 구조적 차이

- 수소를 에너지로 사용하는 방법은 2가지가 있다. 하나는 수소자동차와 같이 연료전지를 사용하여 전기를 만드는 방법, 다른 하나는 수소발전소로 대표되는 터빈 등으로 수소를 연소시키는 방법이다.
- 수소자동차(연료전지차/FCEV)는 몇 년 전, '궁극의 에코카'로 불리며 크게 주목받은 바 있다. 수소와 산소를 화학 반응시키는 장치가 '연료전지'이다. 기본적인 구조는 탱크 안의 수소와 공기 중의 산소를 화학 반응시켰을 때 발생하는 에너지로 전기를 발생, 그 전기로 모터를 돌려 자동차를 움직이는 것이다. 오직 물만을 배출하는 깨끗한 방법이다. 연료전지 이외의 부분은 전기자동차(BEV)와 같기 때문에 배터리 대신 연료전지를 실은 EV를 수소자동차라고 할 수 있다.
- 이러한 연료전지는 수소자동차 이외에 '정치형'이라 불리는 타입이 가정 및 빌딩에서 사용되는 코제너레이션(열병합) 시스템으로 이용되고 있다. 일본 도쿄도에서는 도쿄 올림픽의 선수촌에 설치할 것이라고 발표했는데, 그 출력은 5대가 최대 200 kW(킬로와트) 정도이다.
- 한편, 지역 전체에 전력을 공급할 수 있는 수만, 수십만kW(킬로와트) 수준의 '수소발전소'는 연료전지와는 또 다른 방법으로 화력발전소에서 중유, 석탄, LNG(액화 천연가스)를 태우는 대신 수소를 연료로 사용하는 방식으로 전기를 발생시킨다.
- 수소발전에서는 수소 자체를 연소시켜 공기 중의 산소와 격렬한 화학반응을 일으키게 하여, 그 에너지로 터빈을 돌려 전기 에너지를 만든다. 원리는 기존의 화력발전소와 같기 때문에, 수소와 LNG, 수소와 석탄 등 다른 연료와 함께 태우는 '혼연'을 할 수 있다.

- 또한 이 방법은 이제 막 시작된 것이 아니다. 화석연료인 중유나 석탄, LNG에도 일정량의 수소가 들어 있으며, 화력발전소에서 탄소 또는 산소와 함께 태워 에너지를 만들어온 바 있다. 액화수소 연료는 아폴로 새턴 로켓의 추진력에도 사용되어, 인간을 달에 보냈다.

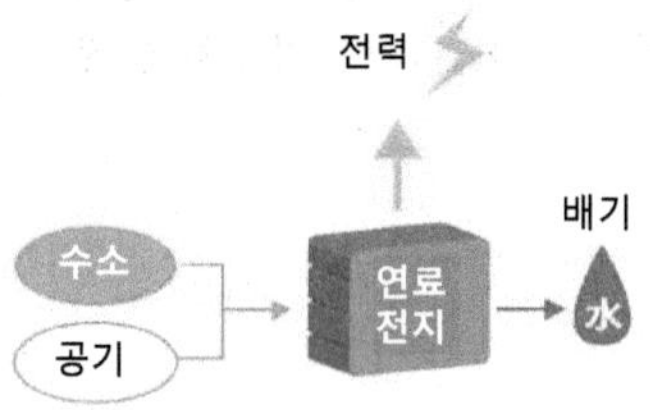

연료전지발전

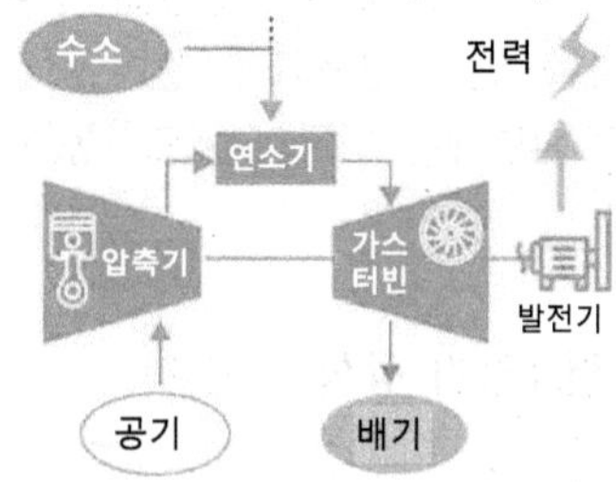

수소발전

2) 수소연료전지자동차 (Fuel Cell Vehicle)

수소연료전지자동차는 수소를 산소와 반응시켜 전기를 생성하는 연료전지를 동력원으로 하는 전기자동차이다. 연료전기자동차라고도 한다.

수소연료전지자동차는 연료전지 안에서 수소와 산소가 화학반응이 일어나는 것에서 전기를 얻어 차를 움직이게 하는 것으로 연료전지가 엔진을 대체하는 것이다. 수소전지의 양극인 니켈전극과 수소흡장(음극)전극이 일으키는 물의 전기적 분해작용에 의해 전기가 발생되고 그 전기가 동력원이 되어 모터를 회전시켜 자동차를 움직이게 하는 것이다.

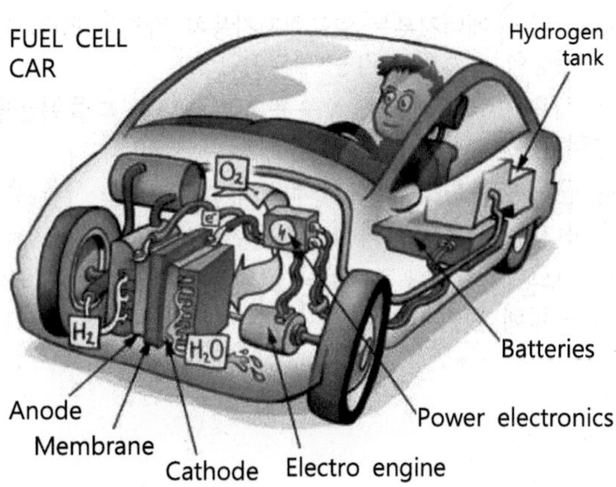

그림 14-7 수소연료전지자동차의 구조

엔진이 없기 때문에 배기가스가 나오지 않는 친환경 자동차이다. 1980년대 후반에 캐나다의 벤처기업인 '밸러드 파워 시스템즈'사가 연료전지를 작고 가볍게 만드는 데 성공하여 실용화 가능성이 높아졌다.

그 뒤 2002년 7월 일본의 혼다기연공업이 미국 캘리포니아주에서 세계 최초로 판매 인가를 얻어 상용화에 성공했고, 2003년에는 독일의 다임러크라이슬러가 연료전지 버스를, 2004년에는 미국의 포드자동차가 충전지 겸용 하이브리드 자동차를 생산했다.

연료전지 상식 11가지

1. 배터리와 비슷하게, 연료전지도 전기화학적 반응으로 전기를 만든다. 하지만, 배터리와는 달리, 연료가 공급되는 한, 작동이 멈추거나 충전할 일은 없다.
2. 1839년 윌리엄 로버트 그로브(William Robert Grove)가 고안해낸 이래, 1960년대까지는 상업화 이용되지 못했다. 1962-1966년 나사(NASA)의 제미니 우주 프로젝트로 우주선에서 사용되어 전기와 물을 공급해 주었다.
3. 수소가 연료전지 연료로 일반적으로 쓰이기는 하지만, 유일한 것은 아니다. 연료전지는 수소를 많이 함유한 물질, 즉 바이오가스, 천연가스, 메탄올, 디젤 등으로도 전기를 만들어 낼 수 있다.
4. 연료전지는 국가에 혁신적으로 동력을 공급해주는 가능성을 가지고 있다. 수소를 연료로 하는 연료전지는 공해물질을 만들지 않을 뿐 아니라, 전통적인 내연기관보다 효율도 두배 이상 높다.
5. 2012년, 미국은 1천개의 연료전지 특허를 가지고 있는데, 이는 어느 청정에너지 관련 특허보다 많은 양이다. 미국 에너지부가 지원하는 수소연료전지 프로그램으로 413개의 특허, 39개의 상용화 기술, 3-5년 이후 상용화 가능한 65개 이상의 기술이 개발되었다,
6. 단일 셀은 1V를 내며, 전기량을 늘리려면 각 단일 셀을 연결하여 스택으로 만든다. 용도에 따라 몇개에서 수백개(자동차용)까지 적층할 수 있다.
7. 2002년 이후, 미국 에너지부는 연료전지자동차 가격을 80% 이상 인하하였으며, 내연기관과 가격경쟁이 가능한 수준으로 가는 성과이다.
8. 연료전지는 적용범위가 넓으며, 수송용뿐만 아니라 화물취급용(지게차 등), 백업파워용으로 미국 내 여러 곳에서 사용 중이다.
9. 연료전지는 군용 이동형 전원이나 해군 잠수함에서도 사용 중이다.
10. 전기뿐만 아니라 열을 만들어 내기 때문에 가정용/상업용 열병합 발전용으로 쓰인다.
11. 미국 에너지부는 공항에서 운용되는 지원차량이나 대형 컨테이너선박의 보조동력으로 사용하는 것을 시험해 왔다.

14.1.2 연료전지자동차 특징

1) 장점

① 긴 주행거리

수소의 열량은 동일 중량당 내연기관 연료의 약 3배나 된다. 거기다 전기차 특유의 고효율이 결합되면서 주행거리를 늘리기가 쉬운편이라 현재 출시되는 수소차량들은 1 ㎏당 100 km의 주행거리를 제공하며, 대체로 축전지 기반 전기자동차보다 주행거리가 길게 나온다.

② 무공해

수소연료전지 자동차는 연료에 탄소(C)나 다른 불순물이 없고 수소와 산소가 만나 물이 생성될 뿐이므로 유해한 배기가스가 전혀 나오지 않는다.

③ 대기중 미세먼지 제거

수소연료전지 스택이 효율적으로 작동하기 위해서는 미세먼지가 제거된 청정한 공기가 필요하므로 수소차는 달리는 동안 주변 공기를 빨아들여 정화한 후 수소연료전지에 사용하고 다시 배기구로 깨끗한 공기를 내보내게 된다. 공기 중 먼지나 화학물질은 3단계 공기정화 시스템을 통해 정화된다. 그래서 매연이 나오기는커녕 오히려 공기정화기로써의 기능도 수행할 수 있다.

④ 저렴한 수소 단가

과거에는 수소 제조에 들어가는 비용이 기름 값보다 비쌌지만, 현재는 천연가스 개질법이나 나프타 분해를 통해 저렴하게 수소의 대량 생산이 가능해 1 ㎏당 약 5,000원의 단가로 생산이 가능하다. 해당 기술들은 현재도 수소 대량 생산에 쓰이고 있으며 일상적인 기술이다. 실제로 수소자동차들이 대량으로 늘어났을 때 어떻게 바뀔지는 알 수 없지만 일단 생산단가는 화석연료보다 훨씬 넉넉하게 확보된 상황이다.

그림 14-8 전기자동차와 수소연료전지차의 장단점 비교

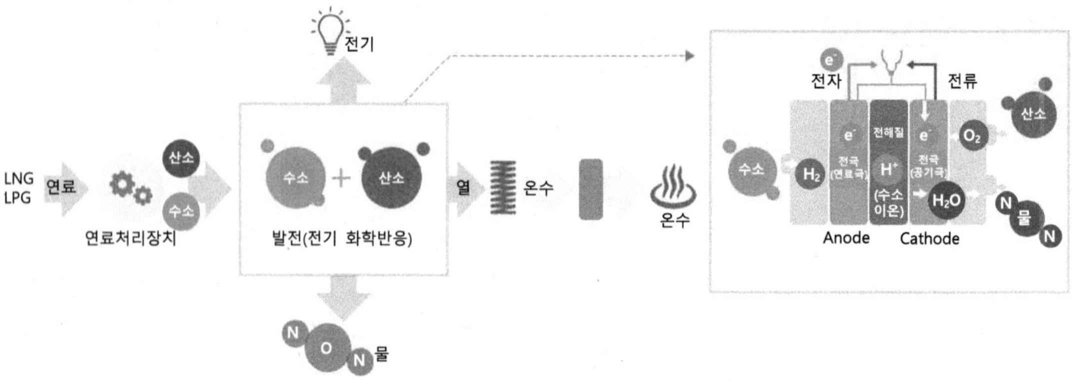

그림 14-9 연료전지의 구동순서

⑤ 짧은 충전시간

충전시간을 5분 내외로 예상하고 있다. 현재의 화석연료 주입시간과 거의 비슷해서 그냥 화석연료 자동차를 탔을 때처럼 연료 넣고 달리면 된다. 반면에 전기자동차는 충전시간을 짧게 하기가 어려워 최소 30분 이상의 시간이 필요하며, 이 때문에 장거리 주행 시에 불편함이 있다.

2) 단점

(1) 수소 사용

사실 열량으로만 보면 수소 자체의 성능은 우수한 편이지만 우주에서 가장 가벼운 물질이라 부피가 너무 크다. 때문에 초고압으로 압축해서 투입해야 하는데 그래도 부피가 커서 승용차 정도에서는 공간을 아무리 짜내도 7~8 kg밖에 넣지 못하고 있으며, 이 때문에 실제로 한 번에 들고 다닐 수 있는 열량이 화석연료 자동차보다도 작아서 오히려 주행거리를 늘리는데 의외로 제약이 크고 차량 체급에 영향을 많이 받는데다 탱크 중량 때문에 화석연료보다 차지하는 무게가 되려 더 크다. 현재의 주행거리는 수소의 성능이 우수하다기보다는 전기시스템 특유의 고효율로 확보하는 것이다. 현재 수소연료전지 자동차들은 1회 충전당 주행거리가 600~800 km에 달하지만 효율을 개선하여 1회 주유당 주행거리가 1000 km가 넘어가는 화석연료 자동차도 늘어나고 있기 때문에 수소차도 마찬가지로 동급의 화석연료 차량에 비해 주행거리가 길다는 장점이 있다고 보긴 어렵다. 현재 상황에서 주행거리를 더 늘리는 방법은 더 고압으로 집어넣는 것이 유일한데 이러면 연료압이 차량마다 다르게 되므로 충전소에서 문제가 생긴다. 그리고 운행용 수소야 좀 더 자주 주입하는 것으로 넘어갈 수 있는데 수소생산지로부터 충전소까지의 운송은 더 큰 문제다.

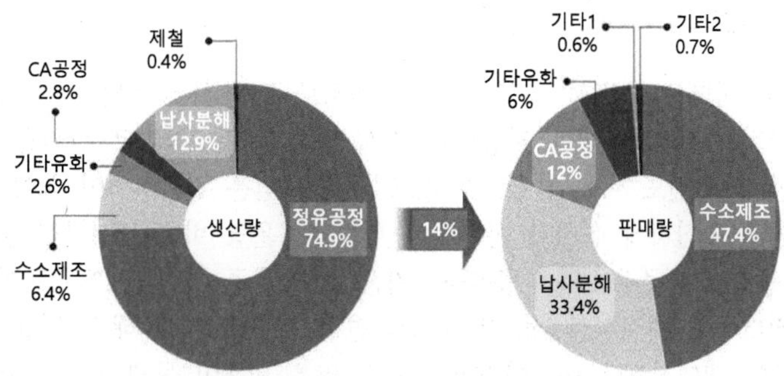

그림 14-10 부생수소 현황과 활용

(2) 이산화탄소 등 오염물질 배출

수소자동차는 매연이나 이산화탄소를 배출하지 않지만 수소를 생산하는 과정에서 온실가스인 이산화탄소를 대량으로 배출한다. 현재 수소를 생산할 수 있는 방법 자체는 많이 있지만 전기분해는 경제성이 낮고 대량생산과 경제성을 확보하려면 천연가스 개질법 등의 화석연료를 가공한 방법이 최선이다. 그러나 이 방법들은 필연적으로 온실가스를 배출하고 결정적으로 화석연료 의존도를 낮출 수가 없다는 문제가 있어서 대체연료를 쓰는 의미가 없어져 버린다. 또한 이산화탄소 포집 등의 각종 탄소저감기술은 아직 대규모로 경제적으로 하기 힘들뿐더러, 수소의 생산은 민간에서 하기 때문에 탄소저감을 안해버리면 그만이고 법으로 강제한다면 가격을 올려받을 좋은 이유가 된다. 천연가스 개질은 80%를 넘나드는 높은 열효율을 가질 수 있으며 이를 통해 생산된 수소를 연료전지를 통해 발전에 사용하면 화력발전소에서 천연가스를 태워 전기를 생산했을때와 비슷하거나 그 이상의 변환 효율을 기대할 수 있다.

또한 이산화탄소의 발생원이 개질 공정만으로 국한되기 때문에 다른 에너지 생산 방식에 비하여 추후에 이를 포집하기가 유리하다. 일부 석유 정제, 분해 공정에서 부산물로 생성되는 수소를 활용하자는 의견도 있지만 그런 부생수소의 양이 절대 부족하다. 석유 정제 과정에서 나오는 수소는 대부분 탈황공정이나 휘발유 개질(크래킹)의 수소첨가 등에 대부분자가 소모되어 따로 판매할 만큼 남지 않고 판매되는 것은 대부분 나프타 분해공정의 부산물로 나오는 부생수소이다. 또한 그렇게 수소가 부산물로 나오는 산업은 애당초 수소생산이 목적이 아니기 때문에 이를 위주로 대량생산을 할 수도 없고 기존의 수요가 어디로 가는 것도 아니므로 경제성이 확보 되는 것도 아니다. 결국 현재 공짜나 마찬가지인 부생수소 생산량이 부족해질 정도로 수소차가 대량보급되면 결국 천연가스를 변환해 사용할 수밖에 없다.

(3) 충전소 인프라 부족

현재 대한민국에는 수소차 충전소가 절대적으로 부족하다. 폭발 시 안전거리 확보가 필수적이며 안전성 확보를 위한 자동화된 감시 장치가 필수적이고 관리를 위한 전문인력을 고용해야 한다. 충전도 아무나 할 수 없고 교육을 받은 전문인력이 해야 한다. 이 때문에 도심지와 인구 밀집지에 설치가 곤란하며 설치 및 운영 비용이 상당히 높다. 따지고 보면 기존 LPG 충전소나 주유소와 비슷하나, 기존 전력 공급 시설을 그대로 이용가능하고 전용 충전소를 짓더라도 변전시설 정도만 마련하면 되는 BEV에 비해 뚜렷한 열세. 또한 수소 인프라 구축이 대대적으로 이루어져야 하므로 많은 비용이 들게 되며, 특히 수소의 특성으로 인해 다른 에너지보다 충전시설의 규모당 초기비용이 훨씬 커지는 문제가 있다.

수소충전소 1군데 건설에 약 30억 원이 든다고 한다. LNG 충전소는 10억 정도 든다. 충전시간도 최대 30분 가량 걸린다. 또한 수소는 장기적으로 금속을 점차 약하게 하므로 안전성을 확보하기 위해 정기적으로 탱크와 파이프 라인 등을 교체해주어야 하므로 수명이 짧고 유지보수비가 높다. 전기자동차의 경우도 인프라 구축이 필요한 것은 마찬가지지만 그 난이도가 수소 에너지에 비해 엄청나게 낮으며 유지하기도 훨씬 쉽다. 전기 자체가 다루기가 쉽고 비용도 워낙 저렴하다보니 필요하면 아예 무인 충전소로 만들기도 쉽다.

(4) 충전 시간의 현실

전기자동차에 비해 수소자동차의 가장 큰 장점인 빠른 충전 시간이 현실 운용에서는 조금 달라질 수 있다. 충전 그 자체만으로는 5분 정도면 충분하지만 미리 탱크 압력에 맞추어 압축해서 저장해놓은 수소가 없으면 압축에 20분 정도의 추가 시간이 소요될 수도 있다.

(5) 촉매제 단가

산소와 수소가 빠르게 반응하기 위해 필요한 촉매의 재료인 팔라듐, 백금, 세륨 등의 확보가 필요하며 이 때문에 연료전지의 가격이 너무 비싸다. 대략 현대모비스의 연료전지 스택이 부품가만 3800만 원 정도. 연료전지에서 촉매재료의 원가 비중은 40% 정도이다. 또 연료전지가 자동차에서 차지하는 원가 비중이 50% 이상이다. 연료전지의 수명도 짧다. 이런 귀금속은 양이 많지 않기 때문에 이를 대체하기 위한 새로운 촉매의 개발이 연구되고 있다. 팔라듐, 백금, 세륨 등을 안 쓰는 연료전지도 있지만 700-800도 이상에서 동작하므로 일반적 차에서 사용하기는 어렵다. 기본적으로 촉매는 반응에 직접 관여하거나 반응에 의해 소모되지 않기 때문에 사용법에 따라 필요량을 대폭 줄이는 것이 가능하다. 최근 기술 개발에 힘입어 현재 연료전지에서 사용되는 백금의 양은 매우 빠른 속도로 줄어들고 있으며 실제로 혼다의 Clarity에는 오직 11 g의 백금만 사용되어 촉매가 차지하는 원가 비중은 이미 비교적 무시할 수 있을만한 수준으로 줄어들었다.

(6) 안전과 수명

일반인의 우려와는 달리 수소 자체의 폭발 가능성은 그리 크지 않으므로 결정적 결점이라고 보기 어렵다. 하지만 여전히 가연성이 높은 고압가스이므로 취급과 안전에 매우 주의를 해야하고 점검도 자주해야 하고 설비도 이에 맞게 안전성을 위해 강도와 신뢰성을 확보해야한다. 그러므로 수소 자동차나 수소충전소 등은 비슷한 규모의 천연가스 차량이나 천연가스 충전소 등에 비해 원가가 높고 비용이 많이 들어갈 수밖에 없다. 또 고압의 수소는 장기간 사용하면 금속 탱크나 금속 파이프 등 금속을 약하게 하는 수소취성 (hydrogen embrittlement) 이 있기 때문에 금속이 고운 가루로 바스라져 수소가 새거나 폭발할 우려가 있어서 신뢰성을 확보하려면 일정 기간 사용 후 파이프와 탱크 등을 교체해주거나 하므로 수명이 짧아 유지비가 많이 들어가게 된다. 토요타 미라이의 수소 탱크 수명은 대략 15년으로 보고 있고 수소 주입구 옆에 특정 시기 이후로는 수소를 주입하지 말라는 경고 문구가 붙어있다.外# 연료전지 스택의 수명도 짧아 15-20만 km 운행 10년 정도가 한계이다.

(7) 복잡한 정비

수소차는 전기차의 특성을 그대로 가지고 있는데다 연료 전지 스택 및 수소 라인까지 포함된 복잡한 구조를 가지고 있어서 정비에는 추가 인프라가 필요하다. 예를 들어 수소 탱크 및 파이프 관련 정비를 할 때는 탱크 내의 수소를 비워야 하는데 폭발 위험성 때문에 따로 특별히 관리가 되는 전용 외부 공간에서만 허용이 되고 근처에 고층 빌딩이 있으면 아예 불허된다.

(8) 수송비용 과다

수소는 운송비용이 매우 비싸다. 초고압 폭발성 연료이므로 천연가스 운송비보다 훨씬 비싸다. 수소 공장에서는 싸게 생산해도 이를 소비지까지 운송하기가 어렵다. 파이프라인으로 운송하면 싸지만 가스탱크 로리나 튜브 트레일러 등 트럭으로 운반하게 되면 생산지인 울산에서 소비지인 서울까지의 운송비가 가스값의 2배나 되어 가격 3배 이상으로 뛴다. 트럭 운송으로는 튜브 트레일러라는 특수차량을 이용하는데 40톤 트레일러 1대당 250-500 kg (금속 튜브/복합재튜브) 밖에 수송하지 못하므로 트레일러 1대로 자동차를 불과 30-60대 정도밖에 충전하지 못한다. 이에 비해 LNG/LPG 는 통상 탱크로리 대당 20 톤 정도 수송할 수 있고 이는 차 1천대를 충전할 수 있는 분량이다. 해상 운송을 하려면 LNG선 같은 가스운반선이 있어야 하지만 아직 실용화와는 거리가 멀고 비용도 아주 비싸서 경제성이 없다. 수소충전소도 1 개 건설에 30억이라는 막대한 비용이 소모된다. 취급에도 고압가스

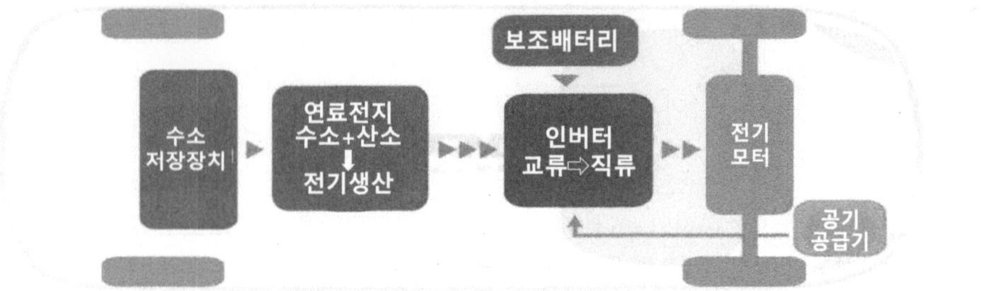

그림 14-11　연료전지 엔진의 구성

기사자격이 필요하므로 운영비도 비쌀 수밖에 없다. 파이프 라인을 건설하면 운송비용은 크게 낮출 수 있으나 초저온 고압가스이고 위에서 말한 수소취성 문제로 정기적으로 금속 파이프 교체를 해주어야 하므로 건설이나 유지비가 석유나 LNG 파이프라인보다 훨씬 높아진다. 그러니 수소는 생산이 문제가 아니라 수송과 판매가 더 문제이다.

3) 연료전지의 발전원리

전류가 물속을 흐르면 물이 전기 분해되어 수소와 산소가 발생한다. 연료전지의 발전원리는 전기분해의 역반응으로 수소와 산소가 흐르면서 반응하여 물을 생성하며, 그 과정에서 전기와 열을 발생한다.

그림 14-12　GM 오토노미 컨셉카

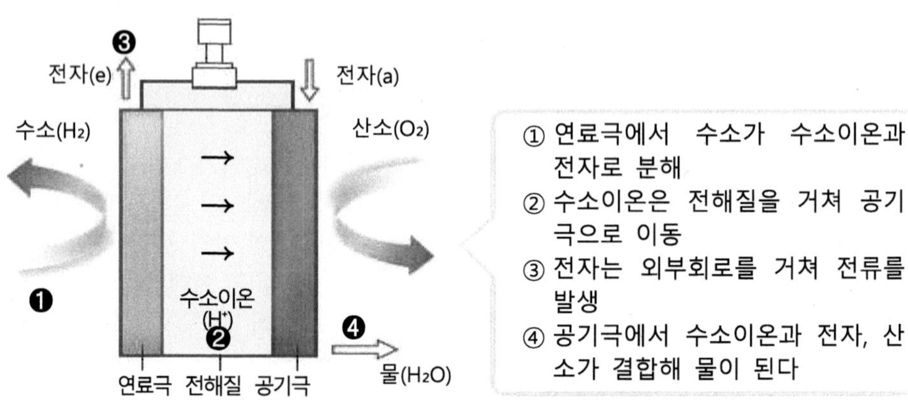

그림 14-13　연료전지의 전기발생원리

14.1.3 수소의 추출 및 전기발생

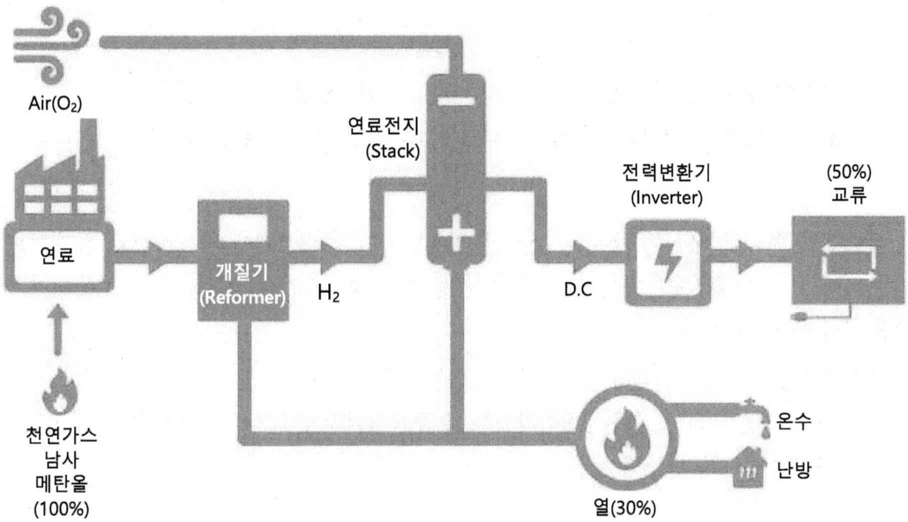

그림 14-14 연료전지 발전시스템 구성도

산소와 만나 전기에너지를 만들고 부산물로는 순수한 물만 배출하는 수소. 궁극의 청정에너지로 불리는 수소에 전 세계가 주목하고 있다. 그럼 수소는 어떤 과정을 통해 생산하고 소비하는 것일까? 수소의 생산 방식부터 수소로 에너지를 만드는 연료전지, 이를 탑재하고 달리는 수소전기차에 대하여 알아보자. 수소전기차는 수소와 산소의 전기화학반응을 통해 발생한 전기를 동력원으로 사용한다. 부산물로는 순수한 물만 배출된다.

FCEV의 **수소공급 단계**는 다음과 같다.

1단계: 다양한 방법에 의한 수소추출

2단계: 생산한 수소를 저장 및 수송

3단계: 수소충전소에서 수소연료전지차로 충전

FCEV의 **전기생산 단계**는 다음과 같다.

1단계: 수소탱크에 저장된 수소가 수소연료전지 스택으로 공급

2단계: 유입된 산소가 수소연료전지 스택으로 공급

3단계: 수소연료전지 안에서 산소와 수소가 화학반응을 통해 전기생산

4단계: 발생된 전기가 모터와 배터리로 공급 & 물을 외부로 배출

수소차의 연료로 쓰이는 수소는 풍부한 자원이지만 자연상태에서 단독으로 존재하는 에너지원이 아니다. 수소는 물, 화석연료, 생명체 등에 내재하지만 에너지형태로 사용되기 위해서는 추출 과정을 거쳐야 한다.

수소생산기술로는 화석연료를 활용한 개질방식과 수전해 방식(물 전기분해)이 있다. 석탄은 가스화(gasification)를 통해, 천연가스는 수증기개질(Vapor reforming)을 통해 이산화탄소와 수소로 분리할 수 있다.

1) 화석연료 개질

화석연료를 개질해 수소를 추출하는 데는 일반적으로 수증기나 산소를 첨가해 촉매 상에서 접촉분해하는 방법이 이용된다. 대표적인 개질 방식에는 수증기 개질방식, 부분산화방식, 자열개질방식이 있다.

① 수증기 개질방식

탄화수소를 수증기와 반응시켜 물에 함유된 수소를 추출하는 방식이다. 이산화탄소 생성비가 낮고 일정량의 탄화수소로부터 많은 양의 수소를 얻을 수 있다는 장점이 있지만, 공정 온도가 750℃ 전후로 높아 에너지 소비가 많다는 단점이 있다.

② 부분산화방식

발열반응으로 외부가열이 불필요하며, 소정 온도에 도달할 때까지 가동시간을 단축할 수 있으나 공기를 산소원으로 할 경우에는 질소 혼입에 따라 수소농도가 저하되는 단점이 있다.

③ 자열개질방식

부분산화반응과 수증기개질반응의 2가지 반응에 의해 수소를 생산하는 방식으로, 부분산화방식의 가동성과 수증기개질방식의 효율성을 조합한 방식이다.

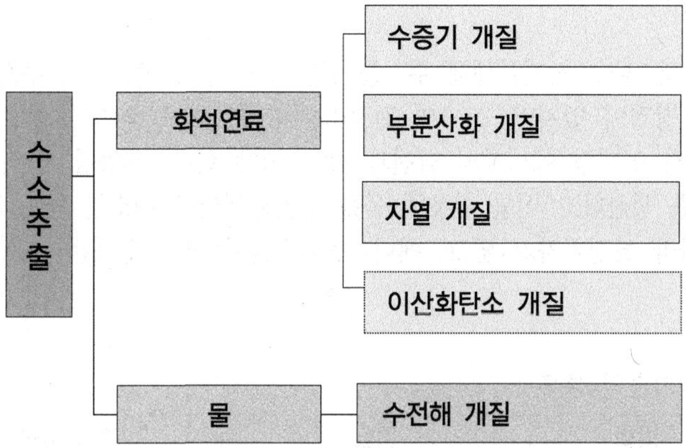

그림 14-15 수소 개질방법

화석연료를 개질한 수소생산이 현재 가장 경제적인 방법이며, 천연가스에서 제조된 수소를 사용하는 수소연료전지차(FCEV)의 경우 운행과정에서의 배출가스가 없지만 수소생산과정을 포함할 경우 FCEV의 이산화탄소배출량은 가솔린차량의 약 70% 수준이다. 온실효과 측면에서 기존 화석연료는 주행 시 이산화탄소를 대부분 배출하지만, 수소는 제조(천연가스 개질시)과정에서 이산화탄소를 배출한다. 소비지가 아닌 생산지에서 환경오염을 유발한다는 한계가 있다는 뜻이다.

표 14-5 탄화수소(메탄)의 개질방식비교

구분	반응식	장단점	
수증기 개질반응 (SR : Steam Reforming)	$CH_4 + H_2O \rightarrow CO + 3H_2$ (흡열반응)	장점	고농도 수소제조 : 75%이상(Dry gas기준) 효율이 높음, 여러 운전조건에 대해 안정적 운영 가능
		단점	정상상태 도달시간이 오래 걸림, 에너지 사용량 많음
부분산화반응 (POX : Partial Oxidation)	$CH_4 + 1/2O_2 \rightarrow CO + 2H_2$ (발열반응)	장점	정상상태 도달시간 짧음 낮은 반응온도, 에너지 사용량 적음
		단점	수소농도가 낮음 : 35%이하(Dry gas 기준) 효율이 낮음, 운전제어 어려움, Hot spot 발생빈도 높음
자열개질반응 (ATR : Autothermal Reforming)	$CH_4 + H_2O \rightarrow CO + 3H_2$ $CH_4 + 1/2O_2 \rightarrow CO + 2H_2$	장점	정상상태 도달시간 짧음 흡열/발열반응이 동시에 일어나므로 열 관리 유리
		단점	수소농도가 낮음 : 55%이하, 운전제어 어려움
CO_2 개질반응 (CDR : Carbon Dioxide Reforming)	$CH_4 + CO_2 \rightarrow 2CO + 2H_2$ (흡열반응)	장점	반응물로 CO_2사용(온실가스 배출 저감)
		단점	높음 CO생성량 및 반응온도 높음, 효율 낮음 Coke formation 발생빈도 높음, 에너지 사용량 많음

2) 수전해기술

수전해기술은 물을 전기분해해 수소를 얻는 방법이다. 고순도의 수소가 생산되며 환경오염이 적다는 장점이 있지만, 고가의 전력비용이 수소제조 과정에서 발생한다는 단점이 존재한다. 따라서 신재생 에너지의 발전과 같이 해야 한다. 태양광, 풍력 등 신재생에너지를 활용해 전기를 생산하고 이를 활용해 물을 전기분해해서 수소를 얻는 과정이 필요하다. 다만 환경에 따라 발전편차가 있고, 에너지변환효율이 낮아 현재는 수소생산단가가 가장 높은 방식이다.

표 14-6 수소생산기술의 분류

구분	방법	원료	에너지원	기술수준
화석연료 이용	수증기 개질	천연가스, LPG, 나프타	열	상용
	이산화탄소 개질	천연가스	열	-
	부분산화	중질유, 석탄	열	상용
	자열개질	천연가스, LPG, 나프타	열	상용
	직접분해	천연가스	열	상용
비 화석연료 이용	전기분해	물	전기	상용
	열화학 분해	물	고온열(원자력, 태양열)	연구중
	생물학적 분해	물 또는 바이오매스	열, 미생물	연구중
	광화학적 분해	물	태양광	연구중

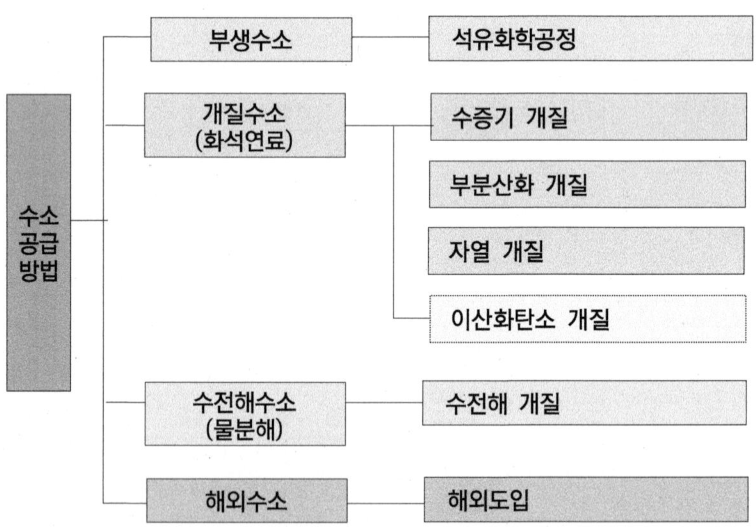

그림 14-16 수소공급방법

표 14-7 추출공급에 따른 수소의 분류와 문제점

구분	비고
부생수소	· 석유화학 공정 중에 부산물로 발생하는 수소 · 관련 산업이 발달한 우리나라에서 보편화된 수소 공급 방식 · 부산물로 발생하는 수소를 활용하는 것으로 경제성이 높음 · 수소 생산을 위한 공정이 아니므로 생산량에 한계가 있음 · 가동률 한계로 증산 어려움
추출(개질)수소	· LNG(천연액화가스)를 고온/고압에서 분해해 생산하는 수소 · 세계 수소 생산 분야에서 가장 보편적인 방식 · 1톤 추출시 이산화탄소 10톤 발생(환경오염 우려) · 발생한 CO_2 를 포집해 탄산산업(탄산음료, 소화기 등) 원료로 활용 가능
수전해수소	· 태양열, 풍력 등 신재생에너지로 생산한 전기로 물을 분해해 생산하는 수소 · 가장 친환경적인 수소 생산 방식 · 현재 다른 수소 생산 방식보다 높은 생산비용 발생 · 인프라 구축을 통해 중장기적으로 지향해야 할 수소 생산 방식
해외수소	· 해외 기지건설과 수소액화, 액상기술확보, 운반문제 등 기술 및 비용 큼 (경제적 미지수)

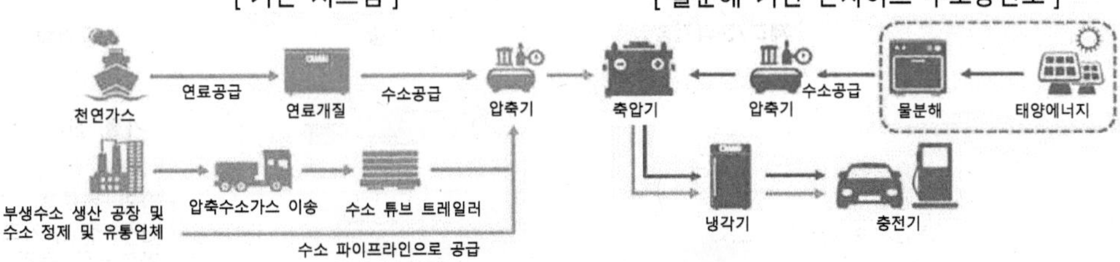

그림 14-17 수소공급의 방법 비교

표 14-8 제조방법에 따른 수소제조비용 비교

제조방법		제조비용($/Kg)
화석연료	천연가스 수증기 개질	0.62~1.35
	석탄 가스화	1.18~1.39
물 전기분해	태양광 발전 이용	5.02
	풍력발전 이용	2.42

3) 수소 저장 및 수송 방법

수소는 궁극의 미래 에너지원으로 평가받고 있지만 생산만큼이나 저장이 쉽지 않아 일상생활에서 활용하기에 어려움이 있다. 액체에서 기체로 기화하는, 즉 끓어오르는 온도가 영하 253도에 이르며, 어떤 원소보다 가벼워 상온·상압 상태에서는 밀도가 낮다. 따라서 수소를 만들었다 하더라도 별도의 장소까지 수송하거나 연료 등으로 쓰기 위해서는 특별한 기술과 장치가 필요하다. 물론 수소를 상온에서도 쓸 수 있다. 하지만 부피가 너무 커져 도시가스 파이프라인과 같은 거대한 인프라가 없다면 무용지물이다.

수소연료전기차 용도로 쓰려면 더 큰 어려움이 있다. 기체 상태의 수소 부피를 가능한 한 작게 줄여 밀도를 높일 수 있어야 주행거리를 늘릴 수 있기 때문이다. 일반적으로 수소를 저장하는 방법은 고압탱크를 이용하는 것이다. 초고압에서도 얼마든지 견딜 수 있게 튼튼한 수소탱크를 만들면 되지만, 그럴수록 탱크가 무거워져 연비가 떨어지는 단점이 있다. 현대자동차의 수소전기차 투싼에 들어가는 수소저장탱크는 700기압을 견딜 수 있도록 제작됐다. 덕분에 1회 충전 때 총 5.64 ㎏ 무게의 수소를 채울 수 있다. 이를 통한 총주행거리는 약 594 km에 달한다. 탱크는 무게를 줄이고 강성은 유지하기 위해 알루미늄 위에 카본섬유로 둘러쌌다. 덕분에 심각한 충돌이나 화재에도 탱크가 폭발하는 경우가 없다.

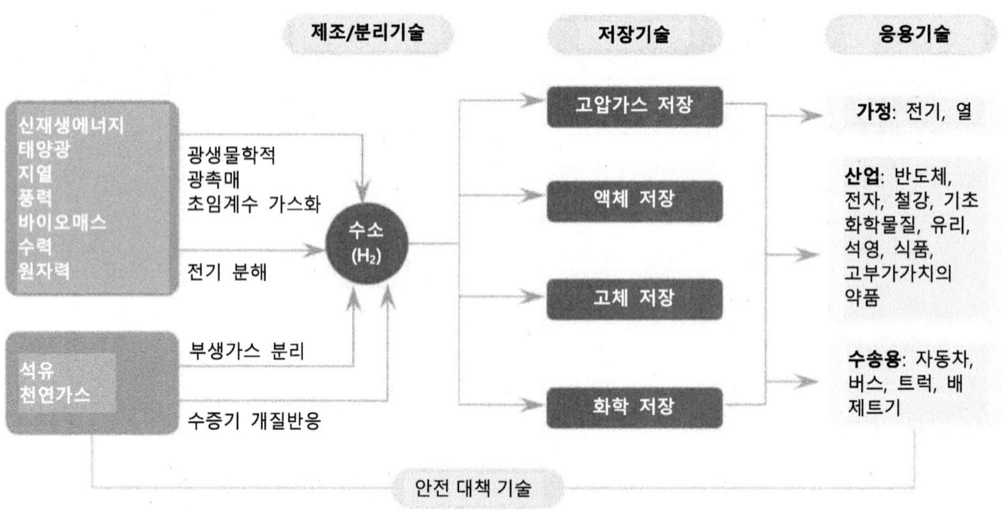

그림 14-18 수소 제조 및 저장기술

표 14-9 수소 저장방법

구분	비고
고압기체 저장법	· 고압가스를 압력용기에 담아서 기체형태로 보관하는 방법 · 수소의 경우 저장에너지밀도가 낮아 고압(700 bar)으로 공급해야함. · 많은 양을 보관하기는 어렵다는 단점이 있다.
액체수소 저장법	· 수소를 액체로 저장하는 것 · 액화수소는 부피/무게대비 가장 많은 양을 저장할 수 있는 방법 · 수소를 액체로 만들기 위해서는 온도를 영하 235℃까지 극저온으로 낮춰야 하기 때문에 비용이 증가. · 이를 위해서는 고난이도의 액화냉각기술(헬륨을 냉매로 이용)과 초진공 단열용기 등이 필요.

고압탱크 수소를 초고압 탱크에 저장. 현대차 수소전기차의 경우 700기압의 탱크에 수소가스 저장

액화수소 수소를 영하 253도까지 떨어뜨려 액화상태에서 저장

그림 14-19 수소저장방법

수소를 저장하는 또 다른 방법은 수소 기체를 액체로 바꾸는 것이다. 이렇게 되면 밀도가 800배나 높아져 연료로서 효율이 크게 올라간다. 하지만 수소액화 기술은 미국·일본 등 일부 선진국들이 주도하고 있는 어려운 기술이다. 언뜻 생각하면 압력만 높이면 특정 단계에서 액화될 것 같지만 그렇지 않다. 수소는 상온에서는 아무리 압력을 가해도 액체로 바뀌지 않는다.

기체가 액체로 바뀌기 위해서는 물질마다 특정한 온도조건, 즉 임계온도(critical temperature)가 필요하다. 임계온도 이상의 온도에서는 압력을 아무리 가해도 액체가 되지 않는다. 수소의 경우 임계온도가 영하 240도에 달한다. 통상 수소를 액화할 때는 압력을 높인 다음 열교환기를 통해 영하 253도까지 온도를 떨어뜨리는 방법을 쓴다.

우주 강국인 미국은 우주 로켓의 연료로 액화수소를 주로 쓴다. 로켓 발사 장면을 잘 보면 발사 직전 연료탱크 주변이 냉동실 문을 연 것처럼 김이 피어오르고, 얼음덩어리들이 떨어지는 것을 볼 수 있다. 그 이유가 바로 영하 253도에 달하는 초저온의 액화수소가 연료탱크에 주입되면서 탱크 외벽의 온도가 떨어지고 주위의 습기가 얼어붙어 생기는 현상이다. 액체수소는 현존하는 로켓 연료 중 에너지 밀도가 가장 높다.

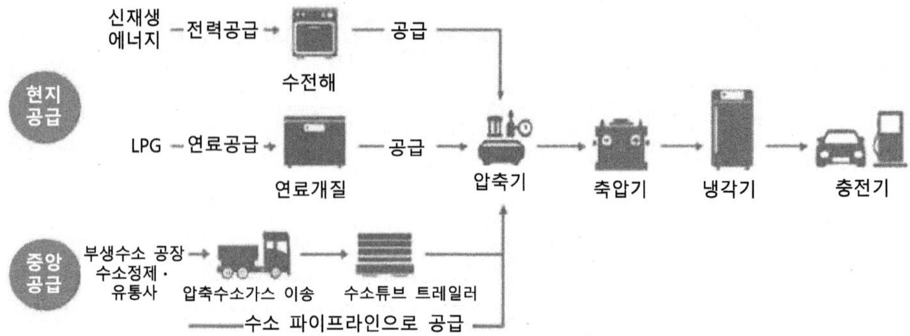

그림 14-20 수소충전소의 수소공급 유형

한국은 아직 액화수소 저장 기술이 초보 단계다. 현재 미국·러시아 등 세계 7개국 정도만 액체수소 추진 로켓 기술을 보유하고 있다. 한국의 나로호와 한국형발사체(KSLV)에 들어가는 연료조차도 등유를 쓴다. 등유는 에너지 밀도가 액화수소의 3분의 1 수준에 불과하다.

액체수소 기술은 생산된 수소를 대량 이송하고 저장할 때 가장 결정적인 역할을 하고 있으며, 인프라 구축에 없어서는 안 될 중요한 수소에너지 패러다임의 한 축이라고 관련 전문가는 말한다.

수소는 체적 당 에너지 밀도가 낮아(천연가스의 1/3 정도), 이를 높은 밀도로 유지하면서 수송·저장하는 것이 과제이다. 수소의 제조나 이용방법, 공급지와 수요지의 거리 등에 따라 여러 방법을 고려할 수 있다.

수소의 수송·저장 방식은 기존의 압축 방식과 최근의 액화수소 방식, 메탄화 방식 및 유기하이드라이드 방식 등이 있다.

- 첫째, 압축 방식은 수소 파이프라인이나 트레일러로 수송하는 가장 전통적인 방식으로, 주로 사업용 및 공업용에 적용되어 왔으며 저장용량의 한계 및 압축에 필요한 에너지 비용이 단점으로 지적되고 있다.
- 둘째, 액화수소 방식은 수소를 -253℃로 액화시켜 운송하는 방식으로, 압축방식에 비해 12배 정도의 수송효율이 있으며 육상 및 해상 선박 수송에 적합하다.
- 셋째, 메탄화 방식은 수소를 CO_2와 반응시켜 메탄화하여 기존의 천연가스 망으로 수송하는 방식으로, 기존의 천연가스 망을 이용한 수소 운송의 경우, 적은 양은 특별한 전환과정 없이 그대로 천연가스에 혼합해 운송 가능하지만, 메탄화 방식을 이용할 경우 대용량의 수소 주입이 가능하다.

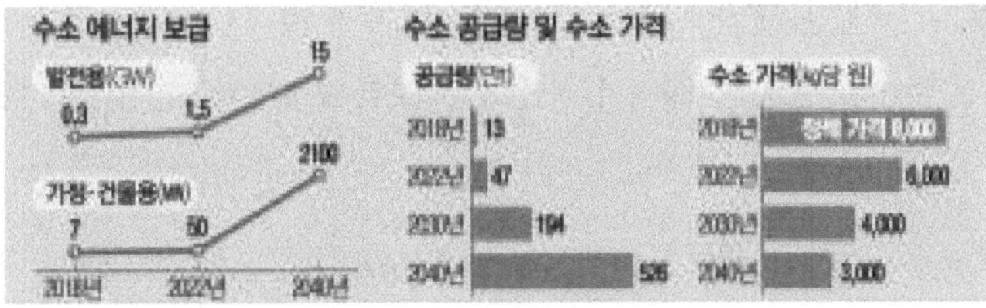

그림 14-22 수소에너지 보급 현황

그림 14-21 수소경제 개념도

- 넷째, 유기 하이드라이드(Hydrate) 톨루엔을 수소와 반응시켜 메틸시클로헥산의 형태로 수송 · 저장하는 방식으로, 압축방식 대비 8배 정도의 수송효율이 있으며 상온 · 상압에서의 운송 가능 및 취급이 용이하다.

일본 수소 수송 분야에서는 이미 고압가스 수송, 액체수소 수송이 실용화되어 있으며, 신규 기술로 유기 하이드레이트(Hydrate) 수송이 실증 중이다. 장기적으로는 지역에 따라 수소 파이프라인을 설치하는 것도 고려하고 있다.

일본에서는 2025년부터 본격적인 수소의 화력발전 이용을 개시하여, 2030년에는 해외부터 수소연료의 수입을 본격화할 계획이지만, 수소를 대규모로 수송, 저장하는 것은 리스크가 크다. 여기에서 수소의 저장 · 수송기술로서 착안하고 있는 것이 '유기 Hydrate'이다.

한편, 국내의 수송 · 저장 기술 경쟁력은 상대적으로 낮은 수준이다. 우선, 수소 가격 중 수송 비용은 수소 가격에 큰 영향을 준다.

4) 수소충전소에서 수소연료전지차로 충전방법

수소는 수소충전소에서 사용하기 적합한 압력으로 조정해 수소전기차의 수소탱크로 전달된다.

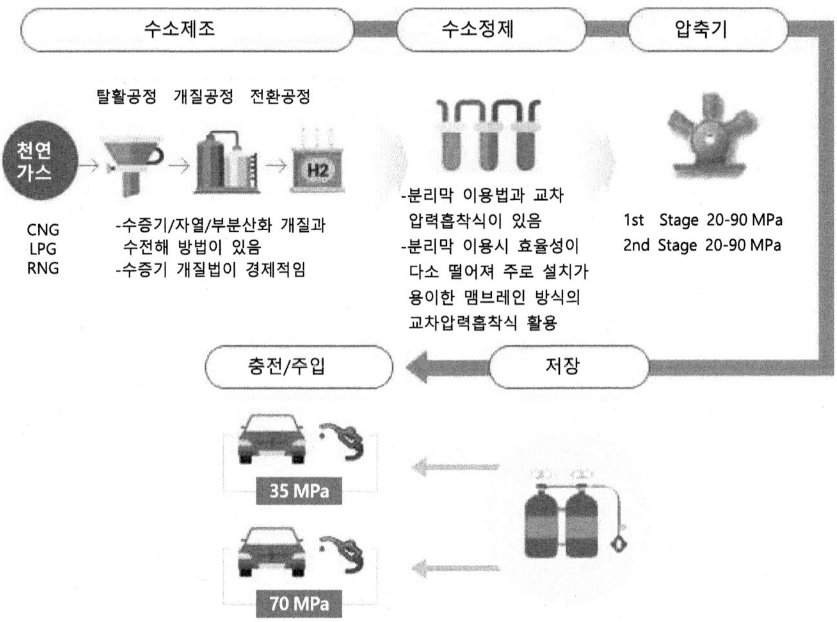

그림 14-23 수소제조에서 수소연료차 충전과정

5) 수소전지차가 산소를 얻는 방법

수소연료전지 스택이 효율적으로 작동하기 위해서는 미세먼지가 제거된 청정한 공기가 필요하므로 수소차는 달리는 동안 주변 공기를 빨아들여 정화한 후 수소연료전지에 사용하고 다시 배기구로 깨끗한 공기를 내보내게 된다. 공기중 먼지나 화학물질은 3단계 공기정화 시스템을 통해 정화된다. 그래서 매연이 나오기는커녕 오히려 공기정화기로써의 기능도 수행할 수 있다. 현대 넥쏘의 경우 한 시간 주행 시 26.9 ㎏의 공기를 정화할 수 있는데, 이는 성인 48.9명이 한 시간 동안 호흡하는 공기량에 해당한다. 다만 공기 여과에 필요한 필터가 소모성이기 때문에 환경적으로는 장점이지만 차량 소유주 입장에서는 유지비가 늘어나는 꼴이라 단점이 될 수 있다.

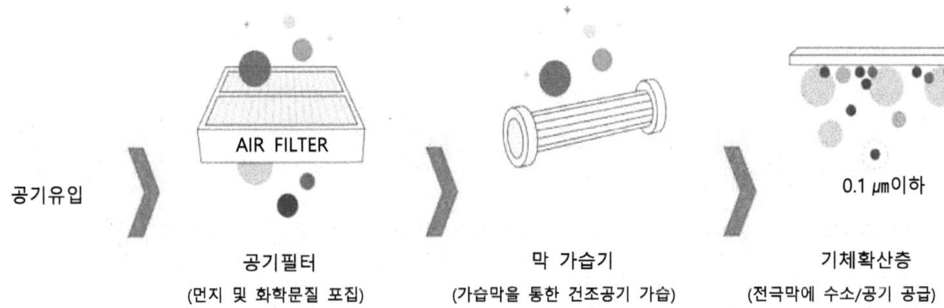

그림 14-24 수소전지차가 산소를 얻는 방법

- 3단계 공기정화 시스템

① 먼지 및 화학물질을 포집 하는 공기필터에서 초미세먼지 97% 이상이 제거

② 막 가습기(가습막을 통한 건조공기 가습)의 표면에서 초미세먼지가 추가로 제거

③ 연료전지 스택 내부 미세기공 구조의 탄소섬유 종이로 된 기체확산층에서 제거

3단계 공기정화 시스템을 통해 이물질(먼지, CO 등)을 제거한 공기를 사용하고 배출하기 때문에 대기 오염을 정화하는 역할도 한다.

6) 연료전지 구동방법

수소탱크에서 공급된 수소와 외부의 공기에서 공급된 산소는 수소전기차의 연료전지에서 만나 전기와 순수한 물을 생산한다. 전기는 동력원으로 사용되고, 물은 밖으로 배출된다.

하이브리드, 플러그인 하이브리드 차량은 내연기관과 모터를 동시에 사용함으로써 기존 내연기관 차량에 비해 배기가스를 적게 배출한다.

전기차와 수소전기차는 운행 과정에서 배기가스를 전혀 배출하지 않는 친환경차입니다. 특히, 수소전기차는 공기 정화 효과까지 있어 친환경에 가장 부합하는 차량으로 평가받는다.

FCEV의 전기생산 단계는 다음과 같다.

- 1단계: 수소탱크에 저장된 수소가 수소연료전지 스택으로 공급
- 2단계: 유입된 산소가 수소연료진지 스택으로 공급
- 3단계: 수소연료전지 안에서 산소와 수소가 화학반응을 통해 전기생산
- 4단계: 발생된 전기가 모터와 배터리로 공급 & 물을 외부로 배출

그림 14-25 수소연료전지차 상황별 구동방식

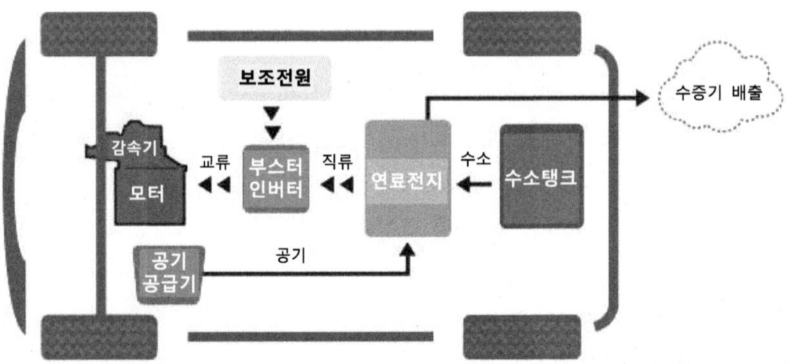

그림 14-26 수소연료전지차 에너지 흐름도

14.2 수소연료전지자동차의 기본구조

기존의 가솔린 내연기관이 석유(가솔린) 등 혼합연료를 폭발시킨 힘으로 구동축을 돌리는 데 비해, 연료전지는 전기모터가 구동축을 돌리게 되어 있다. 이 때 전기모터를 돌리는 에너지를 생산해 내는 것이 바로 연료전지이다.

수소연료전지자동차는 연료전지로부터 생산된 전기로 구동되는 전기자동차의 일종이다. 모터에서부터 바퀴에 이르는 구조는 기존의 전기자동차와 같은데, 기존의 전기자동차와는 달리 저장된 전기를 사용하는 것이 아니라 전기를 만들면서 모터를 돌려 차량을 달리게 하는 것이다.

그렇지만 연료전지만으로는 전기를 만들 수는 없고 연료전지 주위에 운전에 필요한 주변장치들을 장착해서 이 장치들이 자동차의 운전 상황에 따라 연료전지에 필요한 양의 연료와 공기를 공급해 주고, 적절한 온도를 유지하기 위해 냉각수도 돌려주게 된다. 이렇듯 연료전지와 연료전지를 구동시키는데 필요한 주변장치들을 합쳐서 연료전지 시스템이라고 말한다.

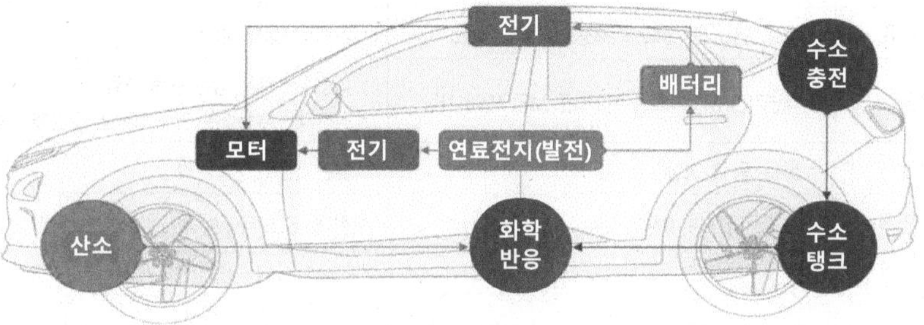

그림 14-27 수소연료전지자동차 구조

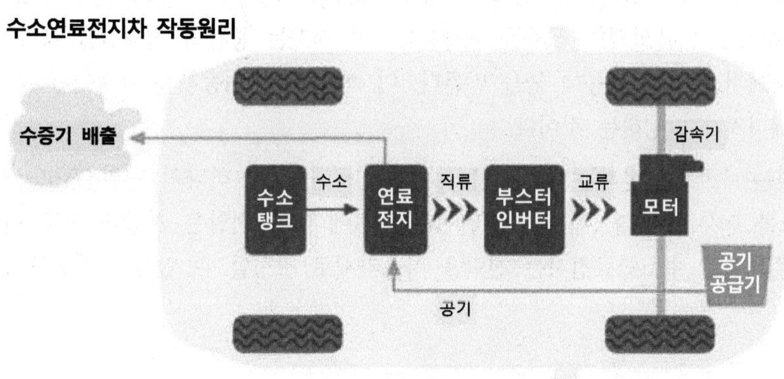

그림 14-28 수소연료전지자동차 작동원리

수소연료차와 수소연료전지차의 구분

- '수소연료전지자동차'는 크게 수소를 연료로 내연기관을 작동시키는 '수소연료차'와 수소를 산소와 반응시킬 때 만들어지는 전기로 움직이는 '수소연료전지차'로 구분
- 일반 전기자동차가 2차전지를 활용하여 저장/충전된 전기를 동력원으로 사용한다면, '수소연료전지차'는 수소를 에너지원으로 연료전지를 통해 전기를 자체 생산
- 수소연료전지차대표적인 모델은 현대 Tucson FCEV, 도요타 Mirai, 혼다 Clarity 등

구분	수소연료차 (Hydrogen Fueled Car)	수소연료전지차 (Hydrogen Fuel Cell Vehicle)
기본개념	• 가솔린 자동차와 비슷한 내연기관 엔진 사용 • 수소와 가솔린을 함께 사용하는 '하이브리드' 형태가 대부분	• 내연기관 엔진이 없음 • 연료전지를 통해 생산된 전기를 동력원으로 사용
구동원리	• 수소 또는 수소 및 가솔린이 함께 연소 • 내연기관 내에서 연소를 통해 얻어진 에너지 활용	• 연료전지 내에서 생산된 전기를 동력원으로 사용 • 수소/산소의 역전기분해 화학작용
엔진유무	• 수소 연소에 필요한 개량형 엔진 필요	• 엔진이 필요 없음
장점	• 내연기관 자동차와 유사, 빠른 보급 확대 가능	• 내연기관 대비 높은 동력 효율 • 생산되는 부산물은 전기+물+열, 무공해 운송수단
단점	• 낮은 동력 효율	• 높은 연료전지 가격
주요 업체	• 포드, 마즈다 BMW 등	• 현대, 도요타, 혼다, BMW 등

수소연료전지의 기본구조는 고분자전해질 막을 중심으로 양쪽에 다공질의 연료극(anode)과 공기극(cathode)이 부착되어 있는 형태로 되어 있다. 재료만 다를 뿐 보통의 전지 구조와 흡사하다. 양극에선 수소가 이온화되며 전자를 내놓는데, 이 전자는 중간의 전해질을 통해 음극으로 이동하고 그곳에서 공기와 반응해 물을 만든다. 이 때 전자가 이동하는 과정에서 우리가 얻고자 하는 전기에너지가 발생하는 것이다.

우리가 사용하는 수소연료전지는 양극, 음극, 전해질로 구성된 하나의 단위전지가 여러 개 겹쳐진 적층구조를 이루고 있다. 전류는 단위전지 면적에 따라 전압은 저장을 하고 단위전지 개수에 따라 조절되므로 수소연료전지는 전력을 자유자재로 결정할 수 있다는 장점도 있다.

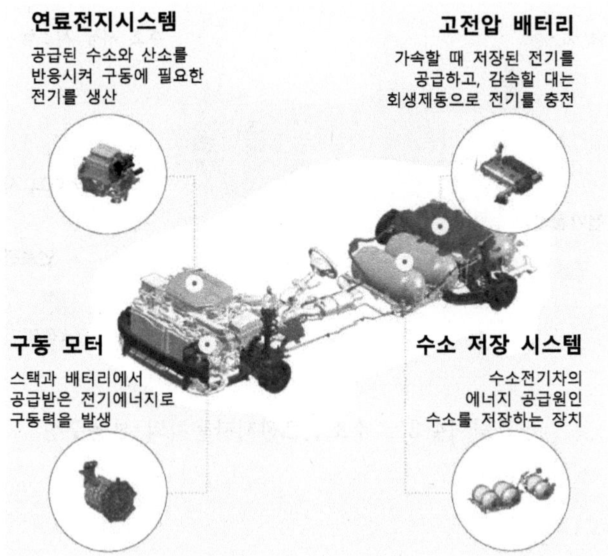

그림 14-29 수소연료전지자동차의 기본구조

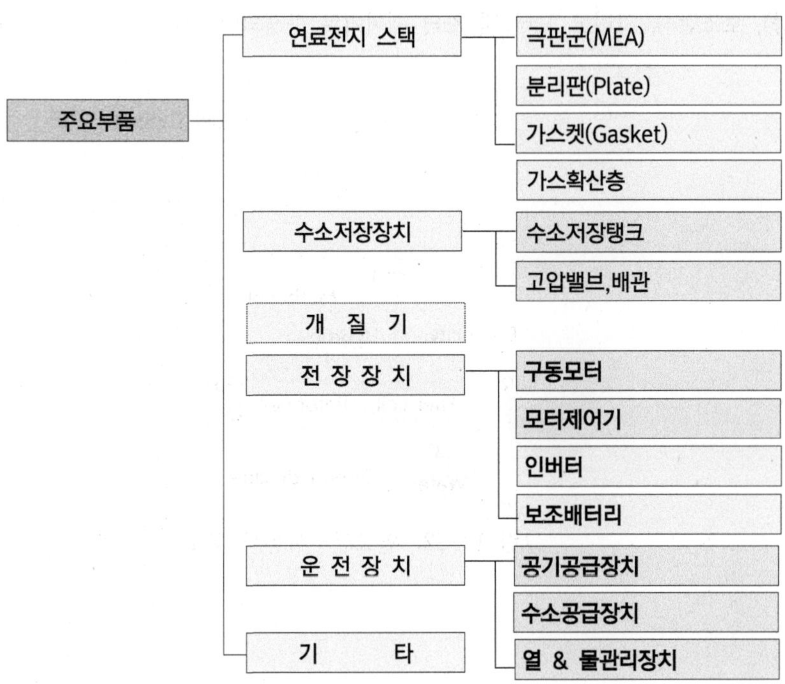

그림 14-30 수소연료전지자동차의 기본구성

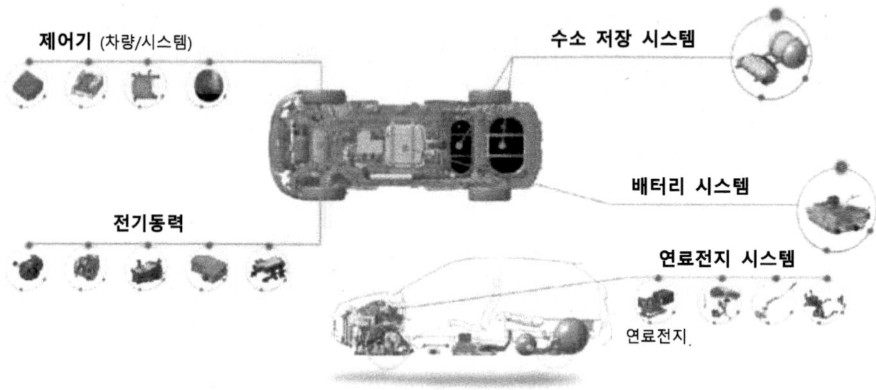

그림 14-31 수소연료전지자동차의 부품구성

14.2.1 구성부품

연료전지자동차는 연료전지 스택, 수소저장탱크, 주변보조기기(공기압축기, 열교환기, 연료공급장치 등), 보조전지, 그리고 모터 및 모터 제어기로 구성되어 있다.

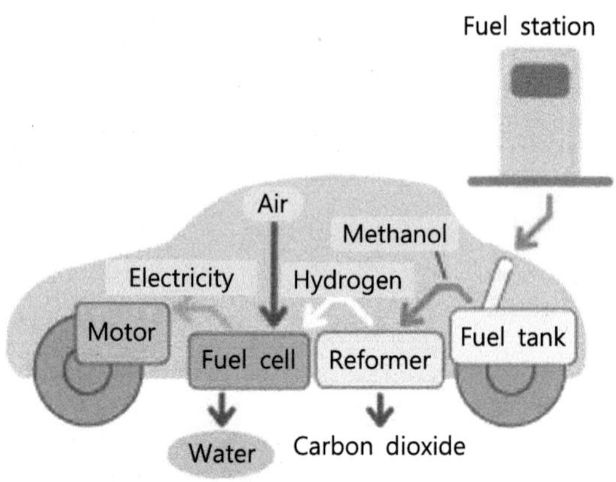

그림 14-32 연료전지자동차 구조

표 14-10 수소연료전지자동차의 주요 구성품

주요 구성품	특 징
연료전지 스택	· **수소와 산소를 화학반응 시켜 전기를 생산** · 원하는 전기출력을 얻기 위해 단위전지를 수십장, 수백장 직렬로 쌓아 올린 본체 · 단위전지 제조, 단위전지 적층 및 밀봉, 수소공급과 열회수를 위한 분리판 설계·제작 등이 핵심기술임
수소저장탱크	· **충전소에서 충전한 수소를 고압으로 저장** · 수소를 자동차에 탑재하기 위한 방법으로는 크게 고압수소가스 저장, 액체수소저장, 수소흡장물질에 의한 저장, 탄소나노기술에 의한 저장 등 네 가지 방법이 있다. · 고압용기 : 수소저장 용기는 가볍고, 부피가 작아야 하기 때문에 탄소섬유 복잡재로 만들어진 압력용기가 쓰임
연료변환기 (개질기)	· **화석연료(천연가스, 메탄올, 석유 등)로 부터 수소를 발생시키는 장치** · 연료변환기는 시스템에 악영향을 주는 황(10 ppb이하), 일산화탄소(10 ppm 이하) 제어 및 시스템 효율향상을 위한 compact가 핵심기술 · 개발 초기에는 연료 변환기가 장착된 시스템의 연구가 활발하였으나 시간이 지나면서 **연료 변환장치를 자동차에 장착하지 않고 수소 충전소에서 연료 변환을 통해 생산된 수소를 충전하는 방식으로 연료 공급의 개념이 바뀌고 있다.**
주변보조기기 (Balance of Plant) BOP	· 공기압축기, 열교환기, 연료, 공기, 열회수 등을 위한 펌프류, Blower, 센서 등을 말한다. · 고압밸브, 배관류 : 고압의 수소를 저장탱크에 탑재가기 위해 필요한 고압배관, 압력조절 밸드 등 · 열 & 물 관리장치 : 전기화학 반응 중 발생하는 스택의 열을 방출 · 내연기관에는 연료 및 공기 공급, 냉각, 배기를 위한 장치로 구성된 엔진 운전 장치가 있듯이, 연료전지 발전 시스템에도 같은 기능을 하는 연료전지 운전 장치가 있는데, 열 및 물질 수지 개념을 중요시하는 화학 공정에서는 이를 BOP라 한다.
구동모터	· **연료전지에서 생성된 전기로 자동차 바퀴를 구동** · 연료전지에서 나오는 직류전기는 인버터를 통하여 교류로 변환 후에 교류모터를 구동한다. · 교류모터는 브러시가 필요 없으나 교류의 타이밍을 모터로 얻고 싶은 토크나 회전수에 맞춰 조정하는 것이 어려워 효율이 낮다. · 요즘에는 회전자와 고정자의 위치관계를 정확히 알아서 교류전류를 흘리는 방식이 개발돼 마치 브러시 없는 직류모터와 같은 성능을 낼 수 있다. · 모터에 걸리는 전압은 회전수와 전류 양쪽에 관계된다. 전기자동차로 평지를 달리며 속도를 높이려면 전압을 올리면 되고 고갯길에서 같은 속도로 달리고 싶으면 전압을 올리고 회전수를 유지한 채 전류를 증가시키면 된다. · 최근에는 브러시리스 DC모터라고 불리는 유도식 교류모터가 개발돼 각광을 받고 있다.

모터제어기	· 엑셀 패달 조작량 및 속도를 검출해서 의도한 구동 토크 변화를 가져올 수 있도록 차속이나 부하 등의 조건에 따라 모터의 토크 및 회전속도를 제어 · 교류모터는 진폭이나 주파수/위상을 바꾸어서 자동차의 주행상황 변경한다.
인버터 **Inverter**	· **연료전지에서 나오는 직류전기(DC)를 우리가 사용하는 교류(AC)로 변환 시키는 장치**(연료전지스택에서 생산되는 DC 전력을 모터구동 전압 수준으로 변환) · 직류를 교류로 만들기 위해 변조기가 사용 · 인버터는 컨버터에 비해 구조가 복잡
보조전지	· **연료전지에서 생산된 전기를 저장** · 연료전지자동차에서 연료전지 스택의 내구수명을 증대시키고, 주행거리와 연비향상을 위하여 보조전원으로 이차전지나 슈퍼 캐퍼시터 등이 사용된다. · 보통 축전지액의 비중 또는 전압을 측정하는 두 가지 방식이 있다. 그런데 축전지 중 주위 온도에 따라 남아 있는 전력량이 달라지는 것도 있어 계기를 만드는 일이 쉽지 않다.

그림 14-33 수소연료전지자동차의 구조

표 14-11 연료전지자동차의 주요 구성품

구분		비고
연료전지스택	극판군	· 전해질과 백금촉매의 접합체, 연료전지의 핵심 부품 · 수소와 산소의 화학반응이 일어나 전기가 생성되는 곳
	분리판	· 반응가스의 유로제공, 전기적인 연결 · 수소와 산소의 화학반응으로 생성된 물을 외부로 배출시킨다.
	가스켓	· 수소, 공기, 냉각수의 누설을 방지하는 역할을 수행
	가스확산층	· 수소, 산소 및 물을 공급하고 배출하는 장치
수소저장장치	수소저장탱크	· 가볍고, 부피가 작은 탄소섬유복잡재로 만들어진 압력용기
	고압밸브,배관	· 고압의 수소를 저장탱크에 탑재하기 위한 고압배관, 압력조절 밸드 등
운전장치	공기공급장치	· 전기화학반응을 위한 연료전지 양극에 산소 공급
	수소공급장치	· 전기화학반응을 위한 수소를 공급
	열&물관리장치	· 전기화학 반응 중 발생하는 스택의 열을 방출
전장장치	구동모터	· 연료전지에서 생산된 전기에너지를 기계에너지로 변환하여 구동
	모터제어기	· 차속이나 부하 등의 조건에 따라 모터의 토크 및 회전속도를 제어
	전력변환장치 (인버터)	· DC전력을 차량 내 전자기기 구동을 위한 AC 전력으로 전환. · 연료전지스택에서 생산되는 DC 전력을 모터구동 전압 수준으로 변환
	보조배터리	· 보조전원으로 이차전지나 슈퍼 캐퍼시터 등이 사용

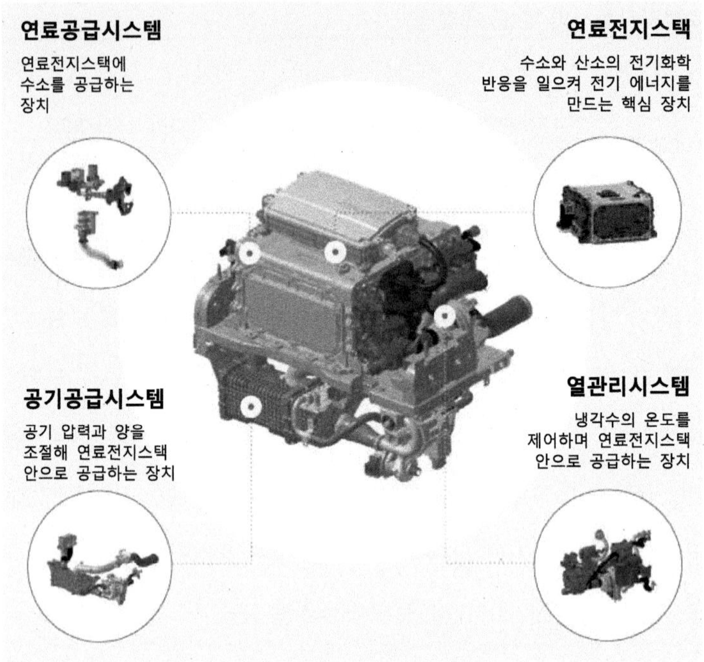

그림 14-34 연료전지시스템

1) 수소연료 순환시스템

수소연료전지자동차가 에너지를 얻으려면 연료전지 외에 수소와 산소가 필요하다. 그리고 이 두 기체를 연료전지로 적절히 순환시키는 시스템이 필요하다. 이를 통해 수소연료전지자동차의 출력을 조절하고 과도한 연료 공급으로 차량에 무리가 가지 않도록 하는 역할을 한다.

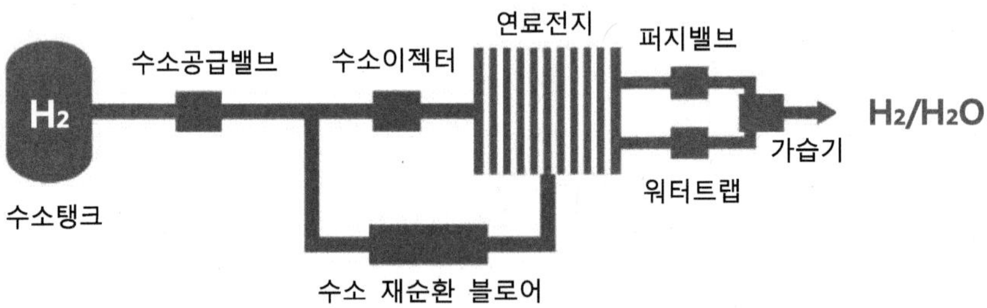

그림 14-35 수소연료 순환시스템

수소 고압 저장탱크 → 수소공급 드라이브(FPD) → 수소연료전지 자동차단/공급 밸브 → 수소이젝터 연료전지(스택) → 수소 재순환 블로어 → 워터트랩 / 퍼지빨브 → 가습기 → 물 배출

수소연료전지자동차의 연료탱크는 대기압의 약 690배에 해당하는 700 bar의 압력으로 수소기체를 가두고 있다. 이 때 운전자가 수소연료전지자동차 시동을 켠 이후 가속페달을 밟는 동안 내연기관의 ECU에 해당하는 FCU가 이를 감지한다. FCU는 주행 상황에 맞게 수소 차단/공급 밸브 등을 조절해 연료전지로 수소를 내보낸다. 이때 수소탱크가 고압이므로, 수소 연료를 공급 벨브를 통해 연료전지로 보낼 만큼의 낮은 압력으로 만든다. 이때 평균적으로 수소 연료의 압력은 9.5 bar다.

연료전지로 들어간 수소는 각종 반응을 통해 에너지를 만들어내고, 반응 과정에서 생성된 물은 워터트랩 장치로 들어가 배출된다. 그리고 반응에 불필요한 순도가 낮은 수소는 퍼지 밸브를 이용해 따로 빨아들여 물과 함께 배출한다.

또한 수소재순환 블로어는 연료전지 반응 후 남은 순도 높은 수소 기체를 다시 돌려보내 재순환 시키는 장치로. 자랑 출력 강도에 따라 작동 세기가 달라진다.

2) 공기순환시스템

1. 외부공기 → 에어필터(화학필터) → 흡기 차단 밸브 → 레조네이터 → 공기블로어 (슈퍼차저) → 가습기 → 연료전지
2. 가습기 → 배기라인 → 소음기 → 잔여공기 배출

연료전지로부터 에너지를 만들기 위해선 수소와 함께 공기(산소)가 필요하다. 때문에 수소연료 순환 시스템과 함께 공기 순환 시스템이 함께 존재한다.

우선, 수소연료전지자동차에 시동이 걸리면, 공기를 빨아들이기 시작한다. 이때 연료전지 효율을 극대화하기 위해 깨끗한 공기가 필수인데, 미세먼지와 일부 유해가스를 걸러내는 고성능 에어필터(화학필터)를 이용한다. 깨끗이 걸러진 공기는 흡기 차단 밸브와 공기 흡입에 따른 공명음(소음)을 없애는 레조네이터를 거치고 공기 블로어로 이동한다.

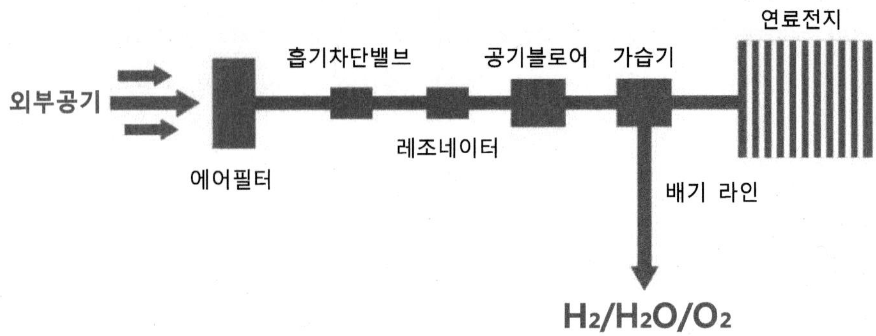

그림 14-36 공기순환시스템

공기 블로어가 필요한 이유는 고농도로 압축한 공기를 연료전지에 보내 반응성을 높이기 위해서다. 여기서 공기 블로어가 고속회전을 하게 되는데, 수소연료전지자동차의 출력의 10%를 사용할 만큼 에너지 소모량이 높다. 다음으로 수소와 산소의 화학반응에 필수인 습기를 위해 가습기로 공기 습도를 조절 하고, 연료전지로 보낸다.

연료전지에서 에너지 생성 후 발생한 물과 남은 산소(공기)는 배기라인을 따라 배출된다.

3) 열순환 시스템

수소연료전지자동차의 공기 및 수소연료 순환 시스템 이외에 열을 식힐 열 순환시스템이 존재한다. 이 부분은 내연기관, 전기자동차 등 자동차라면 모두 갖추고 있는 시스템이지만 수소연료전지자동차에서는 더욱 중요한 역할을 하며 고난도 기술이 요구된다.

수소연료전지자동차 내 연료전지는 내연기관 발열량보다 2배 많다. 이 열을 제대로 관리하지 못하면 출력이 감소하고 연료전지 수명이 줄어든다. 즉, 수소연료전지자동차량 내열 관리 수준에 따라 출력 차이를 보인다고 볼 수 있다.

또한 차량 내 각종 전자장치의 열을 식힐 필요가 있기 때문에 열 순환시스템이 반드시 필요하다. 이러한 열 순환시스템의 흐름에 대해 간단히 살펴보면 다음과 같다.

저온 냉각수 → 연료전지 → 스택 아웃렛 매니폴드 → 라디에이터 → 3way 밸브-냉각수 펌프 → COD 히터 → 연료전지 (반복)

연료전지에서 발생한 열은 냉각수를 이용해 적정 온도까지 낮춘다. 연료전지를 식히느라 뜨거워진 냉각수는 스택 아웃렛 매니폴드를 통해 라디에이터를 통과해 온도를 낮춘 후 3 way 밸브와 냉각수 펌프로 이동한다. 여기서 스택 아웃렛 매니폴드는 쉽게 말해 연료전지에서 나온냉각수가 흐르는 통로로 보면 된다.

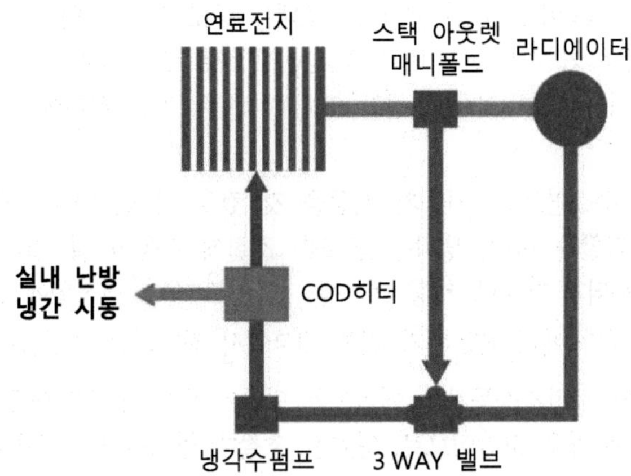

그림 14-37 열순환 시스템

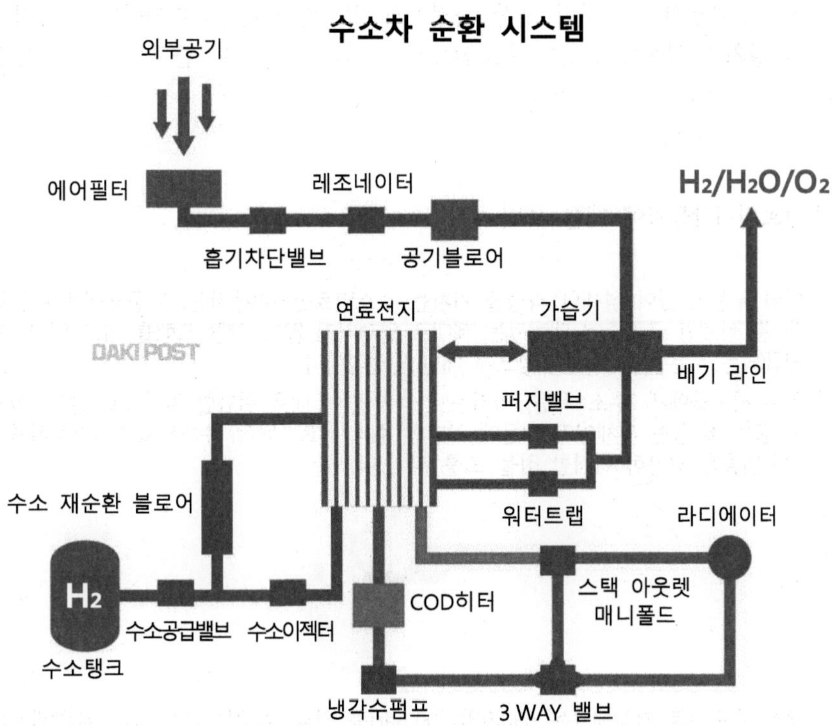

그림 14-38 수소연료전지차의 순환시스템

보통 뜨거워진 냉각수를 라디에이터로 보내는 동로 역할을 하지만 냉각수가 뜨겁지 않을 경우 라디에이터를 거치지 않고 바로 3 way 밸브로 보내 냉각수 온도를 조절한다. 차가워진 냉각수는 여러 펌프를 지나 고전압 전기 히터인 COD 히터에 도달하고 다시 연료전지로 흐르게 된다.

COD 히터는 수소연료전지자동차 시동을 갓 켰을 때 연료전지 내부에 남아있는 산소와 수소를 없애는 역할을 하며, 냉각수 온도를 조절해 시동이 잘 걸리도록 한다. 특히 실내 히터 용도로 사용되기 때문에 차량 내구성을 높이고 실내 최적화에 중요한 역할을 한다.

수소연료전지자동차가 에너지를 얻기 위해 내부에서 진행되는 과정들이다.

요약하면 수소연료전지자동차는 에너지를 만들기 위해 연료전지에 산소와 수소를 통과시킨다. 이때 수소는 매우 고압이므로, 압력을 조절해 연료전지로 보낸다.

동시에 산소는 연료전지의 효율을 높이기 위해 에어필터로 깨끗이 걸러내고 공기 블로어로 압축한 뒤. 습기를 첨가해 연료전지로 보낸다. 여기서 생긴 순도 낮은 수소기체, 물. 잔여 산소는 배기라인을 통해 배출된다.

그리고 연료전지의 에너지 생산 과정에서 발생한 열은, 라디에이터와 히터 등 냉각 및 가열 장치를 적절히 조절해 수소연료전지자동차가 온전한 출력을 낼 수 있도록 보조한다.

수소연료전지자동차에 대한 오해

- 여러 부분에 있어 섬세한 과정을 거치는 수소연료전지자동차는, 대중들에게 이름만 알려졌을 뿐 상세한 궁금증에 대해서는 제대로 알려지지 않아 괜한 오해를 사고 있다. 가장 많이 언급되는 부분은 역시 수소탱크에 대한 안전성이다.
- 일부 사람들에게 '수소=폭탄, 이라는 인식이 있어 매우 위험한 차량으로 본다. 실제로 수소는 불이 잘 붙는 기체이기 때문에 각별한 주의가 요구된다. 수소연료전지자동차를 연구하는 연구원들은 당연히 이러한 점을 모를 리 없다.

- 우선 수소연료 저장탱크는 690기압(700 bar)를 견딜 수 있는 탄소섬유 복합재료를 사용해 매우 튼튼하다. 현대차의 경우, 수소연료전지자동차가 교통사고가 발생할 것에 대비해 충격 실험까지 거쳤다. 만약 수소기체가 유출된다면, 폭발 위험이 있다고 생각하기 쉬운데, 매우 고압의 수소기체가 하늘을 향해 분출되기 때문에 분출압력으로 불이 붙기 어려운 수준이다.

- 요컨대, 수소연료전지자동차 안전성은 매우 뛰어나다. 일부 사람들이 제기하는 수소연료전지자동차의 위험성은 내연기관에 적용해도 마찬가지로 위험하다. 불이 잘 붙는 휘발유 및 경유를 액체 상태로 담아 도로 위를 활보하니 말이다.
- 결국 내연기관 및 배터리가 아닌 새로운 차량이 등장함에 따라 막연한 두려움이 문제 제기로 발전한 것으로 생각해볼 수 있다.

수송용 연료전지 중에 자동차의 주동력으로 사용되는 연료전지는 대표적으로 프로톤 교환막 연료전지(Polymer Electrolyte Membrain Fuel Cell. PEMFC)이며 기본이 되는 연료는 수소이다. 수소 이외에 메탄올, 가솔린, 디젤, 천연가스와 같은 연료를 사용할 경우에는 이들 연료로부터 수소를 생산하기 위해 별도의 연료변환기를 장착해야 한다.

연료전지자동차 개발 초기에는 연료 변환기가 장착된 시스템의 연구가 활발하였으나 시간이 지나면서 연료 변환장치를 자동차에 장착하지 않고 수소 충전소에서 연료 변환을 통해 생산된 수소를 충전하는 방식으로 연료 공급의 개념이 바뀌고 있다. 현재는 고압 수소 탱크를 사용하여 연료변환장치 없이 직접 가압된 수소를 연료로 사용하는 것이 일반적인 추세이다. 수소 연료전지자동차를 연료에서 구동에 이르기까지의 에너지 흐름의 관점에서 보면 연료 저장 시스템, 연료전지발전시스템, 전기 동력시스템으로 나눌 수 있다. 고압수소탱크에서 연료전지로 연료인 수소가 공급되며 전기화학 반응에 필요한 산소는 대기 중의 공기로부터 공급된다.

한번 연료전지 스택에 공급된 수소는 대기 중으로 방출 되는 것이 아니라 수소 이용률을 높이기 위해 수소탱크의 수소와 혼합되어 다시 연료전지 스택에 공급된다. 이런 방법을 통해 연료의 소비를 줄일 수 있을 뿐만 아니라 대량의 수소가 공기 중으로 방출되어 발생할 수 있는 위험을 줄일 수 있다. 공기와 수소의 반응에 의해 연료전지 스택에서 생성된 직류 전기는 인버터를 통해 바뀐 뒤 전기 구동모터에 공급된다. 구동 모터에서 발생되는 회전 운동 에너지는 감속기를 통해 적절한 회전수로 감속되어 바퀴에 전달된다.

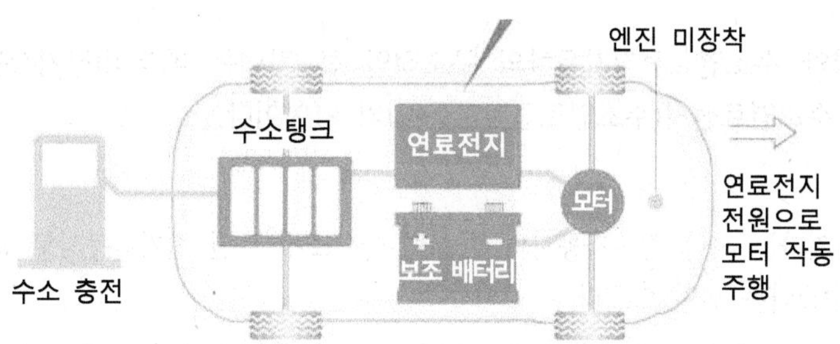

그림 14-39 수소연료전지자동차의 구조

표 14-12 동력원에 따른 효율 비교

구분	Well to Tank 연료생산효율(%)	Tank to Wheel 차량효율(%)	Overall Efficiency 총괄효율(%)
가솔린 내연기관	88	18	16
디젤	89	22	20
HEV	88	30	26
EV	26	80	31
FCEV	75	48	36
FCEV(목표치)	70	60	42

연료전지시스템을 좀 더 상세히 살펴보면 자동차의 엔진역할을 하는 연료전지 발전모듈에 연료인 수소를 공급하기 위한 연료공급계, 산화제인 공기를 공급하기 위한 공기 공급계 및 연료전지 발전모듈과 연료전지시스템의 열/물 관리를 위한 열 및 물 관리계, 연료전지시스템의 운전/제어를 위한 연료전지 제어기 및 제어 기술부로 구분할 수 있다.

연료전지자동차의 동력발생은 연료전지가 전기에너지 외의 별도의 기계적인 구동력을 발생시키지 않기 때문에 회전력을 필요로 하는 모든 샤시 부품들이 전기로 구동된다. 워터펌프, 에어콘 컴프레셔 등은 전기모터로 구동되며 진공을 형성하기 위해 별도의 진공펌프가 필요하다. 이러한 전기 구동모터 및 장치들을 운전하기 위해서는 각 부품들의 전압 사양을 맞추어 주어야 한다.

수소연료전지자동차의 구동방식은 고압으로 압축된 수소를 연료저장탱크에 충전했다가 수소연료전지에서 산소와 결합시켜 전기화학 반응을 일으킨다. 이 과정에서 전기에너지가 생성되고 전기모터를 돌려 자동차가 움직인다.

수소저장탱크와 수소연료전지가 가장 핵심 요소다. 전기자동차의 핵심이 배터리인 것과는 차이가 있다.

전기자동차와 수소연료전지자동차의 구조적인 큰 차이는 배터리(전기자동차)와 수소저장탱크, 수소연료전지(수소연료전지자동차)의 차이이다.

수소연료전지차는 사실 전기자동차의 한 종류다. 크게 보면 전기자동차로 분류할 수 있지만 에너지원이 수소라는 점이 다르다.

전기자동차가 배터리에 저장된 힘으로 달린다면 수소연료전지차는 차량 내 고압탱크에 저장된 수소를 공기 중의 산소와 반응시켜 만들어낸 전기로 움직인다. 다시 말해 전기자동차는 전

표 14-13 전기자동차 종류별 주요구성부품

부품명	하이브리드전기자동차	전기자동차(EV)	수소연료전지자동차
전기모터	●	●	●
배터리	●	●	●
BMS	●	●	●
인버터/컨버터	●	●	●
차량제어기	●	●	●
엔진	●	-	-
변속기	●	-	-
수소저장탱크	-	-	●
연료전지	-	-	●

력을 직접 저장하는 이차전지가 사용되지만 수소연료전지자동차의 전지는 수소를 주입해 충전한다. 수소연료전지차라고 불리는 이유다. 다만 수소연료전지차와 수소연료자동차는 다소 개념이 다르다.

둘 다 수소연료전지자동차로 불리고 있지만 수소연료차는 액화수소 자체를 연료로 삼고 수소연료전지차는 액화수소를 이용해 얻는 전기에너지로 동력을 발생시키기 때문에 엄밀히 얘기하면 다른 개념이다.

수소연료전지의 구조를 살펴보면 음극과 양극이 고분자막으로 분리돼있고 그 사이에 전해질이 채워져 있다. 음극을 채우고 있는 수소가 이온상태가 돼 전자를 잃으면 고분자막을 투과하고 전해질을 건너 양극으로 이동한다.

이에 양극에 있는 산소와 수소이온이 결합해 물로 변환된다. 이 때 전위차를 메우기 위해 음극에서 양극으로 전자들이 이동하면서 전압이 생성된다. 쉽게 말해 물을 전기분해하면 양극에서 산소가 생성되고 음극에서는 수소가 생성된다. 이를 반대로 수소를 이용해 물을 만들면 이 과정에서 전기가 생겨나게 된다.

여기서 주목할 점은 수소와 산소를 반응시키기 때문에 수소연료전지자동차에서 나오는 물질은 순수한 물 뿐이라는 것이다.

일각에선 배기가스가 없는 무공해 차량이기 때문에 내연기관차뿐만 아니라 전기자동차나 하이브리드차를 넘어서는 궁극의 친환경차라고도 주장한다.

하지만 수소 연료를 제작하는 과정에서 온실가스가 발생하기 때문에 100%무공해 차량이라고 할 수는 없다. 다만 내연기관차량에 비해 온실가스 배출량이 저감되는 것은 사실이다.

그림 14-40　수소연료전지차의 구성부품

14.2.2 전기자동차와 수소연료전지차의 비교

1) 구조의 차이점

수소에너지를 논하는데 수소연료전지자동차는 빠질 수 없는 이슈다. 수소연료전지자동차는 수소를 공기 중의 산소와 반응시켜 전기를 생산하고 이를 동력원으로 삼는 전기자동차. 즉, 연료만 공급되면 전기를 생산해가며 달릴 수 있다는 장점이 있다. 화학 결합에 의한 부산물이 물뿐이라 환경오염 문제에서도 자유롭다.

현대자동차, 도요타, BMW, 혼다 등 세계 굴지의 자동차업체들이 수소연료전지자동차를 '궁극의' 미래자동차로 부르며, 개발에 박차를 가하고 있는 것도 이 때문이다.

수소연료전지자동차와 늘 비교되는 것이 전기자동차다. 전기자동차의 경우 배기가스와 이산화탄소를 배출하지 않아 수소연료전지자동차와 함께 친환경 미래자동차로 손꼽힌다. 또 전기모터를 사용해 진동이나 소음이 적고 구동력이 좋다.

FCEV는 스택과 수소탱크, 각종 운전장치(수소/산소 공급장치, 물/열관리) 및 전력 변환장치(인버터/컨버터), 구동장치(모터/감속기) 등으로 구성된다. 연료전지, 수소 탱크, 산소/수소공급장치 등이 수소차 고유의 기술이 필요한 영역이며, 전기발생 이후의 구동원리는 전기차(EV)와 동일하다.

표 14-14 구조적인 차이점 비교

	내연기관차	전기자동차	연료전지차
동력발생장치	**엔진** 윤활장치 연료장치 냉각장치 흡배기장치 시동, 점화, 충전장치	**배터리** 없음 없음 냉각장치 없음 없음	**연료전지스택** 없음 **수소탱크** 냉각장치 공기 공급, 배기장치 운전, 충전장치
동력전달장치	클러치 변속기 추진축 종감속차동장치 차축	모터 감속기 차동장치	모터 감속기 차동장치
나머지 장치	동일	동일	동일

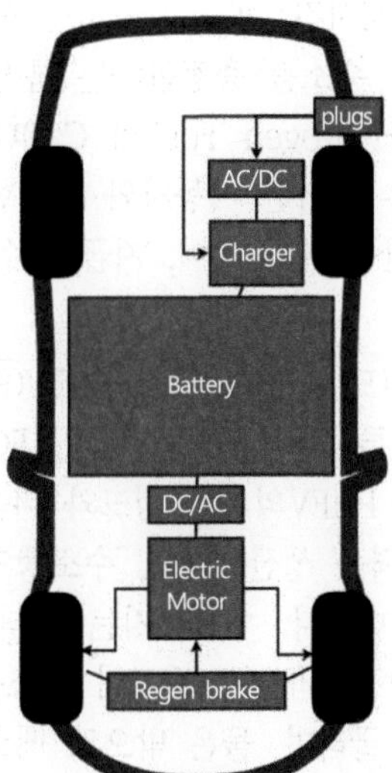

그림 14-41 BEV

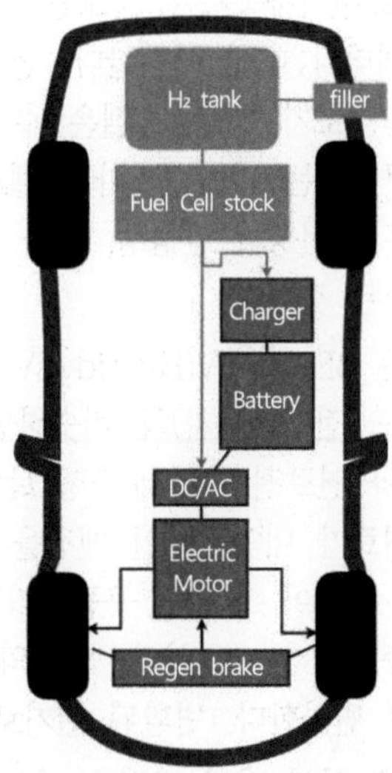

그림 14-42 FCEV

배터리 전기자동차(BEV)와 수소연료전지자동차(FCEV)는 모두 전기자동차(Electric Vehicle, EV)에 속한다. 전기자동차는 내연기관 자동차와는 다르게, 전기로 모터를 돌려 자동차를 구동한다. 배터리 전기자동차는 배터리 속에 충전된 배터리를 이용해 구동한다. 재사용 시 배터리를 충전하는 방식이다.

표 14-15 친환경 자동차 구조적인 차이점 비교

구분	HEV	PHEV	BEV	FCEV
구 조	· 엔진+모터(보조) 	· 모터(주)+엔진 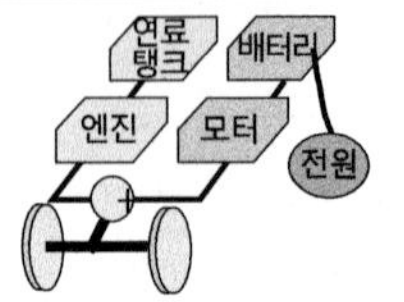	· 모터 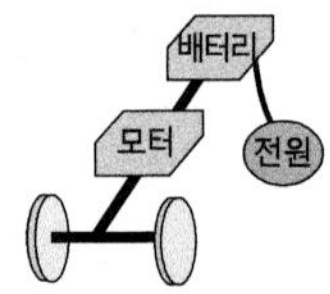	· 모터 
배터리 용 량	· 0.98 ~ 1.8 KWh	· 4 ~ 16 KWh	· 16 ~ 100 KWh	· 10 KWh 내외
특 징	· 구동시 내연기관/ 모터 적절히 작동시켜 연비 향상 · 별도 인프라 필 요 없음	· 외부전원으로 배터리 충전가능 · 장거리 주행시 엔진 직구동 · HEV대비 배터리 용량증대	· Zero-Emission · 내연기관도움없이 충전된 전기 에너지만으로 주행	· 수소/산소반응으로 전기를 생산하여 모터 구동 · Zero-Emission · 수소탱크, 스택 등 장착

수소연료전지자동차는 수소를 사용해 발생시킨 전기로 모터를 구동한다. 연료전지(Fuel Cell)를 배터리 대신 사용한다. 전기가 아닌 수소를 충전한다는 특징이 다르다. 수소연료전지자동차의 초기 개발 모델은 수소연료차(Hydrogen Fueled Car)다. 수소를 직접 태워서 엔진을 구동하는 가솔린이나 디젤과 같은 내연기관 자동차와 비슷한 방식이다. 하지만 이런 방식은 안전성과 안정성, 효율 등 다양한 문제가 있어, 지금의 수소연료전지자동차의 형태로 발전된 것이다.

FCEV는 BEV, HEV(Hybrid EV, 하이브리드 전기자동차), PHEV(Plug-in HEV, 플러그인 하이브리드 전기자동차)와 비슷하면서도 다른 점을 볼 수 있다. FCEV의 가장 큰 특징은 수소탱크와 연료전지다. 수소탱크는 HEV와 PHEV의 연료탱크와 비슷한 역할을 한다. 연료탱크의 연료가 내연기관인 엔진을 통해 동력을 생산한다면, 수소탱크는 연료전지에서 전기에너지로 바뀌어 모터를 구동한다는 것이 다르다. 연료전지는 배터리와 비슷하지만, 직접 전기를 충전하지는 못한다. 외부의 흡입된 공기와 수소탱크의 수소를 화학반응을 통해 전기와 물로 변환한다. 변환된 전기로 모터를 굴리며, 물은 밖으로 배출된다.

연료전지 내 전기 발생 과정은 다음과 같다.

① 기체확산층을 통해 양(+)극에 수소(H2) 공급

② 촉매(백금)반응 작용으로 인한 이온분리와 전자 방출($H2 \rightarrow 2H+ + 2e$)

③ 음(-)극으로 생성된 전자(e) 이동

④ 공급된 공기 중 산소(O_2)를 이온화($\frac{1}{2}O_2 + 2e \rightarrow \frac{1}{2}O-$)

⑤ 대전된 산소와 수소 이온의 결합으로 물 생성($2H+ + O- \rightarrow H_2O$)

⑥ 전기발생

FCEV의 보조배터리도 다른 EV 배터리들과 다른 역할을 한다. EV의 배터리는 직접적인 동력 구동을 위해 고용량과 고성능의 리튬이온 배터리(LiB)를 사용한다. FCEV의 보조배터리는 소량의 축전을 위한 것으로 작은 용량이면 충분하다. 이에 슈퍼커패시터 등이 축전지로 사용된다. 탑재된 배터리는 하이브리드 자동차의 배터리처럼 보조역할만 할 뿐, 모터를 구동하는 것은 엑셀레이터를 밟을 때 수소와 산소를 반응시켜 발생한 전기를 이용하는 것이다.

2) 성능의 차이점

PHEV를 포함한 HEV는 가솔린, 경유 등의 내연기관을 사용한다. 이에 사람들은 차량에서 배기가스 등의 오염물질이 발생하지 않는 BEV와 FCEV를 완전한 친환경차라고 말한다. 그럼 연비, 주행거리, 충전시간, 인프라 등에서 BEV와 FCEV는 어떤 차이가 있을까? FCEV가 최근 주목받고 있는 이유는 BEV의 단점을 극복한 친환경차이기 때문이다. FCEV는 주행거리와 충전시간에서 BEV를 압도한다. 두 단점은 이미 1830년대에 최초로 개발된 BEV의 상용화에 180년이라는 시간이 걸린 이유이기도 하다.

2018년 가장 많이 팔린 전기자동차인 테슬라의 '모델 3'는 20분간 50 KWH의 용량을 급속 충전해, 350 km의 거리를 달릴 수 있다. 다시 운행하려면 급속 충전 시 최소 20분, 일반 충전에는 한 시간 이상의 시간이 소요된다. 현대자동차에서 선보인 대표적인 FCEV 넥쏘는 6.33 kg의 수소를 완충하는데 걸리는 시간은 불과 5분이다. 최대 609 km의 주행거리를 자랑한다. 서울에서 부산을 갔다가 다시 대전까지 올라올 수 있는 거리다. 반면, FCEV는 BEV보다 비싼 연료비와 가격, 부족한 인프라가 단점으로 지적된다.

넥쏘의 연료비는 km당 73원, 모델 3는 km당 25원이 들어간다. FCEV의 연료비가 BEV에 비해 3배 정도 비싼 셈이다. 하지만 둘다 km당 93원(1리터당 연비 15 km, 1400원 가정) 정도인 내연기관보다는 저렴한 연료비를 자랑한다.

그림 14-43 테슬라 전기자동차 모델 3

그림 14-44 현대차 FCEV 넥쏘

3) 친환경의 문제

수소연료전지자동차에 대해 한쪽에서는 배출가스 없이 나오는 것은 물뿐인 데다 달리면서 미세먼지까지 정화시키는 '궁극의 친환경차'라는 평가를 한다. 반면 다른 쪽에선 전기로 모터를 직접 돌리는 전기자동차와 달리 물을 전기분해해 수소를 생산하고 그 수소를 다시 전기로 바꿔 모터를 돌리는 방식의 비효율성을 지적한다. 비효율적이라는 뜻은 더 많은 에너지를 소비하고, 더 많은 온실가스를 배출한다는 의미다.

도요타가 2015년 수소연료전지자동차 미라이의 온실가스 배출량을 독일 인증기관 TUV에 의뢰해 평가한 결과를 보면 수소연료전지자동차의 온실가스 배출량이 하이브리드 자동차와 거의 같았다. 수소를 천연가스에서 추출해 얻는 상황을 기준으로 했다.

수소연료전지자동차의 온실가스 배출량은 두 조사에서 모두 내연기관 차량에 비해 절반 정도로 낮다. 환경 측면에서 수소연료전지자동차의 장점이 크다는 뜻이다. 수소차가 전기자동차와 함께 '저공해차'로 분류되는 이유이기도 하다. 그럼에도 불구하고 전기자동차에 비해서는 친환경적이지 못한 것으로 나타났다. 그 차이는 수소를 얻는 방식에서 결정된다. 현재 수소 대부분을 석유와 천연가스와 같은 화석연료에서 얻기 때문이다.

표 14-16 전기자동차와 수소연료전지자동차의 성능비교

전기자동차(현대차 코나)		수소연료전지차(현대차 넥쏘)
390 km	주행거리	609 km
1시간	완충시간	5분
4650만원	가격	6890만원
25원	Km당 유지비	73원
7.6초	가속성능(제로백)	9.2초
오염물질 미배출	친환경성	물만배출, 미세먼지 정화기능

그림 14-45 수소연료전지자동차의 특징

표 14-17 전기자동차와 수소연료전지자동차의 비교

구분	전기차(EV)	수소차(FCEV)
핵심요소	· 배터리	· 수소연료전지 사용 + 수소저장탱크
구동방식	· 외부에서 전기에너지 충전	· 부생수고와 산소를 결합해 전기에너지 생성
가격	· 3933만원(테슬러 모델3)	· 6890만원(현대차 넥쏘)
주행거리	· 354 km	· 609 km
충전방식	· 전기충전(콘센트이용가능)	· 수소충전(충전소에서만 가능)
충전시간	· 20분~8시간	· 3~5분
운용비	· km당 25원	· km당 73원
최고속도	· 시속 209 ㎢m	· 시속 177 ㎢
장점	· 저렴한 가격 · 충전 인프라(상대적)	· 짧은 충전시간 · 장거리 운행 · 무공해(상대적)
단점	· 화석연료 전력생산 · 배터리 한계(주행거리) · 배터리용 원자재 수급 불안 · 온도에 따른 성능 저하	· 높은 수소 생산단가 · 충전인프라 미비 · 고가의 차량 · 사회적 수용성 · 연료전지용 백금 촉매 가격

수소는 천연가스 안의 메탄을 고온의 수증기로 가열시켜 생산하는데 이 과정에서 많은 에너지를 소비하고 이산화탄소가 부산물로 나온다. 수소 운반을 위해 고압으로 충전하는 과정에서도 상당한 에너지를 사용한다.

태양광과 풍력발전으로 얻은 전기로 물을 전기분해해 수소를 얻을 수 있다면 온실가스는 크게 줄어들 수 있지만 아직 경제성을 확보하지 못했다. 수전해 수소가격의 75% 이상은 전기료가 차지하는데 전기료가 비싼 지역에서는 수전해 방식을 적용하기 어렵다.

수소를 만드는 공정을 여러 가지로 연구하지만 환경적으로 문제가 없으면서도 경제성 있는 공정은 아직까지 연구개발 중이다. 수소연료전지로 생산한 전기보다 수소를 만들기 위해 물을 전기분해할 때 쓴 전기료가 더 많이 들 수 있다는 설명이다.

전기자동차와 수소연료전지자동차, 두 친환경차의 장·단점은 확연히 다르다.

우선 전기자동차는 배터리만 얹으면 되기 때문에 수소연료전지자동차보다 가격이 저렴하다. 상대적으로 충전인프라 구축도 활발하다. 하지만 배터리 용량을 늘릴수록 늘어나는 충전시간과 화석연료를 이용해 전력을 생산하는 부분은 해결과제다.

수소연료전지자동차는 짧은 충전시간과 상대적으로 긴 주행거리가 강점이다. 다만 가격이 비싸다는 약점을 갖고 있다.

수소연료전지자동차냐, 전기자동차냐. 결론부터 말하자면, 아직 대결구도로 보기엔 시기상조라는 것이 전문가들의 일치된 견해다.

표 14-18 전기자동차와 수소연료전지차의 비교

구분	EV	FCEV
동력원	· 전기	· 수소
전기 생성방법	· 외부충전	· 자체발전
배기가스	· 없음	· 없음
장 점	· 가정용 충전기 확보가능 · 빠른 상용화	· 짧은 연료 주입시간(3분) · 긴 주행거리
단 점	· 느린 완속충전 시간 · 짧은 주행가능거리	· 인프라 구축비용 · 고가의 차량

표 14-19 친환경자동차의 종류 및 특징

구분	하이브리드차 (HEV)	플러그인 HEV (PHEV)	전기자동차 (EV)	연료전지차 (FCEV)
동력계 구조	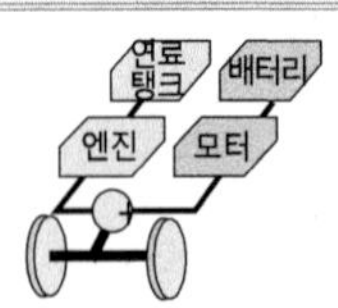	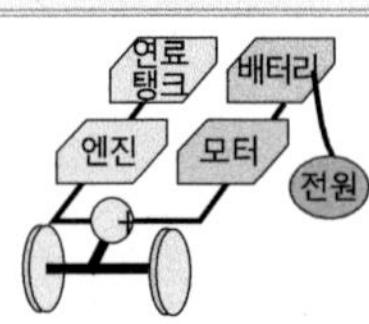	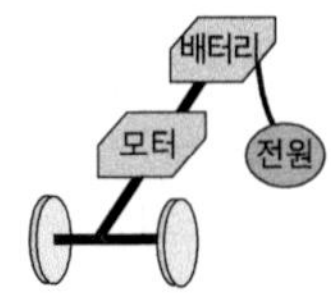	
구동원	· 엔진 + 모터	· 모터 · 엔진(방전시)	· 모터	· 모터
에너지원	· 화석연료 · 전기	· 전기 · 화석연료(방전시)	· 전기	· 수소
특 징	· 구동시 내연기관/모터 적절히 작동시켜 연비 향상 · 별도 인프라 필요 없음 · 배터리 전용 주행 5 km내외	· 단거리 전기로만 주행 · 장거리 주행시 엔진 직구동 · HEV대비 배터리 용량증대(주행거리 60km내외)	· Zero-Emission · 현재 근거리 주행만 가능(400 km내외)	· 수소/산소반응으로 전기를 생산하여 모터 구동 · Zero-Emission · 수소탱크, 스택 등 장착(레이아웃불리) · 시스템 고가
구매비용	· 다소 고가	· 다소 고가	· 고가	· 초고가
배터리 용량	· 0.98 ~ 1.8 KWh	· 4 ~ 16 KWh	· 16 ~ 100 KWh	· 10 KWh 내외
운영비용	· 다소 저비용	· 다소 저비용	· 저비용	· 고비용
운전편의	· 내연기관 대비 동일	· 내연기관 대비 거의 동일	· 내연기관 대비 불편(충전 필요)	· 내연기관 대비 불편(수소충전 필요)
적용사례	· 프리우스(도요타) · 시빅(혼다) · 소나타(현대) · K5(기아)	· VOLT(GM) · 프리우스(도요다) · F3DM((BYD) · i8(BMW)	· BOLT(GM) · 모델S(테슬라) · ZOE(르노) · 코나(현대)	· 미라이(도요다) · 클래리티(혼다) · 넥쏘(현대)

14.3 연료전지 스택

연료전지의 스택은 수소원료의 화학적 에너지를 전기에너지로 직접 변환시켜 직류 전류를 생성하는 발전장치로 차량 주행에 필요한 전원을 공급하는 역할을 한다.

수소연료전지자동차 연료전지는 요구되는 출력 수준을 충족하기 위해 단위 셀(Unit Cell)들을 적층하여 조립한 스택 형태로 사용한다. 스택(Stack)은 원하는 전기출력을 얻기 위해 단위전지(셀)를 수십장, 수백장 직렬로 쌓아 올린 본체이며, 단위전지 제조, 단위전지 적층 및 밀봉, 수소공급과 열 회수를 위한 분리판 설계·제작 등이 핵심기술이다.

하나의 극판군(MEA)는 약 0.7 V의 전기를 발생시키고, 1 kw의 전기를 만들기 위해서는 40~50매정도의 셀이 필요하다. 현대차 2세대 FCEV 모델은 440매의 셀로 만들어진 스택을 장착한다. 스택은 수소연료전지자동차 원가 중 재료비의 40%, 전체 수소연료전지자동차 원가의 25%를 차지한다.

2매의 백금 전극과 거기에 끼워진 전해질로 이루어지는 연료전지의 1단위를 단셀이라 부른다. 1개의 단셀이 발생시키는 전압은 연료나 전해질의 종류에 따라 결정되는데 단셀의 크기에 무관하게 약 1볼트이다. 건전지와 같은 정도이다. 이 전압에서는 자동차가 움직이지 않는다.

더욱 큰 전압을 발생시키려면 많은 단셀을 직렬로 이으면 된다. 복수의 단셀을 직렬로 이은 것은 스택(stack)이라 부른다. 스택을 만들려면 단셀을 구성하는 부품 외에 단셀과 단셀 사이를 갈라 놓는 부품인 분리판(separator)이 새로 필요하게 된다.

분리판은 ①각 단셀 사이를 막고 가스의 혼합을 막고 ②각 단셀에 수소 가스나 공기를 공급하는 통로가 되며 ③단셀 사이를 잇는 도선(전자의 통로)으로 작용한다. 일반적으로 분리판과 전극 사이에는 가스를 균일하게 확산시키기 위한 가스 확산층이 끼워진다.

연료전지 스택은 반응기체가 흐를 수 있도록 가공된 2개의 분리판과 그 사이에서 전기화학 반응을 일으키는 막-전극 어셈블리(MEA, Membrane Electrode Assembly), 분리판과 MEA 사

그림 14-46 수소연료전지자동차 원가구성

이에서 기체의 흐름을 관장하는 가스 확산층과 밀봉을 위한 개스킷으로 구성되어 있다. 스택의 전압은 적층된 단위전지의 개수에 비례하며, 전류는 MEA의 면적에 비례한다.

연료전지 스택의 구성요소는 다음과 같다.

1) 극판군(막전극접합체:MEA: Membrane Electrode Assembly

전해질과 백금촉매의 접합체, 전기화학반응 일어남. 수소와 산소의 화학반응이 일어나 전기가 생성되는 곳으로 고분자전해질막 연료전지(Proton Exchange Membrane Fule Cells)의 핵심 부품이다. 일반적으로 FCEV의 원가에서 수소연료전지의 비중이 40%이며, MEA는 수소연료전지 원가의 40%를 차지한다. 즉 FCEV 가격의 16% 가량을 차지하는 MEA 가격을 낮출 수 있는 기술개발 속도가 FCEV의 보급 속도를 좌우할 수 있다.

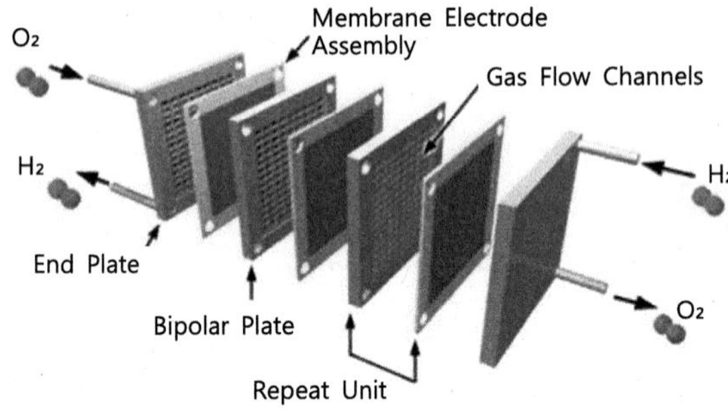

그림 14-47 연료전지 스택의 극판군

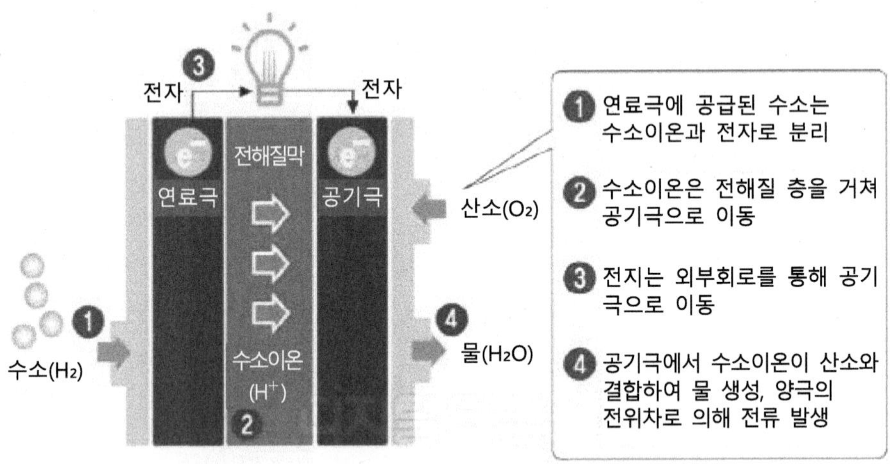

그림 14-48 극판군(MEA)구조 및 전기발생원리

2) 분리판(Plate)

반응가스의 유로제공, 전기적인 연결. 분리판은 연료전지에 공급된 산소, 수소를 Gas Flow Channel을 통해 GDL에 공급하고, 수소와 산소의 화학반응으로 생성된 물을 외부로 배출시킨다. 따라서 분리판은 상기 물질이 섞이는 것을 방지하고 음극(Anode)에서 발생한 전자를 양극(Cathode)로 전달하는 전자전도체 기능도 하기에 열전도가 우수해야 한다. 이러한 특성으로 인해 분리판은 일반적으로 흑연(Graphite), 탄소복합제로 제작된다. 일반적으로 FCEV의 원가에서 수소연료전지의 비중이 40~50%이며, MEA와 금속분리판(Plate)은 연료전지 원가의 60~70%를 차지하는 것으로 파악된다. 즉, MEA 및 Plate 기술확보가 FCEV 가격경쟁력을 좌우하는 요소인 것이다.

3) 가스켓(Gasket)

수소, 공기, 냉각수의 누설을 방지하는 역할을 수행한다.

4) 가스확산층(Gas Diffusion Layer)

수소, 산소 및 물을 공급하고 배출하는 장치로 Current Collector와 촉매를 연결하며, 수소가 압력차에 의해 GDL을 지나 촉매 쪽으로 이동하게끔 한다.

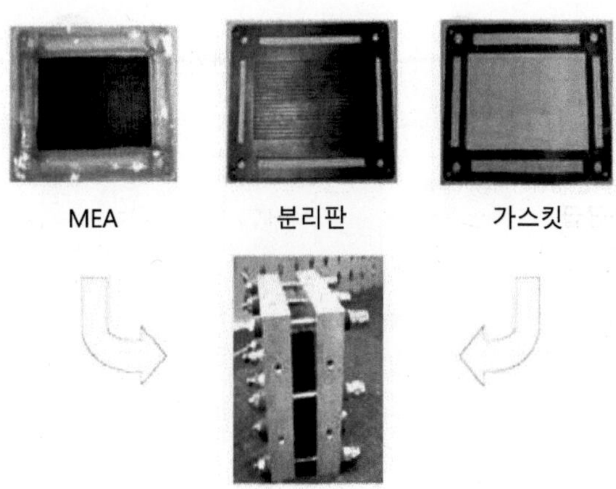

그림 14-49 연료전지의 구성요소

5) 스택

다수의 셀을 쌓은 것, 한 셀의 음극판(Cathode)은 인접 셀의 양극판(Anode)와 전기적으로 연결된다.

스택 기술은 연료전지 기술 가운데 가장 핵심 사항이다. 스택의 설계는 개선의 여지가 많으며, 향후 컴퓨터를 이용한 스택 설계 프로그램이 개발될 것이다. 또한 전류 집진 기술, 밀봉기술, 가압 시스템 기술, 매니폴드 설계 기술 등 여러 분야의 기술이 개발될 전망이다. 또한 스택의 규모가 커짐에 따라 시뮬레이션을 통한 설계 기술과 스택의 정상 운전에 필수적인 운전 온도 제어기술, 스택설계 개선, 구조 단순화, 효율 개선, 운전 간소화 등의 기술 개발이 이루어질 전망이다.

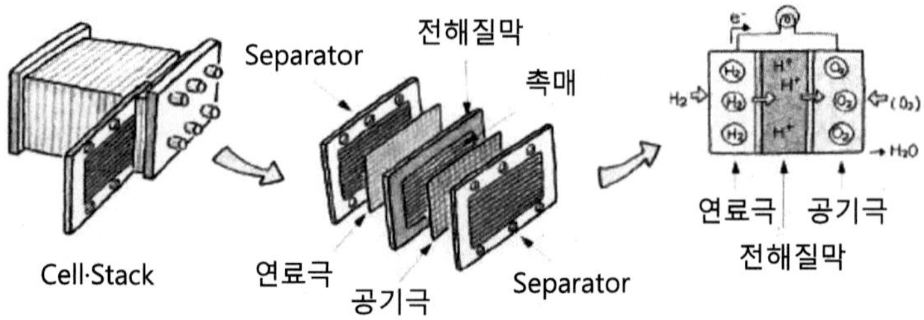

그림 14-50 연료전지셀 구조

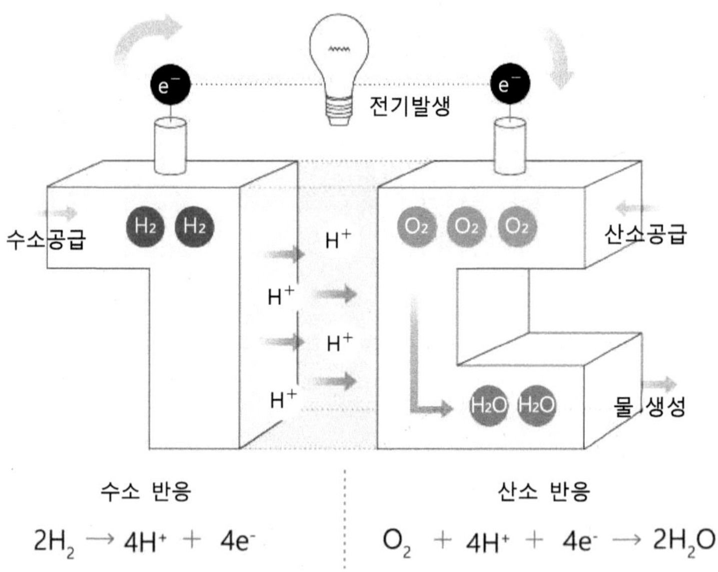

그림 14-51 수소연료전지의 구성

14.4 수소저장탱크

수소를 운전자가 큰 어려움 없이 경제적으로 활용하기 위해서는 수소저장이 꼭 필요하다. 하지만, 아직까지는 수소 자동차에 탑재하는 경우 기존 자동차가 갖는 1회 주입 후 주행 가능한 거리인 500 km를 주행할 수 있고, 탑승인원의 감소나 불편함이 없도록 승차공간도 유지시켜주어야 한다는 점을 만족시키는 저장 방법은 개발되지 못한 상태이다.

압축저장은 수소 저장 기술 중 가장 보편적인 방법으로서, 수소기체를 고압으로 압축하여 제한된 체적의 용기에 저장하는 방식이다. 압력용기내의 수소 저장 밀도를 높이기 위해 높은 압력으로 가압하는데, 저장 압력이 높아질수록 용기의 두께가 두꺼워져 무게가 증가하게 되므로 다른 연료에 비해 질량 효율(용기를 포함한 질량당 수소의 질량비율)이 떨어지게 된다. 그럼에도 불구하고, 압축 수소저장 방법은 여러 가지 수소저장 방법 중 가장 실용화에 근접한 방법인데, 저장 장치의 구성이 단순하고 중량면에서 이점이 많기 때문에 수소연료전지자동차나 기타 탑재용 수소연료 저장 방법으로 가장 많이 사용되고 있다.

고압 수소기체를 저장하기 위한 압력용기는 사용 재료와 복합재료 강화 방법에 따라 네 가지로 구분한다.

Type 1 : 강 또는 알루미늄으로 만들어진 금속제 용기로 복합재료에 의한 구조적 강화 없이 금속 재료만으로 압력하중을 견디도록 만든 용기. CNG버스 연료탱크나 주로 가정이나 식당에서 사용하는 LPG 가스탱크는 강철재질로 만든 타입1 방식이다.

Type 2 : 강 또는 알루미늄으로 만들어진 금속제 라이너 위에 수지를 함침시킨 탄소섬유나 유리섬유를 원주방향으로 감아서 만든 용기이다.

Type 3 : 강 또는 알루미늄으로 만들어진 얇은 금속제 라이너 위에 수지를 함침시킨 탄소섬유나 유리섬유를 원주방향과 길이방향으로 감아서 만든 용기로 금속제 라이너는 하중을 부담하지 않거나 극히 일부분만을 부담한다.

Type 4 : 용기의 경량화를 목적으로 비금속 재료로 만들어진 라이너 위에 수지를 함침시킨 탄소섬유나 유리섬유를 원주방향과 길이방향으로 감아서 만든 용기로 비금속 재료로 만들어진 라이너는 하중을 거의 부담하지 않고, 가스가 새지 않도록 하는 역할만을 한다. 수소전기차 연료탱크는 고강도 플라스틱 재질의 탱크를 탄소섬유 실(Thread)로 감아 만든 타입4 방식의 초경량 복합소재 연료탱크로 만들어진다. 타입4 연료탱크는 탄소섬유로 만들어져 강철로 만든 타입1·2에 비해 60%가량 가볍다. 이 때문에 연료 소모도 적고 타이어나 브레이크 라이너의 수명도 비교적 길다는 장점도 있다.

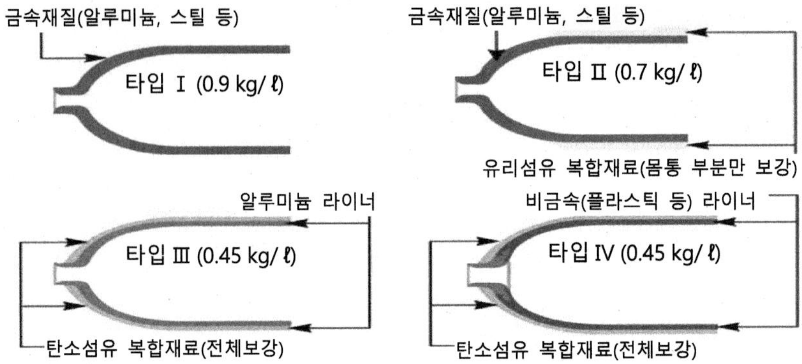

그림 14-52 가스저장용기의 타입별 구조도

복합재 압력용기는 알루미늄 또는 플라스틱 소재의 라이너에 가볍고 강도와 강성이 뛰어난 탄소섬유를 에폭시 수지에 함침하여 감은 후 수지를 경화시켜 만들어진다. 탄소섬유 복합재 층이 내압하중의 대부분을 견디며 라이너는 기밀 유지와 복합재 층을 감기 위한 기본형상을 제공한다. 이러한 재료의 조합은 초경량 압축가스저장 시스템으로서 안전성과 성능 면에서 가장 이상적인 형태이다. 복합재 압력용기는 기존의 금속재질의 압력용기에 비해 매우 가볍고, 더 높은 압력에 견딜 수 있으며, 반복 사용 수명이 매우 길고, 부식에 강한 우수한 특성을 갖는다. 특히 금속 재질 압력용기는 결함이 발생되면 폭발의 위험이 있으나, 복합재 압력용기는 폭발 전에 압력이 누출되어 폭발이 일어나지 않는 안전한 특성을 갖는다.

복합재 압력용기는 본래 우주용 발사체의 각종 고압가스를 저장하는 경량 고성능의 압력용기로 개발되었으나, 근래에는 압축천연가스자동차용 연료 저장 탱크로 널리 사용되고 있으며, 최근 수소연료전지자동차용 연료 탱크로 개발되면서 크게 주목받고 있다.

연료전지자동차의 수소저장 용기로는 가볍고, 부피가 작으며, 보다 안전한 고성능의 압력용기가 필요하기 때문에 탄소섬유 복합재료로 만들어진 복합재 압력용기가 가장 적절한 수단으로 인정되고 있다. 현대자동차에서는 지난 2001년 6월 세계 최초로 350기압 수소저장시스템을 개발하여 싼타페 연료전지자동차에 장착하고 시험운전을 성공적으로 완료하였는데, 이후 대부분의 자동차 회사들이 350기압급의 복합재 압력용기를 탑재하고 있다.

고압 수소기체 저장 방식은 물리적인 압력차로 수소를 충전하고 방전하게 되므로 다른 수소 저장방식에 비해 저장방법이 간단하고, 응답성도 빨라 연료전지자동차에 적용하기 용이하다. 또한 천연가스의 보급에 의해 고압가스저장탱크가 이미 산재되어 있으므로 별도의 비용 없이도 기존의 인프라를 이용할 수 있는 장점이 있다. 하지만 압력용기를 자동차에 적용시 체적이 크고, 형상의 변경이 용이하지 않아 공간 제약을 받으며, 수소기체의 저장 밀도를 높일수록 압력용기가 무거워지는 단점도 가지고 있다.

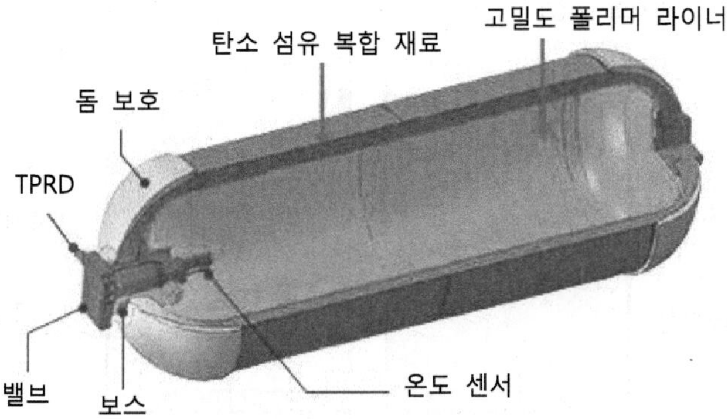

그림 14-53　복합재 수소탱크

따라서 연료전지자동차가 기존의 휘발유나 경유 자동차와 동등한 성능을 내기위해서는 높은 수소 저장 밀도를 갖는 경량 고압 수소기체 저장 용기를 사용하여야만 한다. 또한, 수소를 고압으로 급속 충전하면, 압축효과에 의한 열로 고압용기의 온도가 올라가기 때문에 이를 보완하지 않으면 밀도가 줄게 되어 주행거리가 짧아지는 경과를 낳게 된다. 독일, 미국, 일본 등 선진외국에서는 수소의 충전방법에 대한 연구도 수행되고 있으며 이를 충전기의 개발과 표준화 자료로 활용하고 있다.

액체수소 저장탱크

액체수소 저장에서는 수소를 액화온도인 -253℃까지 냉각시켜 저장탱크에 저장하는데, 냉각시키는데 수소가 가지고 있는 에너지의 약 43%를 소비해 공급시의 손실이 크고, 10~20%가 증발해 버리고, 증발하지 않도록 단열시켜도 하루에 2~3%정도의 액체수소가 증발하는 문제점이 있다.

수소 저장 방법

고압탱크 수소를 초고압 탱크에 저장. 현대차 수소전기차의 경우 700기압의 탱크에 수소가스 저장

액화수소 수소를 영하 253도까지 떨어뜨려 액화 상태에서 저장

그림 14-54　수소저장 방법

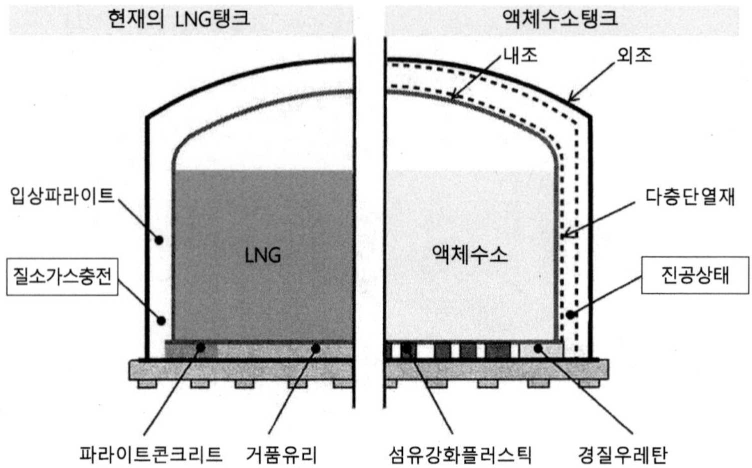

그림 14-55 LNG탱크와 액체수소탱크의 차이

14.5 연료변환기(개질기:Reformer)

연료변환기는 천연가스나 메탄올, 가솔린 등 탄화수소 연료를 진한 수소가스로 변환시켜주는 장치다. 이렇게 변환된 수소가스와 공기중의 산소는 전류를 얻기 위해 연료전지스택으로 공급된다. 이는 시스템에 악영향을 주는 황(10 ppb이하), 일산화탄소(10 ppm이하) 제어 및 시스템 효율향상을 위한 핵심기술이다.

연료전지에 적합한 최적의 연료는 수소이나, 수소는 탄화수소 연료에 비해 생산량이 적으며 수송 및 보관이 어렵다. 따라서 수송 및 저장이 간편한 가솔린, 메탄올 등을 원료원으로 사용하는 시도들이 많이 이루어지고 있는데, 이를 위해서는 차량 및 기기 내에서 수소 연료를 직접 만들어 낼 수 있는 고효율의 연료개질기의 개발이 필수적이다.

수송용 연료전지의 연료개질기는 연료전환효율이 높아야 하고, 가벼워야 하며, 특히 운행 중 발생하는 급격한 부하변동에 즉각적으로 대응할 수 있어야 한다.

화석연료를 개질해 수소를 추출하는 데는 일반적으로 수증기나 산소를 첨가해 촉매 상에서 접촉분해하는 방법이 이용된다. 대표적인 개질 방식에는 수증기 개질방식, 부분산화방식, 자열 개질방식이 있다.

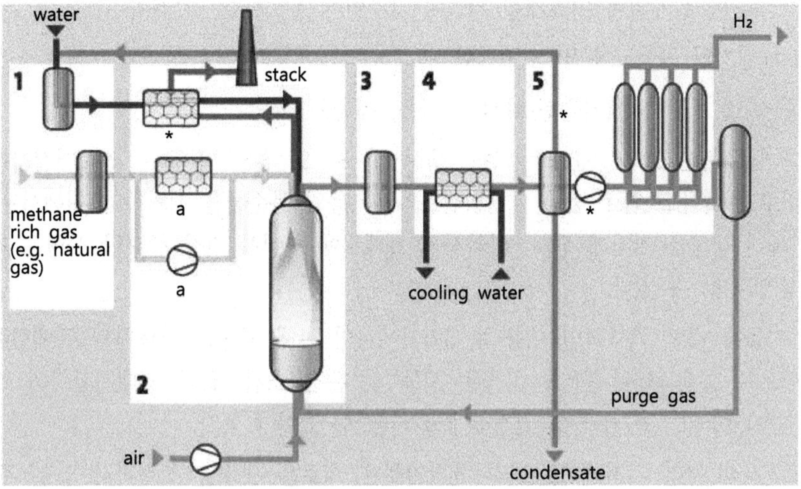

그림 14-56 수증기 개질의 흐름도

이외에도 수소 생산을 위한 연료개질 기술로는 물의 전기 분해 및 광전기분해, 바이오매스 기체화 및 열분해 기술 등이 있다.

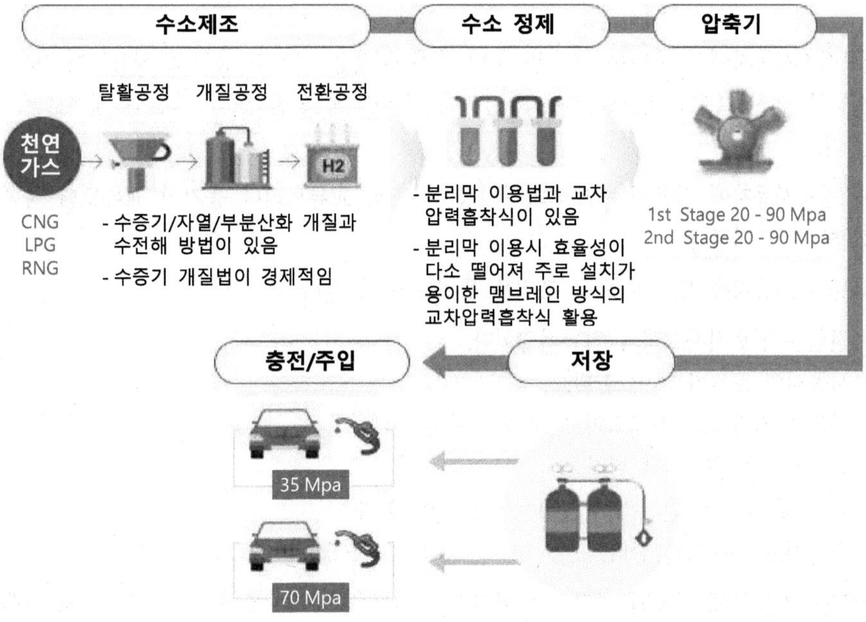

그림 14-57 수소의 개질 및 충전과정

기술의 종류에 관계없이 연료개질 기술이 갖추어야 할 요건은 아래와 같다.

- 연료개질기의 콤팩트화 및 저중량화
- 다중 연료 개질 능력(가솔린/디젤, 메탄올, 에탄올, 천연가스)
- 높은 연료전환 효율(고순도의 수소 생산 및 저 오염물질 방출) : 연료개질기에서 연료를 수소로 개질하고 연료 내의 일산화탄소와 황 등의 불순물을 제거하기 위해서는 여러 단계의 촉매 공정을 거치게 된다. 따라서 연료개질에 있어서 가장 중요한 사항은 최적의 촉매 선정이라 할 수 있다.
- 급 시동에 대한 즉각적인 대응 : 개질기에서의 촉매 공정은 자동차의 촉매변환기와 같은 방식으로 운행되어야 한다. 이들은 시동 및 운전 조건, 급격한 대기환경의 변화도 견딜 수 있어야하며, 요구부하를 일정하게 유지할 수 있어야 한다.
- 제조 가격 저하 : 지난 몇 년간 개발자들은 새로운 재료를 선정하고 연료 조절기내에서 Pt 촉매의 함량을 최소화함으로써 작동 성능을 떨어뜨리지 않고도 연료

14.6 구동모터

연료전지자동차에서 모터는 구동용 모터 혹은 회생용 모터의 용도로 사용된다. 모터는 종래의 자동차 엔진 혹은 트랜스미션에 상당하며, 인버터에 의한 모터 회전수 제어로 주행속도를 제어한다.

연료전지자동차에 사용되는 모터의 종류는 유도식 교류모터나 동기식 교류모터 등을 사용하는 경향이 두드러진다.

연료전지자동차용 모터의 요구 조건을 들면 다음과 같다.

1) 전원은 연료전지스택의 직류전원이다.
2) 시동시의 토크가 커야 한다.
3) 구조가 간단하고 기계적인 내구성이 커야 한다.
4) 속도제어가 용이해야 한다.
5) 취급 및 보수가 간편하고 위험성이 없어야 한다.
6) 소형이고 가벼워야 한다.

연료전지자동차에 사용되는 모터/제어기술도 점점 발달하여 고출력, 소형이면서 효율이 높은 시스템이 개발되고 있다. 모터/제어계통의 주요 과제로서 최근 개발상황은 다음과 같다.

그림 14-58

① 고출력화

3DC모터를 AC모터로 변환함에 따라 출력과 EV의 동력성능(가속성능, 최고속도)이 크게 향상되어 가솔린 자동차에 비하여 손색없는 수준에 도달하였다.

② 경량·소형화

고출력화를 추진하면서 고회전화(~10,000 rpm이상)함에 따라 모터가 경량·소형화되어 탑재중량이나 용적도 크게 감소하였다. 최근에는 1 kW/kg의 출력 밀도를 초과하는 모터도 개발되고 있고, 모터와 동시에 감속기나 차동장치도 소형화되고 있다.

교류모터는 같은 출력을 내는 직류모터에 비하여 가격이 3배 이상 싸며, 크기에 비하여 모터의 효율이 크며, 토크가 비교적 크다. 또 보수 유지비용이 상대적으로 저렴하고, 수명이 더 길다.

연료전지자동차는 가솔린 자동차에 비해서 세 가지 우위성을 가지고 있다.

1) 바퀴를 제어하는 모터의 토크 응답, 즉 차에 '힘을 내라'고 명령하면 그에 따라 힘을 내는 시긴이 1000분의 1초로 가솔린 엔진의 10분의 1초에 비해 두 자리 숫자나 빠르다.
2) 바퀴 하나하나에 모터를 장착하기 쉽기 때문에 타이어 각각을 독립적이며, 정확히 고속으로 제어할 수 있다.
3) 세 번째는 모터의 전류 변화로부터 달리고 있는 노면의 상태를 파악할 수 있다.

표 14-20 직류/교류모터 장단점 구분

구 분	장 점	단 점
직류모터	· 작은 부피 · 빠른 속도 · 크기에 비해 큰 힘	· 부하에 따라 속도변화가 심하다 · 속도가변이 힘들다. · 수명이 짧다(브러시). · 소음이 심하다
교류모터	· 높은 효율 · 큰 힘 · 용이한 속도가변(주파수변화) · 수명이 길다.(보수유지비용 저렴) · 저렴한 가격	· 회전속도는 느리다

우선 모터의 토크 응답이 빠르면 그만큼 바퀴를 보다 고속으로 보다 정교하게 제어할 수 있다. 정말 타이어의 미미한 미끄러짐도 순간적으로 감지하여 즉시 타이어의 미끄러짐을 멈출 수 있다. 이에 따라 눈길에서도 보다 안정적으로 주행할 수 있다.

타이어의 제어 성능을 더욱 높이려면, 바퀴 하나마다 모터를 붙여서 독립적으로 제어하면 좋다. 가솔린 자동차의 바퀴 하나하나마다 엔진을 붙이는 것은 코스트 면에서 현실적이지 않지만, 모터라면 그다지 큰 부담이 되지 않는다. 그것에 의해 자동차의 자세 안정성이 좋아지고, 승차감도, 안전성도 좋아진다.

14.7 인버터

연료전지 스택에서 발생한 전기는 DC 형태로서 이를 AC로 변환하기 위한장치가 변환기이다. AC전원을 DC전원으로 변환하는 컨버터 부분과 DC전원을 재단하여 전압 및 주파수가 변화된 AC전원으로 변환하는 인버터 부분으로 복잡하게 형성되어 있으나 간단히 인버터라 호칭하고 있다.

인버터(Inverter)는 직류전력을 교류전력으로 변환하는 장치, 즉 역변환장치이다. 전지에서 얻은 직류전압을 조정하는 장치로 컨버터(converter/변환기)라고 부른다. 교류모터의 경우는 직류전압을 교류전압으로 바꿔주며 전압을 조절해야 하므로 인버터(inverter:뒤바꿈)가 필요하다. 직류전압을 손쉽게 조절하는 방법은 저항을 만들어주는 것이나 에너지손실이 많아 보다 효율이 높은 반도체 소자가 개발되고 있다.

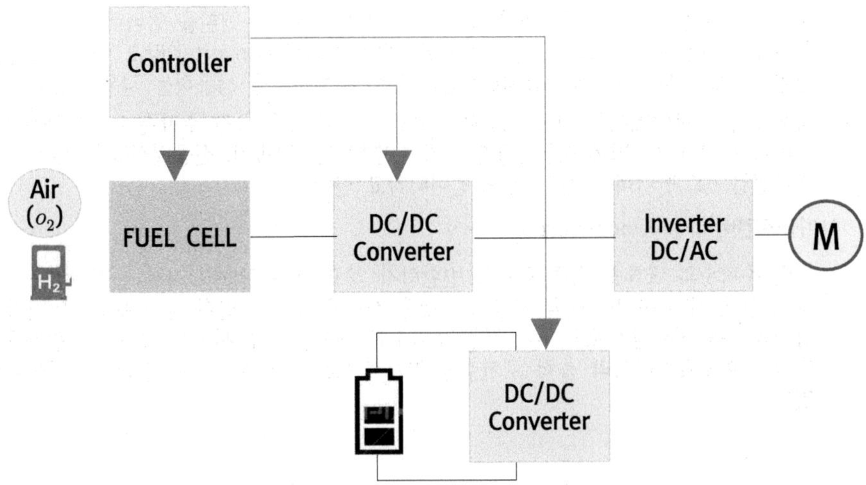

그림 14-59 변환기(인버터) 구조

인버터는 컨버터와 같은 작용을 하면서 직류를 교류로 변환시키는 기능을 해야 한다. 직류를 교류로 만들기 위해 변조기가 사용된다. 그래서 인버터는 컨버터에 비해 구조가 복잡하다. 자동차용 모터는 토크와 회전수를 조절하기 쉽고 전체적으로 가벼운 것이 이상적이다. 직류모터는 브러시에 의한 전압강하와 기계적 손실로 효율이 떨어지는 결점이 있다. 이 때문에 최근에는 브러시리스 DC모터라고 불리는 유도식 교류모터가 개발돼 각광을 닫기 시작했다.

인버터[inverter]와 컨버터

□ **인버터[inverter/뒤바꿉] : 직류를 교류로 바꾸는 장치(DC→AC/역변환장치)**

- 인버터(Inverter) : 직류전력을 교류전력으로 변환하는 장치(역변환장치). 사이러트론·수은 정류기 등이 주로 사용되었으나, 직류송전과 같은 대용량 고전압회로를 제외한 일반 인버터는 대부분 사이리스터로 바뀌었다.
- 인버터를 동작방식으로 분류하면 자려식과 타려식이 있다. 자려식은 회로 자체의 진상장치(경류장치)에 의해 전류하고, 외부로부터는 무효전력의 보상을 받지 않는 것이며, 회로방식에는 직렬형과 병렬형이 있다. 타려식은 외부로부터는 무효전력의 보상을 받는다. 회로로서는 단상·다상 정류회로가 그대로 인버터를 형성하고 있다.

□ **컨버터[converter/변환기] : 교류를 직류로 바꾸는 장치(AC→DC)**

- 컨버터(converter) : 신호 또는 에너지의 모양을 바꾸는 장치. 회로망·변환기라고도 한다.
- 신호변환의 경우에는 흔히 트랜스듀서센서(transducer sensor)라고 하며, 전력분야에서는 교류와 직류간의 변환, 교류의 주파수 상호변환, 상수의 변환 등을 하는 장치를 말한다.

- 좁은 뜻으로는 교류→직류의 변환을 컨버터, 직류→교류의 변환을 인버터(inverter), 어느 주파수에서 다른 주파수로의 변환을 사이클로컨버터(cycloconverter)라고 하여 구별한다. 이들 변환회로에는 사이리스터(thyristor) 등의 전력용 반도체를 사용하는 경우가 많다.
- 통신·고주파 분야에서는 어느 고주파 신호를 그보다 낮은 중간 주파수로 변환하는 부분을 컨버터라고 한다. 이 밖에 직류신호를 교류로 변환하는 단속기, 진공열전쌍을 써서 교류전류를 직류전압으로 변환하는 장치 등도 컨버터라고 한다.

□ **사이클로컨버터 [cycloconverter]**

- 어떤 주파수의 교류를 직류 회로로 변환하지 않고 그 주파수의 교류로 변환하는 직접 주파수 변환 장치. 사이리스터를 사용하는 것은 전력용 주파수 변환 장치로서가 아니라 교류 전동기의 속도 제어용으로서이다. 전원 주파수와 출력 주파수 사이에 일정비의 관계를 가진 정비식 사이클로컨버터와 출력 주파수를 연속적으로 바꿀 수 있는 연속식 사이클로컨버터가 있다.

14.8 주변보조기기(BOP : Balance of Plant)

주변장치는 공기압축기, 열교환기, 연료, 공기, 열회수 등을 위한 펌프류, Blower, 센서 등을 말한다.

내연기관에는 연료 및 공기 공급, 냉각, 배기를 위한 장치로 구성된 엔진 운전 장치가 있듯이, 연료전지 발전 시스템에도 같은 기능을 하는 연료전지 운전 장치가 있는데, 열 및 물질 수지 개념을 중요시하는 화학 공정에서는 이를 BOP라 한다.

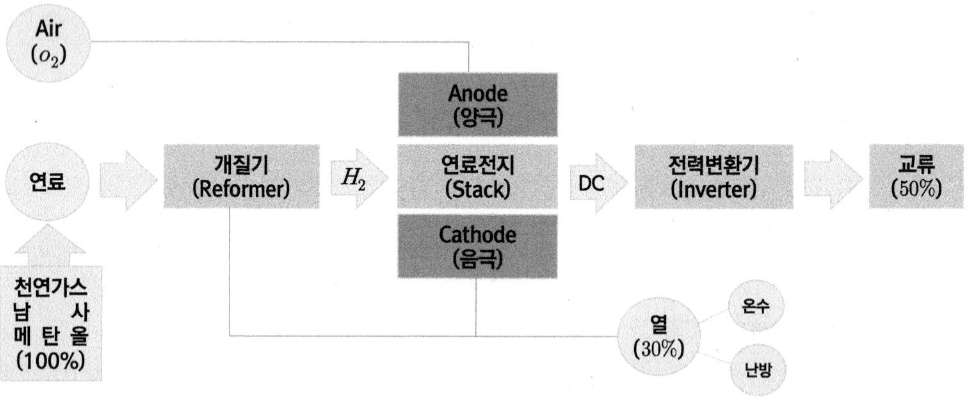

그림 14-60 연료전지 발전시스템 구성도

표 14-21 주변보조기기(BOP)의 구성

구분		비고
BOP	공기공급장치	· 전기화학반응을 위한 연료전지 양극에 산소 공급 · 에어클리너, 공기공급기(Air Blower 또는 Air compressor)등
	수소공급장치	· 전기화학반응을 위한 수소를 공급 · 수소 탱크, 압력 조절기, 수소재순환기 등
	열&물관리장치	· 전기화학 반응 중 발생하는 스택의 열을 방출 · 라디에이터, 물펌프, 이온제거기, 물탱크 등

1) 기공급계(APS: Air Process System)는 연료전지 스택에 수소와 반응을 할 공기(산소)를 공급하는 시스템으로 에어클리너, 공기공급기(Air Blower 또는 Air compressor)등으로 구성 되어 있다.

2) 열 및 물 관리계(TMS: Thermal Management System)는 전체 시스템에서 필요로 하는 물 균형을 유지하는 기능이 있으며, 또한 반응 시 스택은 열을 발생하게 되는데 이를 적절한 온도로 유지하는 기능을 한다. 구성부품으로는 라디에이터, 물펌프, 이온제거기, 물탱크 등이 있다.

3) 수소공급계(FPS: Fuel Process System)는 스택에 수소를 공급하는 시스템으로 여기에는 수소 탱크, 압력 조절기, 수소재순환기 등으로 구성되어 있다.

14.9 보조전원

연료전지자동차에서 연료전지 스택의 내구수명을 증대시키고, 주행거리와 연비향상을 위하여 보조전원으로 이차전지나 슈퍼 캐퍼시터 등이 사용된다.

1) 이차전지

이차전지는 소형기기와 모바일 단말기를 중심으로 사용되고 있으나 자동차용으로는 최근 하이브리드자동차에 채용되는 대용량 이차전지가 있다. 연료전지시스템에서의 이차전지는 연료전지와 하이브리드 시스템의 구성기기로서 중요하여 연료전지 출력의 안정화와 비상시 예비전력으로서 중요한 역할을 담당한다. 연료전지시스템과의 이용에 있어서는 현재 이용되고 있는 Ni-MH, Li-폴리머 등 있다.

표 14-22 이차전지의 특징

종류	특징
니켈수소전지	· '90년에 실용화하여 '92년에 대량 생산이 개시된 2차전지 · 니켈-카드뮴전지에 비하여 에너지밀도가 크고 **공해물질이 없어서** 무공해 소형 고성능전지 · 전기자동차용 등의 무공해 대형 고성능전지로 개발이 가능한 새로운 2차 전지로서 주목을 받고 있다. · 니켈카드뮴전지와 동작전압이 같고 구조적으로도 비슷하지만 부극에 수소 흡장합금을 채용하고 있어, 에너지밀도가 높다. · 단점은 **메모리효과(memory effect)가 약간 있다.**
	· 정극재료 : NiooH · 부극재료 : MH · 전해질 : KOH(수용액) · $MH(s)+N_iOOH(s)\rightarrow M+N_i(OH)_2(s)$
리튬이온 전지	· 전압은 3.6V로 휴대폰, PCS, 캠코더, 디지털 카메라, 노트북, MD 등에 사용 · 양산 전지중 성능이 가장 우수하며 가볍다. · 일본 소니사가 가장 앞선 기술을 보유하고 있으며 가장 먼저 양산 · 리튬이온 전지는 **폭발 위험**이 있기 때문에 일반 소비자들은 구입할 수 없으며 보호회로가 정착된 PACK 형태로 판매 · 위험성만 제거되면 가볍고 높은 전압을 갖고 있어 앞으로 가장 많이 사용될 전지 · 양극, 분리막, 음극, 전해액으로 구성되어 있고 리튬이온의 전달이 전해액을 통해 이루어짐 · 정상적인 조건하에서 500회 이상의 충전 / 방전 수명 · 리튬이온 전지에는 **메모리 효과가 없다.** · **전해액이 누수되어 리튬 전이금속이 공기중에 노출될 경우 전지가 폭발할 수 있고** 과충전 시에도 화학반응으로 인해 전지 케이스내의 압력이 상승하여 폭발할 가능성이 있어 보호회로가 필수 · 되도록 완전충전/완전방전을 하지 않고 조금사용하고 충전하고 하는 것이 더 좋다. · $LiCoO_2+Cn \quad \Leftrightarrow \quad Li1-xCoO_2+CnLix$
리튬폴리머 전지	· 전압은 3.6V로 폭발 위험이 없고 전해질이 젤타입이기 때문에 전지 모양을 다양하게 만들 수 있는 것이 장점 · 일부 휴대폰에 사용되고 있으며 리튬이온 전지를 이을 차세대 전지. 현재는 양산하는 곳이 적으며 국내에서도 많은 기업이 연구 개발 중 · 양극, 전해질, 음극으로 구성되어 있고 양극과 음극 사이의 전해질이 양극과 음극을 분리하는 분리막과 리튬이온의 전달역할을 수행 · **고분자 겔 형태의 전해질을 사용함으로써 과충전과 과방전으로 인한 화학적 반응에 강하게 만들 수 있어 리튬이온전지에 필수적인 보호회로가 불필요** · **리튬이온 전지의 단점인 안전성 문제, 제조비용의 고가, 대형 전지제조의 어려움, 고용량화의 어려움 등의 문제를 해결할 수 있는 전지** · $LiCoO_2(s)+C(s)=LI_{1-n}CoO_2(s)+CLi_x$

리튬공기전지	· 양극 물질은 금속 산화물 대신 공기(산소)사용하는 차세대 배터리. · 음극에서 리튬이 산화·환원 반응하고, 양극인 공기극에서는 외부로부터 유입되는 산소의 산화·환원 반응 · 리튬이온 전지에 비해 에너지 밀도를 크게 높일 수 있어 차세대 배터리로 큰 관심 · 금속을 쓰지 않아 제작비가 싸고 무게도 가볍다. **· 상용화하면 한 번 충전으로 600 ㎞ 이상 달릴 수 있는 전기자동차 생산이 가능**

표 14-23 이차전지의 특징

특성	Ni/Cd 전지	Ni/MH 전지	Li-Ion 전지	Li-Ion Polymer전지
양극 활물질	NiOOH	NiOOH	$LiCoO_2$	$LiCoO_2$
음극 활물질	Cd	MH	Carbon	Carbon
전해액	KOH/H_20	KOH/H_20	유기용매(액체)	고분자전해질(고체)
평균전압(V)	1.2	1.2	3.7	3.7
에너지밀도(Wh/L)	160	240	300~350	250~300
수명(회)	1000	1000	1200	1000
자기 방전율(%/월)		20~25	〈10	〈〈10
환경친화도	Bad	Bad	Good	Good
저온특성	Good	Good	Good	Bad

2) 전기축전장치(Capacitor)

혼다사에서는 전지축전장치로 슈퍼 캐퍼시터를 채용하고 있다. 캐퍼시터는 축전지와 마찬가지로 전력을 저장하는 부재로서 특성은 순간적인 충전과 방전이 가능하고 거의 무한하게 충전과 방전이 가능하다는데 있다. 2002년 6월에 일본 Nissan 디젤이 출시한 슈퍼 캐퍼시터 하이브리드 트럭은 캐퍼시터를 자동차용으로 탑재한 상품 세계 제1호가 되어 화제를 모으고 있다. 연료전지 시스템에서 캐퍼시터는 주로 자동차용으로 사용되는 것으로 생각되고 있고, 캐퍼시터의 순간방전 특성을 살려 연료전지의 출력부족을 보완하고 시동시와 가속시 등의 고출력보조로서 사용되고 있다. 그러나 캐퍼시터는 이차전지에 비하여 에너지 밀도가 작아 같은 급의 전력용량을 확보하기 위해서는 대형화가 불가피하여 이에 대한 극복이 과제로 남아있다.

전기자동차는 내연기관이 아닌 배터리로 구동되기에 기술적인 측면에서 난이도가 높지 않아 진입장벽이 낮다는 것이 전문가들의 공통된 진단이다. 전기자동차 성능은 자동차 업체 기술력이 아닌 2차 전지 업체가 공급하는 배터리가 좌우한다. 전기자동차에 들어가는 리튬이온 전지는 지속적인 기술 개발로 가격 경쟁력과 에너지 효율이 꾸준히 개선됐다. 규모의 경제를 갖추고 배터리만 안정적으로 공급받는다면 전기자동차 생산은 그리 어렵지 않다.

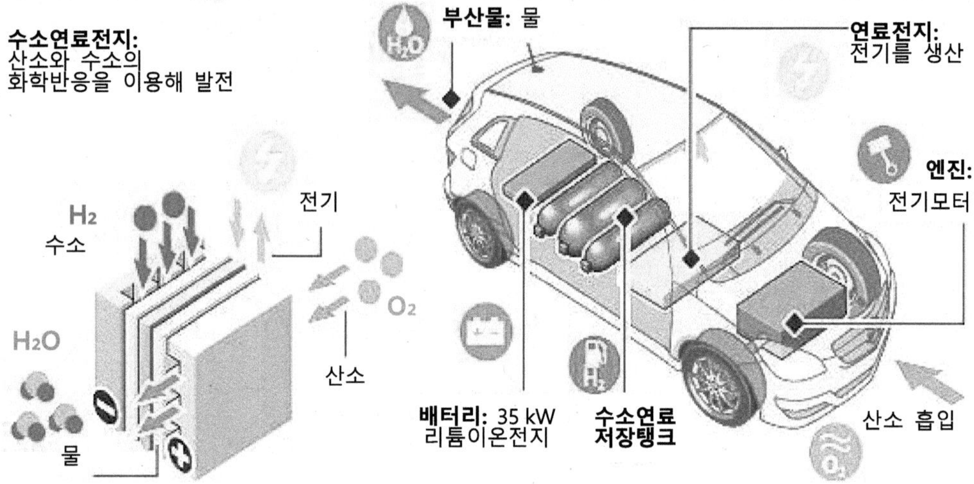

그림 14-61 수소연료전지자동차 구조

자동차를 한 번도 생산한 적 없는 테슬라·구글·바이두는 물론 심지어 청소기를 만드는 다이슨이 전기자동차에 진입할 수 있었던 것도 이런 배경에서다.

반면 수소연료전지자동차는 전기자동차에 비해 기술장벽이 월등히 높다. 물론 수소연료전지자동차도 수소를 사용해 만든 전기에너지를 동력원으로 쓰는 전기자동차의 일종이다. 현재 양산 중인 수소연료전지자동차는 고압 수소탱크에 충전된 수소에 산소를 넣어 화학반응을 내는 방식이다. 수소와 산소는 백금 촉매를 거치면서 전기를 일으킨다.

전기자동차의 리튬이온 배터리는 전기를 저장해뒀다 조금씩 사용하고, 수소연료전지는 화학 반응을 통해 지속적으로 전기를 만들어내 모터를 구동한다는 차이가 있다. 즉, 단순히 만들어진 전기를 '저장'하는 것(전기자동차)과 화학 반응을 통해 전기를 만들어내는 것(수소연료전지자동차) 사이에 상당한 기술적 격차가 존재한다.

수소연료전지자동차는 자동차 산업 생태계가 유지된다는 것도 전기자동차 대비 장점으로 평가된다. 엔진이 사라진다는 것은 전기자동차와 같지만 수소연료전지자동차는 수소공급장치와 흡배기 계열 부품이 필요해 부품 생태계 유지, 발전이 필수이다.

한 예로 넥쏘의 수소연료전지는 국내 협력사 300여개(1차 150개)와 협업해 만든 것으로, 부품 국산화율이 99%에 이른다. 한국의 수소연료전지자동차와 수소연료전지가 전 세계에 팔리면 국내 부품사에는 새로운 수출 시장이 열리는 것이다.

결정적으로 핵심 부품인 연료전지 기술은 완성차 업체가 좌지우지한다. 향후 자동차 산업 패권을 놓치고 싶지 않은 완성차 업체 입장에서는 전기자동차보다 수소연료전지자동차가 미래차 주력 차종이 되는 것이 현재의 독점적 지위를 유지하는 데 훨씬 유리하다.

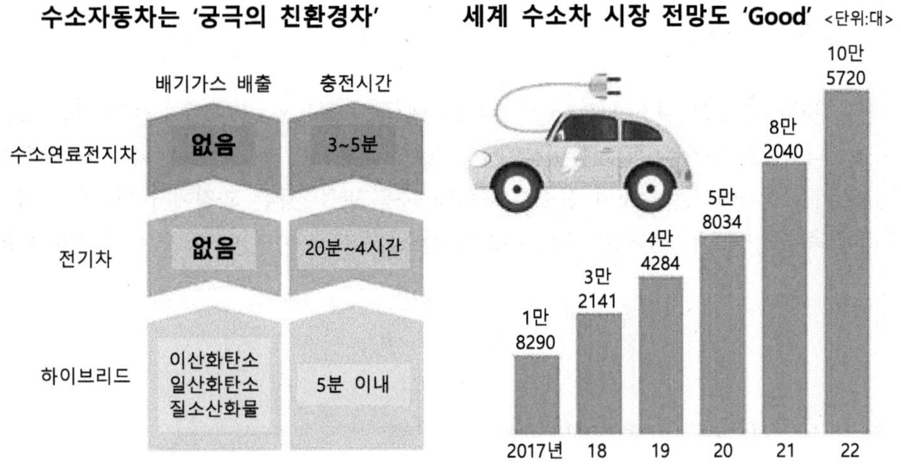

그림 14-62 세계 수소연료전지차의 시장전망

연료전지는 수소와 공기만 공급하면 전기에너지를 끊임없이 만들어내는 반면, 물 이외에는 전혀 공해물질을 배출하지 않기 때문에 친환경성과 대체에너지의 조건을 완벽하게 만족시킨다. 세계 각국이 수소 연료전지자동차를 환경친화적 미래형자동차의 최종적인 목표로 삼고 있는 것도 이런 이유이다.

14.10 연료전지

연료전지는 수소와 산소의 화학반응 에너지에서 발생한다. 이는 전기분해의 역반응을 이용하는 것이다. 물을 전기분해할 때는 전도성을 높인 수용액에 전압을 가해 수소와 산소로 만든다. 반대로 연료전지에서는 수소와 산소를 화합해 물을 만들어내는 과정에서 전력을 얻게 된다. 이때 백금촉매로 도포된 전해질막으로 수소와 산소를 격리해야 한다. 수소는 촉매의 작용으로

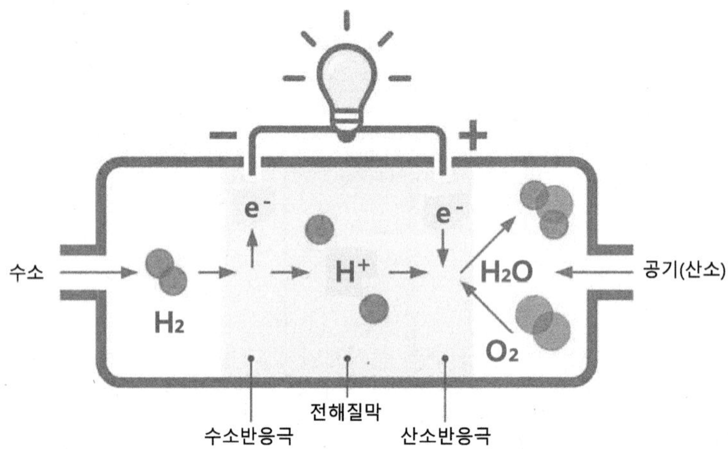

그림 14-63 연료전지 구동

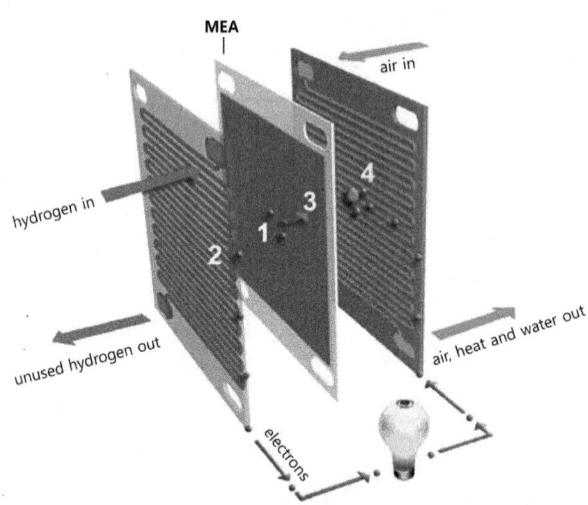

그림 14-64 연료전지 작동

이온화하고, 수소에서 분리된 전자는 배선을 통과해 산소 쪽으로 흐른다. 배선의 중간에 모터를 놓으면 전력으로 이용할 수 있게 된다. 수소와 산소가 결합할 때는 저온을 유지하게 되고 60% 이상의 높은 효율을 얻을 수 있다. 최신 화력발전소 효율이 50% 정도라는 것을 감안하면 연료전지는 상당히 경제적인 동력원이다. 전해질에 따라 연료전지는 몇 가지 종류로 나뉘는데 전기자동차에는 주로 고분자막의 전해질이 사용될 가능성이 높다.

14.10.1 연료 전지의 개요와 발생원리

연료전지란 무엇인가? 화학에너지가 전기에너지로 직접 변환되어 전기를 생산하는 능력을 갖는 전지(Cell)이다. 종래의 전지와는 달리 외부에서 연료와 공기를 공급하여 연속적으로 전기를 생산한다. 간단하게 말하면, 연료전지는 연료를 전지에 투입하면 전기나 열, 물을 생산하는 전지이다.

연료전지란 수소와 산소로 물을 만들고 그 과정에서 전기를 생산하는 새로운 발전장치다. 이 원리는 중고등학교에서 배우는 '물의 전기 분해'의 역반응이다. 연료전지가 보급되면 유한한 화석연료에 의존하는 현대사회에서 무한한 수소를 이용하는 새로운 사회로의 변혁이 일어난다. 산업혁명 이후의 새로운 대변혁이 마침내 일어날지도 모른다. 연료전지는 우리의 생활을 크게 바꾼다. 그 미래의 모습은 이렇다. 휴대전화나 노트북 컴퓨터의 배터리가 연료전지로 바뀐다. 생활에 필요한 모든 전력을 한 집에 1대씩 놓인 연료전지가 공급한다. 모든 자동차가 연료전지를 싣고 가격이 폭등하는 화석연료가 아닌 자연 에너지를 이용해 만들어지는 저가의 수소로 달린다. 세상의 모든 원동기와 전원이 연료전지로 바뀔지도 모른다.

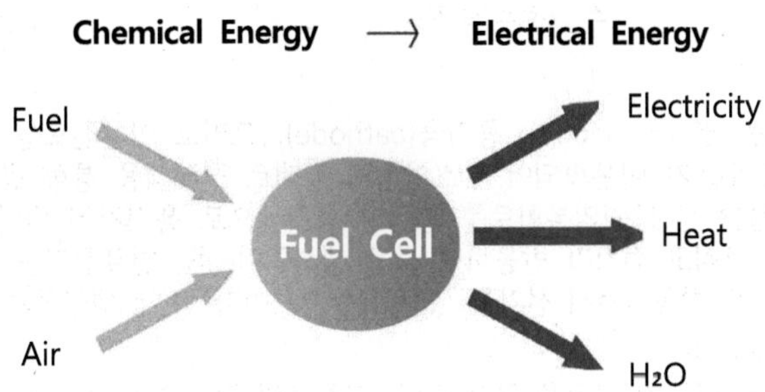

그림 14-65 연료전지의 반응작용

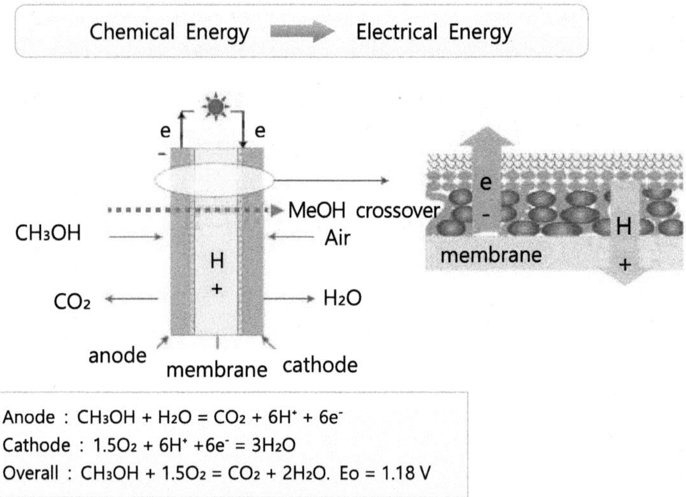

그림 14-66 연료전지의 반응작용

수소를 산소와 반응시켜 열과 전기 얻는다

- 연료전지는 가장 주목을 받고 있는 대체에너지 기술 중 하나로, 환경오염 문제를 해결하고 전력 수요 및 에너지 수요에 효율적으로 대비할 수 있는 일종의 전기화학 장치이다. 연료전지는 원료인 수소를 산소와 반응시켜 열과 전기를 얻는다. 물을 전기분해해 수소와 산소를 만들어내는 원리를 반대로 생각하면 쉽다.

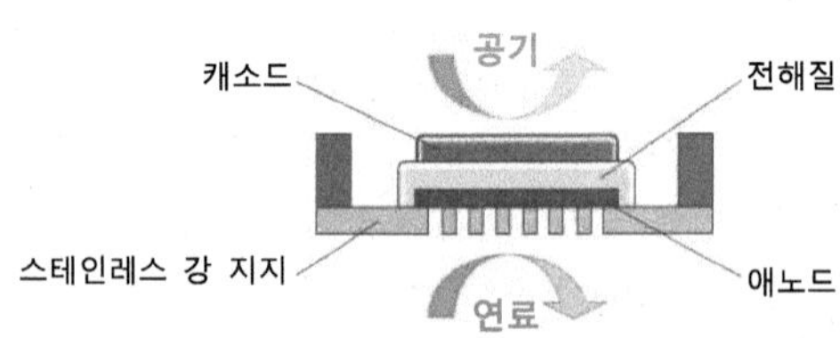

- 연료전지는 연료극(anode), 공기극(cathode), 그리고 이온전도성 전해액으로 구성된다. 연료극에서 수소가 이온화되어 수소이온의 형태로 전해액을 통해 공기극으로 이동하고, 이온화시 발생한 전자는 외부회로를 통하여 공기극으로 흘러가게 된다. 공기극에서 만난 산소, 수소이온 그리고 전자가 반응하여 물을 생성한다. 즉, 연료전지는 수소와 산소를 전기 화학적 방법으로 반응시켜서 전기를 생산하는 장치이다. 이때 생성물은 물이며, 부수적으로 반응열도 생성된다.
- 연료전지는 다양한 장점을 갖고 있다. 가정용의 경우 발전 뿐 아니라 발전 과정에서 나오는 열을 난방에 활용할 수 있다. 발전효율만 해도 35%에 달해 기존 발전시스템보다 높다. 여기에 난방효율까지 더하면 전체 효율은 80%에 달해 압도적인 우위를 자랑한다. 효율이 높으면 높을수록 연료 사용이 줄어든다. 화석연료를 이용한 기존의 방식에 비하여 훨씬 더 효율적으로 사용할 수 있는 것이다.

- 연료전지는 LNG, 메탄올, 석탄가스 등 연료 선택 폭이 크며, 다양한 용량으로 이용이 가능하여 전력 수요지 내에 설치가 용이한 것이 큰 장점이다. 또한, 연소 과정이 없어서 공해 물질의 배출이 아주 적다는 점도 특기할 만하다. 즉, 연료에서 수소를 제조하는데 소량의 이산화탄소가 나오는 것을 제외하면 발전 과정에서 이산화탄소가 나오지 않고, 황·질소산화물 등 오염물질을 거의 배출하지 않아 환경 친화적이다. 소음이 없고 천연가스나 도시가스, 나프타 등 다양한 연료로부터 수소를 뽑아내 발전할 수 있다는 점도 매력적이다.
- 부존자원이 극히 부족한 우리나라의 기술 요구에 부응되며, 고효율을 통해 21세기 에너지 기술 자립에도 크게 기여할 수 있다는 점에서 연료전지 기술은 신에너지 기술로서 그 가치가 높다.

연료전지의 효율 비교

- 연료전지는 환경 친화적이라는 장점이외에도 고효율이라는 장점을 자랑한다. 그렇다면 연료전지의 효율은 기존의 화력발전에 비해 얼마나 높을까.
- 예를 들어 생각해보자. 25℃에서 수소-산소 연료전지로 수소 2 g(1몰)와 산소16 g(1/2몰)를 반응시키면 18 g(1몰)의 물이 생기면서 이상적으로는 1.229 V(볼트)의 전압이 발생한다. 이것은 약 56.9 kcal의 열량에 해당하는데, 수소-산소의 원래 반응열은 68.6 kcal이므로 연료전지를 통하면서 56.9 kcal은 전기에너지로 나머지 11.7kcal은 폐열로 방출되는 셈이다. 따라서 전기에너지로 활용될 수 있는 효율은 이상적으로는 약 89%나 된다.

그러나 실제로 연료전지에서 전류가 흐르기 시작하면 연료가 공급되는 속도만큼 전기화학반응이 빠르지 않고 구성요소간의 저항이 있을 뿐 아니라 전극에서 연료나 산소의 농도 차이가 생기는 등 여러 요인에 의해 얻을 수 있는 전압이 이상적인 값보다는 낮다. 그래서 현 수준에서 실제효율이 40~50% 정도다. 그러나 이 효율도 화력발전이나 내연기관의 효율보다는 높은 값이다. 결국 연료전지는 기존의 화력발전보다 효율이 높고 질소화합물, 황화합물, 매연 등을 배출하지 않는다. 또한 회전부위가 없어 소음이 적고 모듈화가 가능해 다양한 용량으로의 건설과 증설이 쉽다. 이밖에 수소, 석탄가스, 천연가스, 매립지가스, 메탄올, 휘발유 등을 연료로 사용할 수 있으며, 전기에너지와 동시에 열이 발생하므로 폐열을 회수해 지역난방과 온수로 열병합발전도 가능한 그야말로 "효자전지"라고 말할 수 있다.

1) 전기의 발생원리

연료전지의 원리를 따져 보기 전에 전기의 발생 원리부터 생각해보자.

생활에 필요한 전기는 어떻게 얻어지는 것일까. 현재 대부분의 전기는 석탄, 석유, 천연가스 등의 화석연료를 연소시켜 발전하는 화력발전 방식으로 얻어진다. 이러한 화력발전은 연료의 화학에너지가 열에너지에서 기계적 에너지로, 여기에서 다시 전기에너지로 변화하는 3단계의 과정을 거쳐 전기를 발생시키는 발전방식이다. 즉 연료의 화학에너지를 연소를 통해 열로 변화시키고, 이를 다식 기계적 터빈 회전력을 통해 전기에너지를 발생시키는 변환 과정인 것이다.

하지만 연료전지는 중간 과정 없이 화학에너지에서 바로 전기에너지로 직접 변환된다. 천연가스나 메탄올 등의 연료에서 얻어낸 수소와 공기 중의 산소를 반응시키면 전기에너지를 직접 얻을 수 있다는 말이다. 이러한 원리는 물을 전기분해하면 수소와 산소가 발생된다는 것을 역으로 이용한 것이다. 수소와 산소를 반응시키면 연소반응에 의해 열이 발생하면서 물이 되는데 이때 수소와 산소를 직접 반응시키는 대신 연료전지를 통해 전기화학반응이 일어나게 하면 물과 열 이외에도 전기를 발생시킬 수 있다. 즉 연료전지란

수소 등의 연료가 갖고 있는 화학에너지로부터 전기에너지를 연속적으로 직접 발생시키는 발전장치이다. 연료를 계속 공급하는 한 전기를 계속 발생시킬 수 있기 때문에 일회용인 건전지 사용 후 재충전이 필요한 이차전지와는 달리 연속적인 발전기 또는 에너지 변환기의 역할을 수행한다.

또한 연료전지는 발생되는 생성물이 물밖에 없어 무공해 산물의 대표주자로 손꼽힌다. 기계적 에너지 변환단계가 생략되었기 때문에 소음이 없음은 물론이다. 연료전지가 환경친화적이라고 불리는 이유다.

연료전지는 공기극과 연료극의 전극, 두 극 사이에 위치하는 전해질로 구성되어 있다. 연료전지의 구성요소 중 전극은 전기화학반응을 진행시킬 수 있는 일종의 촉매 역할을 하고, 전해질은 생성된 이온을 상대극으로 전달시켜주는 매개체 역할을 한다. 연료극에는 수소, 공기극에는 공기(또는 산소)가 공급되어 각 전극에서 전기화학반응이 진행된다. 이렇게 구성된 연료전지 한 쌍을 단전지(Single Cell)이라 하며 연료극과 공기극간의 전압은 약 1V 내외가 된다. 이러한 단전지를 직렬로 연결하면 원하는 만큼의 전압을 얻을 수 있다.

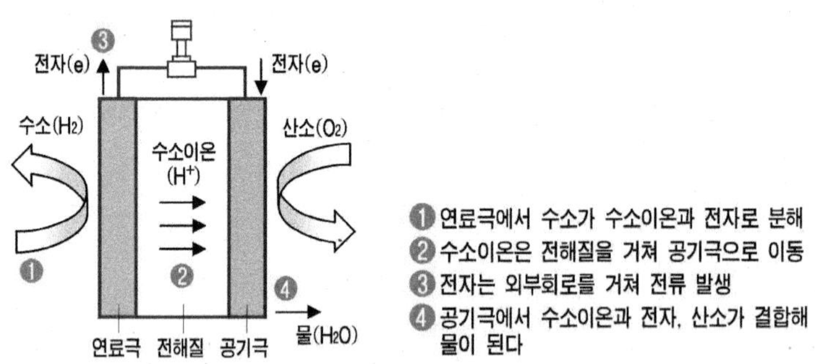

그림 14-67 연료전지의 전기발생원리

2) 연료전지 화학반응

연료전지(Fuel Cell)는 수소와 산소의 화학반응으로 생기는 화학에너지를 직접 전기에너지로 변환시키는 기술을 이용한 전지이다. 즉 연료와 산화제를 전기화학적으로 반응시켜 전기에너지를 발생시키는 장치이다. 이 반응은 전해질 내에서 이루어지며 일반적으로 전해질이 남아있는 한 지속적으로 발전이 가능하다.

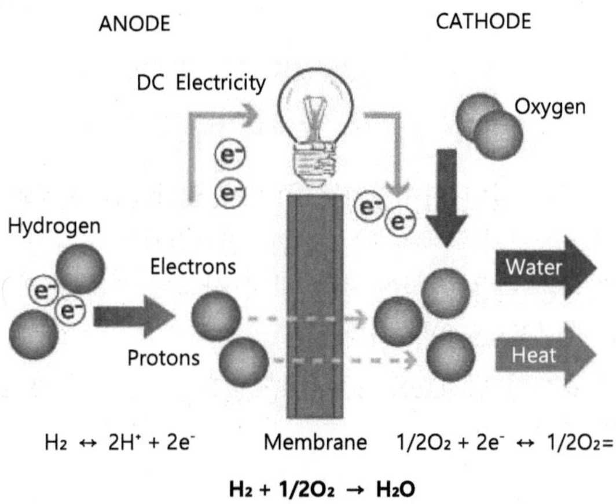

그림 14-68 연료 전지의 원리

$$H_2 + \frac{1}{2}O_2 = H_2O + 전기$$

Anode : H_2 → $2H^+ + 2e^-$

Cathode : $1/2O_2 + 2H^+ + 2e^-$ → H_2O

Overall : $H_2 + 1/2O_2$ → H_2O + 전류 + 열

연료전지의 구조는 전해질을 사이에 두고 두 전극이 샌드위치의 형태로 위치하며 두 전극을 통하여 수소이온과 산소이온이 지나가면서 전류를 발생시키고 부산물로서 열과 물을 생성한다.

1) 연료극(Hydrogen from Tank, 양극)으로부터 공급된 수소는 수소이온과 전자로 분리
2) 수소이온은 전해질층을 통해 공기극으로 이동하고 전자는 외부회로를 통해 공기극으로 이동하며 전기 생성
3) 공기극(Oxygen from Air, 음극)쪽에서 산소이온과 수소이온이 만나 반응생성물(물)을 생성

최종적인 반응은 수소와 산소가 결합하여 전기, 물 및 열 생성

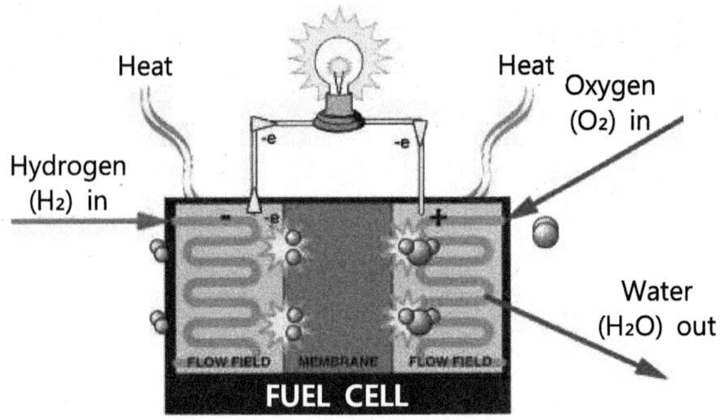

그림 14-69 연료전지의 전기발생원리

연료전지는 '전지'라는 말이 붙어있기는 하지만 일반적인 전지와는 다르다. 전지는 닫힌 계에 화학적으로 전기에너지를 저장하는 반면, 연료전지는 연료를 소모하여 전력을 생산한다. 또한 전지의 전극은 반응을 하여 충전/방전 상태에 따라 바뀌지만, 연료전지의 전극은 촉매작용을 하므로 상대적으로 안정하다.

생성물이 전기와 순수인 발전효율 30~40%, 열효율 40% 이상으로 총 70~80%의 효율을 갖는 신기술이라고 할 수 있다.

14.10.2 연료전지의 특징

환경친화적 특성을 가진 연료전지의 특성은 다음과 같다.

1) 장점

1) 발전효율이 40~60% 이며, 열병합 발전시 80% 이상 가능
2) 천연가스, 메탄올, 석탄가스 등 다양한 연료사용 가능
3) 환경공해 감소 : 배기가스 중 NOx, SOx 및 분진이 거의 없으며, CO_2 발생량에 있어서도 미분탄 화력발전에 비하여 20~40% 감소
4) 회전부위가 없어 소음이 없으며, 기존 화력발전과 같은 다량의 냉각수 불필요
5) 도심부근 설치 가능하여 송배전시의 설비 및 전력 손실 적음
6) 부하변동에 따라 신속히 반응하며, 설치형태에 따라서 현지 설치용, 분산 배치형, 중앙 집중형 등의 다양한 용도 사용 가능

2) 단점

1) 초기 설치비용이 고가
2) 수소공급, 저장 등 인프라 구축 어려움

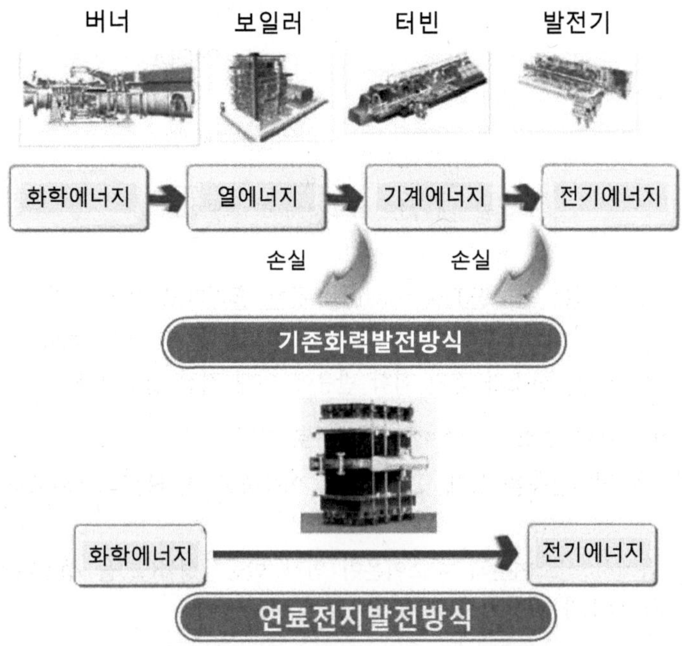

그림 14-70 화력방식과 연료전지 발전방식 비교

3) 연료전지 발전원리(단위전지)

기존의 가솔린 내연기관이 석유(가솔린) 등 혼합연료를 폭발시킨 힘으로 구동축을 돌리는 데 비해, 연료전지는 전기모터가 구동축을 돌리게 되어 있다. 이 때 전기모터를 돌리는 에너지를 생산해 내는 것이 바로 연료전지이다.

연료전지의 구조는 전해질을 사이에 두고 두 전극이 샌드위치의 형태로 위치하며 두 전극을 통하여 수소이온과 산소이온이 지나가면서 전류를 발생시키고 부산물로서 열과 물을 생성한다.

연료전지의 음극(Cathode)을 통하여 수소가 공급되고 양극(Anode)을 통하여 산소가 공급되면 음극을 통해서 들어온 수소분자는 촉매(Catalyst)에 의해 양자(H+)와 전자로 나누어진다. 나누어진 양자와 전자는 서로 다른 경로를 통해 양극에 도달하게 되는데, 양자는 연

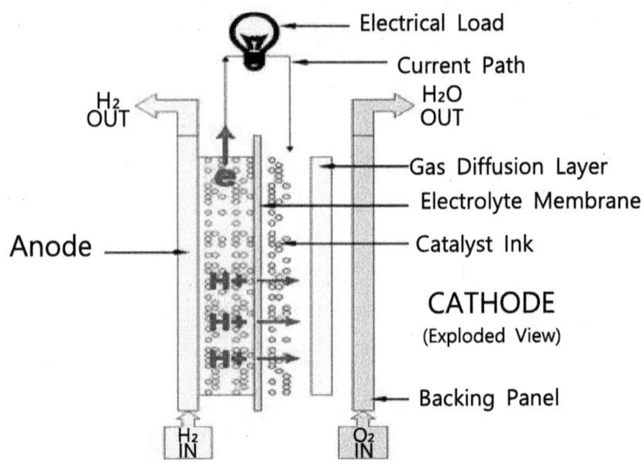

그림 14-71 연료전지의 구동원리

료전지의 중심에 있는 전해질(Electrolyte)을 통해 흘러가고 전자는 외부회로를 통해 이동하면서 전류를 흐르게 하며 양극에서는 다시 산소와 결합하여 물이 된다.

연료중 수소와 공기중 산소가 전기 화학 반응에 의해 직접 발전한다.

1) 연료극에 공급된 수소는 수소이온과 전자로 분리
2) 수소이온은 전해질층을 통해 공기극으로 이동하고 전자는 외부회로를 통해 공기극으로 이동
3) 공기극 쪽에서 산소이온과 수소이온이 만나 반응생성물(물)을 생성하며, 최종적인 반응은 수소와 산소가 결합하여 전기, 물 및 열생성한다.

연료와 산화제로는 여러 가지를 이용할 수 있다. 수소 연료전지는 수소를 연료로, 산소를 산화제로 이용하며, 그 외에 탄화수소, 알코올 등을 연료로, 공기, 염소, 이산화 염소 등을 산화제로 이용할 수 있다.

연료전지의 발전 효율은 40~60% 정도로 대단히 높으며, 반응 과정에서 나오는 배출열을 이용하면 전체 연료의 최대 80%까지 에너지로 바꿀 수 있다. 게다가 천연 가스와 메탄올, LPG(액화석유가스, propane gas), 나프타, 등유, 가스화된 석탄 등의 다양한 연료를 사용할 수 있기 때문에 에너지자원을 확보하기 쉽다. 또한 연료를 태우지 않기 때문에 지구 환경보호에도 기여할 수 있다. 또한 질소산화물(NOx)과 이산화탄소의 배출량이 석탄 화력 발전의 각각 1/38과 1/3 정도이며, 소음도 화력발전 방식에 비해 매우 적다는 장점이 있다.

이와 더불어 모듈화에 의한 건설 기간의 단축, 설비 용량의 증감이 가능하고, 화력발전 방식에 비해 훨씬 적은 토지 면적을 필요로 하기 때문에 입지 선정이 용이하다. 따라서 도심 지역 또는 건물 내에 설치하는 것이 가능하여 경제적으로 에너지를 공급할 수 있다. 연료전지는 기존의 화력 발전을 대체할 수 있으며, 분산 전원용 발전소, 열병합 발전소, 더 나아가서는 무공해 자동차의 전원 등에 적용될 수 있다.

14.11 연료전지의 종류

연료 전지는 작동 온도에 따라, 연료의 종류에 따라 그리고 사용하는 전해질의 종류에 따라 각각 구분 가능하다. 그러나 이온이 전해질을 통과하고 교환으로 전극 사이에 전기가 흐른다는 근본 원리는 모두 같다.

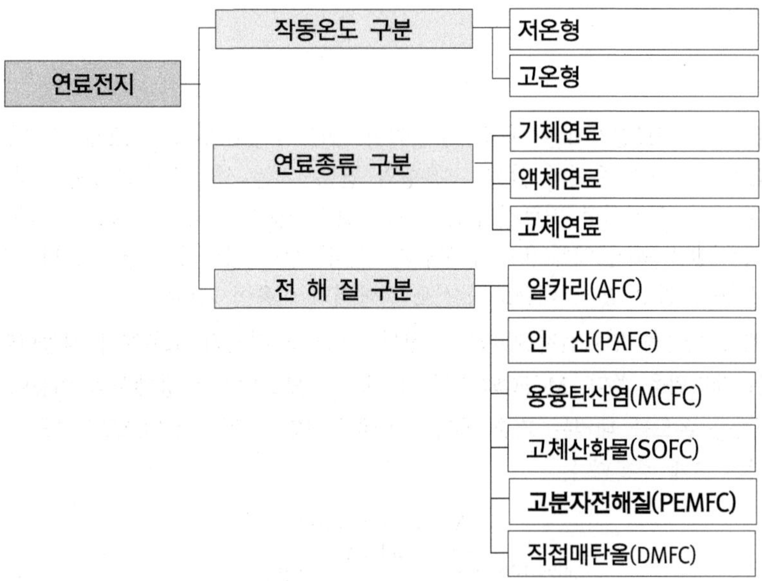

그림 14-72 연료전지의 종류

14.11.1 작동 온도에 따른 구분

연료전지는 고온형과 저온형으로 나누어지고 이들은 다시 두 가지 유형으로 나눌 수 있다.

1) 저온

저온형은 일상생활 현장에서 활용된다. 저온형은 고온형 연료전지에 비해 훨씬 저온(섭씨 200도 이하)에서 작동된다. 저온형의 공통 장점은 시동이 단시간에 된다는 것과 크기를 작게 할 수 있다는 점이다. 그러나 고가의 백금 전극이 필요해서 장비 비용이 높은 것이 단점이다. 인산형 연료전지(PAFC)는 섭씨 200도 정도에서 작동한다. 전해질에는 인산 수용액을 쓴다. 1967년에 개발이 시작되고 1980년대부터 미국과 일본을 중심으로 호텔이나 병원 등에 도입되었다. 연료전지의 네 가지 유형 중에서 가장 먼저 상품화되었다.

고체 고분자형 연료전지(PEFC)는 섭씨 100도 미만이라는 상온에 가까운 온도에서 작동한다. 전해질에는 수용액이 아니라 수지로 만든 얇은 막을 사용한다. 그 결과 장비 전체를 얇게 할 수 있기 때문에 소형에 적합하다. 제미니 우주선에 실린 것도 이 유형의 연료전지다. 자동차에서 가정용, 휴대전화 등의 이동기기에 이르기까지 용도가 넓어 가장 활발히 연구되고 있다.

2) 고온

고온형의 연료전지에는 용융 탄산염형 연료전지(MCFC)와 고체 산화물형 연료전지(SOFC)의 두 가지 유형이 있다. 고온형의 연료전지는 섭씨 500~1,000도라는 고온에서 작동한다. 용융 탄산염형 연료전지(MCFC)는 섭씨 650도 전후의 고온에서 작동한다. 전해질에는 탄산염을 녹인 액체(용융 탄산염)를 쓴다. 수소 이외에 천연 가스나 석탄 가스 등을 연료로 쓰는 일도 있다. 대규모 발전소 등에서의 이용이 기대된다.

고체 산화물형 연료전지(SOFC)는 섭씨 1,000도 부근의 고온에서 작동한다. 전해질에는 고체인 세라믹을 쓴다. MCFC와 마찬가지로 대규모 발전소 등에서의 이용이 기대된다. 더욱이 작동 온도를 내리는 기술 개발이 이루어지면 가정용 전원으로도 쓸 수 있는 것으로 전망되어 크게 주목된다.

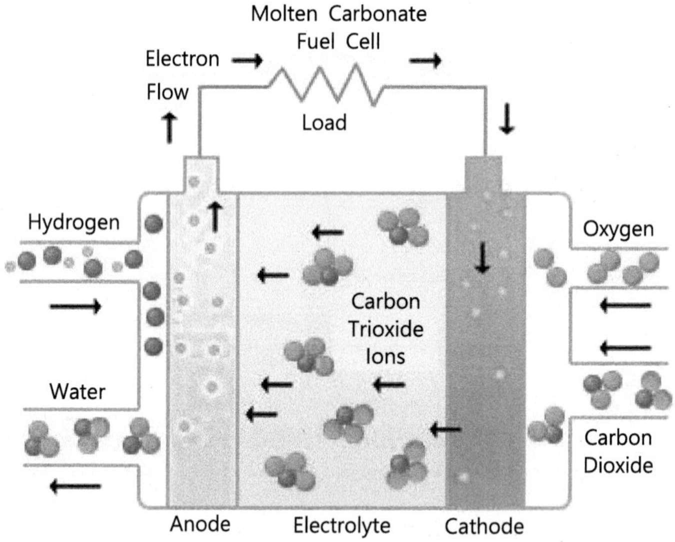

그림 14-73 용융탄산염(MCFC) 연료전지의 원리

14.11.2 연료의 종류에 따른 구분

① 기체연료

연료전지의 보편적인 연료로써 사용되며 수소, 탄화수소, CO(석탄가스화)등이 있다.

② 액체연료

부산물이 생성되어 이에 대한 부산물의 처리 문제가 발생하지만 환경오염율은 고체연료에 비해 거의 없다. Alcohol, Aldehyde, 히드라진(N_2H_4), 석유계 탄화수소가 사용된다.

③ 고체연료

고체연료는 화학 연소반응이 환경오염에 심각한 영향을 미치는 부산물을 생성하여 이에 대한 처리 문제가 발생하지만 연료전지 구현이 비교적 간단한 편이어서 비용 절감을 기대할 수 있다. 석탄, 목탄, 코크스 등이 쓰인다.

14.11.3 전해액에 따른 구분

연료전지의 가장 보편적인 구분 방법으로 연료전지에 사용되는 전해액에 따른 구분이다. 알칼리 연료전지(AFC), 인산 연료전지 (PAFC), 용융 탄산염 연료전지(MCFC), 고체 산화물 연료전지(SOFC), 고분자 전해절 연료전지(PEMFC), 직접매탄올 연료전지(DMFC) 등이 있으며 이들 전해액에 연료전지 구분은 표와 같다.

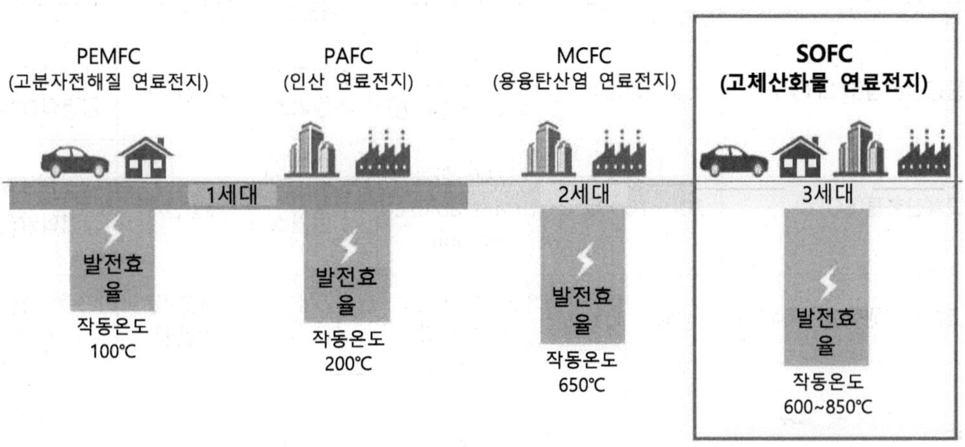

그림 14-74 연료전지 종류별 에너지 효율

표 14-24 연료전지의 전해액에 따른 구분

	알카리 (AFC)	인산형 (PAFC)	용융탄산염형 (MCFC)	고체산화물형 (SOFC)	고분자전해질형 (PEMFC)	직접매탄올 (DMFC)
전해질	알카리	인산염	탄산염	세라믹	이온교환막	이온교환막
동작온도(℃)	100이하	220 이하	650 이하	1,200 이하	80 이하	80 이하
효율(%)	85	70	80	85	75	40
용 도	특수용	중형건물 (200 ㎾)	중.대형건물 (100 ㎾~MW)	소.중.대용량발전 (1 ㎾~MW)	가정.상업용 (1~10 ㎾)	소형이동 (1 ㎾ 이하)
	우주선, 잠수함	분산형 열병합 수송용	열병합, 대형발전소	열병합, 대형발전소	수송용, 분산형	수송용, 분산형
특 징	-	CO 내구성 큼, 열병합대응 가능	발전효율 높음,내부개질 가능,열병합대응 가능	발전효율 높음,내부개질 가능, 복합발전 가능	저온작동 고출력밀도	저온작동 고출력밀도
선진수준	우주선	200 ㎾	MW 이상	MW 이상	1~10 ㎾보급중	500 W

* AFtC(Alkaline Fuel Cell), PAFC(Phosphoric Acid FC), MCFC(Molten Carbonate), SOFC(Solid Oxide), PEMFC(Polymer Electrolyte Membrane), DMFC(Direct Methanol) → 순서대로 기술발전 단계임

표 14-25 연료전지

종류	발전온도	전해질	주연료	기술수준	적용대상
알칼리형(AFC)	상온-100℃		수소	사용중	특수목적
인산형(PAFC)	150-200℃	인산(H_3PO_4)	천연가스 메탄올	상용화단계	분산전원
용융탄산염(MCFC)	600-700℃	용융탄산염 (Li_2CO_3-K_2CO_3)	천연가스 석탄가스	개발단계	복합발전 열병합발전
고체산화물(SOFC)	700-1000℃	고체산화물 Yttria-stabilized zirconia	천연가스 석탄가스	개발단계	복합발전 열병합발전
고분자전해질형(PEMFC)	상온-100℃	이온(H+)전도성 고분자 막	수소 메탄올	개발 및 실증단계	소형전원 자동차

표 14-26 연료전지 발전 현황

구 분	특 성
알칼리형(AFC) (Alkaline Fuel Cell)	· 1960년대 군사용(우주선 : 아폴로 11호)으로 개발 · 순 수소 및 순 산소를 사용
인산형((PAFC) (Phosphoric Acid Fuel Cell)	· 1970년대 민간차원에서 처음으로 기술개발 된 **1세대 연료전지로 병원, 호텔, 건물 등 분산형** · **전원으로** 이용 · 현재 가장 앞선 기술로 미국, 일본에서 실용화 단계에 있음
용융탄산염형(MCFC) (Molten Carbonate Fuel Cell)	· 1980년대에 기술개발된 **2세대 연료전지로 대형발전소, 아파트단지, 대형건물의 분산형** · **전원으로** 이용 · 미국, 일본에서 기술개발을 완료하고 성능평가 진행 중(250 ㎾ 상용화, 2 MW 실증)
고체산화물형(SOFC) (Solid Oxide Fuel Cell)	· 1980년대에 본격적으로 기술개발 된 3세대로서, MCFC보다 효율이 우수한 연료전지 · 대형발전소, 아파트단지 및 대형건물의 분산형 전원으로 이용 · 최근 선진국에서는 가정용, 자동차용 등으로도 연구를 진행
고분자전해질형(PEMFC) (Polymer Electrolyte Membrane)	· 1990년대에 기술개발된 **4세대 연료전지로 가정용, 자동차용, 이동용 전원으로 이용** · 가장 활발하게 연구되는 분야이며, 실용화 및 상용화도 타 연료전지보다 빠르게 진행되고 있음
직접메탄올형(DMFC) (Direct Methanol Fuel Cell)	· 1990년대 말부터 기술개발된 연료전지로 이동용(핸드폰, 노트북 등) 전원으로 이용 · 고분자전해질형 연료전지와 함께 가장 활발하게 연구되는 분야

참고문헌

[1] H.L Maclean, L.B.Lave, R. Lankey and S.Joshi, “a Life-cycle Comparison of Alternative Automobile Fuels”, Journal of the Air&Waste Management Association, Vol.50, No.10, pp.1769-1779, 2000.

[2] M. K. Kim, S. H Yoon, B. W. Ryu and C. S. Lee, “Combustion and emission characteristics of DME as an alternative fuel for compression ignition engines with a high pressure injection system”, Fuel, Vol.87.pp.2779~2786. 2008.

[3] J. B. Heywood, "Internal Combustion Engine Fundamentals", Mac GRAW Hill, 1987.

[4] S. Omori, et al., "Effect of Intake Port Flow Pattern on the In-cylinder Tumbling Air Flow in Multi Valve Engines", SAE Paper 910477, 1991.

[5] L. Zhang, T. Ueda, T. Takatsuki and K. Yokota, "A Study of the Cycle-to-Cycle Variation of In-Cylinder Flow on a Motored Engine", COMODIA '94 Proceeding, pp. 541~546, 1994.

[6] J. K. Kim, C. H. Jeon, E. S. Yim, C. S.Jung, S. B. Lee, Y. J. Lee and M. J. Kang, “A Study on Fuel Quality Characteristics of F-T Diesel for Production of BTL Diesel”, J. Kor. Oil Chem. Soc., 29, 450, 2012.

[7] H. Ando. "Development of the MVV engine Employing a Novel Lean Burn Concept, Barrel-Stratification", Lean-Burn Gasoline Engine Symposium, JSME, pp. 33~41, 1992.

[8] Y. J. Hyun, “Conversion of Mixed Fat into Biodiesel in Plug Flow Reactor Using Alkali and Mixed Catalysts”, J. Kor. Oil Chem. Soc., 27, 123, 2010.

[9] J. K. Kim, E. S. Yim and C. S. Jung, “Study on Comparison of Global Biofuels Mandates Policy in Transport Sector, New & Renewable Energy”, 7, 18, 2011.

[10] 조진호 편저, 기초와 실제 자동차용 디젤엔진, 학연사, 2004.

[11] 박병일 외 4인 공저, 전자제어 디젤엔진 이론과 실무, 기한재, 2010.

[12] 이치우저, 내연기관, 오토테크, 2011.

[13] 조진호편저, 자동차엔진, 학연사, 2002

[14] 김응서저, 내연기관, 일진사,2001

[15] 김동진외 3인 공저 내연기관, 문운당, 2014

[16] 정구섭외 2인공저, 쉽게 배우는 내연기관, GS인터비전, 2016.

[17] 정용욱, 정구섭, 친환경수소연료전지차 GS인터비전, 2019.

[18] 현대기아차, “자동차 환경과 미래-현대기아차 친환경 자동차개발전략”, 2009.
[19] 현대/기아자동차 정비연수원, 전자제어 디젤엔진, 2007.
[20] 전국경제인연합회, “자동차산업의 미래:그린카 현황 및 전망” 전략산업리포트, 2010.
[21] 오인환, 홍성안, “연료전지자동차 실용화 전망”, 한국과학기술연구원
[22] 조만, “연료전지자동차의 기술 개발”, 한국과학기술연구원
[23] 수소전기차가 자동차의 미래가 될 수 있을까, 현대자동차 블러그, 2019.07.03.
[24] 석유 고갈 언제쯤? 100년째 써도 여전히 증가 중, GS칼텍스 공식 블로그https://gscaltexmediahub.com
[25] 차세대에너지 연료전지의 모든 것, 한국석유공사, blog.naver.com, 2018.04.26.
[26] EV vs. FCEV, 한국전기자동차협회, http://www.keva.or.kr, 2019.02.27.
[27] 수소 경제 : 국내외 수소·연료전지 시장전망과 핵심기술 개발동향, Fire korea, 2019.02.14.
[28] 수소전기차의 시대 PART 2자동차가 미세먼지를 없앤다, 현대자동차 https://news.hmgjournal.com
[29] 미세먼지 걱정 뚝! ‘수소차’ 원리는? 장점과 단점, 수소차 충전소와 연비까, FAM타임스, 2019.02.11.
[30] 수소차, 사고나면 수소폭탄? 3가지 오해와 진실, 한국스포츠경제, 2019.01.23.
[31] 고분자전해질 연료전지 기술개발 동향, 화학공학연구정보센터
[32] 고체전해질 소재기술(1)-제3장 연료전지용 소재기술, 신소재경제신문·재료연구소, 2019.06.16.
[33] 2035년엔 전세계 신차 4대 중 1대가 완전 자율주행차, 연합뉴스, 2018. 1. 15.
[34] 글로벌 100만대 성장한 전기차, 배터리업계 “가격 낮춰라”, 디지털타임스, 2017.12. 26.
[35] 전기자동차 시장 전망, Bloomberg 뉴에너지 파이낸스, 2017.07.22.
[36] 10년후 전기차 빅뱅이 온다, 한겨레, 2017. 7. 19

내연기관 및 친환경자동차

2020년 1월 20일 초판 인쇄
2020년 1월 30일 인쇄 발행

저 자	정구섭 · 정용욱
발 행 인	송기수
발 행 처	도서출판 GS인터비전
편 집 처	도서출판 GS인터비전
인 쇄 처	대명프린팅
등록번호	제 25100-2016-000050호
I S B N	979-11-5576-320-9(93550)

주 소 서울 은평구 증산로 15길 69 2층
전 화 02-976-7898
팩 스 02-6468-7898
홈 페 이 지 gsintervision.co.kr
E-Mail gsinter7@gmail.com

정 가 30,000 원